结构力学

主 编 关东媛

大连理工大学出版社

图书在版编目(CIP)数据

结构力学 / 关东媛主编. — 大连 ：大连理工大学出版社，2011.3(2017.3 重印)
现代远程教育系列教材
ISBN 978-7-5611-6111-1

Ⅰ. ①结… Ⅱ. ①关… Ⅲ. ①结构力学—高等教育:远程教育—教材 Ⅳ. ①O342

中国版本图书馆 CIP 数据核字(2011)第 044663 号

大连理工大学出版社出版
地址:大连市软件园路 80 号 邮政编码:116023
发行:0411-84706041 邮购:0411-84706041 传真:0411-84707403
E-mail:dutp@dutp.cn URL:http://www.dutp.cn
大连美跃彩色印刷有限公司印刷 大连理工大学出版社发行

幅面尺寸:185mm×260mm 印张:21.25 字数:489 千字
2011 年 3 月第 1 版 2017 年 3 月第 6 次印刷

责任编辑:王影琢 杨文杰 责任校对:沈 月
封面设计:戴筱冬

ISBN 978-7-5611-6111-1 定 价:48.00 元

出版说明

基于计算机网络条件下的远程教育，即网络教育，亦称现代远程教育，已经成为当今推进我国高等教育大众化的新途径。经批准，大连理工大学于2002年2月成为全国68所现代远程教育试点高校之一。大连理工大学现代远程教育以“面向社会、服务社会”为宗旨，以“规范管理、提高质量、突出特色、创建品牌”为指导思想，在传承大连理工大学优秀的教育传统与文化的同时，依托校内外优秀的教育资源，借助于现代教育技术手段，在国家终身教育体系中为社会提供了多层次、高质量的教育服务，已形成具有大连理工大学特色的现代远程教育品牌。

为了进一步提高现代远程教育的教学质量，我院在继续做好现代远程教育网络资源建设、开展好网上学习支持服务的同时，积极组织编写具有远程教育特色的高水平纸介教材。大连理工大学自2007年开始将现代远程教育系列纸介教材的编辑出版工作列入“现代远程教育类教学改革基金项目”加以实施。

现代远程教育系列纸介教材建设立足于现代远程教育的特色，为培养应用型人才服务。现代远程教育系列纸介教材以网络课程的教学大纲为基础进行编写，在内容取舍、理论深度、文字处理上适合现代远程教育学生的实际接受能力，适应现代远程教育学生自主学习的需要。现代远程教育系列纸介教材的编者要求具有较高的学术水平、丰富的教学经验、较好的文字功底，原则上优先选聘本课程网络课件的主讲教师担任编写工作。

目前，经过不断的努力，现代远程教育系列纸介教材已陆续出版问世，特向各位编者及审稿专家表示感谢，同时敬请社会各界同行对不足之处给予批评指正。

大连理工大学远程与继续教育学院

2013年8月

前　言

本教材根据大连理工大学继续教育学院《关于加强现代远程教育文字教材建设的意见》，结合编者多年的教学经验和网络教学素材的积累，为满足网络学习而编写的。本书从学生学习的实际需要出发，着眼于"基础"、"应用"、"自学"三方面要求，使教材有针对性、实用性，具有远程教育特色。

结构力学是土木工程专业的重要专业基础课，具有较强的理论性、系统性和实用性。掌握结构力学的基本概念、基本原理和分析计算方法，对于后续课程的学习以及解决工程实际问题都十分重要。本书从力学素质教育出发，注重强调基本概念、基本理论和基本方法，而不追求冗长的理论推导和复杂、繁琐的数值计算。本书具有实践性，部分例题和习题源于工程实践，这对于培养学生从实践中发现问题、提出问题、解决问题的能力具有重要的实用价值。另外，本书是结构力学远程教育课程的配套教材，书中的理论和例题基本与授课课件一致，保证了教材与网络授课的一致性。本教材编写过程中，力求理论叙述深入浅出、内容选取适应面宽、例题分析思路清晰、解题过程详略得当，每章开篇均配有学习指导，篇后有小结，指出学习重点，习题附有答案，便于学生自学。

全书共8章，涵盖了结构静力学和结构动力学中的主要内容，适合于现代远程教育土木工程专业多学时与少学时结构力学教学，可根据授课需要选择授课章节。

本书由大连理工大学关东媛主编，编写分工如下：第1章和6～8章由关东媛编写，第2、3章由大连理工大学马红艳编写，第4、5章由大连理工大学曲激婷编写。本书承蒙大连理工大学杨春秋教授和王守新教授精心审阅，并提出了宝贵的修改意见。

本书在编写过程中，广泛吸收了国内优秀结构力学教材和教学辅导书籍的优点，借鉴了部分观点、例题和习题。编者在此谨向这些文献的作者们表示衷心感谢。

在本书的编写和出版过程中，得到了大连理工大学继续教育学院、大连理工大学出版社的大力支持，编者在此表示衷心感谢。

由于编者水平有限，书中难免有不足之处，诚恳希望读者提出批评和指正。

编者

2011年　1月

目　　录

第1章　绪　论

1.1　结构力学的研究对象和任务

1.1.1　结　构

建筑物和工程设施中承受、传递荷载而起骨架作用的部分，称为工程结构，简称结构。如房屋中的屋架、柱、基础等结构。

结构的各个部分称为构件，从构件的几何特征来看，可分为杆件、板壳、实体，如图1-1所示。相应地结构可以分为三种类型：

(1)杆件结构——由杆件组成的结构，是结构力学的研究对象。

(2)板壳结构——又称薄壁结构，几何特征是其厚度要比长度和宽度小得多，房屋中的楼板和壳体屋盖即为板壳结构。

(3)实体结构——长、宽、厚三个尺度大小相仿，水工结构中的重力坝即为实体结构。

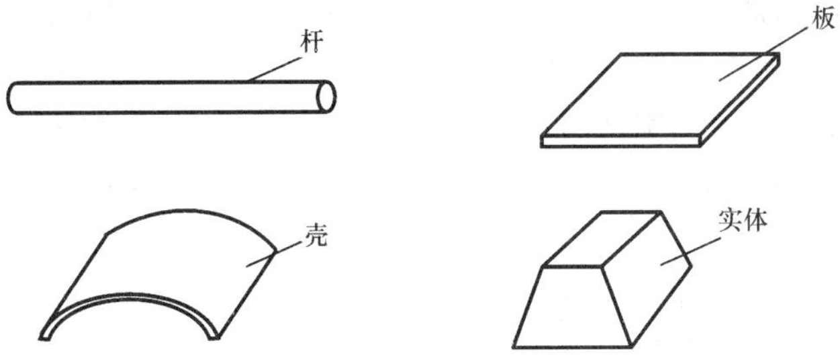

图 1-1

1.1.2　结构力学的研究内容和任务

1. 结构力学与相关力学课程的关系

理论力学：研究物体机械运动的基本规律。如物体静力平衡条件等。

材料力学：以单根杆件为研究对象，分析杆件的内力、应力、变形等，研究杆件的强度、刚度和压杆稳定性。

结构力学：以杆件结构为主要研究对象，研究在外力因素作用下结构的内力和变形，结构的强度、刚度、稳定性和动力反应，结构的几何组成规律。

板壳力学：研究板壳结构。

弹塑性力学：研究板壳结构、实体结构。

2. 结构力学的研究内容和任务

(1)讨论结构的组成规律和合理形式,确定结构的计算简图。

(2)研究结构内力和变形的计算方法,以进行结构的强度和刚度验算。

(3)讨论结构的稳定性以及在动力荷载作用下的结构反应。

结构力学的计算方法很多,所有方法都要考虑以下三方面条件:

(1)力系的平衡条件或运动条件。

(2)变形的几何连续条件。

(3)材料的应力一应变关系(即本构方程)。

1.1.3 学习方法

结构力学的特点是:理论概念性较强,方法技巧性要求高。理论概念需要通过练习来加深理解,方法技巧则需要多做练习来熟练掌握,特别是从具体算法中学习分析问题的一般方法和解题思路,由此及彼,学会由特殊到一般,从而培养分析和解决问题的能力。

结构力学的学习方法是:注重力学概念;活学活用,理论联系实际;多练,多想,提高计算能力;培养自学能力。

1.2 结构的计算简图及简化要点

1.2.1 结构的计算简图

实际结构一般都很复杂,要想完全按照结构的实际情况进行力学分析和计算,是不可能也是不必要的。为了便于计算,需要作出一些合理的简化和假设,略去次要因素,保留主要受力特征,把复杂的实际结构抽象化为简单图形。这种在结构计算中代替实际结构,并反映其主要受力和变形特点的简化图形,称为结构的计算简图。选择计算简图的原则是:

(1)从实际出发,尽可能反映结构主要受力特征;

(2)略去次要因素,便于计算。

1.2.2 简化要点

1. 结构体系的简化

空间结构简化为平面结构。一般工程结构都是空间结构,很多情况下可以根据受力特点分解为几个平面结构进行简化计算。有两种简化方法:

(1)从结构中选取一个有代表性的平面计算单元。

(2)沿纵向和横向分别按平面结构计算。

以图 1-2(a)所示的一个实际厂房为例,图 1-2(b)是该厂房的示意图,这是一个空间结构。从荷载传递来看,屋面荷载和桥式起重机轮压力主要通过屋面板和吊车梁等构件传递到横向排架上,各横向排架几何尺寸相同。因此可以从结构中选取图 1-2(c)所示的有代表性的横向排架来分析。也可以沿横向按图 1-2(c)所示的平面结构和沿纵向按图

1-2(d) 所示的平面结构分别计算。

2. 杆件的简化

用杆轴线代替杆件,用杆轴线构成的几何轮廓代替原结构的几何尺寸。如图 1-2(d)所示的平面结构可以简化为图 1-2(e)所示的平面结构。

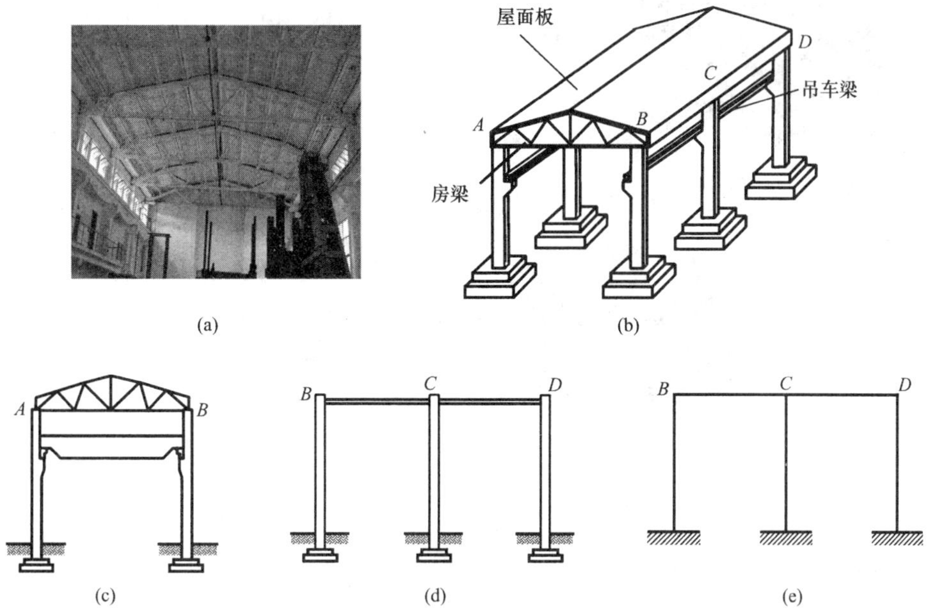

图 1-2

3. 结点的简化及分类

结构中杆件相互连接的部分称为结点。按结点的构造方式有三种:刚结点、铰结点、组合结点。

(1)刚结点:相互连接的杆件在连接处不能相对移动和相对转动,各杆端结为整体,刚结点既可传递力,又能传递力矩。实际工程中,现浇钢筋混凝土刚架中的结点(图 1-3(a))即为刚结点,计算简图如图 1-3(b)所示。

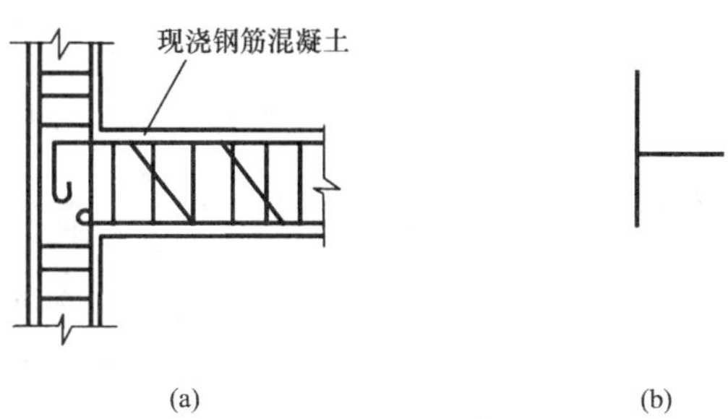

图 1-3

(2)铰结点:相互连接的杆件在连接处不能产生相对移动,但可以绕结点相对转动,铰结点可以传递力,但不能传递力矩。图 1-4(a)所示的木屋架的结点构造方式如图 1-4(b)所示,受荷载作用后各杆夹角会发生改变,比较接近铰结点,计算简图如图 1-4(c)所示。图 1-5(a)所示的角钢焊接屋架的结点,受荷载作用后由于联系板的变形使各杆夹角发生改变,也接近铰结点,计算简图如图 1-5(b)所示。

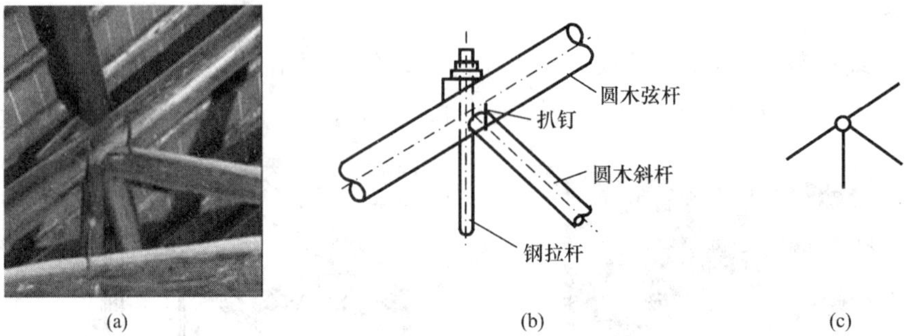

图 1-4

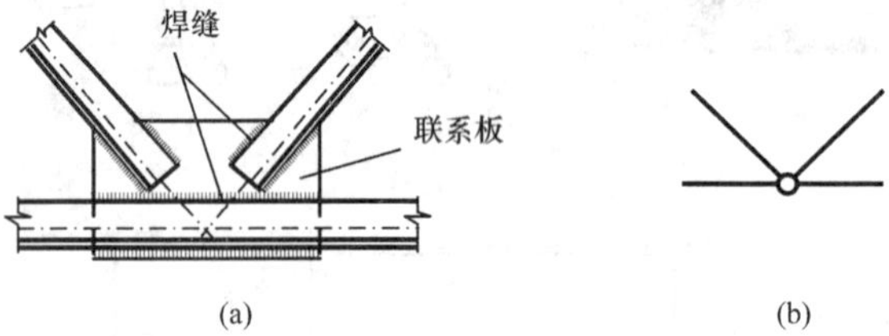

图 1-5

(3)组合结点:一部分杆端为刚结点,另一部分杆端为铰结点。图 1-6(a)所示的结点为组合结点,计算简图如图 1-6(b)所示。

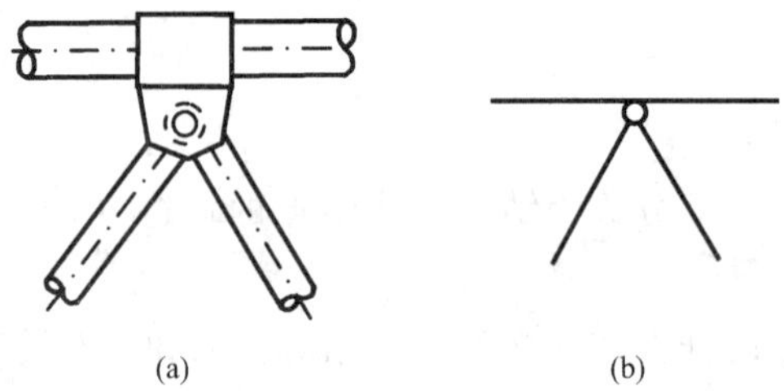

图 1-6

4. 支座的简化及分类

结构与基础的连接部分称为支座。支承结构或构件的各种装置都可以看作支座。支座将结构位置固定,并把作用于结构上的荷载传递到基础或支承部分。支座对结构的反作用称为支反力。按受力特征,可简化为可动铰支座(链杆支座)、固定铰支座、固定支座、定向支座、弹性支座。

(1)可动铰支座如图 1-7(a)所示。它不允许被支承的部分沿垂直于支承面方向移动,因此只产生一个垂直于支承面方向的支反力。可动铰支座的计算简图如图 1-7(b)所示,又称为链杆支座。可动铰支座的计算简图也可以如图 1-7(c)所示。

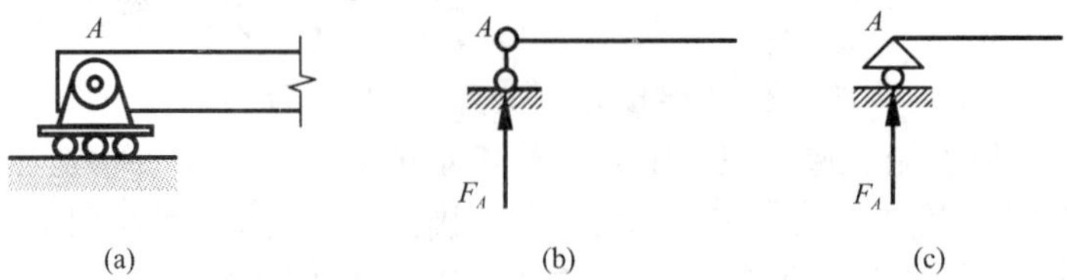

图 1-7

(2)固定铰支座如图 1-8(a)所示。它不允许被支承的部分沿任意方向移动,但允许转动,支反力用两个互相垂直的分力表示。固定铰支座的计算简图如图 1-8(b)所示。固定铰支座的计算简图也可以如图 1-8(c)和图 1-8(d)所示。

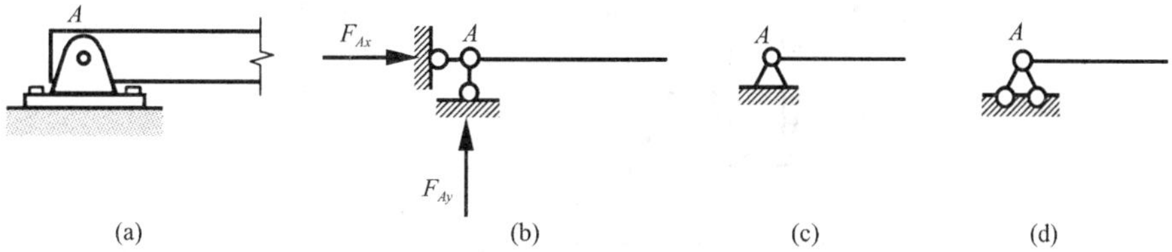

图 1-8

图 1-9(a)所示的杯形基础,柱与基础之间的填充物比较柔软,柱可绕基础发生微小相对转动,但不能移动,这样的连接可看作固定铰支座,计算简图如图 1-9(b)、(c)所示。图 1-10 所示的柱与屋架的连接构造,采用预埋钢板,在吊装就位后再焊接在一起,屋架端部与柱顶不能相对移动,但仍有微小相对转动的可能,因此也可简化为固定铰支座。

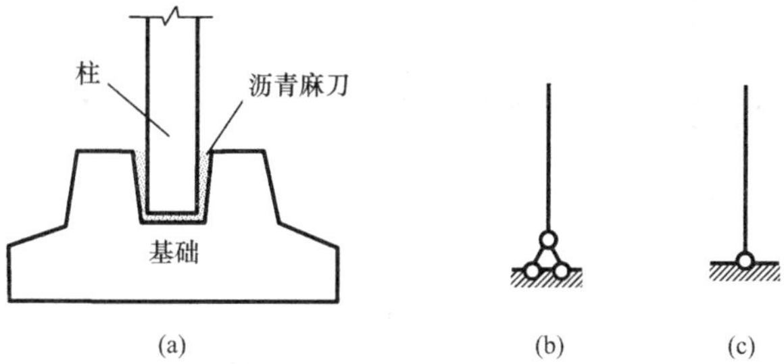

图 1-9

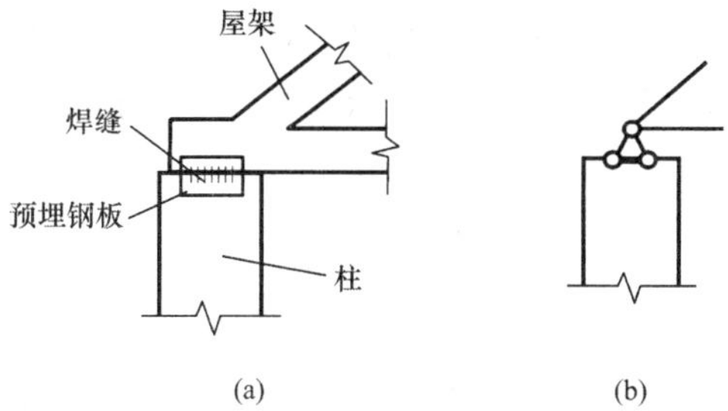

图 1-10

(3)固定支座如图 1-11(a)所示。被支承的构件被完全固定,不允许产生任何移动和转动,提供的支反力有两个互相垂直的分力以及支反力偶。固定支座的计算简图如图 1-11(b)所示。

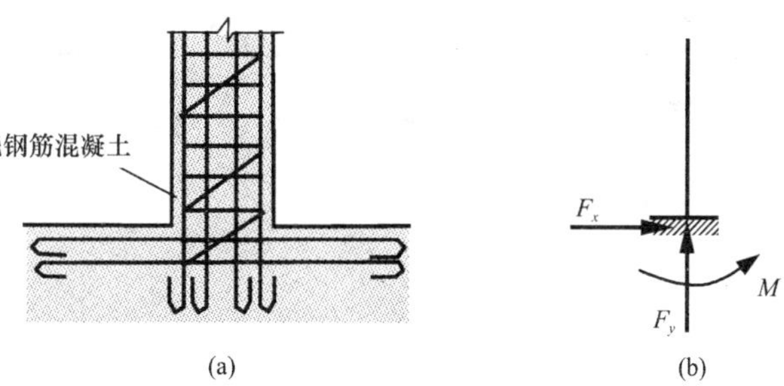

图 1-11

图 1-12 所示的杯形基础，柱插入基础杯口较深，柱与基础之间用刚性材料填充，不能发生任何相对位移，这样的连接就可看作是固定支座。

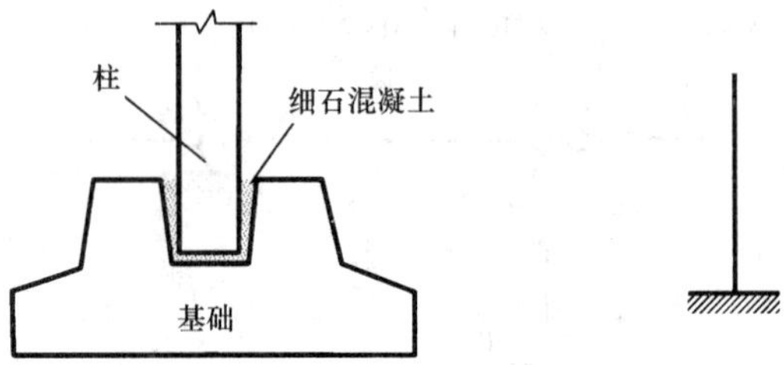

(a)　　(b)

图 1-12

(4)定向支座如图 1-13(a)所示。被支承的构件不能转动，但可以沿一个方向移动，定向支座提供的支反力有支反力偶和一个反力。计算简图如图 1-13(b)所示。

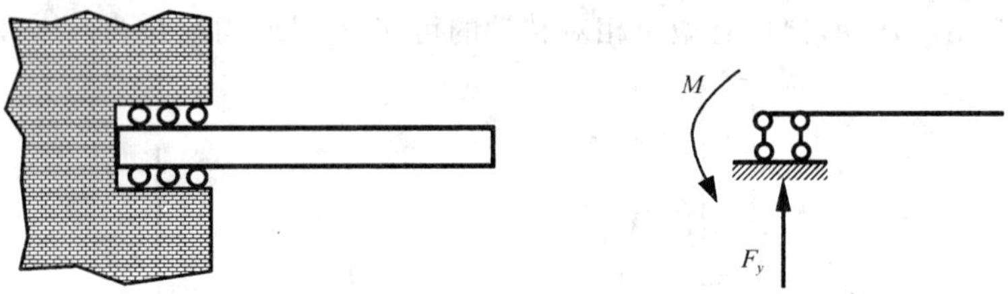

(a)　　(b)

图 1-13

上述支座都是刚性支座。由于荷载作用下结构本身产生弹性变形，有的连接形式可以简化为弹性支座。弹性支座提供的支反力大小与连接处的弹性变形有关。弹性支座有两种：伸缩弹性支座（又称为弹性铰支座）和旋转弹性支座（又称为弹性固定端）。

(1)伸缩弹性支座计算简图如图 1-14 所示。k 为刚性系数，伸缩量为 v，则支反力大小 $F=kv$。

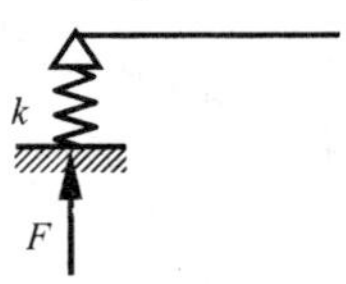

图 1-14

(2)旋转弹性支座示意图如图 1-15(a)所示。计算简图如图 1-15(b)所示。k为刚性系数，杆端转角为 α，则支反力偶矩大小 $M=k\alpha$。

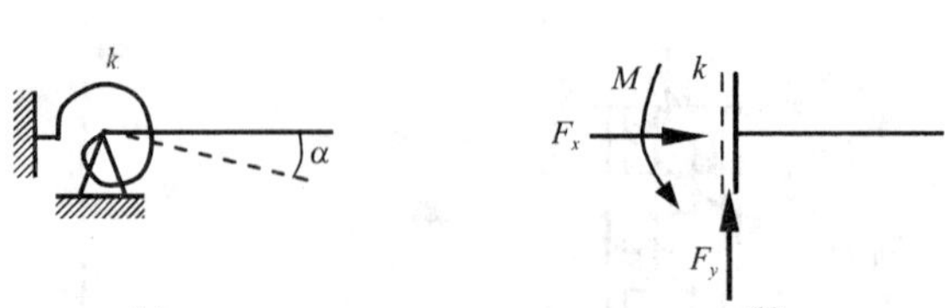

(a)　　(b)

图 1-15

1.2.3　结构的计算简图示例

以图 1-16(a)厂房为例，从该空间结构中选取图 1-16(b)所示的横向排架来分析，简化为平面结构。屋架与柱的连接构造可简化为图 1-10 所示的铰支座，上部屋架由角钢焊接组成，各杆端的连接构造可简化为图 1-5 所示的铰结点，因此可将上部屋架简化为平面桁架，计算简图如图 1-16(c)所示。计算下部排架内力时，可将上部屋架简化为抗拉刚度 EA 为无穷大的直杆，杆端与柱顶用铰连接。柱与基础的连接简化为固定支座。这样，下部结构简化为平面排架，计算简图如图 1-16(d)所示。

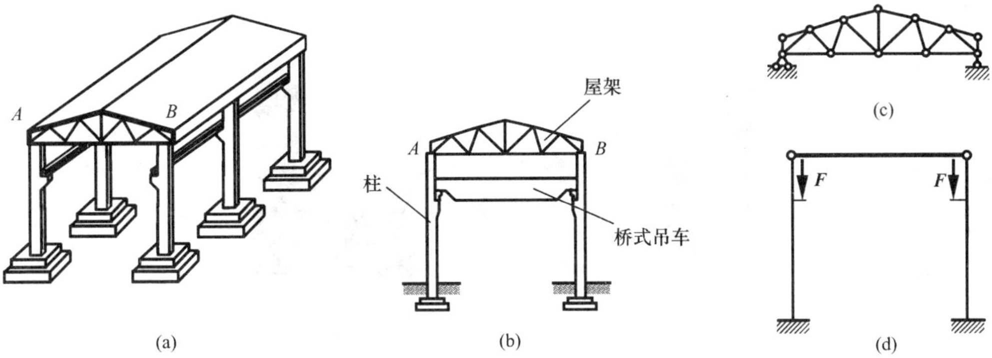

图 1-16

1.3　结构的分类

结构力学主要研究杆件结构。杆件结构是工程中最常见的结构，按照结构的简化模型，通常可分为梁、拱、刚架、桁架、组合结构等类型。

1.3.1　梁

梁在竖向荷载作用下支座不会产生水平推力，以弯曲变形为主要变形，梁的内力有弯矩和剪力。图 1-17 为单跨梁，图 1-18 为多跨梁。

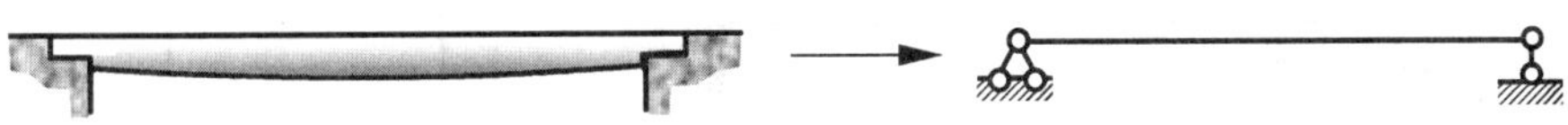

图 1-17

1.3.2　拱

拱的轴线为曲线，在竖向荷载下支座会产生水平推力，又称为推力结构。拱的内力有轴力、弯矩、剪力。图 1-19 所示的中国著名古建筑赵州桥为石拱桥。图 1-20 为两种拱的计算简图。

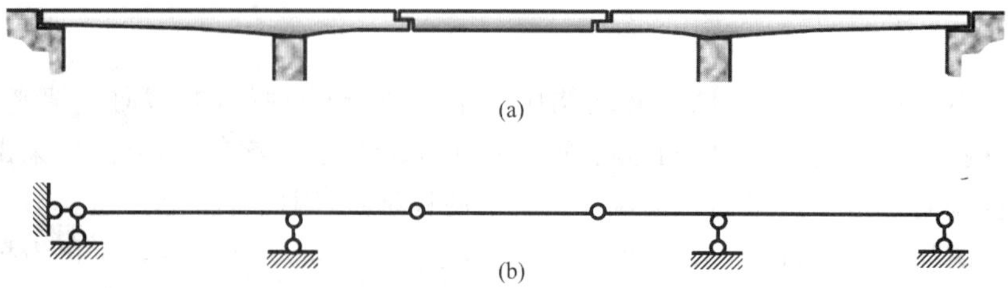

图 1-18

图 1-19

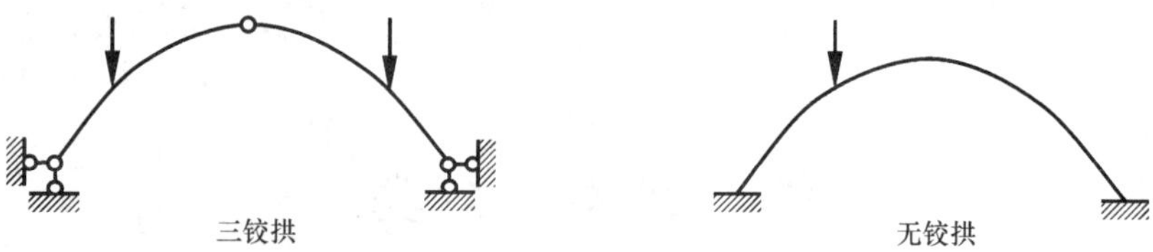

图 1-20

1.3.3 刚架

刚架由梁和柱组成，结点中主要是刚结点，各杆的内力有弯矩、轴力、剪力，以弯矩为主。图 1-21 为刚架的计算简图。

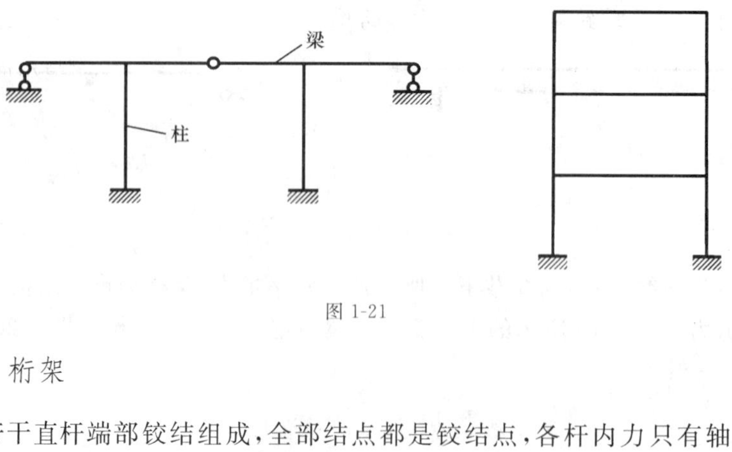

图 1-21

1.3.4 桁架

桁架由若干直杆端部铰结组成，全部结点都是铰结点，各杆内力只有轴力。图 1-22(a)所示屋架可简化为桁架，计算简图如图 1-22(b)所示。

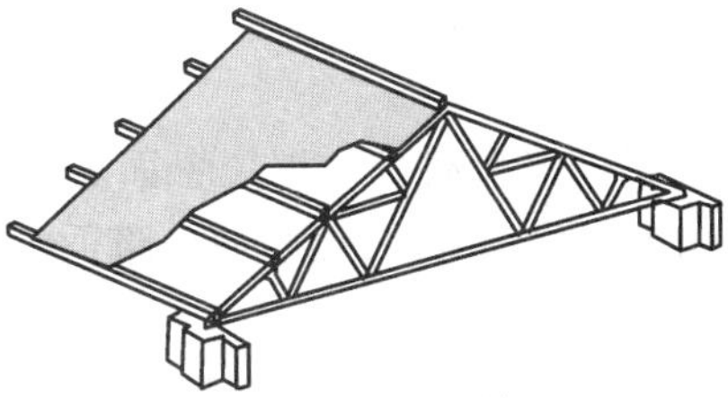

(a)

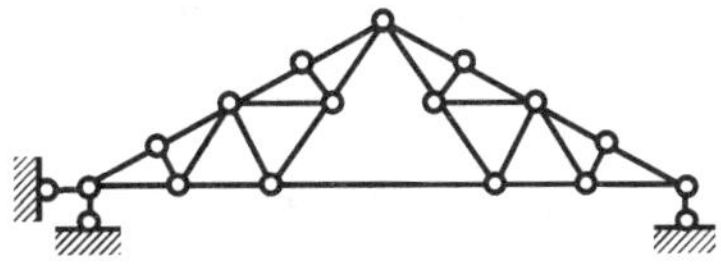

(b)

图 1-22

1.3.5　组合结构

组合结构由若干杆件组成，结点中包含组合结点。杆件分为梁式杆和链杆。梁式杆内力有弯矩、剪力和轴力，以弯矩为主；链杆内力只有轴力。这种结构又称为桁梁组合结构。图 1-23 为某组合结构的计算简图。

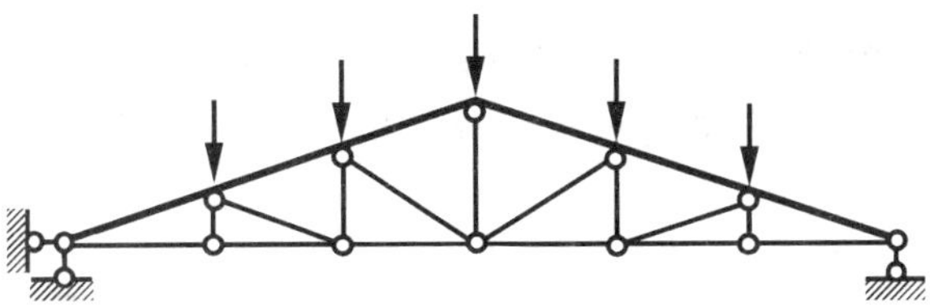

图 1-23

1.4　荷载的分类

荷载可以分为狭义荷载和广义荷载。狭义荷载是指主动作用在结构上的外力，例如结构的自重，作用于结构上的风、雪压力，水压力等。广义荷载是指使结构产生内力和变形的其他因素，如温度变化、材料收缩、基础沉陷等。通常指的荷载是狭义荷载。荷载可以根据不同特征进行分类。

1.4.1　集中荷载与分布荷载

根据作用范围，分为集中荷载与分布荷载。集中荷载是指作用在微小面积上的荷载，这种荷载可简化为作用在一点，如车轮轮压力。分布荷载是指作用在一定面积或长度上的荷载，如结构自重，风、雪压力，水压力等。

1.4.2　恒载与活载

按作用时间的久暂，分为恒载与活载。恒载是指长期作用于结构上的不变荷载，其大小、方向、作用位置都不随时间变化，如结构的自重、安装在结构上的设备重量等。活载是指结构在施工和使用期间可能存在的可变荷载，如吊车荷载、结构上的人群重量、风、雪等荷载。

1.4.3 固定荷载与移动荷载

按荷载位置的变化，分为固定荷载与移动荷载。固定荷载是作用位置固定不变的荷载，如风、雪、结构自重等。移动荷载是可以在结构上自由移动的荷载，如公路桥梁上的汽车荷载、吊车梁上的吊车荷载等。

1.4.4 静力荷载与动力荷载

按荷载作用的性质，分为静力荷载与动力荷载。静力荷载大小、方向和位置不随时间变化或变化极其缓慢，不使结构产生显著的加速度，如恒载和大部分活载。动力荷载随时间迅速变化或在短暂时间内突然作用或消失，使结构产生显著的加速度，如动力机械的振动、爆破时的爆炸冲击等。

1.4.5 直接荷载与间接荷载

按荷载与结构接触的情况，分为直接荷载与间接荷载。如图 1-24(a)所示，车辆等荷载直接作用在纵梁上，对于纵梁是直接荷载，对于主梁则是间接荷载。计算简图如图 1-24(b)所示。

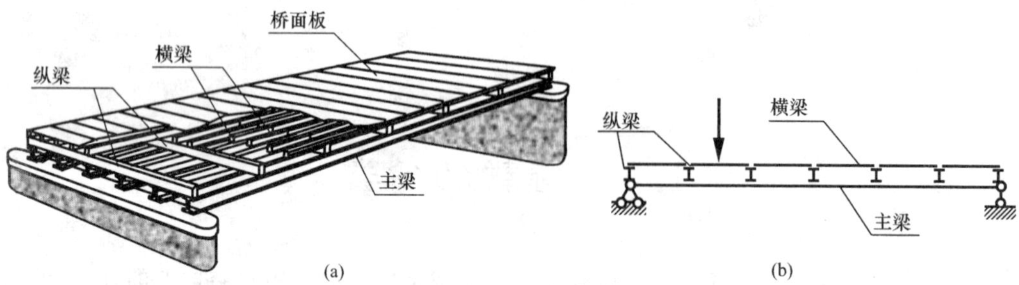

图 1-24

1.5 船舶结构的简化

1.5.1 船舶结构力学的内容与任务

船舶是很复杂的工程结构，与陆上建筑的主要不同是在水上，并且可以移动，只是在建造或坞修时才离开水。任何工程结构物的安全可靠都是最重要的，船舶结构自然也不例外。为了做到这一点，必须了解结构的工作环境和它所承受的荷载。

1. 船舶结构的荷载

船舶结构的荷载可分为三类。第一类为固定荷载，也可称为常荷载。它包括船舶结构的自重，主机、辅机、舵机、救生艇等，这些重量一般是不变的。第二类荷载一般是变化荷载，主要是货物、燃油、淡水、压载水等。在船舶设计阶段，一些法规(规范、规则)对船舶的各种典型配载方案作出了要求，需要严格计算，使之满足安全要求。上述两类荷载的确定比较容易。

第三类荷载是船外的水压力，显然它是可变荷载，这一类荷载相当复杂。最理想的状态是船舶在静水中停泊或航行，受静水压力的作用。但大多数情况下船舶受到的是动荷载，即水动压力、波浪拍击力及运动中的惯性力等，难以确定，计算起来相当困难。因此船舶结构受载比陆上建筑受载复杂。

可变荷载又可分为缓慢变化荷载和快速变化荷载。例如船舶航行中，液体货物的晃荡（油水等），甲板上浪，破冰荷载等都属于缓慢变化荷载。高速船舶在航行时，底部会受到抨击，首部外飘也会受到抨击。所谓抨击是指船舶高速航行时，由于波浪的变化，首部有时会露出水面，在它又进入水里时受到强烈的水动力冲击，这种冲击相当迅速而剧烈，它对船底部产生强烈的脉冲压力，对船舶的破坏力是很大的。这种荷载的确定和计算都相当困难和复杂。另外，螺旋桨转动引起的脉冲压力也属于快速变化荷载。

2. 静置法研究船舶总强度

合理地确定荷载，才能合理地设计结构，保证船舶有足够的强度，确保安全。传统的方法是用静置法研究船舶总强度。即在考虑船体强度时，将船舶作为一根梁，称为“船体梁”。将此梁静置于静水上和静置于波浪上，然后按静水效应研究船舶在重力和浮力的作用下发生的弯曲变形和应力。这样把船舶作为一个整体来研究称为船舶总纵强度，简称总强度。总强度至今一直是船舶强度的主要内容。显然，静置法与船舶在波浪中的实际情况有很大差距，必然会有很大误差。近年来波浪理论的研究和计算方法有了很大进展，正在应用到船舶外荷载的确定上，使总强度的计算准确合理，为结构安全服务。

3. 船舶的主要变形特征

船体梁在分布重力和浮力的作用下，其主要变形为弯曲变形。当船舶顺浪或逆浪航行，且波长与船长大致相等时，可分为“中拱”和“中垂”两种状态，如图 1-25 所示。

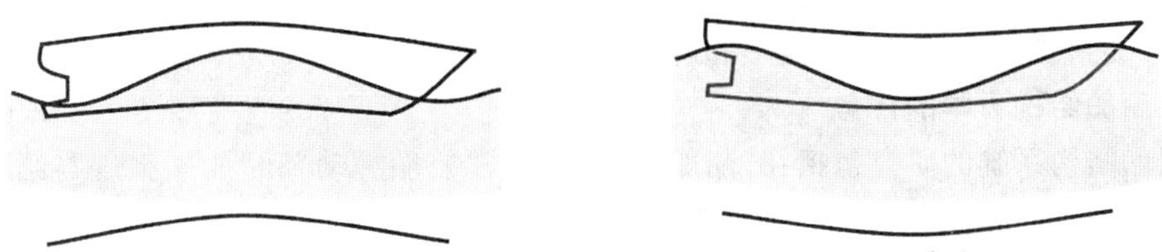

(a)中拱　　(b)中垂

图 1-25

当船舶在斜浪上航行时，船舶在每一横剖面处左右两舷的分布水压力一般不等，如图 1-26 所示，则沿船长方向会出现扭矩，使船舶发生扭转。对于集装箱船、大开口驳船等这也是主要变形之一，其原因是大开口降低了船舶的抗扭刚度。

4. 船舶的主要破坏形式

船舶在使用过程中主要有 4 种原因可能造成破坏。

(1)强度破坏。如操纵不当或机器失灵发生碰撞、触礁、搁浅，因强度不足，经不起风浪的打击。

(2)应力集中破坏。很多海损事故是因为舱口角隅处应力过大引起的，此区域称为应力集中区域。首先在应力集中区域产生裂缝，逐渐向甲板、舷侧延伸，严重时可使整条船折断。

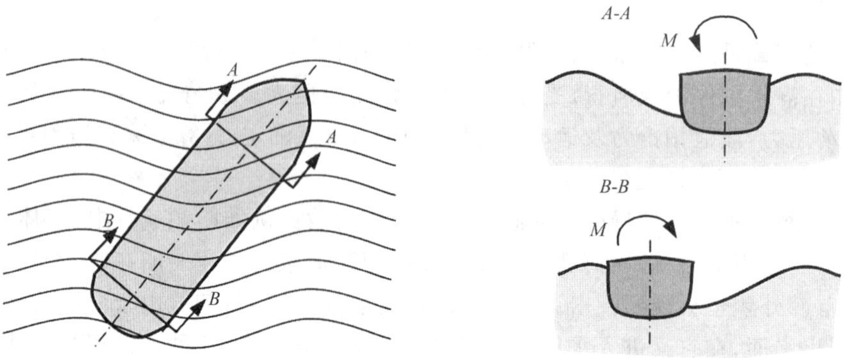

图 1-26

(3)稳定破坏。船舶发生中垂时,甲板部位受压力,如果承受的压力过大,就可能使某些构件失稳,丧失承载能力。失稳构件所承受的压力就要转移到其他受压构件上,这些构件就要承受更大的压力,又增加了失稳的威胁。以致出现恶性循环,使受压构件逐个失稳,导致全船失稳。

(4)疲劳破坏。船舶受到周期性变化荷载的作用,产生周期性交变应力,可能在构件中引起微裂纹,这种裂纹逐渐增大,即损伤不断积累。在交变应力经过大量循环之后,裂纹变得足够大,致使构件发生断裂。

5. 结构响应

结构在荷载作用下,会产生变形和应力,即结构对荷载的作用产生了反应,人们把这种反应称为结构响应。

响应又可分为静响应和动响应。结构对静荷载的响应称为静响应或静力响应,对动荷载的响应称为动响应或动力响应。如船舶受到静水压力作用产生的变形和应力称为静力响应,受到波浪拍击产生的变形和应力称为动力响应。

6. 船舶结构力学的任务

船舶结构系统的研究包括在"船舶结构力学"、"船舶震动"和"船舶强度与结构设计"三门课程中。"船舶结构力学"研究船舶结构的静力响应,还包括受压构件的稳定性问题。它可以完成结构设计和强度校核的任务。外荷载的确定一般在"船舶强度与结构设计"中研究,同时还包括许用应力。结构的动力响应一般在"船舶震动"中研究。

目前船舶设计一般都依据国内外船级社或船检部门的"规范"计算确定构件尺寸,并没有直接利用结构力学的计算方法确定。这是因为结构设计要考虑的因素很多,实船设计资料、实践经验占着重要的地位,但结构力学知识越来越多地运用到了规范中。真正理解规范,深刻认识并运用好规范就必须掌握结构力学知识。反之,学好了结构力学,才能真正驾驭规范,为修改规范和发展规范提供理论基础。特别是规范中还没有包罗到的内容,就必须依靠结构力学分析计算。就问题的本质来说,结构力学是结构设计和结构分析的基础。

1.5.2 船舶结构简化及计算简图

船舶结构主要由两类构件组成:骨架和板。骨架包括横梁、肋骨、纵骨、纵桁、扶强材、垂直桁、水平桁、支柱等。板包括船体外板、内底板、各层甲板、纵横舱壁、平台等。骨架起着支撑板的作用。骨架一般是型钢或组合型材，简称“杆”。船舶结构力学主要研究杆及杆系结构的计算，然后是板的计算。就船舶而言，其杆系结构是一个复杂的空间结构，但在实际计算时，常把它划分为一些形状比较规则、比较简单的结构来计算。下面以某远洋船货舱为例(图 1-27)说明船舶结构的简化及计算简图。

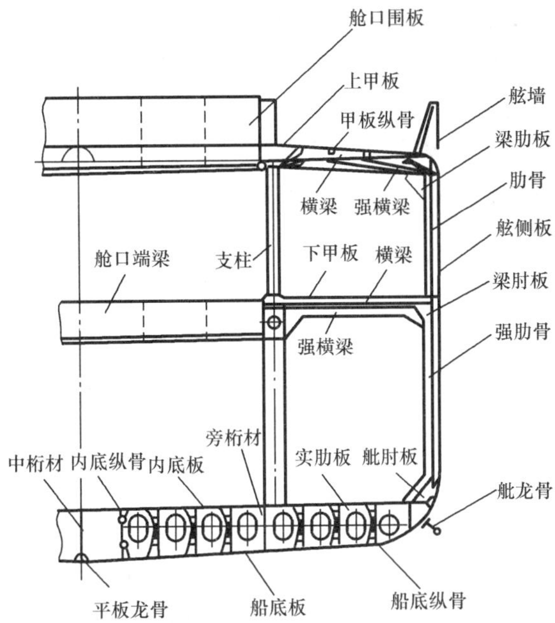

图 1-27

1. 甲板纵骨的简化

在甲板骨架中，纵骨的横剖面尺寸最小，它穿过强横梁并通过横舱壁以保持纵向连续。由于强横梁的横剖面尺寸较大，有足够的抗弯刚度支持纵骨，可认为在强横梁支持处，纵骨不产生挠度；但纵骨剖面可以产生转角，因为纵骨穿过强横梁，强横梁对纵骨横剖面的转动没有限制，所以强横梁可以简化为纵骨的刚性铰支座。横舱壁对纵骨的支持更强，另外，纵骨一般用肘板连接在横舱壁扶强材或垂直桁上，既限制纵骨的挠度又限制纵骨横剖面的转动。所以横舱壁可以简化为纵骨的刚性固定端。这样，两个横舱壁之间的一根纵骨就简化成一根连续梁，如图 1-28 所示。图中只考虑了甲板横向荷载。

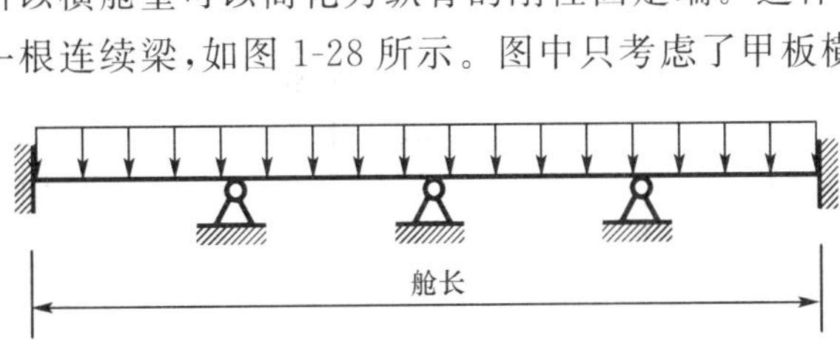

图 1-28

2. 甲板强构件的简化

以上甲板为例，在上甲板骨架中甲板纵桁和舱口端横梁的剖面尺寸最大，称为甲板强构件。在计算时常可略去其他小构件(如纵骨)对它们的影响，于是得到一个井字形的平面杆系结构，如图 1-29 所示，横舱壁简化成了纵桁的刚性固定端，因为纵桁与横舱壁垂直桁牢牢地焊接在一起，足以限制纵桁产生挠度和转角。舱口端横梁的两端与舷侧肋骨连在一起。由于肋骨横剖面比舱口端横梁小，其抗弯刚度比舱口端横梁弱，不能限制舱口端横梁的转角；尽管肋骨断面尺寸较小，但其轴向刚度足够大，可以阻止舱口端横梁产生挠度，故肋骨可以简化为舱口端横梁的刚性铰支座，即横梁自由支持在肋骨上。这种结构的特点是平面结构，但荷载垂直于该平面作用（如甲板货物），所以构件将垂直于结构平面发生弯曲，产生挠度，结构的变形不在该结构平面内。此种结构称为“交叉梁系”或“板架”。

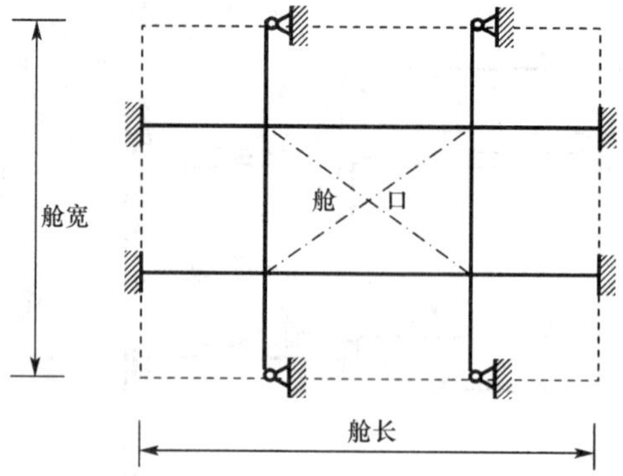

图 1-29

3. 横剖面骨架的简化

对横剖面来说，横梁、肋骨及肋板组成了一个平面刚架，如图 1-30(a)所示。在抵抗船舶横向变形时，这类刚架起到了重要作用，所以它是研究船舶横向强度的一个重要对象。各构件的连接点都用肘板加强，形成刚结点。肋骨与横梁的交点位于船侧板和各层甲板的交界，肋骨与肋板的交点位于船侧板与船底板的交界。在这些交界处，甲板和船底板的水平刚度很大，船侧板的垂直刚度很大，不会产生线位移，故加上了刚性支座；在舱口处，横梁受到舱口纵桁的支持，不会产生挠度（纵桁的横剖面尺寸比横梁大），但可以产生转角，故也加上了刚性支座，表示横梁自由支持在舱口纵桁上。

在实际船舶结构中，肋板的横剖面尺寸远大于肋骨的横剖面尺寸，所以在计算时可将肋板简化为肋骨的刚性固定端，如图 1-30(b)所示，因为肋骨的弯曲变形根本不能带动肘板以产生转角，故此刚架可简化成仅由横梁和肋骨组成，更加简单。肋板可在船底骨架中研究。

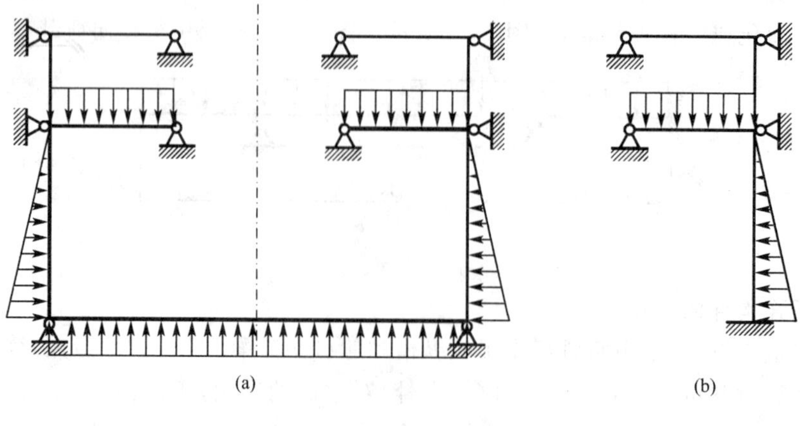

图 1-30

4. 船底骨架的简化

本船是双层底结构，整个双层底可看作是一个夹层板，通常称为“组合板”，也可看作是杆系结构。作为杆系结构计算时，可将双层底视为由船底纵桁和肋板组成的交叉梁系，即船底板架，而内底板和外底板作为纵桁和肋板的带板，如图 1-31 所示。内底板和外底板上的纵骨是小构件，可忽略不计；在单独计算时和甲板纵骨一样，按连续梁计算。船底纵桁两端（舱壁处）按刚性固定处理，其道理和甲板纵桁一样。肋板两端（舷侧处）按自由支持处理，其原因是肋板横剖面尺寸比肋骨大得多，肋骨没有足够的刚度去限制肋板端部的转角，仅能限制其线位移。

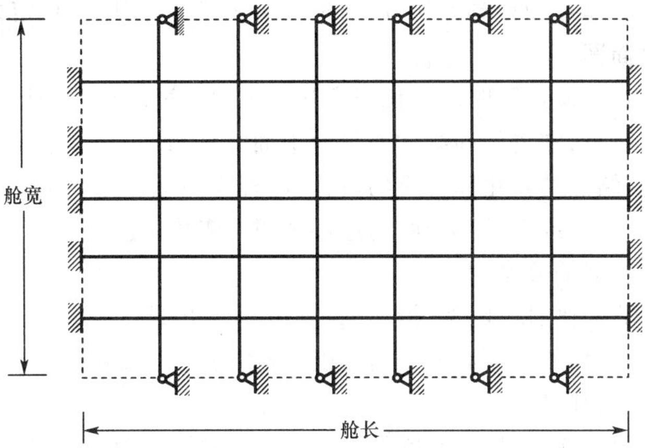

图 1-31

船舶结构简化得到连续梁、平面刚架、平面板架三种典型的杆系结构。

船舶结构的另一类主要构件——板的简化比较简单。船体的板都是连续的板，如舷侧板、船底板、甲板等。这些板一般都有曲度，四周支持在纵横骨架上，如甲板支持在甲板横梁和甲板纵骨或甲板纵桁上。通常这些横梁和纵骨或纵桁具有足够的刚度支持板，可作为板的周界。所以船甲板也就简化成了具有矩形周界的平板（忽略曲度）。其他部位的板也可作类似简化。板上的荷载可分为两类，一类是垂直板面的荷载，如甲板上的货物，船底板上的水压力等，如图 1-32(a)所示；另一类是作用于板平面内的荷载，如总纵弯曲时甲板受拉（中拱）或受压（中垂），可参见图 1-32(b)。

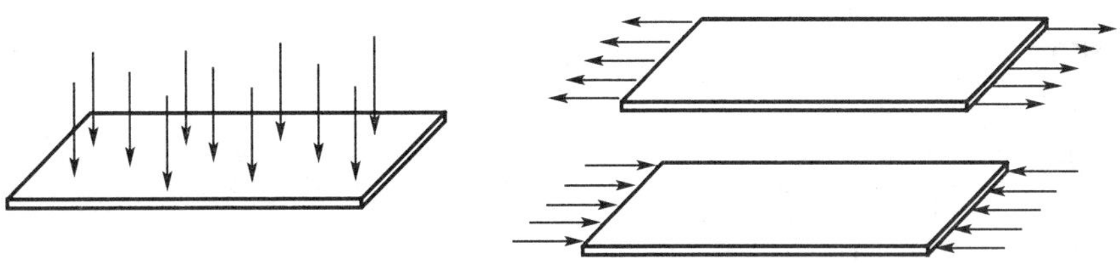

(a)　　　　(b)

图 1-32

小 结

本章介绍了结构力学的基本任务，结构的计算简图及其简化要点以及结构和荷载的分类。

1. 基本任务

研究结构的组成规律和合理形式以及结构在荷载、温度变化及支座移动因素作用下的内力和变形的计算原理和计算方法，以便进行结构强度、刚度和稳定性的计算。

2. 结构的计算简图

计算简图指进行结构计算时用以代表实际结构的经过简化的图形。

杆件结构简化时，通常将空间结构简化为平面结构，即进行结构体系的简化，然后分别进行杆件的简化、结点的简化和支座的简化，即杆件用其轴线代替、杆件之间的连接区用结点代替、结构与基础或支承部分间的连接区用支座代替。

3. 杆件结构和荷载的分类

杆件结构可以分为梁、拱、刚架、桁架、组合结构等类型。根据荷载的不同特征，荷载可以分为不同的类型，如根据荷载的作用范围，分为分布荷载和集中荷载；根据荷载作用的时间，分为恒载和活载等。

船舶结构简化得到连续梁、平面刚架、平面板架三种典型杆系结构。

第2章　平面体系的几何组成分析

学习指导

(1)理解自由度、几何可变体系与几何不变体系、瞬变体系、瞬铰的概念。

(2)了解计算自由度的计算方法,能计算一般平面体系的自由度。

(3)熟练掌握几何不变体系的基本组成规律,并能熟练应用这些规律分析平面体系的几何构造。

2.1　概　述

杆系结构是由杆件按一定连接方式组成的体系。只有连接形式合理,才能起到承受荷载的作用,才能作为结构使用。本章按照机械运动及几何学的观点,对杆件组成的体系进行分析,称为几何组成分析。在进行几何组成分析时,不考虑材料应变,将杆件看作刚体。

2.1.1　平面体系的分类

1. 几何可变体系

图2-1所示体系即使在很小的力作用下,也会引起几何形状改变(如图2-1中虚线所示)。这类体系称为几何可变体系。显然,几何可变体系是一种可以活动的机构,是不能作为结构使用的。

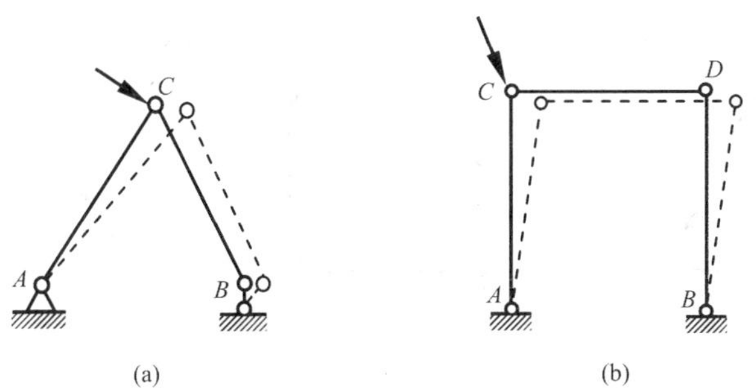

图2-1

2. 几何不变体系

不考虑材料应变的情况下,在任意荷载作用时,体系的几何形状和位置不发生改变。这类体系称为几何不变体系。图2-2所示体系即为几何不变体系。将图2-1与图2-2作比较,可看出造成几何可变体系的原因是缺少约束。

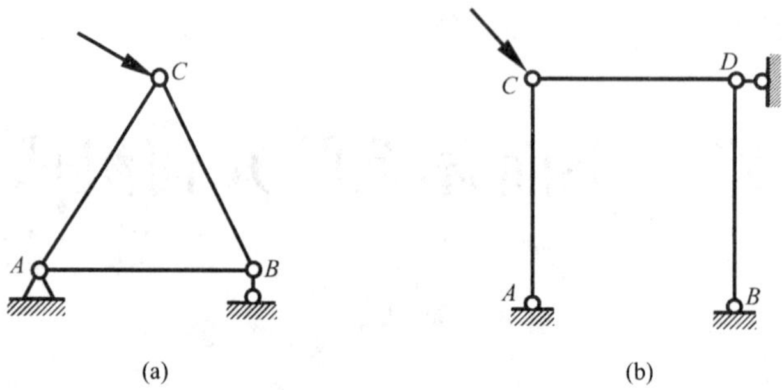

图 2-2

2.1.2 平面体系几何组成分析的目的

(1)判别某一体系是否几何不变,从而确定其能否作为结构。

(2)研究几何不变体系的组成规律,从而设计出各种合理结构。

(3)判定结构是静定的还是超静定的,以便选择合适的计算方法。

2.2 平面体系几何组成分析的几个概念

要对体系进行几何组成分析,需要先明确与其相关的概念。一个体系如果是几何不变的,则组成体系的各构件在空间必处于确定的位置,而一个物体在空间的位置可以用它的坐标来表示。本节引入刚片、自由度、约束的概念,来讨论平面体系几何不变性的实质。

2.2.1 刚片

几何不变的平面物体称为刚片。在几何组成分析中不考虑材料的变形,所以可以将体系中任何一根杆视为一个刚片,也可以将由若干个杆组成的几何不变部分看作一个刚片。此外与结构相连的基础通常也视为一个刚片。例如图 2-3(a)所示体系为一刚片,而图 2-3(b)所示的不是刚片(几何形状可变)。通常以图 2-3(c)所示图形代表刚片。

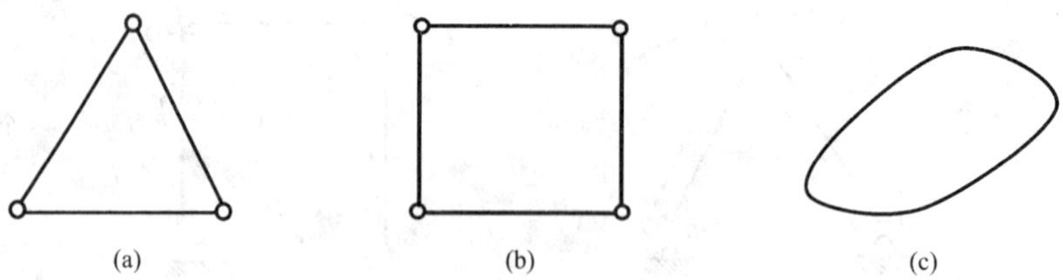

图 2-3

2.2.2 自由度

确定物体或体系在平面内的位置所需要的独立坐标的数目称为自由度。

1. 点的自由度

在平面上一个点的自由度等于 2。独立坐标可以取为 x,y,如图 2-4(a)所示;或取为 r,φ,如图 2-4(b)所示。

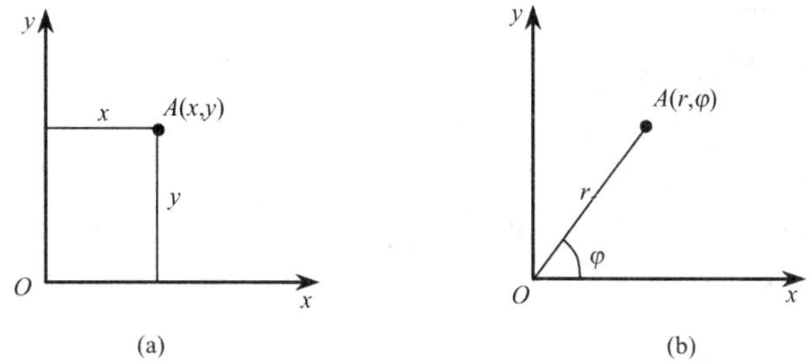

图 2-4

2. 刚片的自由度

一个刚片在平面内的位置可由其上任意一直线 AB 的位置来确定(图 2-5),而该直线的位置则由其上任一点 A 的两个坐标 x_A,y_A 和转角 φ 确定。当 x_A,y_A 和 φ 一定时,直线 AB 的位置就确定,其对应刚片的位置也就确定了。所以一个刚片在平面内的自由度等于 3。

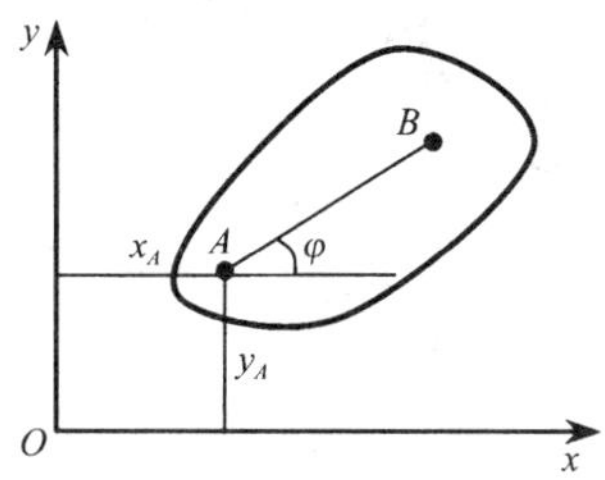

图 2-5

2.2.3 约束

使体系减少自由度的装置称为约束。减少自由度的装置数目就相当于约束的数目。

1. 链杆(图 2-6(a))

阻止刚片沿链杆方向的移动,使刚片减少一个自由度,故一根链杆相当于一个约束。链杆也可以不是直杆,而是曲杆(图 2-6(b))或折杆,它使两铰间距不变,起到虚线所示直杆的作用。

2. 固定铰支座(图 2-6(c))

阻止刚片上下和左右移动,使刚片减少两个自由度,相当于两个约束。一个固定铰支座相当于两个链杆支座。

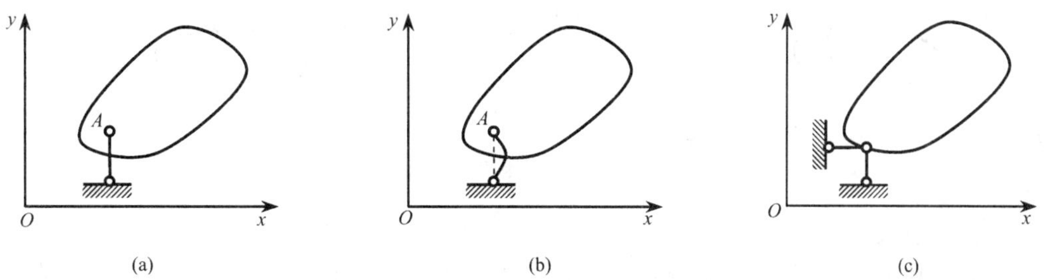

图 2-6

3. 单铰

单铰为连接两个刚片的铰。如图 2-7(a)所示刚片Ⅰ和刚片Ⅱ，用铰相连之前在平面内各有 3 个自由度，共 6 个自由度。用铰连接在一起后，用 3 个独立坐标确定刚片Ⅰ的位置后，刚片Ⅱ的位置由转角 φ 即可确定。这样刚片Ⅰ和刚片Ⅱ用铰相连组成的体系独立坐标数目为 4，即自由度减少为 4。可见，设置一个单铰减少两个自由度，相当于两个约束。

4. 复铰

复铰为连接多于两个刚片的铰。如图 2-7(b)所示复铰连接了 3 个刚片。复铰的作用可以通过单铰来分析：先将刚片Ⅱ用一个单铰与刚片Ⅰ连接，然后再用一个单铰将刚片Ⅲ与刚片Ⅰ连接，这样连接 3 个刚片的复铰可以看作两个单铰，因而相当于 4 个约束。

一般的，连接 n 根链杆的复铰，可以看作 $(n-1)$ 个单铰，因而相当于 $2(n-1)$ 个约束。若用 h 表示单铰的数目，则图 2-7(c)、(d)所示复铰分别为 $h=4$，$h=3$。

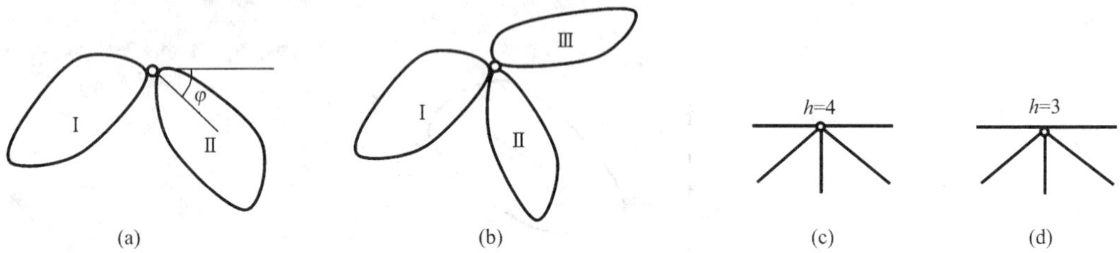

图 2-7

5. 实铰与虚铰

两根链杆的约束作用相当于一个单铰。

(1)实铰：两链杆的杆端直接连接的铰称为实铰，图 2-8(a)所示 A 即为实铰。

(2)虚铰(瞬心)：连接两个刚片的两链杆的交点称为虚铰，虚铰也称为相对转动瞬心(简称瞬心)。图 2-8(b)所示链杆 BA 和链杆 DC 的交点 O 即为虚铰。假设刚片Ⅰ不动，刚片Ⅱ可绕点 O 转动，说明这两根链杆的约束作用相当于一个单铰，但在转动过程中铰的位置要发生变化，所以称为虚铰(瞬心)。若连接两个刚片的两根链杆互相平行，则虚铰在无穷远处，如图 2-8(c)所示。

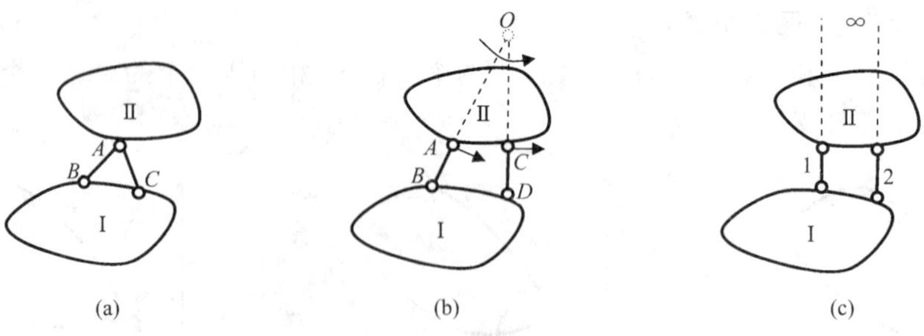

图 2-8

6. 固定支座

固定支座阻止刚片在平面内的上下、左右移动和转动，如图 2-9(a)所示，所以相当于 3 个约束。

7. 刚结点

刚结点是工程中常见的结点类型。图 2-9(b)中，刚片Ⅰ与刚片Ⅱ在平面内原有 6 个自由度，用刚结点连接后，成为一个整体，自由度为 3，比各自独立时减少 3 个自由度。两杆间的刚结点称为单刚结点，相当于 3 个约束。

连接多于两杆间的刚结点称为复刚结点。一般地，连接 n 根杆的复刚结点，可以看作 $(n-1)$ 个单刚结点，因而相当于 $3(n-1)$ 个约束。图 2-9(c)所示复刚结点，相当于 3 个单刚结点。

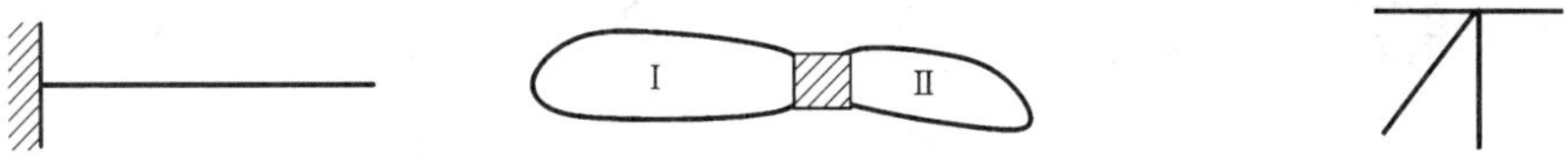

(a)　　(b)　　(c)

图 2-9

2.2.4　平面体系的计算自由度

1. 平面体系的自由度计算公式

若将一个平面体系看成是由若干个刚片加入约束组成，以 m 表示刚片数目，以 g 表示单刚结点数目，以 h 表示单铰数目，以 r 表示支座链杆数目，则该体系的计算自由度数 W 为

$$W=3m-3g-2h-r \tag{2-1}$$

【例 2-1】　试求图 2-10 所示体系的计算自由度。

解法 1：将体系中每根杆都视为一个刚片，则 $m=9$；结点 G、I 均为连接 3 根杆的复刚结点，则 $g=4$；D、E、F 为 3 个单铰，结点 H 为连接 3 根杆的复铰，相当于 2 个单铰，则 $h=5$；支座链杆数 $r=4$。应用公式(2-1)，得

$$W=3m-3g-2h-r=3\times9-3\times4-2\times5-4=1$$

此体系自由度为 1，是几何可变的。

解法 2：将体系中 $AGDH$、$CIFH$ 分别视为一个刚片，加上另外 3 根杆，则 $m=5$；刚结点数 $g=0$；D、E、F 为 3 个单铰，结点 H 为连接 3 根杆的复铰，相当于 2 个单铰，则 $h=5$；支座链杆数 $r=4$。应用公式(2-1)，得

$$W=3m-3g-2h-r=3\times5-3\times0-2\times5-4=1$$

得到与解法 1 相同的答案。应用解法 2 时，刚结点 G 和 I 分别将 3 根杆连接为整体，各视为一个刚片，所以不再计入刚结点数。

【例 2-2】　试求图 2-11 所示体系的计算自由度。

解　将体系中 AHF、$CDEFGB$ 分别视为一个刚片，则 $m=2$；刚片 $CDEFGB$ 的闭合部分 $DEFG$ 可视为由一个刚结点连接，故刚结点数 $g=1$；F 为 1 个单铰，则 $h=1$；支座链杆数 $r=4$。应用公式(2-1)，得

$$W=3m-3g-2h-r=3\times2-3\times1-2\times1-4=-3$$

此体系自由度为-3，有 3 个多余约束。

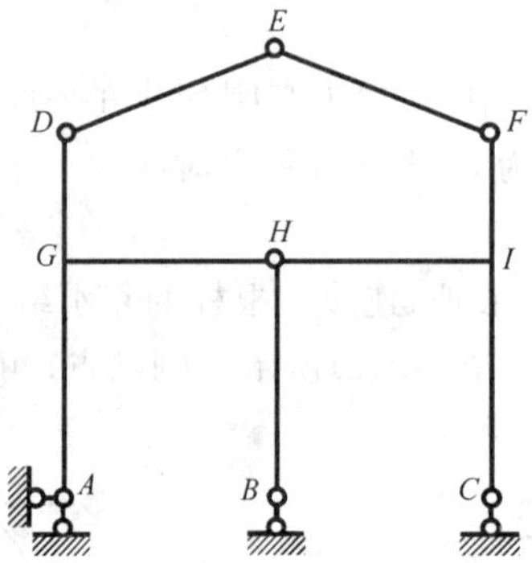

图 2-10

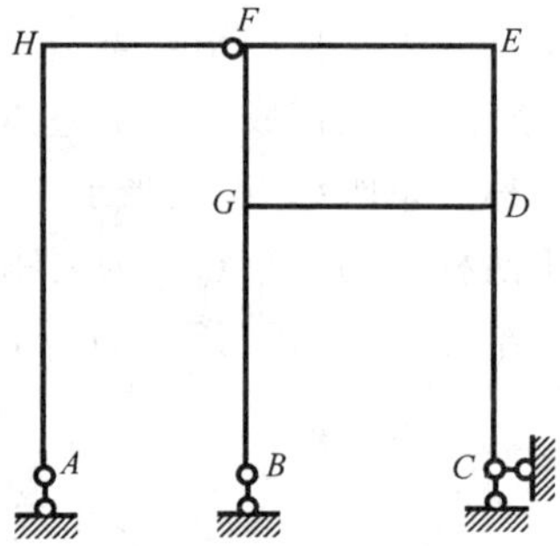

图 2-11

2. 铰接链杆体系的自由度计算公式

若平面体系全部是由链杆用铰连接组成，这类体系称为铰接链杆体系。铰接链杆体系中以 j 表示铰结点数目，以 b 表示杆件数目，以 r 表示支座链杆数目，则该体系的计算自由度数 W 为

$$W=2j-b-r \tag{2-2}$$

【例 2-3】 试求图 2-12 所示体系的计算自由度。

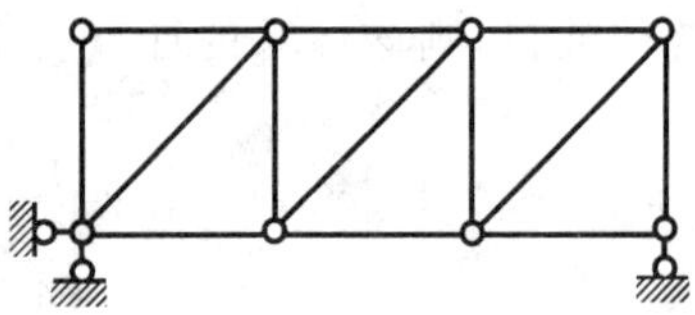

(a)

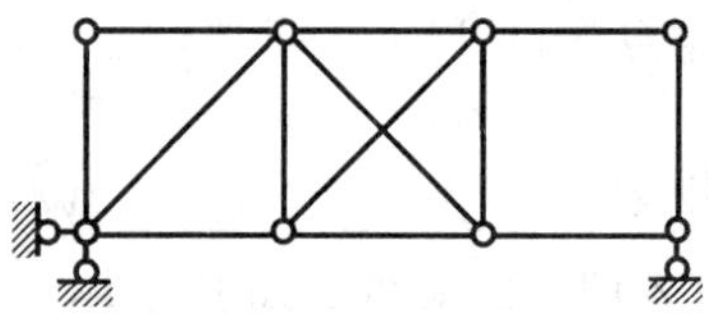

(b)

图 2-12

解 图 2-12(a)、(b)所示体系中铰结点数 $j=8$，杆数 $b=13$，支座链杆数 $r=3$。应用公式(2-2)，得

$$W=2j-b-r=2\times8-13-3=0$$

两个体系计算自由度都为零。但图 2-12(a)为几何不变体系，图 2-12(b)却为几何可变体系，这是因为该体系中杆件布置不合理，在中间节间有一根斜杆不能起到消除自由度的作用，右边节间却少一根斜杆，致使该体系仍能发生运动。

3. 体系的计算自由度结果的讨论

体系的计算自由度并不等于体系的实际自由度，但是它可以作为分析体系受约束情况和是否几何不变的重要参考。

(1)当 $W>0$ 时，体系缺少足够的约束，一定是几何可变的。

(2)当 $W=0$ 时，体系整体具有足够的约束数目，满足构成几何不变体系的必要条件。如果约束布置合理，体系是几何不变的；如果约束布置不当，体系则是几何可变的。例如，例 2-3 中图 2-12(a)所示体系是几何不变的。而图 2-12(b)所示体系，虽然 $W=0$，但是体系中杆件布置不合理，该体系是几何可变的。

(3)当 $W<0$ 时，体系存在多余约束。如果约束布置合理，是有多余约束的几何不变体系；如果约束布置不当，体系仍有可能是几何可变的。

因此 $W \leqslant 0$ 是保证体系几何不变的必要条件，但不是充分条件。要确定体系是否几何不变，必须进一步研究几何不变体系的几何组成规则。

例 2-1 和例 2-3 的体系将在下一节根据几何不变体系的组成规则作进一步分析。

2.3　几何不变体系的组成规则

一个几何不变体系，如果去掉一个约束就变成几何可变体系，则称之为无多余约束的几何不变体系。

基本三角形规则　三根链杆用不在一条直线上的三个单铰两两相连组成的体系，是无多余约束的几何不变体系，如图 2-13(a)所示。该三角形称为基本三角形。如果链杆间有相对运动则只能是相对转动，例如 AB 相对 BC 运动，A 点运动方向只能沿以 AB 为半径的圆弧的切线方向；而 AC 相对 BC 运动，A 点运动方向只能沿以 AC 为半径的圆弧的切线方向，如图 2-13(b)所示。由于 A、B、C 三点不共线，两圆弧在 A 点无公切线，故点 A 的运动是不可能的。同理，B、C 两点的运动也是不可能的。故体系是几何不变的，且无多余约束。

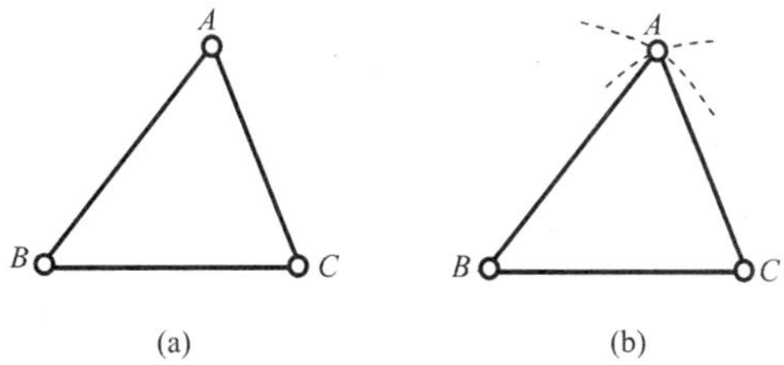

图 2-13

2.3.1　三刚片规则

将基本三角形中的三根链杆都视为刚片，得到三刚片构造规则：**三个刚片用不在同一直线上的三个单铰两两相连，则组成的体系是无多余约束的几何不变体系。**如图2-14(a)所示。

由于连接两刚片的两根链杆的作用相当于一个单铰，故可以将任一单铰换为两根链杆所构成的虚铰。因此可确定图 2-14(b)所示体系也是无多余约束的几何不变体系。

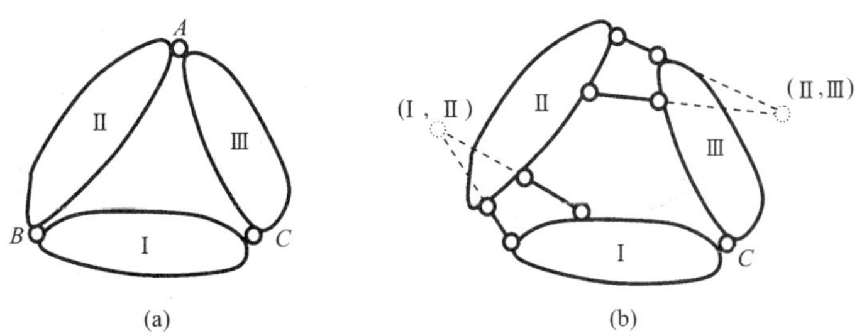

图 2-14

2.3.2 二刚片规则

将基本三角形中的两根链杆视为刚片，得到二刚片构造规则：两个刚片用一个单铰和一根不通过此铰的链杆连接，所组成的体系是无多余约束的几何不变体系。如图2-15(a)所示。也可以用两根链杆所构成的虚铰代换一个单铰，如图 2-15(b)所示。这样二刚片规则也可表述为：两个刚片用三根不交于一点且不完全平行的链杆连接，所组成的体系是无多余约束的几何不变体系。

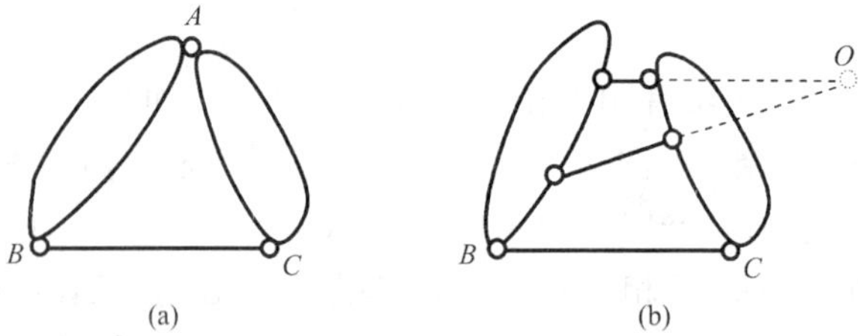

图 2-15

2.3.3 单刚片规则——二元体规则

将基本三角形中的一根链杆视为刚片，得到单刚片构造规则：用两根不共线的链杆将一个刚片和一个点连接起来，所组成的体系是无多余约束的几何不变体系。如图2-16(a)。这种两根不共线链杆连接一个新铰结点的结构称为二元体。显然，在一个体系中增加一个或拆除一个二元体，不影响体系的几何不变(或可变)性。由二元体规则可知，刚片Ⅰ与链杆 AB、AC 组成的体系是几何不变的，将它们视为刚片Ⅰ′，如图 2-16(b)所示；再根据二元体规则可知，刚片Ⅰ′与链杆 DA、DC 组成的体系也是几何不变的。继续依次增加二元体 DEC、DFE，组成的体系仍然是几何不变的(图 2-16(b)中用虚线表示增加的二元体)。

利用增加或拆除二元体可以使体系的几何分析得到简化。例如图 2-16(c)所示的体系，可依次拆除二元体 CDE、BCE、FEB、ABF，最后得到基本三角形 AFG。因为 AFG 是无多余约束的几何不变体系，所以原体系也是无多余约束的几何不变体系。

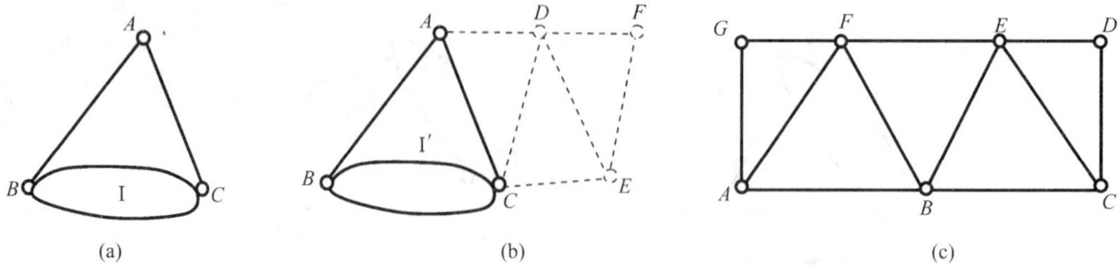

图 2-16

2.4　瞬变体系

2.4.1　瞬变体系的概念

在前面讨论的几何不变体系的组成规则中，对刚片之间的连接方式提出了几何布置方面的限制条件。下面以二元体规则为例，分析不满足限制条件时体系的特征。

图 2-17(a)中刚片Ⅰ与点 C 用共线的两链杆 AC、BC 连接。链杆 AC 的杆端 C 点的运动沿以 AC 为半径的圆弧切线方向，链杆 BC 的杆端 C 点的运动沿以 BC 为半径的圆弧切线方向。由于两圆弧在点 C 处有公切线，所以在此瞬时，点 C 的运动是可能发生的，即体系在这一瞬时是几何可变的。但经过一微小位移后两链杆不再共线，如图 2-17(b)所示，体系成为几何不变的。

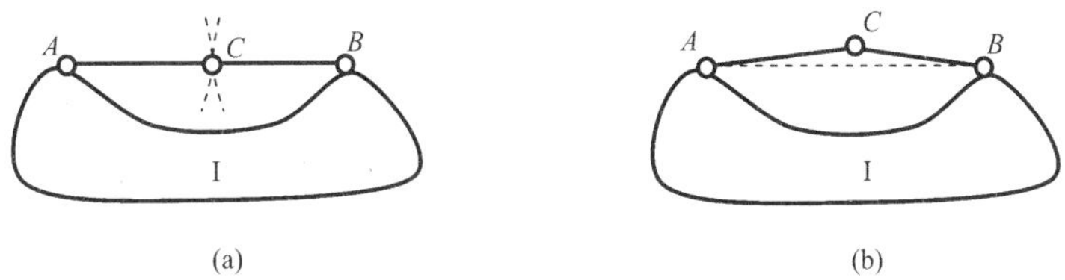

图 2-17

这种本来几何可变，经微小位移后又成为几何不变的体系称为瞬变体系。瞬变体系和接近瞬变体系的几何构造在荷载作用下会产生很大的内力，极易使体系发生破坏。因此，瞬变体系是不能作为结构使用的。

几何可变体系分为两种情况：常变体系和瞬变体系。常变体系可以发生非微量位移；瞬变体系在原位置上可以瞬时运动，但发生微量位移后即不能继续运动而变成几何不变的。

2.4.2　瞬变体系的鉴别

(1)三刚片规则中，三个刚片用三个单铰两两相连，三个单铰在同一直线上，则组成瞬变体系，如图 2-18(a)所示。这种情况与图 2-17 相同，只不过把两根链杆改成了两个刚片。

(2)二刚片规则中，两刚片用一个单铰和一根链杆连接，但链杆通过此铰，则组成瞬变体系，如图 2-18(b)所示。这种情况也与图 2-17 相同，只不过把一根链杆改成了一个刚片。

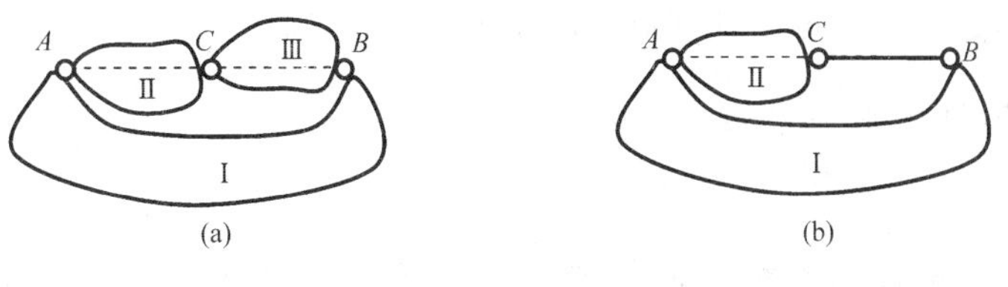

图 2-18

(3)二刚片规则中,连接两刚片的三链杆交于一点为虚铰,则组成瞬变体系,如图2-19(a)所示。如果三链杆在顶端交于一点为实铰,则组成的体系是常变体系,如图2-19(b)所示。

(4)二刚片规则中,连接两刚片的三链杆平行但不等长,则组成的体系是瞬变体系,如图2-19(c)所示,此时两刚片可以沿与链杆垂直的方向发生相对移动。但经微小位移后,由于三链杆不等长,各链杆的转角不相等,彼此不再平行,体系成为几何不变的,可见体系是瞬变体系。

如果三链杆平行且等长时,体系则是常变的,如图2-19(d)所示。

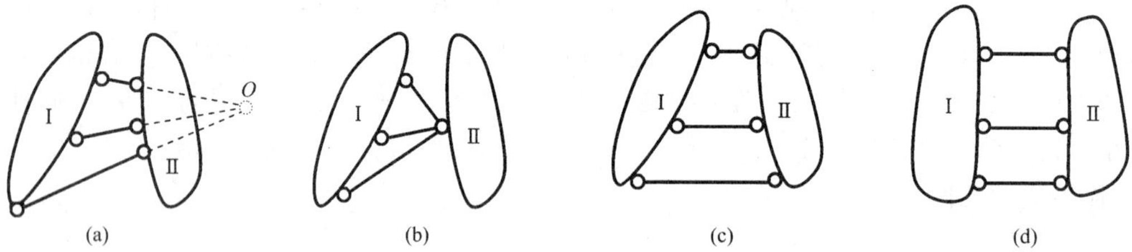

图 2-19

2.5 平面体系的几何组成分析

2.5.1 几何组成分析的步骤

在运用几何不变体系的三个组成规则时,刚片数最多为三个,这就需要在分析过程中用三个规则逐次将小刚片归并成大刚片或拆除一些二元体,将复杂的体系进行简化。几何组成分析的步骤大致如下:

(1)当上部体系只用三根不交于一点且不完全平行的链杆与基础相连时,可撤去基础,只对上部体系进行几何组成分析。当上部体系与基础的连接多于三根链杆时,必须把基础视为一个刚片,与上部体系一起进行分析。

(2)确定刚片和约束。注意刚片数最多为三个,所以刚片、链杆和铰可以根据分析的需要而相互转化。如果一个刚片只用两个铰与其他刚片连接,则此刚片可以看成是一根通过这两个铰的链杆。有时链杆也可以看成是刚片。

(3)简化体系。当体系上有明显的二元体时,先依次去掉二元体,再对剩下的部分进行分析。或者从一个刚片或一个基本三角形开始,依次增加二元体,将小刚片合成为大刚片,尽量扩大刚片范围,减少刚片数目,便于分析。

(4)根据刚片的个数利用简单组成规则进行几何组成分析。

(5)如果体系很复杂,可以计算自由度作为分析体系是否几何不变的参考。

2.5.2 几何组成分析举例

1. 基本分析方法

(1)拆除二元体,简化体系。注意只能从曝露在体系最外面的二元体开始拆除,不能从中间抽取。

【例 2-4】　试对例 2-3 的体系进行几何组成分析。

解　这两个体系的上部体系与基础都只用三根不交于一点且不完全平行的链杆相连，故撤去基础，只分析上部体系，如图 2-20 所示。

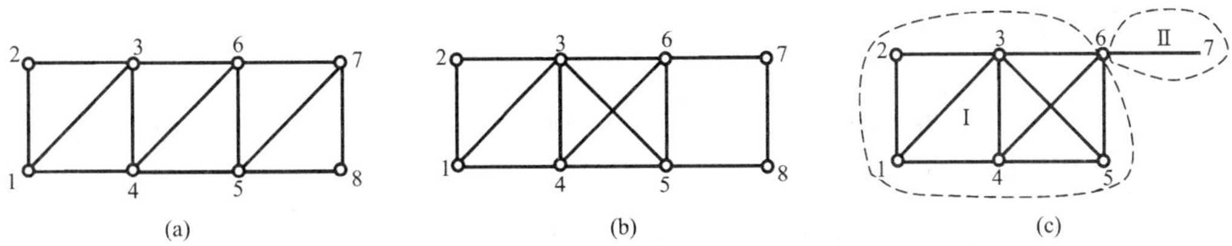

图 2-20

对图 2-20(a)所示体系，从右边依次拆除 78、58 杆，67、57 杆，65、45 杆，36、46 杆，34、14 杆所组成的二元体，最后仅剩余几何不变的基本三角形 123，所以图 2-20(a)所示体系是无多余约束的几何不变体系。或者从基本三角形 123 开始，依次增加二元体，得到原体系，也有相同的结果。

由此例的结果可以得到一个有用的结论：由简单三角形组成的铰接链杆体系（杆件没有交叉部分）是无多余约束的几何不变体系。

对图 2-20(b)所示体系，从右边拆除 78、58 杆所组成的二元体，剩余部分如图 2-20(c)所示。左边视为刚片Ⅰ，67 杆视为刚片Ⅱ，两刚片只有一个单铰连接，该体系是几何可变的，所以原体系是几何可变体系。

【例 2-5】　试对图 2-21(a)所示体系进行几何组成分析。

解　把基础作为刚片，从结点 1 开始依次拆除二元体，如图 2-21(b)中虚线所示。最后剩下基础与实线表示的二元体 10-8-9，为几何不变体系。故原体系是无多余约束的几何不变体系。

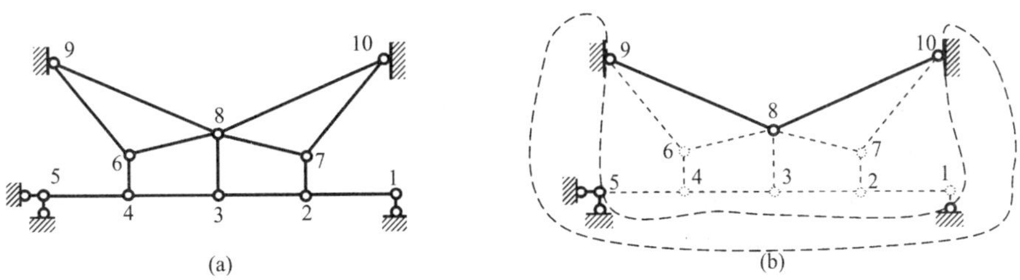

图 2-21

(2)组装法，从基础开始或从内部开始，按简单组成规则合成大刚片。

【例 2-6】　试对图 2-22(a)所示体系进行几何组成分析。

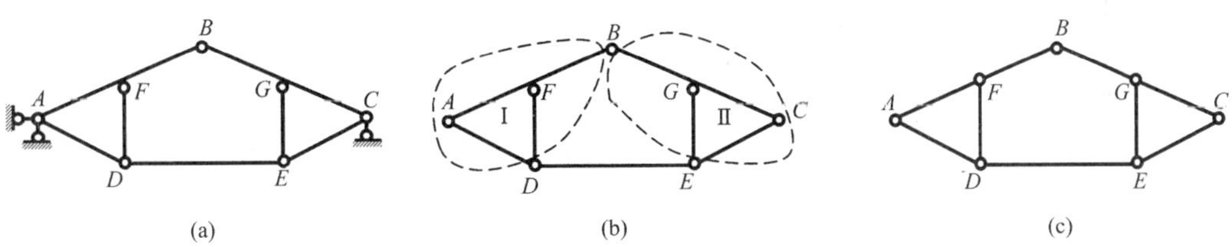

图 2-22

解 上部体系与基础只用三根不交于一点且不完全平行的链杆相连，故撤去基础，只分析上部体系，如图 2-22(b)所示。杆 AB 加上二元体 FDA 组成刚片Ⅰ，杆 BC 加上二元体 GEC 组成刚片Ⅱ，两刚片由单铰 B 和不过该铰的链杆 DE 连接，所以原体系是无多余约束的几何不变体系。

讨论：原体系中 F、G 处均为组合结点，即为单铰，如果改为复铰，如图 2-22(c)所示，则拆除 FB、GB 杆所组成的二元体后，三角形 ADF 与三角形 CEG 只有一根链杆 DE 相连，体系是几何可变的。所以在分析体系的几何组成时，一定要分清单铰与复铰。

【例 2-7】 试对图 2-23 所示体系进行几何组成分析。

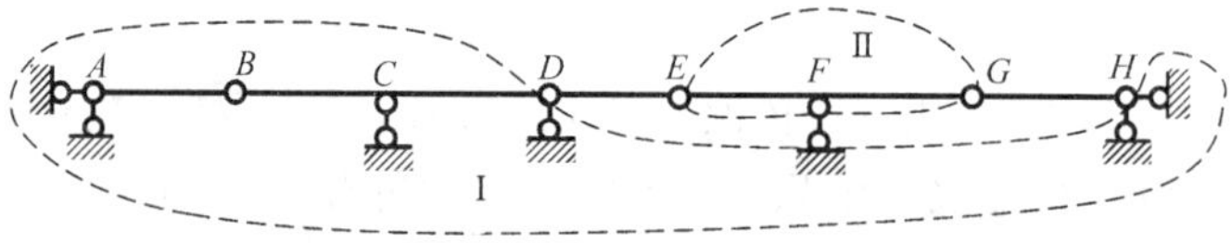

图 2-23

解 先把基础作为刚片，刚片 BCD 与基础由三根链杆连接(杆 AB、链杆支座 C、链杆支座 D)组成大刚片Ⅰ，杆 EFG 视为刚片Ⅱ。两刚片由三根链杆连接(杆 DE、链杆支座 F、杆 GH)，三杆交于一点 F，体系是瞬变体系。

【例 2-8】 试对图 2-24(a)所示体系进行几何组成分析。

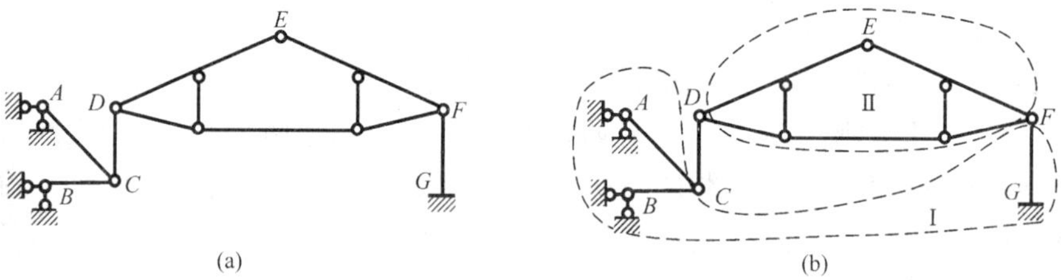

图 2-24

解 在基础上以刚结点连接 GF 杆，在 A、B 处加上二元体 ACB 组成大刚片Ⅰ，上部 DEF 的构造与例 2-6 相同，可视为刚片Ⅱ(图 2-24(b))。两刚片由铰 F 与链杆 DC 连接，链杆不通过铰，故体系是无多余约束的几何不变体系。

(3)约束等效代换：曲(折)杆等效为直链杆；连接两刚片的两链杆等效代换为虚铰。

【例 2-9】 试对图 2-25(a)所示体系进行几何组成分析。

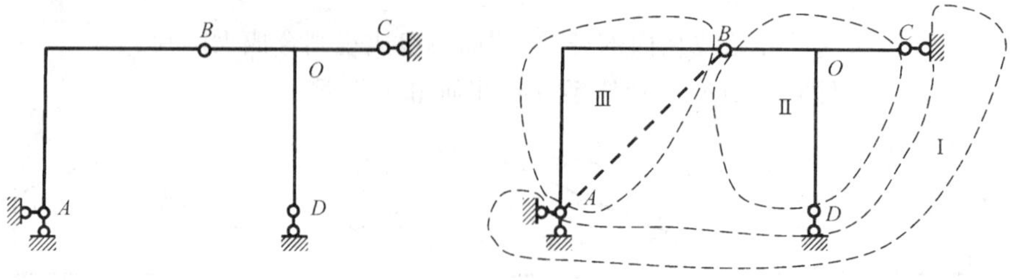

图 2-25

解　将基础视为刚片Ⅰ，上部体系视为刚片Ⅱ和刚片Ⅲ，如图 2-25(b)所示，刚片Ⅰ与Ⅲ用单铰 A 连接，刚片Ⅱ与Ⅲ用单铰 B 连接，刚片Ⅰ与Ⅱ用 C、D 两处支座链杆形成的虚铰 O 连接，三个铰不在一条直线上，所以体系是无多余约束的几何不变体系。

也可以将 AB 视为链杆，如图 2-25(b)中虚线所示。刚片Ⅰ与刚片Ⅱ用三链杆连接，三链杆既不全交于一点也不全互相平行，所以体系是无多余约束的几何不变体系。

【例 2-10】　试对例 2-1 所示体系进行几何组成分析。

解　原体系如图 2-26(a)所示，拆除 DE 杆、FE 杆组成的二元体，如图 2-26(b)所示。将基础视为刚片Ⅰ，杆 BH 视为刚片Ⅱ，CIH 视为刚片Ⅲ。将 AGH 视为链杆，如图 2-26(b)中虚线所示。刚片Ⅰ与Ⅱ用 B 处支座链杆与杆 AH 形成的虚铰 H 连接，刚片Ⅱ与Ⅲ用铰 H 连接，刚片Ⅰ与Ⅲ只有 C 处一根支座链杆连接，缺少约束，因此原体系是几何可变的。

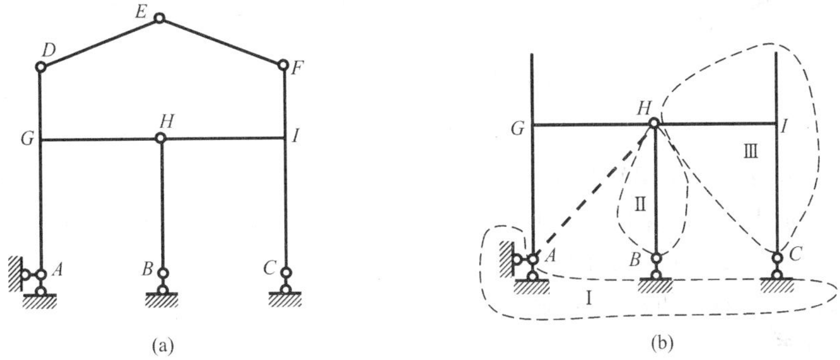

图 2-26

【例 2-11】　试对图 2-27 所示体系进行几何组成分析。

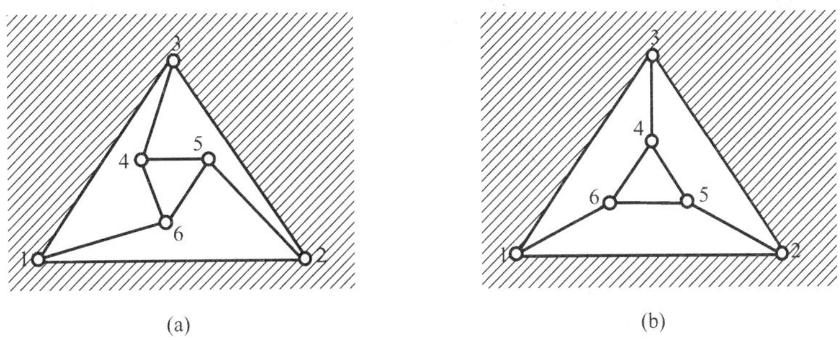

图 2-27

解　将大三角形 123 视为刚片Ⅰ，小三角形 456 视为刚片Ⅱ，两刚片用 16、25、34 三链杆连接。图 2-27(a)所示体系三链杆既不交于一点也不互相平行，所以是无多余约束的几何不变体系。图 2-27(b)所示体系三链杆交于一点，所以是瞬变体系。

【例 2-12】　试对图 2-28(a)所示体系进行几何组成分析。

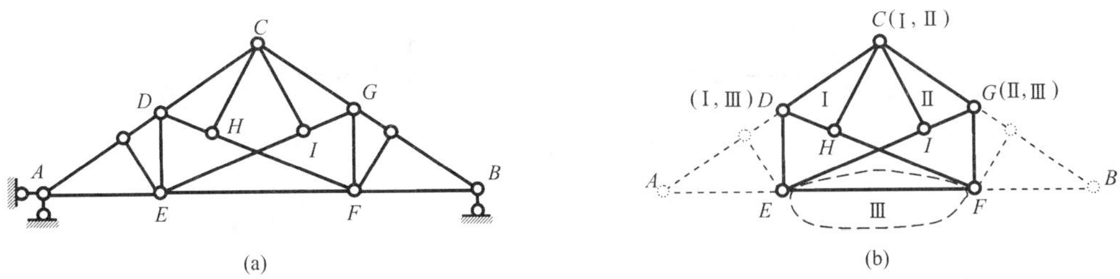

图 2-28

解 先撤去基础，接着分别从左边、右边拆除二元体(图 2-28(b)虚线所示)对原体系进行简化，其简化部分如图 2-28(b)实线所示。将三角形 CDH 和 CGI 各视为一个刚片，杆 EF 视为刚片Ⅲ。刚片Ⅰ与Ⅱ用铰 C 连接，刚片Ⅰ与Ⅲ和刚片Ⅱ与Ⅲ都分别用两根链杆形成的虚铰 D、G 连接，三铰不在一条直线上，按三刚片规则可判断该体系是几何不变的，所以原体系是几何不变的。

【例 2-13】 试对图 2-29(a)所示体系进行几何组成分析。

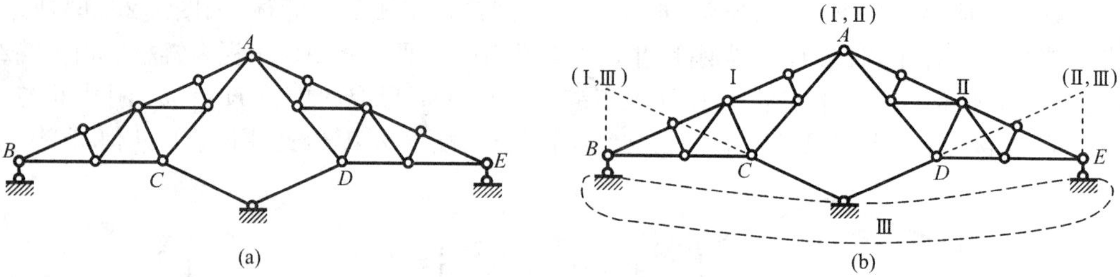

图 2-29

解 应用例 2-4 的结果可知上部 ABC 和 AED 都是几何不变的，分别视为刚片Ⅰ和Ⅱ，将基础视为刚片Ⅲ，如图 2-29(b)所示。刚片Ⅰ与Ⅱ用铰 A 连接，刚片Ⅰ与Ⅲ和刚片Ⅱ与Ⅲ都分别用两根链杆形成的虚铰连接。三铰不在一条直线上，按三刚片规则可判断该体系是几何不变的。如果三铰在一条直线上，则为瞬变体系。

2. 复杂体系

三刚片之间均由链杆形成的虚铰相连，尽量不用实铰。三刚片体系中，虚铰在无穷远时，可分为以下三种情况：

(1)一个虚铰在无穷远处，则当其余两铰(实铰或虚铰)的连线与形成虚铰的两链杆不平行时体系是几何不变的(例 2-13)；平行时体系是瞬变的(图 2-30)。

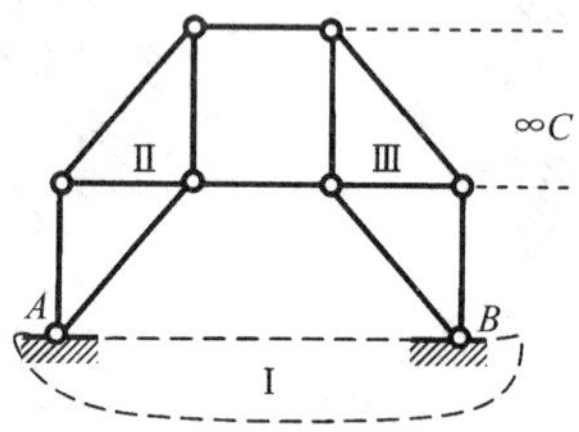

图 2-30

(2)两个虚铰在无穷远处，若形成虚铰的两对平行链杆互不平行时体系是几何不变的，当两对平行链杆全平行不等长时体系是瞬变的。当两对平行链杆平行且等长时，体系是几何可变的(例 2-14，例 2-15)。

(3)三个虚铰都在无穷远时，体系一般是瞬变的(图 2-31(a))。三对平行链杆各自等长时，体系是常变的(图 2-31(b))。

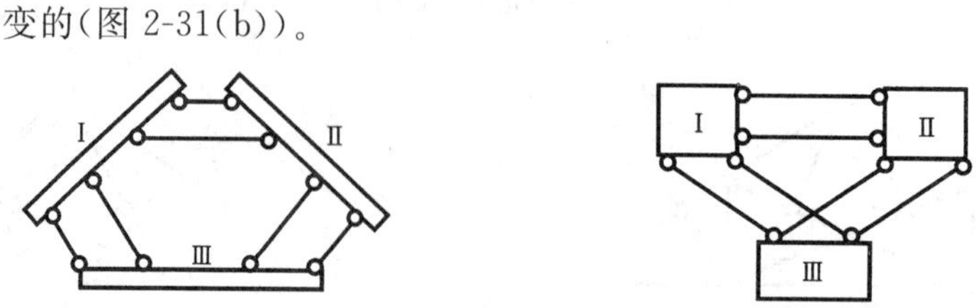

(a)瞬变体系　　(b)常变体系

图 2-31

【例 2-14】 试对图 2-32(a)所示体系进行几何组成分析。

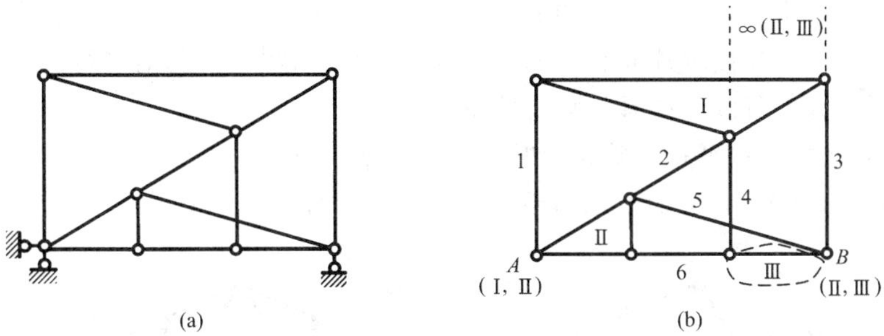

图 2-32

解 不考虑基础,分析上部体系如图 2-32(b)所示。确定图中所示三刚片,三刚片之间均由链杆形成的虚铰相连:刚片Ⅰ与Ⅱ由虚铰 A(链杆 1、2)相连;刚片Ⅱ与Ⅲ由虚铰 B(链杆 5、6);刚片Ⅰ与Ⅲ由无穷远虚铰(链杆 3、4)相连。三铰不共线,原体系几何不变,无多余约束。

【例 2-15】 试对图 2-33(a)所示体系进行几何组成分析。

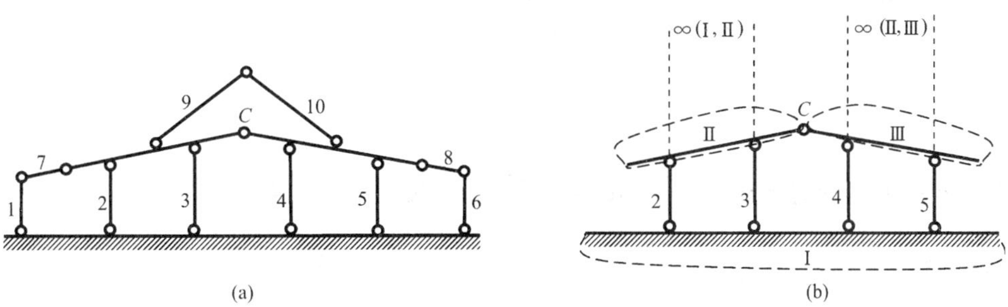

图 2-33

解 分别拆除杆 1、7,杆 6、8,杆 9、10 构成的二元体,剩余部分如图 2-33(b)所示。将基础视为刚片Ⅰ,上方两根杆视为刚片Ⅱ、刚片Ⅲ。刚片Ⅱ与Ⅲ用铰 C 连接,刚片Ⅰ与Ⅱ、刚片Ⅰ与Ⅲ分别用两根链杆所构成的虚铰连接,这两对链杆互相平行但不等长,则该瞬时两个虚铰在无穷远处重合,这相当于三铰在一条直线上,所以该体系是瞬变体系。

特别的,如果在三刚片体系中两对链杆互相平行且等长,则所构成的两个虚铰在无穷远处始终重合,体系是常变体系。

【例 2-16】 试对图 2-34(a)所示体系进行几何组成分析。

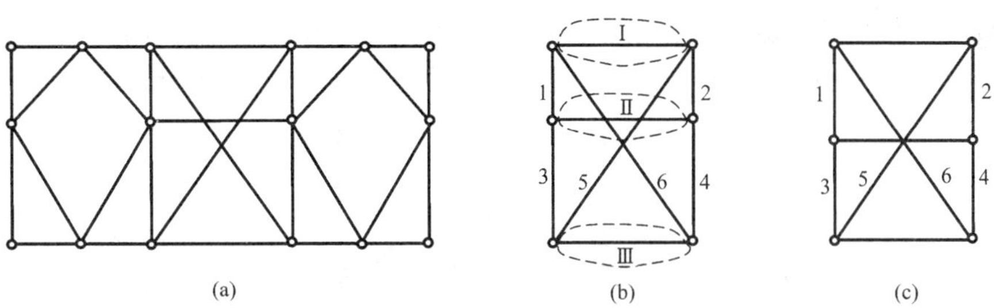

图 2-34

解　分别从体系左、右依次拆除二元体，剩余部分如图 2-34(b)所示。将三根水平杆视为三个刚片，三个刚片用三对链杆构成的三个虚铰两两相连。因为连接刚片Ⅰ和Ⅱ的链杆 1 与链杆 2 平行，连接刚片Ⅱ和Ⅲ的链杆 3 与链杆 4 也平行，两对平行链杆相互平行但不等长，是瞬变的。所以原体系是瞬变体系。

如果这两对链杆互相平行且等长，如图 2-34(c)所示，则是常变体系。

【例 2-17】　试对图 2-35(a)所示体系进行几何组成分析。

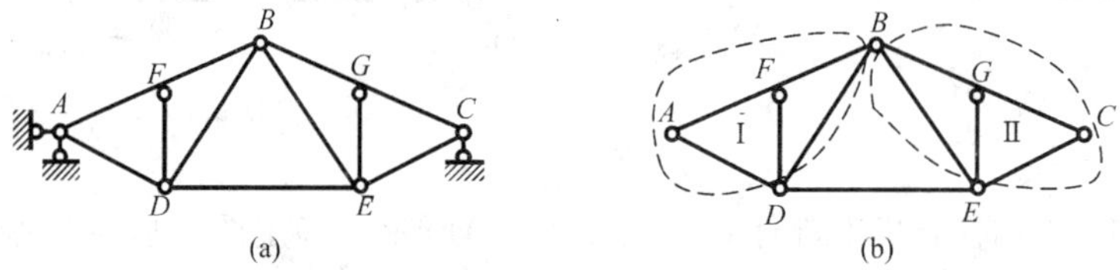

图 2-35

解　撤去基础，只分析上部体系，如图 2-35(b)所示。三角形 ABD 视为刚片Ⅰ，三角形 BCE 视为刚片Ⅱ，两刚片由单铰 B 和不过该铰的链杆 DE 连接，是几何不变的。但两刚片内部各有一根多余链杆，所以原体系是有两个多余约束的几何不变体系。

事实上，将此例与例 2-6 的体系作比较，明显可见此体系是有两个多余约束的几何不变体系。

2.6　静定结构和超静定结构

2.6.1　静定结构和超静定结构概述

杆系结构可分为静定结构和超静定结构。凡可用静力平衡方程确定全部反力和内力的结构都是静定结构。静定结构的未知力数目与平衡方程数目相等。反力和内力不能全由平衡方程确定的结构都称为超静定结构。超静定结构的未知力数目多于平衡方程数目。图 2-36(a)所示刚架是静定结构，它的三个反力可由平面力系的三个平衡方程 $\sum F_x = 0, \sum F_y = 0, \sum M = 0$ 唯一确定，并进而用截面法求其内力。图 2-36(b) 所示刚架是超静定结构，它的四个反力不能全由平衡方程 $\sum F_x = 0, \sum F_y = 0, \sum M=0$ 求出。计算超静定结构时，不但要考虑结构的平衡条件，还必须考虑结构的变形条件。

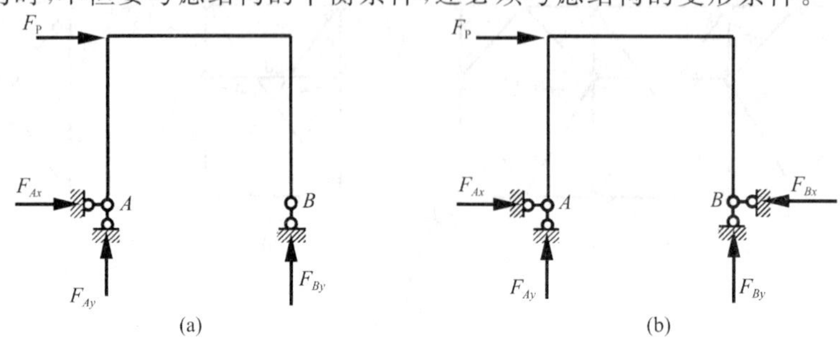

图 2-36

2.6.2 几何组成与静定性的关系

1. 几何可变体系

几何可变体系分为常变体系和瞬变体系。常变体系缺少必要约束，在任意荷载作用下不能维持平衡，无静力学解答。瞬变体系在荷载作用下产生的反力和内力是无穷大或不定的。所以它们都不能作为结构。而且接近瞬变体系的构造也不能采用。

2. 无多余约束的几何不变体系

反力和内力可由静力平衡条件求得且为确定值。这就是静定结构。

3. 有多余约束的几何不变体系

约束数目多于平衡方程数目，全部未知力不能完全由平衡方程解出，这就是超静定结构。多余约束的数目称为超静定次数。用几何组成分析方法，可以确定结构是否有多余约束，有几个多余约束，从而判定结构的超静定次数。以图 2-37(a)所示结构为例，基础与上部体系有 4 根链杆连接，按二刚片规则只需要 3 根链杆，故有 1 个多余约束，因此是 1 次超静定结构。图 2-37(b)所示结构，基础与上部体系有 4 根链杆连接，存在 1 个多余约束；上部体系有一个闭合框架，相当于图 2-37(a)所示刚片用刚结点连接，故内部存在 3 个多余约束，因此该结构是 4 次超静定结构。

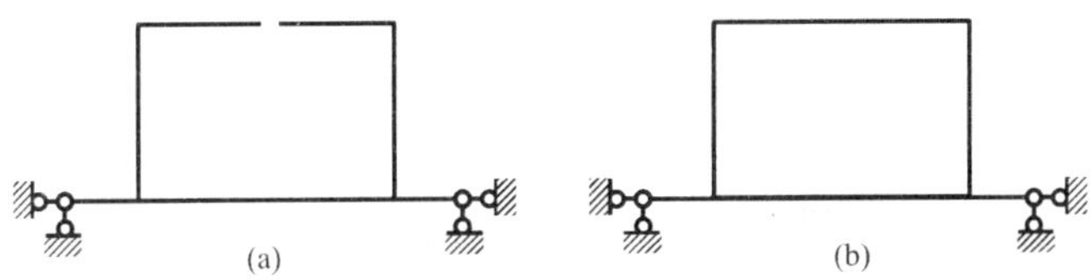

图 2-37

小　结

1. 几何体系的分类

(1)只有几何不变体系才能作为结构使用。无多余约束——静定结构；有多余约束——超静定结构。

(2)几何可变体系(常变体系和瞬变体系)不能用作结构。

2. 各种约束的性质

一个链杆或链杆支座相当于一个约束。一个单铰或铰支座相当于两个约束。一个刚结点或固定支座相当于三个约束。连接两个刚片的两根链杆的交点为虚铰，相当于一个单铰。一个复铰相当于 n 个单铰(n 为被连刚片的数目)。

3. 无多余约束的几何不变体系的组成规则

(1)三刚片规则：三刚片以三铰两两相连，三铰不在一条直线上。

(2)二刚片规则：两刚片以一铰及一链杆相连，链杆不通过铰。

(3)二刚片规则：两刚片以三链杆相连，三链杆不全平行，也不相交于一点。

(4)二元体规则：刚片上加二元体仍为刚片。增加或拆除二元体，体系的机动性质不变。

4. 瞬变体系的鉴别

(1)三刚片以三铰两两相连,三铰在一条直线上。

(2)两刚片以一铰及一链杆相连,链杆通过铰。

(3)两刚片以三链杆相连,三链杆平行或相交于一点。

5. 几何组成分析的应用

确定刚片和约束,运用几何不变体系的组成规则时,刚片数最多为三个,这就需要在分析过程中用三个规则逐次将小刚片归并成大刚片或拆除一些二元体,将复杂的体系进行简化。

思考题

在几何不变体系的几个简单组成规则之间有何联系?能否归结为一个最基本的规则?

习　题

2-1　是非判断题

(1)若平面体系的计算自由度 $W>0$,就不可能是几何不变体系。　(　　)

(2)若平面体系的计算自由度 $W<0$,就一定是超静定结构。　(　　)

(3)三刚片以三铰两两相连,组成无多余约束的几何不变体系。　(　　)

(4)瞬变体系经过瞬时运动后变成几何不变体系,所以能够作为结构使用。　(　　)

(5)连接两刚片的两链杆可以等效代换为一个虚铰。　(　　)

(6)几何不变体系的几个简单组成规则可以归结为一个最基本的规则:基本三角形规则。　(　　)

2-2　单项选择题

(1)图示结点1、2、3、4相当的约束个数分别为(　　)。

A. 4、4、2、6　　B. 2、1、1、3　　C. 4、2、2、6　　D. 3、2、2、4

(2)题2-2(1)图示体系中的二元体有(　　)。

A. 154和234　　B. 154和214　　C. 234　　D. 154

(3)图示两个体系都是有多余约束的几何不变体系,多余约束个数为(　　)。

A. 图(a)有1个,图(b)有3个　　B. 图(a)、(b)都有1个

C. 图(a)有3个,图(b)有1个　　D. 图(a)、(b)都有3个

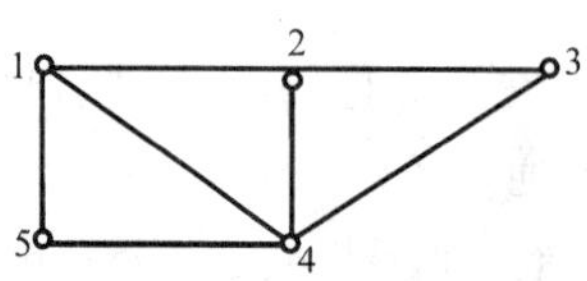

题2-2(1)图

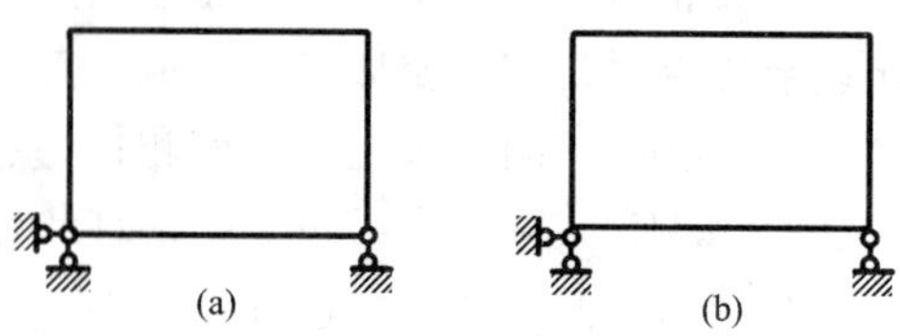

题2-2(3)图

(4)图示(a)、(b)、(c)三个体系中链杆 1、2 的交点为 O,其中(　　)。

A. 图(a)是虚铰,图(b)、(c)不是　　　B. 图(a)、(c)是虚铰,图(b)不是

C. 三者都是虚铰　　　　　　　　　　D. 三者都不是虚铰

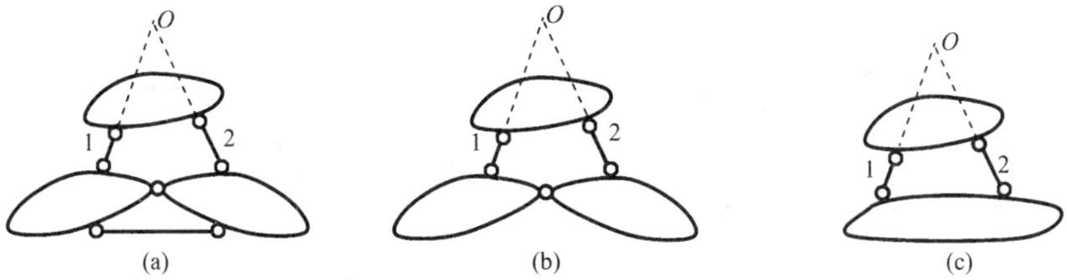

题 2-2(4)图

2-3～2-22　分析题

分析下列体系的几何组成,判断其是否几何不变?如果是几何不变体系,确定有无多余约束,有几个多余约束?

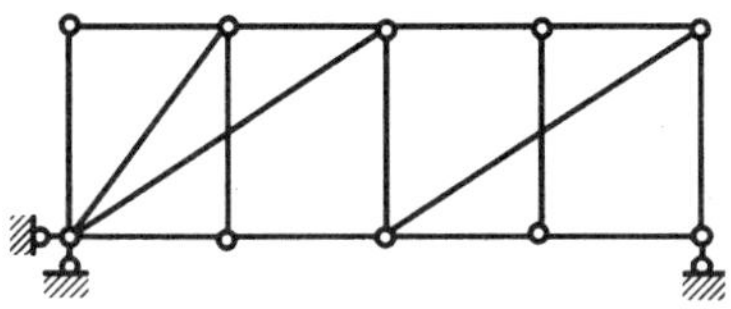

题 2-3 图

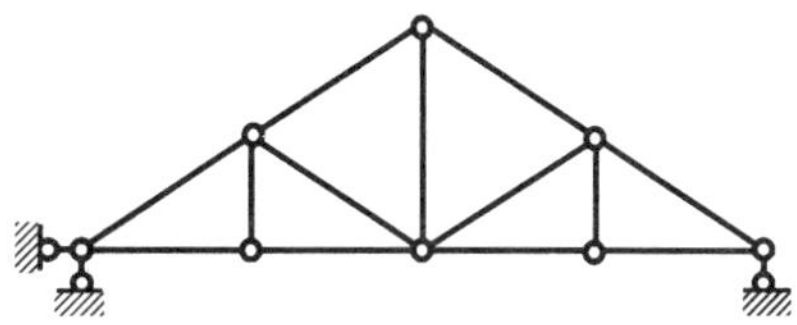

题 2-4 图

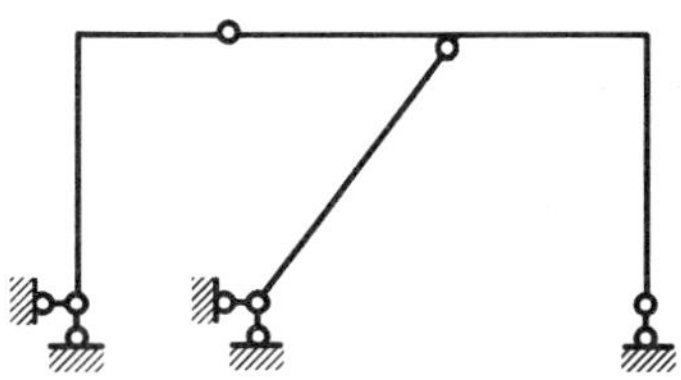

题 2-5 图

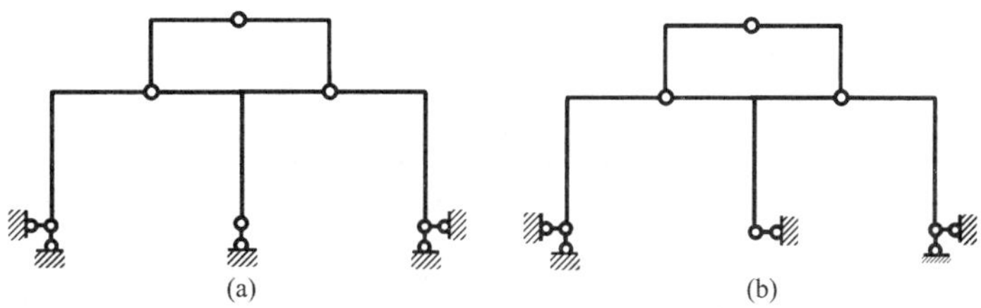

题 2-6 图

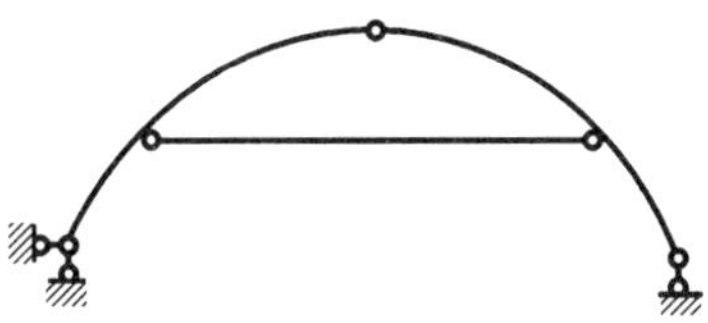

题 2-7 图

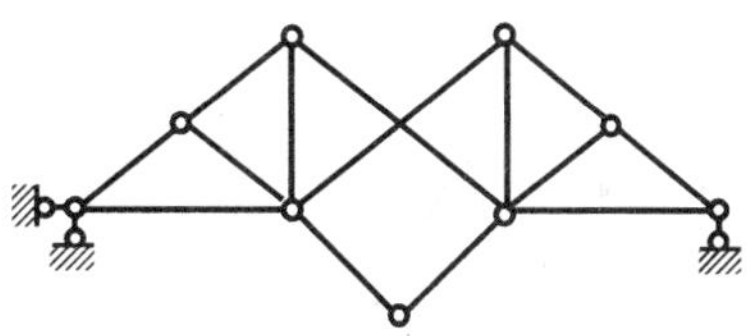

题 2-8 图

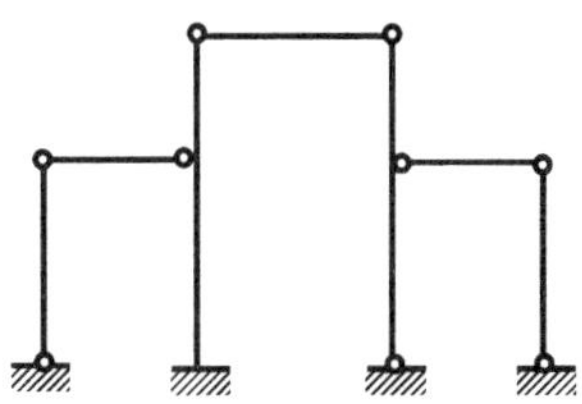

题 2-9 图

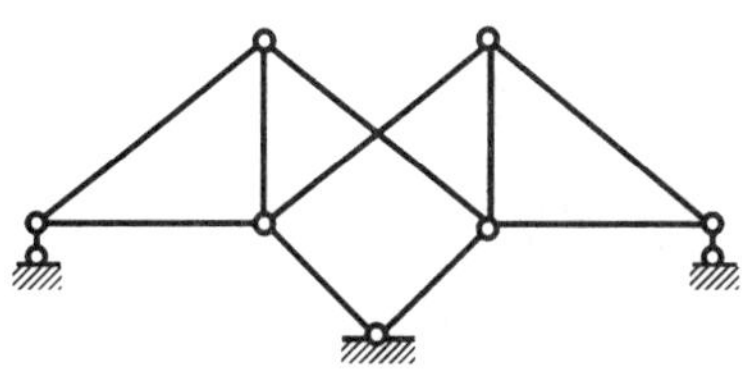

题 2-10 图

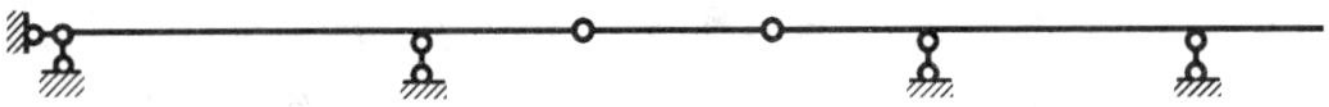

题 2-11 图

题 2-12 图

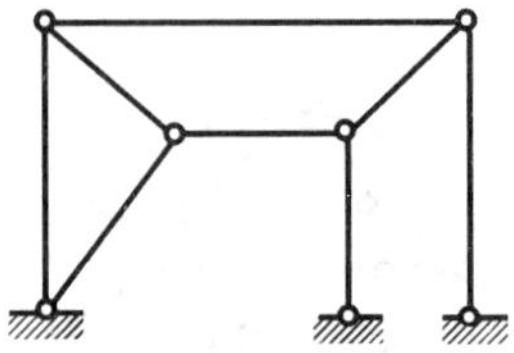

题 2-13 图

题 2-14 图

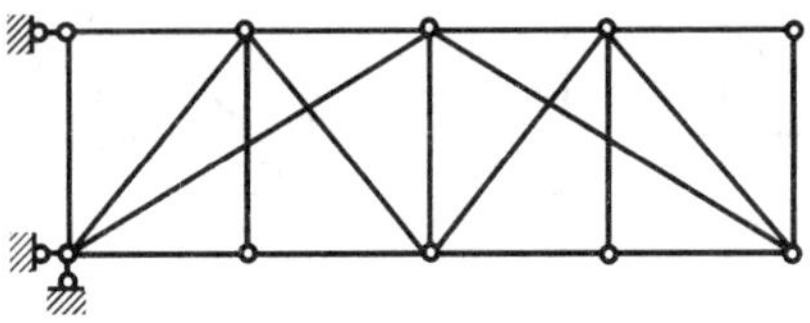

题 2-15 图

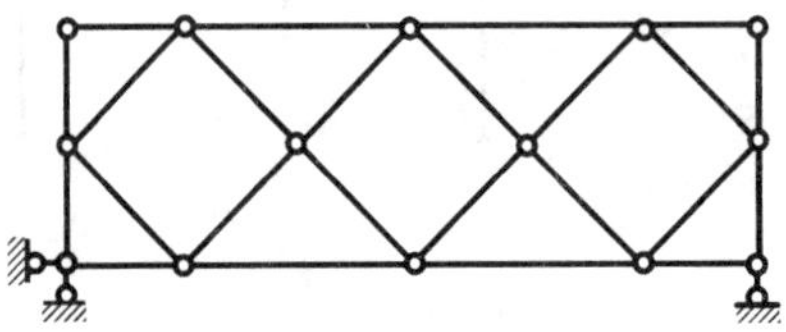

题 2-16 图

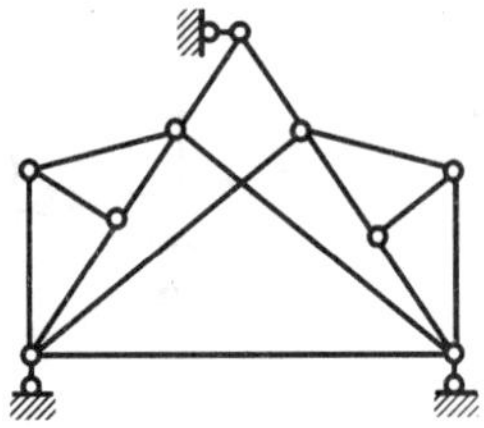

题 2-17 图

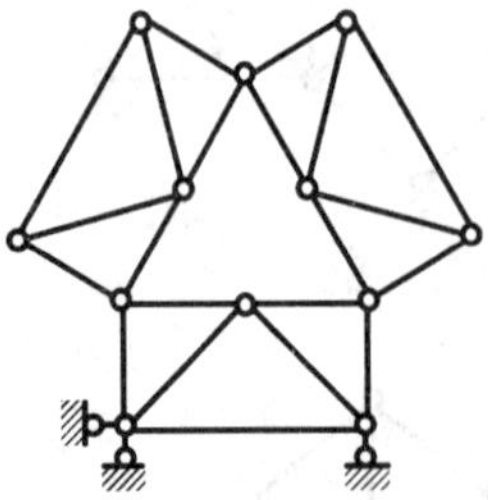

题 2-18 图

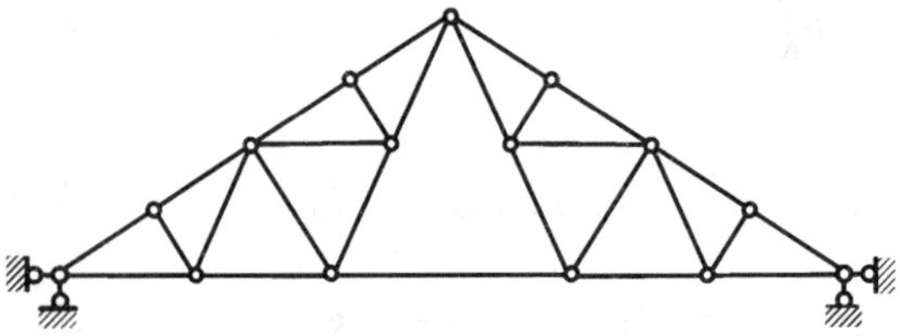

题 2-19 图

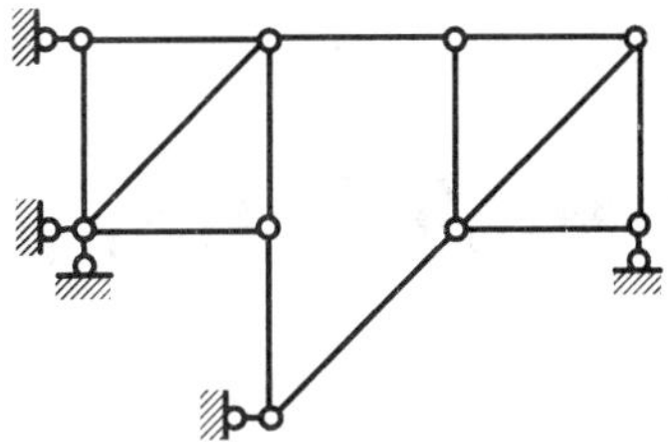

题 2-20 图

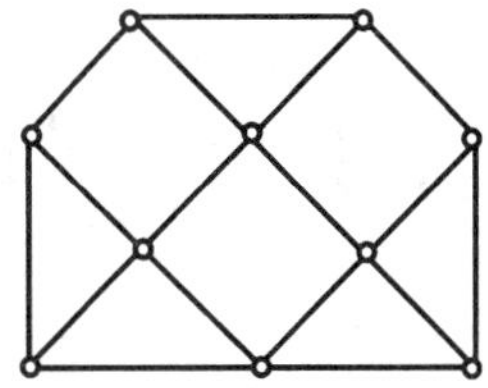

题 2-21 图

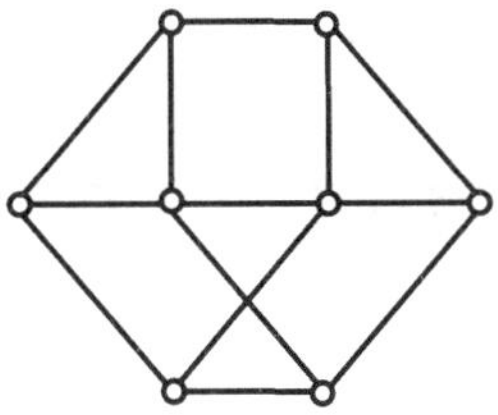

题 2-22 图

题 2-23 图

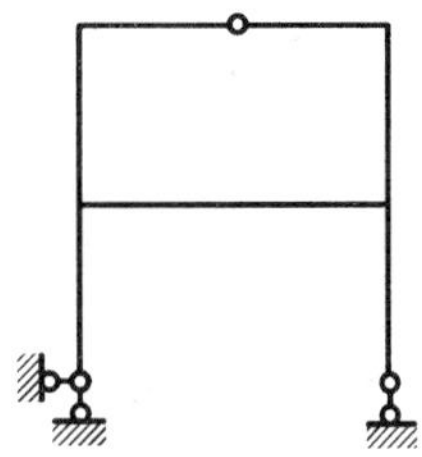

题 2-24 图

习题答案

2-1　(1)对　(2)错　(3)错　(4)错　(5)对　(6)对

2-2　(1)C　(2)D　(3)A　(4)B

2-3　几何常变体系

2-4　无多余约束的几何不变体系

2-5　无多余约束的几何不变体系

2-6　(a)瞬变体系,(b)无多余约束的几何不变体系

2-7　无多余约束的几何不变体系

2-8　几何常变体系

2-9～2-11　无多余约束的几何不变体系

2-12　瞬变体系

2-13～2-14　无多余约束的几何不变体系

2-15　有 2 个多余约束的几何不变体系

2-16　几何常变体系

2-17～2-18　无多余约束的几何不变体系

2-19　有 1 个多余约束的几何不变体系

2-20　瞬变体系

2-21　无多余约束的几何不变体系

2-22　几何常变体系

2-23　有 1 个多余约束的几何不变体系

2-24　有 2 个多余约束的几何不变体系

第3章 静定结构的内力分析

学习指导

(1)掌握用截面法计算指定截面的内力;掌握梁的内力图的作法;利用微分关系作内力图、分段叠加法画弯矩图;了解简支斜梁的计算。

(2)掌握多跨静定梁的组成及其特点;在直接荷载作用下的内力计算及内力图的绘制。

(3)掌握静定平面刚架的计算及内力图的绘制。

(4)理解拱的特点;理解三铰拱的数解法及合理拱轴的确定。

(5)理解桁架的特点;掌握用结点法及截面法计算桁架内力及结点法与截面法的联合应用。

(6)掌握组合结构的内力计算方法。

3.1 概　述

静定结构是无多余约束的几何不变体系,仅用静力平衡条件就能唯一确定其全部支反力和内力。常见的静定结构有静定梁、静定刚架、三铰拱和静定桁架等。

3.1.1 内力的计算方法

杆件某截面的内力是由荷载引起的截面两侧杆件间的相互作用力。梁和平面刚架杆件的截面内力一般有弯矩 M、剪力 F_S和轴力 F_N。弯矩不作正负号的规定;剪力以绕研究对象内部任一点顺时针转动为正;轴力以拉为正。

求解静定结构内力的基本方法是截面法:欲求某一截面上的内力,就沿该截面假想地把构件截分为二,取其中一部分作为研究对象,将另一部分对研究对象的作用用内力代替,对研究对象建立平衡方程并求解出内力。

根据截面法计算的内力结果,可以得到如下规律:

(1)某截面轴力 F_N的数值等于该截面任一侧全部轴向外力(即平行于轴线方向的外力)的代数和;离开截面的外力取正号,指向截面的外力取负号。

(2)某截面剪力 F_S的数值等于该截面任一侧全部横向外力(即垂直于轴线方向的外力)的代数和;对该截面形心呈顺时针转向的外力取正号,呈逆时针转向的外力取负号。

(3)某截面弯矩 M 的数值等于该截面任一侧全部外力(包括力偶)对截面形心力矩的代数和。

由上述规律，可以直接根据外力计算指定截面的内力，故将此方法称为直接法。

3.1.2　绘制内力图的规定

表示结构上各截面弯矩、剪力和轴力变化规律的图形统称为内力图。

在结构分析中，一般常用内力图来表示计算的最后结果。用内力图观察内力变化规律既唯一又直观。在绘制内力图时，规定将弯矩图画在杆件受拉一侧，不必注出正负号；剪力图和轴力图可画在杆件的任一侧，但需注明正负号。

静定结构是工程中常见的结构，掌握静定结构的计算方法不仅可以解决一部分实际工程问题，更重要的是静定结构的计算是求解更复杂的超静定结构计算问题的基础。静定结构的内力计算是结构力学的最基本内容之一。

3.2　静定梁的计算

3.2.1　单跨静定梁的剪力图、弯矩图

单跨静定梁是各种结构的基本构件之一。它设计简单、施工方便，多用于短跨结构，如楼板、桥式起重机的大梁，火车轮轴，阳台的挑梁等。单跨静定梁根据约束的特点可分为简支梁（图 3-1(a)）、悬臂梁（图 3-1(b)）和外伸梁（图 3-1(c)）。

(a)　　(b)　　(c)

图 3-1

单跨静定梁受力分析是多跨梁和刚架等结构受力分析的基础。单跨静定梁截面上的内力有两种：剪力 F_S 和弯矩 M。要求熟练掌握单个杆件的内力分析方法，正确绘制剪力图和弯矩图。

利用微分关系作梁的剪力图、弯矩图（简易法）

梁的内力与外荷载之间有如下微分关系：

$$\frac{\mathrm{d}F_S(x)}{\mathrm{d}x}=q(x) \tag{3-1(a)}$$

$$\frac{\mathrm{d}M(x)}{\mathrm{d}x}=F_S(x) \tag{3-1(b)}$$

$$\frac{\mathrm{d}^2M(x)}{\mathrm{d}x^2}=q(x) \tag{3-1(c)}$$

根据梁的内力与外荷载之间的微分关系，剪力图和弯矩图的形状具有下列特点：

(1)梁上无分布荷载时，即 $q(x)=0$，由式(3-1(a))、式(3-1(b))知 $F_S(x)=C$(常数)，$M(x)$为 x 的一次函数。故此时的剪力图为一水平线，弯矩图为一斜直线，倾斜方向由剪力值的正负号决定。由于在无荷载区段 F_S图为水平直线，M 图为斜直线，只需求出任意两截面的竖标便可绘出。

(2)梁上有均布荷载作用时,即 $q(x)=C$(常数)。由式(3-1(a))可知 $F_S(x)$ 是 x 的一次函数,剪力图为一斜直线,斜直线的倾斜方向(斜率)由 $q(x)$ 的正负决定。而由式(3-1(c))知,此时的弯矩 $M(x)$ 是 x 的二次函数,弯矩图为二次抛物线,抛物线凸向与均布荷载方向相同。

(3)在均布荷载作用的梁段上某一截面的剪力为零,由式(3-1(b))可知,该截面的弯矩具有极值。但就全梁来说,这个极值不一定就是全梁的最大值或最小值。

(4)梁上有集中力作用处,剪力图有突变,突变值等于该集中力的数值。剪力的变化引起弯矩图斜率的变化,故弯矩图上有尖角。

(5)集中力偶作用处,剪力图无变化,弯矩图有突变,突变值为该力偶矩的大小。

(6)在铰接处一侧截面上或在自由端处,如无集中力偶作用,则该截面弯矩等于零;若有集中力偶的作用,则该截面弯矩等于该集中力偶之值。

上述规律汇总整理为表 3-1,供参考。

表 3-1 不同荷载作用下剪力图与弯矩图的特征

一段梁上的荷载	向下的均布荷载 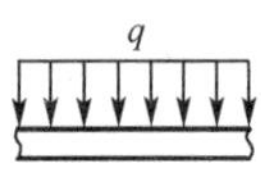	无荷载 	集中力 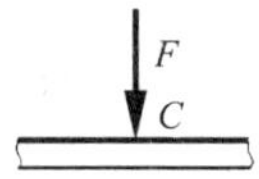	集中力偶 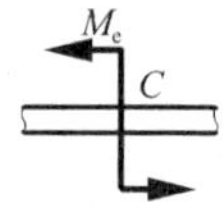
剪力图	 向下倾斜的直线	水平线	 突变	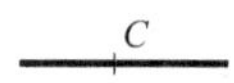 无变化
弯矩图	 或  下凸的二次抛物线	 或  斜直线	 尖角	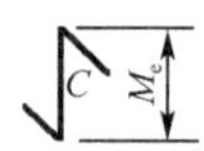 突变
极值弯矩可能在的截面	$F_S=0$ 处	斜直线两端处	尖角处	突变处

应用剪力、弯矩与分布荷载集度间的微分关系绘制内力图的方法可称为简易法。用简易法作内力图时,要确定各分点:集中力、集中力偶作用的截面及分布荷载的起点和终点,求出各分点的内力值,按微分关系反映的剪力图和弯矩图形状的特点作图。通常在内力符号后面引用两个下标:第一个表示内力所属截面,第二个表示该截面所属杆件的另一端。例如,M_{AB} 表示 AB 杆 A 端截面的弯矩,M_{BA} 表示 AB 杆 B 端截面的弯矩,F_{SAB} 表示 AB 杆 A 端截面的剪力。

【例 3-1】 应用简易法绘制图 3-2(a)所示悬臂梁的内力图。

解 (1)求 A 端的支座反力

$$\sum F_y=0,F_A-8\times1.5-4=0,F_A=16\ \text{kN}(\uparrow)$$

$$\sum M_A=0,M_A-8\times1.5\times\frac{1.5}{2}-4\times3=0,M_A=21\ \text{kN}\cdot\text{m}(\curvearrowleft)$$

此梁取三个分点:A、B、C。

(2)作剪力图

A 端有集中力 F_A,故剪力图向上突变 16 kN;AB 段有向下的均布荷载 q,计算截面 B 处的剪力值 $F_{SBA}=F_{SBC}=4$ kN,以直线连接两截面的竖标顶点可绘出 AB 段剪力图;BC 段无分布荷载,故剪力图为一水平线;截面 C 处向下突变 4 kN,与此处的集中荷载值相同,形成封闭的剪力图,满足此结构平衡条件。结果如图 3-2(b)所示。

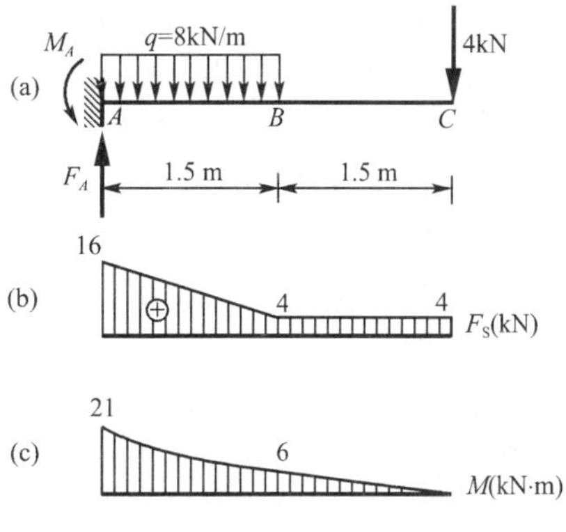

图 3-2

(3)作弯矩图

首先截面 A 处有逆时针集中力偶 M_A,故弯矩图向上突变,突变值等于 $M_A=21$ kN·m;截面 B 处的弯矩值(等于截面一侧所有外力对截面形心矩的代数和)为 $M_{BA}=M_{BC}=4\times1.5=6$ kN·m,上方受拉,故向上量取竖标 6。AB 段有向下的均布荷载 q,弯矩图应为下凸二次抛物线,由于 AB 段剪力图没有 $F_S=0$ 的截面,故弯矩图没有极值点。截面 C 处弯矩为零。以直线连接 B、C 两截面的竖标顶点可绘出 BC 段弯矩图。结果如图 3-2(c)所示。

【例 3-2】 图 3-3(a)所示简支梁承受均布荷载作用。已知 $q=20$ kN/m,$F=20$ kN,$M_e=160$ kN·m。试绘制此梁的剪力图和弯矩图。

解 (1)求支座反力

$$\sum M_B=0,-F_A\times10+160+(20\times10\times3)-20\times2=0$$

$$\sum M_A=0,F_B\times10+160-(20\times10\times7)-20\times12=0$$

$$F_A=72\text{ kN}(\uparrow),F_B=148\text{ kN}(\uparrow)$$

(2)作剪力图

剪力图分为三段,取五个分点:A、C、B 左、B 右、D。截面 A 向上突变 72 kN,AC 段无分布力,故剪力图上 AC 段为水平直线,截面 C 处集中力偶 M_e 对剪力图无影响。CB 段有分布荷载,$F_{SBC}=72-20\times8=-88$ kN,在 B 左截面处向下量取竖标 88,以直线连接 C 与 B 左两截面的竖标顶点可绘出 CB 段剪力图。截面 B 有集中力 F_B,故剪力图上有突变,突变值为 148 kN,故 $F_{SBD}=-88+148=60$ kN。同 CB 段类似,BD 段为斜直线,$F_{SDB}=20$ kN,以直线连接 B 右与 D 左两截面的竖标顶点可绘出 BD 段剪力图,且截面 D 处有向下的集中力 F,故向下突变 20 kN,剪力图封闭,说明满足力系平衡条件。结果如图 3-3(b)所示。

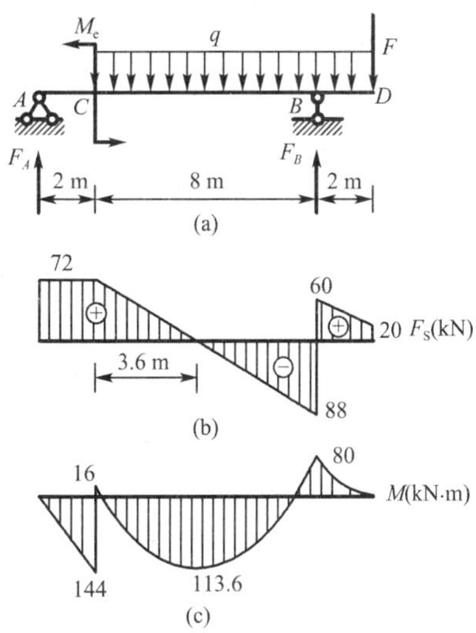

图 3-3

(3)作弯矩图

弯矩图分为三段,取五个分点:A、C 左、C 右、B、D。

AC 段无分布力,弯矩图为斜直线,$M_{AC}=0$,$M_{CA}=72\times2=144$ kN·m,下方受拉。在 C 左截面处向下量取竖标 144,以直线连接 A 与 C 左两截面的竖标顶点可绘出 AC 段弯矩图。

CB 段有向下均布荷载，此段弯矩图为下凸二次抛物线。因截面 C 有逆时针集中力偶，故弯矩图有向上的突变，突变值为 160kN・m，故 $M_{CB}=144-160=-16$ kN・m，上方受拉；再计算截面 B 的弯矩值 $M_{BC}=M_{BD}=20\times2+20\times2\times1=80$ kN・m，上方受拉；由 CB 段剪力图可知剪力值为零处位置距 C 截面 3.6 m，故该截面存在极值弯矩，极值弯矩为 $M=72\times5.6-160-20\times3.6\times1.8=113.6$ kN・m，下方受拉。在以上三截面处分别量取相应的竖标，并用下凸二次抛物线连接其顶点，由此可作出 CB 段梁的弯矩图。

BD 段梁上 $M_{BD}=80$ kN・m，上方受拉，$M_{DB}=0$，用下凸二次抛物线连接即可。

全梁弯矩图如图 3-3(c)所示。

【例 3-3】 绘制如图 3-4(a)所示梁的剪力、弯矩图。

解 (1)计算支座反力

$$\sum M_B=0,-F_A\cdot 2a+qa\cdot a+qa\cdot\frac{a}{2}+\frac{3}{2}qa^2=0,F_A=\frac{3}{2}qa(\uparrow)$$

$$\sum M_A=0,F_B\cdot 2a-qa\cdot a-qa\cdot\frac{3a}{2}+\frac{3}{2}qa^2=0,F_B=\frac{1}{2}qa(\uparrow)$$

(2)作剪力图

剪力图分为两段。取四个分点：A、C 左、C 右、B。截面 A 向上突变 $3qa/2$，AC 段无分布力，故剪力图上 AC 段为水平直线。CB 段有均布荷载，且截面 C 有集中力作用，剪力图向下突变 qa，$F_{SCB}=qa/2$，$F_{SBC}=-qa/2$，连接 C 右与 B 左两截面的竖标可绘出 CB 段剪力图斜直线。截面 B 有集中力 F_B，故剪力图有向上突变，突变值为 $qa/2$，结果如图 3-4(b)所示。

(3)作弯矩图

取三个分点：A、C、B。$M_{AC}=0$，$M_{CA}=3qa^2/2$，下方受拉。连接 A 与 C 左两截面的竖标可绘出 AC 段弯矩图斜直线。CB 段上弯矩图为下凸二次曲线，$M_{CB}=3qa^2/2$，下方受拉；因铰支座 B 端有逆时针集中力偶，故 $M_{BC}=3qa^2/2$，下方受拉；剪力值为零处的极值弯矩值为 $13qa^2/8$，下方受拉。在以上三截面处分别量取相应的竖标，并用下凸二次抛物线连接，由此可作出 CB 段梁的弯矩图。全梁弯矩图如图 3-4(c)所示。

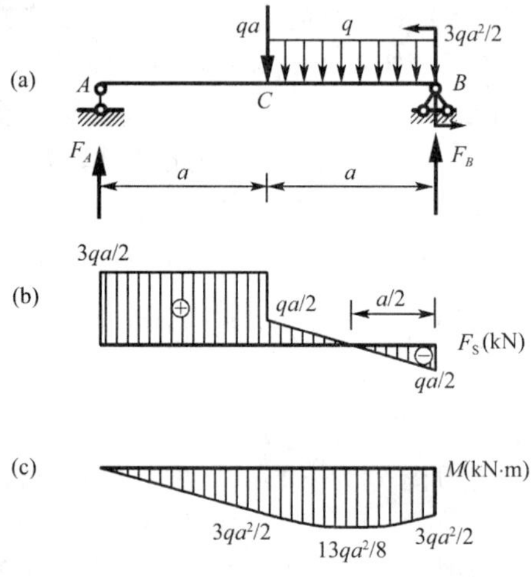

图 3-4

【例 3-4】 土壤与静水压力往往按线性规律分布。若简支梁在按线性规律分布的荷载作用下如图 3-5(a)所示，试作梁的剪力图和弯矩图。

解 (1)计算支座反力

$$\sum M_B=0,F_Al-\frac{q_0l}{2}\cdot\frac{l}{3}=0,F_A=\frac{q_0l}{6}(\uparrow)$$

$$\sum M_A=0,F_Bl-\frac{q_0l}{2}\cdot\frac{2l}{3}=0,F_B=\frac{q_0l}{3}(\uparrow)$$

(2)剪力方程和弯矩方程

以 A 端为坐标原点，在坐标为 x 的截面上，荷载集度为

$$q(x)=q_0\frac{x}{l}$$

x 截面上的剪力和弯矩分别为

$$F_S(x)=F_A-\frac{q(x)\cdot x}{2}=\frac{q_0 l}{6}-\frac{q_0 x^2}{2l}\ (0<x<l)\quad \text{(a)}$$

$$M(x)=F_A x-\frac{q(x)\cdot x}{2}\cdot\frac{x}{3}=\frac{q_0 lx}{6}\left(1-\frac{x^2}{l^2}\right)\ (0\leqslant x\leqslant l)\quad \text{(b)}$$

(3)作梁的剪力图和弯矩图

最大弯矩发生于 $F_S(x)=0$ 的截面上。令式(a)等于零

$$F_S(x)=F_A-\frac{q(x)\cdot x}{2}=\frac{q_0 l}{6}-\frac{q_0 x^2}{2l}=0$$

由此解出　　　$x=\frac{l}{\sqrt{3}}=0.577l$

代入式(b)求出最大弯矩为

$$M_{max}=\frac{q_0 l^2}{9\sqrt{3}}=\frac{q_0 l^2}{15.59}$$

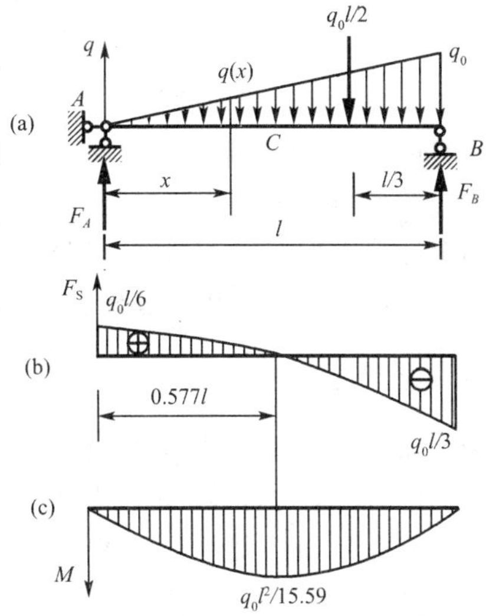

图 3-5

在式(b)中令 $x=l/2$,求出跨度中点 C 截面的弯矩为

$$M_C=\frac{q_0 l^2}{16}$$

可见,M_{max} 与 M_C 相差很小,故可用跨度中点截面上的弯矩代替最大弯矩。

3.2.2　用叠加法作弯矩图

根据叠加原理,在线弹性范围内,几个外力共同作用时所引起的某一量值(内力、应力或变形),等于每个外力单独作用时所引起的该量值的代数和。利用叠加原理作弯矩图,可先分别作出各项荷载单独作用下梁的弯矩图,然后将横坐标对齐,纵坐标叠加,即得到梁在所有荷载共同作用下的弯矩图。当对梁在简单荷载作用下的弯矩图比较熟悉时,用叠加法作弯矩图是很方便的。

下面用叠加法作图 3-6(a)所示简支梁的弯矩图。将简支梁上的两种荷载分开,其弯矩图如图 3-6(b)所示。再叠加作总弯矩图:先作只有集中力偶作用时简支梁的弯矩图,然后将两端的竖标顶点以直线相连,如图 3-6(c)中虚线所示;再以此虚线为基线绘出梁在均布荷载作用下简支梁的弯矩图,即在虚线中点向下量取 $ql^2/8$ 确定梁跨中截面的弯矩竖标。叠加结果如图 3-6(c)所示。注意:弯矩图的叠加是指竖标的叠加,因此,竖标仍应沿竖向量取,它是垂直于杆轴而不是垂直于图中的虚线。

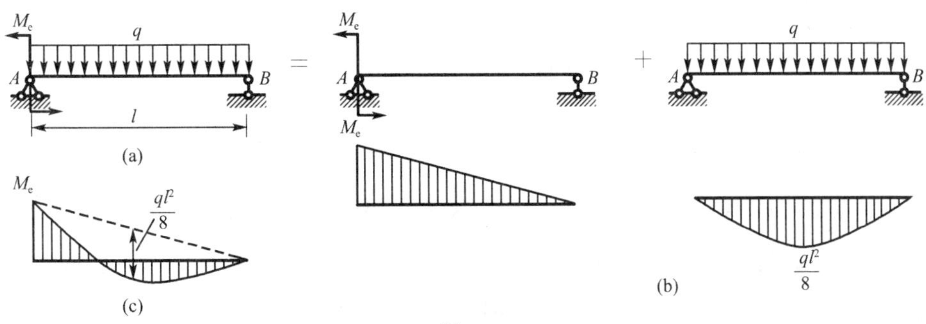

图 3-6

3.2.3 利用区段叠加法作任意杆段的弯矩图

梁或平面刚架中的任一直杆段，如果先计算出其两端截面的弯矩值，则均可视为相应简支梁来作弯矩图。区段叠加法是利用相应简支梁在两个杆端弯矩作用下和在给定的荷载作用下二者相应弯矩图叠加来作直杆某一区段弯矩图的方法。

例如，将图 3-7(a)所示简支梁的区段 JK 作为隔离体取出，将它与图 3-7(b)简支梁相比，该简支梁的跨度与杆段 JK 的长度相同，并承受相同的荷载和相同的杆端力偶，二者的弯矩图相同。可先绘出简支梁在杆端力偶作用下的弯矩图，即求出区段两端的弯矩竖标，并将这两个竖标的顶点用虚线相连；然后将简支梁在均布荷载作用下的弯矩图叠加上去，如图 3-7(c)所示。

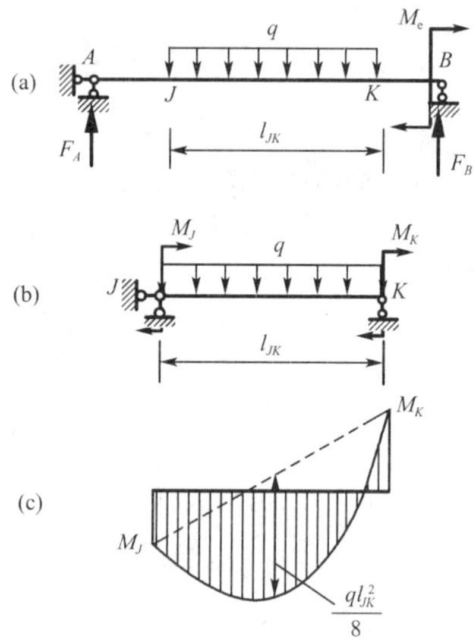

图 3-7

区段叠加法是以简支梁的弯矩图为基础进行叠加的，因此，要记住简支梁在常见荷载作用下的弯矩图(图 3-8)。

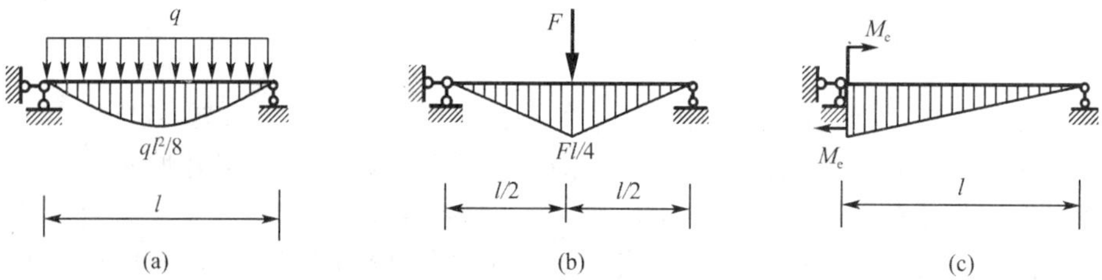

图 3-8

【例 3-5】 试作图 3-9(a)所示简支梁的内力图。

解 (1)求支反力

$$F_A=70\ \text{kN}(\uparrow),\quad F_B=50\ \text{kN}(\uparrow)$$

(2)作剪力图(图 3-9(b))

各分点的剪力值：$F_{SAC}=F_A=70$ kN，$F_{SCA}=F_{SCD}=-10$ kN，$F_{SDB}=-F_B=-50$ kN

(3)作弯矩图(图 3-9(c))

取 A、C、B 为分点，求出各弯矩值：

$$M_{AC}=0,M_{BD}=0$$

$$M_{CA}=M_{CD}=50\times4-40\times2=120\ \text{kN}\cdot\text{m}(\text{下方受拉})$$

按区段叠加法作 M 图。以 AC 为跨度的简支梁在均布荷载作用下的弯矩图为下凸抛物线，中点的竖标值为 $\frac{1}{8}\times20\times4^2=40$ kN·m，AC 中点的最后弯矩值为 $\frac{120}{2}+40=100$ kN·m。CB 段的弯矩图以虚线 BC 为基线，叠加相应简支梁在集中荷载作用下的弯矩图而得到，CB 中点 D 的最后弯矩值为 $\frac{120}{2}+\frac{40\times4}{4}=100$ kN·m。

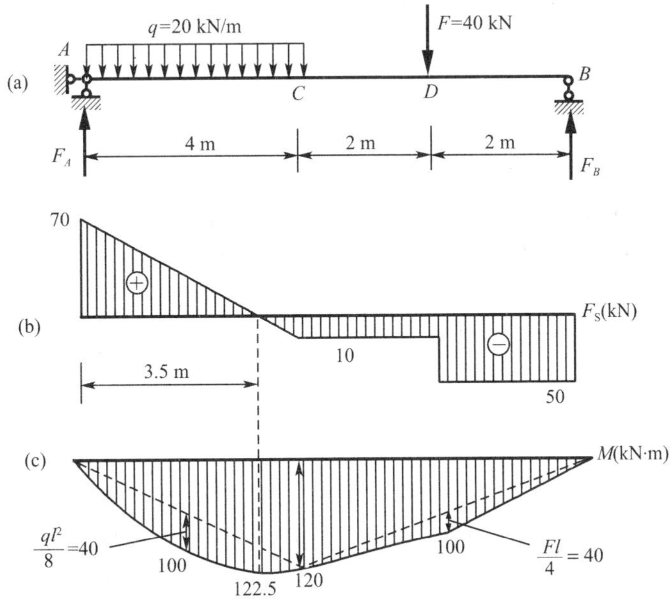

图 3-9

极值弯矩所在的截面剪力为零，因此

$$F_S(x)=F_A-qx=70-20x=0,x=3.5\text{m}$$

此截面的极值弯矩为

$$M=F_Ax-\frac{qx^2}{2}=70\times3.5-\frac{1}{2}\times20\times3.5^2=122.5\text{kN}\cdot\text{m}$$

【例 3-6】 试作图 3-10(a)所示外伸梁的弯矩图。

解 (1)求支反力

$$F_A=26.25\ \text{kN}(\uparrow),\quad F_B=33.75\ \text{kN}(\uparrow)$$

(2)作弯矩图(图 3-10(c))

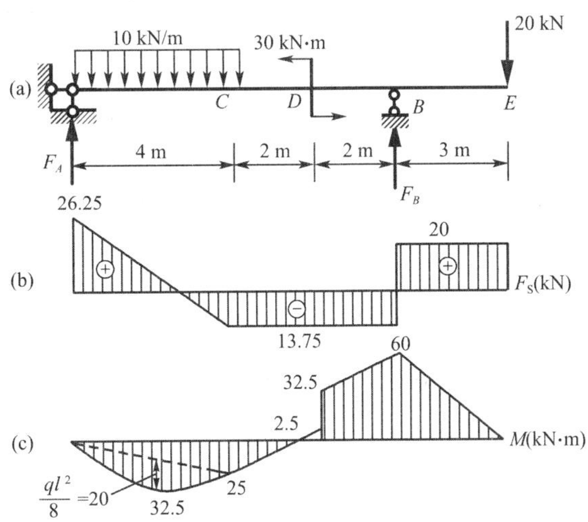

图 3-10

取 A、C、D、B、E 为分点，求出各弯矩值：

$M_{AC}=0$，$M_{EB}=0$，$M_{CA}=26.25\times4-10\times4\times2=25$ kN·m(下方受拉)

$M_{DC}=10\times4\times4-26.25\times6=2.5$ kN·m(上方受拉)

$M_{DB}=10\times4\times4+30-26.25\times6=32.5$ kN·m(上方受拉)

$M_{DE}=20\times3=60$ kN·m(上方受拉)

在以上各截面处分别量取相应的竖标，CD、DB、BE 三段梁的弯矩图均为直线，以直线将各截面处的竖标顶点两两相连即可。AC 段按区段叠加法作 M 图，以 AC 为跨度的简支梁在均布荷载作用下的弯矩图为下凸抛物线，中点的竖标值为 $\frac{1}{8}\times10\times4^2=20$ kN·m，AC 中点的最后弯矩值为 $25/2+20=32.5$ kN·m。

3.2.4 单跨斜梁的内力图

当单跨梁的两个支撑顶面的标高不相等时，即形成斜梁。斜梁在工程中经常遇到，如梁式楼梯的楼梯梁、锯齿形状楼盖及雨篷结构中的斜梁等。斜梁的内力计算与水平梁基本相同，斜梁的特点主要是梁轴线和横截面都是倾斜的。当求斜梁上任一截面的轴力时，应当将外力和支座反力向轴线的方向投影；而求剪力时，应当将外力和支座反力向垂直于轴线的方向投影；截面上的弯矩不因为梁轴的倾斜而受影响。

计算斜梁的内力时，需要注意分布荷载的集度是怎么给定的。在图 3-11(a)中，荷载的集度 q 是以沿水平线每单位长度作用的力来表示的，如楼梯上的人群载荷以及屋面斜梁上的积雪荷载等。图 3-11(b)中荷载的集度 q'是以沿斜梁轴线每单位长度作用的力来表示的，如楼梯的自重。为了计算方便，将 q' 折算成沿水平方向度量的集度 q_0。根据在同一微段范围内合力相等的原则，求出 q_0，即

$$q_0\,\mathrm{d}x=q'\,\mathrm{d}s,\ q_0=\frac{q'}{\cos\alpha}$$

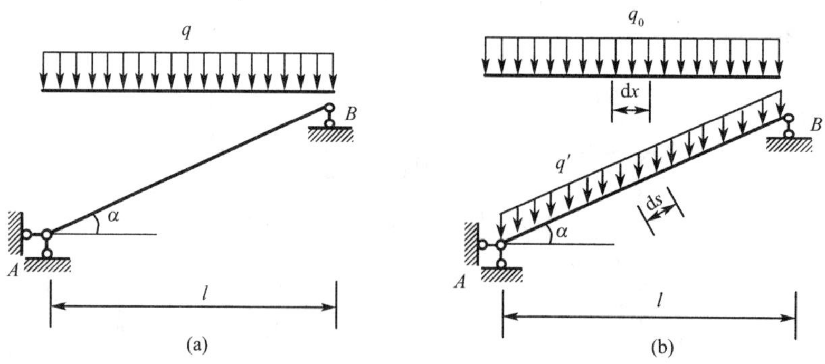

图 3-11

【例 3-7】 作图 3-12(a)所示斜梁的内力图。

解 (1)求支反力

$$F_{Ax}=0,\ F_{Ay}=\frac{ql}{2}(\uparrow),\ F_{By}=\frac{ql}{2}(\uparrow)$$

(2)内力方程

为求任一截面 K 的内力，取如图 3-12(b)所示的隔离体。

轴力方程：$\sum F_n = 0, F_N = -\left(\frac{ql}{2} - qx\right)\sin\alpha \quad (0 < x < l)$

剪力方程：$\sum F_t = 0, F_S = \left(\frac{ql}{2} - qx\right)\cos\alpha \quad (0 < x < l)$

弯矩方程：$\sum M_K = 0, M = \frac{ql}{2}x - \frac{q}{2}x^2 \quad (0 \leqslant x \leqslant l)$

(3)作内力图

根据内力方程分别作轴力图、剪力图和弯矩图，如图 3-12(c)所示。弯矩图为抛物线，与跨长为 l 的相应简支梁的弯矩相同。剪力图、轴力图为斜直线。

说明：l 是指斜梁的水平投影长度，而非斜梁本身长度。

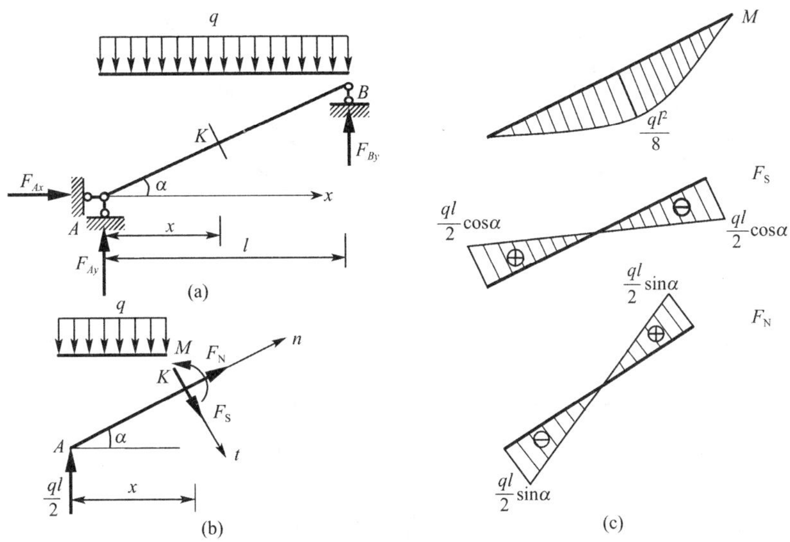

图 3-12

【例 3-8】 作图 3-13(a)所示斜梁的内力图。

解 (1)求支反力

$$F_{Ax} = 0, F_{Ay} = \frac{ql}{6}(\uparrow), F_{By} = \frac{ql}{6}(\uparrow)$$

(2)作内力图

由于均布荷载只作用于斜梁的局部，因此选择 A、C、D、B 为分点。

$$M_{AC} = 0, M_{BD} = 0$$

$$M_{CA} = F_A \cdot \frac{l}{3} = \frac{ql^2}{18}(\text{下方受拉}); M_{DB} = F_B \cdot \frac{l}{3} = \frac{ql^2}{18}(\text{下方受拉})$$

CD 段上有均布荷载，可以用区段叠加法绘制 M 图。取 CD 段为隔离体，受力状态如图 3-13(b)所示，CD 段的弯矩图由两端弯矩产生的直线弯矩图和均布荷载所产生的抛物线弯矩图叠加而成。

AC 段、DB 段无外荷载作用，剪力图平行于杆轴线，CD 段有均布荷载作用，剪力图为斜直线。

同样，AC 段、DB 段轴力图平行于杆轴线，CD 段轴力图为斜直线。

最后的内力图如图 3-13(c)中所示。

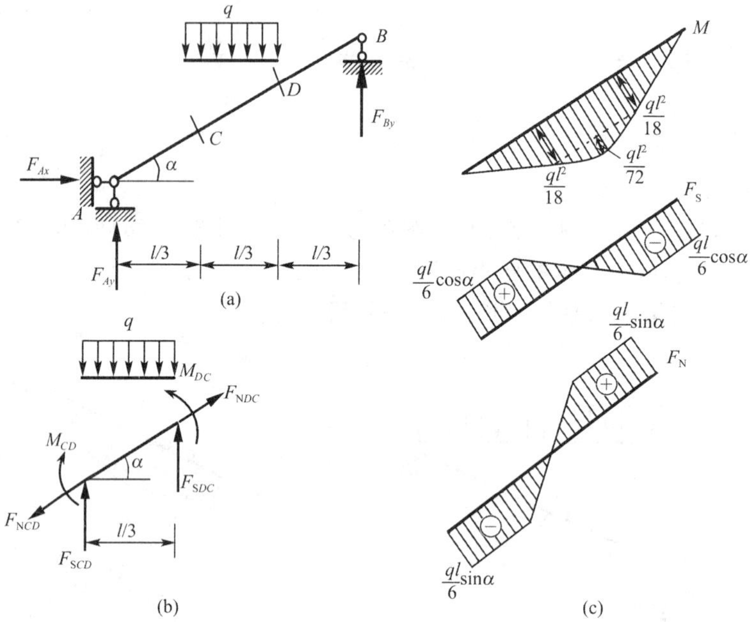

图 3-13

3.2.5 多跨静定梁

多跨静定梁是由若干根单跨静定梁连接而成,多用于桥梁和屋盖结构。图 3-14(a)为在公路桥中应用的多跨静定梁,图 3-14(b)为它的计算简图。

从多跨静定梁的几何组成来看,它的各个部分可以区分为基本部分和附属部分。独立地与基础组成一个几何不变体系的部分称为基本部分,需依靠基本部分才能保持其几何不变性的部分称为附属部分。这种结构称为主从结构。

多跨静定梁的受力特点是:当荷载作用在基本部分时,附属部分不会产生内力;当荷载作用在附属部分时,会在基本部分引起内力。

多跨静定梁的构造关系可以用层次图来表示。如图 3-14(c)所示,最下层的 AB、EF 是基础部分,然后是附属部分 CD 一层层地向上架设。

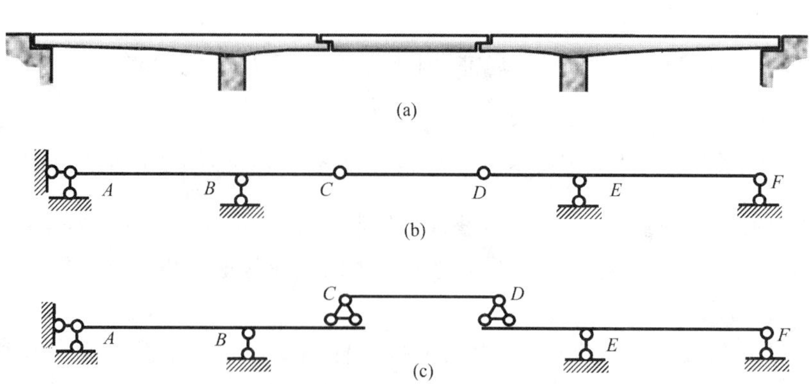

图 3-14

计算多跨静定梁内力时的次序恰好与架设的次序相反。先计算最上层的附属部分，然后把上层的支承反力传到下层，再逐层向下传递逐层计算，最后把各部分的内力图拼接起来就得到最终的内力图。

分析多跨静定梁的原则和一般步骤：

(1)按照附属部分支承于基本部分的原则，绘出层次图。

(2)先从最上层的附属部分开始，依次计算各梁的反力。

(3)按照绘制单跨梁内力图的方法，分别作出各梁的内力图，然后再将其连在一起。

(4)校核包括支反力的校核和内力图的校核。

【例 3-9】 作图 3-15(a)所示多跨静定梁的内力图。

解 (1)作层次图，如图 3-15(b)所示。

(2)求反力和约束力，如图 3-15(c)所示。

(3)绘制内力图。绘制弯矩图时，先求分点的弯矩值，其中 C、E、F 处为铰链，所以弯矩值为零。A 截面偏左有集中力偶作用，弯矩图有突变，突变值为外力偶的大小，所以 $M_{AB}=20$ kN·m，下方受拉。$M_{DC}=M_{DE}=10\times2=20$ kN·m，上方受拉。EF 段有向下的均布荷载作用，弯矩图为下凸抛物线，中点 H 的弯矩为

$$M_H=10\times1-10\times1\times0.5=5\ \text{kN}\cdot\text{m}(\text{下方受拉})$$

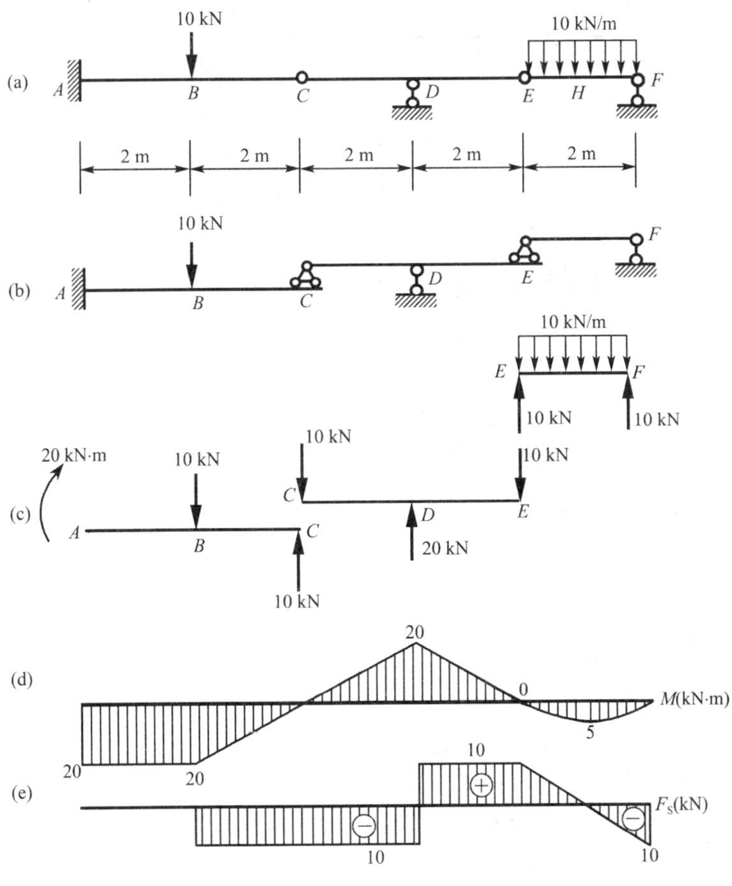

图 3-15

其他各段无均布荷载作用，弯矩图为直线。绘制剪力图时，先求分点的剪力值，其中 B、D、F 处有集中外力作用，剪力图有突变，突变值为集中外力的大小。所以 $F_{SBC}=F_{SCB}=F_{SCD}=F_{SDC}=-10\ \text{kN}$，$F_{SDE}=F_{SED}=10\ \text{kN}$，$F_{SFE}=-10\ \text{kN}$，$EF$ 段有向下的均布荷载作用，剪力图为向下倾斜斜直线，中点 H 的剪力为零。其他各段无均布荷载作用，剪力图为水平直线。内力图如图 3-15(d)、(e)所示。

【例 3-10】 作图 3-16(a)所示多跨静定梁的弯矩图。

解 (1)作层次图，如图 3-16(b)所示。该多跨梁由三段单跨梁组成，其中 ABC 梁为基础部分，CDE 梁和 EFG 梁为附属部分。

(2)求反力和约束力，如图 3-16(c)所示。作用在 C 点的荷载 $2ql$ 可以视为作用于基本部分的力。用叠加法绘制外伸梁 ABC 弯矩图时，可以不用反力 F_A、F_B，所以不必计算。

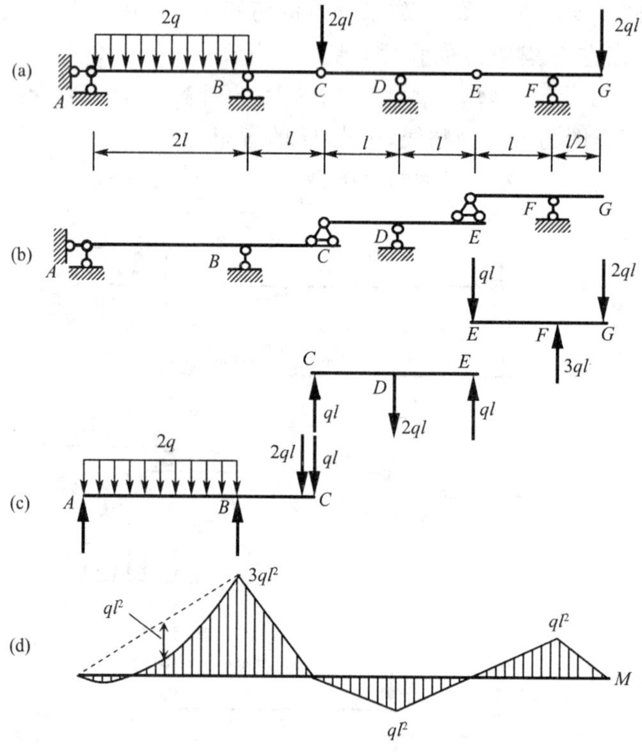

图 3-16

(3)绘制弯矩图。先求各分点的弯矩值。A、C、E、G 处为铰链和自由端，所以弯矩值为零。其他分点的弯矩值分别为

$M_F=2ql\cdot l/2=ql^2$（上方受拉），$M_D=ql\cdot l=ql^2$（下方受拉）

$M_B=2ql\cdot l+ql\cdot l=3ql^2$（上方受拉）

AB 段以外的各梁段无分布荷载作用，弯矩图为直线，以直线连接各分点的竖标即可绘出其弯矩图。AB 段利用区段叠加法，因为以 AB 为跨度的简支梁在均布荷载作用下的弯矩图为下凸抛物线，中点的竖标值为

$$\frac{2q\cdot(2l)^2}{8}=ql^2$$

故 AB 中点的最后弯矩值为

$$\frac{1}{2}\times 3ql^2-ql^2=\frac{1}{2}ql^2\text{(上方受拉)}$$

全梁的弯矩图如图 3-16(d)所示。

讨论：观察此梁的弯矩图，不难看出，DEF 段由于无荷载作用而且中间铰 E 处弯矩为零，此段弯矩图为过 E 点的直线；在 F 和 D 点由于有支反力作用，弯矩图出现折角。因此，利用这些特点，不必计算梁的支反力，即可绘制这类静定多跨梁的弯矩图。

【例 3-11】 如图 3-17(a)所示三跨静定梁，全长承受集度为 q 的均布荷载，各跨跨度均为 l，试调整铰 C、D 的位置，使 AB 跨及 EF 跨的跨中截面正弯矩与支座 B、E 处的负弯矩的绝对值相等。

解 (1)作层次图，求反力和约束力，如图 3-17(b)所示。悬跨 CD 是附属部分，支承于基本部分 ABC 和 DEF 上面。

(2)绘制弯矩图。全梁作用向下均布荷载，因此弯矩图为下凸抛物线。因为 A、C、D、F 处为铰链，所以弯矩为零。弯矩图如图 3-17(c)所示。

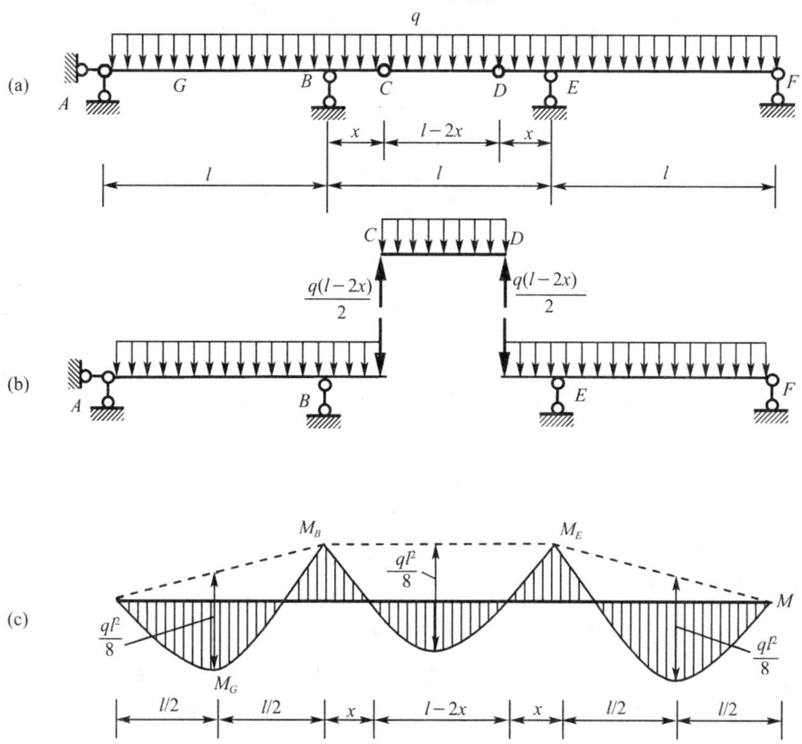

图 3-17

(3)求分点弯矩。基本部分支座 B 处截面的弯矩为

$$M_B=\frac{q(l-2x)}{2}\cdot x+\frac{1}{2}qx^2=\frac{qx(l-x)}{2}\text{(上方受拉)}$$

AB 跨中截面 G 的弯矩可按区段叠加法求得

$$M_G=\frac{ql^2}{8}-\frac{M_B}{2}$$

依题意，

$$M_G=M_B$$

所以

$$M_B=\frac{ql^2}{8}-\frac{M_B}{2}$$

$$M_B=\frac{ql^2}{12}$$

$$\frac{qx(l-x)}{2}=\frac{ql^2}{12}$$

解得
$$x=\frac{3-\sqrt{3}}{6}l=0.2113l$$

(4)讨论。在多跨静定梁中，弯矩分布均匀些，最大弯矩 $M_B=M_E=M_G=\frac{ql^2}{12}$。与图 3-18 中的简支梁相比，最大弯矩减小 33%。

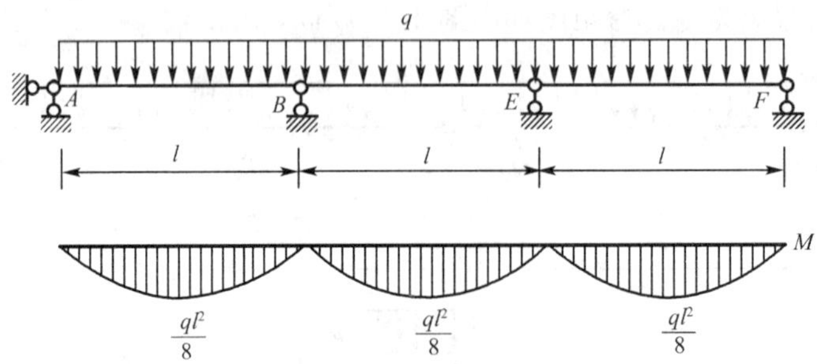

图 3-18

3.3 静定平面刚架的计算

刚架(也称框架)是由若干直杆组成的结构，其中全部或部分结点为刚结点。若刚架各杆的轴线在同一平面内，而且荷载也可以简化到此平面内，即称为平面刚架。在刚结点处，各杆端既不能发生相对移动，也不能发生相对转动，在外部因素作用下，汇交于刚结点处的各杆件之间的夹角保持不变。刚结点可以承受和传递弯矩。

刚架具有刚度大、内力分布较均匀、结点构造简单和可以覆盖较大空间的优点，在工程中应用广泛。工程中使用的刚架大多为超静定刚架，静定刚架只在结构比较简单以及荷载较小的情况下采用。尽管如此，静定刚架的计算方法是计算超静定刚架的基础，必须熟练掌握。常见的静定平面刚架按照几何组成方式可以分为三种形式：简支刚架(图 3-19(a))、悬臂刚架(图 3-19(b))和三铰刚架(图 3-19(c))。

静定刚架的计算方法原则上与静定梁相同，应先求出支座反力，使刚架受到的外力完全已知。然后求出各杆端的内力，就可以画出内力图。刚架中的内力一般都有弯矩、剪力和轴力三个分量，其中弯矩为主要的内力。内力的计算方法、内力正负号的规定以及绘制内力图的规定已经在 3.1 节概述中说明。绘制弯矩图时，通常采用区段叠加法，即先求每杆的杆端弯矩，将竖标画在受拉一侧，连以虚线，再叠加该杆上横向荷载所产生的简支梁

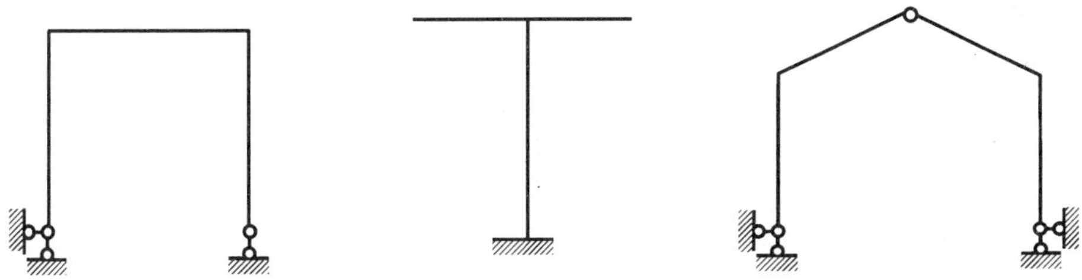

(a)　(b)　(c)

图 3-19

的弯矩图。

静定刚架内力计算的关键在于求支反力和各部分之间的相互作用力。对于较复杂的刚架，宜先进行几何组成分析，明确力的传递路径、结构的几何构造及荷载特点，并对一些特殊的杆件或截面的内力性质（例如链杆）作出判断，以简化计算。

内力图的校核是必要的。通常截取一个结点或结构的一部分，验算其是否满足平衡条件。正确的弯矩图应在刚结点处满足力矩平衡方程，正确的剪力图和轴力图则应该满足投影平衡方程。也可以直接观察内力图的形状与荷载形式、结点性质、支承情况等是否相符，以作出定性判断。

3.3.1　单体刚架

单体刚架是按照两刚片规则由上部与基础组成的无多余约束的几何不变体系。如简支刚架、悬臂刚架等。其特点是：以整体为隔离体，支座反力只有三个，因此只需三个平衡方程就能将全部反力求出来。

【例 3-12】　作图 3-20(a)所示刚架的内力图。

解　(1)求支反力

$\sum F_x = 0, F_{Ax} = 20 \times 4 = 80\ \text{kN}(\leftarrow)$

$\sum M_A = 0, F_{Ey} \times 4 - 40 \times 2 - 20 \times 4 \times 2 = 0, F_{Ey} = 60\ \text{kN}(\uparrow)$

$\sum M_E = 0, F_{Ay} \times 4 + 40 \times 2 - 20 \times 4 \times 2 = 0, F_{Ay} = 20\ \text{kN}(\downarrow)$

(2)求杆端弯矩，绘制弯矩图

$M_{AB} = 0, M_{DB} = 0, M_{DE} = M_{ED} = 0$（因为 A、E 处杆端为铰链，且无外力偶作用）

$M_{BA} = 80 \times 4 - 20 \times 4 \times 2 = 160\ \text{kN}\cdot\text{m}$（右侧受拉）

$M_{BD} = 60 \times 4 - 40 \times 2 = 160\ \text{kN}\cdot\text{m}$（下方受拉）

AB 杆有均布荷载作用，弯矩图为抛物线，凸向与荷载方向相同。利用区段叠加法，在 AB 杆的 B 端向右量取竖标 160，以虚线连接 A、B 处竖标顶点，再叠加均布荷载所产生的简支梁的弯矩图，AB 杆中点的弯矩为

$$\frac{160}{2}+\frac{20\times 4^2}{8}=80+40=120\ \text{kN}\cdot\text{m}$$

同理可绘制 BD 杆的弯矩图。在 BD 杆的 B 端向下量取竖标 160，以虚线连接 B、D 处竖标顶点，再叠加集中荷载所产生的简支梁的弯矩图，BD 杆中点 C 截面的弯矩为

$$\frac{160}{2}+\frac{40\times 4}{4}=80+40=120\ \text{kN}\cdot\text{m}$$

此刚架的弯矩图如图 3-20(b)所示。

(3)求杆端剪力,绘制剪力图

$$F_{SAB}=80\ \text{kN},F_{SBA}=0$$
$$F_{SBC}=F_{SCB}=-20\ \text{kN},F_{SDC}=F_{SCD}=-60\ \text{kN}$$
$$F_{SDE}=F_{SED}=0$$

各杆剪力图均为直线组成。按以上各分点的剪力值量取相应的竖标,以直线将各截面处的竖标顶点相连即可作出各杆剪力图。AB 杆有均布荷载作用,剪力图为斜直线;BD 杆无均布荷载作用,剪力图为水平线直线,C 截面有集中力作用,剪力图有突变,突变值为外荷载的大小。此刚架的剪力图如图 3-20(c)所示。

(4)求杆端轴力,绘制轴力图

$F_{NAB}=F_{NBA}=20\ \text{kN},F_{NBD}=F_{NDB}=0,F_{NDE}=F_{NED}=-60\ \text{kN}$

AB 杆和 DE 杆轴力图为轴线的平行线,此刚架的轴力图如图 3-20(d)所示。

(5)校核

取结点 B(图 3-20(e)),校核两杆端的弯矩,显然满足力矩平衡方程 $\sum M_B=0$。校核结点 B 各杆杆端的剪力和轴力(图 3-20(f)),显然也满足投影平衡方程 $\sum F_y=0$。再取 BD 杆校核两端的内力(图3-20(g)),满足投影平衡方程 $\sum F_y=0$,也满足力矩平衡方程 $\sum M_D=20\times4-160+40\times2=0$,所以内力图是正确的。

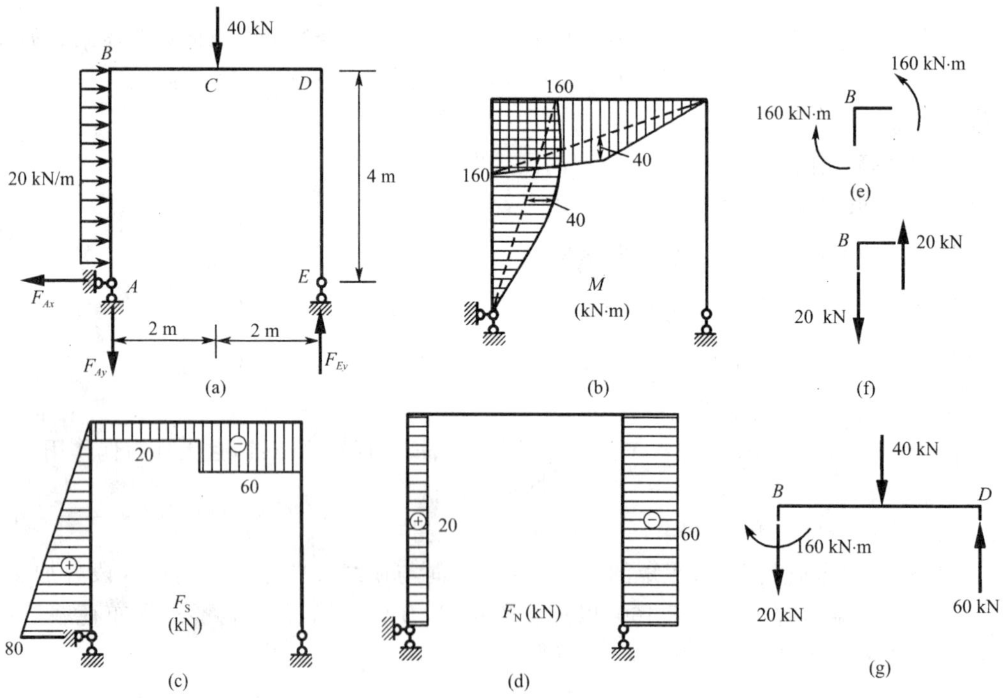

图 3-20

【例 3-13】 作图 3-21(a)所示刚架的内力图。

解 (1)求支反力

$$\sum F_x=0,F_{Ax}=40\ \text{kN}(\leftarrow)$$

$$\sum M_A = 0, F_{By} = 10 \text{ kN}(\uparrow)$$

$$\sum M_B = 0, F_{Ay} = 10 \text{ kN}(\downarrow)$$

(2)求杆端弯矩，绘制弯矩图

$M_{AC}=40$ kN·m(左侧受拉)，$M_{CA}=40\times4-40=120$ kN·m(右侧受拉)

$M_{CD}=M_{CA}=120$ kN·m(下方受拉)，$M_{DC}=\frac{1}{2}\times10\times4^2=80$ kN·m(下方受拉)

$M_{DB}=M_{DC}=80$ kN·m(左侧受拉)，$M_{BD}=0$(因为 B 处为铰链)

AC 杆无分布荷载作用，弯矩图为斜直线，A 截面有集中力偶作用，弯矩图有突变，突变值为外力偶的大小。CD 杆无分布荷载作用，弯矩图为斜直线。BD 杆有均布荷载作用，弯矩图为抛物线，凸向与荷载方向相同，利用区段叠加法，BD 杆中点的弯矩为

$$\frac{80}{2}-\frac{1}{8}\times10\times4^2=40-20=20 \text{ kN}\cdot\text{m}$$

此刚架的弯矩图如图 3-21(b)所示。

(3)求杆端剪力，绘制剪力图

$F_{SAC}=F_{SCA}=40$ kN，$F_{SDC}=F_{SCD}=-10$ kN，$F_{SDB}=-40$ kN，$F_{SBD}=0$

AC 杆、CD 杆无分布荷载作用，剪力图为轴线的平行线，BD 杆有均布荷载作用，剪力图为斜直线。此刚架的剪力图如图 3-21(c)所示。

(4)求杆端轴力，绘制轴力图

$F_{NAC}=F_{NCA}=10$ kN，$F_{NCD}=F_{NDC}=40$ kN，$F_{NDB}=F_{NBD}=-10$ kN

AC、CD、DB 三杆轴力图均为轴线的平行线，此刚架的轴力图如图 3-21(d)所示。

(5)校核

分别取结点 C(图 3-21(e))、结点 D(图 3-21(f))，校核杆端弯矩，显然满足力矩平衡方程 $\sum M_C=0$ 和 $\sum M_D=0$。再取 CD 杆校核两端的内力(图 3-21(h))，显然满足投影平衡方程 $\sum F_x=0$ 和 $\sum F_y=0$，也满足力矩平衡方程

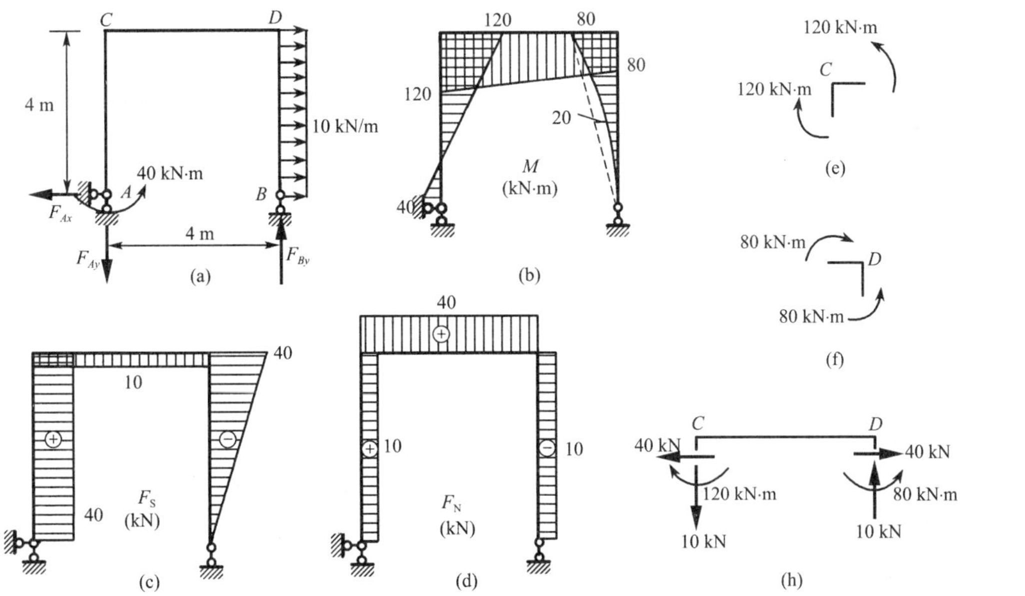

图 3-21

$$\sum M_C = -120 + 80 + 10 \times 4 = 0$$

所以内力图是正确的。

【例 3-14】 作图 3-22(a)所示刚架的内力图。

解 (1)求支反力

$$\sum F_x = 0, F_{Dx} = 0$$

$$\sum F_y = 0, F_{Dy} = 2ql(\uparrow)$$

$$\sum M_D = 0, M_D = \frac{1}{2}ql^2(\curvearrowright)$$

(2)求杆端弯矩,绘制弯矩图

$M_{AB}=0, M_{CB}=0$(自由端),$M_{BA}=ql^2$(上方受拉),$M_{BC}=\frac{1}{2}ql^2$(上方受拉)

$M_{BD}=M_{DB}=\frac{1}{2}ql^2$(右侧受拉)

AB 杆无均布荷载作用,弯矩图为斜直线,BC 杆有均布荷载作用,弯矩图为抛物线,凸向与荷载方向相同,BD 杆无均布荷载作用,弯矩图为直线。此刚架的弯矩图如图 3-22(b)所示。

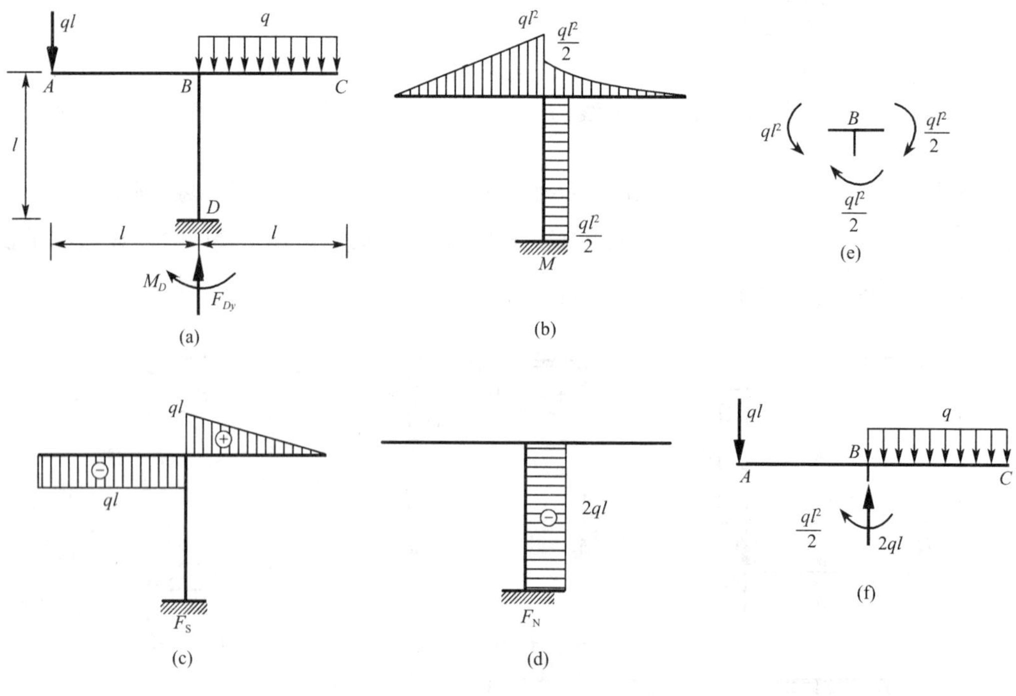

图 3-22

(3)求杆端剪力,绘制剪力图

$$F_{SAB}=F_{SBA}=-ql, F_{SBC}=ql, F_{SCB}=0, F_{SBD}=F_{SDB}=0$$

AB 杆无均布荷载作用,剪力图为水平直线,BC 杆有均布荷载作用,剪力图为斜直线,DB 杆剪力为零。此刚架的剪力图如图 3-22(c)所示。

(4)求杆端轴力,绘制轴力图

$$F_{NAB}=F_{NBA}=0, F_{NCB}=F_{NBC}=0, F_{NDB}=F_{NBD}=-2ql$$

BD 杆轴力图为轴线的平行线,此刚架的轴力图如图 3-22(d)所示。

(5)校核

校核结点 B 杆端的弯矩(图 3-22(e)),$\sum M_B=ql^2-ql^2/2-ql^2/2=0$,满足力矩平衡方程。再校核 ABC 杆端的内力(图 3-22(f)),$\sum M_B=ql\cdot l-ql\cdot\dfrac{l}{2}-\dfrac{1}{2}ql^2=0$,$\sum F_y=2ql-ql-ql=0$,也满足平衡方程。可见内力图是正确的。

【例 3-15】 作图 3-23(a)所示刚架的内力图。

解 这是一个对称问题,弯矩图和轴力图应该是对称的,剪力图应该是反对称的。内力图可先绘一半,另一半按对称性或反对称性绘出。

(1)求杆端弯矩,绘制弯矩图

$M_{AB}=0$(自由端),$M_{BA}=\dfrac{1}{2}ql^2$(上方受拉),$M_{BC}=M_{CB}=\dfrac{1}{2}ql^2$(左侧受拉)

$M_{CD}=\dfrac{1}{2}ql^2$(下方受拉),$M_{DC}=\dfrac{1}{2}ql^2-\dfrac{1}{2}ql^2=0$

AB 段、CD 段有均布荷载作用,弯矩图为抛物线,凸向与荷载方向相同,BC 段无均布荷载作用,弯矩图为直线。此刚架的弯矩图为对称图形,如图 3-23(b)所示。

(2)求杆端剪力,绘制剪力图

$F_{SAB}=0, F_{SBA}=ql, F_{SBC}=F_{SCB}=0, F_{SCD}=-ql, F_{SDC}=0$

AB 段、CD 段有均布荷载作用,剪力图为斜直线,BC 段剪力为零。此刚架的剪力图为反对称图形,如图 3-23(c)所示。

(3)求杆端轴力,绘制轴力图

$F_{NAB}=F_{NBA}=0, F_{NCB}=F_{NBC}=-ql, F_{NCD}=F_{NDC}=0$

BC 段轴力图为轴线的平行线,此刚架的轴力图为对称图形,如图 3-23(d)所示。

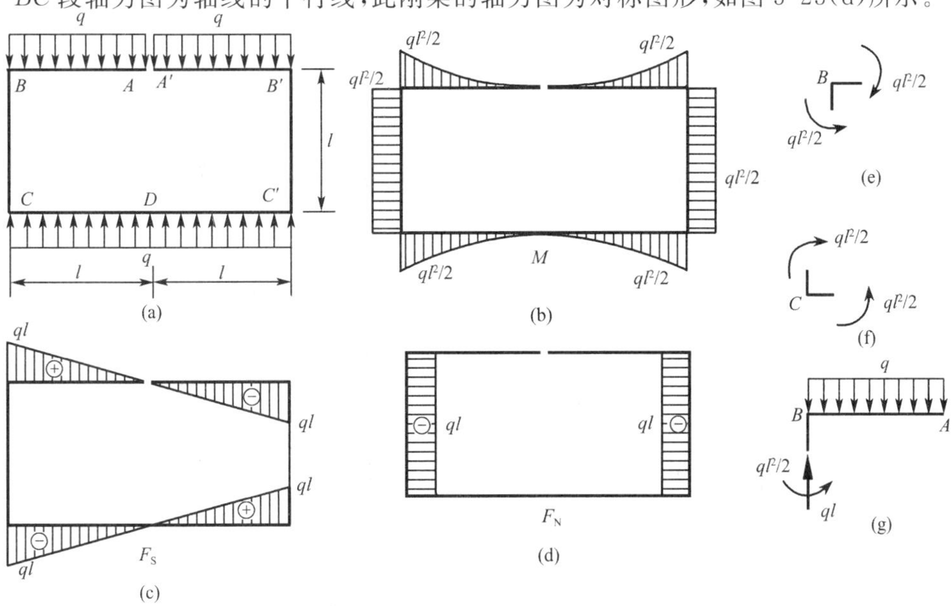

图 3-23

(4)校核

校核结点 B 两杆端的弯矩(图 3-23(e))和结点 C 两杆端的弯矩(图 3-23(f)),均满足力矩平衡方程。再校核 AB 杆端的内力(图 3-23(g)),$\sum M_B = ql \cdot \frac{l}{2} - \frac{1}{2}ql^2 = 0$,$\sum F_y = ql - ql = 0$,也满足平衡方程。可见内力图是正确的。

讨论:由于弯矩是刚架的主要内力,有时候只需要绘制刚架的弯矩图。充分利用弯矩图的形状特征及在刚结点处的力矩平衡条件,就可以不求或少求支反力而迅速绘制出弯矩图。观察例 3-12~例 3-15 中的弯矩图,不难看出,刚架中悬臂部分和简支部分的弯矩图可以先绘制出;刚结点处的弯矩应该满足力矩平衡条件,故在连接两个杆件的刚结点处若没有外力偶作用时,杆端弯矩数值一定相等,且其竖标同时在刚架的外侧或同时在刚架的内侧;通过杆轴线的外力不产生弯矩;外力平行于杆轴线或外力偶作用产生的弯矩为常数。

【例 3-16】 试用最简捷的方法作图 3-24(a)、(b)所示刚架的弯矩图。

解 (1)作图 3-24(a)所示悬臂刚架的弯矩图

先求支反力 $\sum F_x = 0, F_{Ax} = 0, \sum F_y = 0, F_{Ay} = ql(\uparrow)$

$$\sum M_A = 0, M_A = ql^2(\text{逆时针})$$

然后求杆端弯矩,绘制弯矩图,如图 3-24(c)。

AB 杆由 A 端外力偶确定 $M_{AB} = M_{BA} = ql^2$(左侧受拉),CD 杆由 D 端外力偶确定 $M_{DC} = M_{CD} = ql^2/2$(右侧受拉),外力偶作用产生的弯矩为常数。

BC 杆的杆端弯矩根据刚结点 B、C 处的弯矩满足力矩平衡条件确定,即相应的杆端弯矩数值相等,且其竖标同时在刚架的外侧(上方受拉),以虚线连接两个竖标顶点,再利用区段叠加法绘制下凸的抛物线,即为 BC 杆的弯矩图。

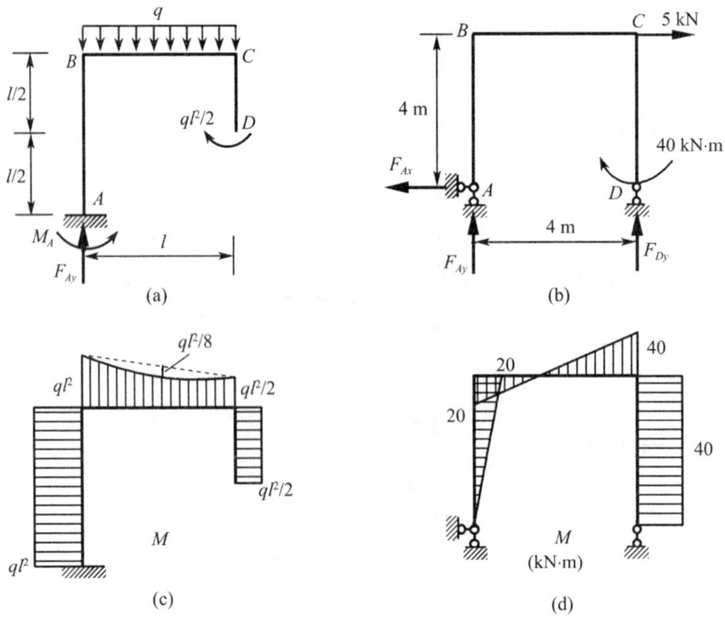

图 3-24

绘制此刚架的弯矩图时，并未用到通过杆轴的支反力 F_{Ay}，所以不必求出这种支反力。

(2)作图 3-24(b)所示简支刚架的弯矩图

只需求横向支反力，$\sum F_x = 0, F_{Ax} = 5\ \text{kN}(\leftarrow)$ 。然后求杆端弯矩，绘制弯矩图，如图 3-24(d)。

AB 杆由 A 端横向支反力确定 $M_{AB}=0, M_{BA}=5\times4=20\ \text{kN}\cdot\text{m}$(右侧受拉)，以直线连接两个竖标顶点。$CD$ 杆由 D 端外力偶确定 $M_{DC}=M_{CD}=40\ \text{kN}\cdot\text{m}$(右侧受拉)，外力偶作用产生的弯矩为常数。

BC 杆的杆端弯矩根据刚结点 B、C 处的弯矩确定，即相应的杆端弯矩数值相等，刚结点 B 处其竖标同时在刚架的内侧，刚结点 C 处其竖标同时在刚架的外侧，以直线连接两个竖标顶点。

3.3.2　三铰刚架

三铰刚架是按照三刚片规则组成的无多余约束的几何不变体系。其特点是：以整体为隔离体，支座反力有四个，而提供的平衡方程只有三个，因此需要再取一个隔离体，通常利用中间铰处的弯矩为零的条件，再补充一个平衡方程，才能将全部支座反力求出。而绘制内力图的方法和顺序与单体刚架类似。

【例 3-17】 作图 3-25(a)所示三铰刚架的内力图。

解　(1)求支反力。先以整体为研究对象，列平衡方程

$$\sum M_A = 0, F_{By}\times 12 - 8\times 6\times 3 = 0, F_{By} = 12\ \text{kN}(\uparrow)$$

$$\sum M_B = 0, -F_{Ay}\times 12 + 8\times 6\times 9 = 0, F_{Ay} = 36\ \text{kN}(\uparrow)$$

然后以 BEC 部分为研究对象，列平衡方程

$$\sum M_C = 0, -F_{Bx}\times 6.5 + 12\times 6 = 0, F_{Bx} = 11.08\ \text{kN}(\leftarrow)$$

再以整体列平衡方程

$$\sum F_x = 0, F_{Ax} = 11.08\ \text{kN}(\rightarrow)$$

(2)求杆端弯矩，绘制弯矩图。

A、C、B 三铰处的弯矩都等于零。

$$M_{DA}=11.08\times6.5=72\ \text{kN}\cdot\text{m}(\text{左侧受拉})$$

$$M_{EB}=11.08\times6.5=72\ \text{kN}\cdot\text{m}(\text{右侧受拉})$$

由刚结点 D、E 处的弯矩满足力矩平衡条件确定 DE 杆端相应的弯矩竖标为 72，且同时在刚架的外侧(上方受拉)。利用区段叠加法，杆 DC 中点弯矩值为

$$\frac{8\times6^2}{8}-\frac{1}{2}\times72=0$$

此三铰刚架的弯矩图如图 3-25(b)所示。

(3)求杆端剪力，绘制剪力图。

$$AD\ \text{杆}: F_{SAD}=F_{SDA}=-11.08\ \text{kN}; DC\ \text{杆}: F_{SDC}=36\ \text{kN}, F_{SCD}=-12\ \text{kN};$$

$$CE\ \text{杆}: F_{SCE}=F_{SEC}=-12\ \text{kN}; EB\ \text{杆}: F_{SEB}=F_{SBE}=11.08\ \text{kN}。$$

此三铰刚架的剪力图如图 3-25(c)所示。

(4)求杆端轴力,绘制轴力图。

AD 杆:$F_{NAD}=F_{NDA}=-36$ kN;EB 杆:$F_{NEB}=F_{NBE}=-12$ kN;

ED 杆:$F_{NED}=F_{NDE}=-11.08$ kN。

此三铰刚架的轴力图如图 3-25(d)所示。

(5)校核。为了校核所绘内力图的正确性,可截取刚架在计算中未用过的任何部分来检验是否满足平衡条件。取柱顶 DC 杆为研究对象(图 3-25(e)):

$$M_C=72-36\times6+8\times6\times3=0;\ \sum F_y=36+12-8\times6=0$$

满足平衡条件。

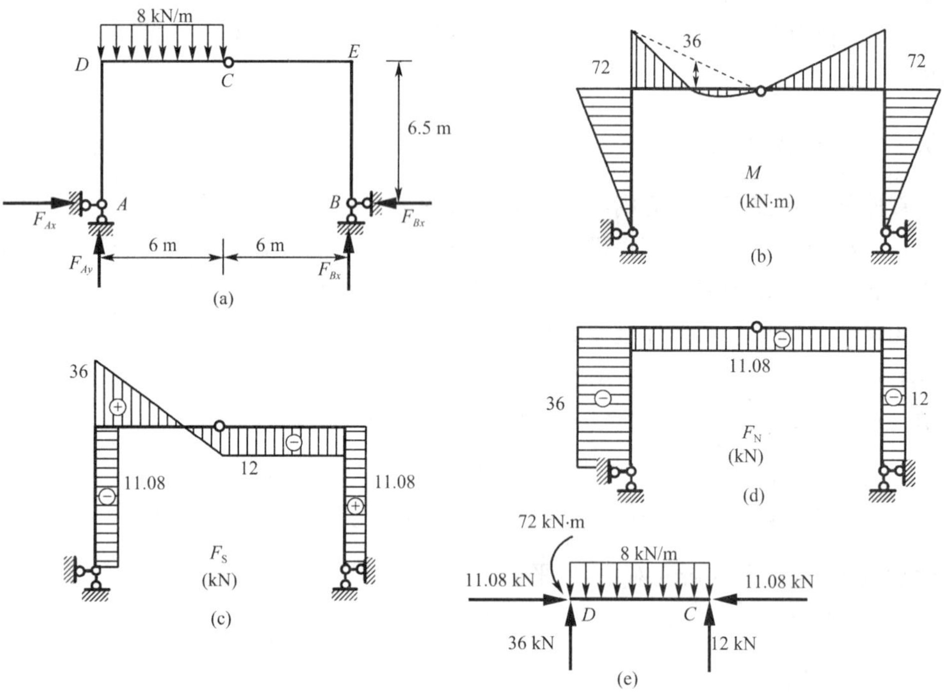

图 3-25

3.3.3 具有一定附属关系的刚架

这类刚架的分析过程与多跨静定梁一样,首先分清基本部分与附属部分,然后按照先分析附属部分、再分析基础部分的顺序进行计算,此时应该注意各部分之间的作用与反作用关系。

【例 3-18】 作图 3-26(a)所示刚架的内力图。

解 (1)求支反力和约束力。对刚架的几何组成分析可知,$ABDC$ 是该结构的基本部分,DFE 是附属部分。分析应先从附属部分着手,然后才是基本部分。先取截面 Ⅰ-Ⅰ 把 DFE 部分作为隔离体取出(图 3-26(b))。由 DFE 的平衡条件

$$\sum M_D=0,-F_{Ey}\times4+20\times4\times2=0,F_{Ey}=40\ \text{kN}(\uparrow)$$

$$\sum F_y=0,F_{Dy}=40\ \text{kN}(\downarrow)$$

$$\sum F_x=0,F_{Dx}=80\ \text{kN}(\rightarrow)$$

由于杆 CD 是链杆，故可判明支座 C 处的反力只可能是竖向的，即水平反力 $F_{Cx}=0$；由 $ABDC$ 的平衡条件

$$\sum M_A=0, 4F_{Cy}-(60-40)\times 4+(80-40)\times 4=0, F_{Cy}=-20\ \text{kN}(\downarrow)$$

$$F_{Ax}=40\ \text{kN}(\rightarrow), F_{Ay}=40\ \text{kN}(\uparrow)$$

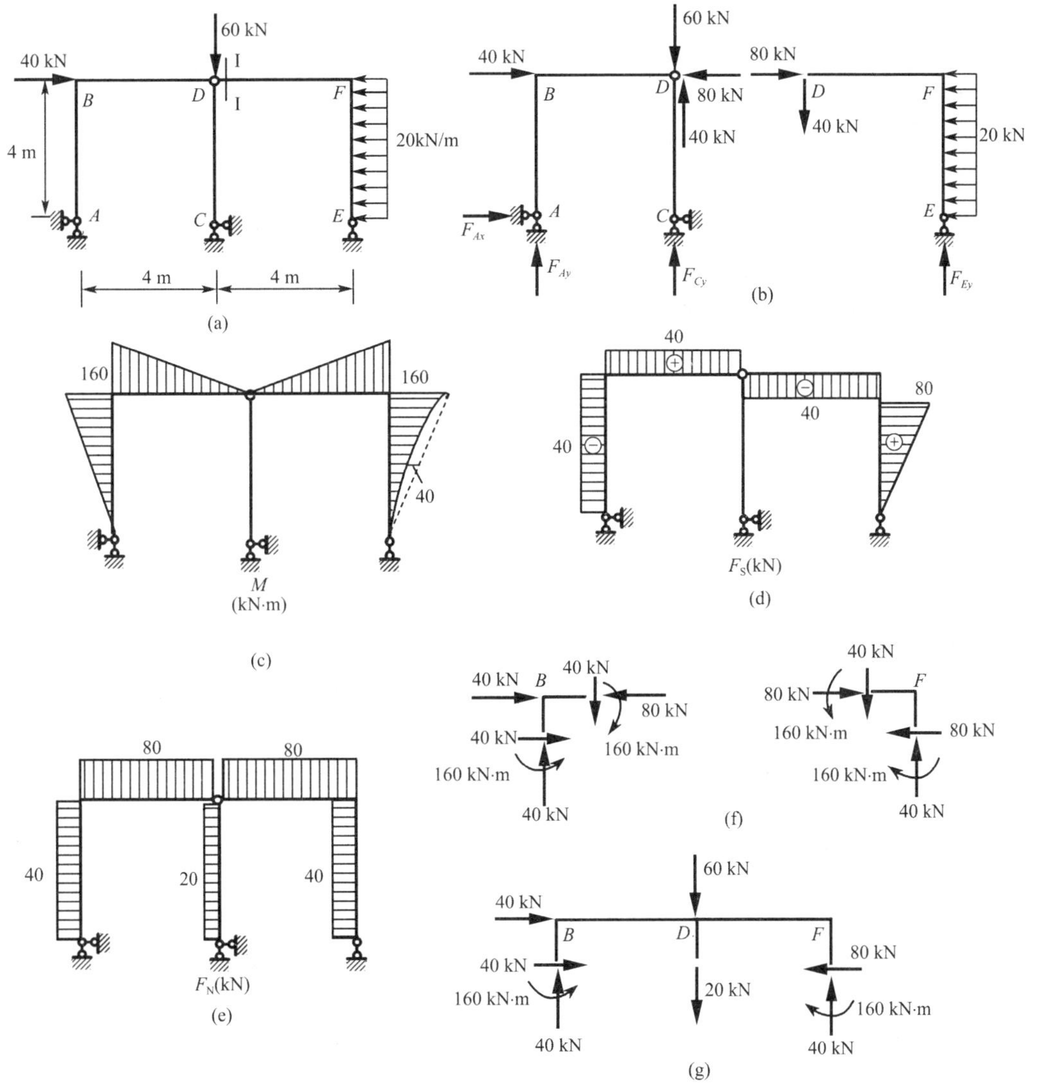

图 3-26

(2)求杆端弯矩，绘制弯矩图。

AB 杆：$M_{AB}=0, M_{BA}=40\times 4=160$ kN·m(左侧受拉)

BD 杆：$M_{DB}=0, M_{BD}=160$ kN·m(上方受拉)

DF 杆：$M_{DF}=0, M_{FD}=20\times 4\times 2=160$ kN·m(上方受拉)

FE 杆：$M_{EF}=0, M_{FE}=160$ kN·m(右侧受拉)

FE 杆上有均布荷载作用，弯矩图为抛物线，凸向与荷载同向。利用区段叠加法，中间截面的弯矩为

$$\frac{160}{2}-\frac{20\times4^2}{8}=80-40=40\ \text{kN}\cdot\text{m}$$

其他各杆无均布荷载作用，弯矩图为直线。此刚架的弯矩图如图 3-26(c)所示。

(3)求杆端剪力，绘制剪力图。

AB 杆：$F_{SAB}=F_{SBA}=-40\ \text{kN}$；$BD$ 杆：$F_{SBD}=F_{SDB}=40\ \text{kN}$

DF 杆：$F_{SDF}=F_{SFD}=-40\ \text{kN}$；$FE$ 杆：$F_{SFE}=80\ \text{kN}$，$F_{SEF}=0$

FE 杆上有均布荷载作用，剪力图为斜直线，其他各杆无均布荷载作用，剪力图为与轴线平行的直线。此刚架的剪力图如图 3-26(d)所示。

(4)求杆端轴力，绘制轴力图。

AB 杆：$F_{NAB}=F_{NBA}=-40\ \text{kN}$；$BD$ 杆：$F_{NBD}=F_{NDB}=-80\ \text{kN}$

DF 杆：$F_{NDF}=F_{NFD}=-80\ \text{kN}$；$FE$ 杆：$F_{NFE}=F_{NEF}=-40\ \text{kN}$

DC 杆：$F_{NDC}=F_{NCD}=20\ \text{kN}$

此刚架的轴力图如图 3-26(e)所示。

(5)校核。取结点 B、F 为隔离体(图 3-26(f))，能满足 $\sum M_B=0$，$\sum M_F=0$。

取柱顶(图 3-26(g))校核剪力图和轴力图。

$$\sum F_x=40+40-80=0$$

$$\sum F_y=40+40-60-20=0$$

满足平衡条件。

【例 3-19】 作图 3-27(a)所示刚架的弯矩图。

解 (1)求支反力和约束力。对刚架的几何组成分析可知，$ADCEB$ 是该结构的基本部分，$DGFHE$ 是附属部分。分析应先从附属部分着手，然后才是基本部分。这是对称问题，所以支反力和约束力应是对称的。分别取基本部分和附属部分作为隔离体(图 3-27(b))计算支反力和约束力。由附属部分 $DEFGH$ 的平衡方程，得

$$\sum M_D=0, F_{Ey}\times8+20-20=0, F_{Ey}=0$$

$$\sum F_y=0, F_{Dy}=0$$

取 DGF 作为隔离体，得

$$\sum M_F=0, F_{Dx}\times4-20=0, F_{Dx}=5\ \text{kN}(\rightarrow)$$

$$\sum F_x=0, F_{Ex}=5\ \text{kN}(\leftarrow)$$

由基本部分 $ADCEB$ 的平衡方程，得

$$\sum M_A=0, F_{By}\times8-5\times4+5\times4-12\times(2+4+6)=0, F_{By}=18\ \text{kN}(\uparrow)$$

$$\sum F_y=0, F_{Ay}=18\ \text{kN}(\uparrow)$$

取 ADC 作为隔离体，得

$$\sum M_C=0, F_{Ax}\times4-18\times4+12\times2=0, F_{Ax}=12\text{kN}(\rightarrow)$$

$$\sum F_x=0, F_{Bx}=12\ \text{kN}(\leftarrow)$$

(2)求杆端弯矩，绘制弯矩图。

AD 杆：$M_{AD}=0$，$M_{DA}=12\times4=48\ \text{kN}\cdot\text{m}$(左侧受拉)

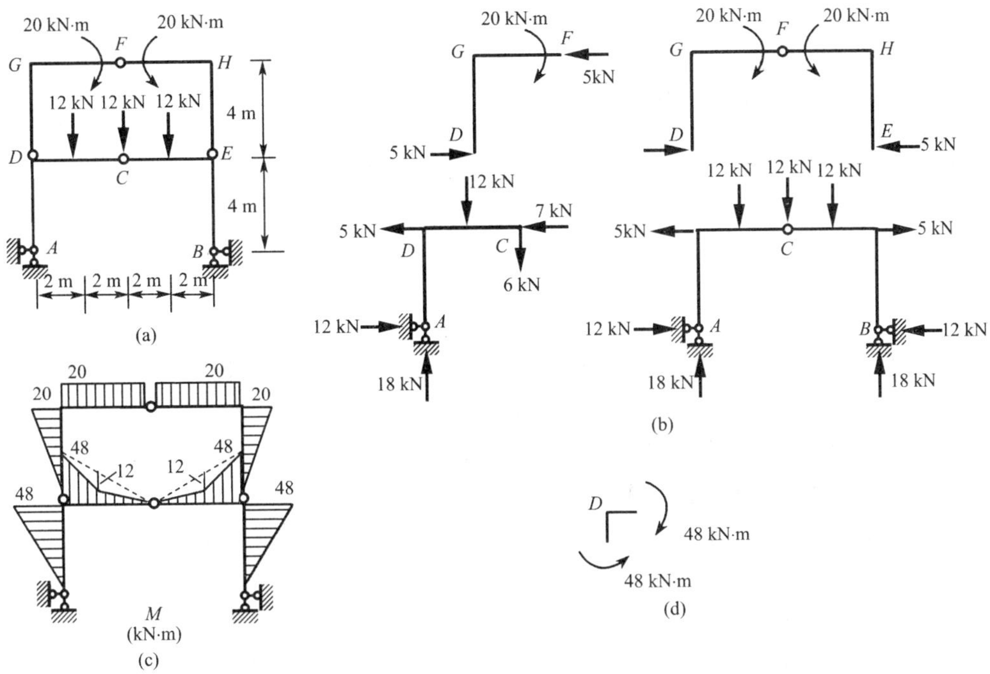

图 3-27

$$DC\text{ 杆}:M_{CD}=0,M_{DC}=12\times2+6\times4=48\ \text{kN}\cdot\text{m}(\text{上方受拉})$$

$$DG\text{ 杆}:M_{DG}=0,M_{GD}=5\times4=20\ \text{kN}\cdot\text{m}(\text{左侧受拉})$$

$$GF\text{ 杆}:M_{FG}=M_{GF}=20\ \text{kN}\cdot\text{m}(\text{上方受拉})$$

各杆无均布荷载作用，弯矩图为直线。DC 杆利用区段叠加法，中间截面的弯矩为

$$\frac{48}{2}-\frac{12\times4}{4}=24-12=12\ \text{kN}\cdot\text{m}$$

因为是对称问题，此刚架的弯矩图为对称图形，如图 3-27(c)所示。

(3)校核。取结点 D 为隔离体(图 3-27(d))，能满足 $\sum M_D=0$ 的条件。

3.4　三铰拱的计算

3.4.1　三铰拱的组成及受力特征

拱结构是指杆轴为曲线且在竖向荷载作用下能产生水平推力的结构。拱结构与梁的区别在于水平推力的存在。

图 3-28(a)所示的结构，在竖向荷载作用下无水平推力产生，称为曲梁。图 3-28(b)所示的结构，竖向荷载作用下能产生水平推力，故属于拱结构。在拱中由于水平推力的存在，其各个截面的弯矩将比相应的曲梁或简支梁要小。

拱的优点是用料较为节省，自重减轻，能跨越较大的空间。水平推力使拱主要承受轴向压力，故可利用抗压性能好而抗拉性能差的材料(如砖、石、混凝土等)来建造。缺点是

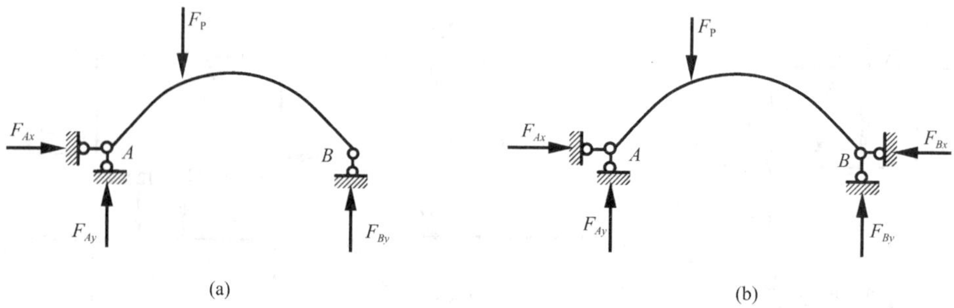

图 3-28

需要比梁更为坚固的基础或支承结构，施工较复杂。通常又把拱结构称为推力结构。

常见的拱结构有无铰拱(图 3-29(a))、两铰拱(图 3-29(b))、三铰拱(图 3-29(c))和带拉杆的拱(图 3-29(d))。其中三铰拱是静定的，两铰拱和无铰拱是超静定的。拱的轴线常用抛物线和圆弧，有时也采用悬链线。带拉杆的拱用拉杆的拉力代替了支座的推力，内部的受力性能与拱相同。优点在于消除了推力对支承结构的影响。因此带拉杆的三铰拱常被用作屋面支承结构。

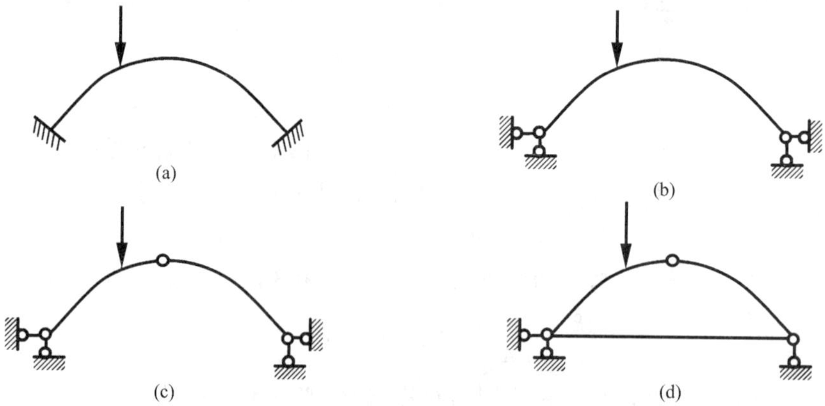

图 3-29

拱的各部分名称如图 3-30(a)所示，拱的最高点称为拱顶，支座处称为拱趾，两支座之间的水平距离称为跨度，用 l 表示。拱顶到两拱趾间连线的垂直距离称为矢高，用 f 表示。f/l 称为拱的高跨比，范围在 0.1 到 1 之间，是拱的一个重要几何参数。若两拱趾不在一条水平线上称为斜拱，如图 3-30(b)所示。

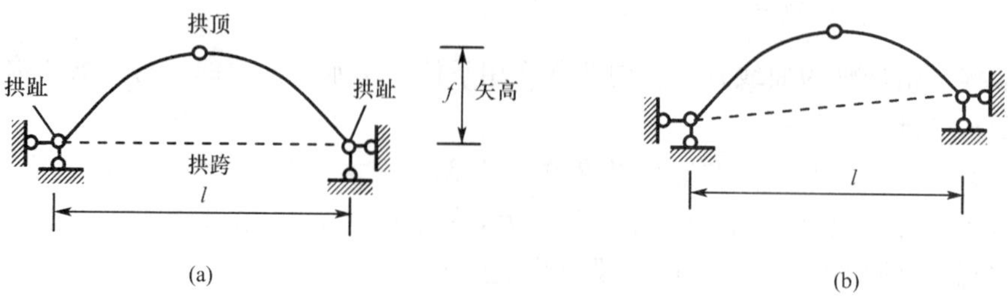

图 3-30

3.4.2　三铰拱的内力分析

下面以图 3-31(a)所示的三铰拱为例，讨论在竖向荷载作用下三铰拱的支座反力和内力的计算方法。并将拱与图 3-31(b)所示的承受同样荷载且具有相同跨度的梁(称为相应简支梁)加以比较，用以说明拱的受力特性。

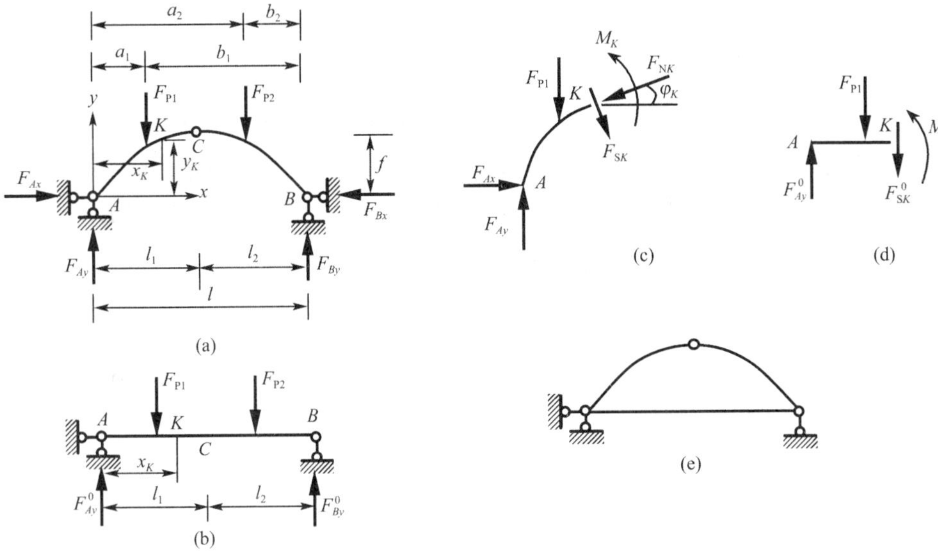

图 3-31

1. 支座反力的计算

首先考虑整体平衡(图 3-31(a))，由 $\sum M_A=0$ 及 $\sum M_B=0$ 可以求得两支座的竖向反力：

$$F_{Ay}=\frac{\sum F_{Pi}b_i}{l}=F_{Ay}^0 \tag{3-2}$$

$$F_{By}=\frac{\sum F_{Pi}a_i}{l}=F_{By}^0 \tag{3-3}$$

再考虑 $M_C=0$ 的条件，取左半拱上所有外力对点 C 的力矩代数和等于零，可求得

$$F_{Ax}=F_{Bx}=F_H \tag{3-4}$$

$$F_H=\frac{F_{Ay}l_1-F_{P1}(l_1-a_1)}{f}=\frac{M_C^0}{f} \tag{3-5}$$

即三铰拱的竖直反力等于相应简支梁的支反力，水平推力 F_H 等于相应简支梁截面 C 的弯矩 M_C^0 除以矢高 f。

2. 内力的计算

(1)弯矩的计算公式

取三铰拱 AK 段为研究对象，受力如图 3-31(c)所示，再取相应简支梁 AK 段为研究对象，受力如图 3-31(d)所示，根据平衡关系有

$$M_K=M_K^0-F_H y_K \tag{3-6}$$

即拱内任一截面 K 的弯矩 M_K，等于相应简支梁对应的弯矩 M_K^0 减去由于拱的推力 F_H 所引起的弯矩 $F_H y_K$。

(2)剪力的计算公式

$$F_{SK}=F_{SK}^0\cos\varphi_K-F_H\sin\varphi_K \tag{3-7}$$

式(3-7)中，φ_K 为截面 K 处拱轴切线的倾角，在 3-31(c)所示坐标系中，φ_K 在左半拱为正，而在右半拱为负。

(3)轴力的计算公式

$$F_{NK}=F_{SK}^0\sin\varphi_K+F_H\cos\varphi_K \tag{3-8}$$

由于拱是推力结构，主要承受压力，所以规定轴力使拱截面受压则为正，反之为负。

应该注意，上述拱的反力和内力计算公式仅适用于在竖向荷载作用下的平拱。

对于带拉杆的三铰平拱，如图 3-31(e)所示，拉杆的轴力代替了三铰拱的水平推力，这样拱身部分受力情况与三铰拱完全相同，故拉杆的轴力 F_N 等于

$$F_N=\frac{M_C^0}{f}$$

将三铰拱内力计算公式中的 F_H 用拉杆的轴力 F_N 代替，即可用来计算拱身的内力。

【例 3-20】 试绘制图 3-32(a)所示三铰拱的内力图。三铰拱的拱轴为一抛物线，当坐标原点选在左支座时，它的方程可表达为 $y=\frac{4f}{l^2}(l-x)x$。

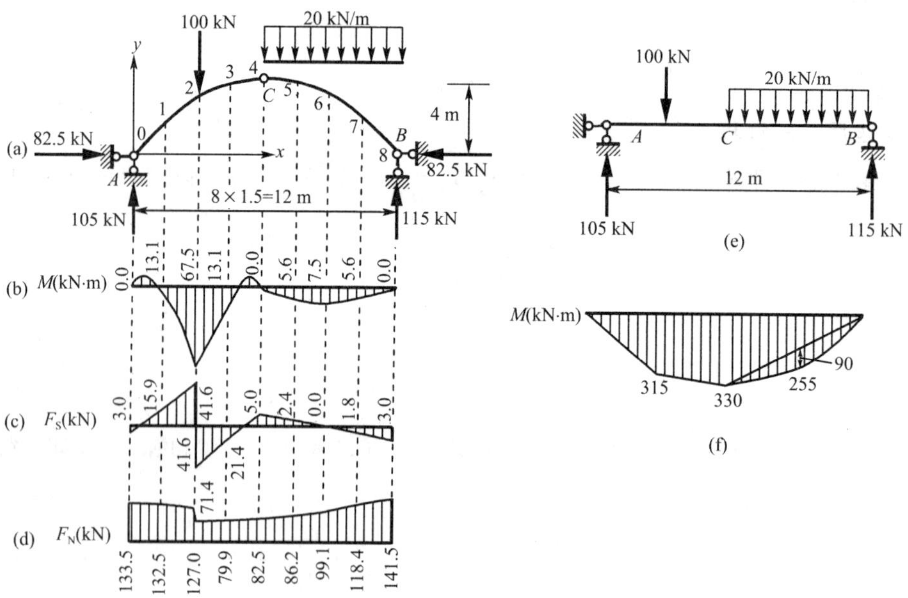

图 3-32

解 求支反力。由式(3-2)、式(3-3)、式(3-5)得

$$F_{Ay}=F_{Ay}^0=\frac{20\times6\times3+100\times9}{12}=105\ \text{kN}$$

$$F_{By}=F_{By}^0=\frac{20\times6\times9+100\times3}{12}=115\ \text{kN}$$

$$F_{\mathrm{H}}=\frac{M_C^0}{f}=\frac{105\times 6-100\times 3}{4}=82.5\ \mathrm{kN}$$

由于拱的内力方程比较复杂，直接按方程作图非常困难。一般做法是将拱跨等分若干等份，按式(3-6)、式(3-7)及式(3-8)计算各等分点对应的拱轴截面上的内力，然后用描点的方法画出这些内力值，再连以曲线即得所求内力图。本题中将拱跨分成八等份，然后列表(表 3-2)算出拱上各个截面的 M、F_{S}和 F_{N}值，绘制三铰拱的内力图(图3-32(b)、(c)、(d))。

表 3-2　　三铰拱的内力计算

拱轴分点	横坐标值	纵坐标值	$\tan\varphi$	$\sin\varphi$	$\cos\varphi$	F_{S}^0	M/kN·m			F_{S}/kN			F_{N}/kN		
							M^0	$-F_{\mathrm{H}}y$	M	$F_{\mathrm{S}}^0\cos\varphi$	$-F_{\mathrm{H}}\sin\varphi$	F_{S}	$F_{\mathrm{S}}^0\sin\varphi$	$F_{\mathrm{H}}\cos\varphi$	F_{N}
0	0.0	0.0	1.333	0.800	0.600	105	0.0	0.0	0.0	63.0	−66.0	−3.0	84.0	49.5	133.5
1	1.5	1.75	1.000	0.701	0.707	105	157.5	−144.4	13.1	74.2	−58.3	15.9	74.2	58.3	132.5
2左	3.0	3.0	0.667	0.555	0.832	105	315.0	−247.5	67.5	87.4	−45.8	41.6	58.4	68.6	127.0
2右	3.0	3.0	0.667	0.555	0.832	5	315.0	−247.5	67.5	4.2	−45.8	−41.6	2.8	68.6	71.4
3	4.5	3.75	0.333	0.316	0.949	5	322.5	−309.4	13.1	4.7	−26.1	−21.4	1.6	78.3	79.9
4	6.0	4.0	0.000	0.000	1.000	5	330.0	−330.0	0.0	5.0	0.0	5.0	0.0	82.5	82.5
5	7.5	3.75	−0.333	−0.316	0.949	−25	315.0	−309.4	5.6	−23.7	26.1	2.4	7.9	78.3	86.2
6	9.0	3.0	−0.667	−0.555	0.832	−55	255.0	−247.5	7.5	−45.8	45.8	0.0	30.5	68.6	99.1
7	10.5	1.75	−1.000	−0.707	0.707	−85	150.0	−144.4	5.6	−60.1	58.3	−1.8	60.1	58.3	118.4
8	12.0	0.0	−1.333	−0.800	0.600	−115	0.0	0.0	0.0	−69.0	66.0	−3.0	92.0	49.5	141.5

为了说明计算方法，以截面 1 为例，计算其内力如下：当 $x=1.5$ m 时，由拱轴方程可求得

$$y_1=\frac{4f}{l^2}(l-x_1)x_1=\frac{4\times 4}{12^2}(12-1.5)\times 1.5=1.75\ \mathrm{m}$$

$$\tan\varphi_1=\frac{\mathrm{d}y}{\mathrm{d}x}=\frac{4f}{l}\left(1-\frac{2x_1}{l}\right)=\frac{4\times 4}{12}\left(1-\frac{2\times 1.5}{12}\right)=1$$

$$\varphi_1=45^\circ,\sin\varphi_1=\cos\varphi_1=0.707$$

$$M_1=M_1^0-F_{\mathrm{H}}y_1=105\times 1.5-82.5\times 1.75=13.1\ \mathrm{kN\cdot m}$$

$$F_{\mathrm{S1}}=F_{\mathrm{S1}}^0\cos\varphi_1-F_{\mathrm{H}}\sin\varphi_1=105\times 0.707-82.5\times 0.707=15.9\ \mathrm{kN}$$

$$F_{\mathrm{N1}}=F_{\mathrm{S1}}^0\sin\varphi_1+F_{\mathrm{H}}\cos\varphi_1=105\times 0.707+82.5\times 0.707=132.6\ \mathrm{kN}$$

其他各截面的计算与上相同。对于截面 2，由于集中力作用在该处，相应简支梁在该处剪力图发生突变，其值为集中力数值。同样，拱的剪力图及轴力图在该处均发生突变。所以需要分别计算截面 2 以左和以右截面上的剪力和轴力。

将三铰拱的弯矩图(图 3-32(b))与相应简支梁(图 3-32(e))的弯矩图(图 3-32(f))比较，可以看出三铰拱各截面的弯矩都比相应的简支梁要小。

3.4.3　三铰拱的合理拱轴

拱在给定荷载作用下，当拱上各个截面不产生弯矩和剪力，而只有轴力时，各截面都处于均匀受压的状态，因而材料能得到充分的利用，相应的拱截面尺寸将是最小的。此时的拱轴称为合理拱轴线。当拱轴为合理轴线时，拱中弯矩处处为零：

$$M=M^0-F_H y=0$$

$$y=\frac{M^0}{F_H} \tag{3-9}$$

式(3-9)表示合理拱轴线的纵坐标 y 与相应简支梁的弯矩竖标 M^0 成正比。可见合理拱轴线的形状与相应简支梁的弯矩图相似。

【例 3-21】 试求图 3-33(a)所示对称三铰拱在沿全跨长的水平均布竖向荷载 q 作用下的合理拱轴线。

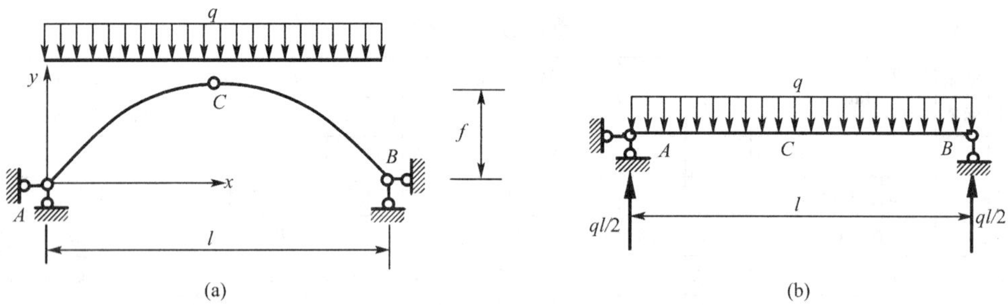

图 3-33

解 作出相应简支梁如图 3-33(b)所示,其弯矩方程为

$$M^0=\frac{1}{2}qx(l-x)$$

水平推力 F_H 为

$$F_H=\frac{M_C^0}{f}=\frac{\frac{1}{8}ql^2}{f}=\frac{ql^2}{8f}$$

拱的合理轴线方程为

$$y=\frac{\frac{1}{2}qx(l-x)}{\frac{ql^2}{8f}}=\frac{4f}{l^2}x(l-x)$$

上式表明,在沿全跨长的水平均布竖向荷载作用下,三铰拱的合理轴线是二次抛物线。

合理拱轴的确定与拱所承受的荷载有关。承受沿全跨拱轴线分布的竖向荷载(如等截面拱的自重)的三铰拱,其合理拱轴是悬链线。因此,许多拱桥的拱轴采用悬链线。承受沿全跨拱轴法向均布压力(如均匀静水压力)的三铰拱,其合理拱轴是圆弧线。因此,水管、高压隧洞和拱坝常采用圆环形截面。必须指出,在实际拱结构上的荷载情况是多种多样的,故难以达到理想化的合理拱轴,只能力求所选的拱轴线接近合理拱轴线。

3.5 静定平面桁架的计算

3.5.1 平面桁架的特征

桁架是一种由若干直杆在其两端用铰联结而成的几何不变的铰结链杆体系。它受力合理、用料省,在建筑工程中得到广泛应用。实际工程中的桁架一般都是空间桁架,但是其中很多可以分解为平面桁架进行分析，为了简化计算，选取既能反映结构的主要受力性能，又便于计算的力学简图。在平面桁架中，通常引用如下假定：

(1)各杆两端用理想铰相互连接。

(2)各杆的轴线都是绝对平直，在同一平面内并通过铰结点的中心。

(3)荷载和支座反力都作用在结点上并位于桁架平面内。

满足上述假定的桁架称为理想平面桁架。图 3-34(a)所示屋架可简化为桁架，计算简图如图 3-34(b)所示。

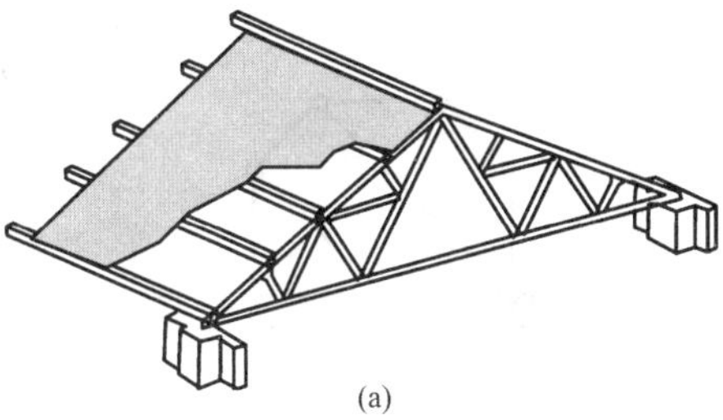

(a)

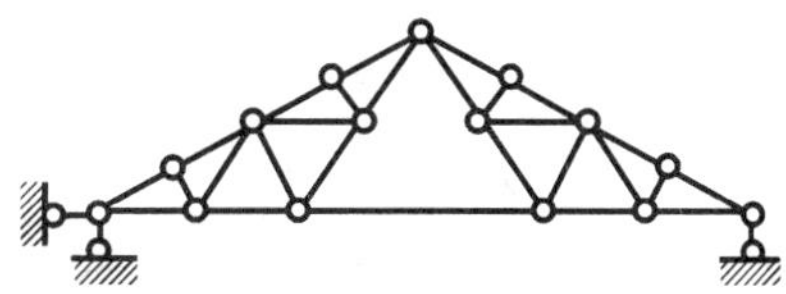

(b)

图 3-34

桁架的各杆都是链杆(二力杆)，杆件截面上的内力只有轴力，应力是均匀分布的，可以同时达到许用值，材料能得到充分利用。与同跨度的梁相比，桁架具有节省材料、自重轻等优点，因此，桁架是大跨度结构常用的一种结构形式。

实际的桁架并不完全符合上述理想假定。例如，钢桁架的结点是铆接或者是焊接的，钢筋混凝土构件的结点是浇注在一起的，这些结点都具有一定的刚性；其次，各杆轴线不可能绝对平直，在结点处各杆也不一定完全汇交于一点；再有，杆件的自重、外荷载等也常常不是作用在结点上的。但试验和工程实践证明，在一般工程中，这些因素对桁架的影响是次要的。通常把理想平面桁架求出的内力称为主内力，由于实际受力情况与上述的假定不相符而产生的附加内力称为次内力。次内力一般可以忽略不计。

桁架的杆件，依其所在位置的不同，可分为弦杆和腹杆两大类。弦杆可分为上弦杆和下弦杆。腹杆又分为竖杆和斜杆。弦杆上两相邻结点之间的区间称为节间，其间距 d 称为节间长度。两支座间的水平距离 l 称为跨度。支座连线至桁架最高点的距离 H 称为桁高。各个部分名称如图 3-35 所示。

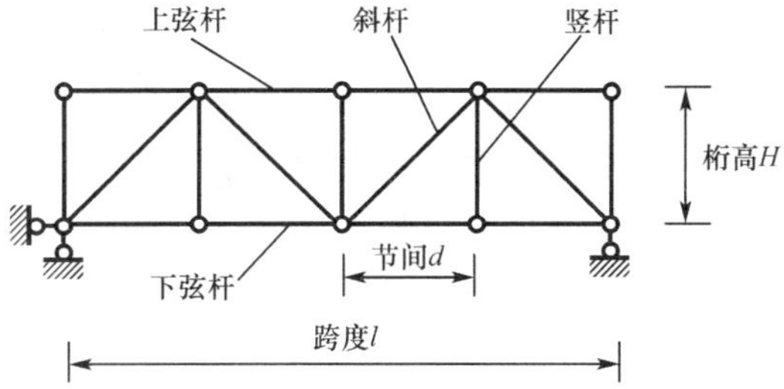

图 3-35

静定平面桁架的类型很多，根据不同特征，可分为如下几类：

(1)按照桁架的外形分为：平行弦桁架(图 3-36(a))、折弦桁架(图 3-36(b))和三角形桁架(图 3-36(c))。

(2)按照支座反力的特点分为：无推力桁架或梁式桁架(图 3-36(a)、(b)、(c))和有推力桁架或拱式桁架(图 3-36(d))。

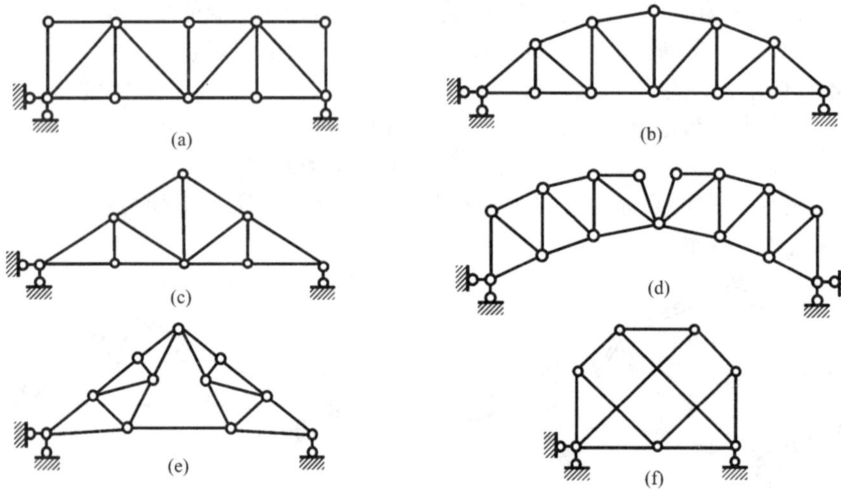

图 3-36

(3)按照桁架的几何组成方式分为:简单桁架(图 3-36(a)、(b)、(c)),由基础或由一个基本铰接三角形开始,依次增加二元体所组成的桁架;联合桁架(图 3-36(d)、(e)),由几个简单桁架按照两刚片相连或三刚片相连的组成规则所连成的桁架;复杂桁架(图 3-36(f)),不是按照上述两种方式组成的桁架。

3.5.2 用结点法计算桁架的内力

1.结点法的原理及示例

在求桁架的内力时,可截取桁架的结点为隔离体,利用各结点的静力平衡条件来计算各杆内力,这种方法称为结点法。作用于任一结点的各力组成一个平面汇交力系,所以可就每一结点列出两个平衡方程进行解算。为避免解算联立方程,应从未知力不超过两个的结点开始,依次推算。

在取结点计算时,通常都先假定杆件内力为拉力,若所得结果为负,则为压力。对于已知的外力和已经求出的内力,则按实际方向画出。此外,在建立结点平衡方程时,经常需要把斜向杆件的内力 F_N 分解为水平分力 F_{Nx} 和竖向分力 F_{Ny}。如图 3-37 所示,设斜杆长度为 l,其水平投影长度和竖向投影长度分别为 l_x 和 l_y,则由相似三角形的关系,有

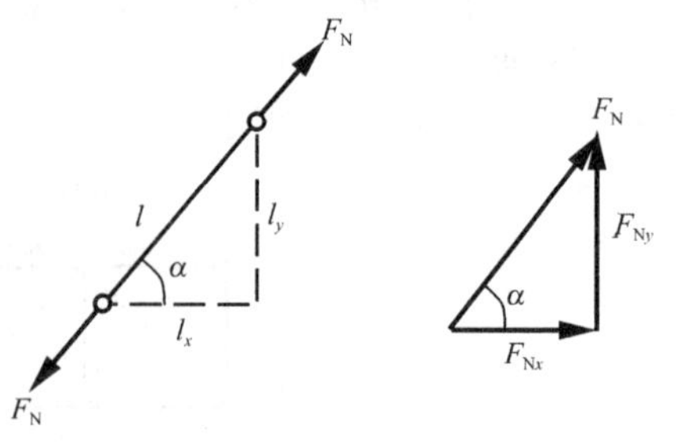

图 3-37

$$\frac{F_N}{l}=\frac{F_{Nx}}{l_x}=\frac{F_{Ny}}{l_y} \tag{3-10}$$

下面举例说明结点法的应用。

【例 3-22】 试用结点法分析图 3-38(a)所示桁架各杆件的内力。

解 (1)计算支座反力

$$\sum F_x = 0, F_{1x} = 0$$

$$\sum M_8 = 0, F_{1y} = 80\ \text{kN}(\uparrow)$$

$$\sum F_y = 0, F_{8y} = 100\ \text{kN}(\uparrow)$$

(2)计算各杆内力

结点 1:取结点 1 为隔离体,如图 3-38(b)所示。

由 $\sum F_y=0$,得 $F_{13y} = -F_{1y} = -80\ \text{kN}$

利用比例关系,得 $F_{13x} = -80 \times \frac{3}{4} = -60\ \text{kN}, F_{N13} = -80 \times \frac{5}{4} = -100\ \text{kN}$

由 $\sum F_x=0$,得 $F_{N12} = 60\ \text{kN}$

结点 2:取结点 2 为隔离体,如图 3-38(c)所示。

由 $\sum F_x=0$,得 $F_{N24} = F_{N12} = 60\ \text{kN}$

由 $\sum F_y=0$,得 $F_{N23} = 40\ \text{kN}$

结点 3:取结点 3 为隔离体,如图 3-38(d)所示。在图中杆 13 的内力(压力)按实际方向画出,并以其两个分力来表示。

由 $\sum F_y=0$,得 $F_{34y} = 80-40 = 40\ \text{kN}, F_{34x} = 40 \times \frac{3}{4} = 30\ \text{kN}, F_{N34} = 40 \times \frac{5}{4} = 50\ \text{kN}$

再由 $\sum F_y=0$,得 $F_{N35} = -60 - F_{34x} = -90\ \text{kN}$

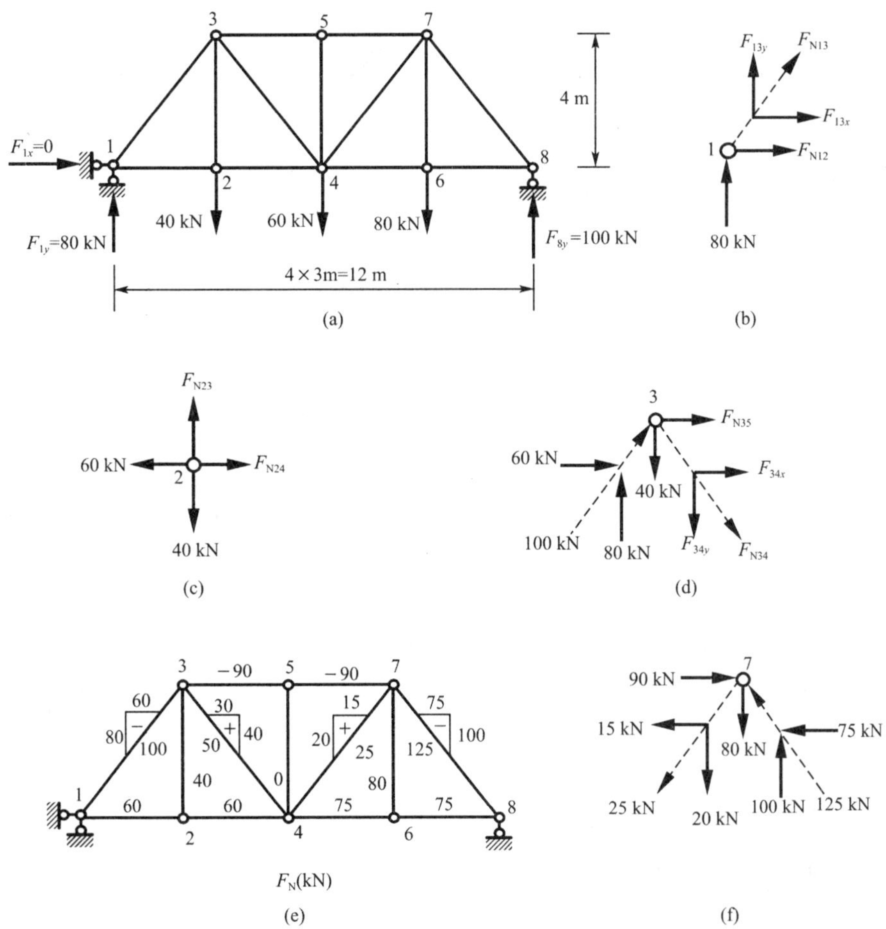

图 3-38

依次考虑结点 5、4、6，每次均只有两个未知力，故都可利用力的投影方程依次求得。至结点 7 时，只有一个未知力；至结点 8 时，各力都已求出，内力图如图 3-38(e)所示。可利用结点 7 是否符合平衡条件作校核(图 3-38(f))。

对于杆件之间角度关系较简单的桁架，计算时不必绘出各结点的隔离体图，可直接在桁架图中进行。可按照结点法的计算顺序，直接在图上进行分析，并依次将所求得的内力及其分力标注于杆件上即可。

2. 结点汇交力系平衡的特殊情况

利用结点汇交力系平衡的特殊情况，可直接知道某些杆件的轴力，使计算得到简化。桁架中有时会出现轴力为零的杆件，称为零杆。在计算桁架时，首先找出所有的零杆，可减少计算工作量。

判别零杆以及几种主要的特殊情况如下：

(1)不共线两杆铰接，结点不受荷载，两杆均为零杆，如图 3-39(a)所示。

(2)不共线两杆铰接，结点荷载与一杆共线，则另一杆为零杆，如图 3-39(b)所示。

(3)三杆铰接，如两杆共线且无结点荷载，则另一杆为零杆。在同一直线上的两杆轴力必相等，如图 3-39(c)所示。

(4)结点汇交力系为四个力，且两两共线，则每一对共线的两个力大小相等，性质相同，如图 3-39(d)所示。

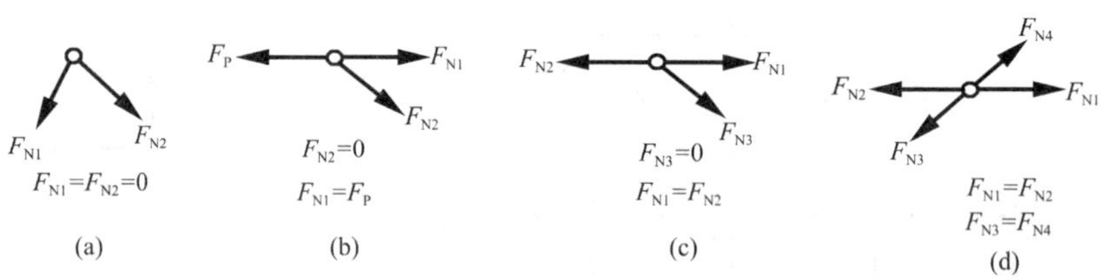

图 3-39

【例 3-23】 找出图 3-40(a)、(b)所示桁架中的零杆。

解 (1)图 3-40(a)中，结点 8，不共线两杆铰接，结点不受荷载，所以 $F_{N87}=F_{N85}=0$。结点 7，不共线两杆铰接，结点不受荷载，所以 $F_{N76}=F_{N75}=0$。结点 6，不共线两杆铰接，结点不受荷载，所以 $F_{N63}=F_{N65}=0$。结点 2，不共线两杆铰接，结点荷载与一杆共线，所以 $F_{N21}=0$，$F_{N23}=-F_{2x}$。其余杆的内力有 $F_{N34}=F_1$，$F_{N14}=F_{N45}$。

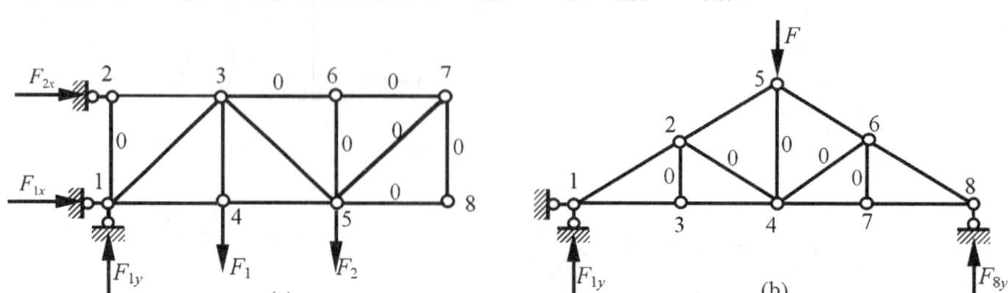

图 3-40

(2)图 3-40(b)中，结点 7，结点不受荷载，两杆共线，杆 67 为零杆，所以 $F_{N67}=0$。结点 6，结点不受荷载，两杆共线，因杆 67 为零杆，所以杆 64 也为零杆 $F_{N64}=0$。同理可知

$F_{N23}=0, F_{N24}=0$。再看结点 4，结点不受荷载，两杆共线，因杆 67、杆 24 均为零杆，所以杆 45 也为零杆 $F_{N45}=0$。其余杆的内力有 $F_{N12}=F_{N25}, F_{N56}=F_{N68}, F_{N13}=F_{N34}=F_{N47}=F_{N78}$。

【例 3-24】 试用结点法计算图 3-41(a)所示桁架的各杆内力。

解 (1)判断零杆

结点 9，不共线两杆铰接，结点不受荷载，两杆均为零杆，所以 $F_{N89}=0, F_{N79}=0$。

结点 8，结点受荷载作用，四力汇交，且两两共线，则每一对共线的两个力大小相等，所以 $F_{N58}=F_{N89}=0, F_{N87}=-10\ \text{kN}$。

结点 6，结点不受荷载，两杆共线，第三杆为零杆，$F_{N56}=0$，所以 $F_{N46}=F_{N67}$。

结点 5，已知 $F_{N58}=F_{N56}=0$，结点不受荷载，另外两杆为零杆，所以 $F_{N35}=F_{N45}=0$。

结点 4，四力汇交，且两两共线，则每一对共线的两个力大小相等，所以 $F_{N14}=F_{N45}=0, F_{N24}=F_{N46}$。

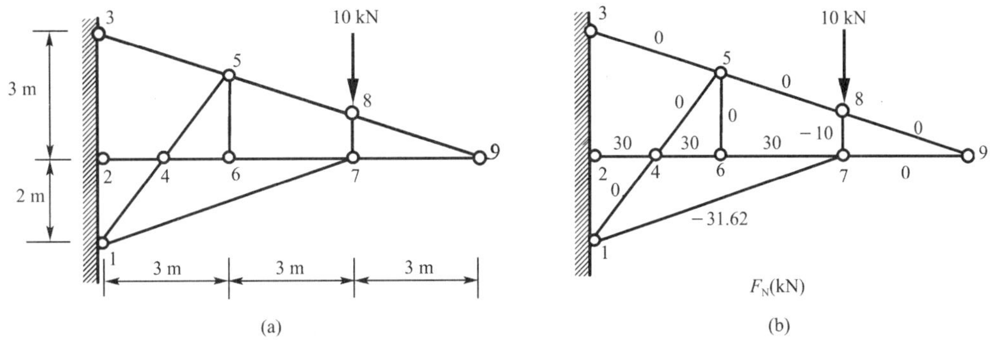

图 3-41

(2)计算其余各杆内力

结点 7，由 $\sum F_y=0$，得 $F_{17y}=F_{N78}=-10\ \text{kN}$。

利用比例关系，$\dfrac{F_{N17}}{2\sqrt{10}}=\dfrac{F_{17x}}{6}=\dfrac{F_{17y}}{2}$，可得 $F_{N17}=\sqrt{10}F_{17y}=-31.62\ \text{kN}, F_{17x}=3F_{17y}=-30\ \text{kN}$。

由 $\sum F_x=0$，得 $F_{N67}=-F_{17x}=30\ \text{kN}$。因此 $F_{N24}=F_{N46}=30\ \text{kN}$。

轴力图如图 3-41(b)所示。

【例 3-25】 试用结点法计算图 3-42(a)所示桁架的各杆内力。

解 (1)计算支座反力

$$\sum M_1=0, F_{2x}=4F(\leftarrow)$$

$$\sum F_x=0, F_{1x}=4F(\rightarrow)$$

$$\sum F_y=0, F_{1y}=2F(\uparrow)$$

(2)判断零杆

结点 10，不共线两杆铰接，结点不受荷载，两杆均为零杆，所以 $F_{N910}=0, F_{N710}=0$。

结点 7，三杆铰接，结点不受荷载，且已知 $F_{N710}=0$，所以 $F_{N67}=0, F_{N78}=0$。

结点 9，三杆铰接，结点不受荷载，且已知 $F_{N910}=0$，所以 $F_{N69}=0$，$F_{N89}=0$。

结点 6，结点不受荷载，两杆共线，且已知 $F_{N69}=0$，$F_{N67}=0$，所以 $F_{N36}=0$，$F_{N65}=0$。

结点 5，结点不受荷载，四力汇交，且已知 $F_{N56}=0$，有两杆共线，共线的两个力大小相等，另外的一根杆为零杆，所以 $F_{N58}=F_{N45}$，$F_{N25}=0$。

(3)计算其余各杆内力

结点 8，由 $\sum F_y=0$，得 $F_{38y}=F$。

利用比例关系，$\dfrac{F_{N38}}{\sqrt{5}}=\dfrac{F_{38x}}{2}=\dfrac{F_{38y}}{1}$，可得 $F_{N38}=\sqrt{5}F$，$F_{38x}=2F_{38y}=2F$。

由 $\sum F_x=0$，得 $F_{N58}=-F_{38x}=-2F$。因此 $F_{N45}=F_{N58}=-2F$。

结点 3，由 $\sum F_y=0$，得 $F_{N34}=-F_{38y}=-F$。

由 $\sum F_x=0$，得 $F_{N23}=F_{38x}=2F$。

结点 1，由 $\sum F_x=0$，得 $F_{N14}=-4F$。

由 $\sum F_y=0$，得 $F_{N12}=-2F$。

结点 4，由 $\sum F_y=0$，$F_{24y}+F_{N34}=F$，得 $F_{24y}=2F$。

利用比例关系，$\dfrac{F_{N24}}{\sqrt{2}}=\dfrac{F_{24x}}{1}=\dfrac{F_{24y}}{1}$，可得 $F_{N24}=2\sqrt{2}F$。

轴力图如图 3-42(b)所示。

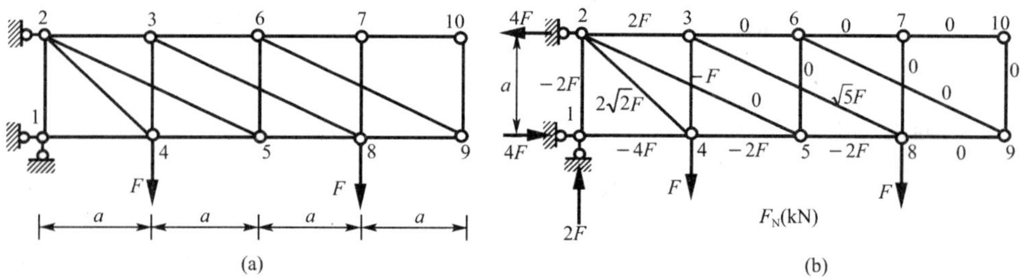

图 3-42

3.5.3 用截面法计算桁架的内力

1. 截面法

截面法是通过需求内力的杆件作一适当的截面，将桁架分为两部分，然后取其中任一部分为隔离体，根据它的平衡条件去求未知的杆件内力。这一方法适用于简单桁架中只需计算少数杆件的内力以及联合桁架中的内力分析等情况。

如图 3-43(a)所示的桁架，设要求三根杆件的内力 F_{N24}、F_{N34} 和 F_{N35}。过这些杆件可作截面Ⅰ-Ⅰ，取此截面左边部分为隔离体并考虑其平衡条件(图 3-43(b))。为便于计算，最好使所建立的每一个平衡方程都只包含一个未知力。为此，可适当地选择矩心，列出力矩平衡方程进行解算。

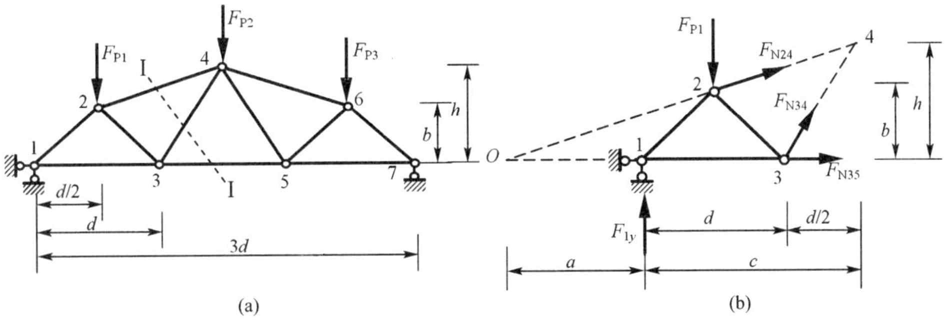

图 3-43

求 F_{N35} 时，选择 4 点为矩心，由 $\sum M_4=0,F_{1y}c-F_{P1}d-F_{N35}h=0$，得

$$F_{N35}=\frac{F_{1y}c-F_{P1}d}{h}=\frac{M_4}{h}$$

式中 M_4 表示相应简支梁在相应点的弯矩。由于 M_4 是正的，所以 F_{N35} 是拉力。

求 F_{N24} 时，选择 3 点为矩心，将 F_{N24} 平移到 O 点并分解，由 $\sum M_3=0,F_{24y}(a+d)+F_{1y}d-F_{P1}d/2=0$，得

$$F_{24y}=\frac{-(F_{1y}d-F_{P1}\dfrac{d}{2})}{a+d}=-\frac{M_3}{a+d}$$

式中 M_3 表示相应简支梁在相应点的弯矩。由于 M_3 是正的，所以 F_{24y} 是压力。再由比例关系可求出 F_{N24}。

计算斜杆 34 的轴力时，取杆 24 与杆 35 的交点 O 为矩心，由 $\sum M_O=0,F_{1y}a-F_{P1}(a+d/2)+F_{34y}(a+d)=0$，得

$$F_{34y}=\frac{F_{P1}(a+\dfrac{d}{2})-F_{1y}a}{a+d}$$

再由比例关系可求出 F_{N34}。

在竖向荷载作用下，梁式桁架的上弦杆的内力都是压力，下弦杆则都受拉力。

如图 3-44(a)所示的桁架，设要求其竖杆 a 的内力 F_{Na}，可作截面Ⅰ-Ⅰ，取其左边部分为隔离体(图 3-44(b))。因为上下弦杆平行，宜利用力的投影方程求竖杆的内力，由

$$\sum F_y=0,F_{Ay}-F_P+F_{Na}=0,F_{Na}=-(F_{Ay}-F_P)$$

竖杆的内力等于截面一侧所有竖向外力的代数和。

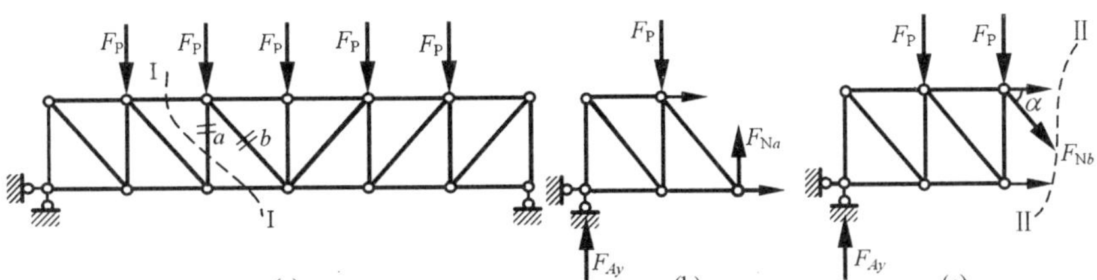

图 3-44

同理，如要求其斜杆 b 的内力 F_{Nb}，可作截面Ⅱ-Ⅱ，取其左边部分为隔离体(图 3-44(c))。由

$$\sum F_y = 0, F_{Ay} - 2F_P - F_{by} = 0, F_{by} = F_{Ay} - 2F_P$$

$$F_{Nb} = \frac{F_{Ay} - 2F_P}{\sin\alpha}$$

这种利用投影方程求内力的方法常用来计算平行弦桁架中腹杆的内力。由于在梁式桁架中，所有外力的投影之和等于相应简支梁上该截面的剪力，所以此方法称为剪力法。

【例 3-26】 试求图 3-45(a)所示桁架中杆件 a,b,c 的内力。

解 (1)求杆件 a 的内力 F_{Na}。作截面Ⅰ-Ⅰ，取其左边部分为隔离体(图 3-45(b))。将 F_{Na}沿作用线移至结点 3，并分解为水平和竖向分力。

由 $\sum M_4=0, 40\times3-100\times6-F_{ax}\times3=0$，得 $F_{ax}=-160$ kN。

由比例关系得

$$\frac{F_{Na}}{3.092}=\frac{F_{ax}}{3}=\frac{F_{ay}}{0.75}$$

$$F_{ay}=-160\times\frac{0.75}{3}=-40 \text{ kN}$$

$$F_{Na}=-160\times\frac{3.092}{3}=-164.91 \text{ kN}$$

(2)求杆件 b 的内力 F_{Nb}。仍取截面Ⅰ-Ⅰ左边部分为隔离体(图 3-45(b))。将 F_{Nb} 分解为水平和竖向分力。

由 $\sum F_y=0, F_{ay}-F_{by}+100-40=0$，得 $F_{by}=20$ kN。

由比例关系得

$$\frac{F_{Nb}}{3.75}=\frac{F_{bx}}{3}=\frac{F_{by}}{2.25}$$

$$F_{Nb}=20\times\frac{3.75}{2.25}=33.33 \text{ kN}$$

(3)求杆件 c 的内力 F_{Nc}。取截面Ⅱ-Ⅱ左边部分为隔离体(图 3-45(c))。

由 $\sum F_y=0, F_{cy}+100-40\times2=0$，得 $F_{cy}=-20$ kN。

由比例关系得

$$\frac{F_{Nc}}{3\sqrt{2}}=\frac{F_{cx}}{3}=\frac{F_{cy}}{3}$$

$$F_{Nc}=-20\times\sqrt{2}=-28.28 \text{ kN}$$

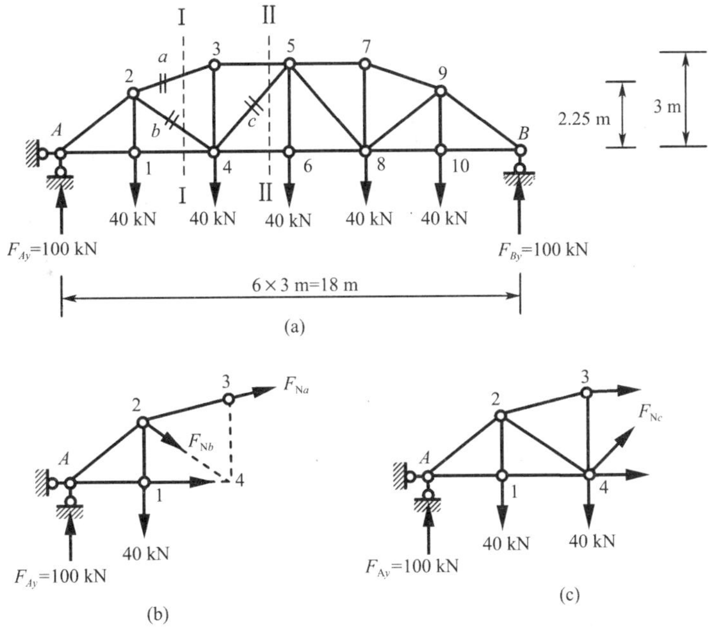

图 3-45

2. 截面法中的特殊情况

用截面法求桁架内力时，应尽量使所截杆件不超过三根。这样，就可直接利用隔离体的三个平衡方程将三根杆件的内力求出。特殊情况下，截面所截断的杆件有三根以上，但只要这些被截断的杆件中，除一根以外，其余各杆均交于一点或全平行，则那根不与其他杆件交于一点的或不与其他杆件全平行的杆件的内力，仍可分别以该交点为矩心列力矩平衡方程或以垂直于平行杆的轴线为投影轴列投影方程来求得。

例如图 3-46(a)所示桁架，用截面 Ⅰ-Ⅰ 截断的杆件有五根(图 3-46(b))，但除 F_{Na} 一个未知力以外，其余各未知力均交于点 C，用力矩平衡方程 $\sum M_C=0$，即可求得 F_{Na}。

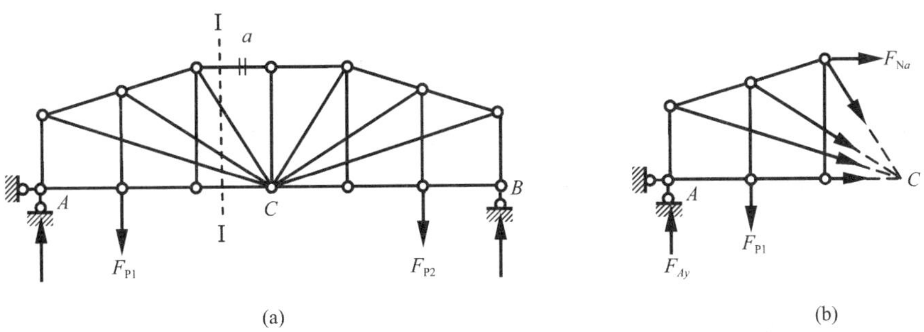

图 3-46

再如图 3-47(a)所示桁架，用截面 Ⅰ-Ⅰ 截断的杆件有四根(图 3-47(b))，但除 F_{Na} 一个未知力以外，其余各未知力均互相平行，用与平行杆垂直的 x' 轴为投影轴，列投影方程 $\sum F_{x'}=0$，即可求得 F_{Na}。

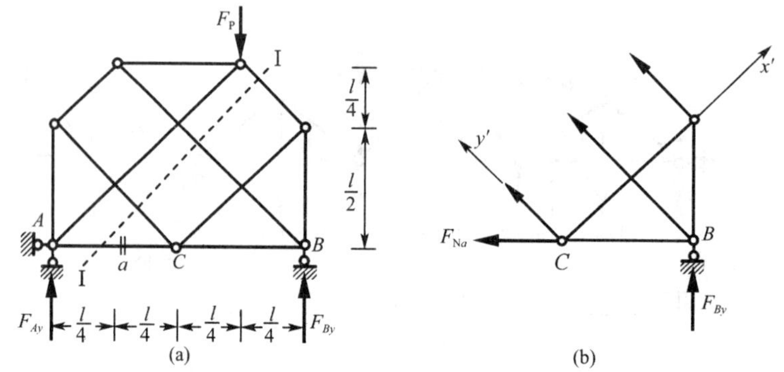

图 3-47

【例 3-27】 试用截面法求图 3-48(a)所示桁架杆 a 的内力 F_{Na}。

解 用截面Ⅰ-Ⅰ取隔离体如图 3-48(b)所示，截断的杆件有五根，但是除杆 a 外，其余四根均交于 A 点，对 A 点取矩，$\sum M_A=0$，$F_P\cdot 2d+F_{ay}\cdot 3d=0$，$F_{ay}=-\dfrac{2}{3}F_P$。

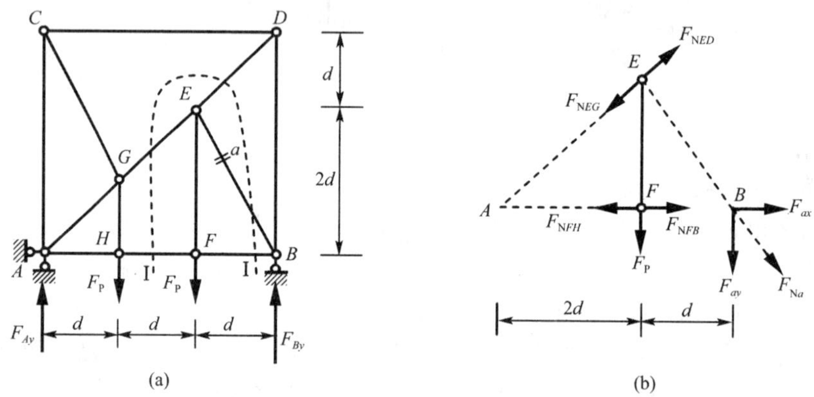

图 3-48

由比例关系得

$$\frac{F_{Na}}{\sqrt{5}}=\frac{F_{ax}}{1}=\frac{F_{ay}}{2}$$

$$F_{Na}=\frac{\sqrt{5}}{2}F_{ay}=-\frac{\sqrt{5}}{3}F_P$$

【例 3-28】 试用截面法求图 3-49(a)所示桁架杆 a 的内力 F_{Na}。

解 先求出支座反力(图 3-49(a))。由结点 B 可得 $F_{Nb}=0$。

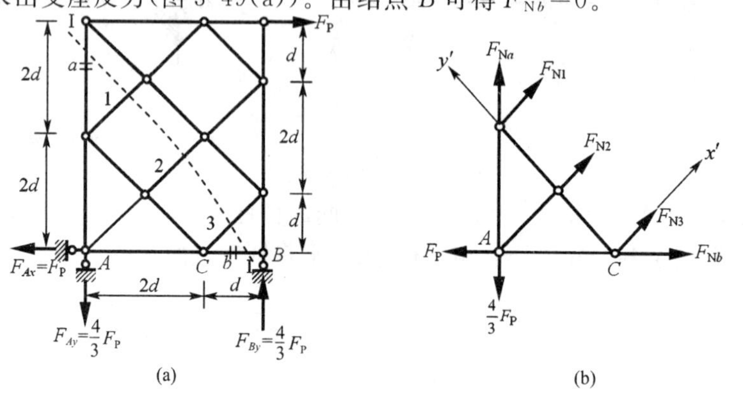

图 3-49

再作截面Ⅰ-Ⅰ，并取其左边部分为隔离体（图 3-49(b)），F_{N1}、F_{N2}、F_{N3} 是相互平行的。故利用投影方程 $\sum F_{y'}=0$，$F_{Na}\times\frac{1}{\sqrt{2}}-\frac{4}{3}F_P\times\frac{1}{\sqrt{2}}+F_P\times\frac{1}{\sqrt{2}}=0$，$F_{Na}=\frac{F_P}{3}$。

3. 用截面法计算联合桁架

【例 3-29】 试求图 3-50(a)所示桁架杆件 a、b 的内力。

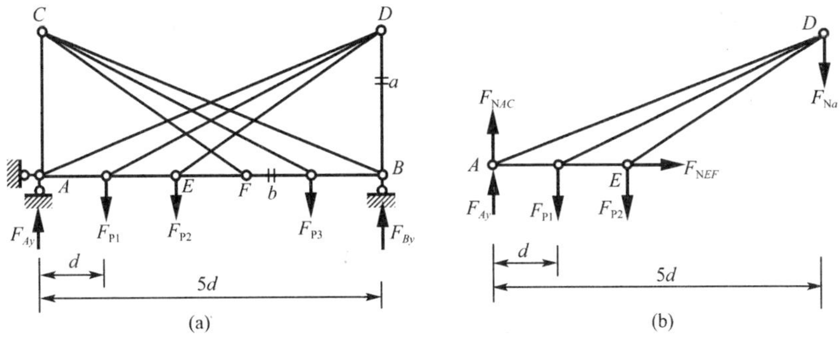

图 3-50

解　该桁架是由两刚片 ADE 和 BCF 用三根链杆 AC、BD、EF 相连组成的联合桁架。分析时，先从联系处着手，将三根链杆 AC、BD、EF 截断，得到隔离体（图 3-50(b)）。

由 $\sum M_A=0$ 可得

$$F_{Na}\cdot 5d+F_{P1}\cdot d+F_{P2}\cdot 2d=0。$$

$$F_{Na}=-\frac{1}{5}(F_{P1}+2F_{P2})$$

由 $\sum F_x=0$，求得 $F_{NEF}=0$。

再由结点 F 的平衡条件可求得 $F_{Nb}=F_{NEF}=0$。

3.5.4　结点法与截面法的联合应用

对于某一杆件内力，如果只用一个结点的平衡条件或只作一次截面均无法解决时，可把结点法和截面法联合起来应用。

【例 3-30】 试求图 3-51(a)所示的桁架中杆 HK 的内力 F_{NHK}。

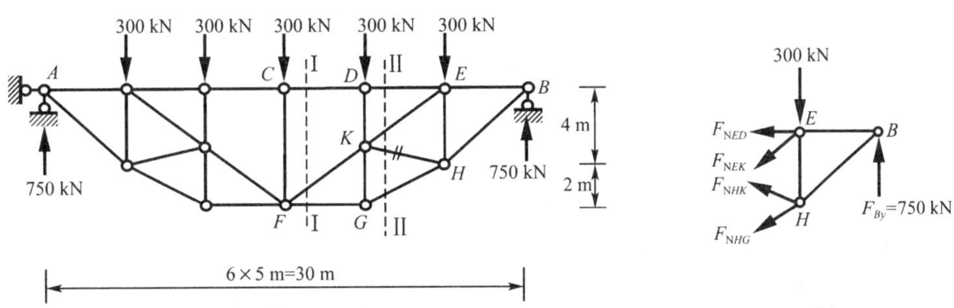

图 3-51

解 通过几何组成分析，可知图示桁架是由两个简单桁架（ACF 和 BDG）用 CD、FK 和 FG 三杆连接而成的。

（1）求桁架的支座反力

$$F_{Ay}=F_{By}=750\ \text{kN}(\uparrow)$$

（2）求杆 GF 的内力 F_{NGF}

用截面Ⅰ-Ⅰ将联合杆件截断，考虑截面Ⅰ-Ⅰ右边的平衡条件，由 $\sum M_E=0$，

$$F_{NGF}\times 6-750\times 5-300\times 5=0，求出\ F_{NGF}=875\ \text{kN}。$$

（3）求杆 GH 的内力分量 F_{GHx}

由结点 G 可知，$\sum F_x=0, F_{GHx}=F_{NGF}=875\ \text{kN}$。

（4）求杆 HK 的内力 F_{NHK}

考虑截面Ⅱ-Ⅱ右边的平衡条件（图 3-51(b)）.

$$\sum M_E=0, F_{HKx}=\frac{750\times 5-875\times 4}{4}=62.5\ \text{kN}$$

由比例关系

$$\frac{F_{NHK}}{\sqrt{5^2+1^2}}=\frac{F_{HKx}}{5}=\frac{F_{HKy}}{1}$$

$$F_{NHK}=F_{HKx}\times\frac{\sqrt{5^2+1^2}}{5}=63.74\ \text{kN}$$

【例 3-31】 试求图 3-52(a)所示桁架中杆 a、b 的内力。

解 （1）求出支座反力

$$\sum M_A=0, F_{By}\times 12-20\times(9+6)=0, F_{By}=25\ \text{kN}(\uparrow)$$

$$\sum F_y=0, F_{Ay}=15\ \text{kN}(\uparrow)$$

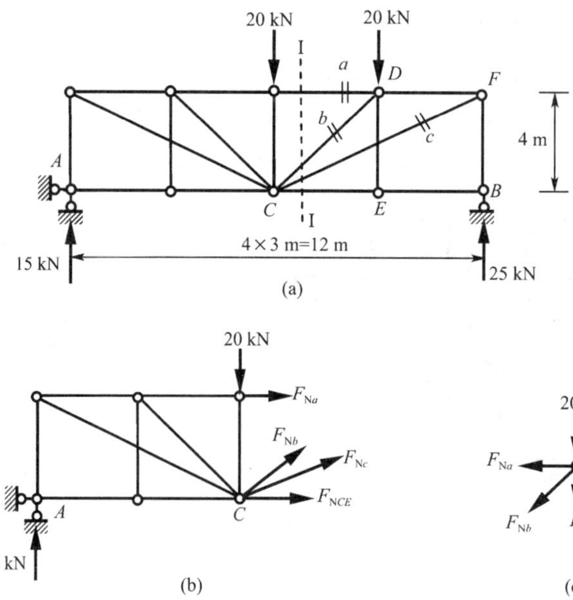

图 3-52

(2)求杆 a 的内力。作截面Ⅰ-Ⅰ并取其以左部分为隔离体(图 3-52(b))。此截面截断了四根链杆,由结点 C 的平衡条件

$$\sum M_C = 0, F_{Na} \times 4 + 15 \times 6 = 0, F_{Na} = -22.5\ \text{kN}$$

(3)求杆 b 的内力。由结点 E 可判断杆 ED 为零杆。取结点 D 为隔离体,如图 3-52(c)所示。由 $\sum F_y = 0$,有 $F_{Nb} \times \frac{4}{5} + 20 = 0, F_{Nb} = -25\ \text{kN}$。

3.6　组合结构的计算

组合结构是由链杆和梁式杆所组成的,它常用于房屋建筑中的屋架、吊车梁以及桥梁的承重结构。在计算组合结构时,必须特别注意区分内力只有轴力的链杆和除轴力外还有弯矩、剪力的梁式杆。

组合结构受力分析的特点是先求出链杆中的内力,并将其作用于梁式杆上,再计算梁式杆的弯矩、剪力、轴力。计算链杆的内力与分析桁架的内力一样,可以用结点法及截面法。

组合结构由于在梁式杆上装置了若干个链杆,故可使梁式杆的弯矩减小,从而达到节约材料及增加刚度的目的。梁式杆及链杆还可采用不同材料,如梁式杆用钢筋混凝土,链杆用钢材制作。

【例 3-32】　试分析图 3-53(a)所示下撑式五角形屋架,绘出梁式杆件的内力图。

解　(1)由整体平衡求出支座反力

$$F_{Ax} = 0, F_{Ay} = 45\ \text{kN}(\uparrow), F_{By} = 15\ \text{kN}(\uparrow)$$

(2)计算链杆内力。屋架是按两刚片规则组成的结构,从连接处着手,作截面Ⅰ-Ⅰ将铰 C 和链杆 DE 切开,取以右部分为隔离体(图 3-53(b))对 C 点取矩

$$\sum M_C = 0\ ,\ 15 \times 6 - F_{NED} \times 1.2 = 0\ ,\ F_{NED} = 75\ \text{kN}$$

再由结点 D、E 即可求得全部链杆的内力,各链杆的内力计算结果如图 3-53(c)所示。

(3)计算梁式杆件的内力。作截面Ⅱ-Ⅱ,取 AFC 杆为隔离体,如图 3-53(d)所示。AFC 杆的受力图如图 3-53(e)所示,$\sin\alpha = 0.0831, \cos\alpha = 0.9966$。计算各分点的内力:

截面 A

$$M_{AF} = 0$$

$$F_{SAF} = 27.5 \times 0.9966 - 75 \times 0.0831 = 21.17\ \text{kN}$$

$$F_{NAF} = -27.5 \times 0.0831 - 75 \times 0.9966 = -77.03\ \text{kN}$$

截面 F

$$M_{FA} = M_{FC} = 27.5 \times 3 - 75 \times 0.25 - \frac{1}{2} \times 10 \times 3^2 = 18.75\ \text{kN}\cdot\text{m}(\text{下方受拉})$$

$$F_{SFA} = (27.5 - 10 \times 3) \times 0.9966 - 75 \times 0.0831 = -8.72\ \text{kN}$$

$$F_{SFC} = 17.5 + F_{SFC} = 8.72\ \text{kN}$$

$$F_{NFA} = -74.54\ \text{kN}$$

$$F_{NFC}=-75.99\ \text{kN}$$

截面 C

$$M_{CF}=0$$

$$F_{SCF}=-21.18\ \text{kN}$$

$$F_{NCF}=-73.50\ \text{kN}$$

同理，可求出杆 CGB 各分点的内力。

(4)分别绘出梁式杆件的弯矩图(图 3-53(f))，剪力图(图 3-53(g))和轴力图(图 3-53(h))。

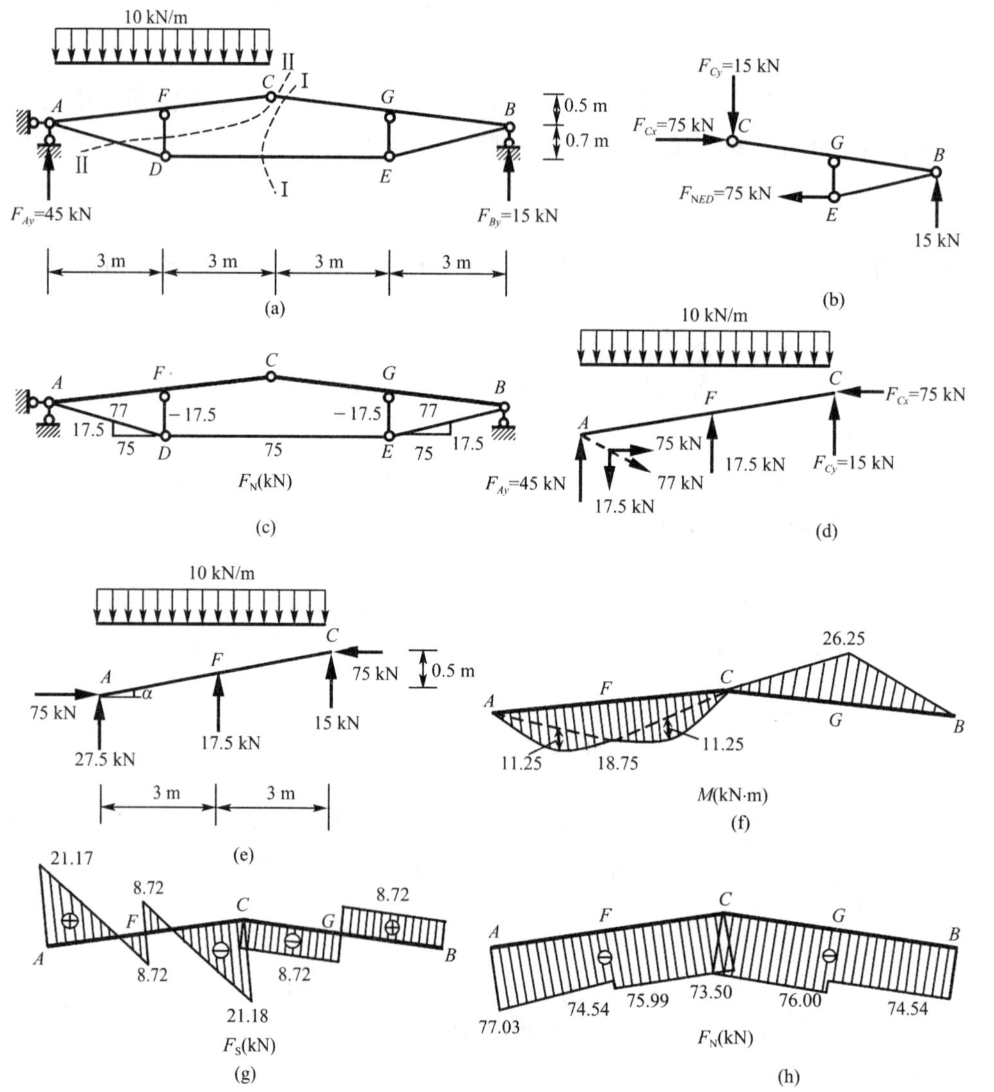

图 3-53

【例 3-33】 试计算图 3-54(a)所示静定组合结构中链杆的轴力，绘出梁式杆件的弯矩图。

解　(1)计算约束反力。这是按三刚片规则组成的结构，一般从连接处着手，采用两个截面(双截面法)先求约束力。作截面Ⅰ-Ⅰ和Ⅱ-Ⅱ，分别取刚片 $DAFC$ 和 $CHBG$ 为隔离体(图 3-54(b))，对 D、G、A 点取矩

$$\sum M_D = 0, F_{Cx} \times 6 - F_{Cy} \times 12 - 10 \times 12 \times 6 = 0$$

$$\sum M_G = 0, -F_{Cx} \times 6 - F_{Cy} \times 12 + 10 \times 12 \times 6 = 0$$

$$F_{Cy} = 0, F_{Cx} = 120 \text{ kN}$$

$$\sum M_A = 0, 10 \times 12 \times 6 - F_{EDy} \times 4 = 0$$

$$F_{EDy} = 180 \text{ kN}$$

$$\sum F_y = 0, -F_{EDy} - 10 \times 12 + F_{Ay} = 0, F_{Ay} = 300 \text{ kN}(\uparrow)$$

同理，$F_{By} = 300 \text{ kN}(\uparrow)$

(2)计算链杆内力。

注意到杆 ED 和杆 DF 长分别为

$$l_{ED} = \sqrt{4^2+6^2} = 7.21 \text{ m}, l_{DF} = \sqrt{8^2+6^2} = 10 \text{ m}$$

由比例关系

$$\frac{F_{NED}}{7.21} = \frac{F_{EDx}}{4} = \frac{F_{EDy}}{6}$$

$$F_{NED} = F_{EDy} \times \frac{7.21}{6} = 216.3 \text{ kN(拉力)}$$

$$F_{EDx} = \frac{4F_{EDy}}{6} = 120 \text{ kN}$$

由结点 D(图 3-54(c))的平衡条件可知

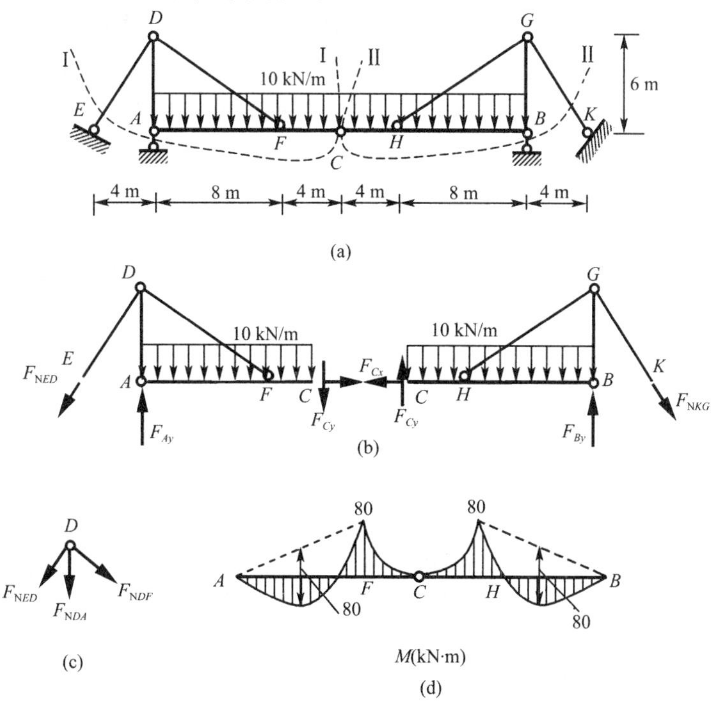

图 3-54

$F_{DEx}=F_{DFx}=120\ \text{kN}$

由比例关系

$\dfrac{F_{NDF}}{10}=\dfrac{F_{DFx}}{8}=\dfrac{F_{DFy}}{6}$

$F_{NDF}=F_{DFx}\times\dfrac{10}{8}=150\ \text{kN}$(拉力)

$F_{DFy}=\dfrac{6F_{DFx}}{8}=90\ \text{kN}$

$F_{NDA}=F_{DEy}+F_{DFy}=180+90=270\ \text{kN}$(压力)

由对称性可知 $F_{NGK}=F_{NED}=216.3\ \text{kN}$(拉力)

$F_{NGB}=F_{NDA}=270\ \text{kN}$(压力)

$F_{NGH}=F_{NDF}=150\ \text{kN}$(拉力)

(3)计算梁式杆件各分点的弯矩。

截面 A:$M_{AF}=0$;截面 F:$M_{FA}=10\times4\times2=80\ \text{kN}\cdot\text{m}$(上方受拉);截面 C:$M_{CF}=0$。

依据上述弯矩值并利用对称性绘出梁式杆件的弯矩图(图 3-54(d))。AF 杆及 HB 杆中点的弯矩为$\dfrac{10\times8^2}{8}-\dfrac{1}{2}\times80=80-40=40\ \text{kN}\cdot\text{m}$(下方受拉)。

小　结

静定结构是无多余约束的几何不变体系,仅用静力平衡条件就能唯一确定其全部支反力和内力。常见的静定结构有静定梁、静定刚架、三铰拱和静定桁架等。

杆件某截面的内力是由荷载引起的截面两侧杆件间的相互作用力。梁和平面刚架杆件的截面内力一般有弯矩、剪力和轴力。弯矩不作正负号的规定,剪力以绕研究对象内部任一点顺时针转动为正,轴力以拉为正。桁架杆件的内力只有轴力。

求解静定结构内力的基本方法是截面法。

1.静定梁的计算

(1)单跨静定梁的剪力图、弯矩图

①利用微分关系作梁的剪力图、弯矩图

梁的内力与外荷载之间有如下微分关系:

$$\frac{\mathrm{d}F_S(x)}{\mathrm{d}x}=q(x),\frac{\mathrm{d}M(x)}{\mathrm{d}x}=F_S(x),\frac{\mathrm{d}^2M(x)}{\mathrm{d}x^2}=q(x)$$

先根据梁的内力与外荷载之间的微分关系,判断剪力图和弯矩图的形状,然后用截面法求出分点的内力,最后绘制出内力图。

②用叠加法作弯矩图

先分别作出各项荷载单独作用下梁的弯矩图,然后将横坐标对齐,纵坐标叠加,即得到梁在所有荷载共同作用下的弯矩图。

③利用区段叠加法作任意杆段的弯矩图

梁或平面刚架中的任一直杆段，如果先计算出其两端截面的弯矩值，则均可视为相应简支梁来作弯矩图。

④单跨斜梁的内力图

斜梁的内力计算与水平梁基本相同，斜梁的特点主要是梁轴线和横截面都是倾斜的。当求斜梁上任一截面的轴力时，应当将外力和支座反力向轴线的方向投影；而求剪力时，应当将外力和支座反力向垂直于轴线的方向投影；截面上的弯矩不因为梁轴的倾斜而受影响。

(2)多跨静定梁

多跨静定梁是由若干根单跨静定梁连接而成，它的各个部分可以区分为基本部分和附属部分。

分析多跨静定梁的原则和一般步骤如下：

①按照附属部分支承于基本部分的原则，绘出层次图。

②先从最上层的附属部分开始，依次计算各梁的反力。

③按照绘制单跨梁内力图的方法，分别作出各梁的内力图，然后再将其连在一起。

2. 静定平面刚架的计算

刚架是由若干直杆组成的结构，其中全部或部分结点为刚结点。刚结点可以承受和传递弯矩。

静定刚架的计算方法原则上与静定梁相同，应先求出支座反力，然后求出各杆端的内力，画出内力图。刚架中的内力一般都有弯矩、剪力和轴力三个分量。

静定刚架内力计算的关键在于求支反力和各部分之间的相互作用力。对于较复杂的刚架，宜先进行几何组成分析，明确力的传递路径、结构的几何构造及荷载特点，并对一些特殊的杆件或截面的内力性质(例如链杆)作出判断，以简化计算。

(1)单体刚架

单体刚架是按照两刚片规则由上部结构与基础组成的无多余约束的几何不变体系。支座反力只有三个，只需三个平衡方程就能将全部反力求出来。

(2)三铰刚架

三铰刚架是按照三刚片规则组成的无多余约束的几何不变体系。其特点是：以整体为隔离体，支座反力有四个，而提供的平衡方程只有三个，因此需要再取一个隔离体，通常利用中间铰处的弯矩为零的条件，再补充一个平衡方程，才能将全部支座反力求出。而绘制内力图的方法和顺序与单体刚架类似。

(3)具有一定附属关系的刚架

这类刚架的分析过程与多跨静定梁一样，首先分清基本部分与附属部分，然后按照先分析附属部分再分析基本部分的顺序进行计算，此时应该注意各部分之间的作用与反作用关系。

3. 三铰拱的计算

(1)三铰拱的受力特征

拱结构是指杆轴为曲线且在竖向荷载作用下能产生水平推力的结构。拱结构与梁的区别在于水平推力的存在，通常又把拱结构称为推力结构。

(2)三铰拱的内力分析

①支座反力的计算。三铰拱的竖直反力等于相应简支梁的支反力,水平推力 F_H 等于相应简支梁截面 C 的弯矩 M_C^0 除以矢高 f。

②内力的计算。拱内任一截面 K 的弯矩 M_K、剪力 F_{SK}、轴力 F_{NK} 可用下列公式计算:

$$M_K = M_K^0 - F_H y_K$$

$$F_{SK} = F_{SK}^0 \cos\varphi_K - F_H \sin\varphi_K$$

$$F_{NK} = F_{SK}^0 \sin\varphi_K + F_H \cos\varphi_K$$

(3)三铰拱的合理拱轴

拱在给定荷载作用下,当拱上各个截面不产生弯矩和剪力,而只有轴力时,各截面都处于均匀受压的状态,因而材料能得到充分的利用,相应的拱截面尺寸将是最小的。此时的拱轴称为合理拱轴线。当拱轴为合理拱轴线时,拱中弯矩处处为零。

4. 静定平面桁架的计算

(1)平面桁架的特征

桁架是由若干直杆在其两端用铰连接而成的几何不变的铰结链杆体系。桁架各杆内力只有轴力。

(2)用结点法计算桁架的内力

结点法是截取桁架的结点为隔离体,利用各结点的静力平衡条件来计算各杆内力。桁架中有时会出现轴力为零的杆件,称为零杆。在计算桁架时,首先找出所有的零杆,可减少计算工作量。

(3)用截面法计算桁架的内力

截面法是通过需求内力的杆件作一适当的截面,将桁架分为两部分,然后取其中任一部分为隔离体,根据它的平衡条件去求未知的杆件内力。这一方法适用于简单桁架中只需计算少数杆件的内力以及联合桁架中的内力分析等情况。

(4)结点法与截面法的联合应用

对于某一杆件内力,如果只用一个结点的平衡条件或只作一次截面均无法解决时,可把结点法和截面法联合起来应用。

5. 组合结构的计算

组合结构是由链杆和梁式杆所组成的,在计算组合结构时,必须特别注意区分链杆和梁式杆。

组合结构受力分析的特点是先求出链杆中的内力,并将其作用于梁式杆上,再计算梁式杆的弯矩、剪力、轴力。计算链杆的内力与分析桁架的内力一样,可以用结点法及截面法。

习　题

3-1　是非判断题

(a)根据梁的弯矩图和剪力图的形状可知，在 AC 段作用向下的均布荷载。　(　　)

(b)根据梁的弯矩图和剪力图的形状可知，在 C 截面作用顺时转向集中力偶。　(　　)

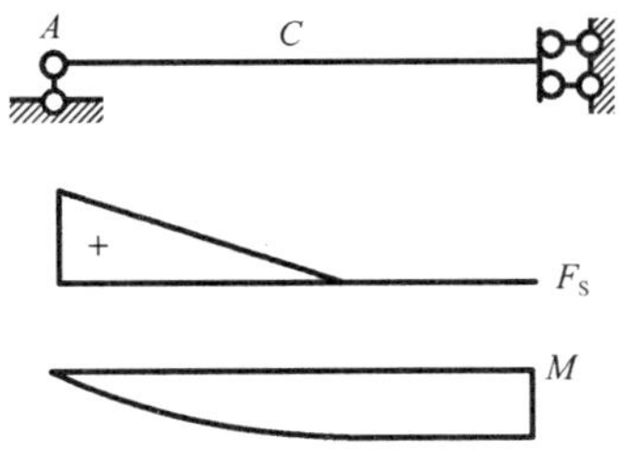

题 3-1(a)图

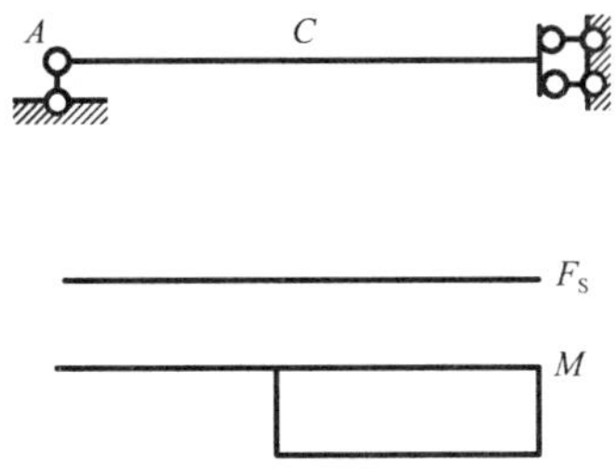

题 3-1(b)图

(c)在题 3-1(c)图示梁中，不论 a、b 为何值，总有 $M_A=M_B$。　(　　)

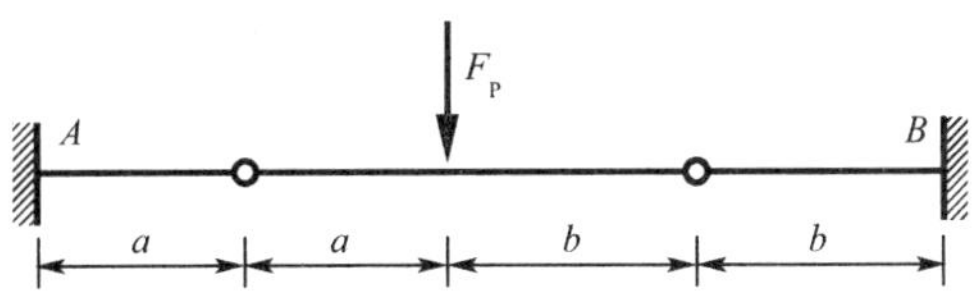

题 3-1(c)图

(d)具有基本部分和附属部分的结构，进行受力分析的次序是：先计算基本部分，后计算附属部分。　(　　)

3-2　在题 3-2 图示简支梁中 F_{SC}=(　　)。

A. $F_P/2$　　B. $-F_P/2$　　C. F_P　　D. 不确定

3-3　在题 3-3 图示简支梁中 M_C=(　　)。

A. $m/2$(上拉)　　B. $m/2$(下拉)　　C. m(下拉)　　D. 不确定

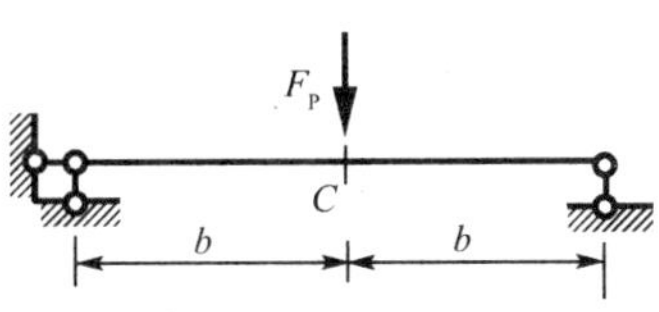

题 3-2 图

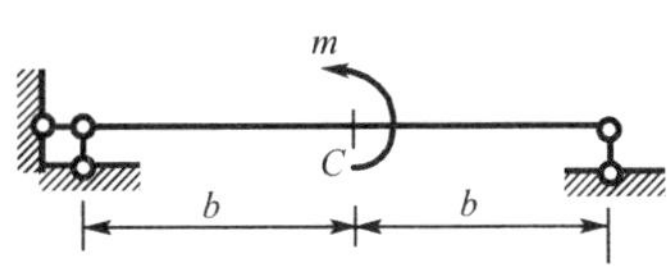

题 3-3 图

3-4　图示多跨静定梁 M_B=(　　)。

A. M(上拉)　　B. M(下拉)　　C. $2M$(上拉)　　D. $2M$(下拉)

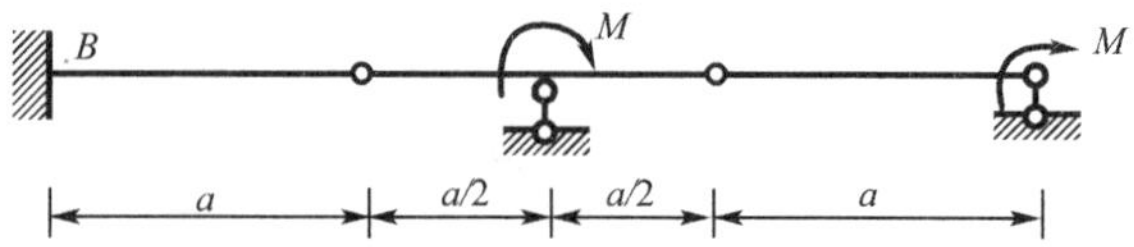

题 3-4 图

3-5 图示斜梁的弯矩图正确的是( )。

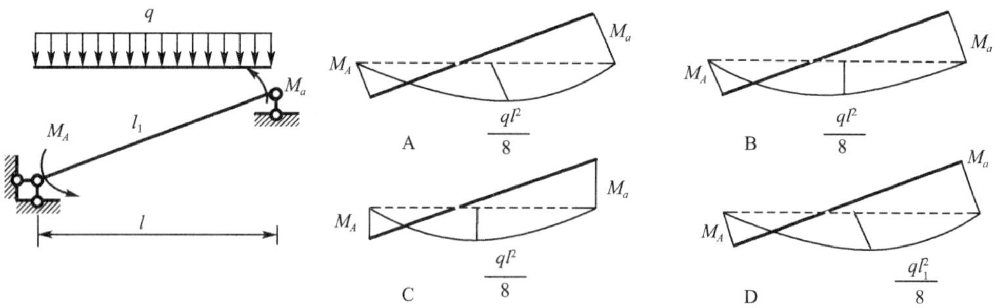

题 3-5 图

3-6 图示梁中 C 截面弯矩是( )。

A. $F_Pa/4$(下拉)　　B. $F_Pa/2$(下拉)

C. $3F_Pa/4$(下拉)　　D. $F_Pa/4$(上拉)

3-7 图示梁中 C 截面弯矩是( )。

A. 12(下拉)　B. 3(上拉)　C. 8(下拉)　D. 11(下拉)

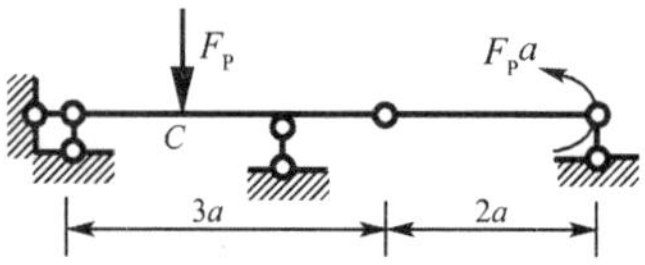

题 3-6 图

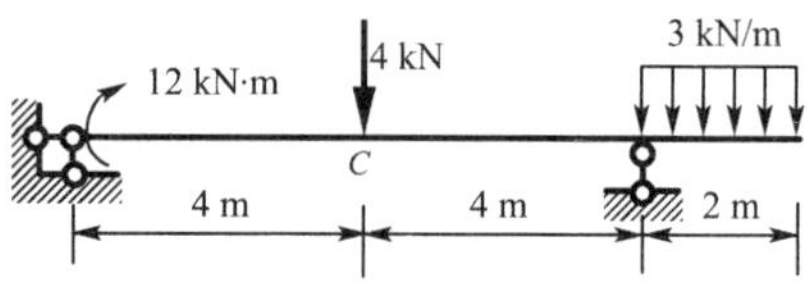

题 3-7 图

3-8 要降低图示多跨静定梁弯矩幅值,应采用何种措施?

A. 增大截面尺寸　B. 使 $a=b$　C. 使 $a>b$　D. 使 $a<b$

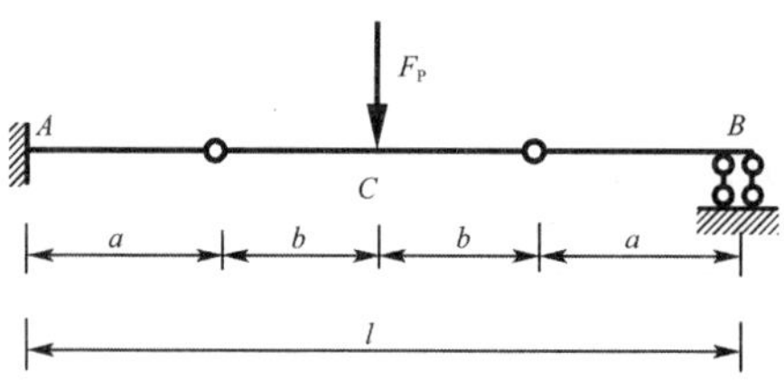

题 3-8 图

3-9 作出图示静定梁的弯矩图。

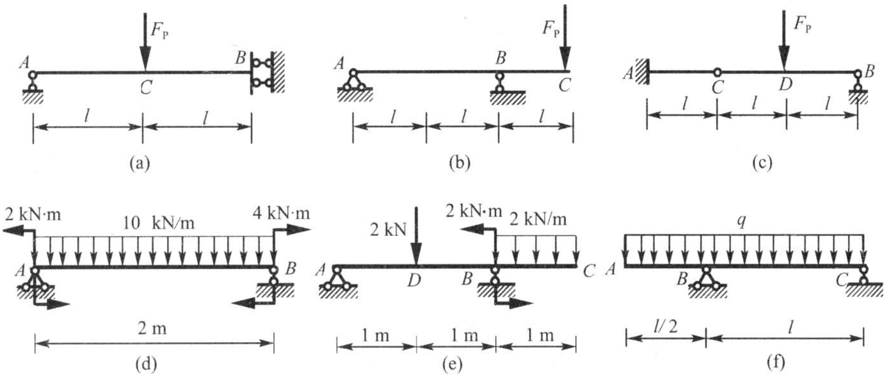

题 3-9 图

3-10　试作出图示静定梁的剪力图和弯矩图。

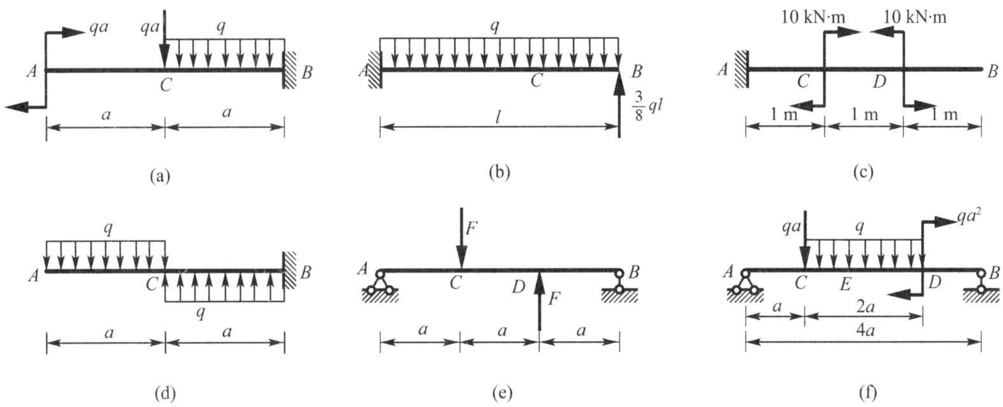

题 3-10 图

3-11　试作出图示斜梁的内力图。

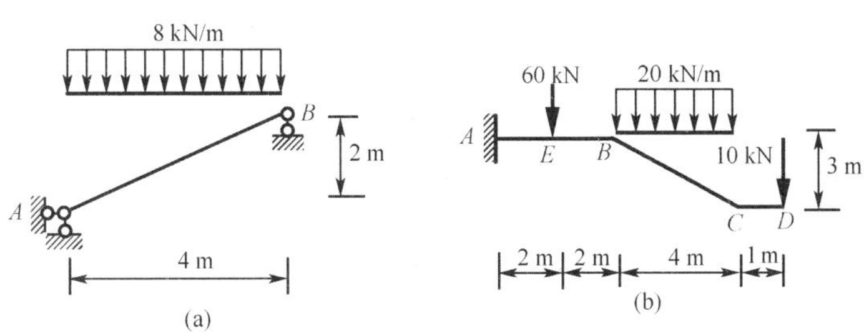

题 3-11 图

3-12 试作出图示多跨静定梁的剪力图和弯矩图。

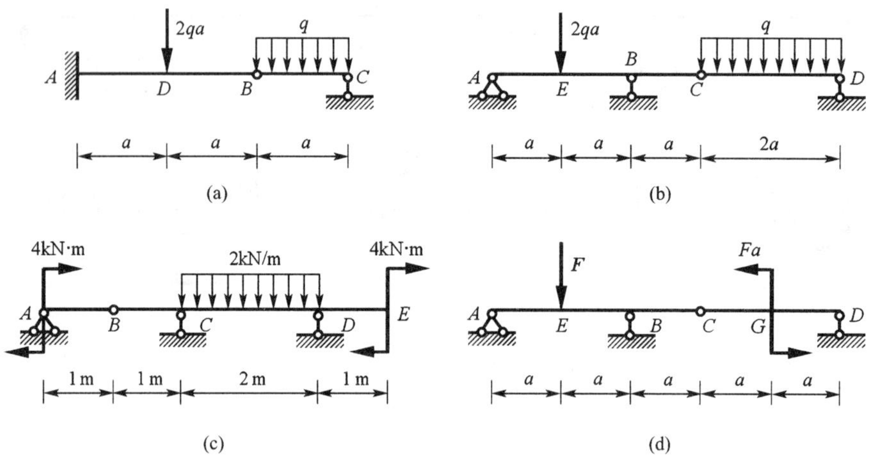

题 3-12 图

3-13 试作出图示多跨静定梁的弯矩图。

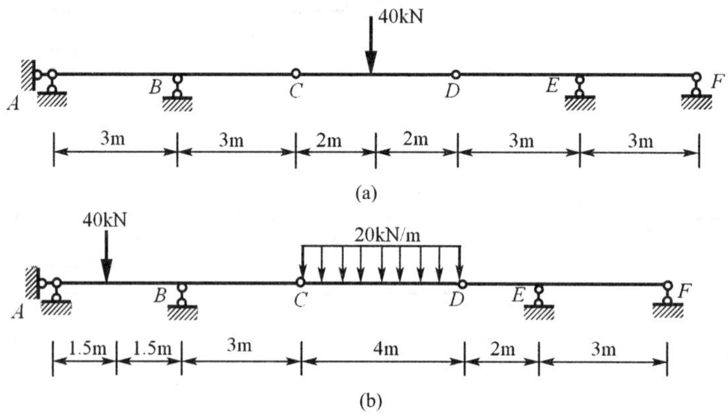

题 3-13 图

3-14 图示多跨静定梁，欲使 CD 跨中正弯矩与 B、E 两支座负弯矩绝对值相等，试确定铰 C、铰 D 的位置。

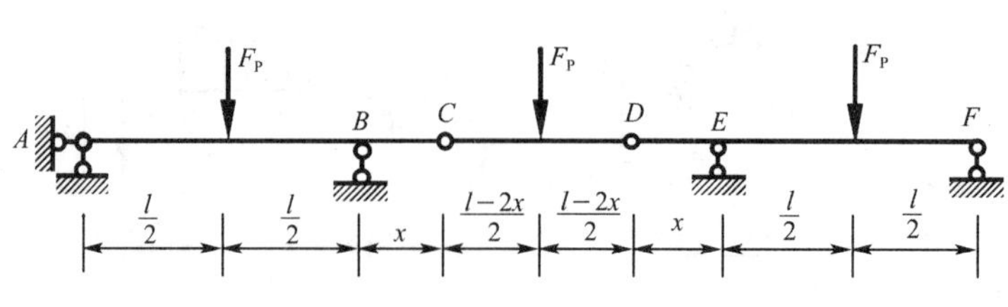

题 3-14 图

3-15 为了便于运输，将图示外伸梁沿 C、D 两横截面截断，并用铰连接。试求在未截开前使 $M_C=0$ 的力 F_1，以及在此力和其他外力作用下，铰 D 到右支座 B 的合理距离 x_0。（提示：使 $M_D=0$ 的 x_0 为合理距离）

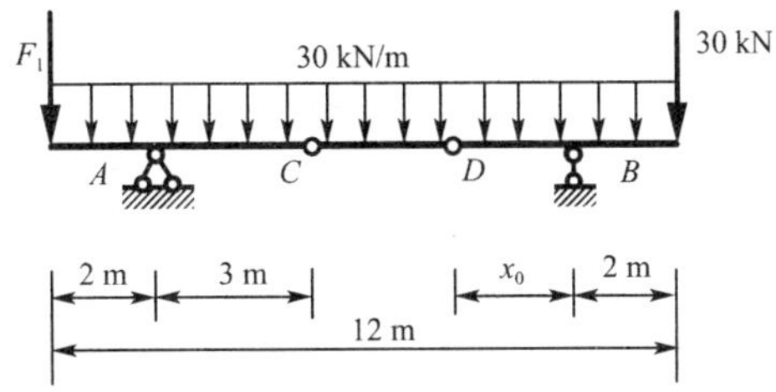

题 3-15 图

3-16　是非判断题

(a)图示结构仅 AB 段有内力。　(　　)

(b)图示结构仅 AB 段有内力。　(　　)

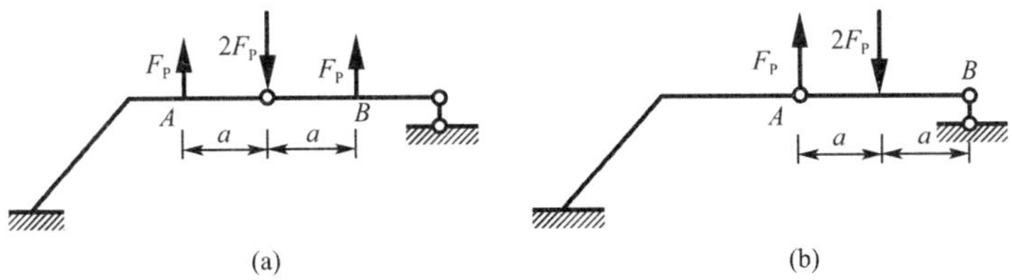

题 3-16 图

(c)外力作用在基本部分上时，附属部分的内力、变形和位移均为零。　(　　)

(d)如果静定结构的一组内力解答满足所有的平衡方程，则这组内力解答就是唯一正确的内力解答。　(　　)

(e)静定结构改变材料的性质，或改变横截面的形状和尺寸，不会改变其内力分布，也不会改变其变形和位移。　(　　)

(f)静定结构在非荷载外因(支座移动、温度改变、制造误差、材料收缩)作用下，不产生内力，但产生位移。　(　　)

3-17　图示结构弯矩图的形状正确的是(　　)。

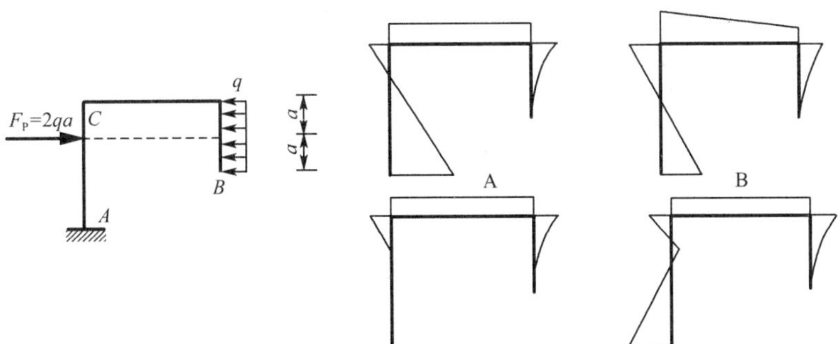

题 3-17 图

3-18　图示刚架 M_{DA}=(　　)。

A. $2qa^2$(外侧受拉)　　B. $2qa^2$(内侧受拉)

C. qa^2(外侧受拉)　　D. qa^2(内侧受拉)

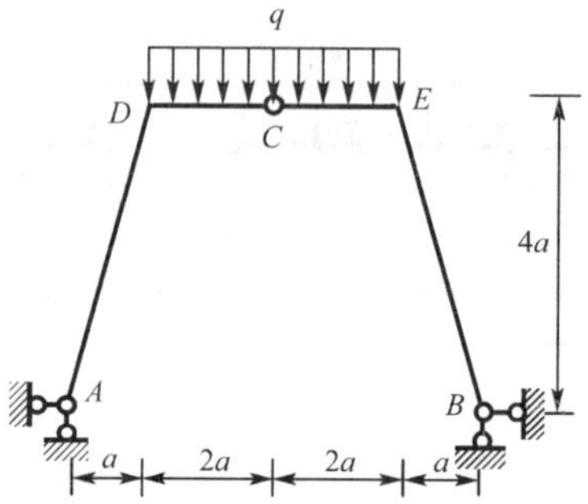

题 3-18 图

3-19　由图示某梁的剪力图，知其弯矩图可能是(　　)。

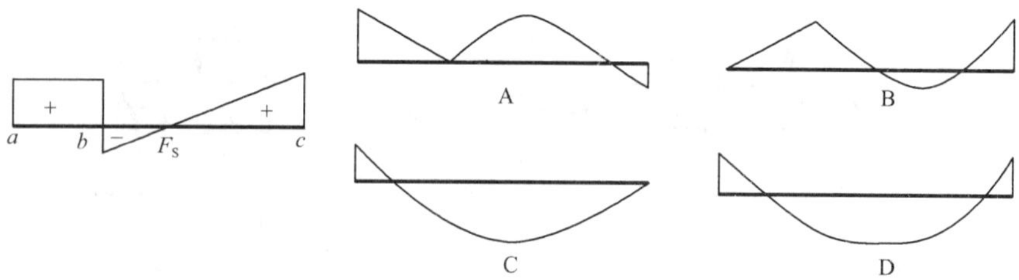

题 3-19 图

3-20　图示结构弯矩图的形状正确的是(　　)。

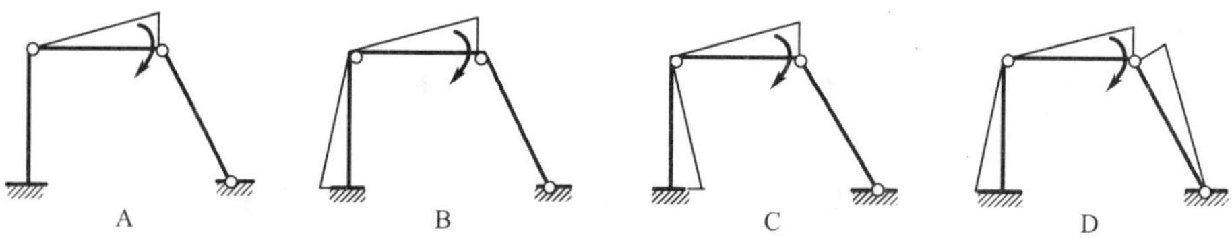

题 3-20 图

3-21　图示结构弯矩图的形状正确的是(　　)。

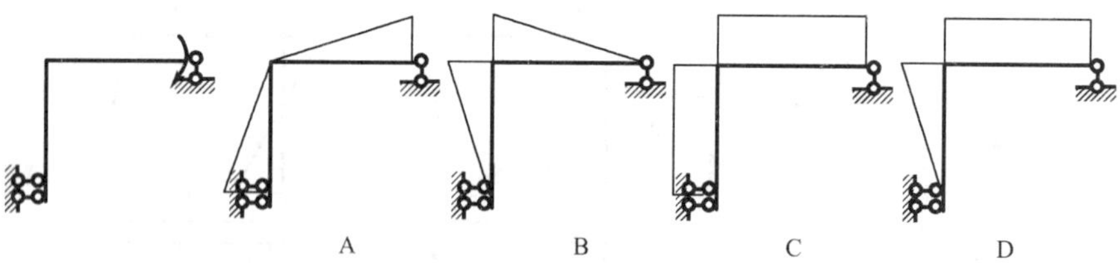

题 3-21 图

3-22　图示两结构相同的是(　　)。

A. 弯矩　　B. 剪力　　C. 轴力　　D. C 点竖向位移

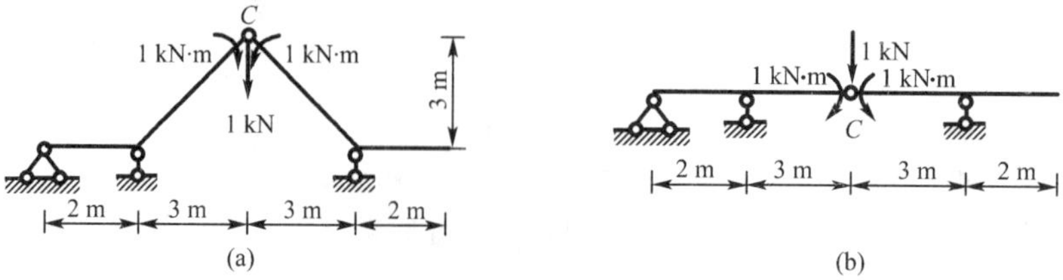

题 3-22 图

3-23　试作图示刚架的内力图((c)、(f)～(i)只作弯矩图)。

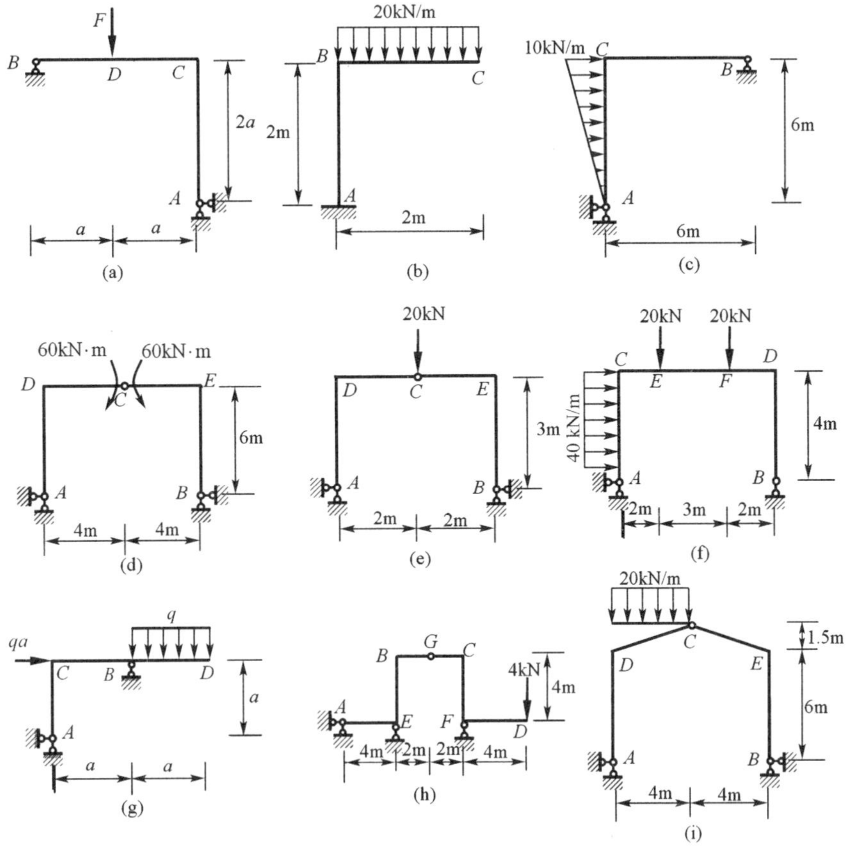

题 3-23 图

3-24　是非判断题

(a)由于推力存在,三铰拱截面上的弯矩比相应简支梁的弯矩小。　(　　)

(b)在相同跨度及竖向荷载下,拱脚等高的三铰拱,其水平推力随矢高减小而减小。

(　　)

(c)图示带拉杆的拱在荷载作用下,F_{NAB} 为 30 kN。　(　　)

(d)图示三铰拱的水平推力 $F_H=20$ kN。　(　　)

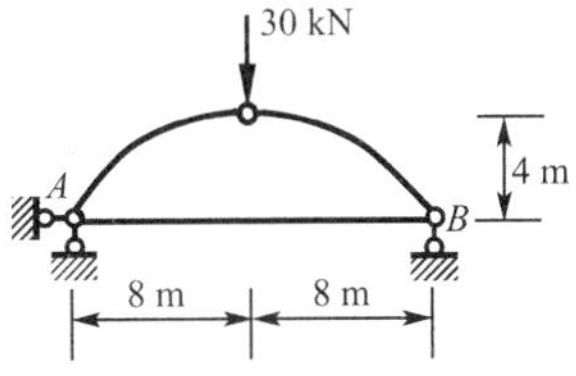

题 3-24(c)图

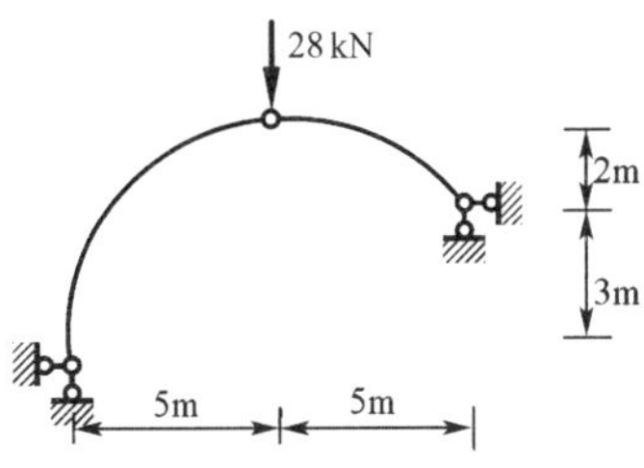

题 3-24(d)图

3-25　在径向均布荷载作用下,三铰拱的合理轴线为(　　)。

A. 圆弧线　　　B. 抛物线　　　C. 悬链线　　　D. 正弦曲线

3-26　图示带拉杆拱中，拉杆的轴力 F_{Na} =(　　)。

3-27　图示半圆三铰拱，α 为 30°，$F_{Ay}=qa$(↑)，$F_{Ax}=qa/2$(→)，K 截面的 φ_K =(　　)，F_{SK} =(　　)，F_{SK} 的计算式为(　　)。

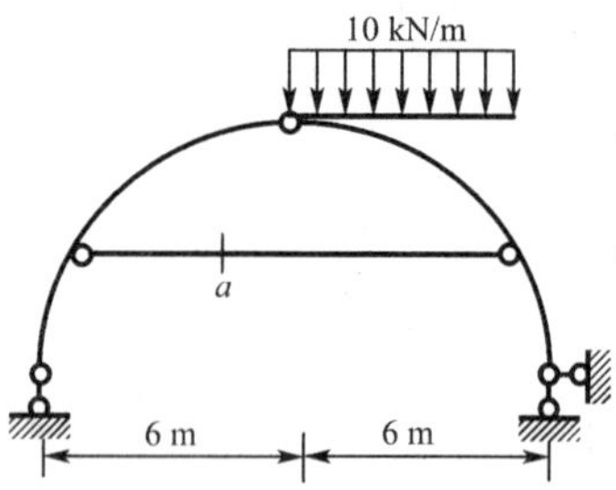

题 3-26 图

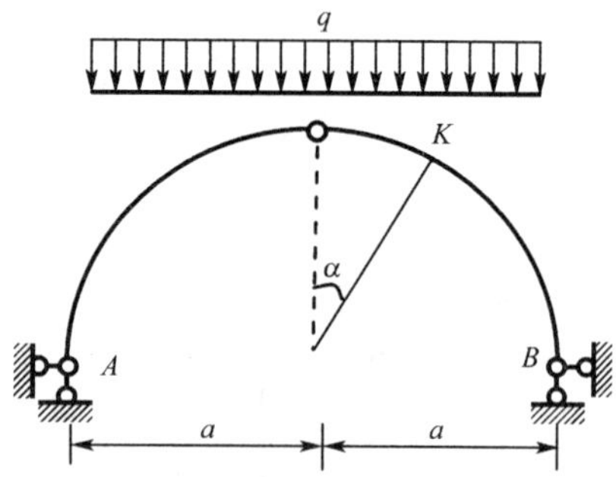

题 3-27 图

3-28　求图示抛物线三铰拱支反力及截面 K 的内力。已知拱轴线方程为 $y=\frac{4f}{l^2}\times x(l-x)$。

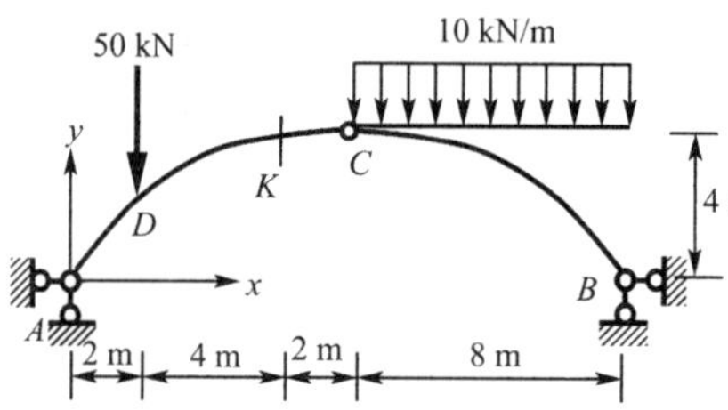

题 3-28 图

3-29　试求图示承受三角形分布荷载的拱的合理轴线方程。

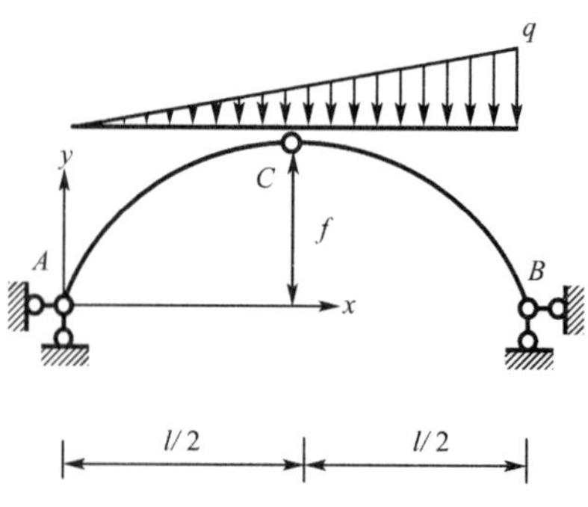

题 3-29 图

3-30　是非判断题

(a)零杆不受力，所以它是桁架中不需要的杆，可以撤除。　　(　　)

(b)图示结构中只有当 $F_{N1}=-F_{N2}$，才能满足结点 C 的 $\sum F_y=0$。　　(　　)

(c)图示组合结构有4根零杆。　　(　　)

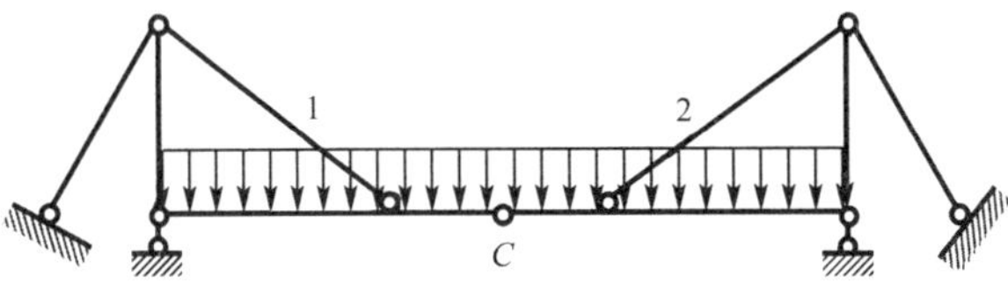

题3-30(b)图

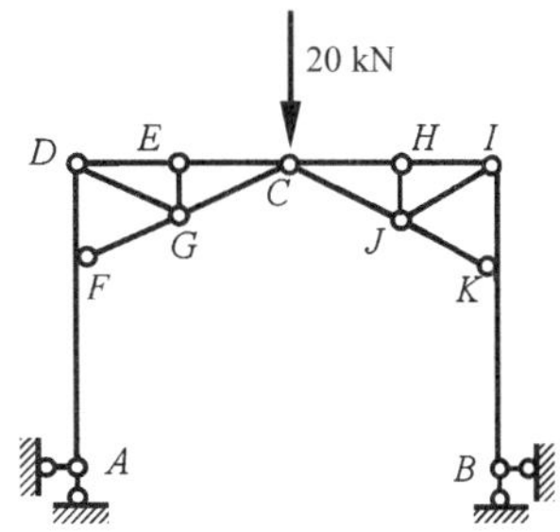

题3-30(c)图

(d)图示两结构仅 AB、BC、CA 杆受力不同。　　(　　)

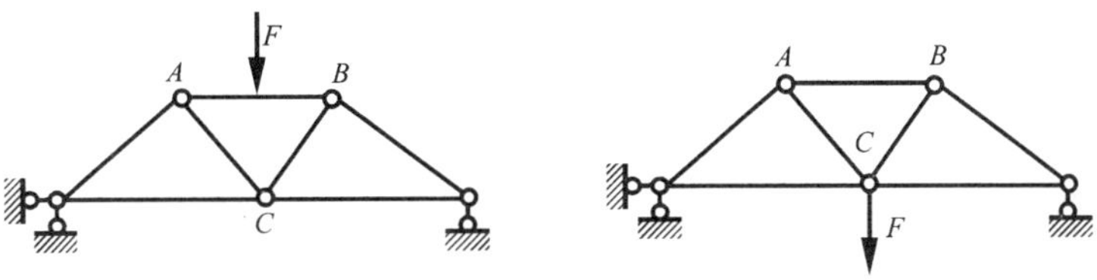

题3-30(d)图

3-31　图示结构有多少根零杆？(　　)

A. 5根　　B. 6根　　C. 7根　　D. 8根

3-32　图示结构有多少根零杆？(　　)

A. 5根　　B. 6根　　C. 7根　　D. 8根

3-33　图示组合结构中轴力等于零的杆为(　　)。

A. 1杆和4杆　　B. 2杆和3杆

C. 5杆和6杆　　D. 1,2,3,4,5,6杆

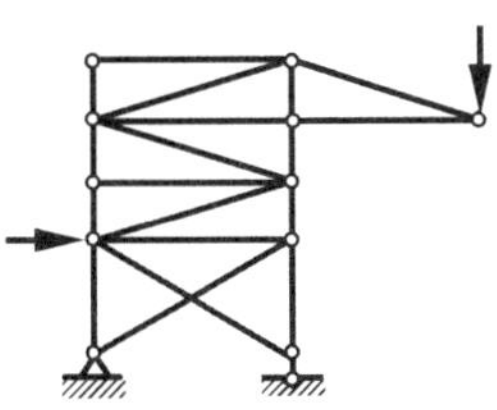

题3-31图

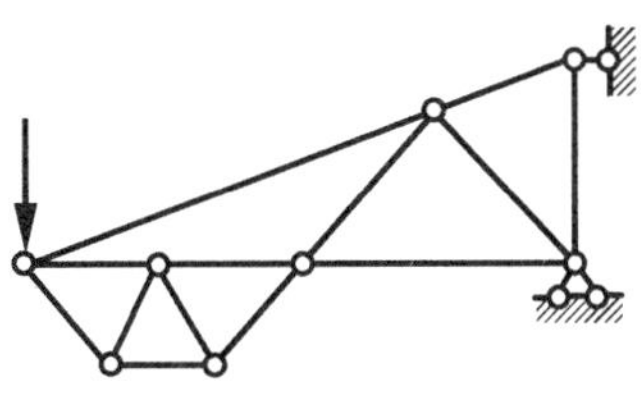

题3-32图

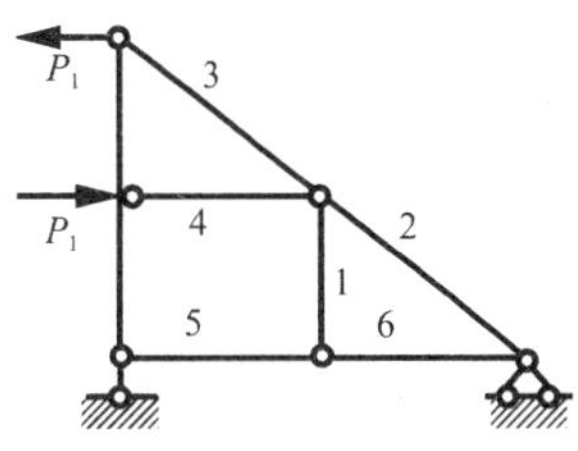

题3-33图

3-34 求图示各平面桁架中杆 1,2,3 的内力。

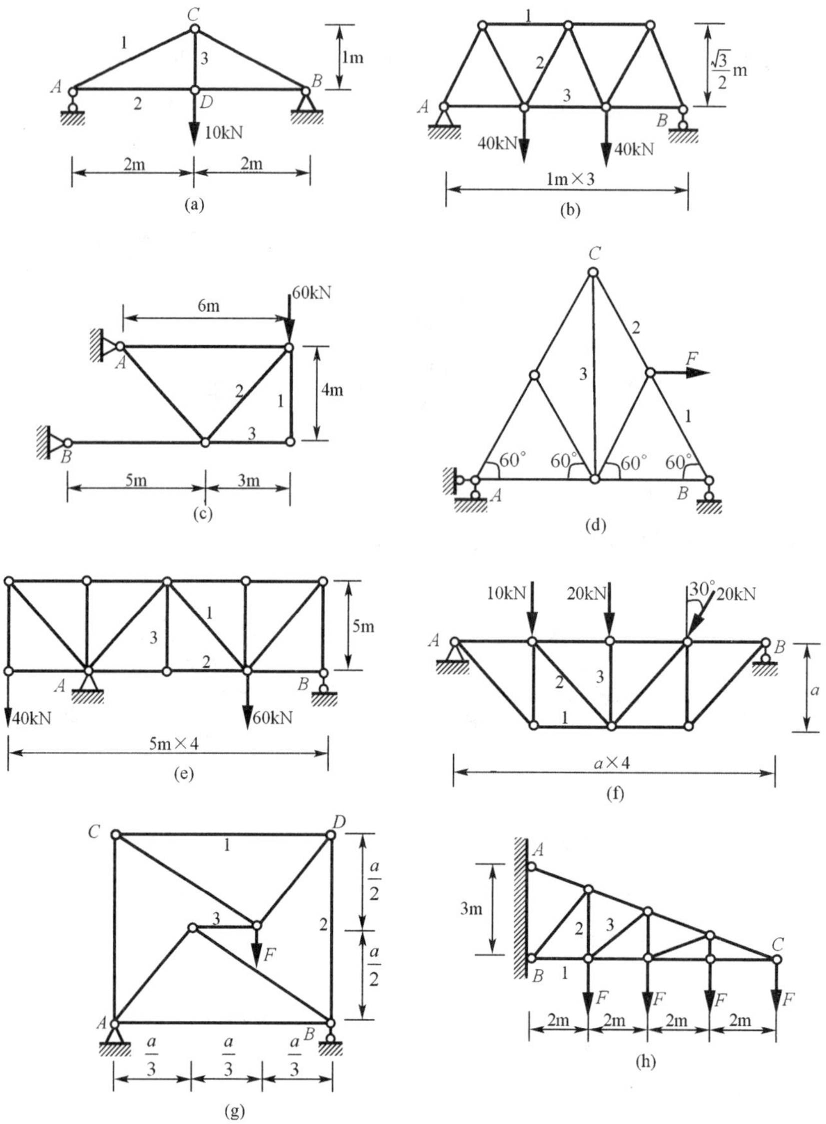

题 3-34 图

3-35　试计算图示各静定组合结构中链杆的轴力，绘出梁式杆件的剪力图和弯矩图。

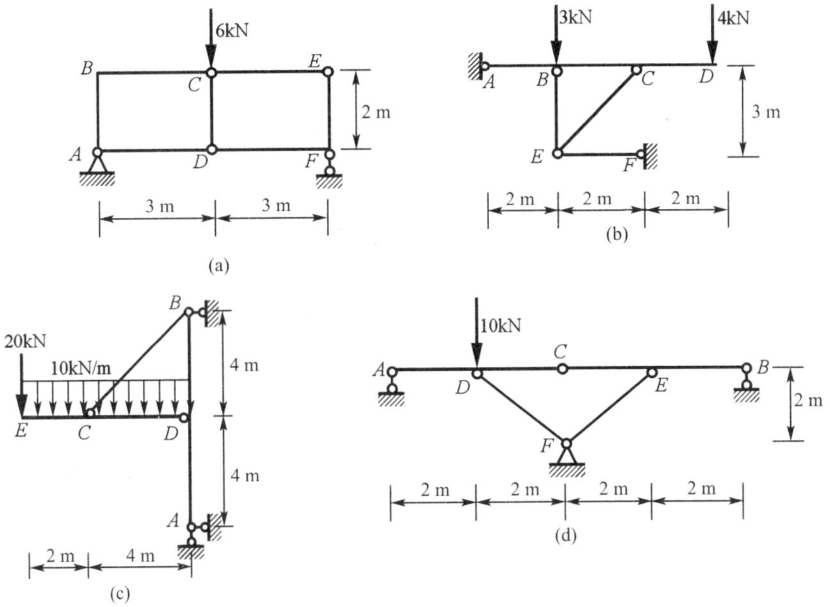

题 3-35 图

习题答案

3-1　(a)对，(b)对，(c)对，(d)错

3-2　D

3-3　D

3-4　B

3-5　A

3-6　A

3-7　D

3-8　B

3-9　(a)$M_{AC}=0, M_{CA}=M_{CB}=M_{BC}=F_{P}l$（下方受拉）

(b)$M_{AB}=0, M_{BA}=M_{BC}=F_{P}l$（上方受拉），$M_{CB}=0$

(c)$M_{AC}=\dfrac{F_{P}l}{2}$（下方受拉），$M_{CA}=M_{CD}=M_{BD}=0, M_{DC}=M_{DB}=\dfrac{F_{P}l}{2}$（上方受拉）

(d)$M_{AB}=2\ \text{kN}\cdot\text{m}$（上方受拉），$M_{中}=2\ \text{kN}\cdot\text{m}$（下方受拉），$M_{BA}=4\ \text{kN}\cdot\text{m}$（上方受拉）

(e)$M_{AD}=0, M_{DA}=M_{DB}=1.5\ \text{kN}\cdot\text{m}$（下方受拉），$M_{BD}=1\ \text{kN}\cdot\text{m}$（下方受拉），$M_{BC}=1\ \text{kN}\cdot\text{m}$（上方受拉），$M_{CB}=0$

(f)$M_{AB}=0, M_{BA}=M_{BC}=\dfrac{1}{8}ql^2$（上方受拉），$M_{BC中}=\dfrac{1}{16}ql^2$（下方受拉），$M_{CB}=0$

3-10　(a)$F_{SAC}=F_{SCA}=0, F_{SCB}=-qa, F_{SBC}=-2qa, M_{AC}=M_{CA}=M_{CB}=qa^2$（下方受拉），$M_{BC}=\dfrac{qa^2}{2}$（上方受拉）

(b)$F_{SAB}=\frac{5}{8}ql$,$F_{SBA}=-\frac{3}{8}ql$,$M_{AB}=\frac{1}{8}ql^2$(上方受拉),$M_{BA}=0$,$F_{SC}=0$,$M_C=\frac{9}{128}ql^2$(下方受拉)

(c)$F_S=0$,$M_{AC}=M_{CA}=0$,$M_{CD}=M_{DC}=10$ kN·m(下方受拉),$M_{DB}=M_{BD}=0$

(d)$F_{SAC}=0$,$F_{SCA}=F_{SCB}=-qa$,$F_{SBC}=0$,$M_{AC}=0$,$M_{CA}=M_{CB}=\frac{qa^2}{2}$(上方受拉),$M_{BC}=qa^2$(上方受拉)

(e)$F_{SAC}=F_{SCA}=\frac{1}{3}F$,$F_{SCD}=F_{SDC}=-\frac{2}{3}F$,$F_{SDB}=F_{SBD}=\frac{1}{3}F$,$M_{AC}=0$,$M_{CA}=M_{CD}=\frac{1}{3}Fa$(下方受拉),$M_{DC}=M_{DB}=\frac{1}{3}Fa$(上方受拉),$M_{BD}=0$

(f)$F_{SAC}=F_{SCA}=\frac{3}{2}qa$,$F_{SCD}=\frac{1}{2}qa$,$F_{SDC}=F_{SDB}=-\frac{3}{2}qa$,$F_{SBD}=-\frac{3}{2}qa$,$M_{AC}=0$,$M_{CA}=M_{CD}=\frac{3}{2}qa^2$(下方受拉),$M_{DC}=\frac{1}{2}qa^2$(下方受拉),$M_{DB}=\frac{3}{2}qa^2$(下方受拉),$M_{BD}=0$,$F_{SE}=0$,$M_E=\frac{13}{8}qa^2$(下方受拉)

3-11 (a)$F_{NAB}=-7.16$ kN,$F_{NBA}=7.16$ kN,$F_{SAB}=14.3$ kN,$F_{SBA}=-14.3$ kN,中点弯矩 $M=16$ kN·m

(b)$F_{NAB}=F_{NBA}=0$,$F_{NBC}=54$ kN,$F_{NCB}=6$ kN,$F_{NCD}=F_{NDC}=0$,$F_{SAE}=F_{SEA}=150$ kN,$F_{SEB}=F_{SBE}=90$ kN,$F_{SBC}=72$ kN,$F_{SCB}=8$ kN,$F_{SCD}=F_{SDC}=10$ kN,$M_{AE}=690$ kN·m(上方受拉),$M_{EA}=M_{EB}=390$ kN·m(上方受拉),$M_{BE}=M_{BC}=210$ kN·m(上方受拉),$M_{CB}=M_{CD}=10$ kN·m(上方受拉),$M_{DC}=0$

3-12 (a)$F_{SAD}=F_{SDA}=\frac{5}{2}qa$,$F_{SDB}=F_{SBD}=F_{SBC}=\frac{1}{2}qa$,$F_{SCB}=-\frac{1}{2}qa$,$M_{AD}=3qa^2$(上方受拉),$M_{DA}=M_{DB}=\frac{1}{2}qa^2$(上方受拉),$M_{BD}=M_{BC}=0$,$BC$ 段极值弯矩 $M=\frac{1}{8}qa^2$(下方受拉),$M_{CB}=0$。

(b)$F_{SAE}=F_{SEA}=\frac{1}{2}qa$,$F_{SEB}=F_{SBE}=-\frac{3}{2}qa$,$F_{SBC}=F_{SCB}=F_{SCD}=qa$,$F_{SDC}=-qa$,$M_{AE}=0$,$M_{EA}=M_{EB}=\frac{1}{2}qa^2$(下方受拉),$M_{BE}=M_{BC}=qa^2$(上方受拉),$M_{CB}=M_{CD}=0$,$M_{DC}=0$,$CD$ 段极值弯矩 $M=qa^2$(下方受拉)

(c)$F_{SAB}=F_{SBA}=F_{SBC}=F_{SCB}=-4$ kN,$F_{SCD}=2$ kN,$F_{SDC}=-2$ kN,$F_{SDE}=F_{SED}=0$,$M_{AB}=4$ kN·m(下方受拉),$M_{BA}=M_{BC}=0$,$M_{CB}=M_{CD}=4$ kN·m(上方受拉),$M_{DC}=M_{DE}=M_{ED}=4$ kN·m(上方受拉),CD 段极值弯矩 $M=3$ kN·m(上方受拉)

(d)$F_{SAE}=F_{SEA}=\frac{1}{4}F$,$F_{SEB}=F_{SBE}=-\frac{3}{4}F$,$F_{SBD}=F_{SDB}=\frac{1}{2}F$,$M_{AE}=0$,$M_{EA}=M_{EB}=\frac{1}{4}Fa$(下方受拉),$M_{BE}=M_{BC}=\frac{1}{2}Fa$(上方受拉),$M_{CB}=M_{CG}=0$,$M_{GC}=\frac{1}{2}Fa$(下方受拉),$M_{GD}=\frac{1}{2}Fa$(上方受拉),$M_{DG}=0$

3-13　(a)$M_{AB}=0, M_{BA}=M_{BC}=60$ kN·m(上方受拉),$M_{CB}=M_{CD}=0, M_{DC}=M_{DE}=0$,$CD$ 中点弯矩 $M=40$ kN·m(下方受拉),$M_{ED}=M_{EF}=60$ kN·m(上方受拉),$M_{FE}=0$

(b)$M_{AB}=0, M_{BA}=120$ kN·m(上方受拉),AB 中点弯距 $M=30$ kN·m(上方受拉),$M_{CD}=M_{DC}=0$,CD 段极值弯距 $M=40$ kN·m(下方受拉),$M_{DE}=0, M_{ED}=M_{EF}=80$ kN·m(上方受拉),$M_{FE}=0$

3-14　$x=l/4$

3-15　$F_1=114$ kN,$x_0=1.6$ m

3-16　(a)错,(b)对,(c)错(位移不一定为零),(d)对,(e)错(会改变其变形),(f)对

3-17　C

3-18　A

3-19　A

3-20　C

3-21　C

3-22　A

3-23　(a)$F_{NBC}=F_{NCB}=0, F_{NCA}=F_{NAC}=-\frac{F}{2}, F_{SBD}=F_{SDB}=\frac{F}{2}, F_{SDC}=F_{SCD}=-\frac{F}{2}$, $F_{SCA}=F_{SAC}=0, M_{DB}=M_{DC}=\frac{1}{2}Fa$(下方受拉),$M_{BD}=M_{CD}=M_{CA}=M_{AC}=0$

(b)$F_{NAB}=F_{NBA}=-40$ kN,$F_{NBC}=F_{NCB}=0, F_{SAB}=F_{SBA}=0, F_{SBC}=80$ kN,$F_{SCB}=0$, $M_{BC}=M_{BA}=M_{AB}=40$ kN·m(外侧受拉),$M_{CB}=0$

(c)$F_{NCA}=F_{NAC}=20$ kN,$F_{NCB}=F_{NBC}=0, F_{SAC}=30$ kN,$F_{SCA}=0, F_{SCB}=F_{SBC}=-20$ kN,$M_{CA}=M_{CB}=120$ kN·m(内侧受拉),AC 中点弯距 $M=82.5$ kN·m(右侧受拉),$M_{BC}=M_{AC}=0$

(d)$M_{DA}=M_{DC}=M_{CD}=M_{CE}=M_{EC}=M_{EB}=60$ kN·m(外侧受拉),$M_{AD}=M_{BE}=0$

(e)$M_{DA}=M_{DC}=M_{EC}=M_{EB}=20$ kN·m(外侧受拉),$M_{AD}=M_{CD}=M_{CE}=M_{BE}=0$

(f)$M_{CA}=M_{CE}=320$ kN·m(内侧受拉),AC 中点弯距 $M=240$ kN·m(右侧受拉),$M_{EC}=M_{EF}=268.57$ kN·m(下方受拉),$M_{FE}=M_{FD}=131.42$ kN·m(下方受拉),$M_{AC}=M_{DB}=M_{BD}=M_{DF}=0$

(g)$M_{CB}=M_{CA}=qa^2$(内侧受拉),$M_{BC}=M_{BD}=\frac{1}{2}qa^2$(上方受拉),$M_{AC}=M_{DB}=0$

(h)$M_{EA}=M_{EB}=M_{BE}=M_{BG}=16$ kN·m(内侧受拉),$M_{CG}=M_{CF}=M_{FC}=M_{FD}=16$ kN·m(外侧受拉),$M_{AE}=M_{GB}=M_{GC}=M_{DF}=0$

(i)$M_{DA}=M_{DC}=M_{EB}=M_{EC}=64$ kN·m(外侧受拉),DC 中点弯距 $M=8$kN·m(内侧受拉),$M_{AD}=M_{CD}=M_{CE}=M_{BE}=0$

3-24　(a)对,(b)错(水平推力增大),(c)对,(d)对

3-25　A

3-26　30 kN

3-27　$-30°, -\frac{qa}{4}(\sqrt{3}-1), -\frac{qa}{2}\cos(-30°)-\frac{qa}{2}\sin(-30°)$

3-28　$F_{Ax}=52.5$ kN(→),$F_{Ay}=63.75$ kN(↑),$F_{Bx}=52.5$ kN(←),

$F_{By}=66.25\ \text{kN}(\uparrow)$，$F_{NK}=54.26\ \text{kN}$，$F_{SK}=0.61\ \text{kN}$，$M_K=-14.38\ \text{kN}\cdot\text{m}$(上方受拉)

3-29　$y=\dfrac{8f}{3l^2}(lx-\dfrac{x^3}{l})$

3-30　(a)错，(b)错，(c)对，(d)对

3-31　B

3-32　C

3-33　A

3-34　(a)$F_{N1}=-11.2\ \text{kN}$，$F_{N2}=8.66\ \text{kN}$，$F_{N3}=10\ \text{kN}$

(b)$F_{N1}=-46\ \text{kN}$，$F_{N2}=0$，$F_{N3}=46\ \text{kN}$

(c)$F_{N1}=0$，$F_{N2}=-75\ \text{kN}$，$F_{N3}=0$

(d)$F_{N1}=-\dfrac{1}{2}F$，$F_{N2}=\dfrac{1}{2}F$，$F_{N3}=-\dfrac{\sqrt{3}}{2}F$

(e)$F_{N1}=47.1\ \text{kN}$，$F_{N2}=-6.7\ \text{kN}$，$F_{N3}=0$

(f)$F_{N1}=21.83\ \text{kN}$，$F_{N2}=16.73\ \text{kN}$，$F_{N3}=-20\ \text{kN}$

(g)$F_{N1}=-\dfrac{4}{9}F$，$F_{N2}=-\dfrac{2}{3}F$，$F_{N3}=0$

(h)$F_{N1}=-5.333F$，$F_{N2}=2F$，$F_{N3}=-1.667F$

3-35　(a)$F_{NDC}=-3\ \text{kN}$，$F_{NCE}=-4.5\ \text{kN}$，$F_{NDA}=4.5\ \text{kN}$，$F_{SAB}=-4.5\ \text{kN}$，$F_{SBC}=3\ \text{kN}$，$M_B=9\ \text{kN}\cdot\text{m}$(外侧受拉)，$M_F=9\ \text{kN}\cdot\text{m}$(内侧受拉)

(b)$F_{NBE}=15\ \text{kN}$，$F_{NCE}=-18\ \text{kN}$，$F_{NEF}=10\ \text{kN}$，$F_{SAB}=7\ \text{kN}$，$F_{SBC}=-11\ \text{kN}$，$F_{SCD}=4\ \text{kN}$，$M_{BA}=14\ \text{kN}\cdot\text{m}$(下方受拉)，$M_{CD}=8\ \text{kN}\cdot\text{m}$(上方受拉)

(c)$F_{NCB}=106\ \text{kN}$，$F_{SDA}=37.5\ \text{kN}$，$F_{SDB}=-37.5\ \text{kN}$，$F_{SCE}=-40\ \text{kN}$，$F_{SCD}=35\ \text{kN}$，$F_{SDC}=-5\ \text{kN}$，$M_{DA}=150\ \text{kN}\cdot\text{m}$(右侧受拉)，$M_{CE}=60\ \text{kN}\cdot\text{m}$(上方受拉)

(d)$F_{NDF}=F_{NFE}=-7.07\ \text{kN}$，$F_{SDA}=F_{SEB}=2.5\ \text{kN}$，$F_{SDC}=F_{SEC}=-2.5\ \text{kN}$，$M_{DA}=5\ \text{kN}\cdot\text{m}$(下方受拉)，$M_{EB}=5\ \text{kN}\cdot\text{m}$(上方受拉)

第 4 章　结构位移计算

学习指导

(1)理解刚体虚功原理和变形体虚功原理的内容及应用条件；

(2)掌握结构位移计算的一般公式；能够正确求解各类静定结构的位移；

(3)掌握梁和刚架位移计算的图乘法；

(4)了解拱和曲杆的位移计算；

(5)了解温度变化引起的结构位移计算；

(6)了解四个互等定理。

4.1　概　述

任何结构都是由可变形固体组成的，结构在荷载作用下会产生应力和应变，以致结构(或其某一部分)的形状发生变化(简称变形)，其上各点的位置将会移动，横截面也将发生转动，这些移动和转动统称为位移。

例如图 4-1 所示刚架，在荷载作用下发生如虚线所示变形，横梁上的截面 C 在刚架变形后移动到 C' 的位置，线段 CC' 称为截面 C 的线位移，记为 Δ_C，也可以用水平方向和垂直方向的分量 Δ_{Cx} 和 Δ_{Cy} 来表示。同时，截面 C 还转动了一个角度 θ_C，称为该截面的角位移。

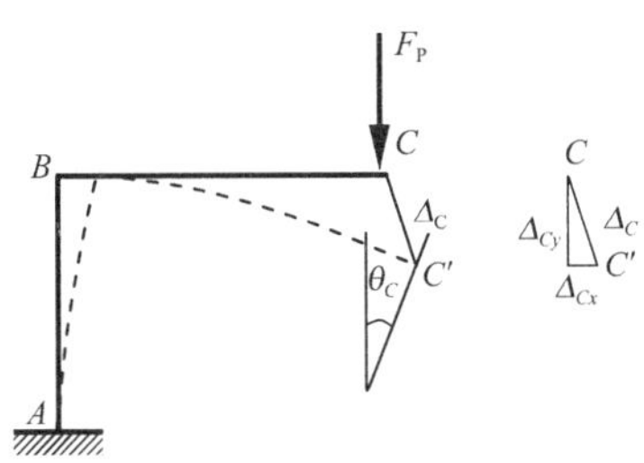

图 4-1

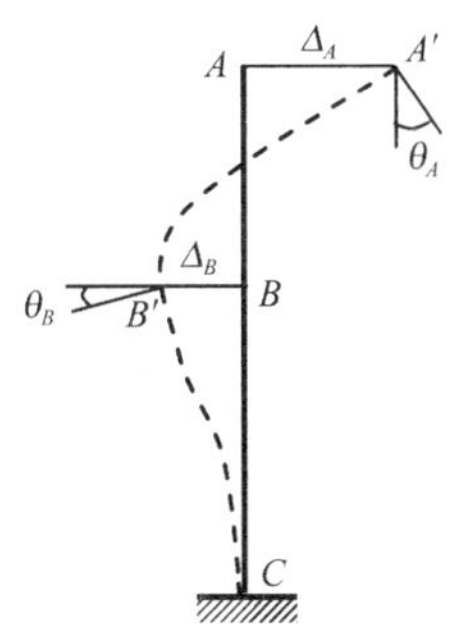

图 4-2

有时为了计算的要求还要考虑某两个截面之间的相对位移。图 4-2 所示悬臂梁发生虚线所示变形，两个截面 A 和 B 产生相互错动，两截面的水平相对线位移 Δ_{AB} 等于两个截面水平线位移 Δ_A 与 Δ_B 之和。截面 A 的角位移为 θ_A(逆时针方向)，截面 B 的角位移为 θ_B(逆时针方向)，两个截面的相对角位移 θ_{AB} 为 θ_A 与 θ_B 之差。总之，结构产生的各种位移，包括截面的线位移、角位移、相对线位移、相对角位移或者是一组位移等都可泛称为广义位移。

除了荷载的作用，结构在其他因素（如温度变化、支座移动、材料收缩和制造误差等）的影响下，虽然不一定都产生应力和应变，但也会改变结构原有的位置而产生位移。例如图 4-3 所示的梁，在支座 B 发生沉降后会使结构产生如虚线所示位移，截面 C 产生线位移 Δ_C 和角位移 θ_C。

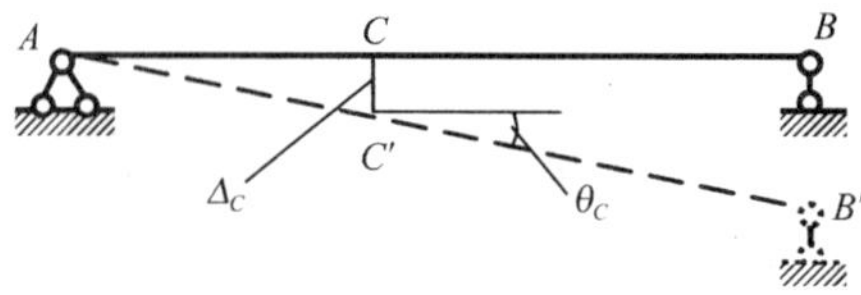

图 4-3

计算结构的位移是结构力学的重要内容，它在工程中的重要性包括以下几个方面：

(1)结构刚度的验算。工程结构设计除了必须满足强度条件，还要校核刚度条件。结构的位移必须控制在某一个允许范围之内，结构才能正常地工作。例如钢筋混凝土高层建筑的水平位移是一个很重要的指标，如果位移过大有可能导致混凝土开裂，也会引起人感觉不舒适。因此，有关规范限定了地震或风作用下，结构相邻层间位移的最大值与层高的比值。又如梁的最大挠度（竖向线位移）与跨度之比在不同的规范中也有相应的限值规定。对于桥梁而言，即使满足了强度要求，如果桥的挠度太大，车辆在行驶过程中会引起很大的冲击振动，也影响其正常使用。

(2)超静定结构的分析。材料力学已给出了求解超静定结构的基本方法，即综合应用力的平衡条件、变形协调条件和材料的物理条件三个方面。由于超静定结构的约束数目多于它能提供的平衡方程式数目，必须补充变形条件（位移条件），即计算结构的位移。

(3)施工控制的要求。在结构的施工过程中，考虑到施工过程的安全顺利进行，也常常需要预先计算出结构的位移，以采取相应的措施进行控制。例如钢横梁在进行悬臂部分的拼装时，必须先行计算悬臂部分在各种荷载（梁自重、吊机荷载等）作用下的竖向线位移，以免位移过大引起吊机安装过程发生危险，或者梁不能按照设计要求安装就位。

本章首先介绍最基本的刚体体系虚功原理，在此基础上推出更一般的变形体虚功原理，应用该原理建立起结构位移计算的一般公式，并对各种因素引起的静定结构位移计算分别加以讨论，最后简略介绍线性变形体系的互等定理。在本章中，只讨论线性变形体系（指位移与荷载呈线性关系的体系，荷载撤除后，位移将全部消失）的位移计算。在学习了超静定结构的内力分析之后，仍可以采用本章的方法进行超静定结构的位移计算。

4.2 刚体体系的虚功原理及其应用

结构各点产生位移时，有两种情况：一种是刚体体系的位移；另一种是变形体体系的位移。例如图 4-4(a)所示的外伸梁，如果支座 B 产生位移 c_B，整个梁将绕 A 发生转动，产生刚体位移，而杆件的应变等于零。图 4-4(b)所示的简支梁在荷载 F 作用下，各点（除梁端）将产生如虚线所示的线位移（也称挠度 w）；同时，梁内由于弯矩的作用会产生曲率

κ 和应变 ε。

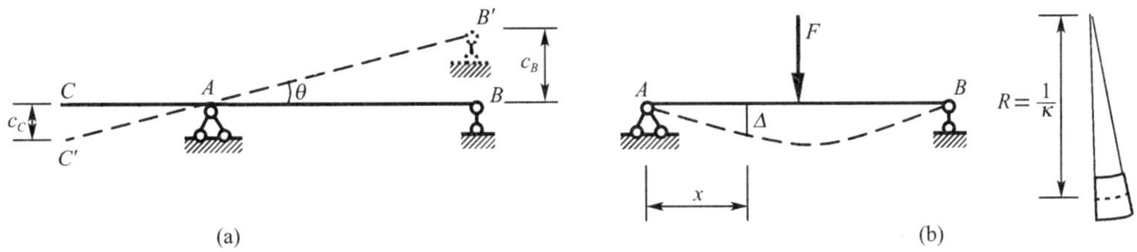

图 4-4

求解结构的位移通常有两类方法：几何法和功能法。几何法是研究变形和位移的几何关系，以图 4-4(a)所示梁的刚体体系位移问题为例，如果支座 B 产生的是微小位移 c_B，则利用几何关系，可以直接求出 C 端产生的线位移，$c_C=\theta\times l_{AC}=\frac{c_B l_{AC}}{l_{AB}}$。同样的，图 4-4(b)所示的变形体体系位移计算，可以利用曲率与挠度之间的几何关系（小变形条件下），$\kappa=\frac{1}{R}=\left|\frac{\mathrm{d}^2\Delta}{\mathrm{d}x^2}\right|$。在材料力学中已经介绍过，可以用求解微分方程的方法求出某截面的位移，但用此方法求解复杂的杆系结构是有困难的。功能法又可分为虚功原理和应用应变能导出的各种能量理论来分析各种结构的变形和位移的方法，适用于计算机运算，具有广阔的应用范围。下面主要讨论应用虚功原理来建立求解结构位移的原理和方法。

4.2.1 虚功

功包含了力和位移两个因素，如果做功的力与相应于力的位移彼此独立无关，这时力所做的功称为虚功。例如图 4-5 所示简支梁，在外力 F_1 作用下，C 截面产生竖向线位移 Δ_{C1}。若此时在梁上施加另一外力 F_2，梁会继续发生变形，C 截面再次产生竖向线位移 Δ_{C2}。力 F_1 在位移 Δ_{C2} 上所做的功即为虚功，表示为

$$W=F_1\Delta_{C2}$$

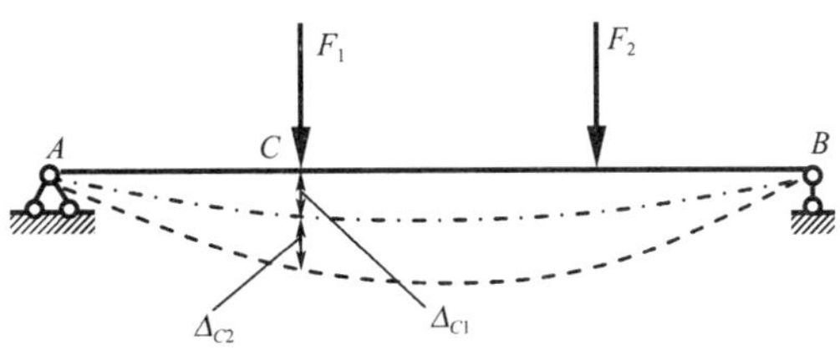

图 4-5

虚功的特点是力与位移是彼此独立的两个因素，可将二者看成是分别属于同一体系的两种彼此无关的状态——力状态和位移状态，两者之间没有因果关系，力在做功过程中为常数。

4.2.2 刚体体系的虚功原理

虚功原理可表述如下：

对于具有理想约束的刚体体系，体系上所作用的任意平衡力系，在可能位移上所做的

虚功总和恒等于零,即

$$W=0$$

上式称为刚体体系的虚功方程。这里需要强调的是:

(1)理想约束是指约束反力在可能位移上所做的功恒等于零。

(2)可能位移是指体系发生的符合约束条件的无限小位移。

虚功原理实际上是联系互不相关的平衡问题(力系)与几何问题(可能位移)的桥梁。

4.2.3 刚体体系的虚功原理的应用

由于虚功中力与位移两个因素彼此独立无关的特征,使得它具有广泛的适用性,不仅可以把力系看成是虚设的,也可以把位移看成是虚设的。而且在考虑位移时,只考虑其最终的状态,并不考虑其过程,所以虚功这一概念不但可用于刚体,也可用于包括弹性体在内的任何变形体。

在力系和位移两个独立无关的因素中,如果虚设力状态,使虚设的平衡力系在实际的位移状态下做功,建立虚功方程,即为虚力原理。这时的虚功方程表达的是位移协调条件,“位移”是真实存在的,而“平衡”是虚设状态,从中可求出位移状态中的一些未知位移。

例如图 4-6(a)所示刚架,欲求结构由于 A 支座位移引起的 C 点的竖向位移。这里,结构位移状态是真实存在的,力系可以根据求解的需要进行虚设。为了求解 C 点的竖向位移,希望在虚功方程中只包含此未知量。因此,可以只在所求位移处,沿着所求位移方向虚设单位力,即在 C 点沿竖向虚设一个单位力(如图 4-6(b)所示),使虚设的单位荷载在实际位移状态下做功,可以得到虚功方程如下:

$$F_P\Delta_C-M_A\theta=0$$

故

$$\Delta_C=M_A\theta$$

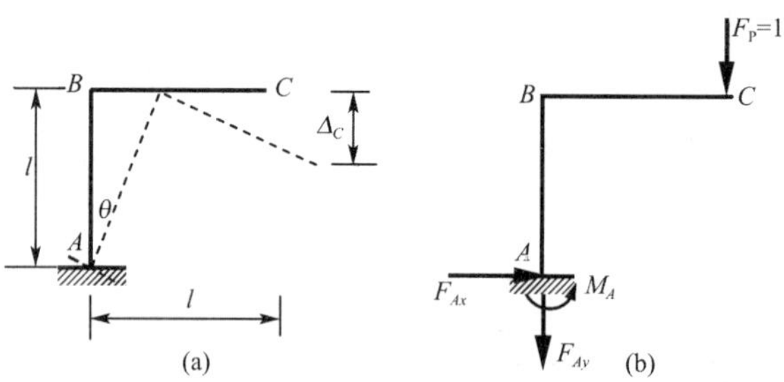

图 4-6

上述方法在计算时,通常沿所求位移方向虚设单位力,故也称为单位虚荷载法。求解步骤可归纳为以下三步:

(1)沿所需计算的位移方向施加单位虚荷载,利用平衡条件计算支座的支反力;

(2)根据虚功原理,写出虚功方程

$$1\cdot\Delta+\sum\overline{F}_{RK}\Delta_K=0$$

式中,$\overline{F}_{RK}$ 表示单位虚荷载作用下支座 K 的支反力;Δ_K 是支座 K 发生的位移;当 $\overline{F}_{RK}$ 和 Δ_K 方向一致时,两者乘积 $\overline{F}_{RK}\Delta_K$ 为正;反之为负。

(3)由虚功方程求解未知位移,即 $\Delta=-\sum\overline{F}_{RK}\Delta_K$。

求得的结果为正，表明位移方向与假设的单位虚荷载方向相同；反之方向相反。

单位虚荷载法实质上是利用虚功方程，将求解位移的几何问题转化为求解静力平衡问题。后面介绍的结构位移计算方法正是基于虚力原理的计算方法。

由于静定结构的支座移动并不引起内力，也不引起应变，因此，支座移动时静定结构的位移计算问题属于刚体体系位移计算，常应用刚体体系虚力原理进行计算。

【例 4-1】 如图 4-7(a)所示多跨静定梁，试求由于 C 支座位移引起的 B 点处截面的转角。

解 (1)在 B 点施加单位虚荷载 $\overline{M}=1$(图 4-7(b))，根据平衡条件，可以求得 C 支座在单位荷载作用下的支反力为

$$\overline{F}_{Cy}=\frac{2}{l}(\downarrow)$$

(2)令虚设单位力在实际位移上做功，建立虚功方程

$$\theta_B\times1+\overline{F}_{Cy}\Delta_C=0$$

(3)求解位移，得

$$\theta_B=-\overline{F}_{Cy}\Delta_C=-\frac{2}{l}\Delta_C$$

结果为负，表示实际 B 点处截面的转角与假设的虚荷载方向相反，即 B 点处截面的转角为逆时针。

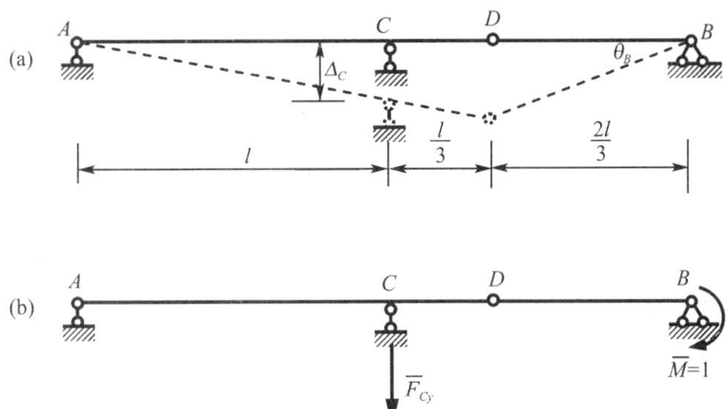

图 4-7

4.3　结构位移计算的一般公式

上一节介绍了刚体体系的虚功原理，对于刚体体系的位移，由于不产生应变，虚功的计算相对而言比较简单。而对于变形体体系，由于体系不仅发生变形，还会产生应变，因此除了要考虑外力所做的虚功，还要考虑内力在相应变形上所做的内力虚功。变形体的虚功方程与刚体体系虚功方程的形式有所不同。

4.3.1 变形体虚功原理

变形体虚功原理是适用于任意变形体的普遍原理,其应用范围很广,本节仅介绍原理的内容,不加以证明。

变形体的虚功原理可表述如下:

设变形体在外力作用下处于平衡状态,且该变形体由于其他原因产生符合约束条件的微小连续位移,则变形体所受外力在位移上所做的总虚功 δw_e,恒等于变形体各微段的内力在变形上所做的总虚功 δw_i,即恒有如下虚功方程成立

$$\delta w_e \equiv \delta w_i \tag{4-1}$$

关于变形体虚功原理有以下几点需要说明:

(1)外力系必须是平衡力系,体系处于平衡状态。

(2)位移必须满足虚位移的条件,即位移状态中的应变能满足变形协调条件(包括位移与应变的协调和位移与约束几何相容)。

(3)虚功原理涉及两个相互无关的状态:平衡的外力系与相应的内力是力状态;符合约束条件的微小位移与相应的变形是位移状态,力与位移两个状态之间是相互独立没有关联的。

(4)本原理适用于任意力-变形关系的变形体,且对杆系结构、板壳结构及实体结构等都适用。

(5)对于刚体体系,由于不产生变形,因此,各微段的应力合力在刚体上不做功,即 δw_i 等于零。所以,刚体体系的虚功原理是变形体虚功原理的特例(也是原理证明的基础)。

4.3.2 杆系结构的虚功方程

图 4-8(a)所示一平面杆系结构,在任意力系作用下处于平衡状态,图 4-8(b)表示该结构在其他因素影响下而发生的微小位移(符合支承的约束条件和变形连续条件),分别称之为该结构的力状态和位移状态。

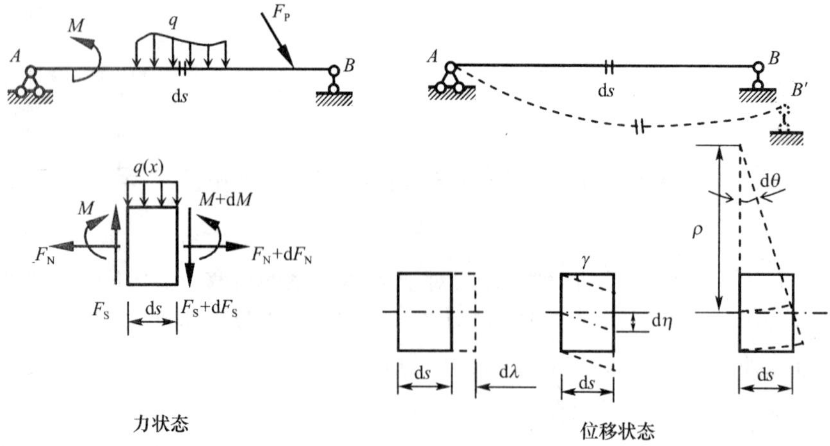

图 4-8

从杆上截取长度为 ds 的微段，微段上除有外力 q 的作用，还有截面上的内力(对整个结构而言是内力，对于微段而言是外力，这里为了与整个结构的支座反力和外荷载相区别，仍称之为内力)，即轴力 F_N、剪力 F_S 和弯矩 M。微段 ds 的变形包括三部分：轴向线应变 ε，剪切应变 γ 和弯曲应变 κ($\kappa=\frac{1}{\rho}$)。

根据胡克定律，

$$\varepsilon=\frac{F_N}{EA},\gamma=\frac{\mu F_S}{GA},\frac{1}{\rho}=\frac{M}{EI} \tag{4-2}$$

式中：E、G——材料的弹性模量和切变模量；

A、I——杆的横截面面积和惯性矩；

ρ——杆件轴线变形后的曲率半径；

μ——剪切应力在截面上不均匀分布系数，与截面形状有关。矩形截面 $\mu=1.2$。

由微段的三种应变，可以求出微段两端截面的三种相对变形：轴向位移 $d\lambda$，剪切位移 $d\eta$ 和转角 $d\theta$，其值为

$$d\lambda=\varepsilon ds, d\eta=\gamma ds, d\theta=\kappa ds \tag{4-3}$$

由于直杆发生小变形时，轴力不在剪切变形和弯曲变形上做功，剪力不在轴向变形和弯曲变形上做功，弯矩不在剪切变形和轴向变形上做功。因此，作用在微段 ds 上的内力在该段变形上所做虚功 dW_i 可以表示为

$$dW_i=F_N d\lambda+F_S d\eta+M d\theta \tag{4-4}$$

对每个杆件积分，并对各杆求和可得

$$W_i=\sum\left(\int F_N d\lambda+\int F_S d\eta+\int M d\theta\right) \tag{4-5}$$

W_i 是整个结构所有微段两侧截面上的内力在微段变形上所做的虚功总和，也称为变形虚功。

整个结构的所有外力在其相应的虚位移上所做虚功总和为

$$W_e=\sum\int dW_e \tag{4-6}$$

因此，整个杆系结构虚功方程可以表示为

$$\begin{aligned} W_e &= \sum\int dW_e \\ &= \sum\left(\int F_N d\lambda+\int F_S d\eta+\int M d\theta\right) \\ &= W_i \end{aligned} \tag{4-7}$$

式(4-7)和式(4-1)一样适用于一切杆系结构，是本章下面所有讨论的理论基础。

对于给定的位移状态，在拟求的未知位移方向虚设力状态，利用虚功原理可以求解未知位移，称为虚力原理。为了计算方便，通常虚设的力状态取为单位荷载，因此，该方法也称为单位荷载法，本章讨论如何采用这一方法进行结构的位移计算。

4.3.3　结构位移计算一般公式

下面介绍采用单位荷载法建立平面杆系结构位移计算的一般公式。

图 4-9(a)所示刚架，在荷载、支座位移和温度变化等作用下发生如虚线所示的变形

(这一结构位移状态是实际状态),现要求该状态下点 K 沿 $K\text{-}K$ 方向的线位移 Δ_K。要应用虚功原理需要有两个状态:力状态和位移状态,且两者之间彼此独立无关。根据单位荷载法,选取一个与所求位移相应的单位虚荷载,使力状态中的外力能在位移状态中所求的位移上做虚功。因此,可以在点 K 沿 $K\text{-}K$ 方向施加一个集中荷载 $F_{PK}=1$,在该单位荷载作用下,发生支座位移处的支座反力分别为 $\overline{R}_1$ 和 $\overline{R}_2$,结构产生的虚内力为 $\overline{F}_N$、$\overline{F}_S$ 和 $\overline{M}$(图 4-9(b)所示)。这些力构成了一个平衡的虚设力系,即结构的力状态,它们不是结构原有的,而是虚设的。

现在来计算虚力状态在实际位移状态上所做的虚功。外力虚功包括荷载和支座反力所做虚功,可以表示为

$$W_e = F_{PK}\cdot\Delta_K + \overline{R}_1 c_1 + \overline{R}_2 c_2 = 1\cdot\Delta_K + \sum \overline{R}c$$

设实际位移状态中,任意一微段相应的变形为 $d\lambda$、$d\eta$ 和 $d\theta$,则变形虚功可以表示为

$$W_i = \sum\int \overline{F}_N d\lambda + \sum\int \overline{F}_S d\eta + \sum\int \overline{M} d\theta$$

$$= \sum\int \overline{F}_N \varepsilon ds + \sum\int \overline{F}_S \gamma ds + \sum\int \overline{M}\kappa ds$$

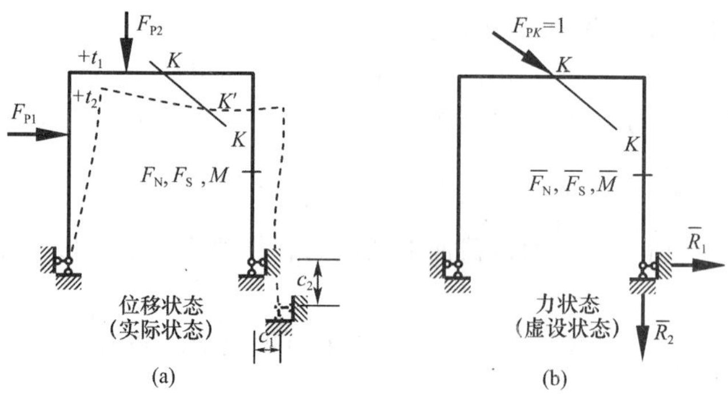

图 4-9

由虚功原理 $W_e = W_i$,可得

$$1\cdot\Delta_K + \sum\overline{R}c = \sum\int \overline{F}_N \varepsilon ds + \sum\int \overline{F}_S \gamma ds + \sum\int \overline{M}\kappa ds$$

即

$$\Delta_K = \sum\int \overline{F}_N \varepsilon ds + \sum\int \overline{F}_S \gamma ds + \sum\int \overline{M}\kappa ds - \sum\overline{R}c \tag{4-8}$$

这就是平面杆系结构位移计算的一般公式。式中的积分是内力对连续函数段的积分,求和是对整个结构取所有杆件之和。关于此公式有以下几点需要说明:

(1)要求结构发生符合变形协调条件的小变形,包括拉伸、剪切和弯曲等各类变形。

(2)既适用于静定结构,也适用于超静定结构的位移计算。

表 4-1　　拟求位移与虚设单位荷载的对应关系

广义位移	广义单位虚荷载
A、B 两点的水平相对位移 $\Delta_{AB}=\Delta_A+\Delta_B$ 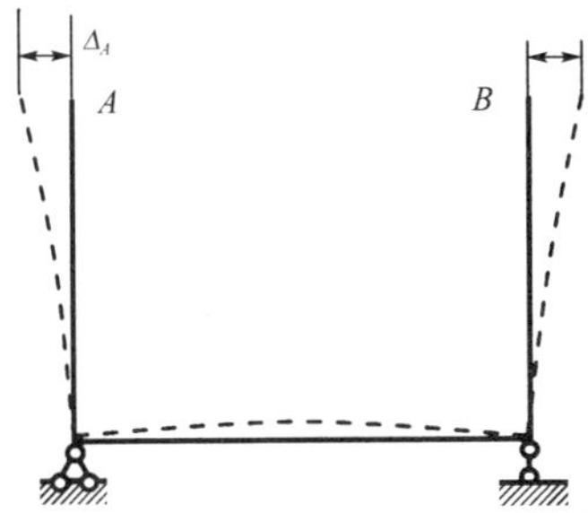	A、B 两点处设一对方向相反的水平单位力 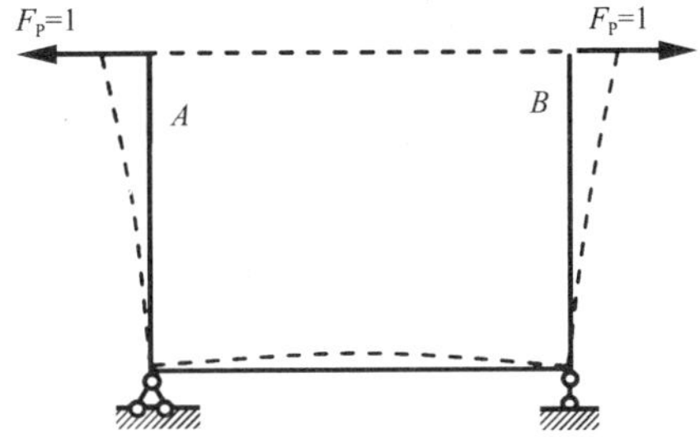
A、B 两点的竖向相对位移 $\Delta_{AB}=\Delta_A+\Delta_B$ 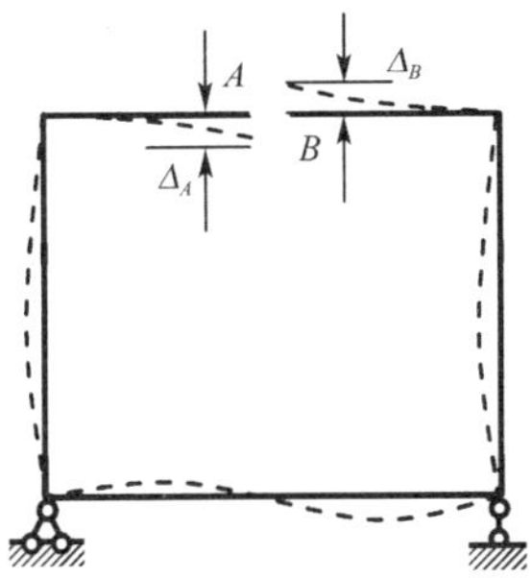	A、B 两点处设一对方向相反的竖向单位力 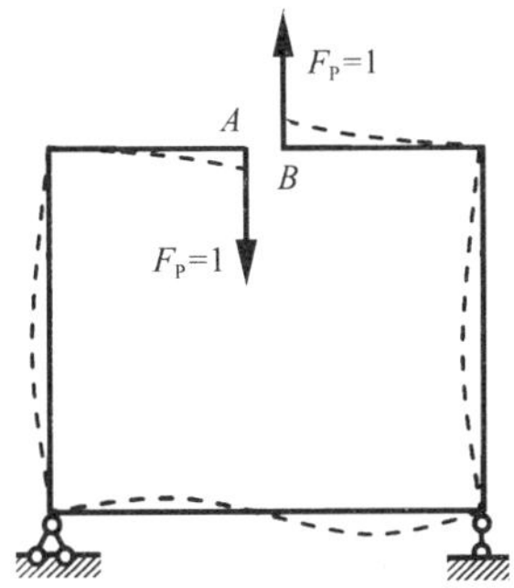
A 端转角 φ_A 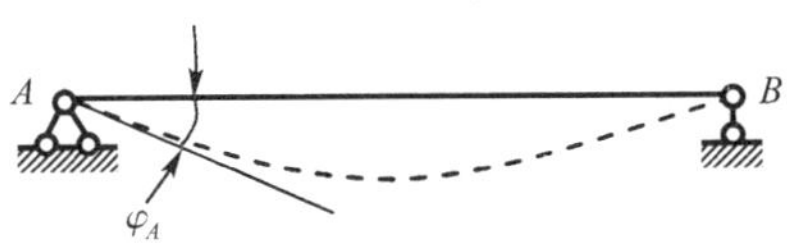	A 端设一单位力偶 
C 铰左右两侧截面的相对转角 φ_C 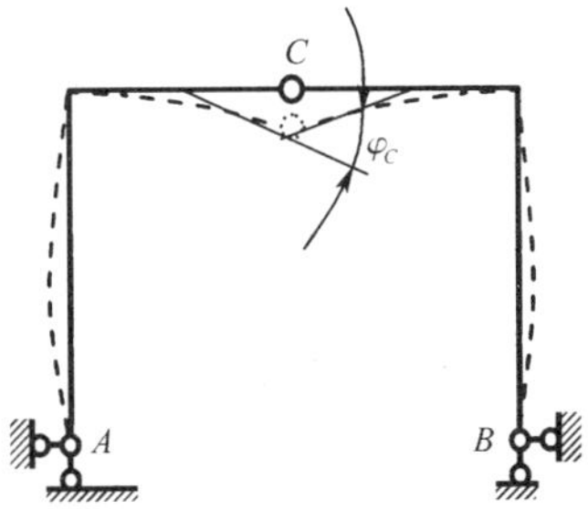	C 铰左右两侧设一对方向相反的单位力偶 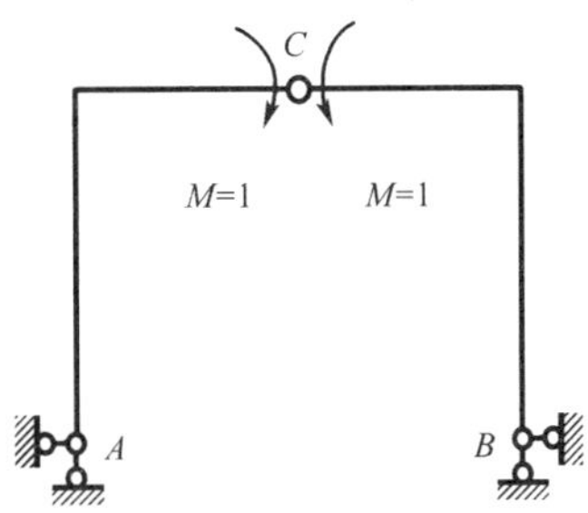
CB 杆的转角 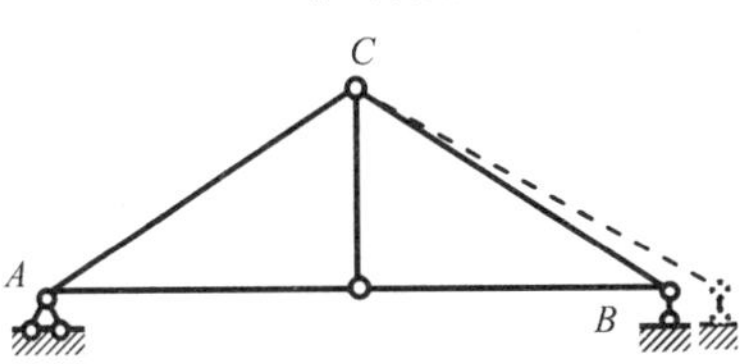	CB 杆上设一单位力偶 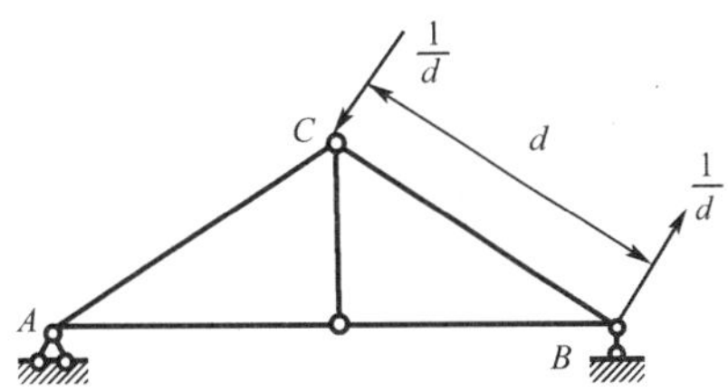

(3)既适用于弹性材料,也适用于非弹性材料。

(4)适用于荷载及各种其他因素(如温度变化、支座位移等)引起的位移计算。

(5)在实际问题中,除了线位移的计算外,也可以用来计算任何性质的位移(如角位移、相对位移等)。

前面介绍过,结构产生的各种位移,包括截面的线位移、角位移、相对线位移、相对角位移或者是一组位移等都可泛称为广义位移。与广义位移对应的广义力,可以是一个集中力、集中力偶或一对大小相等方向相反的力或力偶,也可以是一组力系。但要注意广义位移与广义力的对应关系,能够在某一组广义位移上做功的力系,才称为与这组广义位移对应的广义力。表 4-1 列举了几种典型的虚设状态,说明如何根据所求位移类型的不同,虚设相应的单位荷载。

已知结构实际状态的支座位移 c 和各微段的应变 ε、γ 和 κ,拟求结构某点的位移,计算步骤概括如下:

(1)根据广义位移的性质,沿拟求位移的方向虚设相应的单位荷载。

(2)根据平衡条件,计算单位虚荷载作用下结构的内力$\overline{F}_N$、$\overline{F}_S$、$\overline{M}$ 和支座反力 $\overline{R}$。

(3)根据不同的外界作用分析应变 ε、γ 和 κ。

(4)利用位移计算一般公式计算拟求的位移。

以下各节将分别讨论位移计算的一般公式在不同情况下的具体应用。

4.4 静定结构荷载作用下的位移计算

4.3 节所推导的结构位移计算一般公式(4-8)既适用于弹性材料也适用于非弹性材料。本书的研究范围仅限于线弹性结构,即计算结构在荷载作用下的位移时,可以应用叠加原理,而且当荷载全部撤除以后,位移也随之完全消失。

图 4-10(a)所示刚架,在荷载作用下发生如虚线所示变形,现欲求点 D 的竖向位移 Δ_{Dy}。为此,应用虚力原理,虚设一个力状态,即在点 D 上作用一与所求位移相应的单位竖向力(图 4-10(b)),由此单位荷载引起的结构内力为 $\overline{F}_N$ 、$\overline{F}_S$ 、$\overline{M}$ 。令此虚设状态的外力和内力在实际位移和变形上做虚功,虚功方程可表示为

$$1\cdot\Delta_{Dy}=\sum\int\overline{F}_N\mathrm{d}\lambda+\sum\int\overline{F}_S\mathrm{d}\eta+\sum\int\overline{M}\mathrm{d}\theta$$

由于结构的位移是由荷载引起的,没有支座移动,所以式(4-8)中的 $\sum\overline{R}c$ 一项为零。

如果在外荷载作用下,实际状态中微段上的内力为 F_{NP}、F_{SP} 和 M_P,根据材料力学的知识,线弹性结构微段上的各项变形可表示为

$$\mathrm{d}\lambda=\frac{F_{NP}}{EA}\mathrm{d}s\ ,\ \mathrm{d}\eta=\frac{kF_{SP}}{GA}\mathrm{d}s,\mathrm{d}\theta=\frac{M_P}{EI}\mathrm{d}s$$

式中,内力 F_{NP} 和 F_{SP} 采用了双下标,第一个下标表示的是内力的性质,即 N 为轴力,S 为剪力;第二个下标表示的是产生的原因,即 P 表示内力是由荷载引起的;k 是一个与截面形状有关的系数。则虚功方程可写成

$$1\cdot\Delta_{Dy}=\sum\int_s\overline{F}_N\cdot\frac{F_{NP}}{EA}\mathrm{d}s+\sum\int_s\overline{F}_S\cdot\frac{kF_{SP}}{GA}\mathrm{d}s+\sum\int_s\overline{M}\cdot\frac{M_P}{EI}\mathrm{d}s$$

于是得到荷载作用下位移计算的一般公式

$$\Delta=\sum\int\frac{\overline{F}_{N}F_{NP}}{EA}ds+\sum\int\frac{k\overline{F}_{S}F_{SP}}{GA}ds+\sum\int\frac{\overline{M}M_{P}}{EI}ds \tag{4-9}$$

式中：$\overline{F}_{N}$、$\overline{F}_{S}$、$\overline{M}$——单位虚荷载引起的轴力、剪力和弯矩；

F_{NP}、F_{SP}、M_{P}——实际荷载引起的轴力、剪力和弯矩。

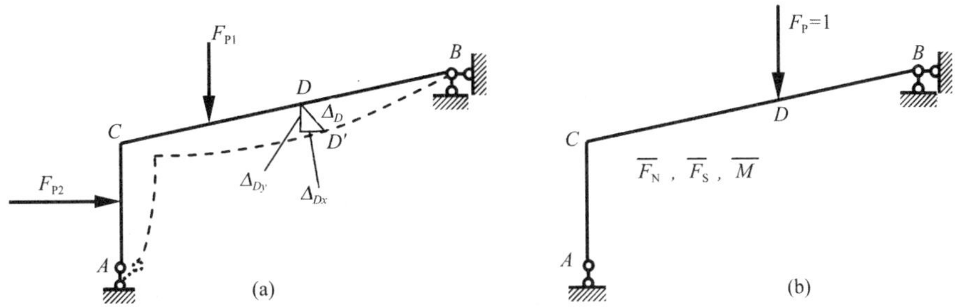

图 4-10

式(4-9)中实际荷载和单位虚荷载所引起的内力方向一致时，积分结果取正号，反之取负号。位移计算结果为正，说明实际位移方向与假设方向一致，反之方向相反。

对于不同的结构，式(4-9)右边三项所表示的三种变形的影响所占的比重是不相同的。

梁、刚架这类以弯曲变形为主的结构，由于轴力和剪力的影响较小，其位移计算公式可简化成

$$\Delta=\sum\int\frac{\overline{M}M_{P}}{EI}ds \tag{4-10}$$

桁架结构中，由于各杆内力只有轴力，各杆的轴力沿杆长通常为常数，如果各杆均为等截面直杆，位移计算公式可简化为

$$\Delta=\sum\int\frac{\overline{F}_{N}F_{NP}}{EA}ds=\sum\frac{\overline{F}_{N}F_{NP}l}{EA} \tag{4-11}$$

组合结构中既有梁式杆又有链杆，位移计算公式可以简化为

$$\Delta=\sum\int\frac{\overline{M}M_{P}}{EI}ds+\sum\frac{\overline{F}_{N}F_{NP}l}{EA} \tag{4-12}$$

对于拱结构和小曲率曲杆，通常只考虑弯曲变形的影响已够精确，即位移计算公式可表示为

$$\Delta=\sum\int\frac{\overline{M}M_{P}}{EI}ds \tag{4-13(a)}$$

而对于扁平拱，不仅要考虑弯曲变形的影响，还要考虑轴向变形的影响，位移计算公式为

$$\Delta=\sum\int\frac{\overline{M}M_{P}}{EI}ds+\sum\int\frac{\overline{F}_{N}F_{NP}}{EA}ds \tag{4-13(b)}$$

计算荷载作用下结构位移时，可以按照下列步骤进行：

(1)计算结构在实际荷载作用下的内力 F_{NP}、F_{SP} 和 M_P；

(2)沿拟求位移的方向虚设相应的单位荷载；

(3)计算结构在单位虚荷载作用下的内力 $\overline{F}_N$、$\overline{F}_S$ 和 $\overline{M}$；

(4)对于不同的结构,根据相应的位移计算公式进行位移计算。

现举例说明位移计算公式的应用。

【例 4-2】 如图 4-11 所示简支梁,已知弹性模量 E、剪切模量 G、截面惯性矩 I 和截面面积 A 均为常数。试求 C 点的竖向位移。(设梁的截面为矩形)

解 (1)先计算结构在实际荷载作用下的内力,如图 4-11(a)所示。取 A 点为坐标原点,写出弯矩方程和剪力方程分别为

$$M_P=\begin{cases}\dfrac{F_P}{2}x & (0\leqslant x\leqslant l/2)\\ \dfrac{F_P}{2}x-F_P(x-\dfrac{l}{2}) & (l/2<x\leqslant l)\end{cases},\quad F_{SP}=\begin{cases}\dfrac{F_P}{2} & (0<x<l/2)\\ -\dfrac{F_P}{2} & (l/2<x<l)\end{cases}$$

(2)求虚设单位荷载作用下结构的内力,如图 4-11(b)所示。弯矩方程和剪力方程为

$$\overline{M}=\begin{cases}\dfrac{x}{2} & (0\leqslant x\leqslant l/2)\\ \dfrac{l}{2}-\dfrac{x}{2} & (l/2<x\leqslant l)\end{cases},\quad \overline{F}_S=\begin{cases}\dfrac{1}{2} & (0<x<l/2)\\ -\dfrac{1}{2} & (l/2<x<l)\end{cases}$$

(3)弯曲变形引起的位移为

$$\begin{aligned}\Delta_{CM}&=\sum\int\frac{\overline{M}M_P}{EI}\mathrm{d}s\\&=\int_0^{l/2}\frac{\dfrac{x}{2}\cdot\dfrac{F_P}{2}x}{EI}\mathrm{d}x+\int_{l/2}^{l}\frac{(\dfrac{l}{2}-\dfrac{x}{2})\cdot[\dfrac{F_P}{2}x-F_P(x-\dfrac{l}{2})]}{EI}\mathrm{d}x\\&=\frac{F_Pl^3}{48EI}(\downarrow)\end{aligned}$$

(4)剪切变形引起的位移为(对于矩形截面,$k=1.2$)

$$\begin{aligned}\Delta_{CS}&=\sum\int\frac{k\overline{F}_SF_{SP}}{GA}\mathrm{d}s\\&=1.2\int_0^{l/2}\frac{\dfrac{1}{2}\cdot\dfrac{F_P}{2}}{GA}\mathrm{d}x+1.2\int_{l/2}^{l}\frac{(-\dfrac{1}{2})\cdot(-\dfrac{F_P}{2})}{GA}\mathrm{d}x\\&=0.3\frac{F_Pl}{GA}(\downarrow)\end{aligned}$$

(5)比较弯曲变形和剪切变形对位移的影响(假设梁截面为竖放的矩形,截面高度为 h)

$$\frac{\Delta_{CS}}{\Delta_{CM}}=\frac{0.3\dfrac{F_Pl}{GA}}{\dfrac{F_Pl^3}{48EI}}=1.2\frac{E}{G}\left(\frac{h}{l}\right)^2$$

设泊松比 $\nu=1/3$,根据材料力学中介绍的 E、G 和 ν 的关系式,$\dfrac{E}{G}=2(1+\nu)=\dfrac{8}{3}$,则 $\dfrac{\Delta_{CS}}{\Delta_{CM}}=3.2\left(\dfrac{h}{l}\right)^2$。

(6)讨论

对于高度 h 较小的浅梁,由于 $\dfrac{\Delta_{CS}}{\Delta_{CM}}$ 较小,可以忽略剪切变形对位移的影响,即 C 点处

的竖向位移为 $\Delta_C = \dfrac{F_P l^3}{48EI}$，方向向下。

对于高度 h 较大的深梁和高跨比 h/l 较大的短梁而言，由于 $\dfrac{\Delta_{CS}}{\Delta_{CM}}$ 较大，不能忽略剪切变形对位移的影响，即 C 点处的竖向位移为 $\Delta_C = \dfrac{F_P l^3}{48EI} + 0.3\dfrac{F_P l}{GA}$，方向向下。

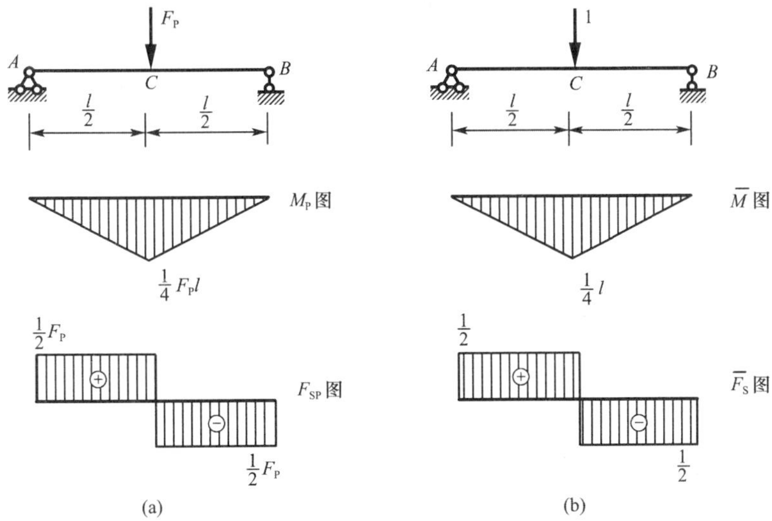

图 4-11

【例 4-3】 平面桁架如图 4-12(a)所示，已知各杆的弹性模量 E 和截面面积 A 均为常数。试求 B 点的竖向位移。

解　(1)计算桁架在实际荷载作用下各杆的内力，数值标于图 4-12(a)所示各杆上。

(2)在点 B 作用一竖直向下的虚设单位力，求此单位荷载引起的各杆轴力 $\overline{F}_N$，如图 4-12(b)所示。

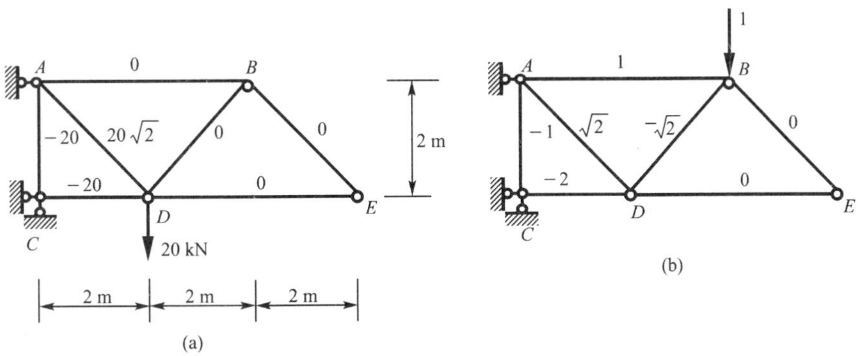

图 4-12

(3)应用桁架位移计算公式(4-11)，得

$$\Delta_B = \sum \frac{\overline{F}_N F_{NP} l}{EA}$$

$$= [(-20)\times(-1)\times 2 + 20\sqrt{2}\times\sqrt{2}\times 2\sqrt{2} + (-20)\times(-2)\times 2]\times\frac{10^3}{EA}$$

$$= \frac{(120+80\sqrt{2})\times 10^3}{EA}\text{m}(\downarrow)$$

【例 4-4】 图 4-13(a)所示为一 1/4 圆弧形等截面曲杆，受集中荷载 F_P 作用，设材料弹性常数和截面性质 E、G、A 和 I 均已知，不考虑曲率的影响。试求截面 B 的竖向及水平向位移 Δ_{By} 和 Δ_{Bx}。

解 (1)在实际荷载作用下，与 OB 成 α 角的任意 C 截面的内力方程为

$$M_P=-F_PR\sin\alpha, F_{SP}=F_P\cos\alpha, F_{NP}=-F_P\sin\alpha$$

(2)在 B 点虚设一竖向单位力(如图 4-13(b)所示)，该单位虚荷载作用下，C 截面的内力方程为

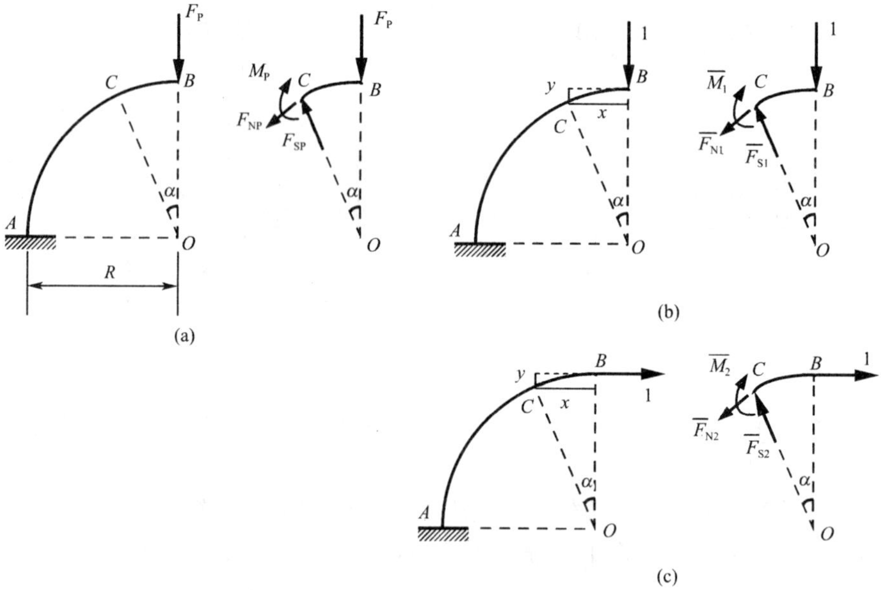

图 4-13

$$\overline{M}_1=-R\sin\alpha, \overline{F}_{S1}=\cos\alpha, \overline{F}_{N1}=-\sin\alpha$$

在 B 点虚设一水平向单位力(如图 4-13(c)所示)，该单位虚荷载作用下，C 截面的内力方程为

$$\overline{M}_2=-R(1-\cos\alpha), \overline{F}_{S2}=\sin\alpha, \overline{F}_{N2}=\cos\alpha$$

(3)当曲杆的曲率不大时，可以近似采用直杆的位移计算公式(4-9)，为积分方便，化成极坐标表示 $ds=Rd\alpha$，则

$$\begin{aligned}
\Delta_{By} &= \int\frac{\overline{F}_{N1}F_{NP}}{EA}ds+\int\frac{k\overline{F}_{S1}F_{SP}}{GA}ds+\int\frac{\overline{M}_1M_P}{EI}ds \\
&= \int\frac{(-\sin\alpha)(-F_P\sin\alpha)}{EA}ds+\int\frac{k\cos\alpha\cdot F_P\cos\alpha}{GA}ds+\int\frac{(-R\sin\alpha)(-F_PR\sin\alpha)}{EI}ds \\
&= \int_0^{90^\circ}\frac{F_PR}{EA}\sin^2\alpha d\alpha+\int_0^{90^\circ}\frac{kF_PR}{GA}\cos^2\alpha d\alpha+\int_0^{90^\circ}\frac{F_PR^3}{EI}\sin^2\alpha d\alpha \\
&= \frac{\pi}{4}\frac{F_PR}{EA}+\frac{\pi}{4}\frac{kF_PR}{GA}+\frac{\pi}{4}\frac{F_PR^3}{EI}
\end{aligned}$$

计算结果为正，表示 B 点竖向位移方向与所加的单位虚荷载方向相同。

同理，

$$\begin{aligned}\Delta_{Bx} &= \int \frac{\overline{F}_{N2}F_{NP}}{EA}ds + \int \frac{k\overline{F}_{S2}F_{SP}}{GA}ds + \int \frac{\overline{M}_2 M_P}{EI}ds \\ &= \int \frac{\cos\alpha(-F_P\sin\alpha)}{EA}ds + \int \frac{k\sin\alpha \cdot F_P\cos\alpha}{GA}ds + \int \frac{-R(1-\cos\alpha)(-F_P R\sin\alpha)}{EI}ds \\ &= -\int_0^{90^\circ} \frac{F_P R}{EA}\sin\alpha\cos\alpha d\alpha + \int_0^{90^\circ} \frac{kF_P R}{GA}\cos\alpha\sin\alpha d\alpha + \int_0^{90^\circ} \frac{F_P R^3}{EI}\sin\alpha(1-\cos\alpha)d\alpha \\ &= -\frac{F_P R}{2EA} + \frac{kF_P R}{2GA} + \frac{F_P R^3}{2EI}\end{aligned}$$

(4)讨论

如果曲杆为矩形截面，宽和高分别为 b 和 h，材料弹性常数之间的关系为$G=0.4E$，则

$$\Delta_{By} = \frac{\pi F_P R}{4}\left(\frac{1}{EA} + \frac{k}{GA} + \frac{R^2}{EI}\right) = \frac{\pi F_P R^3}{4EI}\left[1 + \frac{1}{3}\left(\frac{h}{R}\right)^2\right]$$

当曲杆的截面厚度 h 远小于曲杆半径 R 时(小曲率杆)，弯曲变形对位移的影响是主要的，可忽略轴力和剪力的影响，即可只计算弯曲变形一项引起的位移

$$\Delta_{By} = \frac{\pi F_P R^3}{4EI},\ \Delta_{Bx} = \frac{F_P R^3}{2EI}$$

4.5 图乘法

在应用式(4-10)计算梁或刚架结构的位移时，需要先写出 $\overline{M}$ 和 M_P方程式，以便进行下面的积分运算

$$\Delta = \sum\int \frac{\overline{M}M_P}{EI}ds$$

由于积分运算的计算过程比较麻烦，本节介绍一种图乘法来代替积分计算，在一定的条件下，图乘法算得的结果即积分的数值解，也是精确解。

4.5.1 图乘法原理及应用条件

图 4-14 所示为一等截面直杆 AB 段的 M_P和 $\overline{M}$ 弯矩图，其中，弯矩图 $\overline{M}$ 是直线图形，M_P图为任意形状。设该杆 AB 段的截面抗弯刚度 EI 为一常量，在图示坐标系下，积分式可写为

$$\begin{aligned}\int \frac{\overline{M}M_P}{EI}ds &= \frac{1}{EI}\int \overline{M}(x)M_P(x)dx \\ &= \frac{1}{EI}\int_{x_A}^{x_B} x\tan\alpha M_P(x)dx\end{aligned}$$

其中，$M_P(x)dx$ 表示 M_P图的微分面积(图 4-14 中阴影部分)，$xM_P(x)dx$ 表示这个微分面积对 y 轴的面积矩。因此，

$$\int_{x_A}^{x_B} xM_P(x)dx = Ax_C$$

$$\int \frac{\overline{M}M_P}{EI}ds = \frac{1}{EI}\int_{x_A}^{x_B} x\tan\alpha M_P(x)dx = \frac{\tan\alpha x_C A}{EI} = \frac{1}{EI}Ay_C \tag{4-14}$$

式中：A——弯矩图 M_P 在 x_A 和 x_B 范围内的面积；

α——直线的倾角；

x_C——弯矩图 M_P 面积的形心到 y 轴的距离；

y_C——M_P 图的形心对应 $\overline{M}$ 图的竖标。

此结论可以推广到其他内力的积分计算。式(4-14)把复杂的积分运算变成简单的求图形的面积和形心的问题，称为图乘法。

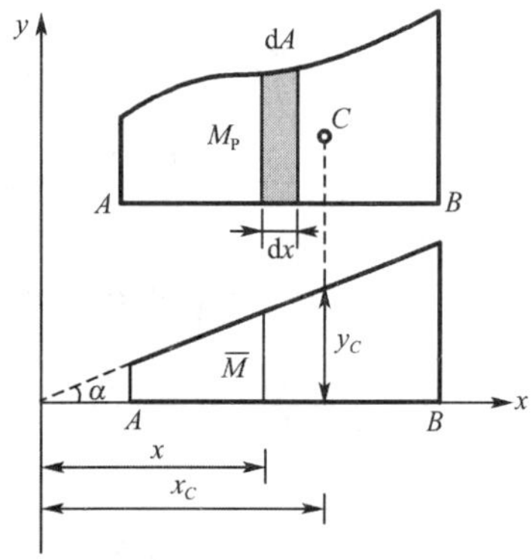

图 4-14

图乘法计算位移的前提条件为

(1)杆段为等截面的直杆；

(2)各杆段截面物理参数 EI、EA 和 GA 是常量；

(3)被积函数中至少有一个是直线图形。

利用图乘法求位移时应注意以下几个问题：

(1)公式中的形心竖标 y_C 应取自直线图形中；

(2)正负号的规定：面积 A 与竖标 y_C 的标距位于杆件同侧时(即内力图位于基线同侧)，Ay_C 取正号；反之为负。

4.5.2 图形面积和形心位置的确定

图 4-15 所示为几种常见的简单图形的面积公式和形心位置。图示各抛物线图形中，顶点是指该处切线平行于基线，这种图形称为抛物线标准图形，图中各相关公式只适用于标准抛物线。

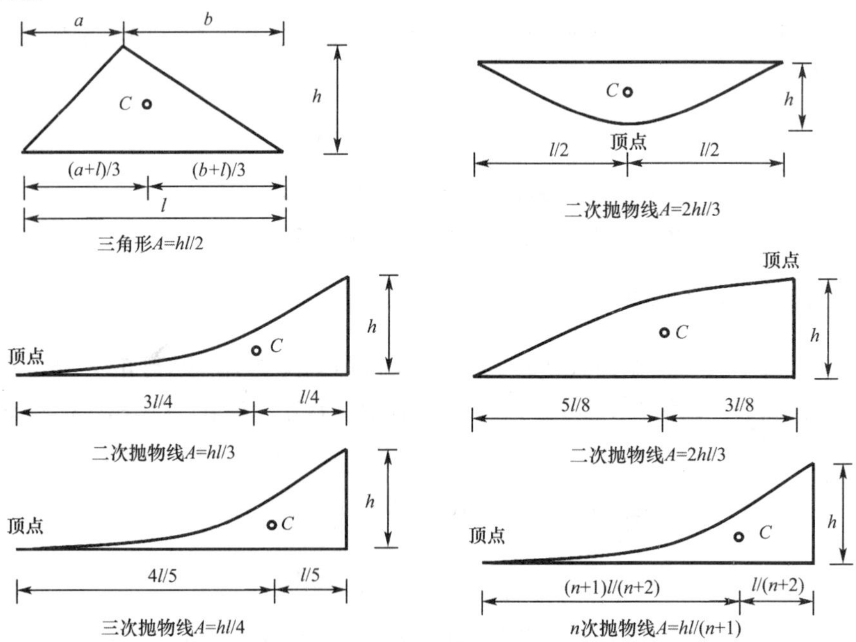

图 4-15

当图形的面积或者形心位置不能直接确定时，可以将其分解为几个简单的常见图形，分别利用图乘法进行计算，再进行叠加。

1. 折线图形

如果应用图乘法的两个内力图，一个是曲线图形，另一个是由几段直线组成的折线图形(图 4-16 所示)，应该根据叠加原理分段进行计算。根据公式(4-14)，则

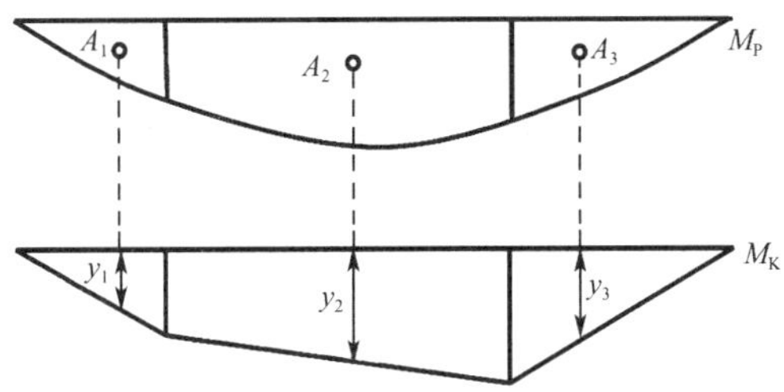

图 4-16

$$\int \frac{M_K M_P}{EI} dx = \frac{1}{EI}(A_1 y_1 + A_2 y_2 + A_3 y_3)$$

2. 梯形

当两个梯形内力图位于基准线同侧(如图 4-17(a)所示)，进行图乘时，可以先将其中的一个内力图分解为两个三角形(或者一个矩形和一个三角形)，再计算相应的形心对应的另一个直线图形中的竖标值，因此

$$\int \frac{M_K M_P}{EI} dx = \frac{1}{EI}(A_1 y_1 + A_2 y_2)$$

式中，$A_1 = \frac{1}{2}al$ ，$A_2 = \frac{1}{2}bl$ ，$y_1 = \frac{1}{3}(2c + d)$ ，$y_2 = \frac{1}{3}(c + 2d)$ 。

同理，当两个梯形内力图的竖标不在基准线同侧(如图 4-17(b)所示)，则

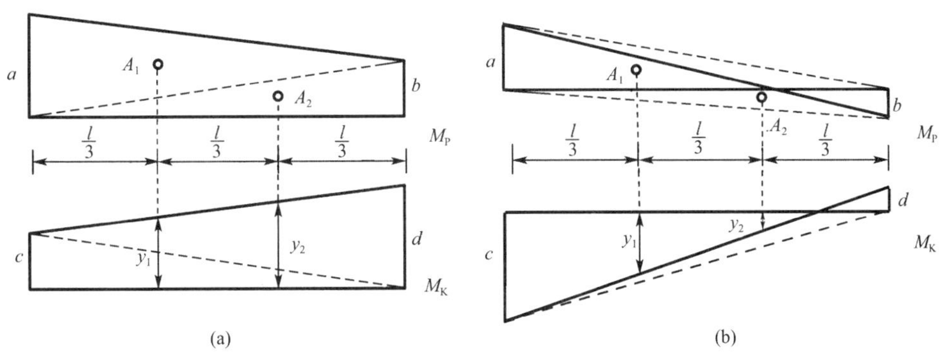

图 4-17

$$\int \frac{M_K M_P}{EI} dx = \frac{1}{EI}(-A_1 y_1 + A_2 y_2)$$

式中，$A_1 = \frac{1}{2}al$ ，$A_2 = \frac{1}{2}bl$ ，$y_1 = \frac{1}{3}(2c - d)$ ，$y_2 = \frac{1}{3}(c - 2d)$ ；$A_1 y_1$ 由于位于基准线两侧，所以乘积取负号。

对于其他情况的梯形内力图运用图乘法的计算，读者可以试着练习自行推导。

3. 非标准抛物线

例如，一个受均布荷载和端部力偶共同作用的简支梁，其弯矩图是非标准抛物线（如图 4-18 所示），需要先对该内力图进行分解，分解成一个直线图形和一个标准抛物线图形。

图 4-19 所示悬臂梁，在荷载作用下的弯矩图也是非标准抛物线，在运用图乘法时，可以将其分解为一个三角形和一个标准抛物线图形（图 4-19(a)或 4-19(b)）。

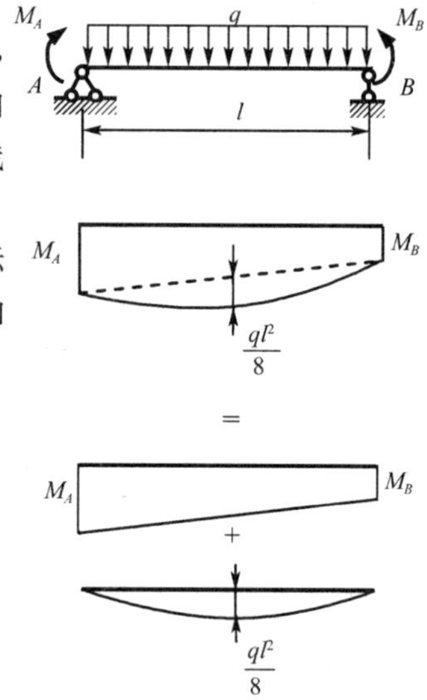

图 4-18

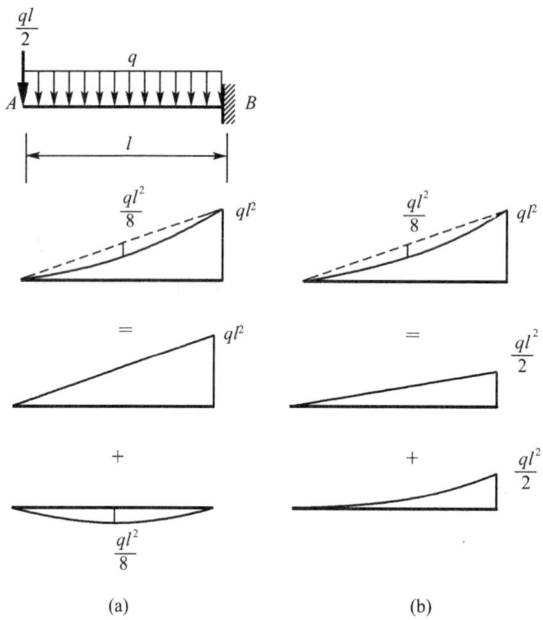

图 4-19

【例 4-5】 一简支梁如图 4-20(a)所示，EI 为常量。试求在均布荷载作用下，跨中 C 点的竖向位移 Δ_C 和右端 B 截面的转角 θ_B。

解 (1)首先作出荷载作用下梁的弯矩图 M_P，如图4-20(b)所示。

(2)在点 C 虚设一竖向单位力，作该单位虚荷载作用下梁的弯矩图 $\overline{M}_1$，如图 4-20(c)所示。运用图乘法进行位移计算

$$\Delta_C=\sum\frac{Ay_C}{EI}=\frac{1}{EI}\left(\frac{2}{3}\times\frac{ql^2}{8}\times\frac{l}{2}\times\frac{5}{8}\times\frac{l}{4}\right)\times 2=\frac{5ql^4}{384EI}(\downarrow)$$

计算结果为正，表示位移的方向与所假定的单位力的方向一致。

(3)再在点 B 虚设一单位力偶，作该单位虚荷载作用下梁的弯矩图 $\overline{M}_2$，如图4-20(d)所示。运用图乘法进行位移计算

$$\theta_B=\frac{1}{EI}\left(\frac{2}{3}\cdot\frac{ql^2}{8}\cdot l\right)\times\frac{1}{2}=\frac{ql^3}{24EI}$$

计算结果为正，表示位移 θ_B 的转向与所假定的单位力偶的转向一致。

计算 Δ_C 时，由于 $\overline{M}_1$ 图是折线，所以分段图乘；计算 θ_B 时，$\overline{M}_2$ 图是一条直线，所以不必分段图乘。

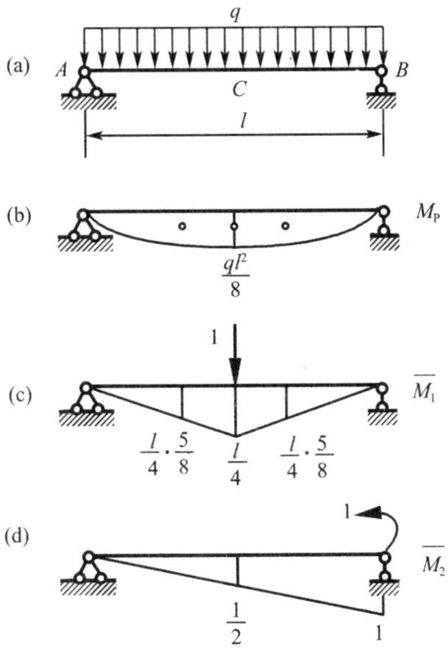

图 4-20

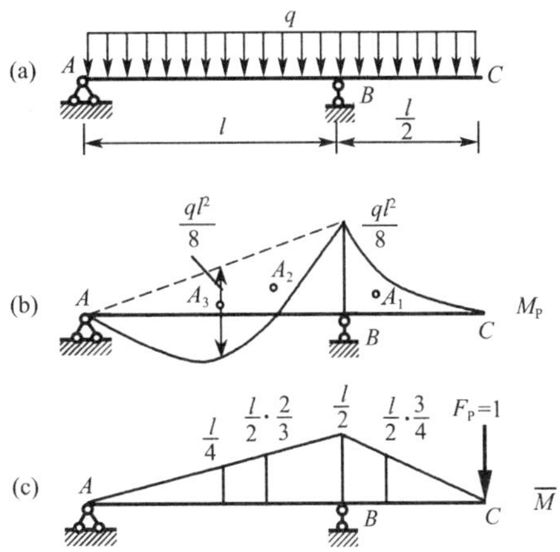

图 4-21

【例 4-6】 一外伸梁如图 4-21(a)所示，EI 为常量。试求 C 点的竖向位移。

解 (1)作荷载作用下梁的弯矩图 M_P(图 4-21(b)所示)。

(2)在点 C 虚设一竖向单位力，并作单位虚荷载作用下梁的弯矩图 $\overline{M}$(如图 4-21(c)所示)。

(3)用图乘法进行位移计算。M_P图的面积分为 A_1、A_2 和 A_3，分别为

$$A_1 = \frac{1}{3} \times \frac{l}{2} \times \frac{ql^2}{8}, A_2 = \frac{1}{2} \times l \times \frac{ql^2}{8}, A_3 = \frac{2}{3} \times l \times \frac{ql^2}{8}$$

$\overline{M}$ 图中相应的各竖标值分别为

$$y_1 = \frac{l}{2} \cdot \frac{3}{4}, y_2 = \frac{l}{2} \cdot \frac{2}{3}, y_3 = \frac{l}{2} \cdot \frac{1}{2}$$

$$\Delta_C = \sum \frac{Ay_C}{EI} = \frac{1}{EI}(A_1 y_1 + A_2 y_2 - A_3 y_3)$$

$$= \frac{ql^4}{128EI}(\downarrow)$$

【例 4-7】 试求图 4-22(a)所示刚架 C 截面处的转角。

解 (1)作出荷载作用下刚架的弯矩图 M_P(图 4-22(b)所示)。

(2)再在点 C 虚设一顺时针单位力偶，该单位虚荷载作用下刚架的弯矩图 $\overline{M}$(如图 4-22(c)所示)。

(3)用图乘法进行位移计算

$$\theta_C = \sum \frac{Ay_C}{EI} = \frac{\frac{1}{2} \times F_P l^2 \times 1}{0.5EI} + \frac{1 \times l \times \frac{3}{2} F_P l}{EI} = \frac{5F_P l^2}{2EI}(\curvearrowright)$$

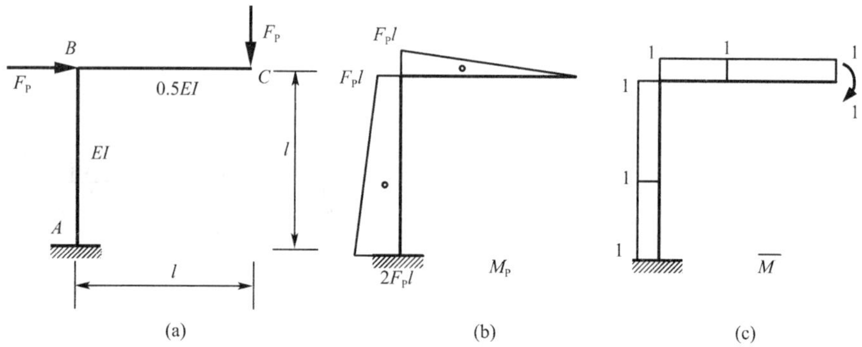

图 4-22

【例 4-8】 一刚架如图 4-23(a)所示,已知梁和柱的 E 相同,横梁的截面惯性矩为 $2I$、柱为 I。试求结点 B 的水平位移。

解 (1)先求荷载作用下刚架的支座反力(可以只求出支座 A 的水平反力),然后绘制相应的弯矩图 M_P(图 4-23(b)所示)。

(2)在点 B 虚设一水平单位力,求解该单位虚荷载作用下刚架的支座反力,然后绘制弯矩图 $\overline{M}$(图 4-23(c)所示)。

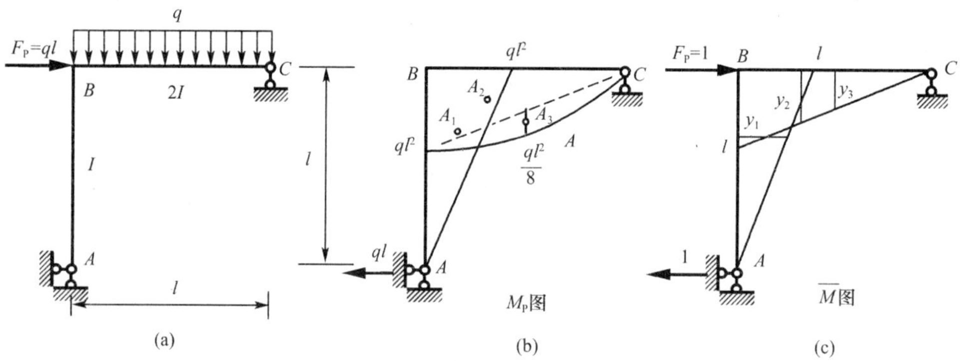

图 4-23

(3)运用图乘法进行位移计算,M_P 图的面积分为 A_1、A_2 和 A_3,分别为

$$A_1=\frac{1}{2}\times ql^2\times l=\frac{ql^3}{2},\ A_2=\frac{1}{2}\times ql^2\times l=\frac{ql^3}{2},\ A_3=\frac{2}{3}\times\frac{ql^2}{8}\times l=\frac{ql^3}{12}$$

$\overline{M}$ 图相应的各竖标值分别为

$$y_1=\frac{2l}{3},y_2=\frac{2l}{3},y_3=\frac{l}{2}$$

因此,结点 B 的水平位移为

$$\Delta_B=\sum\frac{Ay_C}{EI}=\frac{A_1y_1}{EI}+\frac{A_2y_2+A_3y_3}{2EI}=\frac{25ql^4}{48EI}(\rightarrow)$$

【例 4-9】 图 4-24(a)所示组合结构,已知 AB 杆及 BC 杆的刚度为 EI,DE 杆为 EA,试求点 C 的竖向位移。

解 图示结构中,AB 和 BC 为梁式杆,DE 为链杆。

(1)绘制 AB 和 BC 杆在荷载作用下的弯矩图,求 DE 杆在荷载作用下的轴力,如图 4-24(b)所示。

(2)在 C 点虚设一竖向单位力,作梁式杆的弯矩图,求解链杆的轴力,如图 4-24(c)所示。

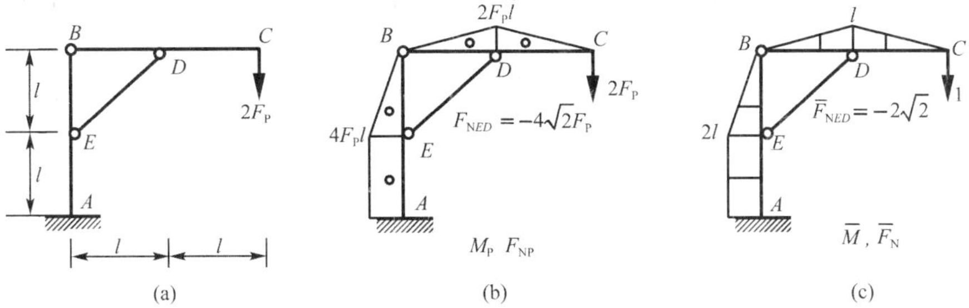

图 4-24

(3)DE 杆只有轴力,而梁式杆 AB 和 BC 既有弯矩又有轴力,忽略梁式杆轴力对位移的影响,即在组合结构中,分别考虑链杆中轴力的影响和梁式杆中弯矩的影响。利用图乘法,按照公式(4-12)可得

$$\begin{aligned}\Delta_C &= \sum\int\frac{\overline{M}M_P}{EI}ds+\frac{\overline{F}_N F_{NP}l}{EA}\\&=\frac{1}{EI}\left(2\times\frac{1}{2}\times l\times 2F_P l\times\frac{2}{3}\times l+\frac{1}{2}\times 4F_P l\times l\times\frac{2}{3}\times 2l+4F_P l\times l\times 2l\right)+\\&\quad\frac{1}{EA}[(-4\sqrt{2}F_P)\times\sqrt{2}l\times(-2\sqrt{2})]\\&=\frac{12F_P l^3}{EI}+\frac{16\sqrt{2}F_P l}{EA}\end{aligned}$$

4.6　静定结构非荷载因素作用时位移计算

在温度变化、支座移动等因素的影响下,静定结构虽然不产生内力,但是会产生变形和位移。当静定结构发生温度变化时,材料的自由膨胀和收缩会造成结构变形,从而引起各截面产生位移。静定结构的支座发生移动时,结构杆件虽然不发生变形,但是会发生刚体位移,从而直接引起结构截面位移。下面对这两种非荷载因素所引起的静定结构位移计算分别进行讨论。

4.6.1　温度变化引起的位移计算

位移计算的一般公式(4-8)不仅适用于荷载作用,也适用于各种其他因素(如温度变化、支座位移等)引起的位移计算。当结构只受温度变化时,根据公式(4-8),没有支座移动的影响,即

$$\sum\overline{R}c=0$$

因此,位移计算公式可以写为

$$\Delta = \sum\int \overline{F}_{N}\varepsilon_{t}ds + \sum\int \overline{F}_{S}\gamma_{t}ds + \sum\int \overline{M}\kappa_{t}ds \tag{a}$$

式中，ε_t、γ_t和κ_t分别表示由于温度变化所引起的轴向应变、剪切应变和弯曲应变。求解位移的关键点是求出温度变化引起杆件的变形。

如图 4-25(a)所示一刚架，外侧温度升高 t_1，内侧温度升高 t_2。为便于计算，假定每根杆所受温度是均匀的，即沿杆长方向一侧各截面的温度是相同的；温度沿截面高度 h 是按直线变化的，即在发生变形后，截面仍保持为平面。

现取矩形截面杆件中任一微段 ds，研究其由于温度变化所产生的变形，如图 4-25(b)所示。根据刚架内外温度情况可知，杆件上、下边缘的温差 Δt 为

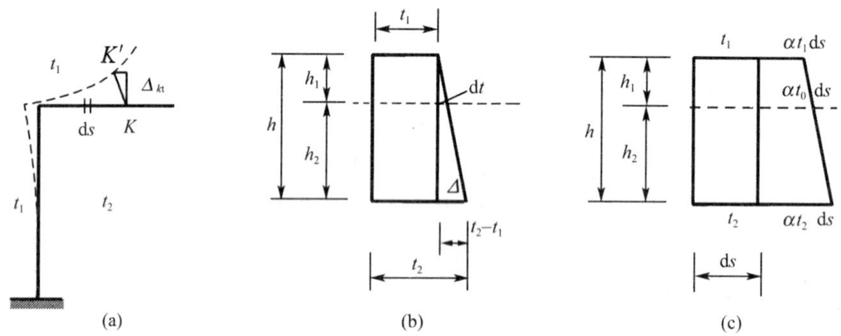

图 4-25

$$\Delta t = t_2 - t_1$$

轴线处温度改变量 t_0 为

$$t_0 = t_1 + dt = t_1 + \frac{h_1}{h}(t_2 - t_1) = \frac{t_2 h_1 + t_1 h_2}{h}$$

当杆件截面对称于形心轴时，$h_1 = h_2 = \frac{1}{2}h$，则

$$t_0 = \frac{t_2 + t_1}{2}$$

微段上、下边缘处纤维伸长分别为 $\alpha t_1 ds$ 和 $\alpha t_2 ds$（α 为材料的线膨胀系数），杆轴线处的轴向变形为

$$d\lambda_0 = \alpha t_0 ds$$

因此，温度变化引起的轴向应变为

$$\varepsilon_t = \frac{d\lambda_0}{ds} = \alpha t_0 \tag{b}$$

温度变化引起的截面转角 $d\theta$，由图 4-25(c)可知

$$d\theta = \frac{\alpha t_2 ds - \alpha t_1 ds}{h} = \frac{\alpha \cdot \Delta t}{h}ds$$

温度变化引起的弯曲应变为

$$\kappa_t = \frac{d\theta}{ds} = \frac{\alpha \cdot \Delta t}{h} \tag{c}$$

由于假定温度沿杆长均匀分布，只有轴向变形，并不引起剪切变形，即剪切应变为

$$\gamma_t = 0 \tag{d}$$

将以上温度变化所引起三种应变(b)、(c)和(d)式代入式(a)，得

$$\begin{aligned}\Delta &= \sum\int \overline{F}_{\mathrm{N}}\cdot \alpha t_0 \cdot \mathrm{d}s + \sum\int \overline{F}_{\mathrm{S}}\cdot 0\cdot \mathrm{d}s + \sum\int \overline{M}\cdot \frac{\alpha\cdot\Delta t}{h}\mathrm{d}s \\ &= \sum\int \overline{F}_{\mathrm{N}}\alpha t_0 \mathrm{d}s + \sum\int \overline{M}\frac{\alpha\Delta t}{h}\mathrm{d}s \qquad (4\text{-}15(\mathrm{a}))\end{aligned}$$

如果温度沿杆长不变，则

$$\Delta = \sum \alpha t_0 \int \overline{F}_{\mathrm{N}}\mathrm{d}s + \sum \frac{\alpha\Delta t}{h}\int \overline{M}\mathrm{d}s \qquad (4\text{-}15(\mathrm{b}))$$

对于等截面直杆，则

$$\Delta = \sum \frac{\alpha\Delta t}{h}A_{\overline{\mathrm{M}}} + \sum \alpha t_0 A_{\overline{\mathrm{N}}} \qquad (4\text{-}15(\mathrm{c}))$$

式(4-15)即为温度变化时的位移计算公式。

式中，$\sum$ 是对结构中各杆求和；$\int$ 是对每根杆件沿杆长的积分；$A_{\overline{\mathrm{M}}}=\int \overline{M}\mathrm{d}s$，为弯矩图 $\overline{M}$ 的面积；$A_{\overline{\mathrm{N}}}=\int \overline{F}_{\mathrm{N}}\mathrm{d}s$，为轴力图 $\overline{F}_{\mathrm{N}}$ 的面积。公式(4-15)中各项的正负号规定如下：温度变化以升高为正，降低为负；轴力 $\overline{F}_{\mathrm{N}}$ 以拉力为正，压力为负，相应的轴力图面积 $A_{\overline{\mathrm{N}}}$ 正负号同轴力符号；当弯矩 $\overline{M}$ 和温差 Δt 使得杆件弯曲同侧受拉时，相应杆段的 $\Delta t\cdot A_{\overline{\mathrm{M}}}$ 一项取为正号，反之为负。

对于梁和刚架，温度变化所引起的轴向变形的影响不能忽略，需要按公式(4-15)进行结构位移计算。

对于桁架，温度变化引起的位移计算公式可以简化为

$$\Delta = \sum \alpha t_0 A_{\overline{\mathrm{N}}} = \sum \alpha t_0 \overline{F}_{\mathrm{N}} l \qquad (4\text{-}16)$$

【例 4-10】　如图 4-26(a)所示三铰刚架，试求冬季当外侧温度为 −10 ℃，室内温度为 20 ℃时，C 点的竖向位移。已知各杆均为矩形截面，截面高 $h=0.5$ m，$\alpha=1\times10^{-5}$ ℃$^{-1}$，$l=4$ m。

解　(1)在 C 点作用一竖向单位力，并绘制在此单位虚荷载作用下的弯矩图 $\overline{M}$ 和轴力图 $\overline{F}_{\mathrm{N}}$(如图 4-26(b)、(c)所示)。

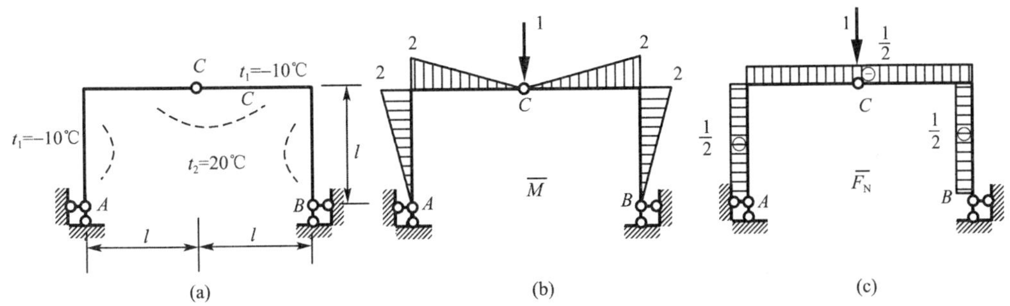

图 4-26

(2)各杆轴线处的温度升高值为

$$t_0 = \frac{t_2+t_1}{2} = \frac{20\ ℃ + (-10\ ℃)}{2} = 5\ ℃$$

上、下(左、右)边缘的温度差为

$$\Delta t = t_2 - t_1 = 20\ ℃ - (-10\ ℃) = 30\ ℃$$

(3)根据公式(4-15)计算位移。在图 4-26(a)上用虚线画出各杆因温度变化而弯曲的大致形状,根据图 4-26(b)所示弯矩图,可以判断各杆在单位虚荷载作用下弯矩图的受拉边与温度引起的纤维伸长是在异侧的,可得

$$\begin{aligned}\Delta &= \sum \frac{\alpha\Delta t}{h}A_{\overline{M}} + \sum \alpha t_0 A_{\overline{N}} \\ &= -\frac{1\times10^{-5}\times30}{0.5}\times\left(2\times4\times\frac{1}{2}\times4\right) + 1\times10^{-5}\times5\times\left(-\frac{1}{2}\times4\times4\right) \\ &= 10^{-5}\times(-960-40) = -0.01\ \mathrm{m}(\uparrow)\end{aligned}$$

4.6.2 支座移动引起的位移计算

由于支座移动并不会引起静定结构产生内力,各杆件只产生刚体位移,因而,这种情况下求结构某点的位移是一个单纯的几何问题。前面介绍过虚力原理求解这类几何问题,如图 4-6(a)所示刚架求 C 点的竖向位移时,由虚功原理可得

$$1\cdot\Delta + \sum \overline{R}c = 0$$

$$\Delta = -\sum \overline{R}c \tag{4-17}$$

上式即为静定结构在支座移动时的位移计算公式。式中,$\overline{R}$ 为单位虚荷载所引起的支座反力;c 是与支反力 $\overline{R}$ 相应的已知的支座位移。这里需要注意的是,当 $\overline{R}$ 与已知的支座位移 c 方向一致时,$\overline{R}c$ 的乘积取为正号,反之为负;公式右边项求和符号前面的负号是公式本身的。

【例 4-11】 刚架的支座 A 发生如图 4-27(a)所示的转动和移动,试求 B 点的水平位移 Δ_{BH} 和竖直位移 Δ_{BV}。

解 (1)在 B 点施加水平方向单位虚荷载 $F_P=1$,求出其引起的支座反力(如图 4-27(b)所示)。

(2)在 B 点施加竖向单位虚荷载 $F_P=1$,求出其引起的支座反力(如图 4-27(c)所示)。

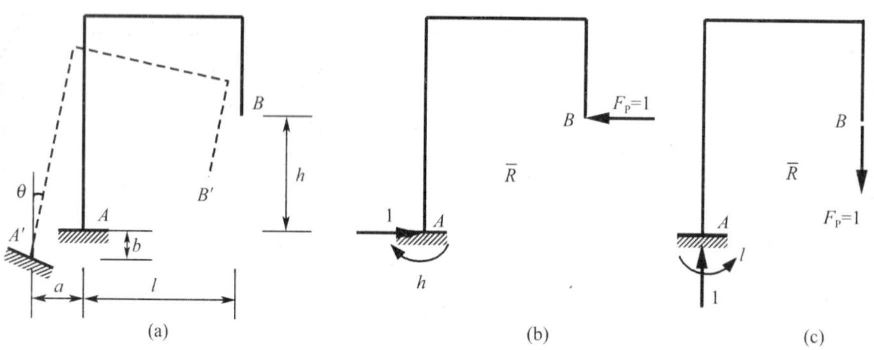

图 4-27

(3)代入式(4-17)计算支座移动引起的位移,得

$$\Delta_{BH}=-\sum \overline{R}c=-(-1\cdot a+h\cdot\theta)=a-h\theta$$

$$\Delta_{BV}=-\sum \overline{R}c=-(-1\cdot b-l\cdot\theta)=b+l\theta$$

计算结果为正值，表示 B 点的位移与所假定的单位虚荷载的方向相同。

4.7　线弹性体系的互等定理

本节介绍线弹性体系的四个互等定理：功的互等定理、位移互等定理、反力互等定理和反力与位移互等定理。互等定理由变形体的虚功原理得到，只适用于线弹性阶段的小变形，给出了弹性体系中的一些基本关系，是结构力学中的普遍定理，对于超静定结构的计算有重要的意义。

4.7.1　功的互等定理

一符合线弹性体系要求的结构上分别承受 $F_P{}'$ 和 $F_P{}''$ 两组荷载(如图 4-28(a)和(b)所示)，分别称为结构第一状态和第二状态。第一状态的外力用 $F_P{}'$ 表示，相应的内力为 $F_N{}'$、$F_S{}'$ 和 M'，位移为 Δ'，变形用 ε'、γ' 和 κ' 表示；第二状态的外力、内力、位移及变形分别用 $F_P{}''$、$F_N{}''$、$F_S{}''$、M''、Δ''、ε''、γ'' 和 κ'' 表示。

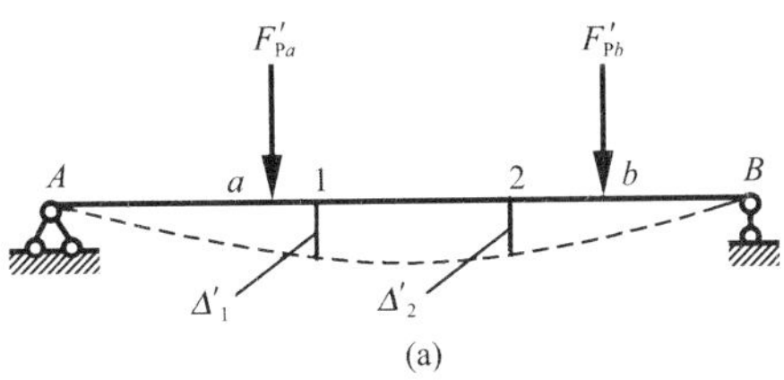

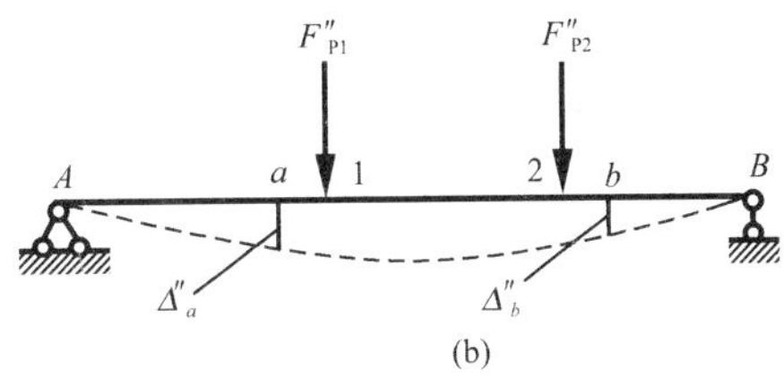

图 4-28

第一状态的外力在第二状态相应的位移上所做的外力虚功为 W_{e12}，第一状态的内力在第二状态相应的变形上所做的内力虚功为 W_{i12}，可以分别表示为

$$W_{e12}=F'_{Pa}\Delta''_a+F'_{Pb}\Delta''_b=\sum F'_P\Delta''$$

$$\begin{aligned}W_{i12}&=\sum\int F'_N\varepsilon''\mathrm{d}s+\sum\int F'_S\gamma''\mathrm{d}s+\sum\int M'\kappa''\mathrm{d}s\\&=\sum\int\frac{F'_NF''_N}{EA}\mathrm{d}s+\sum\int\frac{kF'_SF''_S}{GA}\mathrm{d}s+\sum\int\frac{M'M''}{EI}\mathrm{d}s\end{aligned}$$

式中的虚功用两个下标表示，第一个下标表示受力状态，第二个下标表示位移和变形状态。

由虚功原理可知

$$W_{e12}=W_{i12}$$

即

$$\sum F_P{}'\Delta''=\sum\int\frac{F'_NF''_N}{EA}\mathrm{d}s+\sum\int\frac{kF'_SF''_S}{GA}\mathrm{d}s+\sum\int\frac{M'M''}{EI}\mathrm{d}s \tag{a}$$

同理，第二状态的外力和内力在第一状态相应的位移和变形上所做的外力虚功 W_{e21}

和内力虚功 W_{i21} 相等，即虚功方程可以表示为

$$\sum F''_{P}\Delta' = \sum\int \frac{F''_{N}F'_{N}}{EA}ds + \sum\int \frac{kF''_{S}F'_{S}}{GA}ds + \sum\int \frac{M''M'}{EI}ds \tag{b}$$

根据式(a)和(b)可得

$$\sum F'_{P}\Delta'' = \sum F''_{P}\Delta'$$

即

$$W_{e12} = W_{e21}$$

通常表示为

$$W_{12} = W_{21} \tag{4-18}$$

上式表明，在任一线弹性变形体系中，第一状态的外力在第二状态的位移上所做的虚功 W_{12} 恒等于第二状态的外力在第一状态的位移上所做的虚功 W_{21}，称之为功的互等定理。功的互等定理是基本定理，其他三个互等定理是应用功的互等定理得到的特殊情况。

4.7.2 位移互等定理

下面考虑功的互等定理的一个特殊情况。如图 4-29 所示的同一线弹性体系的两种状态中，结构上分别只受一个荷载 F_{P1} 和 F_{P2} 作用，由功的互等定理可知

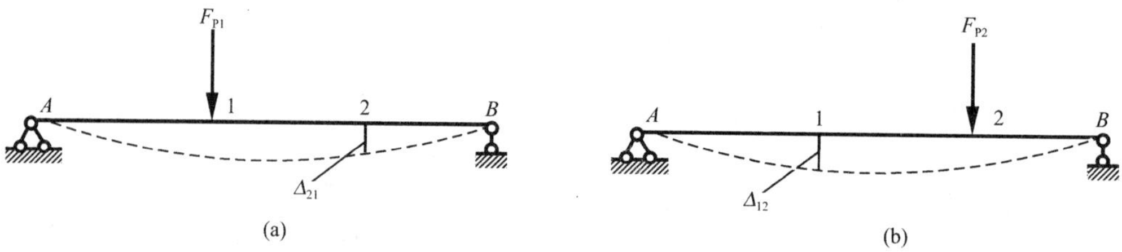

图 4-29

$$F_{P1}\Delta_{12} = F_{P2}\Delta_{21} \tag{c}$$

式中，位移的下标包括两个数字，第一个下标表示位移产生的位置，第二个下标表示引起的原因，即 Δ_{ij} 表示由 F_{Pj} 引起的 i 点的位移。这种双下标的含义同样用于后面支座反力的表示。

当 $F_{P1}=1$，$F_{P2}=1$ 时，用 δ_{12} 和 δ_{21} 分别表示与单位力 F_{P1} 和 F_{P2} 相应的位移，称为位移影响系数或柔度系数。由式(c)可得

$$\delta_{12} = \delta_{21} \tag{4-19}$$

上式表明，第一个单位力的作用点沿其方向上由于第二个单位力的作用所引起的位移，等于第二个单位力的作用点沿其方向上由于第一个单位力的作用所引起的位移，这就是位移互等定理。需要指出的是，这里的单位力是广义力，包括单位力偶；位移也是指包括角位移的广义位移。如图 4-30 所示，虽然根据式(c)得到的等号两边的广义位移的量纲不相同，但对于式(4-19)，等式两边的位移影响系数在数值和量纲上却是保持相同的，因此，位移互等定理适用于广义力及其对应的广义位移。

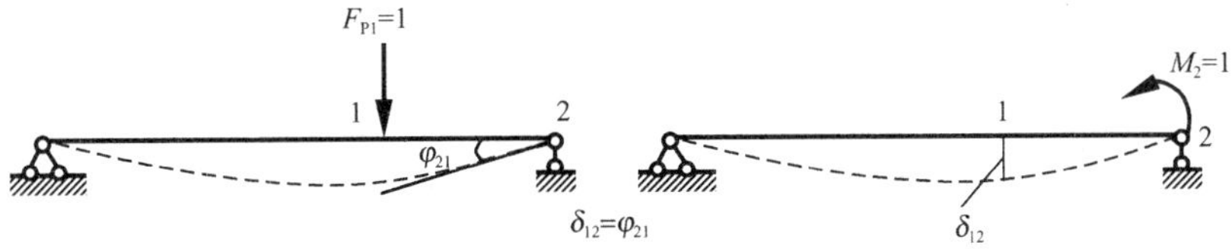

图 4-30

4.7.3　反力互等定理

图 4-31 所示为一线弹性体系的两种变形状态。第一种状态中支座 1 产生位移 Δ_1，对于超静定结构而言，支座移动会引起相应的支座反力 R_{11} 和 R_{21}。第二种状态中支座 2 产生位移 Δ_2，引起相应的支座反力为 R_{12} 和 R_{22}（支座反力 R_{ij} 表示 j 支座发生位移而引起支座 i 的相应反力）。

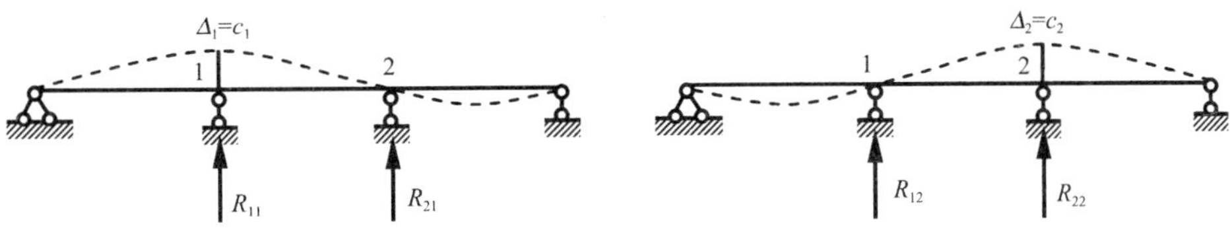

图 4-31

由功的互等定理，得

$$R_{11}\times 0+R_{21}\times c_2=R_{12}\times c_1+R_{22}\times 0$$

即

$$R_{21}c_2=R_{12}c_1 \tag{d}$$

当支座 1 发生单位位移 $\Delta_1=1$ 时，在支座 2 上产生的反力为 k_{21}；当支座 2 发生单位位移 $\Delta_2=1$ 时，在支座 1 上产生的反力为 k_{12}。k_{21} 和 k_{12} 称为刚度系数。由式(d)可得

$$k_{21}=k_{12} \tag{4-20}$$

上式表明，在任一线弹性变形体系中，支座 1 发生单位位移所引起的支座 2 的反力 k_{21}，等于支座 2 发生单位位移所引起的支座 1 的反力 k_{12}，这就是反力互等定理。反力互等定理也是功的互等定理的一种特例，也适用于其他广义力的互等。这个定理表明超静定结构在两个支座分别发生位移时，两种状态中的反力的互等关系。

4.7.4　反力与位移互等定理

功的互等定理还有一种特例，描述了一种状态中的反力与另一种状态中的位移具有数值上的互等关系。如图 4-32 所示的一线弹性体系的两种状态，第一种状态中的荷载 F_{P2} 引起的支座 1 处的支反力为 R_{12}，第二种状态中由于支座 1 处的支座位移 θ_1 引起 2 点处的位移为 Δ_{21}。

根据功的互等定理，得

$$F_{P2}\Delta_{21}+R_{12}\theta_1=0$$

即

$$F_{P2}\Delta_{21}=-R_{12}\theta_1$$

图 4-32

上式可化为

$$\frac{\Delta_{21}}{\theta_1}=-\frac{R_{12}}{F_{P2}}$$

当单位荷载 $F_{P2}=1$ 作用于点 2 时，支座 1 的反力矩为 k_{12}；当支座 1 沿 k_{12} 的方向发生一单位转角 $\theta_1=1$ 时，点 2 沿 F_{P2} 方向的位移为 δ_{21}；则由上式，得

$$\delta_{21}=-k_{12} \tag{4-21}$$

上式表明，由于单位荷载对体系某一支座所产生的反力，在数值上等于因该支座发生单位位移所引起的单位荷载作用点沿其方向的位移，但符号相反；这就是反力与位移互等定理。等式两边符号相反表明，虚功方程中必有一项，其力和位移的方向相反。

小　结

本章讨论了虚功原理以及应用虚功原理来求解结构的位移，这部分内容既是静定结构计算的结尾，也是后续超静定结构计算的基础。

1. 虚功原理主要有两种应用形式：

(1)虚力原理：虚设力系，通过平衡关系求位移。

(2)虚位移原理：将求解静力平衡问题转化为求解几何问题，虚设位移求内力或者支反力(将在第 7 章介绍)。

在应用虚功原理时，涉及的力系和位移是彼此独立的，但必须满足一定的条件，即力系满足平衡条件，位移符合几何连续条件。

2. 位移计算的一般公式

$$\Delta_K=\sum\int\overline{F}_N\varepsilon ds+\sum\int\overline{F}_S\gamma ds+\sum\int\overline{M}\kappa ds-\sum\overline{R}c \tag{4-8}$$

上式是根据变形体虚功原理得到的，是位移计算最基本的形式，公式中的变形 ε、γ 和 κ 可以根据不同的外界因素得到不同的表达形式。

(1)荷载作用下的结构位移计算公式

$$\Delta=\sum\int\frac{\overline{F}_N F_{NP}}{EA}ds+\sum\int\frac{k\overline{F}_S F_{SP}}{GA}ds+\sum\int\frac{\overline{M}M_P}{EI}ds \tag{4-9}$$

对于(梁、刚架、桁架、拱等)不同的结构形式，上式可以进行相应的简化。

(2)对于等截面直杆，温度沿杆长不变的情况下，温度变化引起的结构位移计算公式

$$\Delta=\sum\frac{\alpha\Delta t}{h}A_{\overline{M}}+\sum\alpha t_0 A_{\overline{N}} \tag{4-15(c)}$$

(3)支座移动引起的结构位移公式

$$\Delta=-\sum\overline{R}c \tag{4-17}$$

在应用各种形式的位移计算公式时，要明确各公式的适用条件，以便灵活运用。

3. 图乘法

了解图乘法的应用条件，掌握常用的图形面积和形心位置，能够熟练运用此方法进行梁和刚架的位移计算。

4. 互等定理及其应用

互等定理是线弹性体的基本定理，由变形体的虚功原理得到，只适用于线弹性阶段的小变形，对于超静定结构的计算有重要的意义。其中，功的互等定理是基本定理，其他三个互等定理是应用功的互等定理得到的特殊情况。

思考题

4-1　结构是否没有变形就没有位移？

4-2　线弹性结构需要满足哪些条件？

4-3　图乘法的适用条件是什么？计算变截面梁、曲杆或拱的位移是否可以采用图乘法？

4-4　反力互等定理是否适用于静定结构？这时会得到什么结果？

习　题

4-1　是非判断题

(1)结构发生了变形，必然会引起位移；反过来，结构有位移必然有变形发生。（　　）

(2)图示刚度相同的斜梁与水平梁，两者的弯矩图和位移也相同。（　　）

(3)图示两个弯矩图的图乘结果为 $\int \overline{M}M_{\mathrm{P}}\mathrm{d}s = Ay_C$ 。（　　）

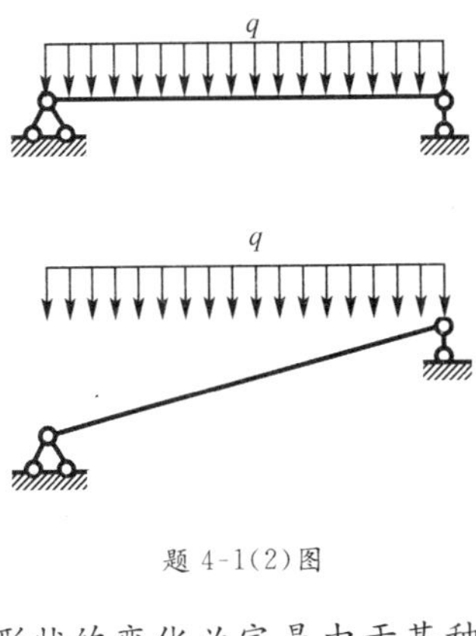

题 4-1(2)图

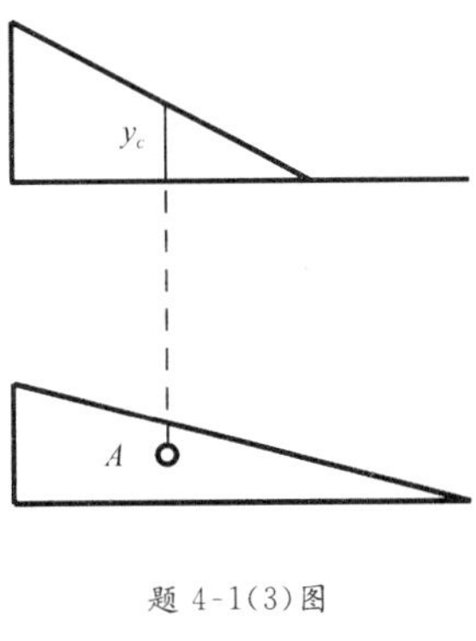

题 4-1(3)图

(4)结构形状的变化必定是由于某种外因使结构产生应力和应变引起的。（　　）

(5)已知题 4-1(5)图(a)所示桁架在现场试验中，当支座 B 下沉 5 mm 时，测得下弦 D、E 两点的挠度各为 3 mm，此时桁架上无其他荷载。则结构在题 4-1(5)图(b)所示荷

载作用下引起的支座 B 的反力为 30 kN。 (　　)

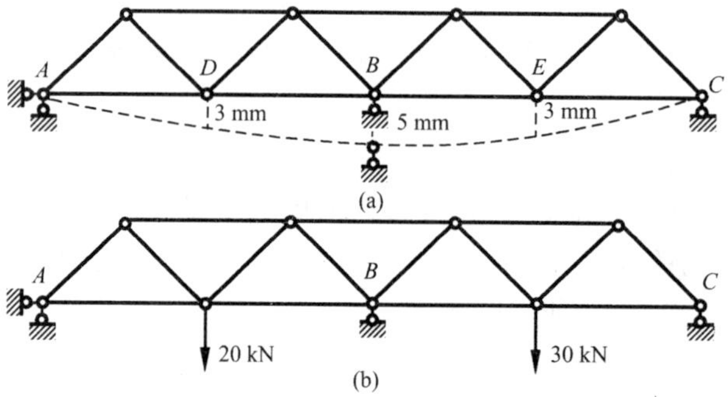

题 4-1(5)图

4-2　单项选择题

(1)图示虚拟力状态可求出(　　)。

A. A 点线位移　　B. C 点线位移

C. A 点 C 点相对线位移　　D. AC 杆的转角

(2)图示同一结构的两种受力状态，根据互等定理，答案正确的是(　　)。

A. $\Delta_3=\alpha_2+\alpha_3$　　B. $\Delta_4=\alpha_2+\alpha_3$

C. $\Delta_3=\alpha_5$　　D. $\Delta_4=\alpha_2$

(3)图(a)简支梁 B 截面的转角为 $\dfrac{ql^3}{24EI}$，图(b)所示简支梁 B 截面的转角为(　　)。

A. $\dfrac{5ql^3}{24EI}$　　B. $\dfrac{5ql^3}{48EI}$　　C. $\dfrac{7ql^3}{48EI}$　　D. $\dfrac{9ql^3}{48EI}$

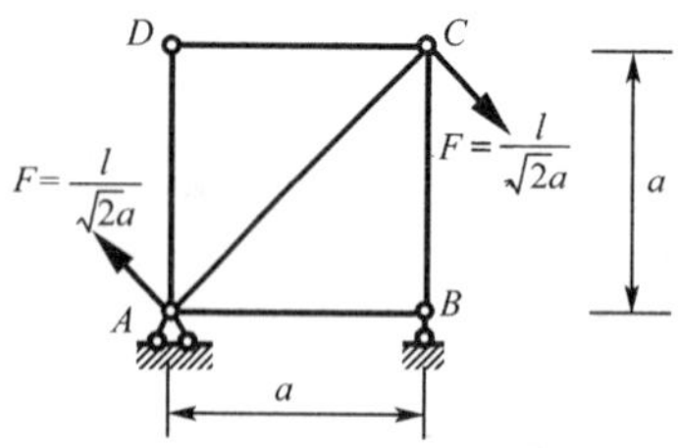

题 4-2(1)图

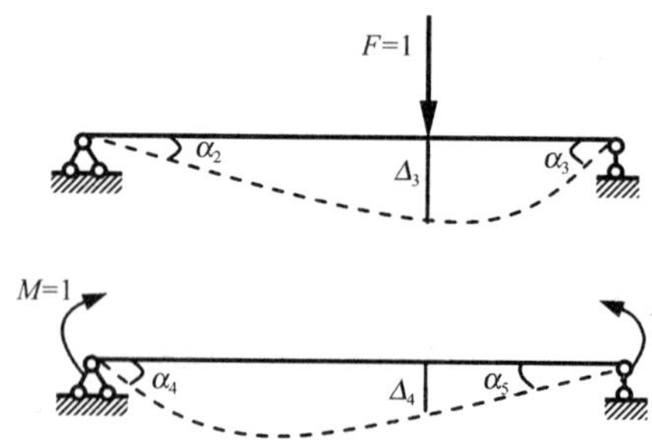

题 4-2(2)图

(4)图示结构仅在 ABC 部分温度升高，下列论述错误的是(　　)。

A. 整个结构不产生内力　　B. C 点水平位移为零

C. AB 两点相对位移为零　　D. C 铰左右两截面的相对转角为零

(5)欲求铰 B 两侧截面的相对转角，其虚设力状态为(　　)。

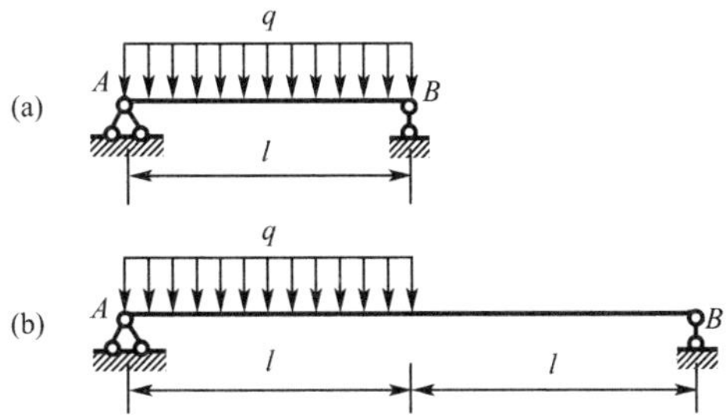

题 4-2(3)图

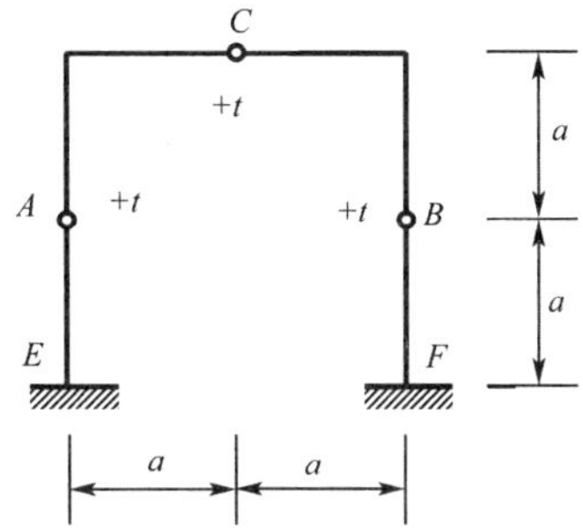

题 4-2(4)图

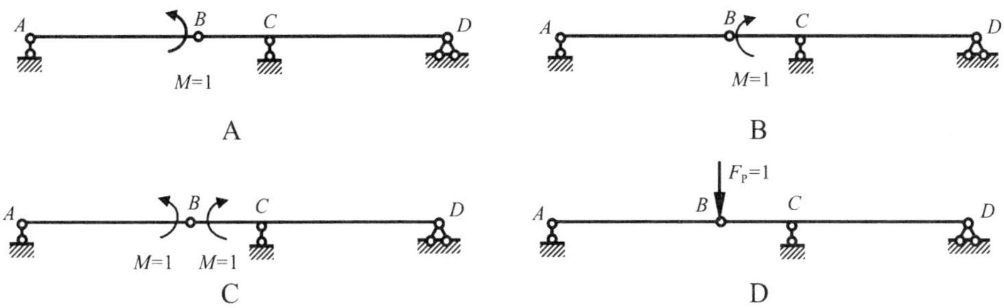

题 4-2(5)图

4-3　设图示支座 C 产生给定位移，试求 B 点沿着垂直于 AB 方向的位移 Δ_B。

4-4　图示桁架 BC 杆由于材料膨胀引起伸长量为 $0.1a$，试求 D 点的水平位移 Δ_{DH}。

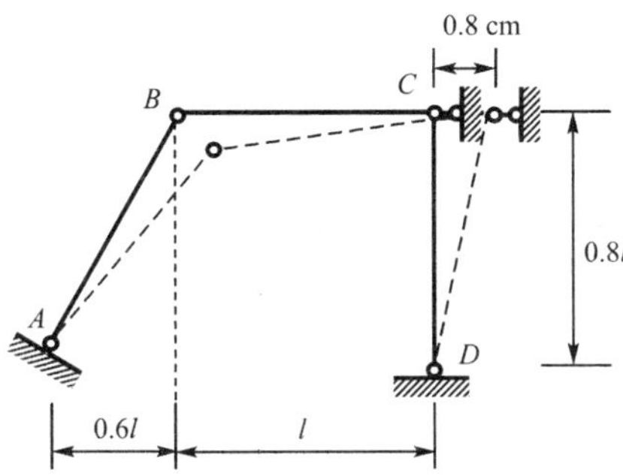

题 4-3 图

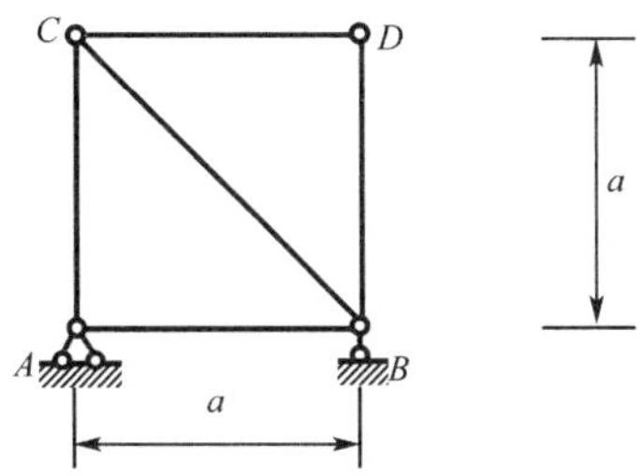

题 4-4 图

4-5　设各杆 EA 相同，试求图示结构 D 点的竖向位移 Δ_D 及 AD 杆和 BD 杆的夹角的改变量 θ。

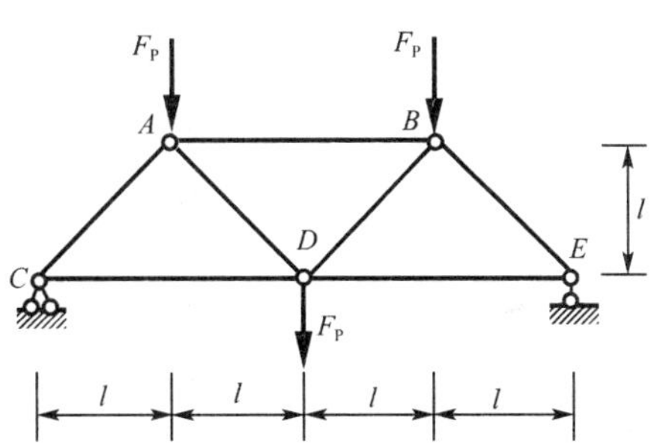

题 4-5 图

4-6　设各杆 EA 相同，试求 F 点的水平位移 Δ_{FH}。

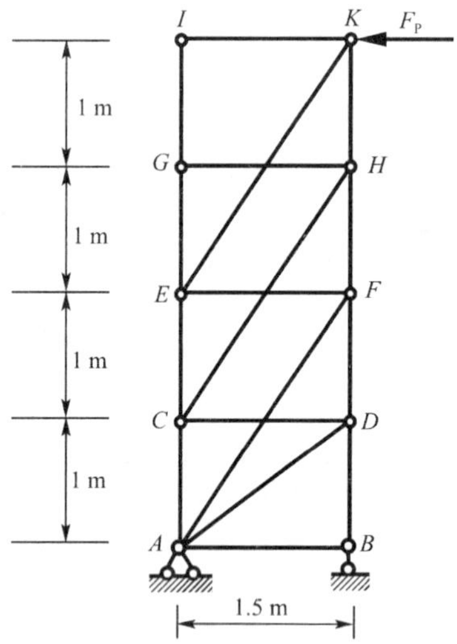

题 4-6 图

4-7　设各杆 EI 为常量，试求图示各梁 B 截面的竖向位移 Δ_{BV}。

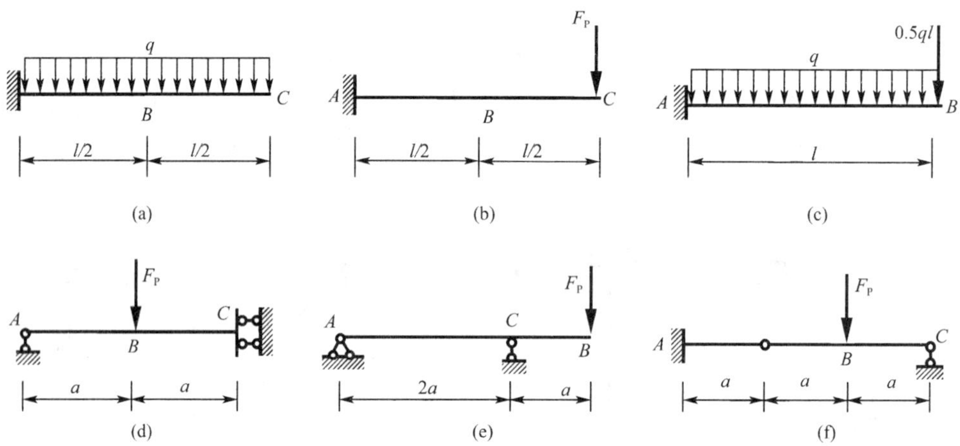

题 4-7 图

4-8　已知 EI 为常量，试求图示梁 A、B 两点竖向位移之和。

4-9　已知 EI 为常量，试求图示梁 C 截面转角。

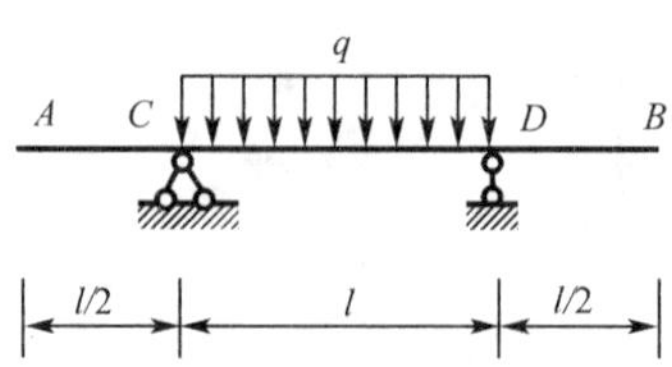

题 4-8 图

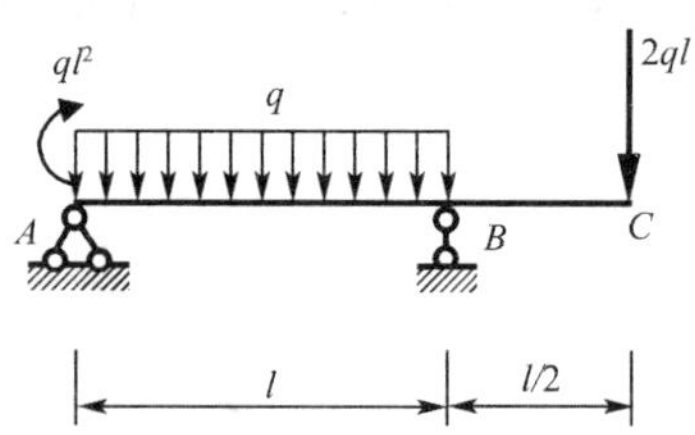

题 4-9 图

4-10　已知 EI 为常量，试求图示梁铰 B 左右两截面的相对转角和 B 点竖向位移。

4-11　设各杆 EI 为常量，试求图示刚架 A 截面的转角和 C 点水平位移。

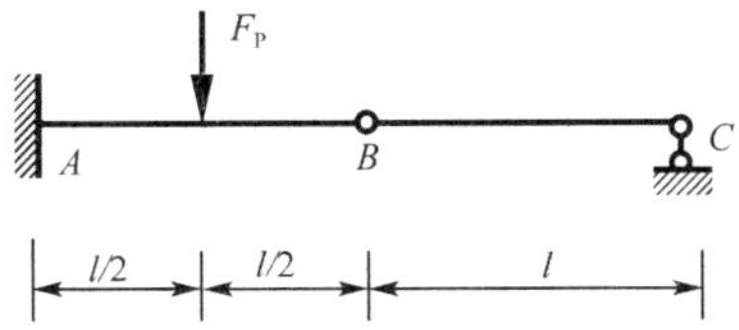

题 4-10 图

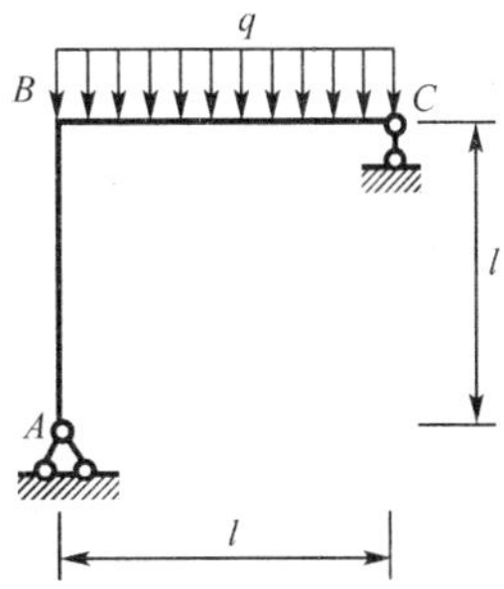

题 4-11 图

4-12 设各杆 EI 为常量，试求图示刚架 C 点的水平和竖向位移。

4-13 试求图示刚架在温度作用下产生的铰 C 左右两截面的相对转角。已知各杆 EI 为常量，线膨胀系数为 $\alpha=10^{-5}℃^{-1}$，梁为高 $h=0.5$ m 的矩形截面。

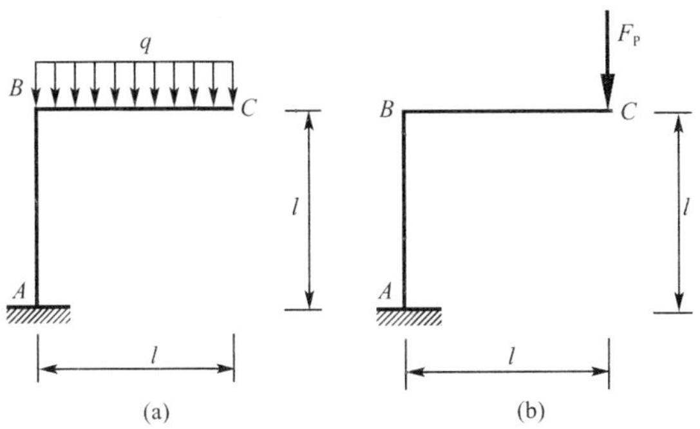

题 4-12 图

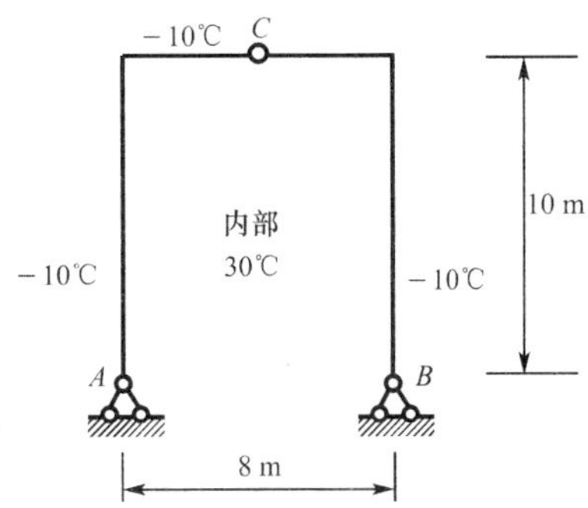

题 4-13 图

4-14 已知 E 为常数，试求图示梁 C 截面的竖向位移 Δ_{CV}。

4-15 图示刚架 B 支座竖直下沉 $\Delta=0.001$ m，荷载 $F_P=120$ kN，各杆 $EI=3\times10^5$ kN·m^2，试求 A 截面的转角。

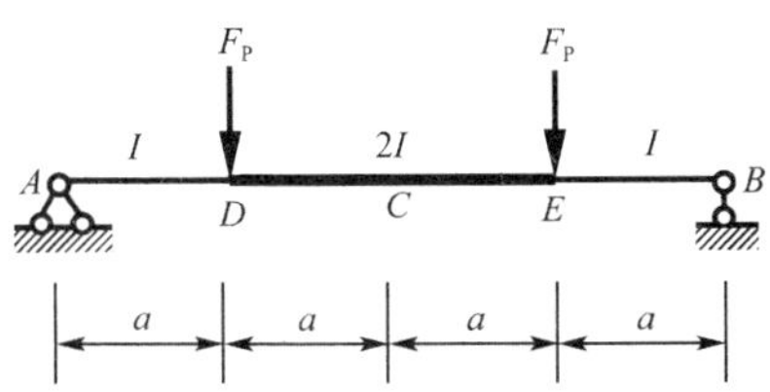

题 4-14 图

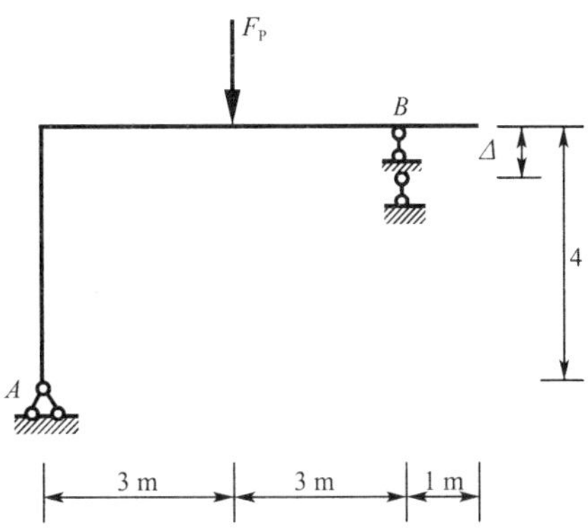

题 4-15 图

4-16 已知 $EI=2\times10^5$ kN·m^2，试求图示梁 D 截面的竖向位移 Δ_{DV}。

4-17 已知各杆 EI 相同，试求图示三铰刚架 B 点竖向位移 Δ_{BV} 和 E 截面的转角 θ_E。

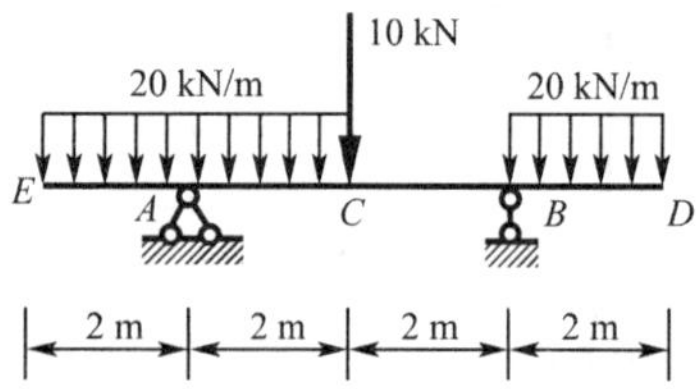

题 4-16 图

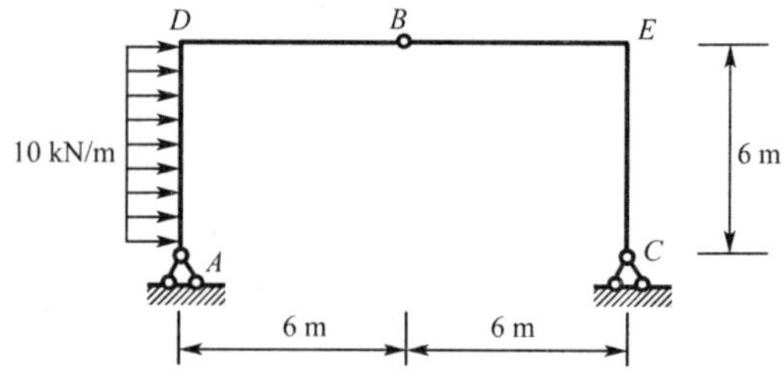

题 4-17 图

4-18　已知各杆 EI 相同，试求图示刚架 B 点两侧截面的相对转角。

4-19　结构的支座 A 发生了图示的转角 θ 和竖向位移 c，试求 D 点的竖向位移 Δ_{DV}。

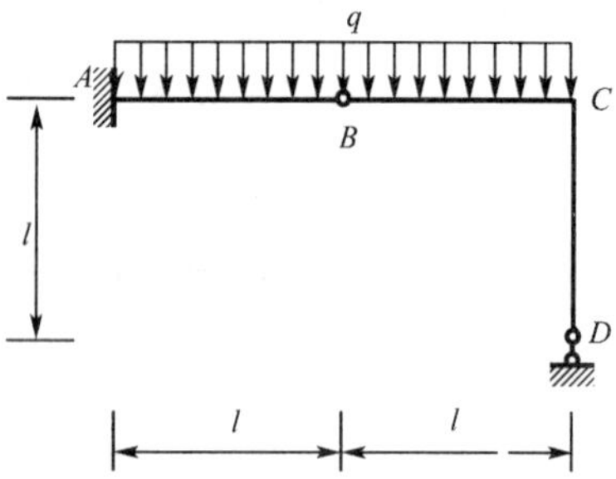

题 4-18 图

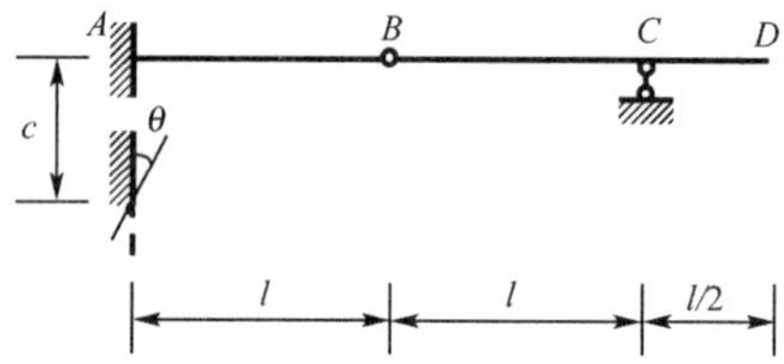

题 4-19 图

4-20　已知 $EI=2.1\times10^{4}\text{kN}\cdot\text{m}^{2}$，试求图示刚架 C 点的竖向位移 Δ_{CV}。

4-21　已知 $E=200$ GPa，$I=4\times10^{6}$ mm^{4}，试求图示梁 B 点竖向位移 Δ_{BV}。

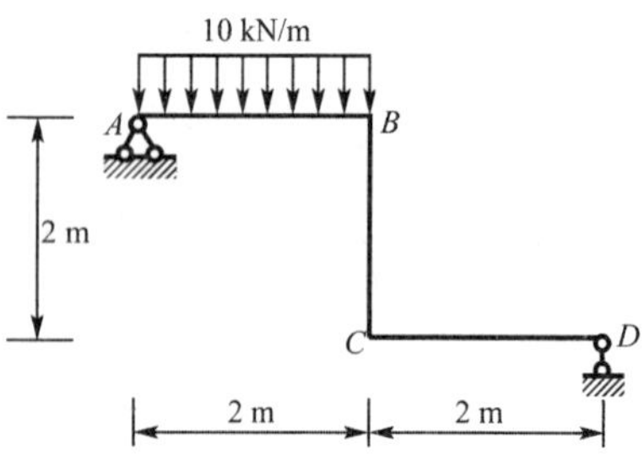

题 4-20 图

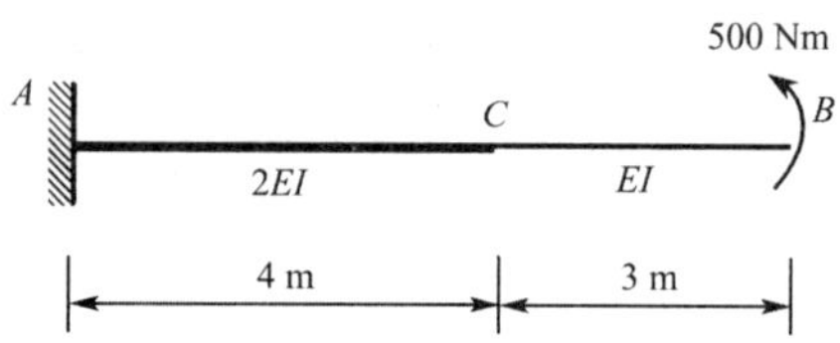

题 4-21 图

4-22　已知 $E=200$ GPa，$I=15\times10^{6}$ mm^{4}，试求图示刚架 C 点的转角 θ_{C}。

4-23　已知 $E=210$ GPa，$I=36\times10^{-6}$ m^{4}，$A=12\times10^{-4}$ m^{2}，试求图示组合结构 E 点的竖向位移 Δ_{EV}。

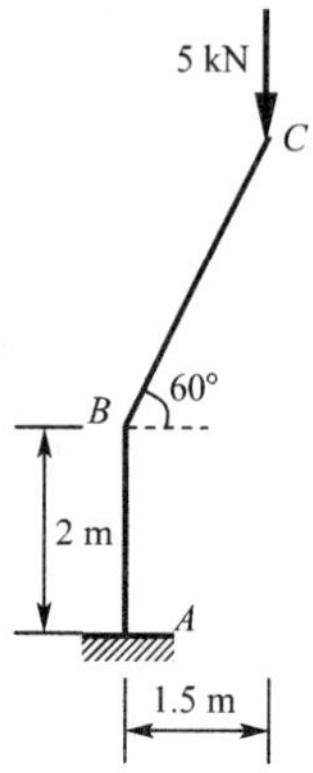

题 4-22 图

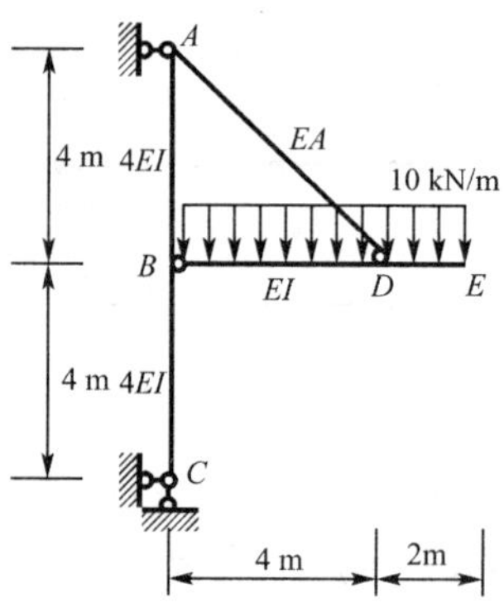

题 4-23 图

4-24　试求图示刚架横梁中点 C 铰两侧截面的相对转角。

4-25　已知支座 C 发生如图(a)所示沉降 $\Delta_C=1$，此时 B 点的竖向位移为 $\Delta_B=5/8$，试作图(b)所示超静定梁的弯矩图。(提示：先利用功的互等定理求出 F_C)

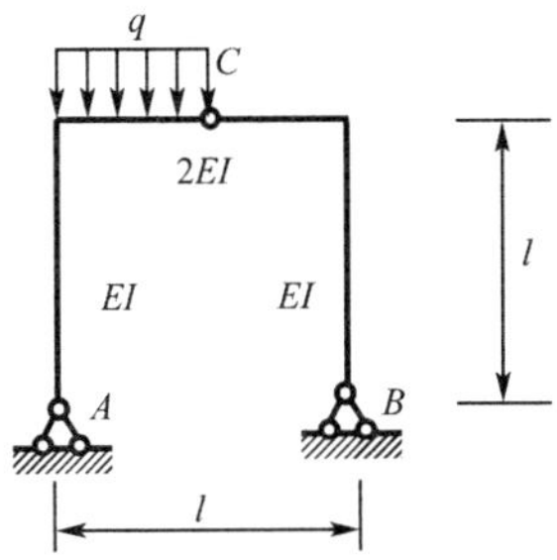

题 4-24 图

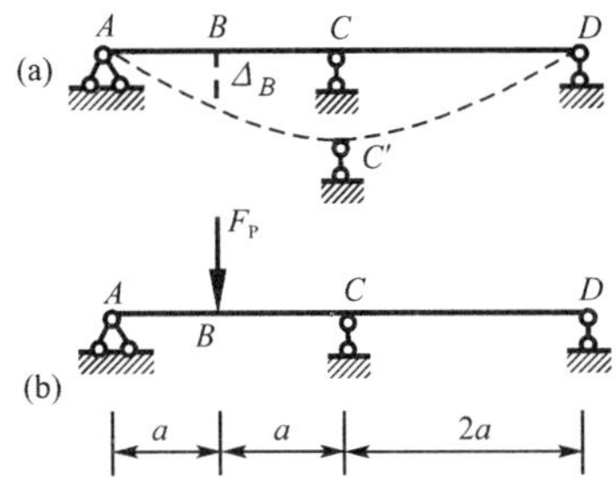

题 4-25 图

习题答案

4-1　(1)错　(2)错　(3)错(应分段)　(4)错　(5)对(由功的互等定理 $F_B\times5=20\times3+30\times3$)

4-2　(1)D　(2)B　(3)C　(4)D　(5)C

4-3　1 cm

4-4　$\frac{\sqrt{2}a}{10}(\leftarrow)$

4-5　$\Delta_D=12.657\frac{F_Pl}{EA}(\downarrow)$，$\theta=\frac{3.414}{EA}\text{rad}$

4-6　$14.06\frac{F_P}{EA}(\leftarrow)$

4-7　(a) $\frac{17ql^4}{384EI}(\downarrow)$，(b) $\frac{5F_Pl^3}{48EI}(\downarrow)$，(c) $\frac{7F_Pl^3}{24EI}(\downarrow)$，(d) $\frac{4F_Pa^3}{3EI}(\downarrow)$，(e) $\frac{F_Pa^3}{EI}(\downarrow)$，(f) $\frac{F_Pa^3}{4EI}(\downarrow)$

4-8　$\frac{ql^4}{24EI}$　$(\uparrow)$

4-9　$\frac{3ql^3}{8EI}$(顺时针)

4-10　$\frac{11F_Pl^2}{48EI}$，$\frac{5F_Pl^3}{48EI}(\downarrow)$

4-11　$\frac{ql^3}{24EI}$(顺时针)，$\frac{ql^4}{24EI}(\rightarrow)$

4-12　(a) $\frac{ql^4}{4EI}(\rightarrow)$，$\frac{5ql^4}{8EI}(\downarrow)$　(b) $\frac{F_Pl^3}{2EI}(\rightarrow)$，$\frac{4F_Pl^3}{3EI}(\downarrow)$

4-13　1.448×10^{-2} rad

4-14　$\frac{13F_Pa^3}{12EI}(\downarrow)$

4-15　10.67×10^{-4} rad(顺时针)

4-16　6.67×10^{-4} m$(\downarrow)$

4-17 $\Delta_{BV}=\frac{270\text{kN}\cdot\text{m}^3}{EI}$(↑),$\theta_E=\frac{225\text{kN}\cdot\text{m}^2}{EI}$(顺时针)

4-18 $\frac{2ql^3}{3EI}$(◡◡)

4-19 $\frac{c}{2}+\frac{\theta l}{2}$(↑)

4-20 1.746 mm(↓)

4-21 9.06 mm(↑)

4-22 8.75×10^{-3} rad

4-23 29.5 mm(↓)

4-24 $\frac{5ql^3}{96EI}$

4-25 $M_{CD}=\frac{F_P a}{8}$(上方受拉),$M_{BA}=\frac{7}{16}F_P a$(下方受拉)

第5章　力　法

学习指导

(1)掌握力法的基本原理；

(2)掌握基本结构的选取，力法方程的建立及系数和自由项的计算；

(3)理解力法方程及系数、自由项的物理意义；

(4)掌握荷载作用下的超静定结构计算，理解支座移动和温度变化引起的超静定结构的计算；

(5)掌握利用对称性简化计算的方法；

(6)理解超静定结构位移计算及变形条件的校核。

5.1　概　述

第3章讨论了各种类型静定结构的计算，它们的内力和支座反力只根据平衡条件就可以求解。一般情况下，超静定结构具有比静定结构更合理的受力特性，在工程中通常获得更广泛的应用。从本章起开始讨论超静定结构的计算，包括内力、位移等的求解方法。如图5-1所示一超静定梁，该梁的3个竖向支座反力和内力不能只根据平衡条件解出。图5-2所示桁架的支座反力虽然可由平衡条件计算得到，但无法确定其全部内力。超静定结构的特点是具有多余约束。这些多余约束对保持体系的几何不变性来说，不是必要的，从而导致反力或内力超静定。

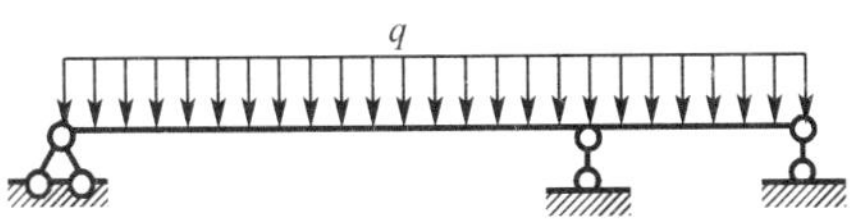

图5-1

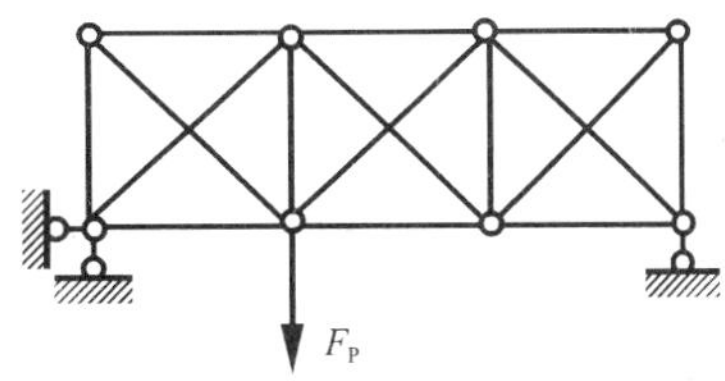

图5-2

超静定结构的支座反力和内力是不能仅由平衡条件全部求出的，必须考虑以下三个方面：

(1)平衡条件——结构整体和部分都必须满足平衡。

(2)几何条件——即变形协调条件。结构的变形和位移都必须满足约束条件和变形连续条件。

(3)物理条件——力与变形间的物理关系(或称为本构关系)。

根据几何组成分析，图 5-1 和图 5-2 所示的两个超静定结构均为几何不变体系，且存在多余约束，多余约束产生的约束力称为多余未知力，简称多余力。例如图 5-1 所示超静定梁去掉任一个竖向支座链杆，结构将成为静定梁，相对应的多余力即为所去掉的支座链杆的反力。同样的，对于图 5-2 所示的桁架结构，可以把三个节间的斜杆分别去掉一根，相应的多余力即为去掉的斜杆的轴力。将超静定结构存在的多余力作为基本未知量，把原来的超静定结构等效成为静定结构受已知荷载和多余力共同作用。此时，两种结构的联系即为相应的变形协调条件(或称为位移条件)，利用该位移条件，可以建立补充方程并求解出多余力。这样，超静定结构的计算就转化成为静定结构的求解。这种把多余力取为基本未知量，以去掉多余约束的静定结构为基本结构进行计算的方法称为力法。

5.2 超静定次数的确定

一个超静定结构有多少多余约束，相应地就有多少多余力，即需要建立相应数量的补充方程才能进行求解。因此，用力法求解超静定结构时，首先需要确定多余约束或多余力的数目，称为结构的超静定次数。

由上述定义可知，结构的超静定次数即为多余约束的数目。因此，从几何构造来讲，可根据超静定结构变为静定结构所解除的多余约束数目来判定超静定次数。前已述及，多余约束的个数即为计算自由度 W 的数值，即超静定次数 $n=-W$。

通常可以采用以下方法解除多余约束：

(1)切断一根支座链杆或结构内部的一根链杆，相当于去掉一个约束(图 5-3(a)、(b))；

(2)去掉一个固定铰支座或结构内部的一个单铰，相当于去掉两个约束(图 5-3(c)、(d))；

(3)去掉一个固定支座或者切开一根梁式杆或单刚结点，相当于去掉三个约束(图5-3(e))；

(4)将一刚结点替换为铰结点，相当于去掉一个约束，相应的多余力即为该截面处的弯矩(图 5-3(f))。

运用上面的方法时，一方面要保证去掉所有的多余约束，另外还需要注意，不能把必要约束拆掉，使结构变成几何可变体系。

应用上述方法，可以确定任何超静定结构的超静定次数。

对于一个超静定结构，去除多余约束的方式可以有多种，但解除约束后的体系必须是几何不变的，即可以得到不同的静定结构。但是不论以何种方式去除多余约束，得到的超静定次数是唯一的。

例如图 5-4(a)中将 AB 杆切断，相当于解除三个约束，得到图 5-4(b)所示静定结构，它是一个无多余约束的几何不变体系，所以图 5-4(a)所示的结构是三次超静定结构。也可以如图 5-4(c)将三个刚结点替换为铰结点，所解除的多余约束仍然是三个。

若根据式(2-1)计算此结构的计算自由度 W 的数值，则可确定超静定次数为

$$n=-W=-(3m-3g-2h-r)=-(3\times4-3\times4-2\times0-3)=3$$

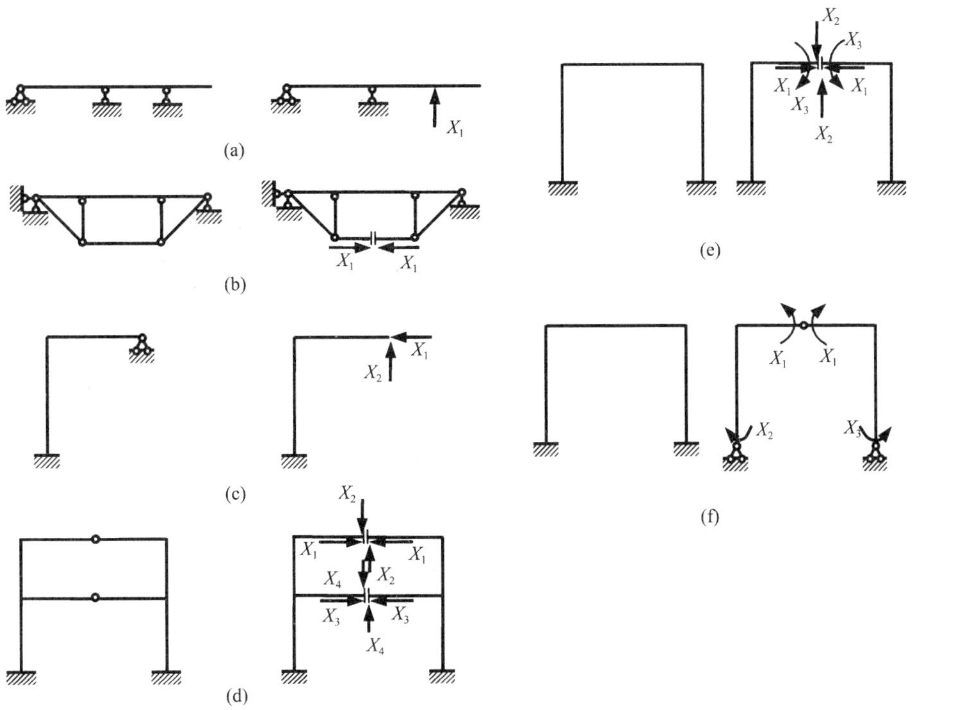

图 5-3

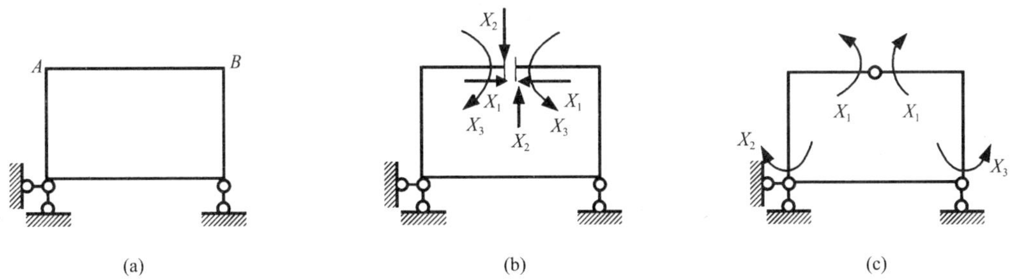

图 5-4

图 5-5(a)所示一桁架结构，将其内部三个链杆作为多余约束去除，则得图 5-5(b)所示静定结构，因此，图 5-5(a)为三次超静定桁架。或根据式(2-2)计算结构的计算自由度 W 的数值，确定超静定次数为

$$n=-W=-(2j-b-r)=-(2\times 8-16-3)=3$$

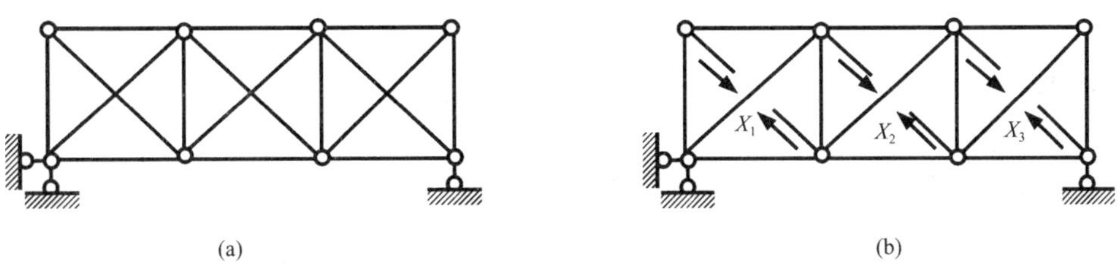

图 5-5

5.3 力法的基本概念

本节先以一个简单的超静定结构为例，说明力法的基本概念，并讨论如何计算超静定结构的内力。

5.3.1 力法的基本原理及基本概念

如图 5-6(a)所示单跨超静定梁，共有四个支座反力(图 5-6(b))。而平面力系只能建立三个独立的平衡方程，故超静定结构的支座反力和任一截面内力是无法由平衡方程唯一确定的。原超静定结构可以看成是图 5-6(c)所示静定结构受到已知均布荷载 q 及未知力 F_{Ay} 作用，只要 F_{Ay} 确定，就可以将超静定结构的计算转化为静定结构的求解。因而，计算超静定结构的关键在于利用原结构与静定结构的变形一致，据此位移条件作为平衡方程的补充，以便求出未知力 F_{Ay}，后续的计算即为静定结构的求解。将此具体例子的求解思路抽象为一般的方法，即为力法的基本原理。下面结合图 5-6 所示超静定结构说明力法的几个基本概念。

1. 基本未知量

将超静定结构中多余约束提供的多余力称为力法的基本未知量。多余力的数目即为超静定结构的超静定次数，也就是力法的基本未知量的数目。基本未知量的确定是解决问题的关键，所以，用力法求解超静定结构时，首先要判断多余力，只要求出它，则超静定结构所有支座反力和内力均可由平衡条件求出。不管多余力是力还是力偶，力法中基本未知量统一用 X 表示，以便建立的力法方程表示为标准形式。

2. 基本结构与基本体系

把原超静定结构的多余约束去掉，所得到的静定结构就称为原结构的基本结构。在基本结构上加上已知外界因素(包括外荷载、温度变化或者支座沉降等)及基本未知量就得到了基本体系。如图 5-6 所示单跨超静定梁，如果将 F_{Ay} 看成多余约束提供的多余力，相应的基本结构为悬臂梁，基本结构及基本体系如图 5-6(c)所示。若将 F_{By} 或 M_B 看成多余约束提供的多余力，则相应地可以得到不同的基本结构及基本体系，分别如图 5-6(d)、(e)所示。因此，基本结构的选取并不是唯一的，具有多样性。但同时必须注意原结构中有些约束是必要约束(例如 F_{Bx} 相应的约束)，不能将其去掉，否则得到的将是几何可变体系，而非静定结构，如图 5-6(f)所示。

基本体系是将超静定结构过渡到静定结构的桥梁，基本体系既是静定结构，又能代表原超静定结构，整个力法计算过程就是针对基本体系进行的。

3. 基本方程

基本体系能代表原超静定结构的关键是二者具有相同的变形状态，从而具有相同的受力状态。图 5-6(a)所示超静定单跨梁，如果取图 5-6(c)所示基本结构，则基本体系可以看成是悬臂梁受到 X_1 和均布荷载 q 共同作用(图 5-7(a))。原结构在 A 支座处的位移显然等于 0，因此，基本体系要与原结构等效，必须满足 A 截面沿着 X_1 方向的位移也等于 0，即

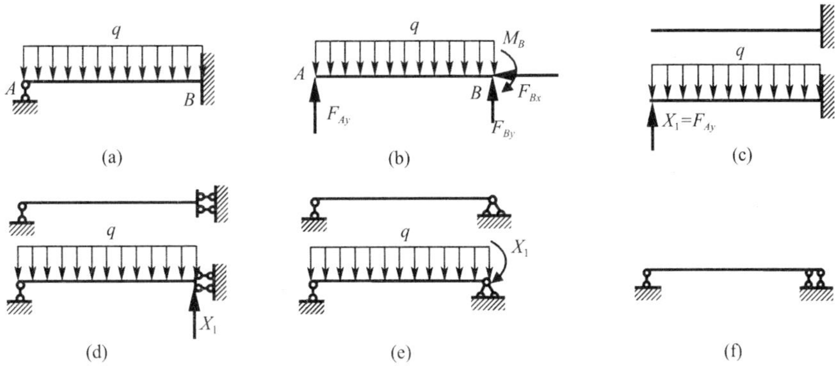

图 5-6

$$\Delta_1=0 \tag{a}$$

这就是基本体系应满足的位移条件。即在荷载和基本未知量共同作用下，如果能使基本体系 A 截面处沿 X_1 方向的位移满足式(a)，则基本体系的内力与变形也与原超静定结构的内力与变形完全一致。

在线弹性的小变形情况下，可以应用叠加原理，将 A 截面沿着 X_1 方向的位移 Δ_1 表示成两部分位移之和(图 5-7(b)和(c))，即

$$\Delta_1=\Delta_{11}+\Delta_{1P}=0 \tag{b}$$

式中　Δ_{11}——X_1 引起的基本结构点 A 沿 X_1 方向的位移；

Δ_{1P}——荷载引起的基本结构点 A 沿 X_1 方向的位移。

各位移用双下标表示，第一个下标表示位移产生的位置，第二个下标表示产生位移的原因。

如图 5-7(d)，若在基本结构点 A 处沿 X_1 方向加单位力 $X_1=1$，其沿 X_1 方向产生的位移为 δ_{11}，则在线弹性变形范围内，有

$$\Delta_{11}=\delta_{11}X_1 \tag{c}$$

将式(c)代入式(b)，得

$$\delta_{11}X_1+\Delta_{1P}=0 \tag{5-1}$$

式(5-1)即为一次超静定结构的力法基本方程。力法基本方程是根据位移条件建立的，其物理意义是基本体系沿着基本未知量方向的位移与原超静定结构的真实位移相等。

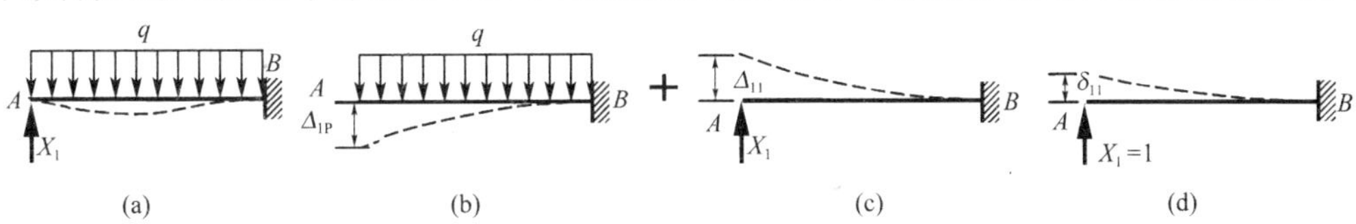

图 5-7

力法基本方程中的系数 δ_{11} 和自由项 Δ_{1P} 都是静定结构的位移，可以根据第 4 章的知识进行求解。如图 5-8，作基本结构在荷载和单位力 $X_1=1$ 作用下的弯矩图 M_P 和 $\overline{M}_1$(如图 5-8(d)和(e))，应用图乘法可以分别求得系数 δ_{11} 和自由项 Δ_{1P} 为

$$\delta_{11}=\sum\int\frac{\overline{M}_1^2}{EI}\mathrm{d}x=\frac{1}{EI}\left(\frac{1}{2}\times l^2\times\frac{2l}{3}\right)=\frac{l^3}{3EI}$$

$$\Delta_{1P}=\sum\int\frac{\overline{M}_1\cdot M_P}{EI}dx=-\frac{1}{EI}\left(\frac{1}{3}\times\frac{ql^2}{2}\times l\times\frac{3}{4}l\right)=-\frac{ql^4}{8EI}$$

代入力法方程(5-1)式，得

$$\frac{l^3}{3EI}X_1-\frac{ql^4}{8EI}=0$$

解方程得

$$X_1=\frac{3ql}{8}(\uparrow)$$

求得的结果为正，表明基本未知量 X_1 的方向与假设的方向相同。

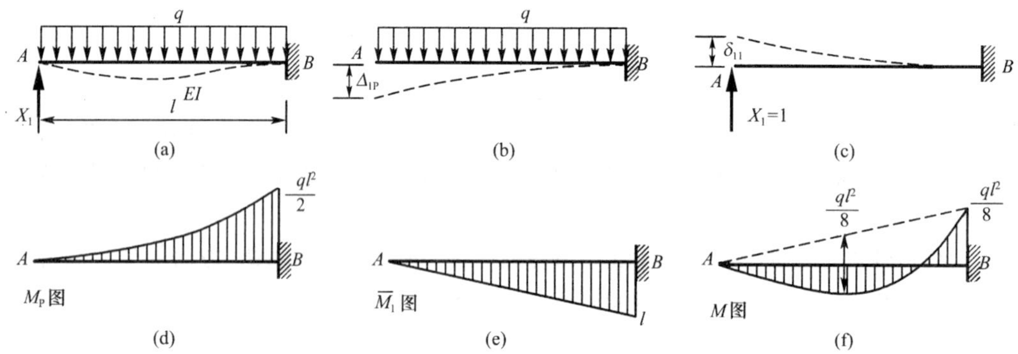

图 5-8

多余力 X_1 解出后，便可在基本体系上利用平衡条件计算出原结构的全部支座反力和内力，再作出内力图。在绘制原结构的弯矩图时，也可按下式叠加计算杆端弯矩

$$M=\overline{M}_1X_1+M_P \tag{5-2}$$

此结构的杆端弯矩为

$$M_{AB}=0,M_{BA}=l\times\frac{3ql}{8}-\frac{ql^2}{2}=-\frac{ql^2}{8}(\text{上方受拉})$$

原结构的弯矩图如图 5-8(f)。

图 5-6(a)所示超静定单跨梁，如果取图 5-6(e)所示基本体系，即基本未知量 X_1 为 B 支座处的支反力偶，则基本体系可以看成是简支梁受到 X_1 和均布荷载 q 共同作用。其力法方程的形式仍为

$$\delta_{11}X_1+\Delta_{1P}=0$$

它表示在荷载和基本未知量共同作用下，简支梁沿 X_1 方向的位移(B 截面的转角)与原超静定结构在 B 截面的转角($\theta_B=0$)相同。这时系数 δ_{11} 和自由项 Δ_{1P} 与前面的大不一样，但所得最后内力图必定相同。建议读者计算相应的系数与自由项，并求解基本未知量进行验证。

在求解刚架和梁的问题中，通常作内力图的顺序是：先作弯矩图，再作剪力图，最后作轴力图。

力法求解超静定结构的步骤如下：

(1)确定结构的超静定次数，选取基本未知量并确定基本体系。

(2)列出力法方程。

(3)计算系数与自由项。对于梁和刚架,分别画出基本结构在基本未知量和荷载作用下的弯矩图,然后应用图乘法计算系数与自由项:δ_{11}由$\overline{M}_1$图自乘得到,Δ_{1P}由$\overline{M}_1$图和M_P图互乘得到。对于桁架,需求解出结构在基本未知量和荷载作用下的各杆内力,然后应用位移公式计算系数与自由项。

(4)将求得的系数与自由项代入力法方程,求解基本未知量。

(5)应用叠加法作原结构弯矩图,并根据弯矩图绘制剪力图和轴力图。

(6)校核。

【例 5-1】 受集中荷载作用的平面刚架如图 5-9(a)所示,已知各杆的弹性模量 E 和截面惯性矩 I 均为常量。试用力法求解刚架,并作内力图。

解 (1)判定该刚架为一次超静定结构,选取支座 C 的支反力 X_1 作为基本未知量,则基本体系如图 5-9(b)所示。

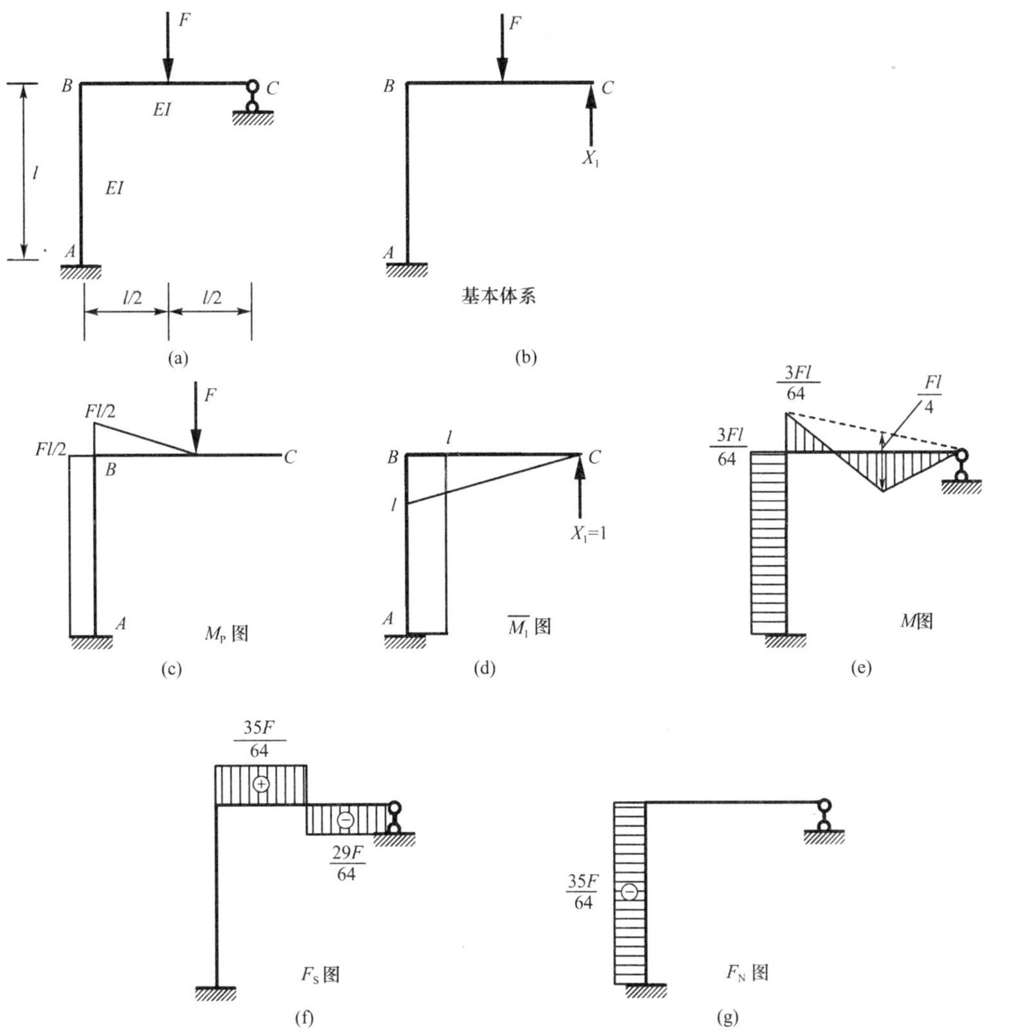

图 5-9

(2)列出力法方程

原结构 C 支座处竖直方向的位移为零,因此力法方程为

$$\delta_{11}X_1+\Delta_{1P}=0$$

式中，Δ_{1P}为基本结构由荷载单独作用引起 C 点处沿着竖直方向的位移；δ_{11}为基本结构由单位力 $X_1=1$ 单独作用引起 C 点处沿着竖直方向的位移。

(3)计算系数及自由项

作基本体系的 M_P和 $\overline{M}_1$ 图(如图 5-9(c)、(d)所示)。应用图乘法，得

$$\delta_{11}=\frac{1}{EI}\left(\frac{l^2}{2}\cdot\frac{2l}{3}+l^2\cdot l\right)=\frac{4l^3}{3EI}$$

$$\Delta_{1P}=-\frac{1}{EI}\left[\left(\frac{1}{2}\cdot\frac{Fl}{2}\cdot\frac{l}{2}\right)\cdot\frac{5l}{6}+\left(\frac{Fl}{2}\cdot l\right)\cdot l\right]=-\frac{29Fl^3}{48EI}$$

(4)解方程，求基本未知量

$$\frac{4l^3}{3EI}X_1-\frac{29Fl^3}{48EI}=0$$

解出

$$X_1=\frac{29}{64}F$$

(5)作弯矩图

应用式(5-2)计算杆端弯矩为

$$M_{AB}=0,M_{BA}=\overline{M}_1X_1+M_P=l\times\frac{29F}{64}-\frac{Fl}{2}=-\frac{3Fl}{64}(\text{左侧受拉})$$

$$M_{CB}=0,M_{BC}=-\frac{3Fl}{64}(\text{上方受拉})$$

根据叠加原理绘制弯矩图，如图 5-9(e)所示。

(6)作剪力图、轴力图

依据基本体系平衡条件求出支座 A 的反力

$$\Sigma F_x=0,F_{Ax}=0,$$

$$\Sigma F_y=0,F_{Ay}-F+\frac{29}{64}F=0,F_{Ay}=\frac{35}{64}F$$

作剪力图如图 5-9(f)，轴力图如图 5-9(g)。

5.3.2 力法的典型方程

1.二次超静定结构的求解

以图 5-10(a)所示平面刚架为例，讨论二次超静定结构的求解。

(1)判定该刚架为二次超静定结构，选取支座 D 的两个支反力 X_1和 X_2作为基本未知量，则基本体系如图 5-10(b)所示。

(2)列出力法方程

由于原结构 D 支座处水平方向和竖直方向的位移均为零。因此，基本体系的位移条件为：基本结构在给定荷载以及两个基本未知量 X_1和 X_2共同作用下，D 点处与 X_1和 X_2相应的位移 Δ_1和 Δ_2都应等于零，即

$$\left.\begin{aligned}\Delta_1&=0\\\Delta_2&=0\end{aligned}\right\}$$

为了把力法方程写成标准形式，应用叠加原理，把基本结构中与 X_1和 X_2相应的位移

Δ_1和Δ_2分解成以下几种情况分别计算。

荷载单独作用，相应的位移为Δ_{1P}和Δ_{2P}，如图 5-10(c)；

单位力$X_1=1$单独作用，相应的位移为δ_{11}和δ_{21}，如图 5-10(d)；

单位力$X_2=1$单独作用，相应的位移为δ_{12}和δ_{22}，如图 5-10(e)。

叠加以上结果，得到

$$\left.\begin{aligned}\delta_{11}X_1+\delta_{12}X_2+\Delta_{1P}=0\\ \delta_{21}X_1+\delta_{22}X_2+\Delta_{2P}=0\end{aligned}\right\} \tag{5-3}$$

这就是二次超静定结构的力法方程。力法方程实质上反映了原结构的变形协调条件，其物理意义是基本结构在荷载和全部多余力共同作用下，在多余力作用点的位移，等于原结构相应的位移。

(3)计算系数及自由项

作基本体系的M_P、$\overline{M}_1$和$\overline{M}_2$图(如图 5-10(f)、(g)、(h)所示)。应用图乘法进行系数和自由项的计算，得

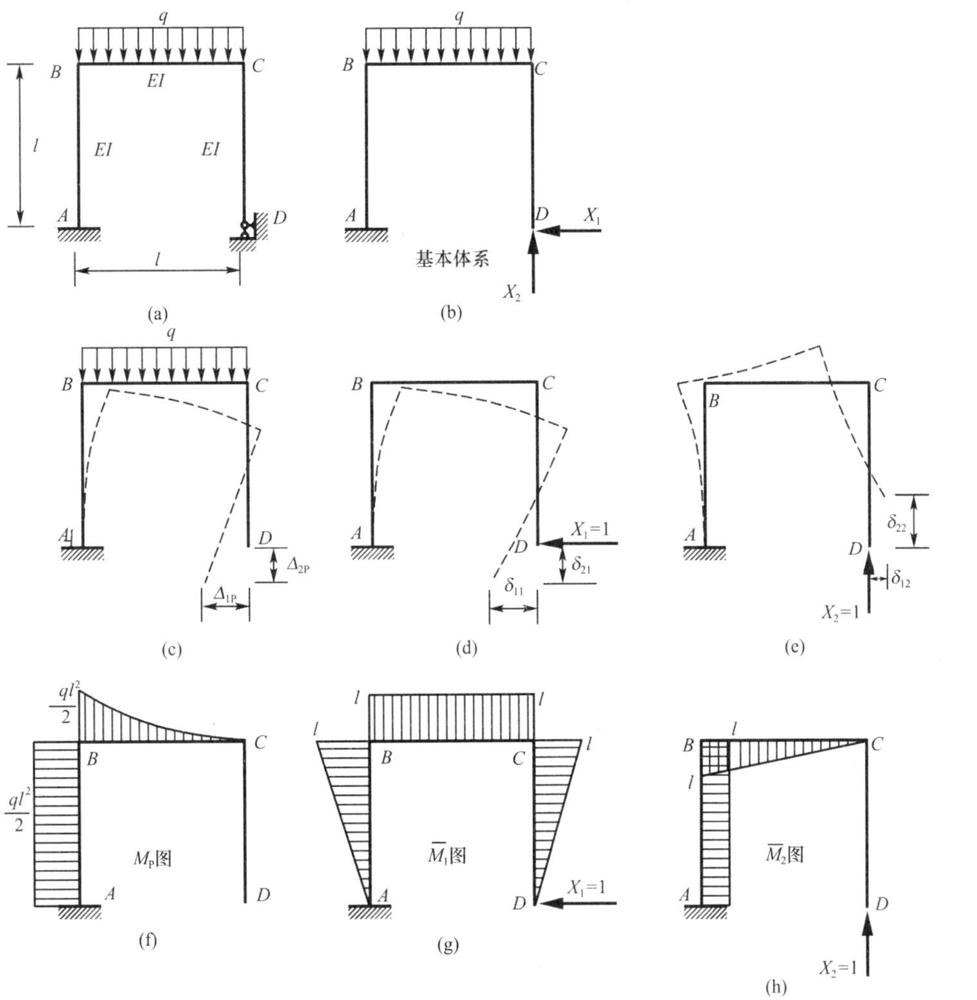

图 5-10

$$\delta_{11}=\frac{1}{EI}\left(\frac{l^2}{2}\cdot\frac{2l}{3}\times 2+l^2\cdot l\right)=\frac{5l^3}{3EI},\delta_{22}=\frac{1}{EI}\left(\frac{l^2}{2}\cdot\frac{2l}{3}+l^2\cdot l\right)=\frac{4l^3}{3EI}$$

根据位移互等定理，位移 δ_{12} 与 δ_{21} 相等，即

$$\delta_{12}=\delta_{21}=-\frac{1}{EI}\left(\frac{l^2}{2}\cdot l\times 2\right)=-\frac{l^3}{EI}$$

$$\Delta_{1P}=\frac{1}{EI}\left[\left(\frac{1}{3}\cdot\frac{ql^2}{2}\cdot l\right)\cdot l+\left(\frac{ql^2}{2}\cdot l\right)\cdot\frac{l}{2}\right]=\frac{5ql^4}{12EI}$$

$$\Delta_{2P}=-\frac{1}{EI}\left[\left(\frac{1}{3}\cdot\frac{ql^2}{2}\cdot l\right)\cdot\frac{3l}{4}+\left(\frac{ql^2}{2}\cdot l\right)\cdot l\right]=-\frac{5ql^4}{8EI}$$

(4)解力法方程，求基本未知量

$$\left.\begin{aligned}\frac{5l^3}{3EI}X_1-\frac{l^3}{EI}X_2+\frac{5ql^4}{12EI}=0\\-\frac{l^3}{EI}X_1+\frac{4l^3}{3EI}X_2-\frac{5ql^4}{8EI}=0\end{aligned}\right\}$$

解出

$$X_1=\frac{5ql}{88}(\leftarrow),X_2=\frac{45ql}{88}(\uparrow)$$

(5)作弯矩图

求出基本未知量 X_1 和 X_2 之后，可以根据下式叠加计算杆端弯矩

$$M=\overline{M}_1X_1+\overline{M}_2X_2+M_P \tag{5-4}$$

各杆端弯矩为

$M_{AB}=0+l\times\frac{45ql}{88}-\frac{ql^2}{2}=\frac{ql^2}{88}$(右侧受拉)

$M_{BA}=-l\times\frac{5ql}{88}+l\times\frac{45ql}{88}-\frac{ql^2}{2}=-\frac{ql^2}{22}$(左侧受拉)，

$M_{BC}=-\frac{ql^2}{22}$(上方受拉)，$M_{CB}=-l\times\frac{5ql}{88}=-\frac{5ql^2}{88}$(上方受拉)

$M_{CD}=-\frac{5ql^2}{88}$(右侧受拉)，$M_{DC}=0$

应用叠加法绘制弯矩图，如图 5-11(a)。

(6)作剪力图和轴力图

先依据弯矩图，利用各杆力矩平衡条件求出各杆杆端剪力。

取 AB 杆，其受力图如图 5-11(b)，其中轴力未绘出。

$$\sum M_A=0,F_{SBA}l+\frac{ql^2}{22}+\frac{ql^2}{88}=0,F_{SBA}=-\frac{5ql}{88}$$

$$\sum M_B=0,F_{SAB}l+\frac{ql^2}{22}+\frac{ql^2}{88}=0,F_{SAB}=-\frac{5ql}{88}$$

取 BC 杆，其受力图如图 5-11(c)(轴力未绘出)。

$$\sum M_C=0,\quad F_{SBC}l-\frac{ql^2}{22}+\frac{5ql^2}{88}-\frac{ql^2}{2}=0,F_{SBC}=\frac{43ql}{88}$$

$$\sum M_B=0,\quad F_{SCB}l-\frac{ql^2}{22}+\frac{5ql^2}{88}+\frac{ql^2}{2}=0,F_{SCB}=-\frac{45ql}{88}$$

CD 杆的杆端剪力可根据求出的基本未知量 X_1 确定：$F_{SCD}=F_{SDC}=\dfrac{5ql}{88}$

剪力图如图 5-11(d)。

再依据剪力图，取结点 B、C 为隔离体(图 5-11(e))，利用投影平衡条件求出各杆的杆端轴力，绘制轴力图，如图 5-11((f))。

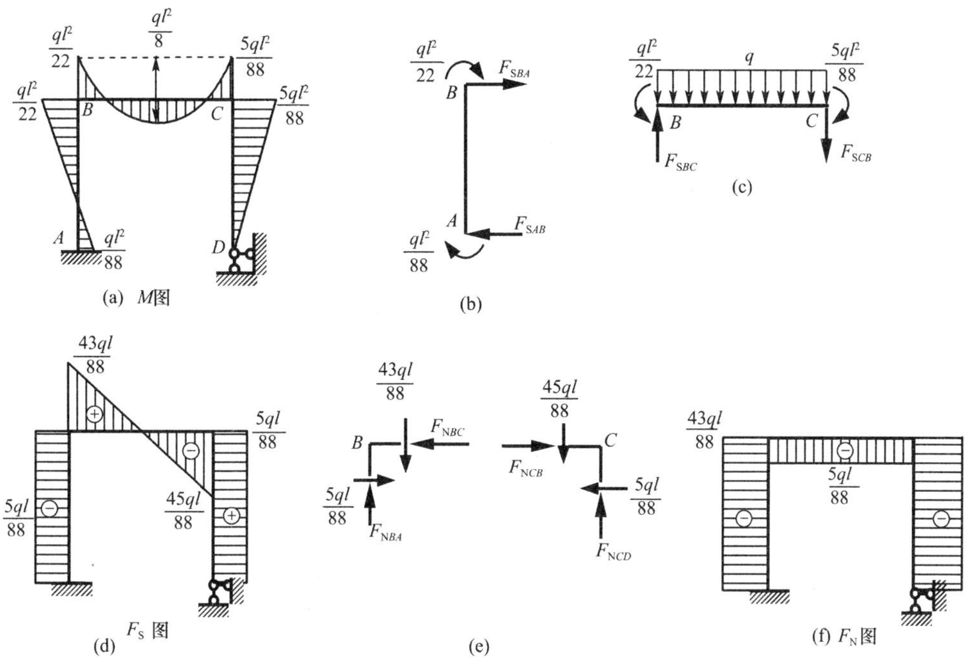

图 5-11

2. 力法典型方程

以上讨论的是二次超静定结构的求解，按照同样的原理和方法，可以推广到任意 n 次超静定结构的求解。

设一 n 次超静定结构，具有 n 个多余约束，这时力法的基本未知量为相应于 n 个多余约束的多余力 X_1、X_2、…、X_n，力法的基本方程是 n 个多余约束处的 n 个位移条件。如果 n 个多余约束处的位移均为 0，相应的 n 个位移条件可以表示为

$$\Delta_i=0\qquad(i=1,2,\cdots,n)$$

对于线弹性体系，利用叠加原理，可以将这 n 个位移条件展开，得

$$\left.\begin{aligned}\delta_{11}X_1+\delta_{12}X_2+\cdots+\delta_{1n}X_n+\Delta_{1P}&=0\\\delta_{21}X_1+\delta_{22}X_2+\cdots+\delta_{2n}X_n+\Delta_{2P}&=0\\\cdots\cdots\cdots\cdots&\\\delta_{n1}X_1+\delta_{n2}X_2+\cdots+\delta_{nn}X_n+\Delta_{nP}&=0\end{aligned}\right\}\tag{5-5}$$

式(5-5)还可以写成矩阵形式

$$\begin{pmatrix}\delta_{11}&\delta_{12}&\cdots&\delta_{1n}\\\delta_{21}&\delta_{22}&\cdots&\delta_{2n}\\\vdots&\vdots&&\vdots\\\delta_{n1}&\delta_{n2}&\cdots&\delta_{nn}\end{pmatrix}\begin{pmatrix}X_1\\X_2\\\vdots\\X_n\end{pmatrix}+\begin{pmatrix}\Delta_{1P}\\\Delta_{2P}\\\vdots\\\Delta_{nP}\end{pmatrix}=\begin{pmatrix}0\\0\\\vdots\\0\end{pmatrix}\tag{5-6}$$

式中，Δ_{iP}表示荷载作用下引起基本结构中 X_i作用点沿 X_i方向的位移；系数矩阵 $\begin{pmatrix} \delta_{11} & \delta_{12} & \cdots & \delta_{1n} \\ \delta_{21} & \delta_{22} & \cdots & \delta_{2n} \\ \vdots & \vdots & & \vdots \\ \delta_{n1} & \delta_{n2} & \cdots & \delta_{nn} \end{pmatrix}$ 称为柔度矩阵，其主对角线上的系数 δ_{11}、δ_{22}、…、δ_{nn}称为主系数，均为正值；其他系数 $\delta_{ij}(i \neq j)$称为副系数，δ_{ij}表示单位未知力 $X_j=1$ 作用下，引起基本结构中 X_i的作用点沿 X_i方向的位移；由位移互等定理可知，$\delta_{ij}=\delta_{ji}$。

式(5-5)即为 n 次超静定结构在荷载作用下的力法方程一般式，称为力法典型方程，是关于多余力的 n 次线性方程组。其物理意义是，在基本体系中，由于全部多余力和已知荷载的作用，在去掉多余约束的各点处的位移应该等于原结构相应的位移。由力法典型方程解出 n 个基本未知量后，剩下的问题就是由平衡条件求静定结构内力的问题了，相应的结构弯矩可根据基本体系直接计算，也可用叠加原理计算

$$M=\overline{M}_1 X_1+\overline{M}_2 X_2+\cdots+\overline{M}_i X_i+M_P \tag{5-7}$$

式中，$\overline{M}_i$ 表示单位未知力 $X_i=1$ 引起基本结构的弯矩图；M_P是荷载作用下基本结构的弯矩图。剪力图可以直接根据各杆件的平衡条件计算得到的杆端力绘制，也可以应用弯矩、剪力之间的微分和积分关系得到；轴力图则可通过结点平衡条件得到。

5.4 荷载作用下超静定结构的计算

根据前一节力法求解超静定结构的基本思路和计算步骤，下面分别对不同形式的超静定结构进行分析计算。为了简化计算，求解刚架和排架时，通常忽略轴力和剪力的影响，只考虑弯矩因素；对于轴力影响较大的高层刚架柱，以及剪力影响较大的短粗杆件，计算时要做特殊处理，不在本书的讨论范围之内。

【例 5-2】 图 5-12(a)所示连续梁，已知各杆的弹性模量 E 为常量，AC 杆与 CD 杆的截面惯性矩之比为 1∶2，试作梁的内力图。

解 (1)选取基本体系

该连续梁为一次超静定结构。设选取 B 支座的支反力为基本未知量，去掉约束代以未知力 X_1，基本体系如图 5-12(b)。

(2)列力法方程

原结构在 B 支座处竖向位移等于零，基本体系应满足 B 点无竖向位移的变形条件，列出力法方程为

$$\delta_{11}X_1+\Delta_{1P}=0$$

(3)计算系数及自由项

作基本体系的 $\overline{M}_1$、M_P图(图 5-12(c)、(d))。利用图乘法计算系数和自由项

$$\delta_{11}=\frac{1}{EI}\left(\frac{1}{2}\times a\times\frac{3}{4}a\times\frac{2}{3}\times\frac{3}{4}a+\frac{1}{2}\times 3a\times\frac{3}{4}a\times\frac{2}{3}\times\frac{3}{4}a\right)$$
$$+\frac{1}{2EI}\left(\frac{1}{2}\times 3a\times\frac{9}{4}a\times\frac{2}{3}\times\frac{9}{4}a\right)$$

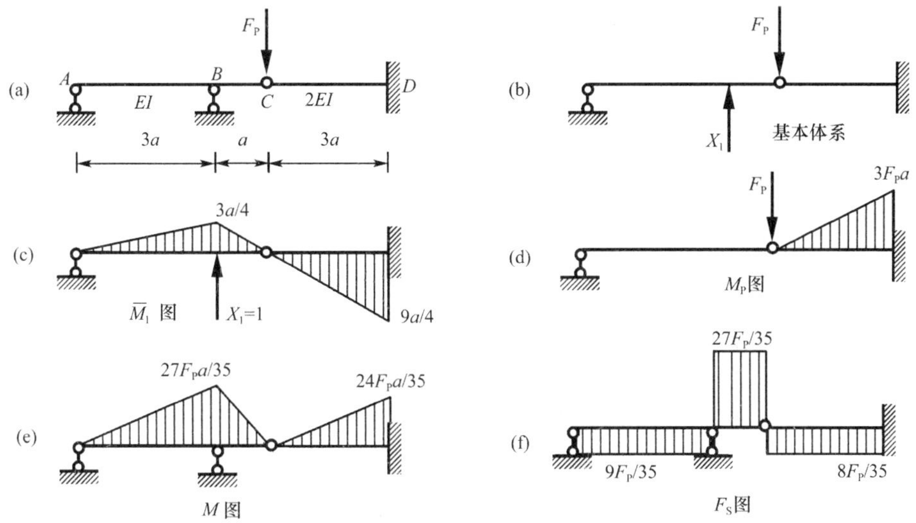

图 5-12

$$=\frac{105a^3}{32EI}$$

$$\Delta_{1P}=-\frac{1}{2EI}\left(\frac{1}{2}\times 3a\times\frac{9}{4}a\times\frac{2}{3}\times 3F_Pa\right)=-\frac{27F_Pa^3}{8EI}$$

(4)解力法方程求未知量

$$\frac{105a^3}{32EI}X_1-\frac{27F_Pa^3}{8EI}=0$$

解出

$$X_1=\frac{36}{35}F_P$$

(5)作内力图

求解出基本未知量 X_1 后，超静定问题转化为静定问题，可以根据弯矩叠加公式(5-2)计算杆端弯矩

$$M_{BA}=\overline{M}_1X_1+M_P=-\frac{3a}{4}\times\frac{36}{35}F_P+0=-\frac{27}{35}F_Pa\text{（上方受拉）}$$

$$M_{DC}=\overline{M}_1X_1+M_P=\frac{9a}{4}\times\frac{36}{35}F_P-3F_Pa=-\frac{24}{35}F_Pa\text{（上方受拉）}$$

原连续梁的弯矩图如图 5-12(e)。然后，根据前面学过的知识，利用弯矩图绘制剪力图，如图 5-12(f)。

思考：上例中，如果 CD 杆的刚度降为 EI，连续梁的弯矩图有何变化，请读者自行分析。

【例 5-3】 图 5-13(a)所示为一受均布荷载作用的超静定刚架，设弹性模量 E 和截面惯性矩 I 均为常量，梁和柱的截面惯性矩之比为 1∶a，试作刚架的内力图。

解　(1)选取基本体系

该刚架为一次超静定结构。解除横梁中点的转动约束代以一对相对力偶为基本未知量 X_1，该基本未知量 X_1 即原结构横梁中点的弯矩。力法基本结构为相应的三铰刚架。基本体系如图 5-13(b)。

(2)列力法方程

原刚架在 E 点处两侧截面的相对转角等于零，基本体系应满足 E 点两侧截面的相对转角等于零的位移条件，列出力法方程为

$$\delta_{11}X_1+\Delta_{1P}=0$$

(3)计算系数及自由项

作基本体系的 M_P、$\overline{M}_1$ 图(如图 5-13(c)、(d))。利用图乘法计算位移，即系数和自由项

$$\delta_{11}=\frac{1}{EI}\times l\times 1\times 1+\frac{1}{aEI}\times\frac{1}{2}\times l\times 1\times\frac{2}{3}\times 2=\frac{(3a+2)l}{3aEI}$$

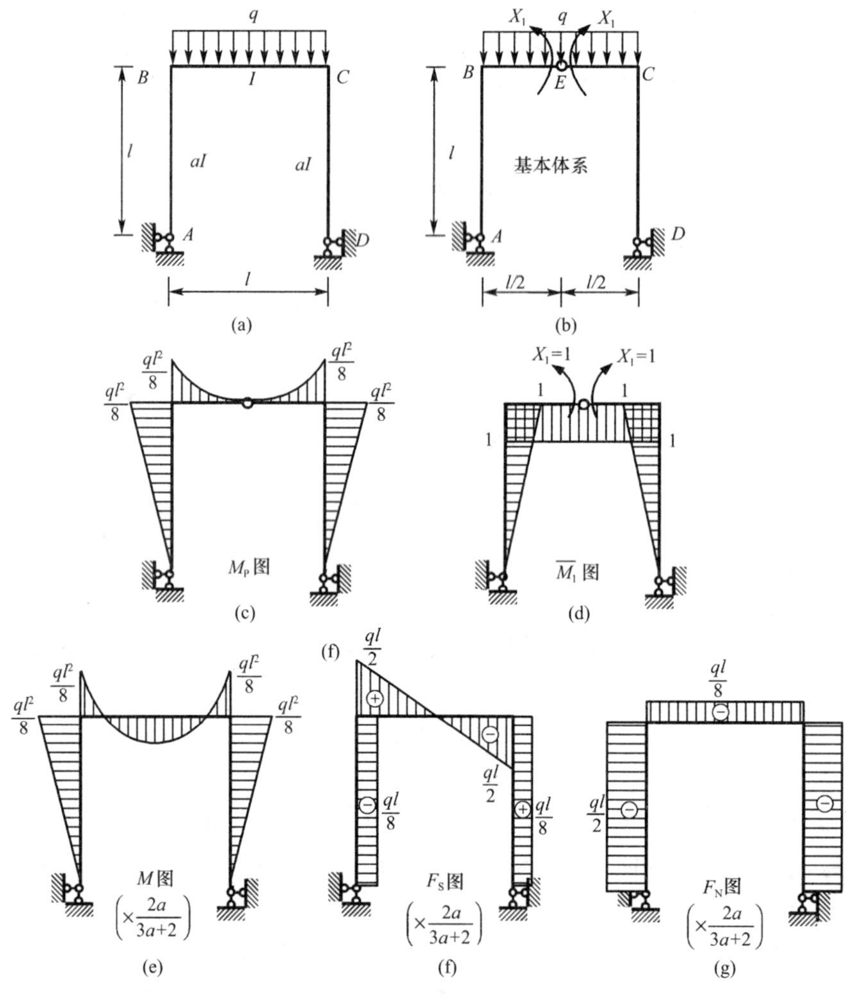

图 5-13

$$\Delta_{1P}=-\frac{1}{EI}\times\frac{1}{3}\times\frac{l}{2}\times\frac{ql^2}{8}\times 1\times 2-\frac{1}{aEI}\times\frac{1}{2}\times l\times\frac{ql^2}{8}\times\frac{2}{3}\times 2=-\frac{ql^3(a+2)}{24aEI}$$

(4)解力法方程求未知量

$$X_1=-\frac{\Delta_{1P}}{\delta_{11}}=\frac{ql^2}{8}\times\frac{a+2}{3a+2}$$

(5)作内力图

求解出基本未知量 X_1 后，根据叠加原理绘制结构的弯矩图 M(图 5-13(e))；然后，根据前面学过的知识，利用弯矩图绘制剪力图(图 5-13(f))；最后，取结点为研究对象，由剪力图及结点平衡条件绘制轴力图(图 5-13(g))。

由结构的弯矩图可知，当 $a\to 0$ 时，柱子对梁的转动约束趋于零，横梁退化为简支梁；当 $a\to\infty$ 时，柱子对梁的转动约束趋于刚性，横梁进化为两端固端梁。

【例 5-4】 试作图 5-14(a)所示刚架的弯矩图，已知各杆 EI 为常量。

解 (1)选取基本体系

该刚架为两次超静定结构。解除 C 截面和 B 结点的转动约束，代之以相应的力偶为基本未知量 X_1 和 X_2，该基本未知量 X_1 和 X_2 即原结构 C 截面和 B 结点处的弯矩。基本体系如图 5-14(b)所示。

(2)列力法方程

原刚架在 C 结点和 B 结点的截面两侧相对转角等于零，基本体系应满足 C 结点和 B 结点相对转角等于零的变形条件，列出力法方程为

$$\left.\begin{aligned}\delta_{11}X_1+\delta_{12}X_2+\Delta_{1P}=0\\ \delta_{21}X_1+\delta_{22}X_2+\Delta_{2P}=0\end{aligned}\right\}$$

(3)计算系数及自由项

作基本体系的 $\overline{M}_1$、$\overline{M}_2$ 和 M_P 图(如图 5-13(c)、(d)和(e)所示)。利用图乘法计算系数和自由项

$$\delta_{11}=\frac{1}{EI}\times\frac{1}{2}\times4\times1\times\frac{2}{3}\times2=\frac{8}{3EI}$$

$$\delta_{12}=\delta_{21}=\frac{1}{EI}\times\frac{1}{2}\times4\times1\times\frac{1}{3}=\frac{2}{3EI}$$

$$\delta_{22}=\frac{1}{EI}\times\left(\frac{1}{2}\times4\times1\times\frac{2}{3}+4\times1\times1\right)=\frac{16}{3EI}$$

$$\Delta_{1P}=\frac{1}{EI}\times\frac{2}{3}\times4\times12\times\frac{1}{2}\times2=\frac{32}{EI}$$

$$\Delta_{2P}=\frac{1}{EI}\times\frac{2}{3}\times4\times12\times\frac{1}{2}=\frac{16}{EI}$$

(4)解力法方程求未知量

$$\left.\begin{aligned}\frac{1}{EI}\times\left(\frac{8}{3}X_1+\frac{2}{3}X_2+32\right)=0\\ \frac{1}{EI}\times\left(\frac{2}{3}X_1+\frac{16}{3}X_2+16\right)=0\end{aligned}\right\}$$

解出

$$\begin{cases}X_1=-\dfrac{360}{31}=-11.61\\ X_2=-\dfrac{48}{31}=-1.55\end{cases}$$

(5)作弯矩图

所求出的 X_1 和 X_2 即原结构 C 结点和 B 结点处的杆端弯矩，计算结果为负，说明它

们与假设的方向相反，均为外侧受拉。根据弯矩叠加公式(5-4)绘制刚架的弯矩图，如图5-14(f)。

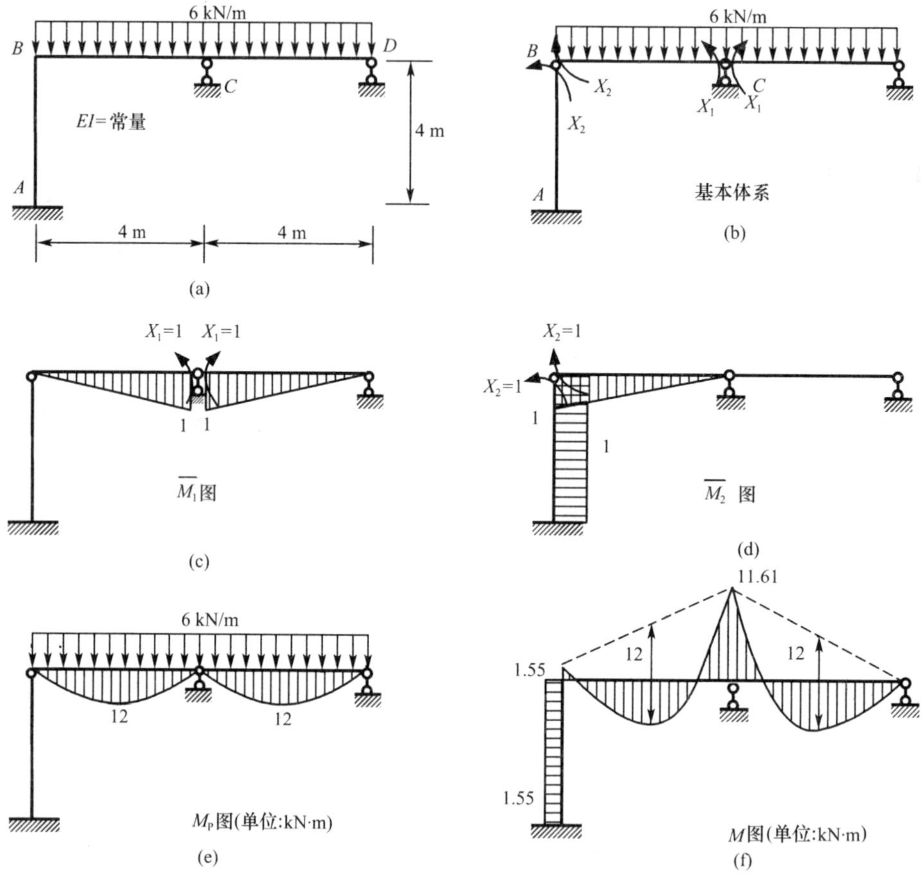

图 5-14

荷载作用下，由于超静定结构的内力只与杆件的相对刚度有关，计算可取 $EI=1$，则计算式表达比较简捷。

【例 5-5】 用力法计算图 5-15(a)所示排架，并作弯矩图。忽略排架顶部链杆的轴向变形，将链杆视为刚性杆。

解 (1)选取基本体系

该排架为两次超静定结构。取两链杆的轴力为多余力，切断两链杆代之以相应的轴力为基本未知量 X_1 和 X_2，基本体系如图 5-15(b)所示。

(2)列力法方程

基本体系应满足在两根链杆切口处，两截面的相对轴向位移为零的变形条件，列出力法方程为

$$\left.\begin{aligned}\delta_{11}X_1+\delta_{12}X_2+\Delta_{1P}=0\\ \delta_{21}X_1+\delta_{22}X_2+\Delta_{2P}=0\end{aligned}\right\}$$

(3)计算系数及自由项

作基本体系的 $\overline{M}_1$ 、$\overline{M}_2$ 和 M_P 图(如图 5-15(c)、(d)和(e)所示)。利用图乘法计算位

移,即系数和自由项

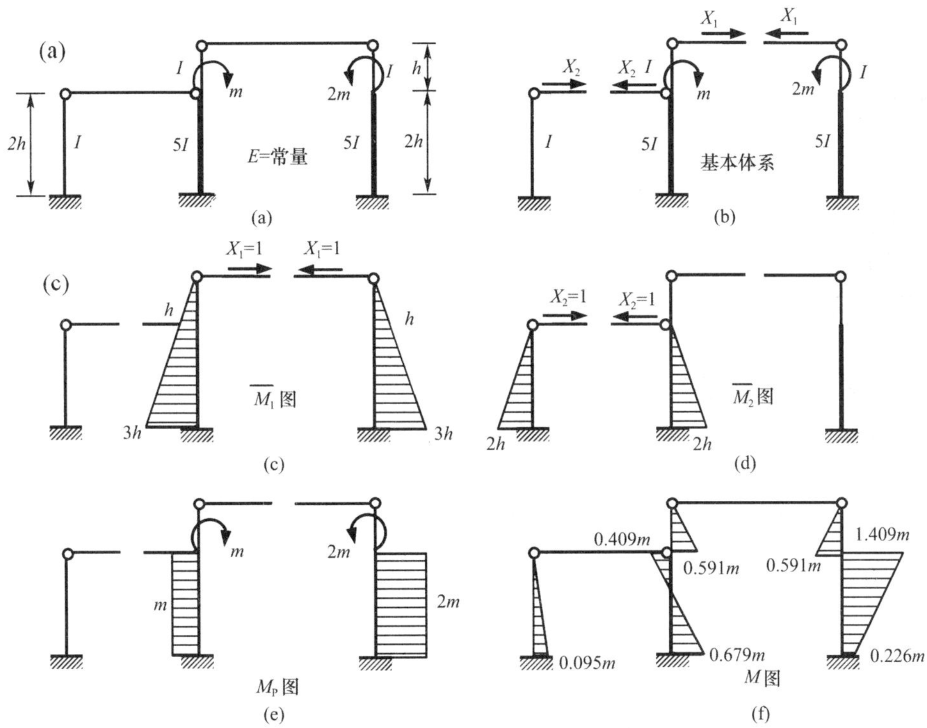

图 5-15

$$\delta_{11}=\frac{1}{EI}[\frac{1}{2}h\times h\times\frac{2}{3}h+\frac{1}{5}\times 2h\times h\times 2h+\frac{1}{5}\times\frac{1}{2}\times 2h\times 2h\times(h+\frac{2}{3}\times 2h)]\times 2$$

$$=\frac{62h^3}{15EI}$$

$$\delta_{12}=\delta_{21}=-\frac{1}{5EI}\times\frac{1}{2}\times 2h\times 2h\times(h+\frac{2}{3}\times 2h)=-\frac{14h^3}{15EI}$$

$$\delta_{22}=\frac{1}{EI}(\frac{1}{2}\times 2h\times 2h\times\frac{2}{3}\times 2h+\frac{1}{5}\times\frac{1}{2}\times 2h\times 2h\times\frac{2}{3}\times 2h)=\frac{16h^3}{5EI}$$

$$\Delta_{1P}=\frac{1}{5EI}(2h\times m\times 2h+2h\times 2m\times 2h)=\frac{12mh^2}{5EI}$$

$$\Delta_{2P}=-\frac{1}{5EI}\times 2h\times m\times h=-\frac{2mh^2}{5EI}$$

(4)解力法方程求未知量

$$\left.\begin{aligned}\frac{62h^3}{15EI}X_1-\frac{14h^3}{15EI}X_2+\frac{12mh^2}{5EI}&=0\\-\frac{14h^3}{15EI}X_1+\frac{16h^3}{5EI}X_2-\frac{2mh^2}{5EI}&=0\end{aligned}\right\}$$

解出

$$\left\{\begin{aligned}X_1&=-\frac{411m}{695h}=-0.591\frac{m}{h}\\X_2&=-\frac{33m}{695h}=-0.0475\frac{m}{h}\end{aligned}\right.$$

(5)作弯矩图

由于本例的基本结构为悬臂柱，可将求得的 X_1、X_2 和已知外荷载作用在结构上，利用平衡条件直接绘制出结构弯矩图(如图 5-15(f)所示)。

【例 5-6】 用力法计算图 5-16(a)所示桁架的内力。已知各杆的 EA 为常量。

解 (1)选取基本体系

此桁架是一次超静定结构，设 AB 杆为多余约束，将其截断，相应的轴力为基本未知量 X_1，基本体系如图 5-16(b)所示。

(2)列力法方程

根据 AB 杆切断处水平方向相对轴向位移为零的变形条件，列出力法方程

$$\delta_{11}X_1+\Delta_{1P}=0$$

(3)计算系数及自由项

桁架的内力均是轴力，利用位移公式(4-11)计算荷载和单位力引起的位移，各杆件相应的内力标注于杆侧，如图 5-16(c)、(d)所示。

$$\delta_{11}=\sum\frac{\overline{F}_{N1}^{\ 2}l}{EA}=\frac{1}{EA}\left[\left(\frac{\sqrt{2}}{2}\right)^2\times\sqrt{2}a\times2+\left(-\frac{1}{2}\right)^2\times2a\right]\times2+\frac{1}{EA}\times1\times2a$$

$$=(3+2\sqrt{2})\frac{a}{EA}$$

$$\Delta_{1P}=\sum\frac{\overline{F}_{N1}F_{NP}l}{EA}$$

$$=\frac{1}{EA}[(-\frac{\sqrt{2}}{2})F_P\times\frac{\sqrt{2}}{2}\times\sqrt{2}a\times2+\frac{\sqrt{2}}{2}F_P\times\frac{\sqrt{2}}{2}\times\sqrt{2}a\times2+(-\frac{1}{2})\times\frac{1}{2}F_P\times2a\times2]$$

$$=-\frac{F_Pa}{EA}$$

(4)解力法方程求未知量

将 Δ_{1P}、δ_{11} 代入力法方程，消去公因子 $1/EA$ 得

$$(3+2\sqrt{2})aX_1-F_Pa=0$$

解得

$$X_1=\frac{1}{3+2\sqrt{2}}F_P=0.17F_P$$

(5)计算各杆轴力

$$F_N=\sum F_{\overline{N}i}X_i+F_{NP}$$

各杆轴力计算结果如图 5-16(e)所示。

本例还可以取不同的基本体系。若将 AB 杆作为多余约束去掉，则计算相应的系数 δ_{11} 时，AB 杆对于位移的贡献为零，即 $\delta_{11}=(1+2\sqrt{2})\frac{a}{EA}$；此时变形协调条件应为 A 和 B 两结点间的相对位移 Δ_1 等于 AB 杆的变形量 Δl_{AB}，此做法与截断杆件不同。也可以令 D 支座的竖向链杆为多余约束，取消该链杆，代之以支反力 X_1，得基本结构。通常桁架杆件较多，可采用列表计算较为简明。

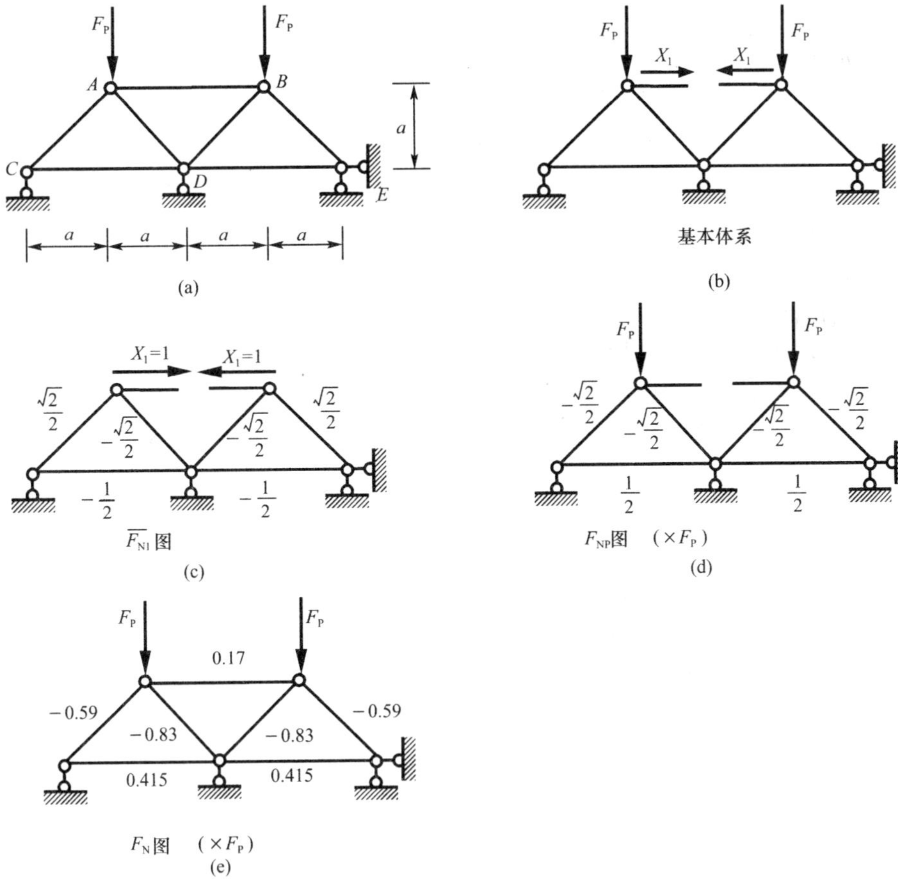

图 5-16

【例 5-7】 用力法计算图 5-17(a)所示组合结构的内力。已知链杆 CD 与 AC 和 BC 的 EA 之比为 2∶1，梁式杆的 $EI=2\times10^4\ \mathrm{kN\cdot m^2}$，链杆的 $EA=2.4\times10^5\ \mathrm{kN}$，$l=6\ \mathrm{m}$。

解　(1)选取基本体系

结构是一次超静定结构，将杆 CD 看作多余约束，将其截断代之以未知轴力 X_1，基本体系如图 5-17(b)所示。

(2)列力法方程

根据基本体系 CD 杆截断处，两截面相对线位移为零的变形条件，列出力法方程为

$$\delta_{11}X_1+\Delta_{1P}=0$$

(3)计算系数及自由项

单位未知力及已知荷载引起的组合结构相应的 $\overline{M}_1$、$\overline{F}_{N1}$ 和 M_P 图如图 5-17(c)、(d)所示。

由公式(4-12)，得

$$\delta_{11}=\int_0^l\frac{\overline{M}_1^{\,2}}{EI}\mathrm{d}x+\sum\frac{\overline{F}_{N1}^{\,2}}{EA}$$

$$=\frac{1^2\cdot l/6}{2EA}+2\cdot\frac{(-\sqrt{10}/6)^2}{EA}\cdot\frac{\sqrt{10}}{6}l+\frac{1}{EI}\cdot\frac{1}{2}\cdot\frac{l}{2}\cdot\frac{l}{4}\cdot\frac{2}{3}\cdot\frac{l}{4}\cdot2$$

$$= \frac{l}{12EA} + \frac{5\sqrt{10}l}{54EA} + \frac{l^3}{48EI} = 2.34 \times 10^{-4}\ \mathrm{m \cdot kN^{-1}}$$

$$\Delta_{1P} = \sum \frac{\overline{F}_{N1} F_{NP} l}{EA} + \sum \int \frac{\overline{M}_1 M_P}{EA} \mathrm{d}s$$

$$= 0 + \frac{1}{EI} \cdot \frac{2}{3} \cdot \frac{l}{2} \cdot \frac{10l^2}{8} \cdot \frac{5}{8} \cdot \frac{l}{4} \cdot 2$$

$$= \frac{25l^4}{192EI} = 84.375 \times 10^{-4}\ \mathrm{m}$$

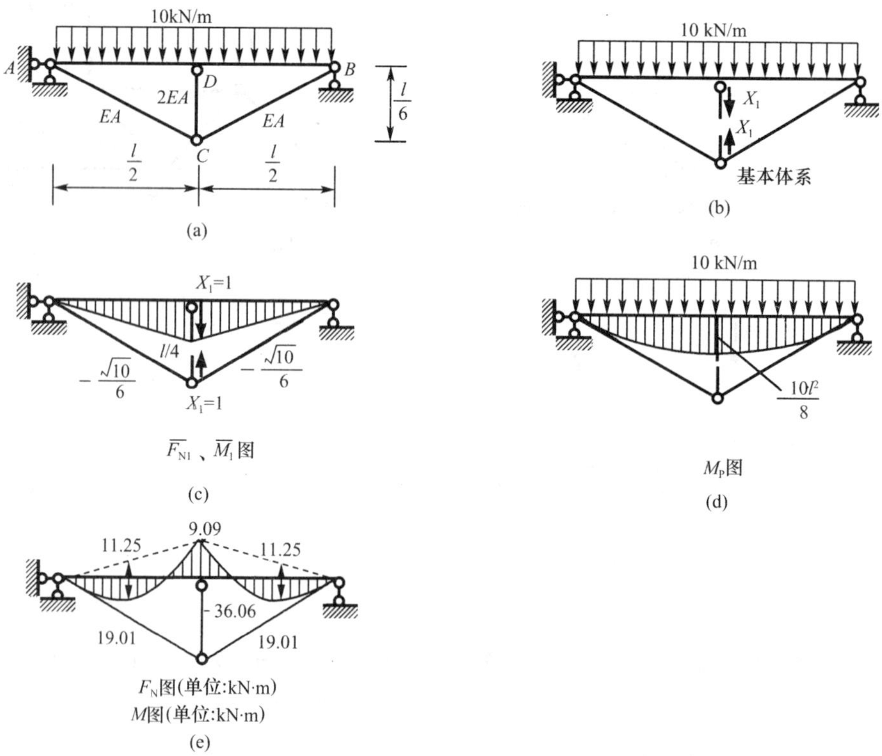

图 5-17

(4)解力法方程求出基本未知量

$$X_1 = -\frac{\Delta_{1P}}{\delta_{11}} = -\frac{84.375 \times 10^{-4}}{2.34 \times 10^{-4}}\ \mathrm{kN} = -36.06\ \mathrm{kN}$$

(5)计算各杆内力

利用叠加原理 $M = \overline{M}_1 X_1 + M_P$,得到梁式杆的弯矩,各杆的轴力应用下式进行计算。

$$F_N = \overline{F}_{N1} X_1 + F_{NP}$$

梁式杆的弯矩图,及各链杆轴力计算结果如图 5-17(e)所示。

本例中梁式杆 AB 既有弯矩又有轴力,轴向变形引起的位移远远小于弯曲变形引起的位移,常可忽略不计,这时只计该杆的弯曲变形即可。通常计算组合结构时,对于梁式杆只需求出弯矩即可。

5.5 支座移动和温度变化作用下超静定结构计算

超静定结构不同于静定结构的一个重要特点，就是在支座移动、温度变化、制造误差等因素作用下，静定结构不产生内力，但超静定结构会发生变形并产生支座反力及内力。这些非荷载因素引起的超静定结构的内力，称为自内力。本节通过例题说明支座移动和温度变化等因素作用下超静定结构的计算，计算步骤与荷载作用情况基本相同。

5.5.1 支座移动时的计算

【例 5-8】 图 5-18(a)所示为一等截面连续梁，如果已知支座 B 下沉位移为 $2a$，支座 C 下沉位移为 a，各杆 EI 为常量，试求梁由于支座移动引起的自内力，并绘制弯矩图。

解 解法一 (1)选取基本体系

该连续梁是一次超静定结构，将支座 C 看作多余约束，解除支座代之以未知反力 X_1，基本体系如图 5-18(b)所示。

(2)列力法方程

基本体系在支座 C 处的位移 Δ_1 包括两项，一项是由基本未知量 X_1 引起的，另一项是由支座 B 下沉引起的，即

$$\Delta_1 = \delta_{11} X_1 + \Delta_{1c}$$

原结构在支座 C 处的位移为 a，方向与 X_1 方向相反，由变形条件可列出力法方程为

$$\Delta_1 = \delta_{11} X_1 + \Delta_{1c} = -a \tag{1a}$$

式中，Δ_{1c} 表示由于支座位移引起的基本结构沿着 X_1 方向的位移。

(3)计算系数和自由项

作基本体系的 $\overline{M}_1$ 图(如图 5-18(c)所示)，利用图乘法计算系数 δ_{11}，即

$$\delta_{11} = \frac{1}{EI}\int \overline{M}_1^{\,2} \mathrm{d}x = \frac{2}{EI}\left(\frac{1}{2} \times l^2 \times \frac{2l}{3}\right) = \frac{2l^3}{3EI}$$

基本体系由于支座移动引起的 X_1 方向的位移 Δ_{1c}，可由公式(4-17)进行计算，即

$$\Delta_{1c} = -\sum \overline{R}c = -4a \tag{1b}$$

(4)解力法方程求出基本未知量

$$\frac{2l^3}{3EI} X_1 - 4a = -a$$

$$X_1 = \frac{9EIa}{2l^3} \tag{1c}$$

(5)绘制内力图

由于基本结构为静定结构，支座移动等非荷载因素在基本结构中不产生内力，因此，内力仅由多余力产生，即

$$M = \overline{M}_1 X_1 \tag{1d}$$

弯矩图如图 5-18(d)所示。

解法二

(1)选取基本体系

将支座 B 看作多余约束，解除支座代之以未知反力 X_1，基本体系如图 5-19(a)所示。

(2)列力法方程

基本体系在支座 B 处的位移

$$\Delta_1=\delta_{11}X_1+\Delta_{1c}$$

原结构在支座 B 处的位移为 $2a$，方向与 X_1 方向相反，由变形条件可列出力法方程为

$$\Delta_1=\delta_{11}X_1+\Delta_{1c}=-2a \tag{2a}$$

(3)计算系数和自由项

作基本体系的 $\overline{M}_1$ 图(如图 5-19(b)所示)，利用图乘法计算系数 δ_{11}，即

$$\delta_{11}=\frac{1}{EI}\int\overline{M}_1{}^2\mathrm{d}x=\frac{l^3}{6EI}$$

$$\Delta_{1c}=-\sum\overline{R}c=-\frac{a}{2} \tag{2b}$$

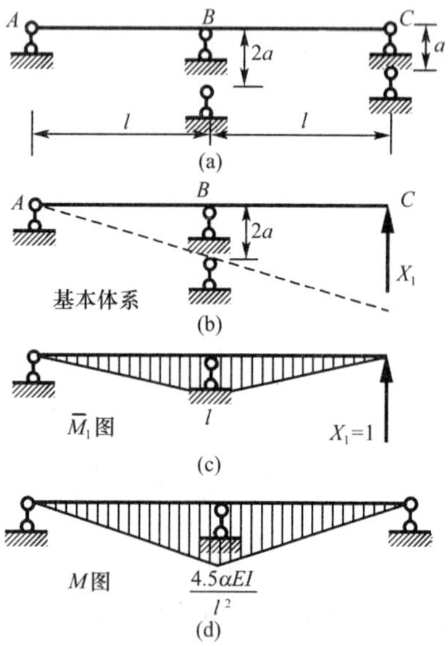

图 5-18

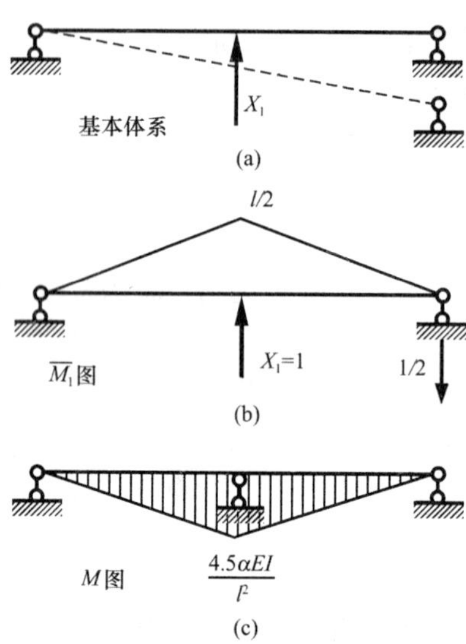

图 5-19

(4)解方程求出基本未知量

$$X_1=\frac{\Delta_1-\Delta_{1c}}{\delta_{11}}=-\frac{9EIa}{l^3} \tag{2c}$$

计算结果为负，说明支座 B 的支反力方向向下，与假设的方向相反。

(5)绘制内力图

利用叠加原理 $M=\overline{M}_1X_1$，弯矩图如图 5-19(c)所示，与解法一得到相同的结果。

思考：如果将支座 A 的支反力看作多余力，(a)和(b)式如何变化，请读者自行分析。

与荷载作用下的超静定结构计算相比，支座移动引起的计算有如下特点：

(1)由式(a)可知，力法方程的右端不一定为 0；

(2)由式(b)可知，力法方程的自由项是由支座移动引起的；

(3)由式(c)可知，支座位移在超静定结构中引起的内力的大小与杆件截面刚度的绝

对值有关；

(4)由式(d)可知，内力全部由多余未知力引起，即 $M=\sum\overline{M}_iX_i$。

5.5.2　温度变化时的计算

计算温度变化引起的超静定结构支反力及内力时，基本思想与计算方法同荷载作用下的超静定结构计算相同，区别在于力法方程中自由项的计算。

【例 5-9】 如图 5-20(a)所示刚架，冬季外侧温度为 −15 ℃，内侧温度为 25 ℃，设各杆 EI 为常量，截面高度 $h=0.4$ m，线膨胀系数为 α。试求由于温度变化在刚架中引起的内力，并绘制内力图。

解　(1)选取基本体系

将支座 A 看作多余约束，解除支座代之以两个基本未知量 X_1 和 X_2，基本体系如图 5-20(b)所示。

(2)列力法方程

基本体系应满足结点 A 水平和竖直方向位移为零的变形条件，列出力法方程为

$$\left.\begin{aligned}\delta_{11}X_1+\delta_{12}X_2+\Delta_{1t}&=0\\ \delta_{21}X_1+\delta_{22}X_2+\Delta_{2t}&=0\end{aligned}\right\}$$

(3)计算系数和自由项

作基本体系的 $\overline{M}_1$ 和 $\overline{M}_2$ 图(如图 5-20(c)、(d)所示)，利用图乘法计算系数，δ_{ij} 仍是基本体系在单位多余力作用下多余力作用点的位移，计算系数 δ_{ij} 时仍只计弯曲变形的影响，得

$$\delta_{11}=\frac{1}{EI}\left(4^3+\frac{1}{2}\times4^2\times\frac{2}{3}\times4\right)=\frac{256}{3EI}$$

$$\delta_{22}=\frac{1}{EI}\left(\frac{1}{2}\times4^2\times\frac{2}{3}\times4\right)=\frac{64}{3EI}$$

$$\delta_{21}=\delta_{12}=-\frac{32}{EI}$$

自由项 Δ_{1t} 与 Δ_{2t} 为基本结构由于温度变化引起的 A 点沿 X_1、X_2 方向产生的位移，可根据公式(4-15(c))进行计算。作基本体系的 $\overline{F}_{N1}$ 和 $\overline{F}_{N2}$ 图，如图 5-20(e)、(f)所示。

$$t_0=\frac{t_2+t_1}{2}=5\ ℃$$

$$\Delta t=t_2-t_1=25\ ℃-(-15℃)=40\ ℃$$

$$\begin{aligned}\Delta_{1t}&=\sum\frac{\alpha\Delta t}{h}A_{\overline{M}_1}+\sum\alpha t_0A_{\overline{N}_1}\\&=-\alpha\times\frac{40}{h}\left(\frac{1}{2}\times4^2+4^2\right)-5\alpha(1\times4)=-2420\alpha\end{aligned}$$

同理，

$$\Delta_{2t}=\sum\frac{\alpha\Delta t}{h}A_{\overline{M}_2}+\sum\alpha t_0A_{\overline{N}_2}=780\alpha$$

这里要注意的是，应用虚功原理计算位移时，表达式的每一项都是虚功，每一项都要考虑其正负号。在考虑温度变化作用下的计算时，杆件的轴向变形的影响是不能忽略的。

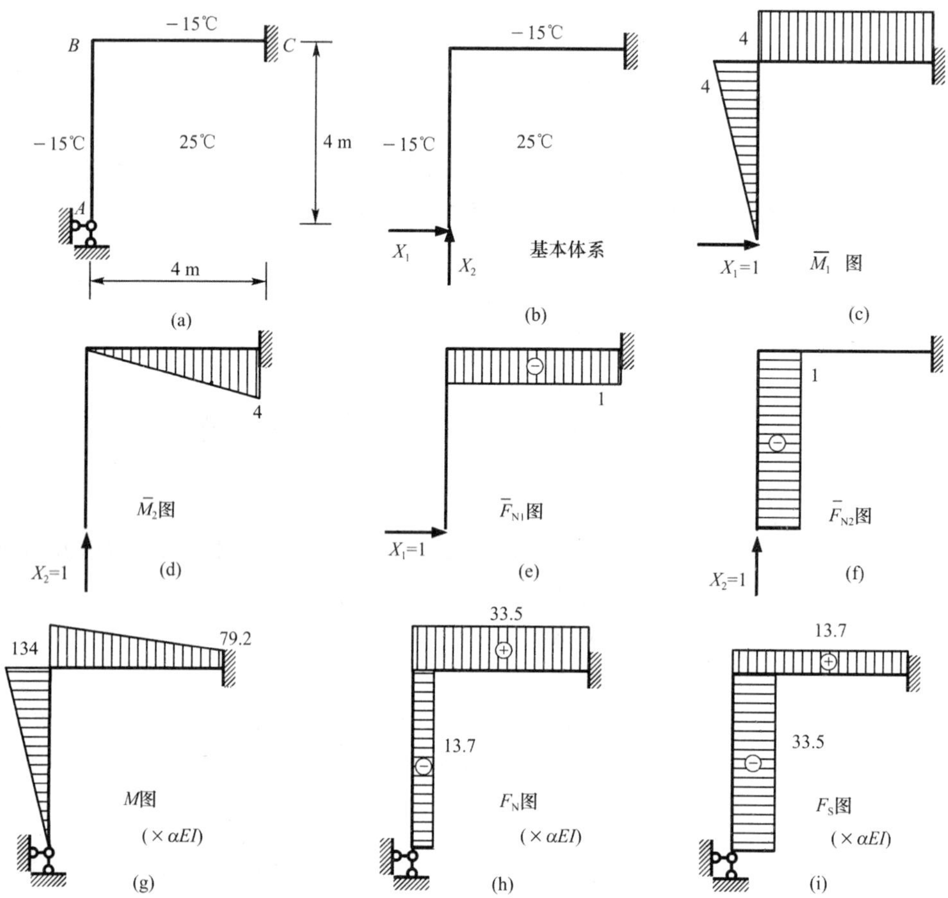

图 5-20

(4)解方程求出基本未知量

将 Δ_{1t}、Δ_{2t}、δ_{11}、δ_{22}、δ_{12}、δ_{21} 的表达式代入力法方程中，得

$$\left.\begin{aligned}\frac{256}{3EI}X_1-\frac{32}{EI}X_2-2420\alpha=0\\-\frac{32}{EI}X_1+\frac{64}{3EI}X_2+780\alpha=0\end{aligned}\right\}$$

解得

$$\left.\begin{aligned}X_1=33.5EI\alpha\\X_2=13.7EI\alpha\end{aligned}\right\}$$

(5)绘制内力图

由于基本结构是静定结构，温度变化不引起内力，故结构内力都是由多余力引起的，即

$$M=\overline{M}_1X_1+\overline{M}_2X_2$$

$$F_N=\overline{F}_{N1}X_1+\overline{F}_{N2}X_2$$

弯矩图和轴力图如图 5-20(g)、(h)所示，剪力图可根据弯矩图绘出，如图 5-20(i)

所示。

温度变化引起的超静定结构计算有如下特点：

(1)温度变化时，超静定结构中产生内力，且内力的大小与杆件截面刚度的绝对值有关；温度应力一般说来是不能通过增大杆件截面刚度 EI 来减小；

(2)计算自由项 Δ_{it} 时，不能忽略轴向变形的影响；

(3)内力全部由多余未知力引起，即 $M=\sum \overline{M}_i X_i$。

5.6　超静定结构的位移计算及内力图校核

计算超静定结构的位移，一方面是工程问题的需要，另一方面可以对超静定结构内力计算结果进行校核。

5.6.1　超静定结构位移计算

第 4 章中的位移计算公式(4-8)不仅适用于静定结构，也适用于超静定结构。按照第 4 章计算静定结构位移的基本思路，要求解超静定结构由于荷载或其他因素产生的位移，先要画出超静定结构在相应因素作用下的内力图；然后，在超静定结构上所求位移处，虚设单位力并解出相应的内力，画出内力图；最后，利用位移公式即可计算超静定结构的位移。但是，这样做需两次计算超静定结构的内力，显然计算过程麻烦且费时。

在用力法求解超静定结构时，基本思路是根据基本体系的变形状态等价于原超静定结构的变形状态，超静定结构的计算转化为在其基本体系这样的静定结构上进行。基本体系与原结构的区别就在于多余力由原来的被动力转变为主动力，只要多余力满足力法方程，则基本体系与原超静定结构的变形状态完全一致，当然两者的受力状态自然满足一致性。根据这一原理，超静定结构的位移可以表示为任一基本体系在荷载和基本未知力共同作用下的位移，因此，超静定结构的位移计算可以转化到基本体系上进行。先解出超静定结构由于荷载或其他因素引起的内力(即绘出结构的 M 图后)，选取适当的基本体系，将虚设的单位荷载施加到基本结构上，相应的内力求解由平衡条件即可得到，绘出相应的 $\overline{M}$ 图，这样就可应用第 4 章讲述的方法计算位移了，计算工作大大简化。

【例 5-10】　已知各杆 EI 为常量，计算图 5-21(a)所示刚架 AB 杆中点的竖向位移。

解　(1)利用力法求解出刚架在已知外荷载作用下的弯矩图，如图 5-21(b)所示(计算过程略)。

(2)选取一悬臂刚架为基本结构，沿着所求 AB 杆中点竖向施加单位虚荷载，相应的弯矩图 $\overline{M}_1$ 如图 5-21(c)所示。

(3)将 $\overline{M}_1$ 图与 M 图图乘，得

$$\begin{aligned}\Delta_V &= \frac{1}{EI}\left(\frac{1}{2}\cdot\frac{l}{2}\cdot\frac{9F_Pl}{56}\cdot\frac{l}{3}-\frac{1}{2}\cdot\frac{l}{2}\cdot\frac{F_Pl}{7}\cdot\frac{l}{6}\right)\\ &=\frac{5F_Pl^3}{672EI}(\downarrow)\end{aligned}$$

由于力法的基本结构不唯一，因此，可选择其他形式的基本结构进行计算。假设选取

一简支刚架为基本结构，在单位虚荷载作用下相应的弯矩图 $\overline{M}_2$ 如图 5-21(d)所示，图乘得到的 AB 杆中点的竖向位移为$\dfrac{5F_Pl^3}{672EI}$。请读者自行验证。若取原超静定结构施加单位荷载，得到相应的弯矩图，如图 5-21(e)所示，将此 $\overline{M}$ 图与 M 图图乘，也可以得到同样的位移计算结果。显然，对于本例所求位移，取第一种基本结构位移计算量是最少的。

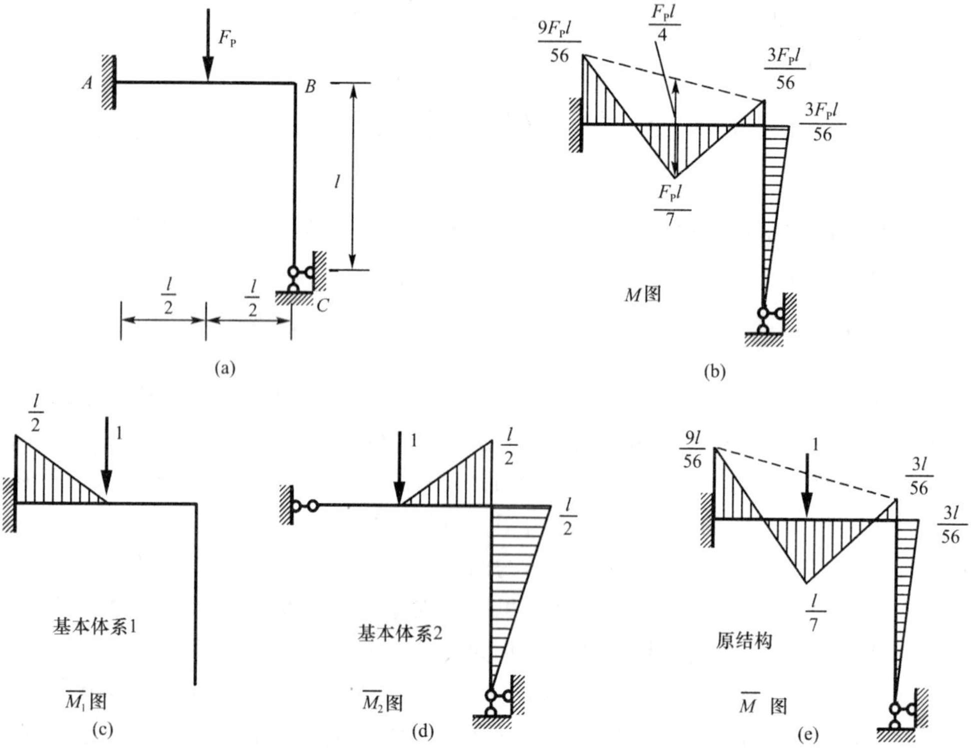

图 5-21

超静定结构的位移计算步骤：

(1)计算荷载或(和)其他因素引起的超静定结构内力，得到相应的内力图；

(2)任选一基本结构，根据单位虚荷载法施加单位力，求出相应的内力并绘制内力图；

(3)按照位移计算公式，利用图乘法或积分的方法计算超静定结构位移。

由于无论取何种基本结构进行超静定结构位移计算，超静定结构的内力是唯一的，所以求超静定结构内力的基本结构与求位移所取的基本结构可以不相同，在求位移时，尽量选取基本结构使得弯矩图 $\overline{M}$ 与 M 图图乘计算更加简便。

5.6.2 超静定结构内力图校核

从用力法计算超静定结构的步骤可以看出，计算过程繁琐，易出错。作为计算最终结果的内力图是结构设计的依据，因此，要保证其正确性必须学会校核。所谓校核不是简单的重复运算，而是要培养用不同方法进行定性分析及定量验算。校核超静定结构的内力图时，除了要校核最后内力图是否满足平衡条件外，还应校核超静定结构在此内力状态下是否满足原结构的位移条件。因此，下面从平衡条件和变形条件两个方面举例说明如何进行校核。

1. 平衡条件校核

取结构的任何部分以及整体，都必须满足平衡条件。通常取刚结点或截取杆件进行校核。图 5-22 所示一刚架在荷载作用下的弯矩图，取刚结点 B 为隔离体，由于 $\sum M_B = M_{BA} + M_{BC} \neq 0$，所以，内力图不正确。图 5-23 所示一刚架由于支座沉降引起的结构弯矩图，取 BC 杆为研究对象，由弯矩图可以求出 BA 杆和 CD 杆的杆端剪力 F_{SBA} 和 F_{SCD}，由 $\sum F_x = F_{SBA} + F_{SCD} \neq 0$，可知结构的内力图不正确。

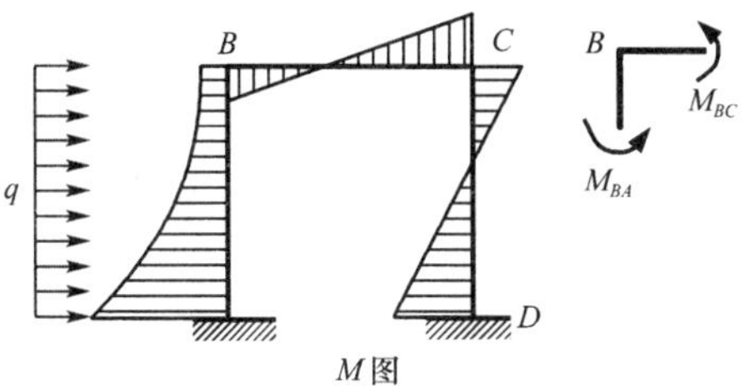

图 5-22

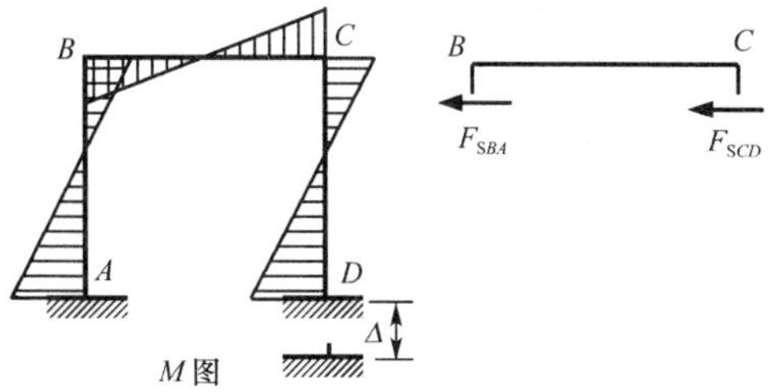

图 5-23

2. 变形条件校核

计算超静定结构时，力法方程的实质就是基本体系在多余约束处的位移与原结构在该处的实际位移相符，计算工作量主要是在变形条件方面，因此，变形条件的校核也应为重点。根据前面介绍的超静定结构位移计算方法，任取一基本结构，利用基本结构的单位弯矩图与所求的原超静定结构弯矩图进行图乘，验证所得位移是否与原结构的位移条件相符。

【例 5-11】 试对例 5-2 的超静定梁弯矩图(图 5-12(e))进行校核。

解　取图 5-12(b)所示基本体系，单位弯矩图 $\overline{M}_1$ 如图 5-12(c)所示。将 $\overline{M}_1$ 图与 M 图互乘，得

$$\begin{aligned}\Delta_B &= \frac{1}{EI}\left(\frac{1}{2}\times\frac{3a}{4}\times 3a+\frac{1}{2}\times\frac{3a}{4}\times a\right)\times\frac{2}{3}\times\frac{27F_{P}a}{35}\\&\quad-\frac{1}{2EI}\left(\frac{1}{2}\times\frac{9a}{4}\times 3a\times\frac{2}{3}\times\frac{24F_{P}a}{35}\right)\\&=0\end{aligned}$$

可见，图 5-12(e)所示的 M 图满足变形条件。

对于 n 次超静定结构，需要验证 n 个变形条件，对应 n 个基本未知量处的位移，分别计算 $\overline{M}_i$ 图与 M 图图乘的结果，看是否符合原超静定结构相应约束处的真实位移条件。不过，通常只需抽查少数的变形条件即可。而且，由超静定结构位移计算可知，基本结构也不限于取计算超静定结构内力时所用结构。

对于具有封闭框格的框架，最简便的办法是利用封闭框格上任一截面的相对角位移为零这一条件来进行弯矩图的校核。例如，校核图 5-24(a)所示刚架的弯矩图(图 5-24(b))。选取横梁 BC 的任一截面 E 的内力为多余力，切断横梁 BC 得到基本结构，假设截面 E 的弯矩为基本未知量 X_1，绘制单位弯矩图(图 5-24(c))。将 $\overline{M}_1$ 图与 M 图互乘，计算被切开的截面 E 的相对转角，得

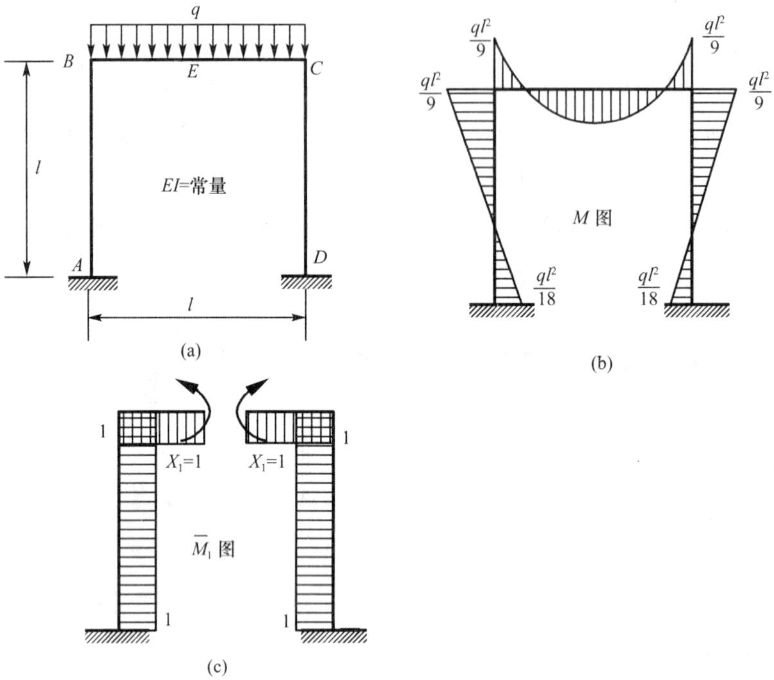

图 5-24

$$\theta=\frac{ql^2}{EI}\left[\left(\frac{2}{3}\times\frac{1}{8}\times l-\frac{1}{9}\times l\right)+\left(\frac{1}{2}\times\frac{1}{18}\times\frac{l}{3}-\frac{1}{2}\times\frac{1}{9}\times\frac{2l}{3}\right)\times 2\right]=-\frac{1}{12}\neq 0$$

显然，原结构在截面 E 的相对转角为零，所以弯矩图不满足变形条件。

上例中，由于在单位力 $X_1=1$ 作用下，封闭框架 $ABCD$ 产生单位弯矩 $\overline{M}_1=1$，因此应用图乘法校核变形条件简化为

$$\theta=\sum\frac{1}{EI}Ay_C=\sum\frac{A}{EI}=0$$

若结构的 $EI=$常量，则只需校核原结构弯矩图的面积之和应该等于零这一条件。

5.7 对称性的利用

用力法计算超静定结构时，由于要求解力法典型方程，超静定次数越高，线性方程中需要求解的系数和自由项也越多。要使计算工作量降低，需要简化典型方程，就应使尽可能多的副系数和自由项等于零，因而，关键是合理地选择基本结构和基本未知量。在工程中，常见到具有对称性的结构（如图 5-25 所示），本节讨论如何利用对称性简化计算。

所谓对称结构是指具有对称性的结构，需满足两个条件：

(1)结构的几何形状和支承条件对某一轴线对称；

(2)杆件截面和材料性质也对称于此轴。

根据对称性的概念，作用在对称结构上的力（外荷载或内力）有两种特殊的情况，一种是正对称力，一种是反对称力。正对称的力是指，将结构沿着对称轴对折后，两部分的力

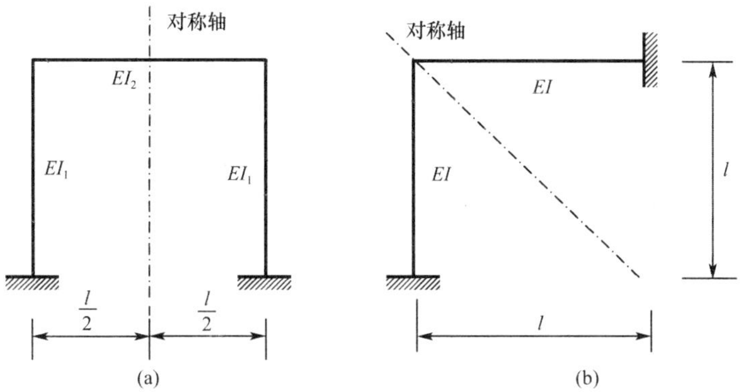

图 5-25

完全重合(力的作用点重合,大小相等,作用方向相同);反对称力是指,将结构沿着对称轴对折后,力的作用点重合,大小相等,方向相反。作用在对称结构上的任何荷载(如图5-26(a)所示)都可以分解为一组正对称荷载(如图5-26(b)所示)和一组反对称荷载(如图5-26(c)所示)。

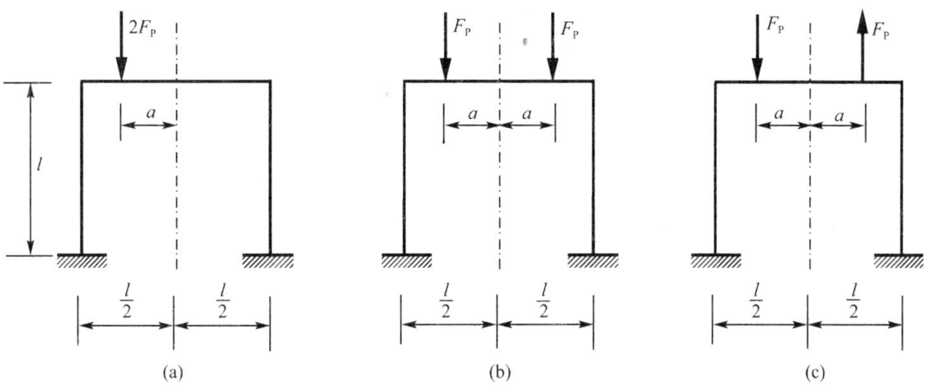

图 5-26

计算对称的超静定结构时,为了简化计算,可以从以下几个方面考虑。

1. 选取对称的基本结构

以图5-26(a)所示对称的超静定刚架为例,可沿对称轴将结构切开,得到对称的基本结构,如图5-27(a)所示,基本未知量分别是一对正对称的轴力 X_1,一对正对称的弯矩 X_2 和一对反对称的剪力 X_3。相应的单位弯矩图 $\overline{M}_1$ 和 $\overline{M}_2$ 为正对称的内力图(如图5-27(b)、(c)所示),$\overline{M}_3$ 为反对称的内力图(如图5-27(d)所示),因此,在计算力法典型方程中的副系数时,由弯矩图图乘可知,$\delta_{13}=\delta_{31}=0$,$\delta_{23}=\delta_{32}=0$。这样,力法方程就简化为

$$\left.\begin{aligned}\delta_{11}X_1+\delta_{12}X_2+\Delta_{1P}=0\\ \delta_{21}X_1+\delta_{22}X_2+\Delta_{2P}=0\\ \delta_{33}X_3+\Delta_{3P}=0\end{aligned}\right\}$$

基本未知量 X_3 可以直接求出,X_1 和 X_2 可以联立求得。

通常,对于超静定对称结构,如果选取对称力或反对称力作为基本未知量,力法方程

可分为两组，一组只包含反对称的未知量，一组只包含对称的未知量，原来高阶的方程组分解为两组低阶方程组，从而使得计算得以简化。

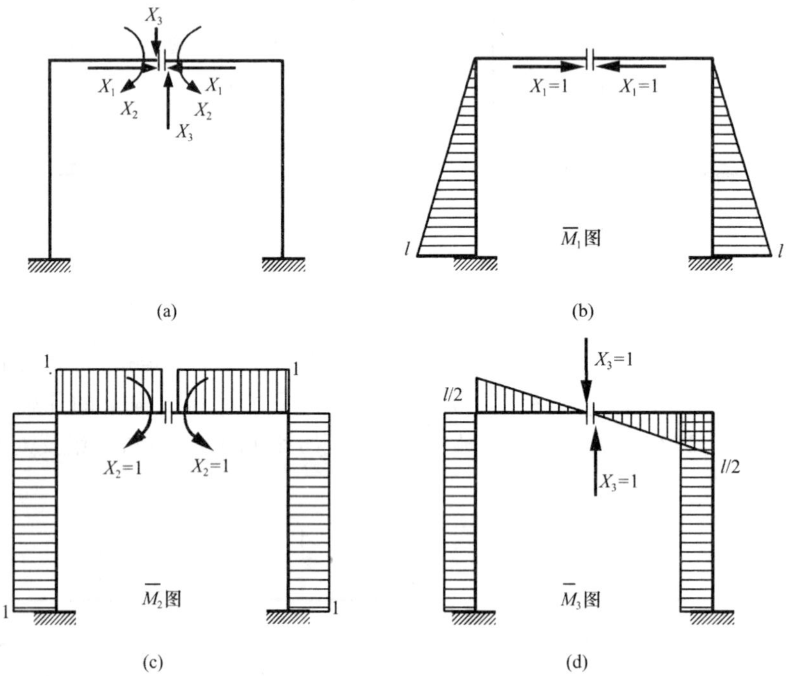

图 5-27

2. 将荷载和未知量分解

为了进一步简化计算，通常希望力法典型方程中更多的副系数及自由项都为零，因此，可以将荷载和基本未知量分解为正对称和反对称的叠加。如图 5-26(a)所示超静定结构的荷载，将其分解为图 5-26(b)、(c)所示的一组正对称荷载和一组反对称荷载，最后对两部分荷载作用下的计算结果进行叠加。正对称荷载作用下，结构的 M_{P1} 图(图 5-28(a))为正对称的，因此，由 M_{P1} 图和如图 5-27(d)所示 $\overline{M}_3$ 图图乘，得到 $\Delta_{3P}=0$；反对称荷载作用下，结构的 M_{P2} 图(图 5-28(b))是反对称的，与图 5-27(b)、(c)所示 $\overline{M}_1$ 和 $\overline{M}_2$ 图图乘，得到 $\Delta_{1P}=0$，$\Delta_{2P}=0$。

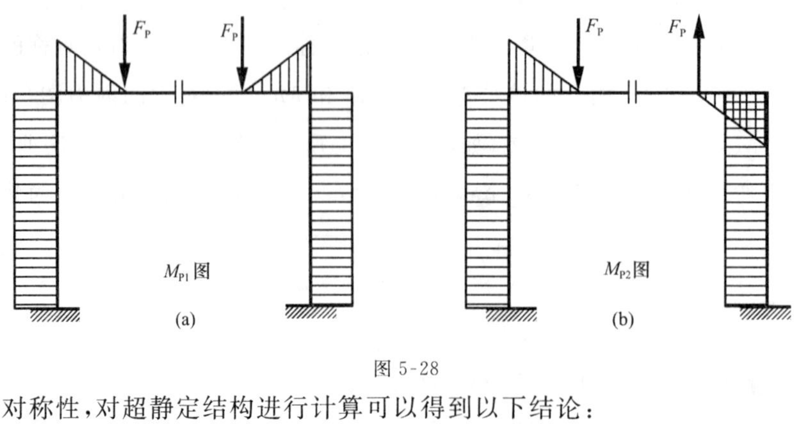

图 5-28

利用对称性，对超静定结构进行计算可以得到以下结论：

(1)对称结构在正对称荷载作用下,受力和变形都是正对称的;取对称的基本结构时,反对称的未知力必为零,只需计算正对称的未知力。

(2)对称结构在反对称荷载作用下,受力和变形都是反对称的;取对称的基本结构时,对称的未知力必为零,只需计算反对称的未知力。

因为在对称结构上,位于对称轴上的截面,其内力本身就是属于正对称或反对称的未知量,其中轴力和弯矩是正对称的,剪力是反对称的,故可直接利用上述结论判定它们是否等于零。

上述关于正对称荷载作用下反对称未知量等于零和反对称荷载作用下正对称未知量等于零的结论,不仅适用于未知力而且也适用于位移。图 5-29(a)所示结构在正对称荷载作用下,变形状态是正对称的,截面 K 的水平位移 Δ_{KH} 和转角 θ_K(它们都是反对称的未知量)必等于零。图 5-29(b)所示结构在反对称荷载作用下,变形状态是反对称的,截面 K 的竖向线位移 Δ_{KV}(它是正对称的未知量)也必等于零。

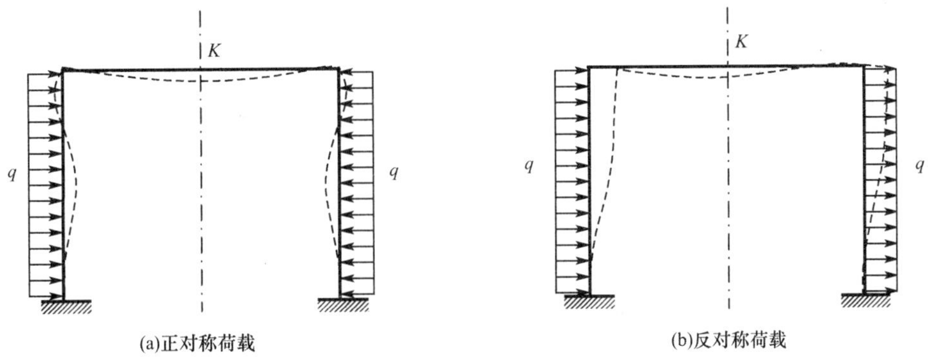

图 5-29

3. 取一半结构

利用上述对称结构在正对称荷载或反对称荷载作用下的受力和变形特性,可截取结构的一半来进行计算。图 5-30(a)所示的刚架,在正对称荷载作用下,对称轴上的截面 K 处无转角和水平线位移产生,但可有竖向线位移;截取其一半计算时,可用定向支座代替原有的约束,其等效结构如图 5-30(b)所示。图 5-30(c)所示的刚架,在对称轴上的结点 K 处,将无任何位移发生,将该处用固定支座代替,其等效结构如图 5-30(d)所示。

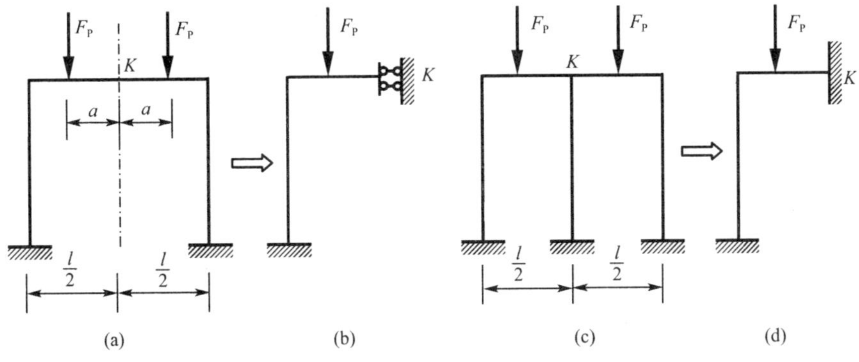

图 5-30

在反对称荷载作用下,图 5-31(a)所示刚架截面 K 处,无竖向位移发生,轴力和弯矩均等于零,在该处可用竖向支座链杆代替原有的约束,其等效结构如图 5-31(b)所示。图 5-31(c)所示刚架,可将其中间柱设想为由两根各具有 I 的竖柱组成,它们分别在对称轴的两侧与横梁刚接。将此两柱中间的横梁截开,由于荷载是反对称的,故该截面上只有剪力 F_{SK} 存在。当不考虑轴向变形时,剪力 F_{SK} 对原结构的内力和变形都无影响。于是可将其略去而取一半刚架的计算简图,其等效结构如图 5-31(d)所示。

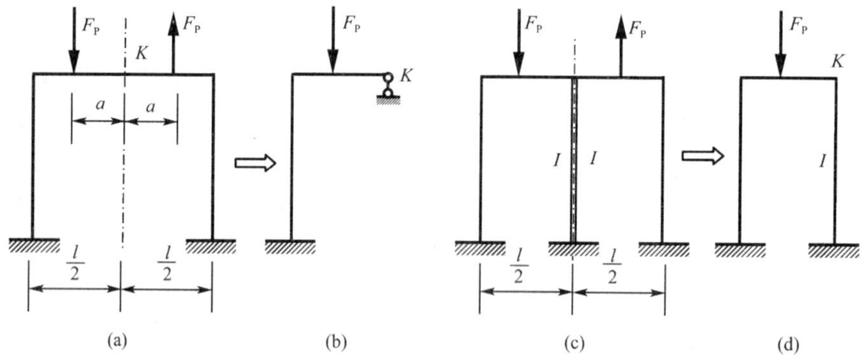

图 5-31

4. 判定无弯矩状态

在不计轴向变形的前提下,下列情况只产生轴力不产生弯矩:

(1)集中荷载沿柱轴线作用(图 5-32(a)所示);

(2)等值反向共线集中荷载沿杆轴线作用(图 5-32(b)所示);

(3)集中荷载作用在不动结点(图 5-32(c)所示)。

这几种情况的无弯矩状态可按如下方法判断,将结构化成铰接体系,荷载仍然作用在结点,若在当前状态体系能平衡外荷载,则可判断原体系无弯矩(如图 5-32(d)、(e)和(f)所示)。

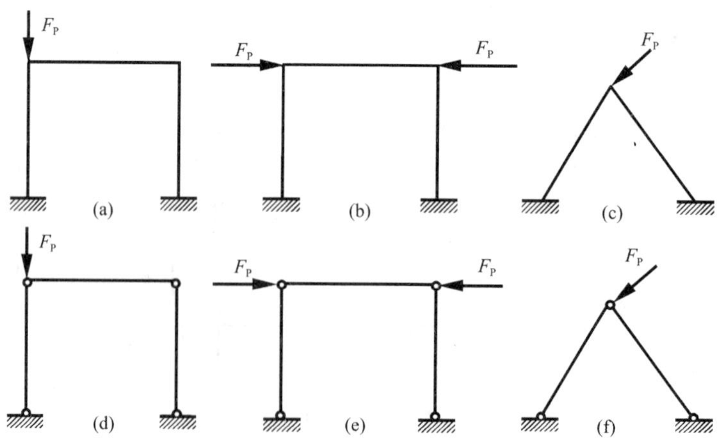

图 5-32

【例 5-12】 利用对称性用力法求解图 5-33(a)所示刚架,作出弯矩图。已知 $EI=$ 常量。

解 (1)荷载分组,分为对称和反对称两组:分别如图 5-33(b)、(c)所示。

(2)受对称荷载作用刚架的计算

图 5-33(b)所示刚架受对称荷载作用,等值反向共线集中荷载沿杆轴线作用,只产生

轴力不产生弯矩，处于无弯矩状态。故各杆弯矩均为零。

(3)受反对称荷载作用刚架的计算

图 5-33(c)所示刚架受反对称荷载作用，取半刚架如图 5-33(d)所示。该刚架为 1 次超静定结构。

取基本体系如图 5-33(e)所示。力法方程为

$$\delta_{11}X_1+\Delta_{1P}=0$$

对基本结构作$\overline{M}_1$ 图和 M_P图，如图 5-33(f)和(g)。应用图乘法计算系数和自由项为

$$\delta_{11}=\frac{1}{EI}\left(\frac{4\times2}{2}\cdot\frac{8}{3}+4^2\times4\right)=\frac{224}{3EI},\Delta_{1P}=-\frac{1}{EI}\left(\frac{160\times4}{2}\times4\right)=-\frac{1280}{EI}$$

求解力法方程，得

$$X_1=-\frac{\Delta_{1P}}{\delta_{11}}=17.14$$

按 $M=\overline{M}_1X_1+M_P$ 叠加绘制半刚架弯矩图，并应用反对称荷载作用下弯矩图为反对称的特性，作出刚架在反对称荷载作用下的弯矩图，如图 5-33(h)。

(4)作最后弯矩图。按 $M=M_{对称}+M_{反对称}$ 叠加绘制弯矩图，由于 $M_{对称}=0$，故图 5-33(h)也就是原结构的弯矩图。

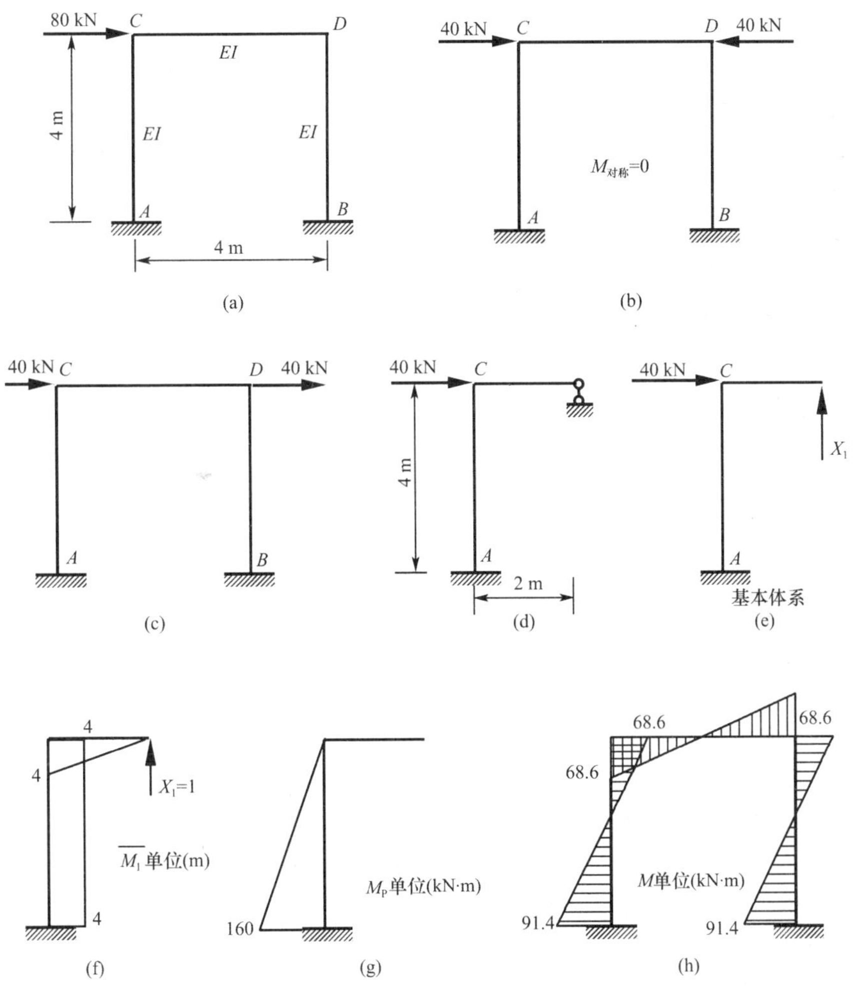

图 5-33

小 结

本章讨论求解超静定结构的最基本方法——力法。

1.力法以多余未知力为基本未知量，超静定结构的超静定次数，即为基本未知量的数目。基本未知量的确定是解决问题的关键，只要求出它，超静定问题就可以转化为静定问题。

2.力法的基本结构是去掉原超静定结构的多余约束所得到的静定结构，具有多样性，但应注意原结构中的必要约束不能去掉。基本体系是将超静定结构过渡到静定结构的桥梁，基本体系既是静定结构，又能代表原超静定结构，整个力法计算过程就是针对基本体系进行的。

3.力法方程实质是位移协调方程，根据基本体系中多余未知力作用点的位移与原结构相应位置处位移一致的条件建立，要求熟练掌握。力法典型方程中的每项位移是由荷载或者非荷载因素所引起的，根据叠加原理得到了最终的方程，因此，只适用于线弹性体系。

4.超静定结构的位移计算，关键是要理解基本体系的受力与变形与原超静定结构完全一致的原理。因此，求超静定结构的位移即是求解基本体系的位移，超静定结构的弯矩图与基本体系的单位弯矩图图乘时，基本体系可以任意选取，不一定取计算超静定结构内力时所采用的基本体系。

5.力法虽然可以求解任何超静定结构，但是对于超静定次数较高的结构，由于基本未知量数目大，求解力法典型方程时计算工作量会大大增加。因此，用力法求解超静定结构后，尚需从平衡条件和变形条件两方面进行校核，这是对工程师能力的一种培养。此外，对于对称的超静定结构，充分利用对称性的特点也可以使得计算大大简化。

6.超静定结构具有与静定结构不同的特性。

(1)超静定结构中，当多余约束破坏后，结构仍能维持其几何不变性，因而还具有一定的承载能力。因此与静定结构相比，超静定结构具有较大的防御能力。

(2)由于多余约束的存在，局部荷载在超静定结构中的影响范围要比静定结构大，而且内力的分布也比静定结构均匀。超静定结构中的多余约束使结构的刚度得到了提高，其稳定性要比静定结构好。

(3)静定结构的内力可由平衡条件唯一确定，其大小与结构的材料性质及截面尺寸无关，即静定结构的内力分布与结构的刚度无关。而超静定结构的内力不能够由平衡条件唯一确定，还需考虑变形条件，所以其内力的大小与杆件的刚度有关。

(4)静定结构只有在荷载作用下才产生内力，而其在温度变化、支座位移及制造误差的作用下不产生内力；但超静定结构在任何外界因素作用下都要产生内力。因为各种外界因素在超静定结构上引起的变形，都会导致超静定结构产生内力。超静定结构在荷载作用下，其内力分布与刚度的相对值有关，相对刚度越大的杆件，其承受的内力也越大。而超静定结构在非荷载因素(温度变化、支座位移、制造误差等)作用下，其内力分布与刚度的绝对值有关，绝对刚度越大，内力也越大。

习　题

5-1　是非判断题

(1)静定结构无荷载就无内力,超静定结构无荷载不一定无内力。　(　　)

(2)图示结构截断三根链杆变成一个简支梁,因此是三次超静定。　(　　)

(3)图示两次超静定结构,采用力法进行计算时,可选用(b)图作为其基本结构。　(　　)

(4)图示结构的超静定次数为7次。　(　　)

(5)图示结构的超静定次数为2次。　(　　)

(6)图示结构柱子的 EI 值若增大,则梁跨中截面弯矩值减小。　(　　)

(7)图示结构中,刚结点 A 化为铰结点相当于去掉了两个约束。　(　　)

(8)图(a)所示结构,如果选基本体系如图(b)所示,则力法典型方程可以表示为 $\delta_{11}X_1+\Delta_{1P}=0$。　(　　)

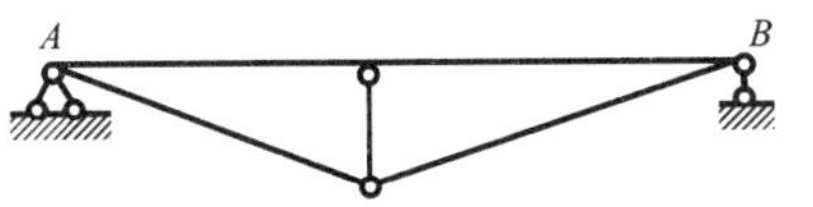

题 5-1(2)图

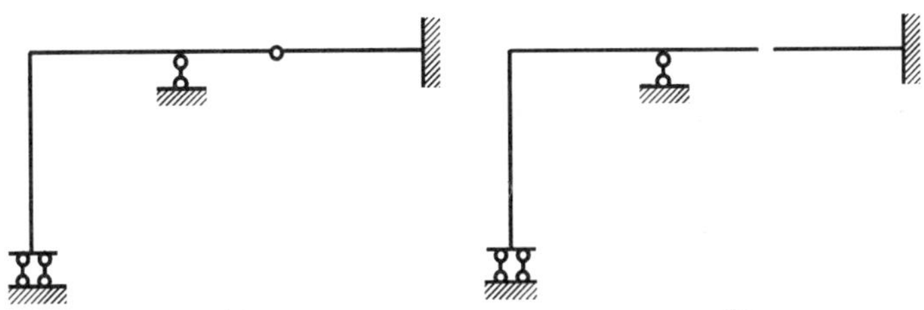

(a)　(b)

题 5-1(3)图

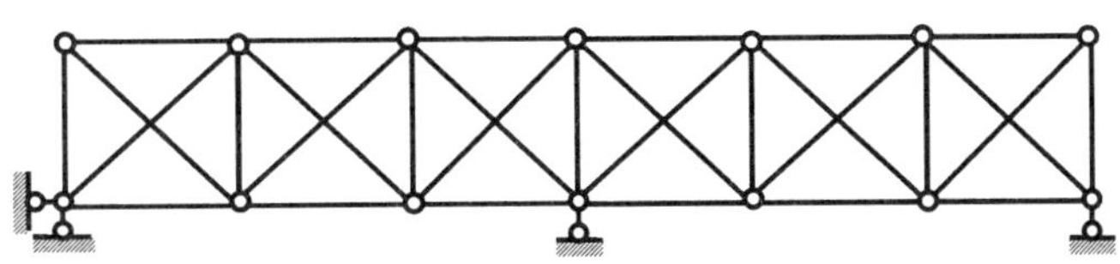

题 5-1(4)图

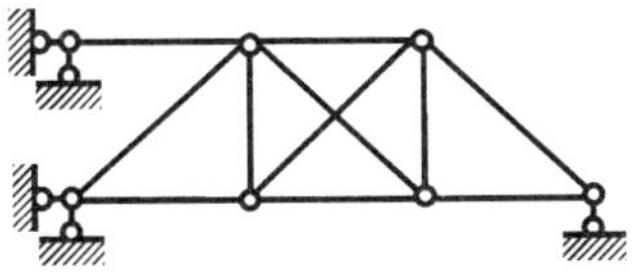

题 5-1(5)图

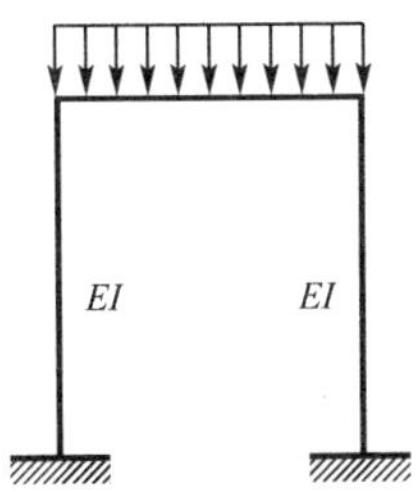

题 5-1(6)图

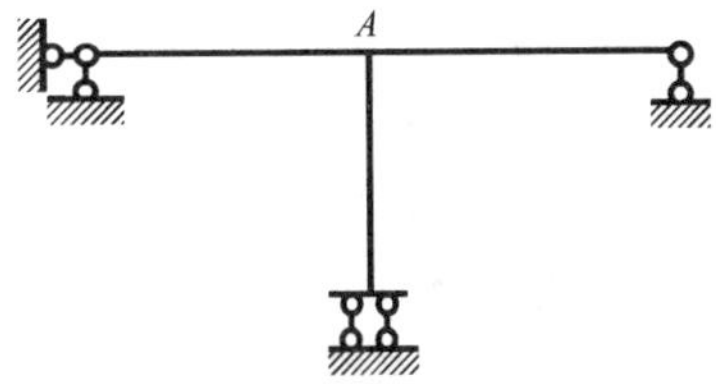

题 5-1(7)图

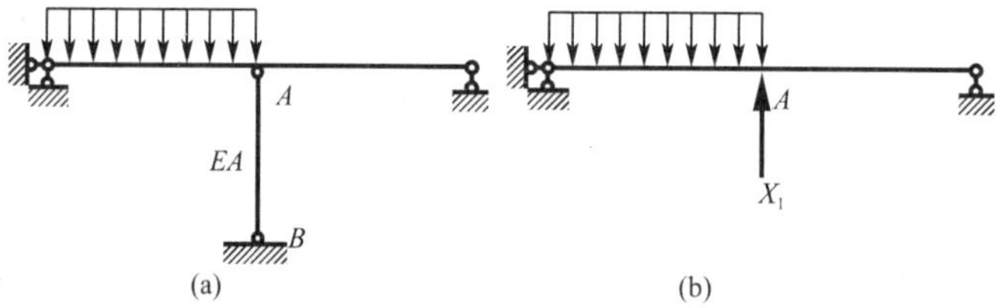

图 5-1(8)图

5-2 单项选择题

(1)图示结构 A 支座下沉 Δ，各杆 E 相同，则其弯矩图轮廓应是(　　)。

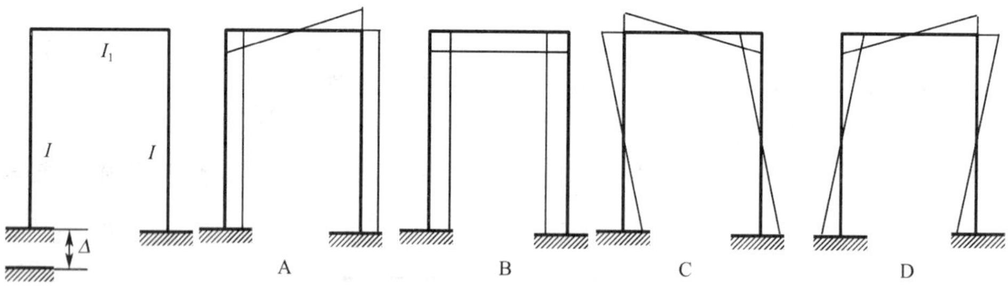

题 5-2(1)图

(2)图示结构，为了减小基础所受弯矩，可以(　　)。

A. 减小 I_1　　B. 增大 I_2

C. 增大 I_1　　D. I_1 和 I_2 同时减小 n 倍

(3)图中结构取 A 支座支反力为力法的基本未知量 X_1(向右为正)，而 EI_1＝常量，$EI_2=\infty$，则(　　)。

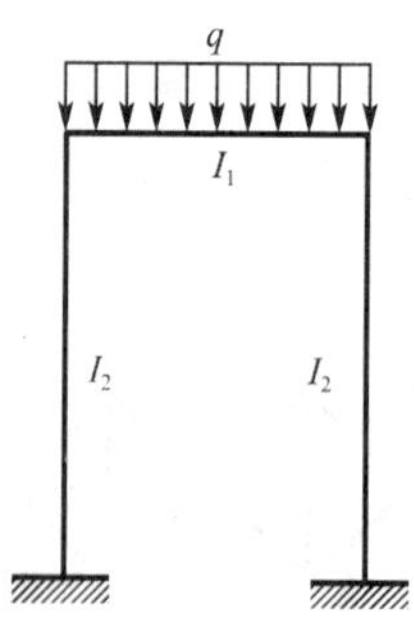

题 5-2(2)图

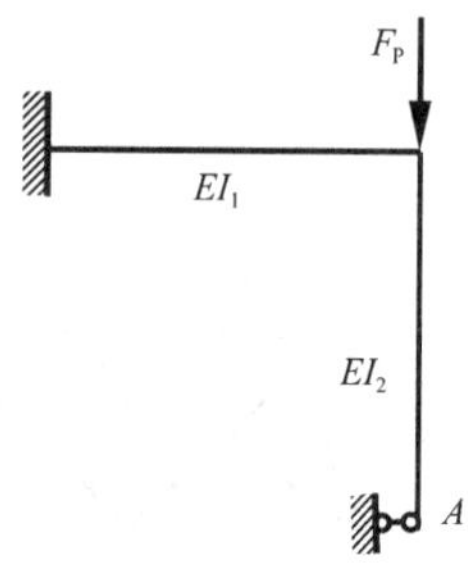

题 5-2(3)图

A. $X_1>0$　　B. $X_1<0$

C. $X_1=0$　　D. X_1 方向不定，取决于 I_1 值

(4)图示两刚架的 EI 均为常量，并分别取为 $EI=1$ 和 $EI=10$，则两个刚架的内力关系为(　　)。

A. M 图相同

B. 图 a 刚架各截面弯矩等于图 b 刚架对应各相应截面弯矩的 10 倍

C. 图 b 刚架各截面弯矩等于图 a 刚架对应各相应截面弯矩的 10 倍

D. 无法确定

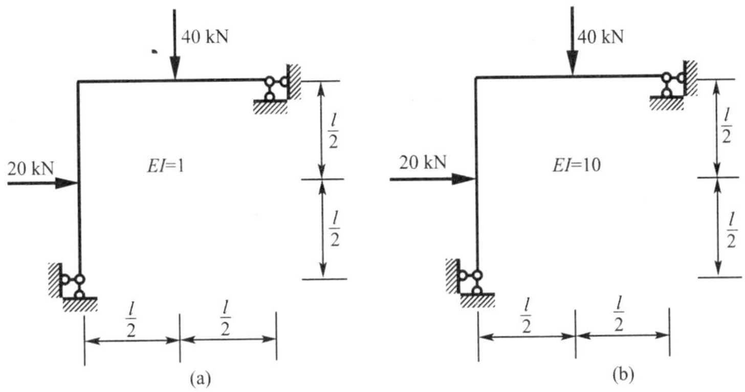

题 5-2(4)图

(5)图示结构全长受均布荷载作用，EI=常量，$EI_1=\infty$，则(　　)。

A. $M_{AB}=-\dfrac{ql^2}{8}$　　　　B. $M_{AB}=0$

C. $M_{AB}=-\dfrac{ql^2}{12}$　　　　D. $M_{AB}=-\dfrac{13ql^2}{108}$

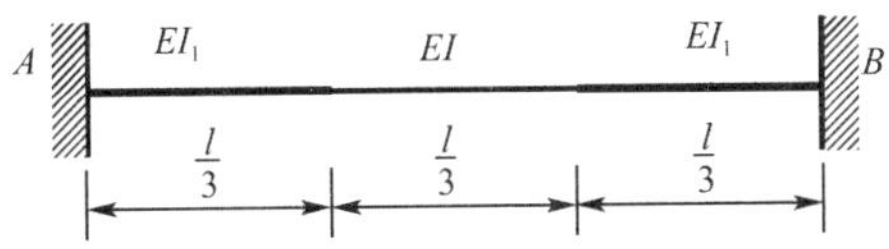

题 5-2(5)图

(6)图示一对称刚架受到反对称的两个结点力偶荷载作用，其弯矩图的正确形状是(　　)。

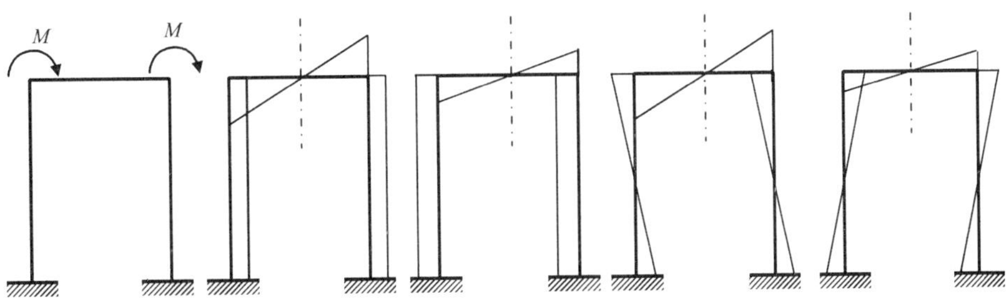

题 5-2(6)图

(7)图示对称结构的半结构为(　　)。

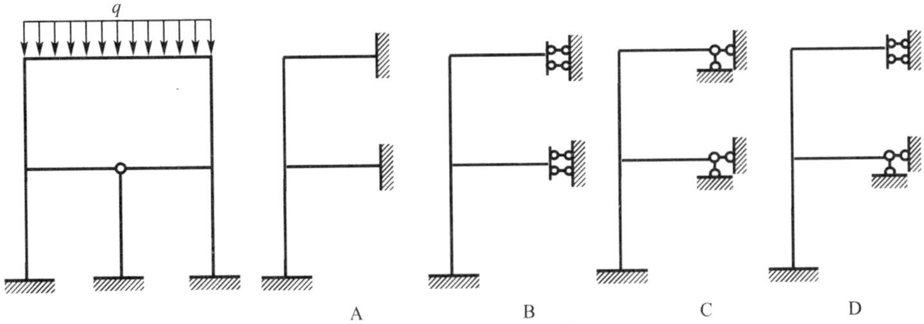

题 5-2(7)图

5-3　判断图示结构的超静定次数。

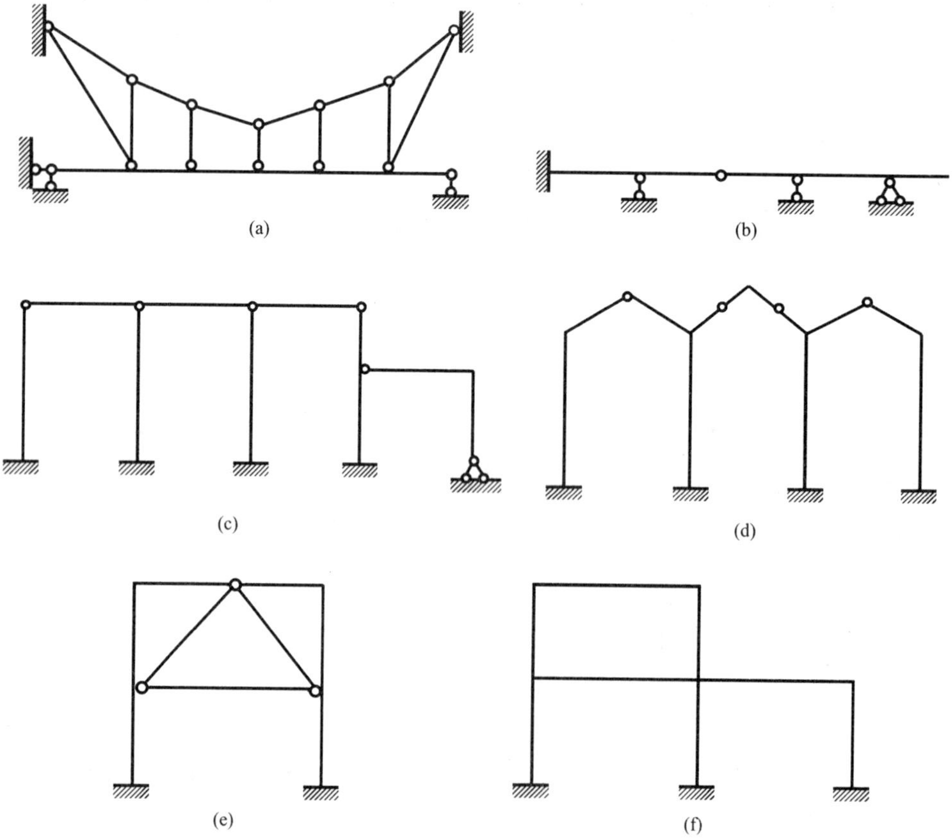

题 5-3 图

5-4　试求解图示超静定梁，并绘制 M、F_S 图。已知各杆 EI 为常量。

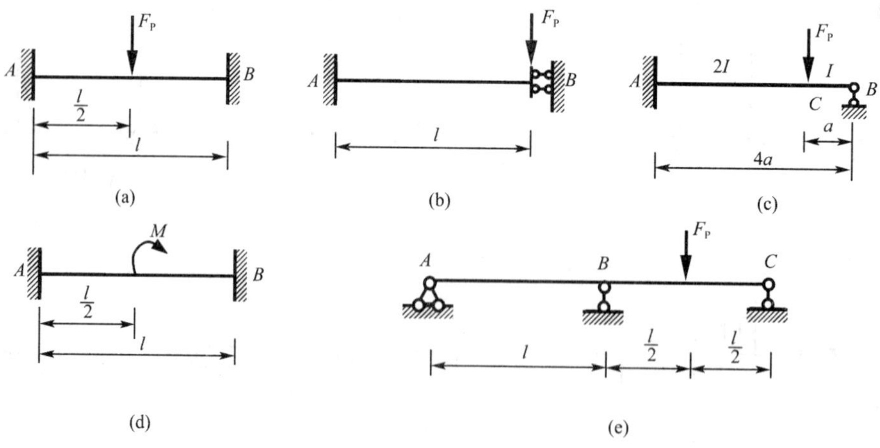

题 5-4 图

5-5 试用力法求解图示刚架，并绘制 M 图。

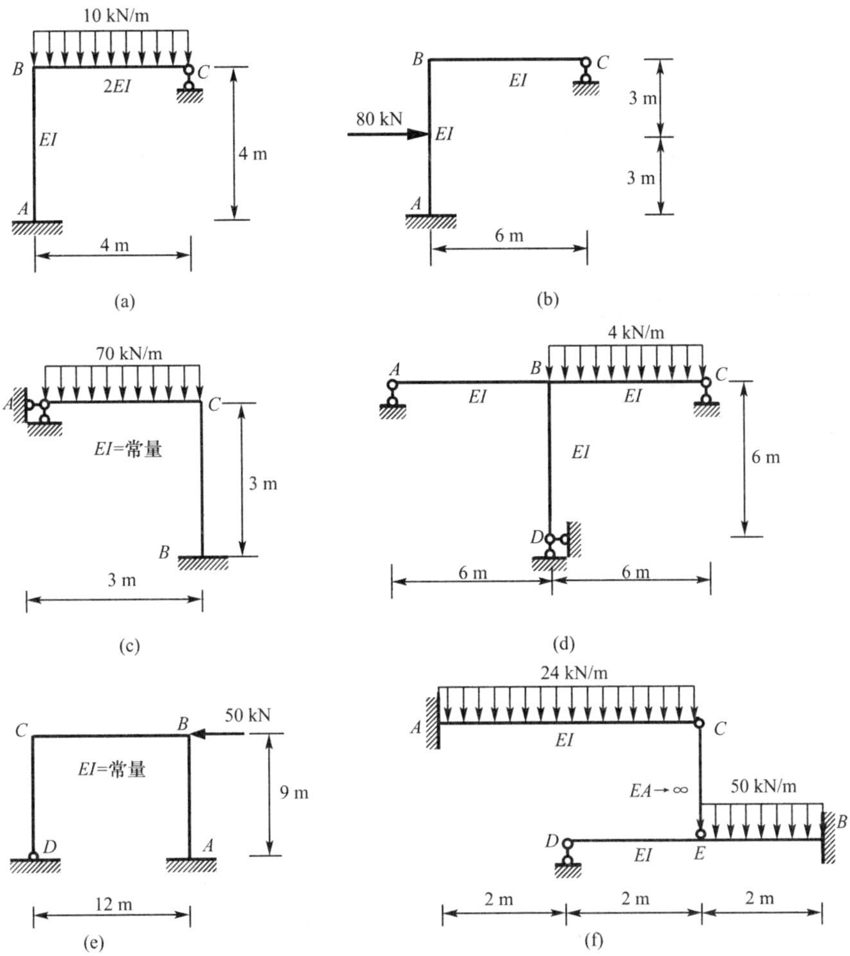

题 5-5 图

5-6 试用力法计算图示排架，并绘制 M 图。

5-7 图示组合结构，已知 $\frac{4(1+\sqrt{2})}{EA}=\frac{l^2}{3EI}$，试用力法计算各杆的内力，并绘制横梁的弯矩图。并分析如果 $EA\to\infty$，横梁的跨中弯矩有何变化；如果 $EA\to 0$，横梁的跨中弯矩如何变化。

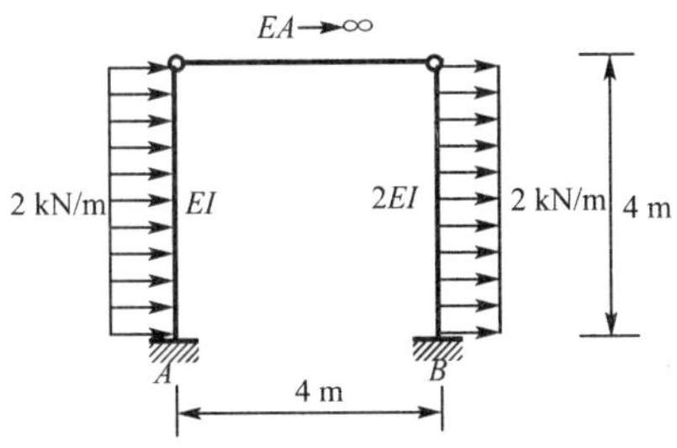

题 5-6 图

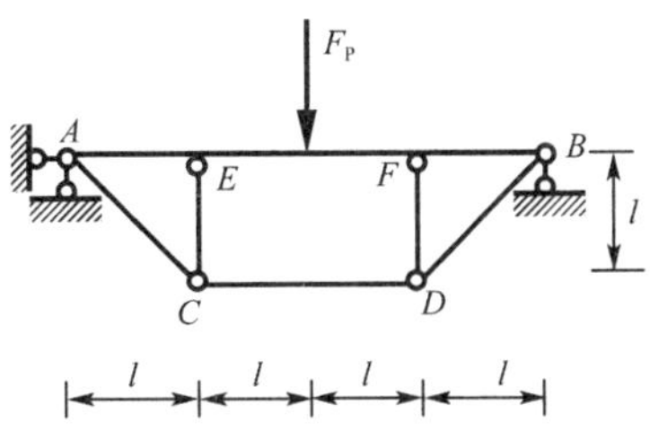

题 5-7 图

5-8 试用力法计算图示超静定桁架各杆的内力。各杆 EA 为常量。

5-9 结构内部温度升高 10 ℃如图所示，试求结构内力并绘制 M 图。已知杆件为矩形截面，$h=l/10$，EI 为常量，材料线膨胀系数为 α。

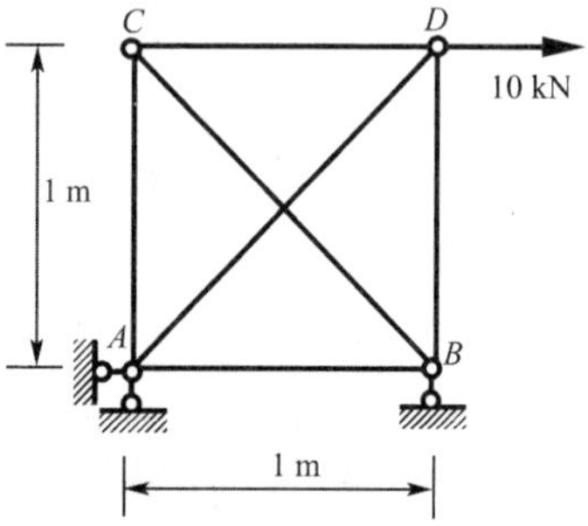

题 5-8 图

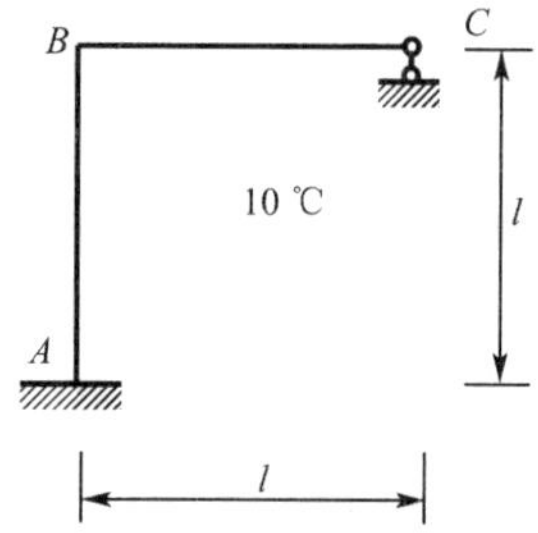

题 5-9 图

5-10 试求图示结构由于支座移动产生的内力，并绘制 M 图。EI 为常量。

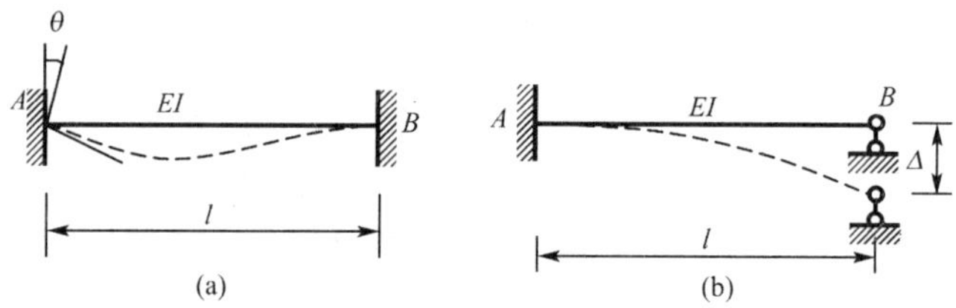

题 5-10 图

5-11 试利用对称性用力法求解图示刚架，并绘制 M 图。

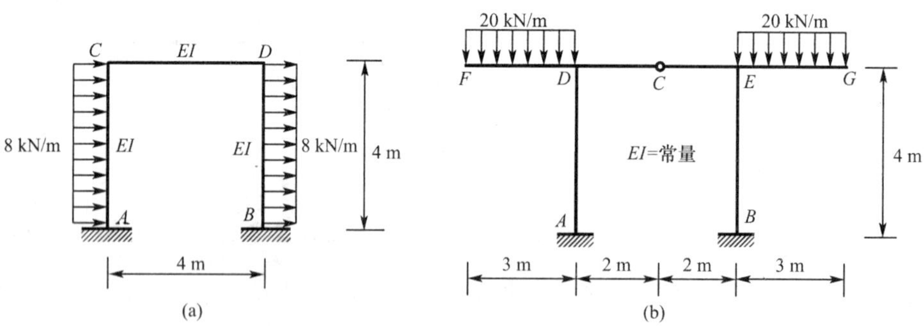

题 5-11 图

5-12　试绘制图示对称结构的 M 图。EI 为常量。

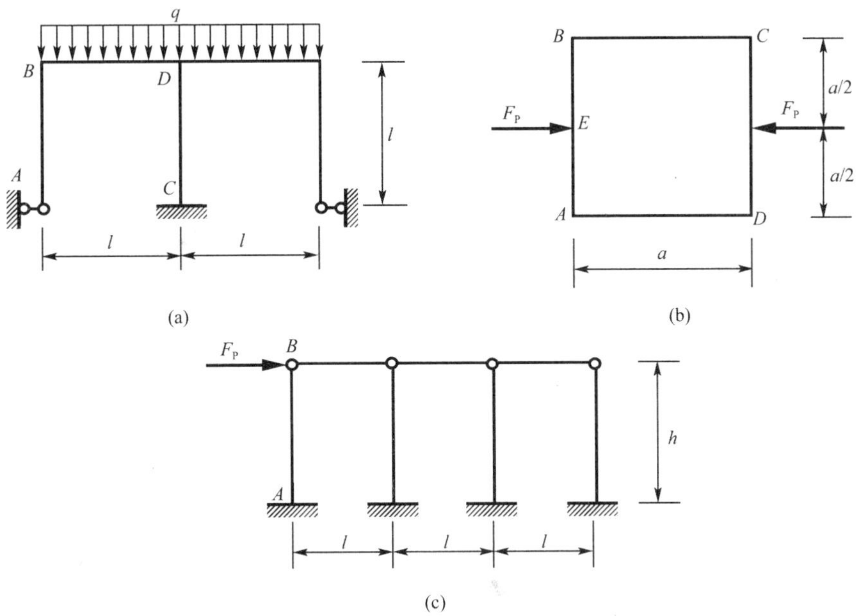

题 5-12 图

习题答案

5-1　(1)对　(2)错　(3)错　(4)对　(5)错　(6)对　(7)对　(8)错

5-2　(1)A　(2)C　(3)A　(4)A　(5)D　(6)B　(7)D

5-3　(a)3 次　(b)3 次　(c)4 次　(d)5 次　(e)5 次　(f)9 次

5-4　(a)$M_{AB}=\dfrac{F_P l}{8}$(上方受拉)

(b)$M_{AB}=\dfrac{F_P l}{2}$(上方受拉)，$M_{BA}=\dfrac{F_P l}{2}$(下方受拉)

(c)$F_{By}=\dfrac{81F_P}{130}$，$M_{AB}=\dfrac{66F_P a}{130}$(上方受拉)

(d)$M_{AB}=\dfrac{M}{4}$(下方受拉)，$M_{BA}=\dfrac{M}{4}$(上方受拉)，$F_{SAB}=F_{SBA}=\dfrac{3M}{2l}$

(e)$M_B=\dfrac{3F_P l}{32}$(上方受拉)，$F_{SAB}=F_{SBA}=-\dfrac{3}{32}F_P$，$F_{SBC}=\dfrac{51}{32}F_P$

5-5　(a)$M_{AB}=M_{BA}=M_{BC}=2.86$ kN・m(外侧受拉)

(b)$F_{Cy}=7.5$ kN(向上)，$M_{AB}=195$ kN・m(左侧受拉)

$M_{BA}=M_{BC}=45$ kN・m(内侧受拉)，

(c)$M_{CA}=M_{CB}=45$ kN・m(外侧受拉)，$M_{BC}=22.5$ kN・m(内侧受拉)

(d)$F_{Cy}=10.5$ kN(向上)，$M_{BA}=M_{BC}=9$ kN・m(上方受拉)，$M_{BD}=M_{DB}=0$

(e)$M_{AB}=212.7\ \text{kN}\cdot\text{m}$(外侧受拉)

$M_{BA}=136.4\ \text{kN}\cdot\text{m}$(内侧受拉)

$M_{CB}=100.9\ \text{kN}\cdot\text{m}$(外侧受拉)

(f)$M_{AC}=56.8\ \text{kN}\cdot\text{m}$(上方受拉)

$M_{BE}=81.6\ \text{kN}\cdot\text{m}$(上方受拉),$F_D=21.5\ \text{kN}(\uparrow)$,$M_{ED}=43\ \text{kN}\cdot\text{m}$

5-6 $M_{AC}=12\ \text{kN}\cdot\text{m}$(左侧受拉),$M_{BD}=20\ \text{kN}\cdot\text{m}$(左侧受拉)

5-7 $F_{NCD}=\frac{11}{18}F_P$,$M_E=\frac{1}{9}F_Pl$(上方受拉),跨中弯矩为$\frac{7}{18}F_Pl$

5-8 $F_{NAB}=F_{NAC}=F_{NCD}=3.96\ \text{kN}$,$F_{NAD}=8.54\ \text{kN}$,$F_{NCB}=-5.60\ \text{kN}$,$F_{NBD}=-6.04\ \text{kN}$

5-9 $M_{BA}=116.25\frac{\alpha EI}{l}$(外侧受拉)

5-10 (a)$M_{AB}=\frac{4\theta EI}{l}$(下方受拉),$M_{BA}=\frac{2\theta EI}{l}$(上方受拉)

(b)$M_{AB}=\frac{3\Delta EI}{l^2}$(上方受拉)

5-11 (a)$M_{CA}=M_{CD}=18.3\ \text{kN}\cdot\text{m}$(内侧受拉),$M_{DB}=18.3\ \text{kN}\cdot\text{m}$(外侧受拉),$M_{AC}=M_{BD}=45.7\ \text{kN}\cdot\text{m}$(左侧受拉)

(b)$M_{DA}=90\ \text{kN}\cdot\text{m}$(右侧受拉),$M_{AD}=45\ \text{kN}\cdot\text{m}$(左侧受拉)

5-12 (a)$M_{BA}=M_{BD}=\frac{ql^2}{8}$(内侧受拉),$M_{DB}=\frac{3}{8}ql^2$(上方受拉)

(b)$M_{AB}=M_{BA}=\frac{F_Pa}{16}$(外侧受拉),$M_E=\frac{3}{16}F_Pa$(内侧受拉)

(c)各柱底弯矩都为$\frac{F_Ph}{4}$(左侧受拉)

第6章　位移法

学习指导

(1)掌握位移法的基本概念;正确地判断位移法基本未知量的个数。

(2)熟悉等截面杆件的转角位移方程;熟记一些常用的形常数和载常数。

(3)熟练掌握位移法典型方程的建立及其物理意义、位移法方程中的系数和自由项的物理意义及其计算。熟练掌握转角位移方程的应用。能够求解无侧移刚架和梁的内力。能够求解有侧移刚架的内力。掌握最终弯矩图的绘制。掌握由弯矩图绘制剪力图和轴力图的方法。

(4)掌握转动刚度、分配系数和传递系数的物理意义;

(5)掌握单结点的力矩分配;掌握多结点的力矩分配的计算过程。

6.1　位移法的基本概念

位移法是超静定结构计算的基本方法之一,许多工程中使用的实用计算方法都是由位移法演变出来的,是本课程的重点内容之一。位移法方程有两种建立方法:基本体系法和写平衡方程法。要求熟练掌握一种,另一种了解即可。

力矩分配法是由位移法演变出来的计算连续梁和无侧移刚架的一种实用计算方法。

上一章介绍了用力法计算超静定结构,本章介绍用位移法计算超静定结构。位移法与力法的主要区别在于选取的未知量不同。结构的内力和位移之间,恒具有一定的关系。力法是取结构中的多余未知力为基本未知量,按照位移条件求出它们,并据以确定结构中的其他反力、内力和位移。位移法则是取结构中的某些结点位移为基本未知量,先设法求出它们,再利用位移与内力之间确定的关系,求出相应的内力。

6.1.1　位移法的基本概念和解题要点

以图6-1所示刚架为例,简要说明位移法的基本概念和解题要点。用位移法计算刚架时,把刚架看成是由杆件组合成的结构,每根杆看成是一个单元,单元之间用结点连接。例如图6-1(a)所示的刚架共有两个单元,杆12和杆13;一个结点,即结点1。受弯直杆通常可略去杆件轴向变形和剪切变形的影响,并假定各杆两端之间距离不变,称为轴向刚度条件。由于此刚架的支座2和支座3都不能移动,所以荷载作用下结点1无线位移只有转角Z_1。

对每根杆件进行研究,杆12可视为一端铰支一端固定的单跨梁,固定端1发生了转

角 Z_1'；杆 13 相当于两端固定的单跨梁，受到荷载 F_P，同时固定端 1 发生转角 Z_1''；根据刚结点的特点，可知 $Z_1'=Z_1''=Z_1$，如图 6-1(b)。如果能求出各杆的杆端弯矩，然后用叠加原理就可很方便地作出弯矩图。但位移法不是以未知的杆端弯矩为求解对象，而是先求出结点位移，然后用转角位移方程求出杆端弯矩。下面说明其具体做法。

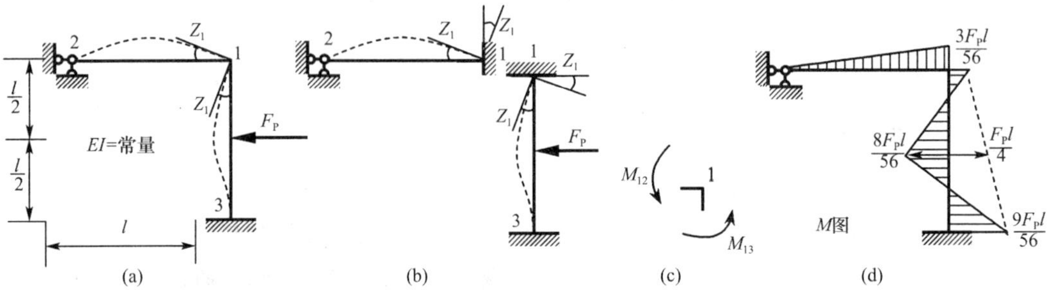

图 6-1

先把杆端弯矩用杆端位移来表示。应用表 6-1，可写出各杆杆端弯矩

$$\left.\begin{aligned}&M_{12}=3iZ_1,\quad M_{21}=0\\&M_{13}=4iZ_1-\frac{F_Pl}{8},\quad M_{31}=2iZ_1+\frac{F_Pl}{8}\end{aligned}\right\}\tag{a}$$

式中，$i=\frac{EI}{l}$ 称为该杆的线刚度。

利用结点 1 的力矩平衡方程求解结点 1 的转角 Z_1。截取结点 1 为隔离体，如图 6-1(c)所示，图中与力矩平衡方程无关的剪力和轴力不必画出。列出力矩平衡方程

$$\sum M_1=0,\quad M_{12}+M_{13}=0\tag{b}$$

式(b)称为平衡条件。将式(a)代入式(b)，得到位移法方程

$$7iZ_1-\frac{F_Pl}{8}=0\tag{c}$$

解得

$$Z_1=\frac{F_Pl}{56i}\tag{d}$$

将已求得结点转角 Z_1 代入式(a)即可求得杆端弯矩，分别为

$$M_{12}=\frac{3F_Pl}{56},\quad M_{21}=0,\quad M_{13}=-\frac{3F_Pl}{56},\quad M_{31}=\frac{9F_Pl}{56}\tag{e}$$

由杆端弯矩并应用叠加原理作出刚架的弯矩图，如图 6-1(d)所示。

上述解题过程，主要有两步：

(1)拆散结构，分析各根杆件(单跨超静定梁)，用杆端位移表示杆端力；

(2)各根杆件连接组成结构，利用变形协调条件和平衡条件，建立求解结点位移的方程。首先求出结点位移，再求出杆端力，据此作内力图。

对于图 6-1(a)所示刚架，如用力法求解，因为是二次超静定结构，有两个基本未知量，两个力法方程。而用位移法求解只有一个未知量，一个位移法方程。两种方法所需计算工作量相差是很大的。

以上以单结点刚架为例，介绍了位移法的基本思路和解题步骤。此结构比较简单，只有一个结点角位移 Z_1，因此位移法方程中也只含一个未知量。一般刚架往往有多个结

点，且结点位移除转角位移外还有相对线位移。因此，确定这些结点位移的数目就成为位移法解题的关键，将在 6.2 节进一步讨论。

6.1.2　位移法中对结点位移和杆端力的正负符号规定

1. 结点位移的正负符号规定

(1)角位移：顺时针的转角为正，逆时针的转角为负。

(2)线位移：若两端相对线位移为 Δ_{AB}，杆长为 l，则当弦转角 $\beta_{AB}=\frac{\Delta_{AB}}{l}$ 为顺时针方向时，Δ_{AB} 为正；反之为负。

2. 杆端力的正负符号规定

(1)杆端弯矩：对杆端以顺时针方向为正(因而对结点或支座以逆时针为正)。

(2)杆端剪力：对杆端以顺时针方向为正(因而对结点或支座以逆时针为正)。

图 6-2(a)所示结点位移、图 6-2(b)所示杆端力，各量值均为正值。

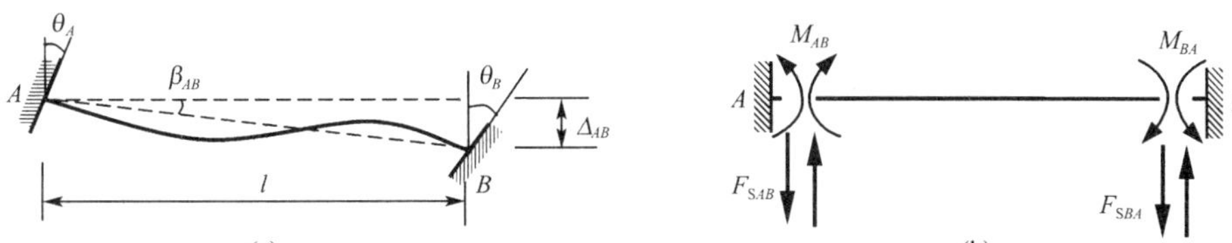

(a)　(b)

图 6-2

6.1.3　单跨超静定梁的形常数和载常数

位移法的计算单元是单跨超静定梁，需要建立单跨超静定梁的杆端位移与杆的内力之间的关系，以及单跨超静定梁在各种荷载作用下的内力。这些问题已经应用力法计算出结果，列于表 6-1 和表 6-2 中。单跨超静定梁的杆端位移与杆内力之间的关系与荷载无关，所以称为形常数，在表 6-1 中列出。表中 $i=EI/l$ 为该杆的线刚度。等截面直杆中荷载与内力之间的关系，不涉及结点位移，故称为载常数，又称为固端内力，在表 6-2 中列出。

表 6-1　　单跨超静定梁的形常数

序号	计算简图	固端弯矩及弯矩图	固端剪力	
			F_{SAB}	F_{SBA}
1	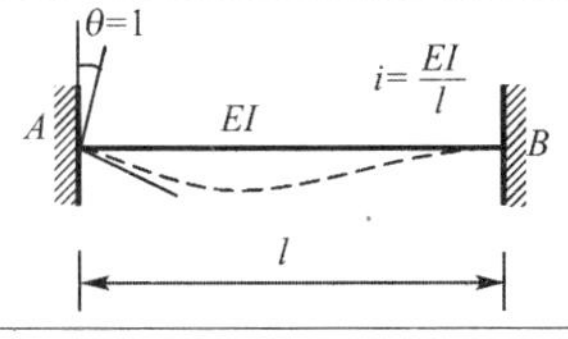	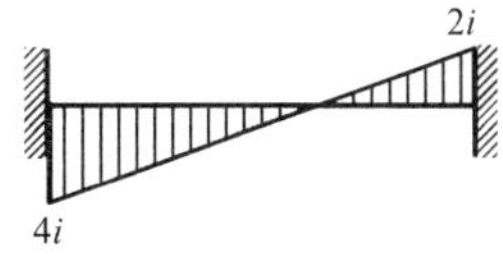	$-\frac{6i}{l}$	$-\frac{6i}{l}$
2	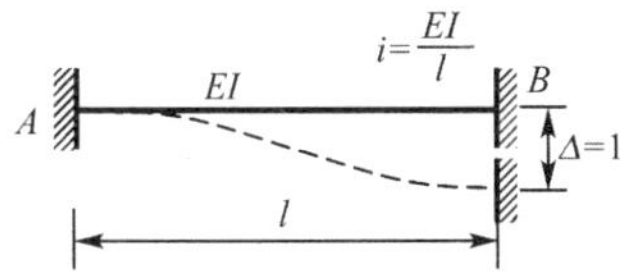	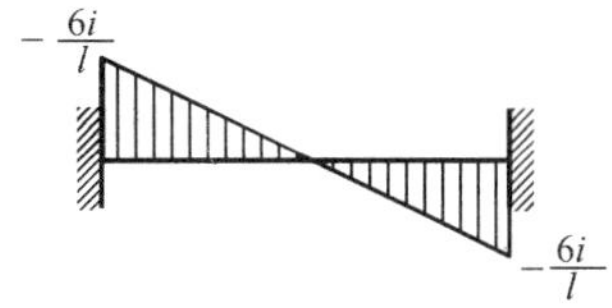	$\frac{12i}{l^2}$	$\frac{12i}{l^2}$

（续表）

序号	计算简图	固端弯矩及弯矩图	固端剪力 F_{SAB}	固端剪力 F_{SBA}
3	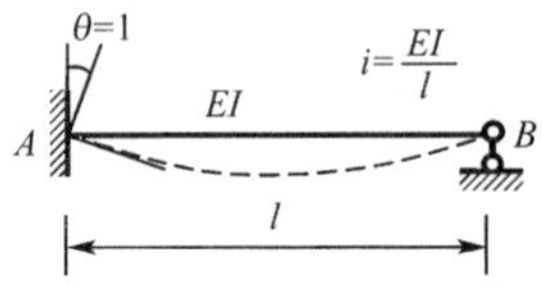	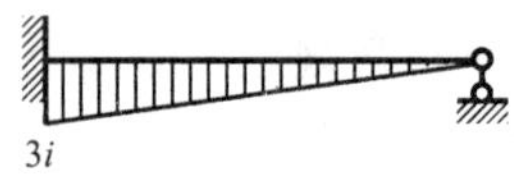	$-\frac{3i}{l}$	$-\frac{3i}{l}$
4	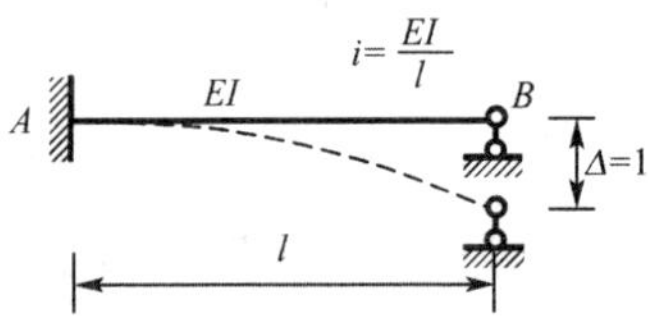		$-\frac{3i}{l^2}$	$-\frac{3i}{l^2}$
5	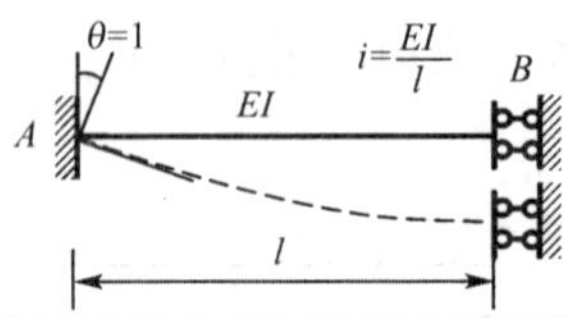	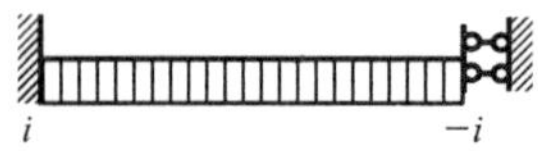	0	0

表 6-2　　单跨超静定梁的载常数(固端内力)表

序号	计算简图	固端弯矩及弯矩图	固端剪力 F_{SAB}	固端剪力 F_{SBA}
1	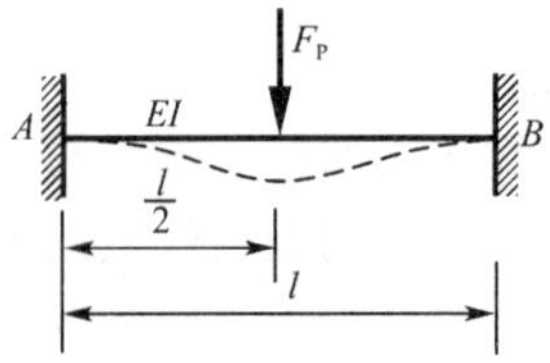	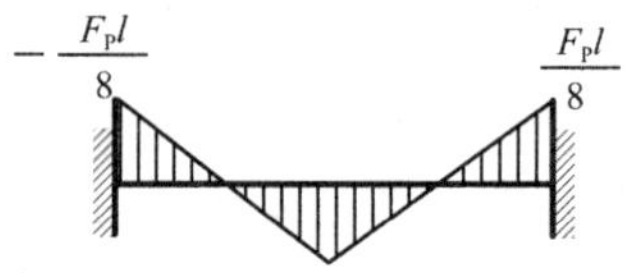	$\frac{F_P}{2}$	$-\frac{F_P}{2}$
2	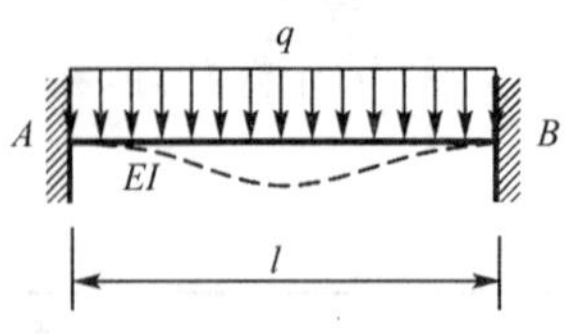	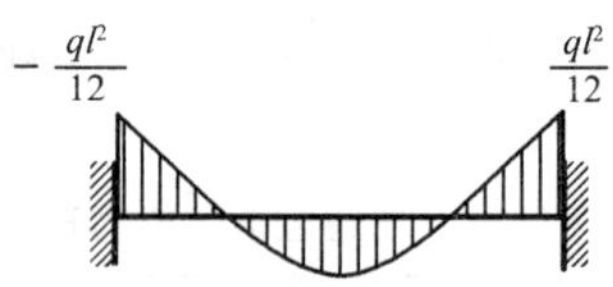	$\frac{ql}{2}$	$-\frac{ql}{2}$
3	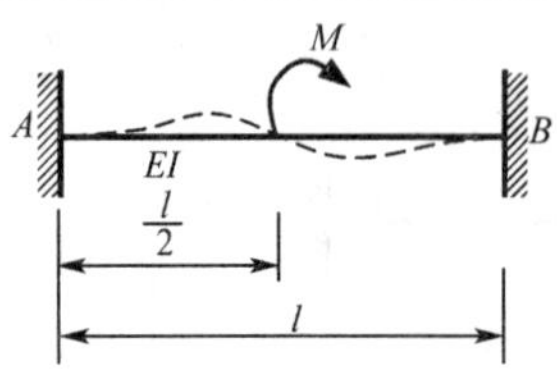	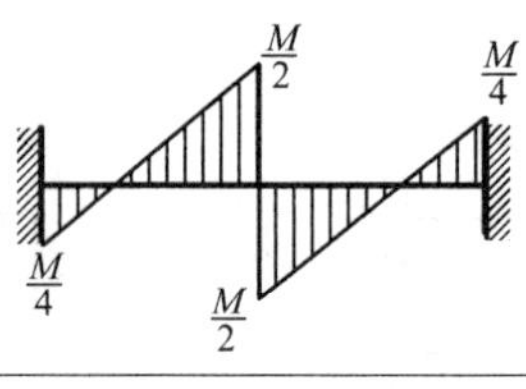	$-\frac{3M}{2l}$	$-\frac{3M}{2l}$
4	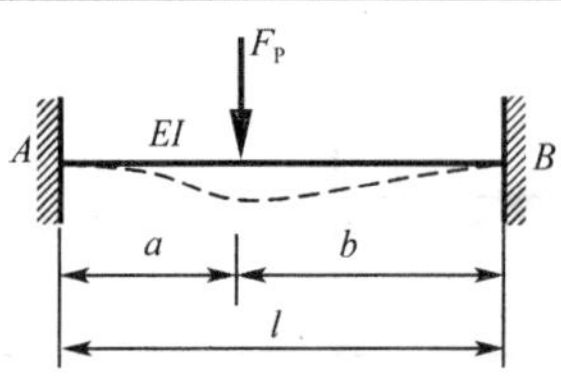	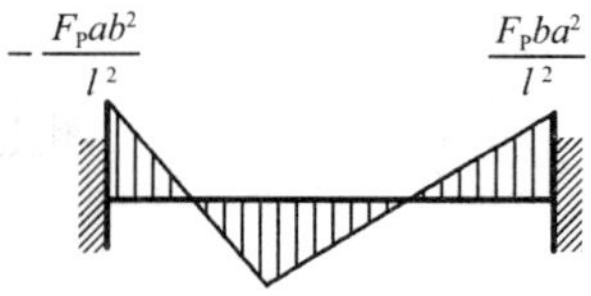	$\frac{F_P b^2(l+2a)}{l^3}$	$-\frac{F_P a^2(l+2b)}{l^3}$

（续表）

序号	计算简图	固端弯矩及弯矩图	固端剪力	
			F_{SAB}	F_{SBA}
5	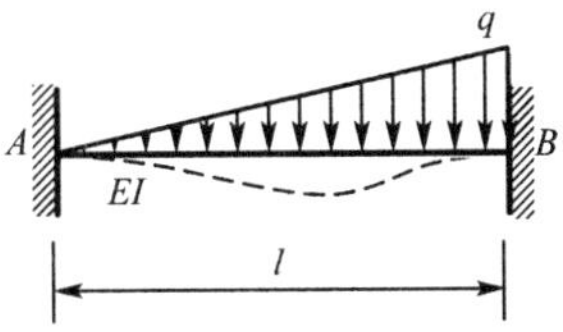	$-\frac{ql^2}{30}$ 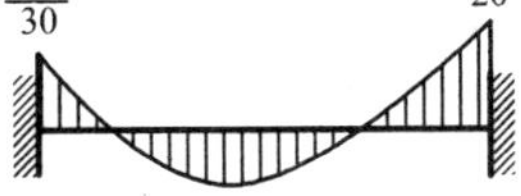 $\frac{ql^2}{20}$	$\frac{3}{20}ql$	$-\frac{7}{20}ql$
6	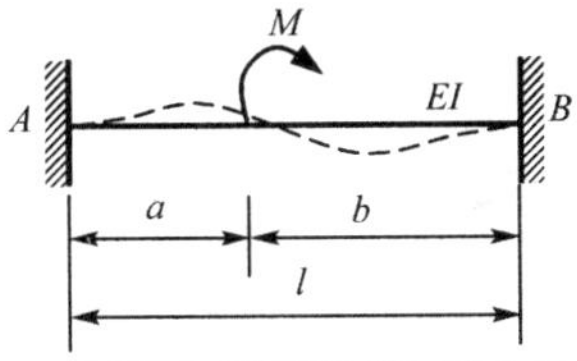	$\frac{a(3b-l)}{l^2}M$  $\frac{b(3a-l)}{l^2}M$	$\frac{6ab}{l^3}M$	$-\frac{6ab}{l^3}M$
7	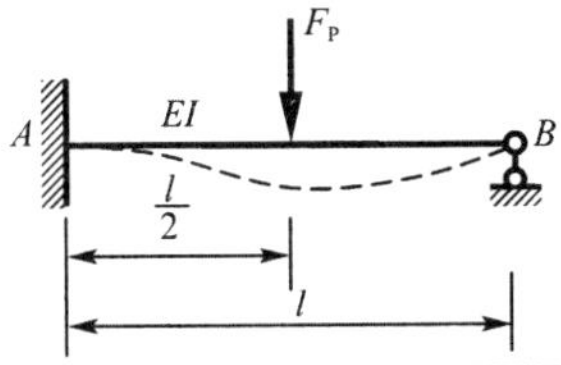	$-\frac{3F_Pl}{16}$ 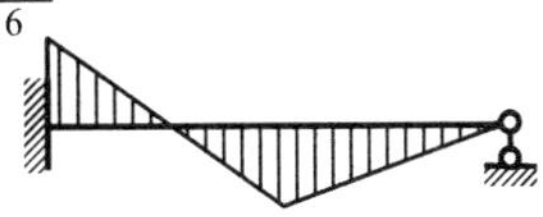	$\frac{11F_P}{16}$	$-\frac{5F_P}{16}$
8	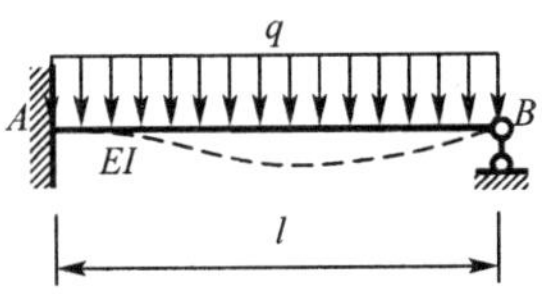	$-\frac{ql^2}{8}$ 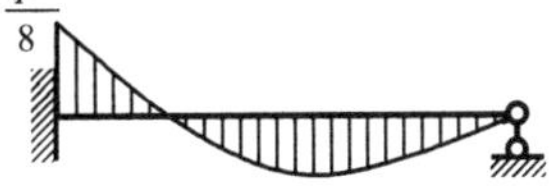	$\frac{5ql}{8}$	$-\frac{3ql}{8}$
9	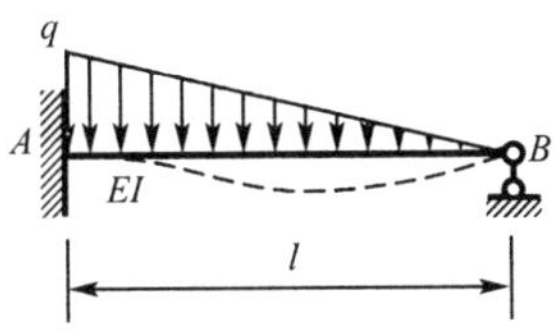	$-\frac{ql^2}{15}$ 	$\frac{2ql}{5}$	$-\frac{ql}{10}$
10	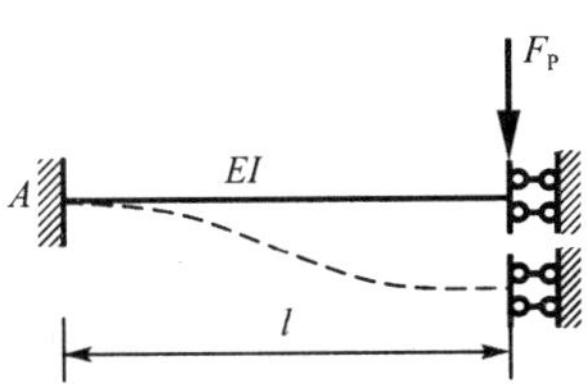	$-\frac{F_Pl}{2}$ 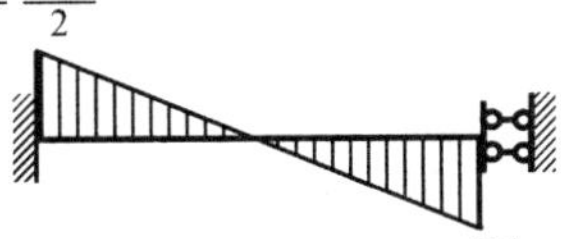 $-\frac{F_Pl}{2}$	F_P	F_P
11	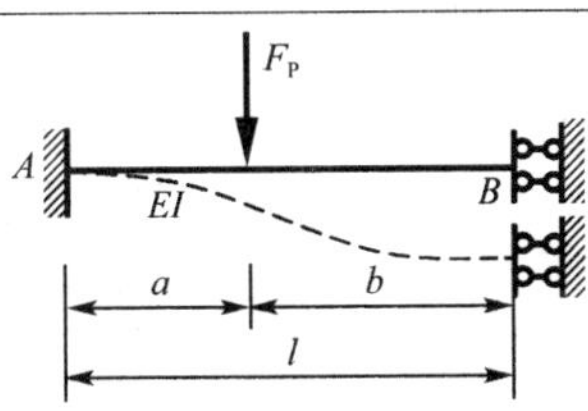	$-\frac{F_Pa(l+b)}{2l}$ 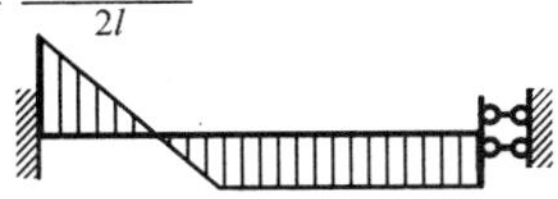 $-\frac{F_Pa^2}{2l}$	F_P	0

(续表)

序号	计算简图	固端弯矩及弯矩图	固端剪力	
			F_{SAB}	F_{SBA}
12	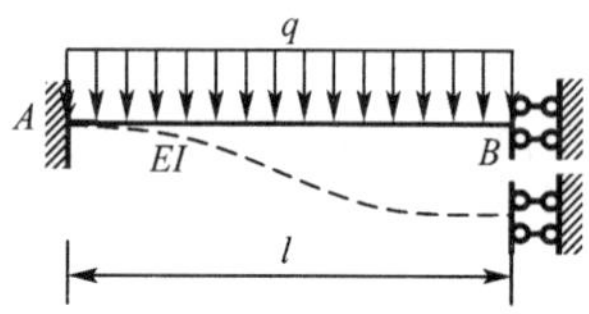	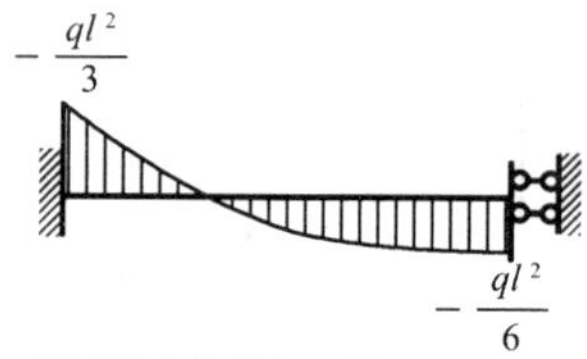	ql	0
13	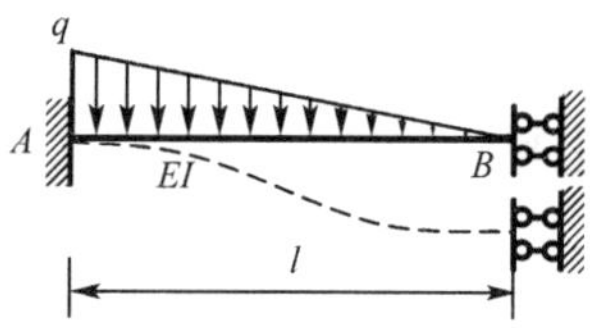	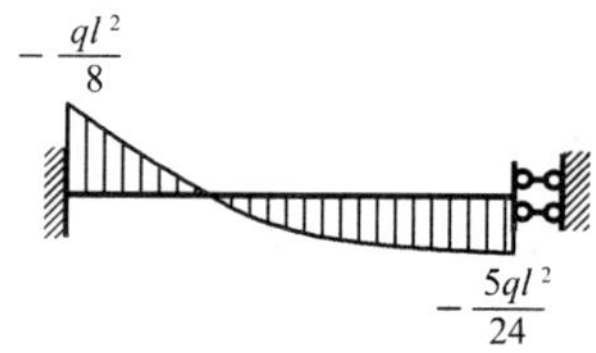	$\frac{ql}{2}$	0
14	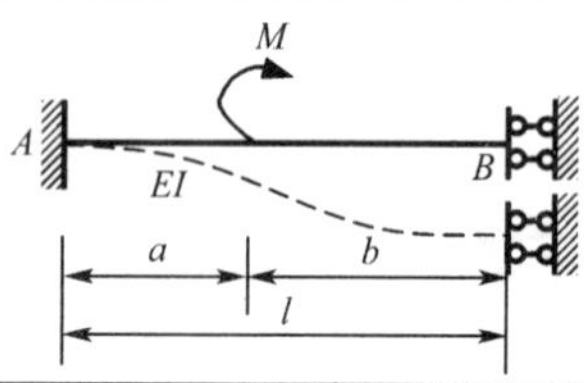	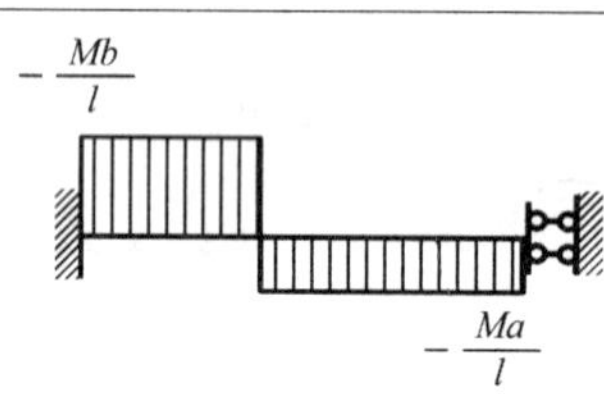	0	0

6.2 位移法基本结构和基本未知量

位移法是以独立的结点角位移和独立的结点线位移为基本未知量。用位移法计算时，应首先确定这些独立的结点位移的数目。

以图 6-3(a)所示刚架为例，讨论位移法的基本未知量及其数目和位移法的基本结构。此刚架在荷载作用下将发生虚线所示的变形。应用轴向刚度条件，即受弯直杆可略去杆件轴向变形和剪切变形的影响，并假定各杆两端之间距离不变，可知刚结点 B 的位移有两个：转角 θ 和水平位移 Δ，刚架中各杆的变形和受力情况可用图 6-3(b)所示的单跨超静定梁表示。故此刚架的基本未知量是结点 B 的转角 θ 和水平位移 Δ。Δ 也称为横梁 BC 的线位移。

为了分析计算的需要，引用附加刚臂和附加链杆两种附加约束装置。附加刚臂只阻止结点转动，不能阻止结点移动；附加链杆只阻止结点沿某一方向移动，不能阻止结点转动。对图 6-3(a)所示刚架，在结点 B 处加上附加刚臂和附加链杆，如图 6-3(c)，于是原结构的结点 B 被完全固定，杆 AB 和杆 BC 分别成为单跨超静定梁。图 6-3(c)所示体系即为图 6-3(a)所示刚架的位移法基本结构。由此可见，位移法的基本结构是若干单跨超静定梁的组合体系；位移法的基本未知量数目等于附加约束数目。附加约束数目与独立结点位移的数目相等，其中附加刚臂数目与原结构中独立结点角位移数目相等，附加链杆数目与原结构中独立结点线位移数目相等。

独立的角位移数目是容易确定的，因为每个刚结点的角位移都是独立的。因此，结构中有几个刚结点就有几个独立的角位移。如图 6-4(a)所示刚架，有 B、C、D 三个刚结点，

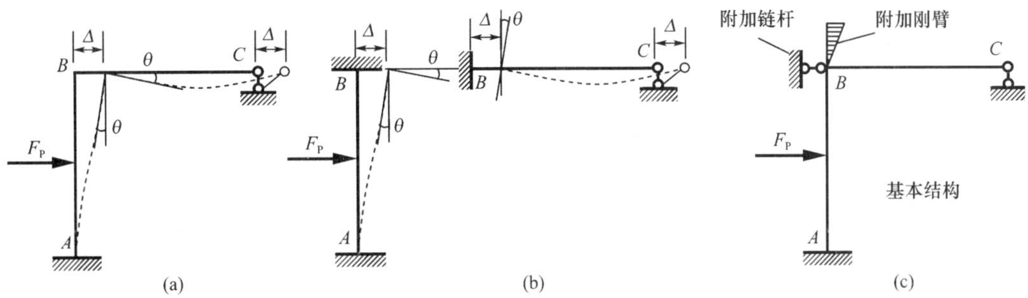

图 6-3

因此角位移的数目为 3。

确定独立的结点线位移数目,常采用组成分析法。其作法是:先将原结构所有刚结点(包括固定端支座)都改为铰结点,称为原结构的铰接体系。然后对该体系作几何组成分析。若体系是几何不变的,则原结构没有独立的结点线位移。若体系是几何可变的(包括瞬变),则增加链杆约束使其成为几何不变体系,所需增加的最少链杆数目就等于原结构独立的结点线位移的数目。如图 6-4(a)所示刚架,改为图(b)所示铰接体系后是几何可变的,需加两根链杆约束(图(c)所示)成为几何不变体系。所以此刚架独立的结点线位移数目为 2。

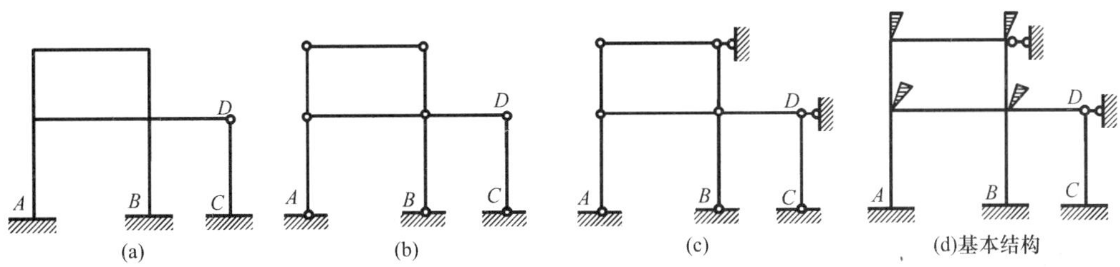

图 6-4

在原结构的每一个刚结点处都加入一个附加刚臂以约束其转动,根据原结构的铰接体系的几何组成分析加入相应的附加链杆以约束其移动,得到原结构的基本结构,如图 6-4(d)。于是,在确定基本结构的同时,也就确定了基本未知量及其数目。图 6-4(a)所示刚架的基本未知量数目等于 6,其中 4 个角位移,2 个线位移。

又如图 6-5(a)所示刚架,将固定端支座和刚结点都改为铰链后为瞬变体系,如图 6-5(b),需要在结点 C 处加竖向链杆约束。原结构的基本结构如图 6-5(c)所示。由此可判定原结构的基本未知量数目等于 3,其中 2 个角位移,1 个线位移。

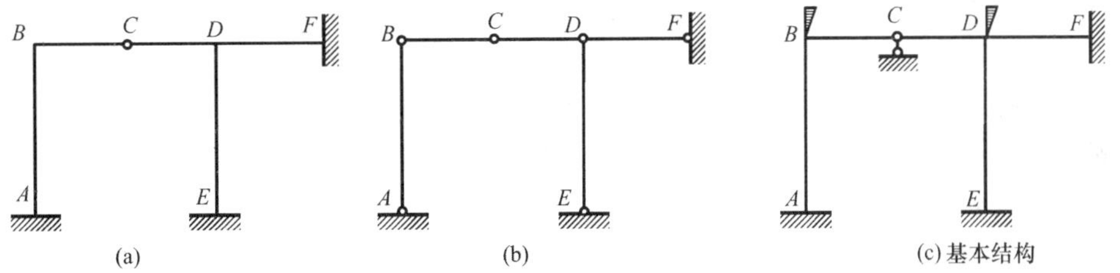

图 6-5

如果刚架中某些杆件的内力是静定的,则不需要加入附加约束使其成为单跨超静定梁。例如图 6-6(a)所示刚架，其中杆 CD 相当于悬臂梁，是静定的，就不必在 D 端增加附加约束。其基本结构如图 6-6(b)所示。又如图 6-6(c)所示刚架，其中横梁 BC 刚度无穷大，不会产生弯曲变形，只可能发生水平位移(如图中虚线所示)，因此可判断结点 B、C 均无角位移，不必加入附加刚臂，只需加入附加链杆。其基本结构如图 6-6(d)所示。

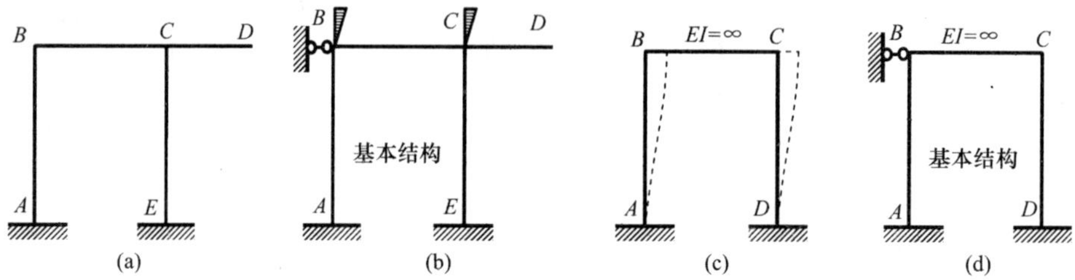

图 6-6

必须指出，采用组成分析法确定独立的结点线位移数目是以轴向刚度条件为依据的。对于曲杆或需要考虑轴向变形的杆件，如图 6-7(a)、(c)所示，变形后两端距离不能看作是不变的，这时该杆件两端都需加入附加链杆。其基本结构如图 6-7(b)、(d)所示。

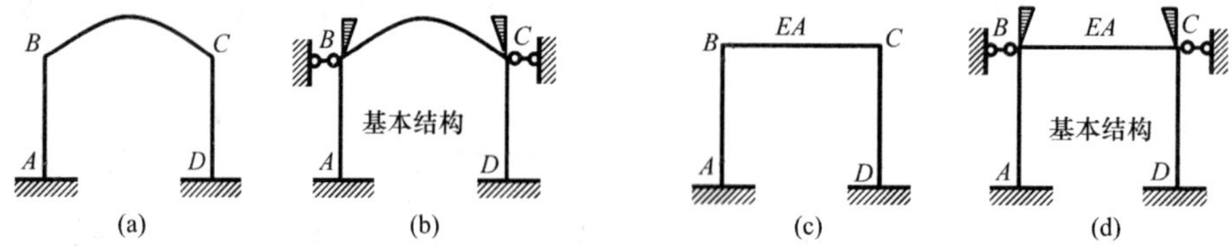

图 6-7

图 6-8 给出了某些结构的位移法基本结构和基本未知量(结点角位移用附加刚臂表示，结点线位移用附加链杆表示)。

6.3 位移法的基本体系和典型方程式

6.3.1 位移法的基本体系

以图 6-9(a)所示刚架为例说明位移法的基本体系和典型方程的建立。该刚架有两个基本未知量：结点 B 的转角 Z_1 和横梁的水平位移 Z_2。这里，不管是角位移还是线位移，基本未知量统一用 Z 表示，以便与力法中使用的未知量 X 相对照。

图 6-9(b)为原结构的基本结构：在结点 B 加入附加刚臂以控制 B 的转角，在结点 C 加入附加链杆以控制 C 的水平位移。基本结构可视为由 2 根单跨超静定梁组成，分别为两端固定的 AB 杆、B 端固定 C 端铰支的 BC 杆。各杆各自独立变形，互不干扰。基本结构与原结构主要区别有两点：

(1)原结构有结点位移，而基本结构由于有附加约束存在，结点无任何位移。

(2)原结构各结点无约束，在结点处也就无约束反力。而基本结构的附加约束有约束反力矩或约束反力。

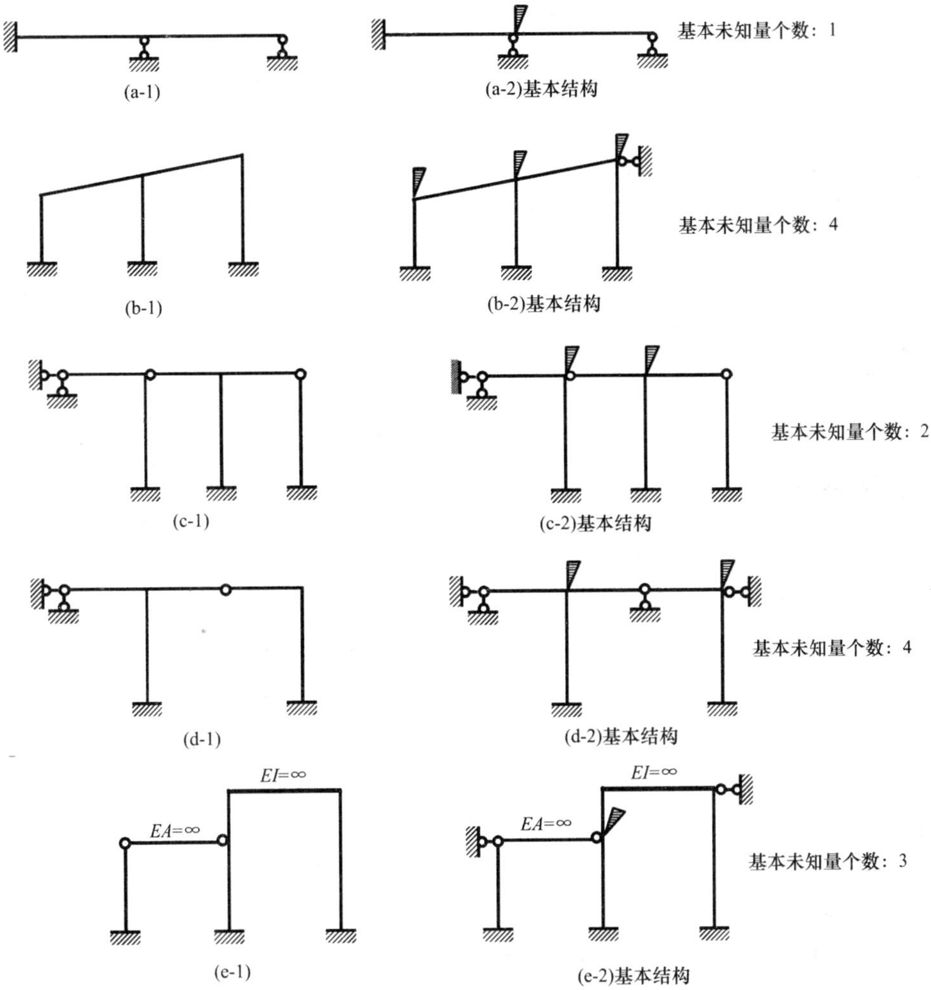

图 6-8

当荷载作用于基本结构时，显然基本结构的受力和变形与原结构不同。如果再使刚臂转动 Z_1（Z_1 为原结构结点 B 的转角），并使链杆产生线位移 Z_2（Z_2 为原结构结点 C 的水平位移），如图 6-9(c)。将所得体系中各杆的受力和变形与原结构中对应杆件比较，可以看出二者完全相同。基本结构在荷载和基本未知量即结点位移共同作用下的体系称为位移法的基本体系。图 6-9(c)即为原结构的基本体系。

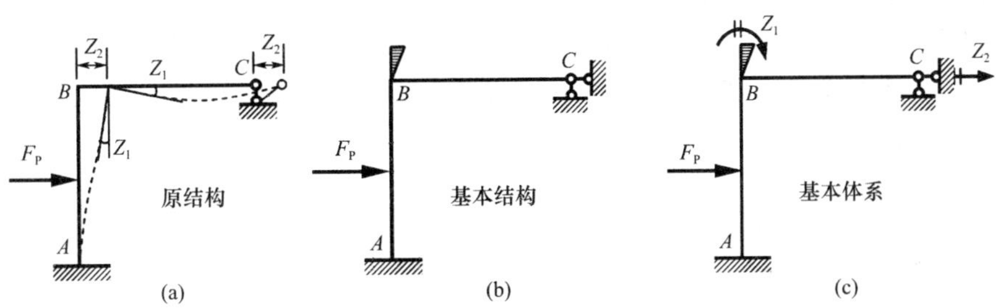

图 6-9

6.3.2 位移法的典型方程式

用位移法建立方程,求解基本未知量,有两种方法。一种是在基本体系上建立位移法基本方程;另一种是直接根据结点或截面的平衡条件建立基本方程。船舶结构力学中主要应用后一种方法,将在 6.6 节介绍。下面介绍前一种方法。

1. 有 1 个基本未知量的位移法方程

现在以图 6-10(a)所示刚架为例,讨论位移法基本方程的建立。此刚架有 1 个基本未知量,即结点 B 的转角 Z_1,建立基本体系如图 6-10(b)。基本体系在荷载和基本未知量 Z_1 共同作用下应该与原结构的受力和变形完全相同。分两步来考虑基本体系的受力和变形情况。

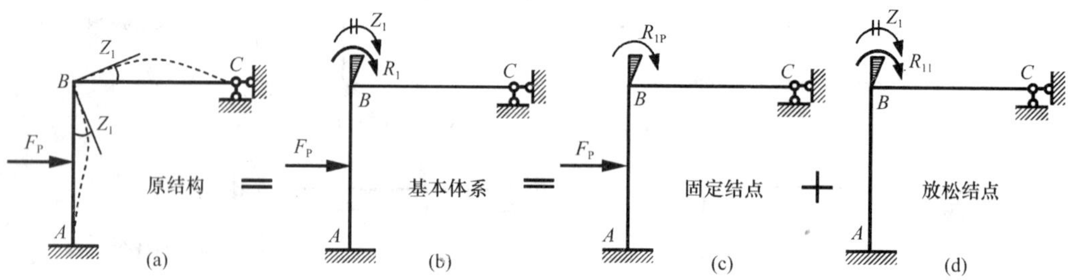

图 6-10

第一步,固定结点。控制附加约束,使结点位移 Z_1 为零,如图 6-10(c)。这时刚架结点被锁住。在荷载作用下,可求出基本结构在锁住状态下各杆件的固端力。同时在附加刚臂中会产生约束力矩 R_{1P},这个约束力矩在原结构中是没有的。约束力矩以顺时针转向为正方向。

第二步,放松结点。调整附加约束,使其产生结点位移 Z_1,如图 6-10(d)。这时,结点位移引起的约束反力矩为 R_{11}。附加约束的总反力矩为

$$R_1 = R_{11} + R_{1P} \tag{a}$$

式中 R 的第一个下标表示产生附加反力矩的位置,第二个下标表示产生附加反力矩的原因。如果调整结点位移 Z_1,使它与原结构的结点位移的实际值正好相等,则约束力矩 R_1 即完全消失。这时基本体系形式上虽然还有附加约束,但实际上它已不起作用,因此基本体系处于放松状态,与原结构完全相同。

可见,基本体系转化为原结构的条件是:基本结构在给定荷载以及结点位移 Z_1 共同作用下,在附加约束中产生的总反力矩 R_1 应等于零,即

$$R_1 = R_{11} + R_{1P} = 0 \tag{b}$$

为了把位移法方程写成标准形式,设 r_{11} 为未知量 $Z_1 = 1$ 时引起附加约束的约束反力矩,则 $R_{11} = r_{11} Z_1$,代入式(b)得

$$r_{11} Z_1 + R_{1P} = 0 \tag{6-1}$$

这就是求解基本未知量 Z_1 的位移法方程。

2. 有 2 个基本未知量的位移法方程

再以图 6-11(a)所示刚架为例,讨论有两个基本未知量的位移法基本方程的建立。

该刚架有 2 个基本未知量,即结点 B 的转角 Z_1 和横梁的水平位移 Z_2。建立基本体

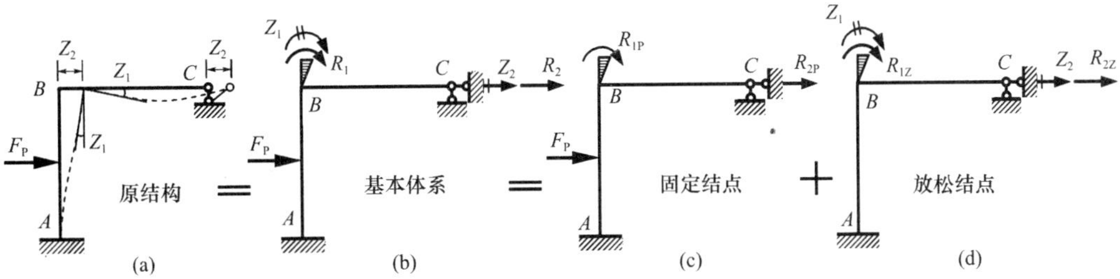

图 6-11

系如图 6-11(b)。基本体系在荷载和基本未知量 Z_1、Z_2 共同作用下应该与原结构的受力和变形完全相同。分两步来考虑基本体系的受力和变形情况。

第一步，固定结点。控制附加约束，使结点位移 Z_1 和 Z_2 都为零，如图 6-11(c)。在荷载作用下，可求出基本结构在锁住状态下各杆件的固端力。同时在附加刚臂中会产生约束力矩 R_{1P}，在附加链杆中会产生水平约束力 R_{2P}，这些约束力在原结构中是没有的。约束力矩以顺时针转向为正方向，水平约束反力以向右为正方向。

第二步，放松结点。调整附加约束，使其产生结点位移 Z_1、Z_2，如图 6-11(d)。这时，结点位移引起的约束反力为 R_{1Z} 和 R_{2Z}。附加约束的总反力为

$$R_1 = R_{1Z} + R_{1P}$$

$$R_2 = R_{2Z} + R_{2P}$$

如果调整结点位移 Z_1、Z_2，使其与原结构的结点位移的实际值正好相等，则约束力 R_1 和 R_2 即完全消失。这时基本体系处于放松状态，与原结构完全相同，于是基本体系转化为原结构。条件是：基本结构在给定荷载以及结点位移 Z_1 和 Z_2 共同作用下，在附加约束中产生的总反力 R_1 和 R_2 都应等于零，即

$$R_1 = R_{1Z} + R_{1P} = 0 \tag{a}$$

$$R_2 = R_{2Z} + R_{2P} = 0 \tag{b}$$

为了把位移法方程写成标准形式，应用叠加原理，把基本结构中结点位移引起的约束反力 R_{1Z} 和 R_{2Z} 分解成以下几种情况分别计算。

(1)单位位移 $Z_1=1$ 单独作用，相应的约束力为 r_{11} 和 r_{21}，如图 6-12(a)；

(2)单位位移 $Z_2=1$ 单独作用，相应的约束力为 r_{12} 和 r_{22}，如图 6-12(b)；

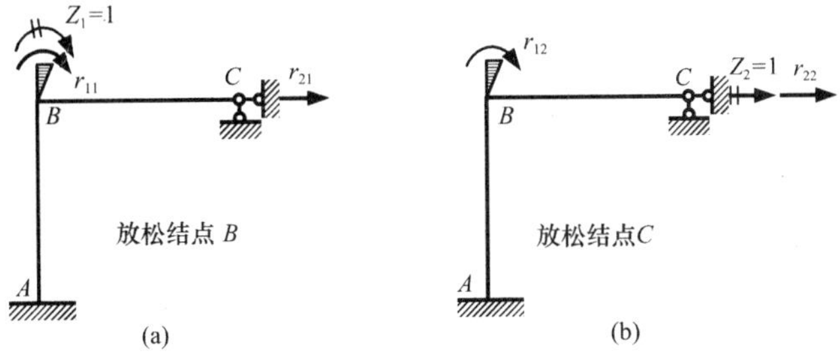

图 6-12

叠加以上结果，结点位移引起的约束反力 R_{1Z} 和 R_{2Z} 为

$$R_{1Z} = r_{11}Z_1 + r_{12}Z_2 \tag{c}$$

$$R_{2Z} = r_{21}Z_1 + r_{22}Z_2 \tag{d}$$

将上 2 式代入式(a)、(b)得

$$\left.\begin{aligned}r_{11}Z_1+r_{12}Z_2+R_{1P}=0\\r_{21}Z_1+r_{22}Z_2+R_{2P}=0\end{aligned}\right\}\tag{6-2}$$

这就是求解 2 个基本未知量 Z_1、Z_2的位移法方程。通常也把它称为典型方程。方程中的每一项都表示某个因素引起的附加约束处的反力。当方程得到满足时,附加约束中的总约束反力为零,这样基本体系的受力与原结构相同。由此可见,位移法方程实质上反映了原结构的静力平衡条件,其物理意义是基本结构在荷载和各结点位移共同作用下,各附加约束中的反力等于零。

3. 位移法典型方程

对于有 n 个基本未知量的结构,则需要加上 n 个附加约束,位移法的基本思路仍是对基本体系与原结构进行受力与变形状态的比较。基本体系转化为原结构的条件是:基本结构在荷载和各结点位移共同作用下,各附加约束中的反力均等于零。即

$$\left.\begin{aligned}r_{11}Z_1+r_{12}Z_2+\cdots+r_{1n}Z_n+R_{1P}=0\\r_{21}Z_1+r_{22}Z_2+\cdots+r_{2n}Z_n+R_{2P}=0\\\cdots\cdots\cdots\cdots\cdots\cdots\cdots\cdots\\r_{n1}Z_1+r_{n2}Z_2+\cdots+r_{nn}Z_n+R_{nP}=0\end{aligned}\right\}\tag{6-3}$$

上式是位移法典型方程,与力法典型方程是对应的。

位移法典型方程中,r_{ii}为主系数,恒为正值,是基本未知量 $Z_i=1$ 时引起的 Z_i处附加约束的反力;r_{ij}为副系数,是基本未知量 $Z_j=1$ 时引起的 Z_i处附加约束的反力,由反力互等定理知:$r_{ij}=r_{ji}$。r_{ij}反映结构的刚度,所以称为刚度系数。R_{iP}为自由项,是荷载作用时引起的 Z_i处附加约束的反力。副系数和自由项可以为正值,也可以为负值。

位移法典型方程还可以写成矩阵形式

$$\begin{bmatrix}r_{11}&r_{12}&\cdots&r_{1n}\\r_{21}&r_{22}&\cdots&r_{2n}\\\vdots&\vdots&&\vdots\\r_{n1}&r_{n2}&\cdots&r_{nn}\end{bmatrix}\begin{bmatrix}Z_1\\Z_2\\\vdots\\Z_n\end{bmatrix}+\begin{bmatrix}R_{1P}\\R_{2P}\\\vdots\\R_{nP}\end{bmatrix}=\begin{bmatrix}0\\0\\\vdots\\0\end{bmatrix}\tag{6-4}$$

上式中由典型方程中的刚度系数 r_{ij} 组成的矩阵称为结构刚度矩阵。因此位移法方程也称为结构刚度方程。

位移法常用于计算超静定梁和超静定刚架。实际上凡是具有未知结点位移的结构,无论是静定结构还是超静定结构,都可以用位移法求解。

6.4 用位移法求解连续梁和无侧移刚架

6.4.1 用位移法计算结构的步骤

(1)确定基本未知量,建立基本体系。在原结构加上与基本未知量相应的附加约束,限制结点的角位移和线位移。

(2)建立位移法典型方程。令各附加约束发生与原结构相同的结点位移,根据基本体

系在荷载和各结点位移共同作用下各附加约束上的反力均应该等于零的条件，建立位移法典型方程。

(3)计算位移法方程中的系数和自由项。应用形常数表和载常数表作出基本结构在各结点位移为单位位移作用下的弯矩图和荷载作用下的弯矩图，由平衡条件求出各系数和自由项。与附加刚臂相应的系数和自由项可取其所在刚结点为隔离体，由力矩平衡方程求出；与附加链杆相应的系数和自由项可取其所在杆件为隔离体，由投影平衡方程求出。

(4)求解位移法方程，得各基本未知量的量值。

(5)作内力图。

(6)校核。由于位移法方程是按静力平衡条件建立的，故通常只需按平衡条件进行校核。

6.4.2　用位移法求解连续梁

【例 6-1】 用位移法求解图 6-13(a)所示连续梁。EI=常量。

解　(1)确定基本未知量，建立基本体系。基本未知量为结点 1 的转角 Z_1，在结点 1 处加上附加刚臂，基本体系如图 6-13(b)所示。

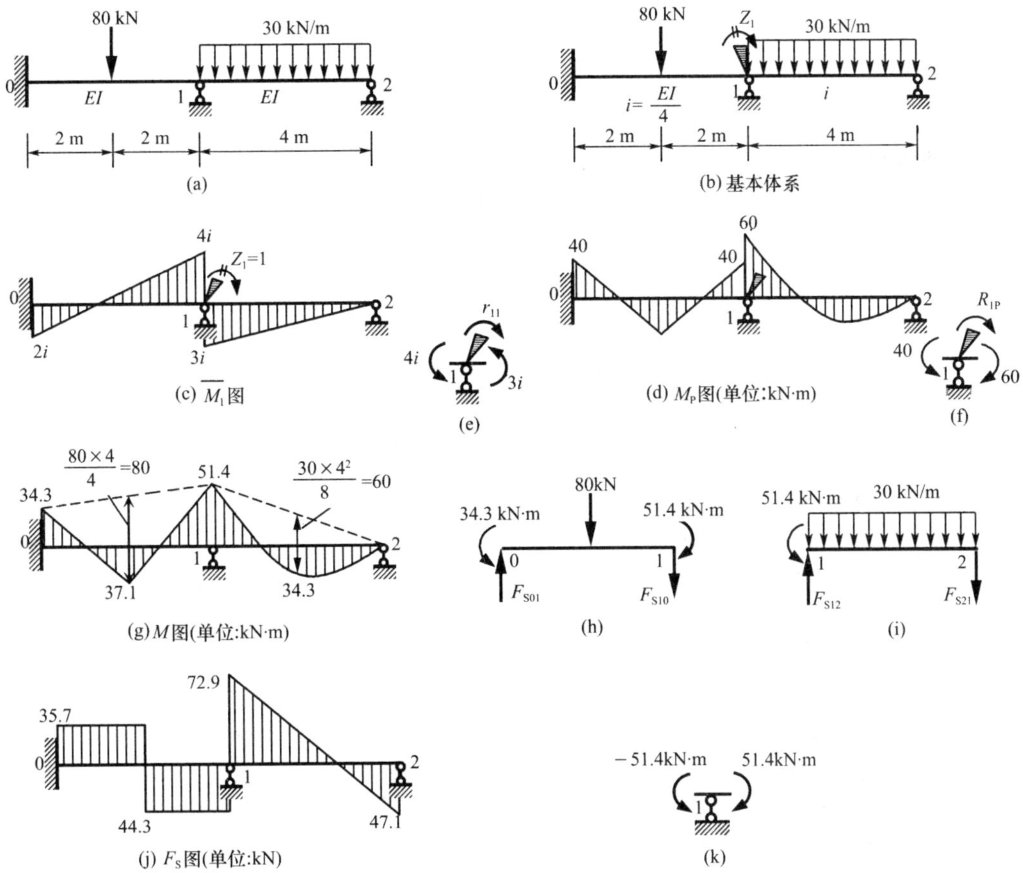

图 6-13

(2)建立位移法方程

$$r_{11}Z_1+R_{1P}=0 \tag{a}$$

(3)计算系数和自由项

查表 6-1 和表 6-2,作出$\overline{M}_1$ 图和 M_P图,如图 6-13(c)、(d)所示。分别计算系数 r_{11} 和自由项 R_{1P}。

在$\overline{M}_1$ 图中取结点 1 为隔离体如图 6-13(e),由平衡方程 $\sum M_1=0$ 得

$$r_{11}=4i+3i=7i \tag{b}$$

在 M_P图中取结点 1 为隔离体如图 6-13(f),由平衡方程 $\sum M_1=0$ 有

$$R_{1P}+60-40=0$$

得

$$R_{1P}=-20\ \text{kN}\cdot\text{m} \tag{c}$$

(4)求解典型方程

将式(b)、(c)代入式(a),有

$$7iZ_1-20=0 \tag{d}$$

得

$$Z_1=\frac{20}{7i} \tag{e}$$

(5)作内力图

按下式叠加计算杆端弯矩

$$M=\overline{M}_1Z_1+M_P \tag{6-5}$$

杆端弯矩为 $M_{01}=2i\times\dfrac{20}{7i}-40=-34.3\ \text{kN}\cdot\text{m}$,$M_{10}=4i\times\dfrac{20}{7i}+40=51.4\ \text{kN}\cdot\text{m}$

$$M_{12}=3i\times\frac{20}{7i}-60=-51.4\ \text{kN}\cdot\text{m},M_{21}=0$$

以上各项中,正值说明杆端弯矩绕杆端是顺时针转向,负值说明杆端弯矩绕杆端是逆时针转向,于是可判断杆端的受拉侧在哪一侧,并利用叠加原理作原结构的弯矩图,如图 6-13(g)。

作剪力图的常用方法是取相应杆件为隔离体,根据弯矩图利用平衡条件求出杆端剪力,然后绘制剪力图。

取 01 杆,其受力图如图 6-13(h)。

$$\sum M_1=0,4F_{S01}-80\times2-34.3+51.4=0,F_{S01}=35.7\ \text{kN}$$

$$\sum M_0=0,4F_{S10}+80\times2-34.3+51.4=0,F_{S10}=-44.3\ \text{kN}$$

取 12 杆,其受力图如图 6-13(i)。

$$\sum M_2=0,4F_{S12}-30\times4\times2-51.4=0,F_{S12}=72.9\ \text{kN}$$

$$\sum M_1=0,4F_{S21}+30\times4\times2-51.4=0,F_{S21}=-47.2\ \text{kN}$$

剪力图如图 6-13(j)所示。

(6)校核

按平衡条件校核,例如取结点 1,其受力图如图 6-13(k),显然满足力矩平衡条件。

6.4.3　用位移法求解无侧移刚架

无结点线位移的刚架称为无侧移刚架，又称为不可动结点刚架。

【例 6-2】 用位移法求解图 6-14(a)所示刚架，作出内力图。EI=常量。

解　(1)确定基本未知量，建立基本体系。基本未知量为结点 1 的转角 Z_1，在结点 1 处加上附加刚臂，基本体系如图 6-14(b)所示。其中 $i=EI/l$。

(2)建立位移法方程

$$r_{11}Z_1+R_{1P}=0 \tag{a}$$

(3)计算系数和自由项

查表 6-1 和表 6-2，作出 $\overline{M}_1$ 图和 M_P 图，如图 6-14(c)、(d)所示。分别计算系数 r_{11} 和自由项 R_{1P}。

在 $\overline{M}_1$ 图中取结点 1 为隔离体如图 6-14(e)，由平衡方程 $\sum M_1=0$ 得

$$r_{11}=8i+6i+4i=18i \tag{b}$$

在 M_P 图中取结点 1 为隔离体如图 6-14(f)，由平衡方程 $\sum M_1=0$ 有

$$R_{1P}-\frac{ql^2}{12}=0$$

得

$$R_{1P}=\frac{ql^2}{12} \tag{c}$$

(4)求解位移法方程

将式(b)、(c)代入式(a)，有

$$18iZ_1+\frac{ql^2}{12}=0 \tag{d}$$

得

$$Z_1=-\frac{ql^2}{216i} \tag{e}$$

(5)作弯矩图

按式(6-5)叠加计算杆端弯矩，各杆端弯矩为

$$M_{01}=4i\times\left(-\frac{ql^2}{216i}\right)-\frac{ql^2}{12}=-\frac{11}{108}ql^2, M_{01}=8i\times\left(-\frac{ql^2}{216i}\right)+\frac{ql^2}{12}=\frac{5}{108}ql^2$$

$$M_{12}=6i\times\left(-\frac{ql^2}{216i}\right)=-\frac{3}{108}ql^2,\qquad M_{21}=0,$$

$$M_{23}=4i\times\left(-\frac{ql^2}{216i}\right)=-\frac{2}{108}ql^2,\qquad M_{32}=2i\times\left(-\frac{ql^2}{216i}\right)=-\frac{1}{108}ql^2$$

绘制原结构的弯矩图，如图 6-14(g)。

(6)作剪力图、轴力图

先依据弯矩图，利用各杆力矩平衡方程求出各杆杆端剪力，作剪力图，如图 6-14(l)。取 01 杆，其受力图如图 6-14(h)，其中轴力未绘出。

$$\sum M_0=0, F_{S10}l+\frac{ql^2}{2}+\frac{5ql^2}{108}-\frac{11ql^2}{108}=0, F_{S10}=-\frac{48ql}{108}$$

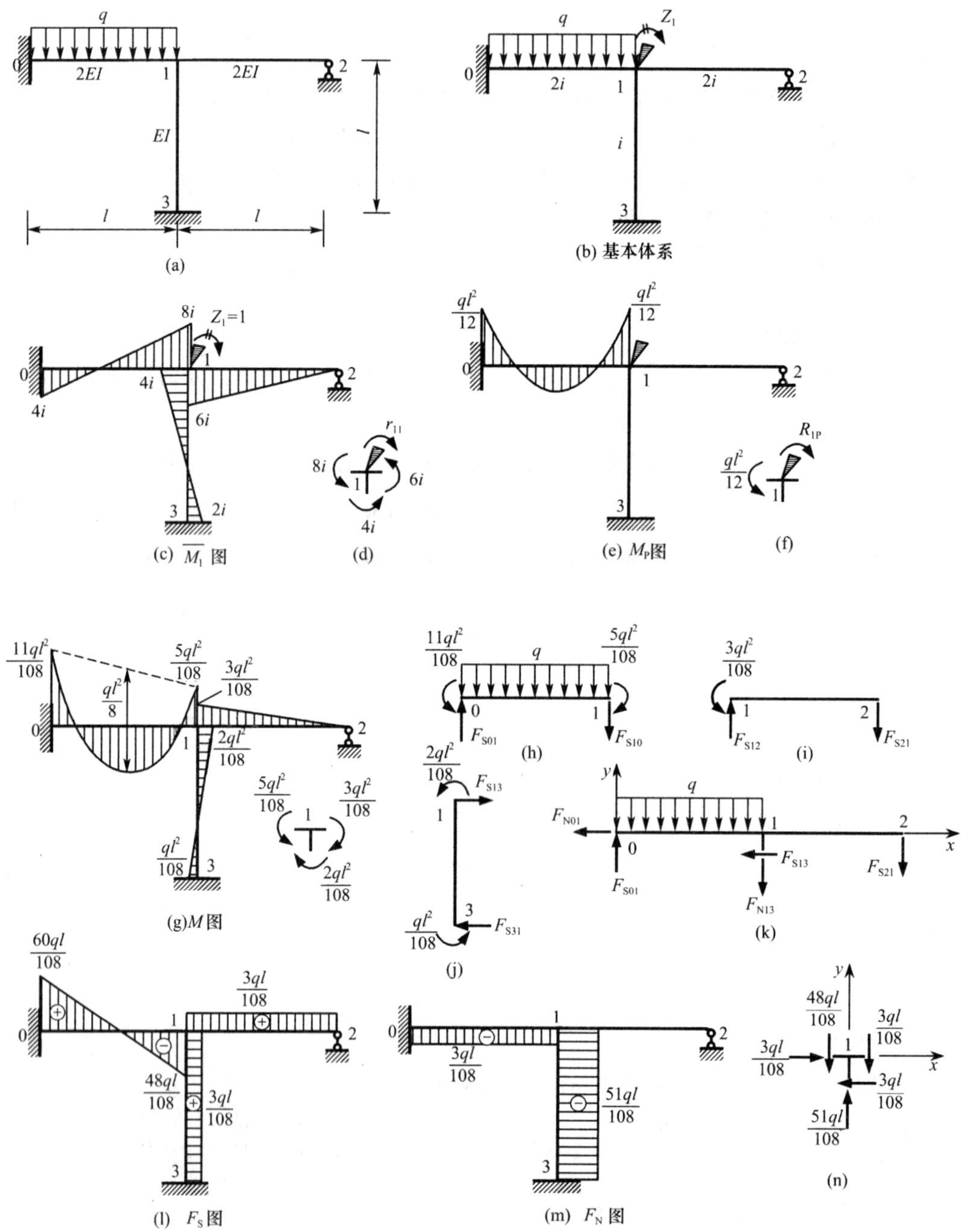

图 6-14

$$\sum M_1=0,\quad F_{S01}l-\frac{ql^2}{2}+\frac{5ql^2}{108}-\frac{11ql^2}{108}=0,F_{S01}=\frac{60ql}{108}$$

取 12 杆,其受力图如图 6-14(i)。

$$\sum M_1=0,F_{S12}l-\frac{3ql^2}{108}=0,F_{S12}=\frac{3ql}{108};\ \sum M_2=0,F_{S21}=\frac{3ql}{108}$$

取 13 杆,其受力图如图 6-14(j)。

$$\sum M_1=0, F_{S31}l-\frac{2ql^2}{108}-\frac{ql^2}{108}=0, F_{S31}=\frac{3ql}{108};\ \sum M_3=0, F_{S13}=\frac{3ql}{108}$$

再依据剪力图，利用投影平衡方程作轴力图，如图 6-14(m)。

取横梁 012 杆，其受力图如图 6-14(k)，其中弯矩未绘出。

$$\sum F_x=0,\quad -F_{N01}-F_{S13}=0,\qquad F_{N01}=-F_{S13}=-\frac{3ql}{108}$$

$$\sum F_y=0,\quad -F_{N13}-ql+F_{S01}+F_{S21}=0,\quad F_{N13}=-\frac{51ql}{108}$$

(7)校核

取结点 1，由弯矩图绘出其受力图如图 6-14(n)，校核力矩平衡条件

$$\sum M_1=-\frac{5ql^2}{108}+\frac{3ql^2}{108}+\frac{2ql^2}{108}=0,\text{满足平衡条件。}$$

再取结点 1，由剪力图和轴力图绘出其受力图如图 6-14(n)，校核投影平衡条件

$$\sum F_x=-\frac{3ql}{108}+\frac{3ql}{108}=0,$$

$$\sum F_y=\frac{51ql}{108}-\frac{48ql}{108}-\frac{3ql}{108}=0,\text{满足平衡条件。}$$

【例 6-3】 用位移法求解图 6-15(a)所示刚架，作出弯矩图。$EI=$常量。

解 (1)确定基本未知量，建立基本体系。基本未知量为结点 1 的转角 Z_1，在结点 1 处加上附加刚臂，基本体系如图 6-15(b)所示。其中 $i=EI/l$。此刚架中悬臂杆 14 为静定部分，其弯矩可以直接由外力计算，故不需加上附加约束。

(2)建立位移法方程

$$r_{11}Z_1+R_{1P}=0 \tag{a}$$

(3)计算系数和自由项

查表 6-1 和表 6-2，作出$\overline{M}_1$ 图和 M_P图，如图 6-15(c)、(d)。分别计算系数和自由项。

在$\overline{M}_1$ 图中取结点 1，由平衡方程 $\sum M_1=0$，得 $r_{11}=4i+3i+i=8i$；

在 M_P图中取结点 1 为隔离体，由平衡方程 $\sum M_1=0$，得 $R_{1P}=-F_Pl-3F_Pl=-4F_Pl$。

(4)求解位移法方程

将系数和自由项代入式(a)，有

$$8iZ_1-4F_Pl=0 \tag{b}$$

解方程式(b)，得

$$Z_1=\frac{F_Pl}{2i}$$

(5)作弯矩图

按式(6-5)叠加计算杆端弯矩。各杆端弯矩为

$$M_{01}=0, M_{10}=3i\times\frac{F_Pl}{2i}=1.5F_Pl$$

$$M_{12}=i\times\frac{F_Pl}{2i}=0.5F_Pl, M_{21}=-i\times\frac{F_Pl}{2i}=-0.5F_Pl$$

$$M_{13}=4i\times\frac{F_Pl}{2i}=2F_Pl,\quad M_{31}=2i\times\frac{F_Pl}{2i}=F_Pl$$

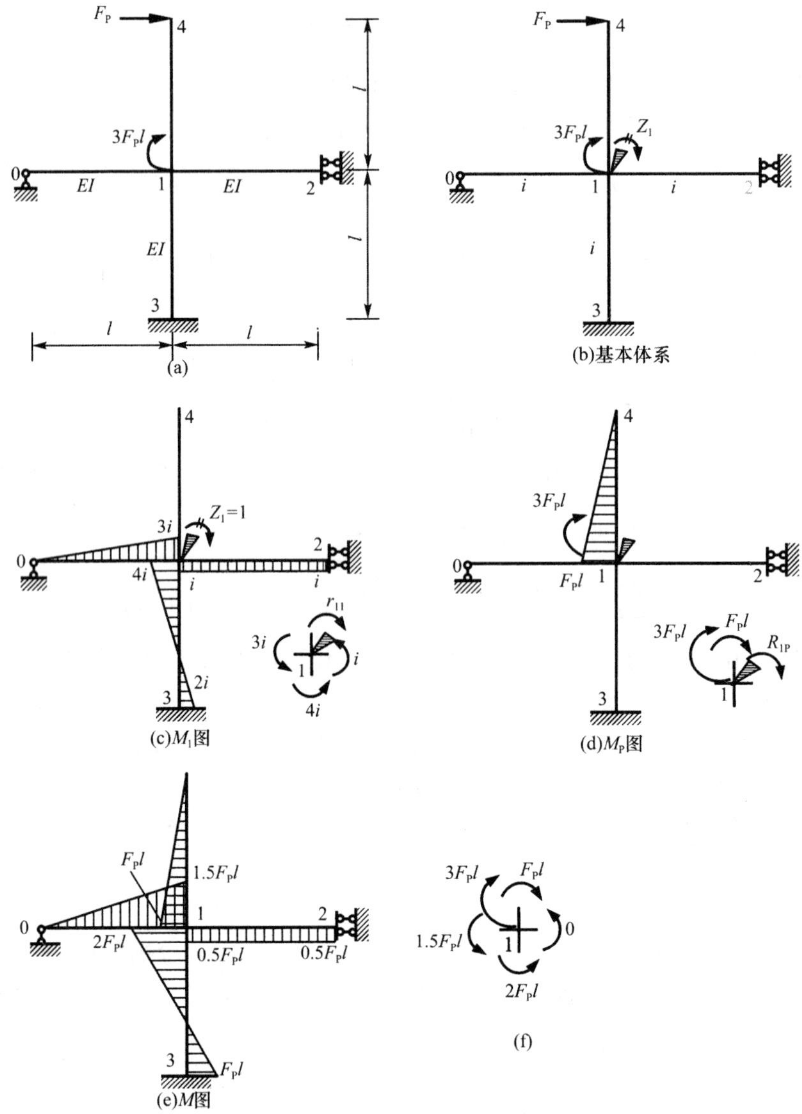

图 6-15

绘制原结构的弯矩图，如图 6-15(e)。

(6)校核

取结点 1，其受力图如图 6-15(f)，校核力矩平衡条件

$$\sum M_1=F_Pl+3F_Pl-1.5F_Pl-2F_Pl-0.5F_Pl=0\text{，满足平衡条件。}$$

【例 6-4】 用位移法求解图 6-16(a)所示刚架，作出弯矩图。$EI=$常量。

解 (1)确定基本未知量，建立基本体系。基本未知量为结点 1 的转角 Z_1 和结点 2 的转角 Z_2，在结点 1 和结点 2 处加上附加刚臂，基本体系如图 6-16(b)所示。其中 $i=EI/l$。

(2)建立位移法方程

$$\left.\begin{aligned}r_{11}Z_1+r_{12}Z_2+R_{1P}=0\\r_{21}Z_1+r_{22}Z_2+R_{2P}=0\end{aligned}\right\}\qquad\text{(a)}$$

(3)计算系数和自由项

查表 6-1 和表 6-2,作出$\overline{M}_1$ 图、$\overline{M}_2$ 图和 M_P图,如图 6-16(c)、(d)、(e)。分别计算系数和自由项。

在$\overline{M}_1$ 图中取结点 1、结点 2 为隔离体如图 6-16(f),分别由 $\sum M_1=0$, $\sum M_2=0$,得

$$r_{11}=8i+8i+4i=20i,\quad r_{21}=4i$$

在$\overline{M}_2$ 图中取结点 1、结点 2 为隔离体如图 6-16(g),分别由 $\sum M_1=0$, $\sum M_2=0$,得

$$r_{12}=4i,\quad r_{22}=8i+3i=11i$$

在 M_P图中取结点 1、结点 2 为隔离体如图 6-16(h),分别由 $\sum M_1=0$, $\sum M_2=0$,得

$$R_{1P}=120-60=60\text{ kN}\cdot\text{m},\quad R_{2P}=60\text{ kN}\cdot\text{m}$$

(4)求解位移法方程

将系数和自由项代入式(a),有

$$\left.\begin{aligned}20iZ_1+4iZ_2+60=0\\4iZ_1+11iZ_2+60=0\end{aligned}\right\}\tag{b}$$

解方程式(b),得

$$Z_1=-\frac{2.059}{i},Z_2=-\frac{4.706}{i}$$

(5)作弯矩图

按下式叠加计算杆端弯矩

$$M=\overline{M}_1Z_1+\overline{M}_2Z_2+M_P\tag{6-6}$$

各杆端弯矩为

$$M_{01}=4i\times\left(-\frac{2.059}{i}\right)-120=-128.2\text{ kN}\cdot\text{m},M_{10}=8i\times\left(-\frac{2.059}{i}\right)+120=103.5\text{ kN}\cdot\text{m}$$

$$M_{12}=8i\times\left(-\frac{2.059}{i}\right)+4i\times\left(-\frac{4.706}{i}\right)-60=-95.3\text{ kN}\cdot\text{m},$$

$$M_{21}=4i\times\left(-\frac{2.059}{i}\right)+8i\times\left(-\frac{4.706}{i}\right)+60=14.1\text{ kN}\cdot\text{m},$$

$$M_{13}=4i\times\left(-\frac{2.059}{i}\right)=-8.24\text{ kN}\cdot\text{m},\quad M_{31}=2i\times\left(-\frac{2.059}{i}\right)=-4.12\text{ kN}\cdot\text{m}$$

$$M_{24}=3i\times\left(-\frac{4.706}{i}\right)=-14.1\text{ kN}\cdot\text{m},M_{42}=0$$

绘制原结构的弯矩图,如图 6-16(i)。

(6)校核

取结点 1,其受力图如图 6-16(j),校核力矩平衡条件

$\sum M_1=103.5-95.3-8.24=0$,满足平衡条件。

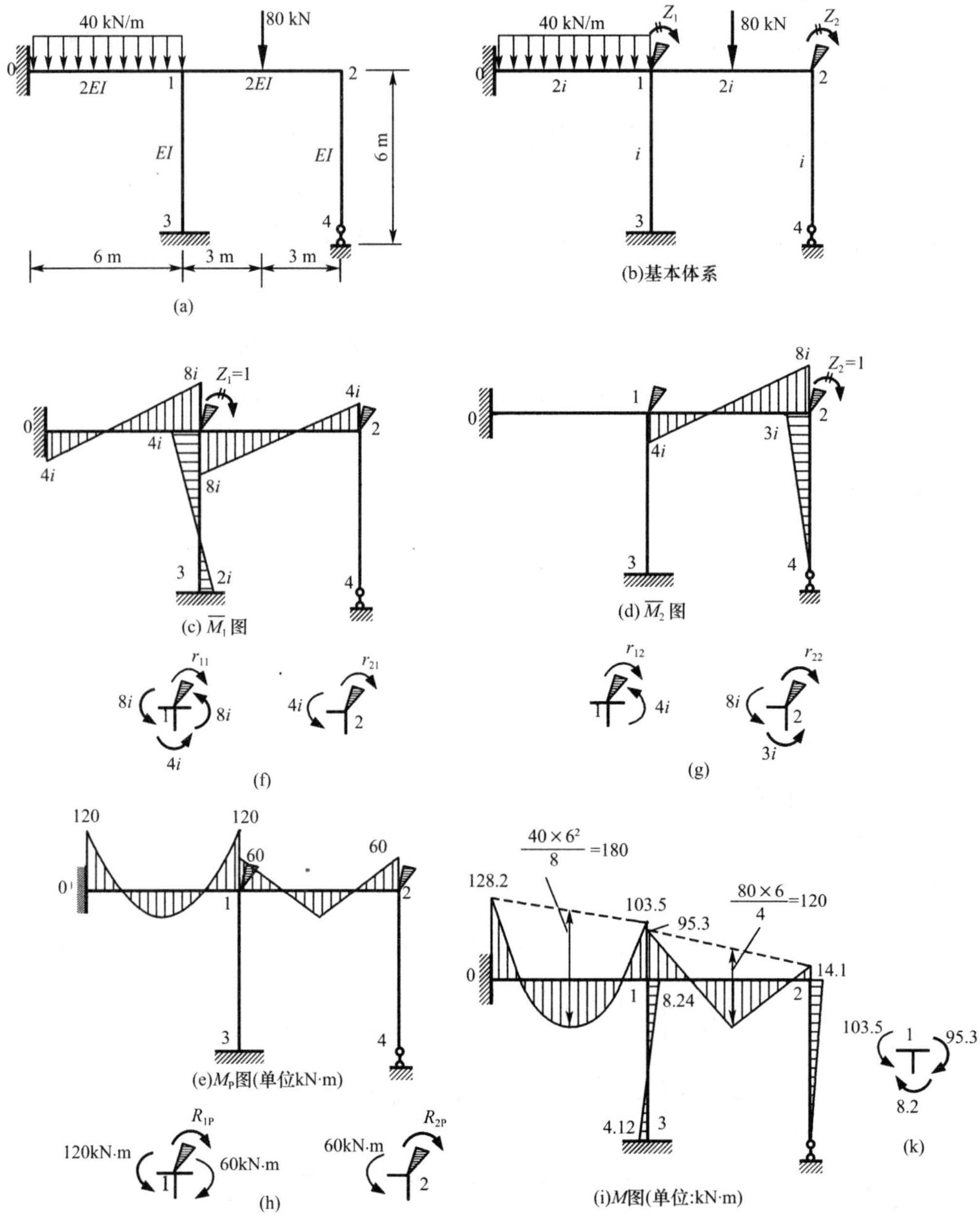

图 6-16

6.5 用位移法求解有侧移刚架

6.5.1 用位移法求解有侧移刚架

有侧移刚架的位移法基本未知量包括结点角位移和结点线位移。

【例 6-5】 用位移法求解图 6-17(a)所示刚架，作出内力图。EI=常量。

解 (1)确定基本未知量，建立基本体系。基本未知量为结点 1 的转角 Z_1 和结点 2 的水平线位移 Z_2，在结点 1 处加上附加刚臂，在结点 2 处加上附加链杆，基本体系如图 6-17(b)所示。其中 $i=EI/l$。

(2)建立位移法方程

$$\left.\begin{aligned}r_{11}Z_1+r_{12}Z_2+R_{1P}=0\\ r_{21}Z_1+r_{22}Z_2+R_{2P}=0\end{aligned}\right\}\tag{a}$$

(3)计算系数和自由项

查表 6-1，作出$\overline{M}_1$ 图和$\overline{M}_2$ 图，如图 6-17(c)、(d)所示。计算系数：

在$\overline{M}_1$ 图中取结点 1 为隔离体，如图 6-17(e)，由 $\sum M_1=0$，得 $r_{11}=4i+3i=7i$；取横梁 12 为隔离体，如图 6-17(f)，由 $\sum F_x=0$，得 $r_{21}=-\dfrac{6i}{l}$。

在$\overline{M}_2$ 图中取结点 1 为隔离体，如图 6-17(g)，由 $\sum M_1=0$，得 $r_{12}=-\dfrac{6i}{l}$；取横梁 12 为隔离体，如图 6-17(h)，由 $\sum F_x=0$，得 $r_{22}=\dfrac{12i}{l^2}+\dfrac{3i}{l^2}=\dfrac{15i}{l^2}$。

查表 6-2 作出 M_P图，如图 6-17(i)，计算自由项：

在 M_P图中取结点 1 为隔离体，如图 6-17(j)，由 $\sum M_1=0$，得 $R_{1P}=\dfrac{F_Pl}{8}$；取横梁 12 为隔离体，如图 6-17(k)，由 $\sum F_x=0$，得 $R_{2P}=-\dfrac{F_P}{2}$。

(4)求解位移法方程

将系数和自由项代入式(a)，有

$$\left.\begin{aligned}7iZ_1-\frac{6i}{l}Z_2+\frac{F_Pl}{8}=0\\ -\frac{6i}{l}Z_1+\frac{15i}{l^2}Z_2-\frac{F_P}{2}=0\end{aligned}\right\}\tag{b}$$

解方程式(b)，得

$$Z_1=\frac{9F_Pl}{552i},Z_2=\frac{22F_Pl^2}{552i}$$

(5)作弯矩图

按式(6-6)叠加计算杆端弯矩，各杆端弯矩为

$$M_{01}=2i\cdot\frac{9F_Pl}{552}-\frac{6i}{l}\cdot\frac{22F_Pl^2}{552}-\frac{F_Pl}{8}=-\frac{183F_Pl}{552},M_{10}=4i\cdot\frac{9F_Pl}{552}-\frac{6i}{l}\cdot\frac{22F_Pl^2}{552}+\frac{F_Pl}{8}=-\frac{27F_Pl}{552}$$

$$M_{12}=3i\cdot\frac{9F_Pl}{552}=\frac{27F_Pl}{552},\quad M_{21}=0,\quad M_{23}=0,\quad M_{32}=-\frac{3i}{l}\cdot\frac{22F_Pl^2}{552}=-\frac{66F_Pl}{552}$$

绘制原结构的弯矩图，如图 6-17(l)。

(6)作剪力图、轴力图

依据弯矩图，利用平衡条件作剪力图和轴力图，如图 6-17(m)、(n)。

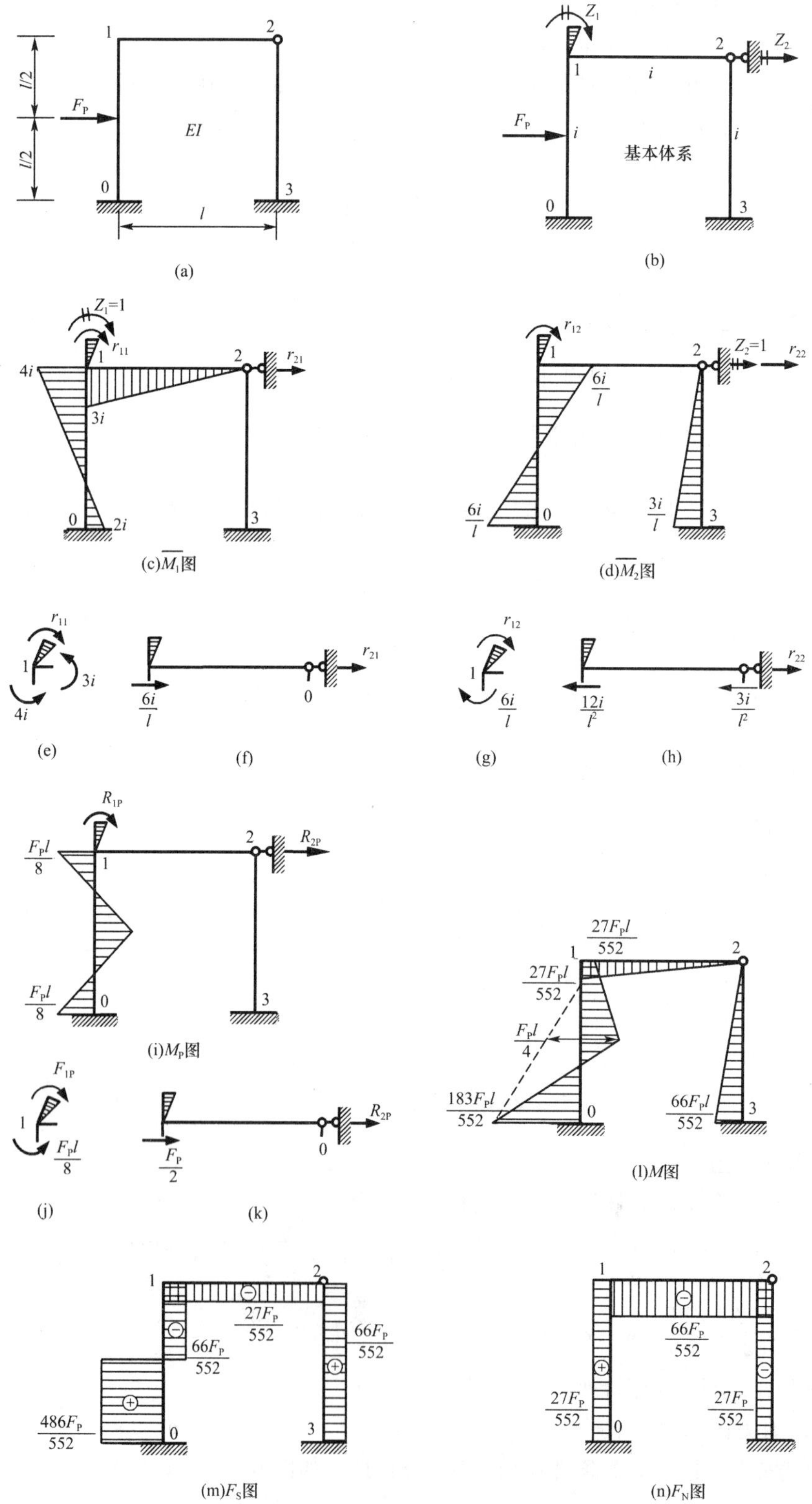

(a)
(b)
基本体系
(c)$\overline{M_1}$图
(d)$\overline{M_2}$图
(e)
(f)
(g)
(h)
(i)M_P图
(j)
(k)
(l)M图
(m)F_S图
(n)F_N图

图 6-17

6.5.2　无限刚梁的计算

图 6-18(a)为一单层厂房，屋架上、下弦均与柱焊牢，可以视为刚结点。由于屋架的刚度远远大于柱的刚度，因此在水平荷载作用下通常把屋架的弯曲刚度视为无限大，把横梁作为无限刚梁，其计算简图如图 6-18(b)所示。当柱平行且承受水平荷载时，柱产生弯曲变形，横梁只产生刚性平移，变形情况如图 6-18(b)中虚线所示。横梁与柱的刚结点处的角位移等于零，因此该刚架只有 1 个基本未知量：横梁的水平线位移 Z_1，基本体系如图 6-18(c)。柱 32 和柱 01 都视为两端固定梁。

位移法方程为

$$r_{11}Z_1+R_{1P}=0 \tag{a}$$

计算系数和自由项

作 $\overline{M}_1$ 图，取横梁为隔离体，如图 6-18(d)，由平衡条件 $\sum F_x=0$，得 $r_{11}=\dfrac{24i}{l^2}$。

作 M_P 图，取横梁为隔离体，如图 6-18(e)，由平衡条件 $\sum F_x=0$，得 $R_{1P}=-\dfrac{ql}{2}$。

将系数和自由项代入位移法方程式(a)，解得

$$Z_1=\frac{ql^3}{48i}$$

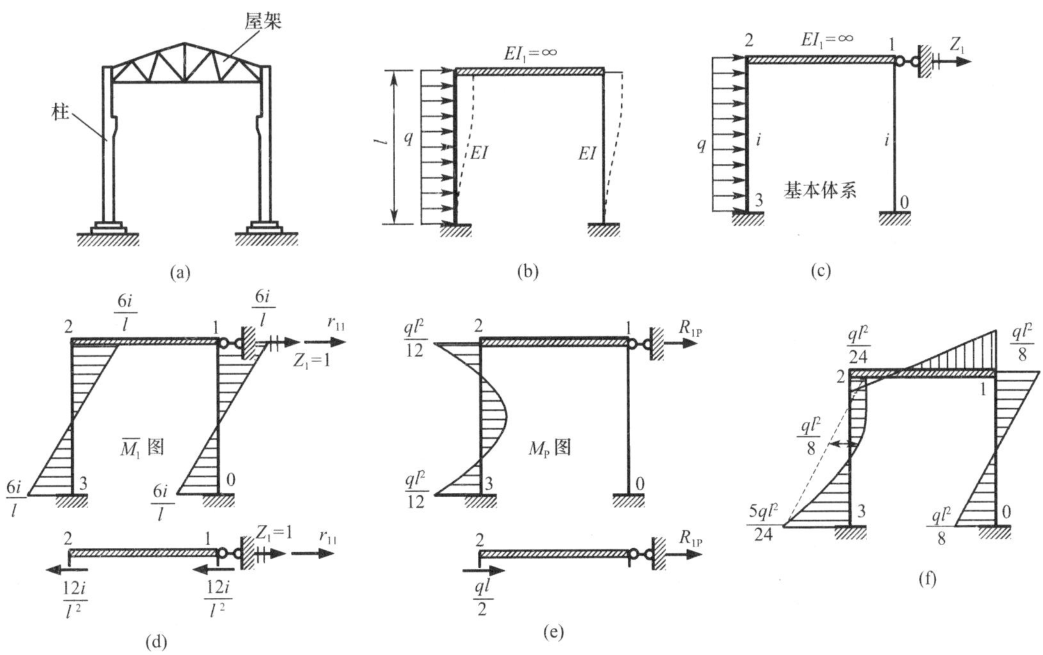

图 6-18

按式(6-5)叠加计算杆端弯矩，各杆端弯矩为

$$M_{01}=-\frac{6i}{l}\cdot\frac{ql^3}{48i}=-\frac{ql^2}{8},\qquad M_{10}=-\frac{6i}{l}\cdot\frac{ql^3}{48i}=-\frac{ql^2}{8}$$

$$M_{23}=-\frac{6i}{l}\cdot\frac{ql^3}{48i}+\frac{ql^2}{12}=-\frac{ql^2}{24},M_{32}=-\frac{6i}{l}\cdot\frac{ql^3}{48i}-\frac{ql^2}{12}=-\frac{5ql^2}{24}$$

绘制原结构的弯矩图，如图 6-18(f)。

必须指出，横梁刚度无限大，不产生弯曲变形，但仍然产生弯矩，否则结点不能平衡。横梁的杆端弯矩由结点平衡条件求得：$M_{12}=-M_{10}=\frac{ql^2}{8}$，$M_{21}=-M_{23}=\frac{ql^2}{24}$

由此例可见，横梁刚度无限大时，基本未知量数目减少，结构的计算得到简化。

6.5.3 铰接排架的计算

【例 6-6】 用位移法求解图 6-19(a)所示厂房结构，作出各柱的弯矩图。EI=常量。该厂房屋架与柱的连接采用预埋钢板焊接，可视为铰结点，结构简化为铰接排架。在水平荷载作用下通常把屋架的拉压刚度视为无限大，其计算简图如图 6-19(b)所示。

解 (1)确定基本未知量，建立基本体系。承受水平荷载时，变形情况如图 6-19(b)中虚线所示。该刚架基本未知量为横梁的水平线位移 Z_1，基本体系如图 6-19(c)。各柱都视为一端固定一端铰支梁。

(2)位移法方程

$$r_{11}Z_1+R_{1P}=0 \tag{a}$$

(3)计算系数和自由项

作$\overline{M}_1$ 图，取横梁为隔离体，如图 6-19(d)，由平衡条件 $\sum F_x=0$，得 $r_{11}=\frac{9i}{l^2}$。

作 M_P图，取横梁为隔离体，如图 6-19(e)，由平衡条件 $\sum F_x=0$，得 $R_{1P}=-\frac{3ql}{8}$。

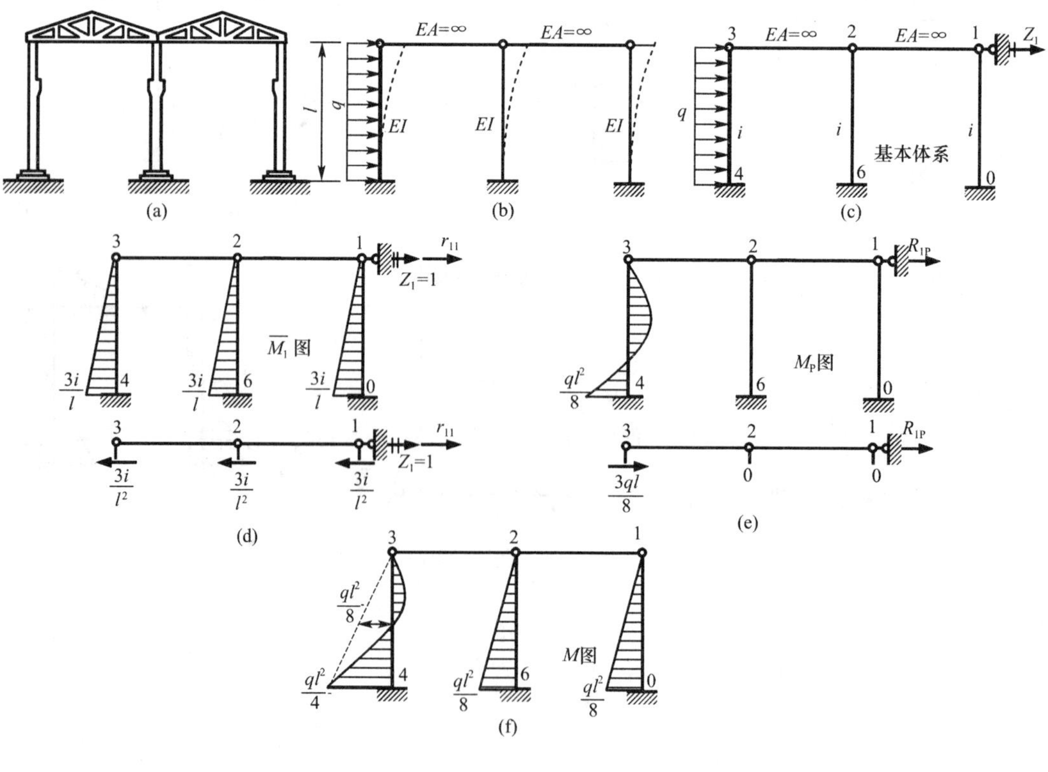

图 6-19

(4)求解位移法方程

将系数和自由项代入位移法方程式(a),解得

$$Z_1=\frac{ql^3}{24i}$$

(5)作弯矩图

按式(6-5)叠加计算杆端弯矩,绘制原结构的弯矩图,如图 6-19(f)。

6.6　直接利用平衡条件建立位移法方程

6.6.1　等截面直杆的转角位移方程

位移法的基本结构是若干单跨超静定梁的组合体系。对于任一等截面直杆 AB,一般情况下会产生转角 θ_A 和 θ_B 以及两端相对线位移 Δ_{AB},这些位移都会引起杆端内力,其内力数值可从表 6-1 查得。如果杆上还有荷载,则荷载引起的杆端力(称为固端内力)可从表 6-2 查得。固端弯矩用 M_{AB}^{F} 和 M_{BA}^{F} 表示,固端剪力用 F_{SAB}^{F} 和 F_{SBA}^{F} 表示。在杆端位移和荷载共同作用下引起的杆端内力表达式称为转角位移方程,可应用叠加原理求出。

1. 两端固定等截面直杆的转角位移方程

图 6-20 为两端固定等截面直杆,其杆端弯矩的一般公式为

$$\left.\begin{aligned}M_{AB}&=4i\theta_A+2i\theta_B-6i\frac{\Delta_{AB}}{l}+M_{AB}^{F}\\M_{BA}&=2i\theta_A+4i\theta_B-6i\frac{\Delta_{AB}}{l}+M_{BA}^{F}\end{aligned}\right\}\tag{6-7}$$

杆端剪力的一般公式为

$$\left.\begin{aligned}F_{SAB}&=-\frac{6i}{l}\left(\theta_A+\theta_B-2\frac{\Delta_{AB}}{l}\right)+F_{SAB}^{F}\\F_{SBA}&=-\frac{6i}{l}\left(\theta_A+\theta_B-2\frac{\Delta_{AB}}{l}\right)+F_{SBA}^{F}\end{aligned}\right\}\tag{6-8}$$

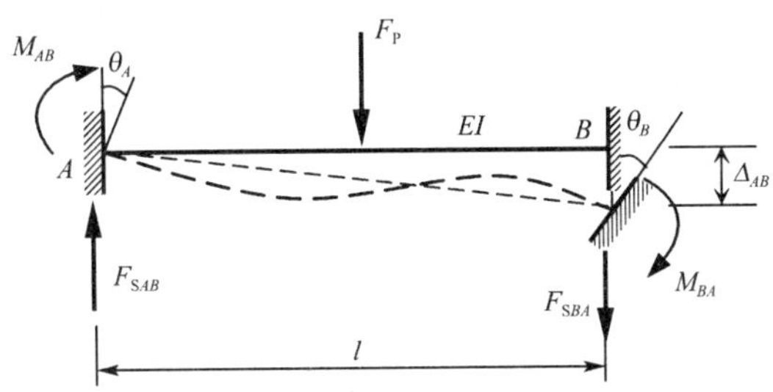

图 6-20

2. 一端固定一端铰支的等截面直杆的转角位移方程

图 6-21 为一端固定一端铰支的等截面直杆,其杆端弯矩的一般公式为

$$\left.\begin{aligned}M_{AB}&=3i\left(\theta_A-\frac{\Delta_{AB}}{l}\right)+M_{AB}^{\mathrm{F}}\\M_{BA}&=0\end{aligned}\right\}\tag{6-9}$$

杆端剪力的一般公式为

$$\left.\begin{aligned}F_{\mathrm{S}AB}&=-\frac{3i}{l}\left(\theta_A-\frac{\Delta_{AB}}{l}\right)+F_{\mathrm{S}AB}^{\mathrm{F}}\\F_{\mathrm{S}BA}&=-\frac{3i}{l}\left(\theta_A-\frac{\Delta_{AB}}{l}\right)+F_{\mathrm{S}BA}^{\mathrm{F}}\end{aligned}\right\}\tag{6-10}$$

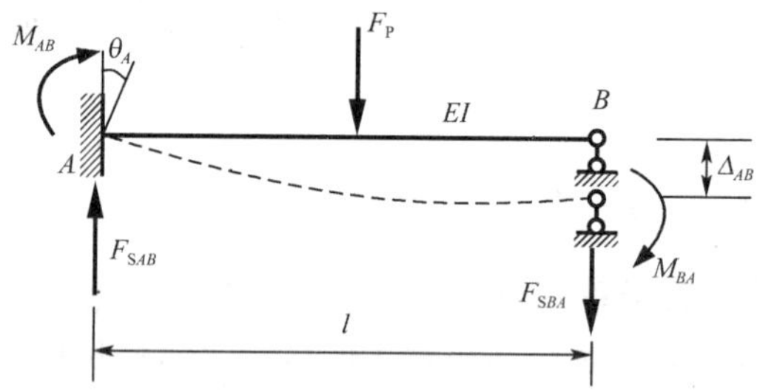

图 6-21

3. 一端固定一端定向支座的等截面直杆的转角位移方程

图 6-22 为一端固定一端定向支座的等截面直杆，其杆端弯矩的一般公式为

$$\left.\begin{aligned}M_{AB}&=i\theta_A+M_{AB}^{\mathrm{F}}\\M_{BA}&=-i\theta_A+M_{BA}^{\mathrm{F}}\end{aligned}\right\}\tag{6-11}$$

杆端剪力的一般公式为

$$\left.\begin{aligned}F_{\mathrm{S}AB}&=F_{\mathrm{S}AB}^{\mathrm{F}}\\F_{\mathrm{S}BA}&=F_{\mathrm{S}BA}^{\mathrm{F}}\end{aligned}\right\}\tag{6-12}$$

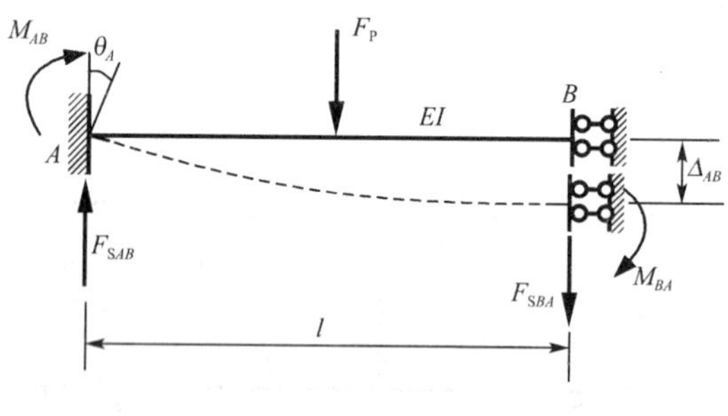

图 6-22

6.6.2 直接利用平衡条件建立位移法方程

转角位移方程明确地给出了杆件的内力与位移之间的关系，可以直接应用转角位移方程并利用平衡条件来建立位移法方程。现以连续梁和刚架为例，介绍这种方法。

1. 计算步骤

(1)确定基本未知量。

(2)写出各杆的转角位移方程，用结点位移表示各杆的杆端内力。

(3)考虑刚结点的力矩平衡条件及结构某一截面的投影平衡条件建立位移法方程。

(4)求解位移法方程,得结点位移。

(5)将结点位移回代入转角位移方程,求出各杆的杆端内力。

2. 例题

【例 6-7】 用位移法求解图 6-23(a)所示连续梁。EI=常量。

解 (1)确定基本未知量。此梁即本章例 6-1 图 6-13(a)所示连续梁。基本未知量为结点 1 的转角 $Z_1=\theta_{10}=\theta_{12}$,其方向是未知的,因此可预先假设。为了使其与杆端位移相一致,结点转角设为顺时针转向。注意与刚结点连接的杆端应视为固定端,故杆 10 为两端固定,杆 12 为一端固定一端铰支。

(2)利用转角位移方程写出各杆端弯矩

注意到杆端位移和结点位移应该满足变形协调条件,在写出各杆端弯矩表达式时,应用结点位移的符号表示杆端位移。注意到各杆 $\Delta=0$,故略去相应项。

查表 6-2,可求得各杆固端弯矩为

$$M_{01}^{\mathrm{F}}=-\frac{F_{\mathrm{P}}l}{8}=-40\ \mathrm{kN\cdot m},\quad M_{10}^{\mathrm{F}}=\frac{F_{\mathrm{P}}l}{8}=40\ \mathrm{kN\cdot m};$$

$$M_{12}^{\mathrm{F}}=-\frac{ql^2}{8}=-60\mathrm{kN\cdot m},\quad M_{21}^{\mathrm{F}}=0$$

各杆端弯矩分别为

$$M_{10}=4i\theta_{10}+2i\theta_{01}+M_{10}^{\mathrm{F}}=4iZ_1+40 \tag{a}$$

$$M_{01}=2i\theta_{10}+4i\theta_{01}+M_{01}^{\mathrm{F}}=2iZ_1-40 \tag{b}$$

$$M_{12}=3i\theta_{12}+M_{12}^{\mathrm{F}}=3iZ_1-60 \tag{c}$$

$$M_{21}=0$$

(3)建立位移法方程

取结点 1 为隔离体,如图 6-23(b),建立力矩平衡方程 $\sum M_1=0$,有

$$M_{10}+M_{12}=0$$

将式(a)、(c)代入上式,得

$$7iZ_1-20=0 \tag{d}$$

这与例 6-1 用基本体系法所得出的位移法方程完全相同。

(4)求解位移法方程式(d),得结点位移

$$Z_1=\frac{20}{7i} \tag{e}$$

(5)求各杆的杆端弯矩,作弯矩图

将结点位移回代入式(a)～(c),求出各杆的杆端弯矩,分别为

$$M_{01}=2i\times\frac{20}{7i}-40=-34.3\ \mathrm{kN\cdot m},M_{10}=4i\times\frac{20}{7i}+40=51.4\ \mathrm{kN\cdot m}$$

$$M_{12}=3i\times\frac{20}{7i}-60=-51.4\ \mathrm{kN\cdot m},M_{21}=0$$

依据各杆杆端弯矩即可作出刚架的弯矩图,如图 6-23(c),与例 6-1 得出的结果也完全相同。

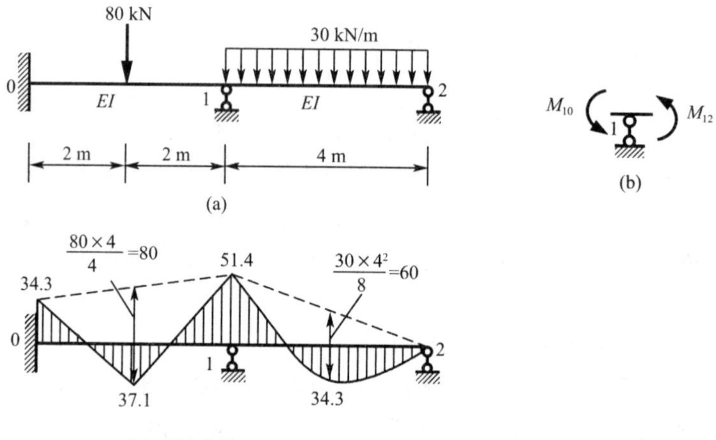

(c) M图(单位：kN·m)

图 6-23

【例 6-8】 用位移法求解图 6-24(a)所示刚架，作出弯矩图。EI=常量。

解 (1)确定基本未知量。此刚架即本章例 6-5 图 6-17(a)所示刚架。基本未知量为结点 1 的转角 $Z_1=\theta_{10}=\theta_{12}$和结点 2 的水平线位移 $Z_2=\Delta$。它们的方向是未知的，因此可预先假设。为了使其与杆端位移相一致，结点转角设为顺时针转向，水平位移设为向右，如图 6－24(b)。注意与刚结点连接的杆端应视为固定端，与铰结点连接的杆端应视为铰支端。

(2)利用转角位移方程写出各杆端弯矩

注意到杆端位移和结点位移应该满足变形协调条件，在写出各杆端弯矩表达式时，应用结点位移的符号表示杆端位移。

杆 10 为两端固定 $M_{10}=4i\theta_{10}+2i\theta_{01}-6i\frac{\Delta_{10}}{l}+M_{10}^{F}=4iZ_1-6i\frac{Z_2}{l}+\frac{F_Pl}{8}$ (a)

$$M_{01}=2i\theta_{10}+4i\theta_{01}-6i\frac{\Delta_{10}}{l}+M_{01}^{F}=2iZ_1-6i\frac{Z_2}{l}-\frac{F_Pl}{8} \quad \text{(b)}$$

杆 12 为一端固定一端铰支 $M_{12}=3i\theta_{12}-3i\frac{\Delta_{12}}{l}+M_{12}^{F}=3iZ_1, M_{21}=0$ (c)

杆 23 为一端固定一端铰支 $M_{32}=3i\theta_{32}-3i\frac{\Delta_{23}}{l}+M_{32}^{F}=-3i\frac{Z_2}{l}, M_{23}=0$ (d)

(3)建立位移法方程

取结点 1 为隔离体，如图 6-24(c)，建立力矩平衡方程 $\sum M_1=0$，有

$$M_{10}+M_{12}=0$$

将式(a)、(c)代入上式，得

$$7iZ_1-6i\frac{Z_2}{l}+\frac{F_Pl}{8}=0 \quad \text{(e)}$$

取横梁 12 为隔离体，如图 6-24(d)，建立投影平衡方程 $\sum F_x=0$，有

$$F_{S10}+F_{S23}=0 \quad \text{(f)}$$

由式(6-8)可得 $F_{S10}=-\frac{6i}{l}\left(\theta_{10}+\theta_{01}-2\frac{\Delta_{10}}{l}\right)+F_{S10}^{F}=-\frac{6i}{l}Z_1+\frac{12i}{l^2}Z_2-\frac{F_P}{2}$

由式(6-10)可得　$F_{S23}=-\dfrac{3i}{l}\left(\theta_{32}-\dfrac{\Delta_{23}}{l}\right)+F_{S23}^{F}=\dfrac{3i}{l^2}Z_2$

将上二式代入式(f),得　$-\dfrac{6i}{l}Z_1+\dfrac{15i}{l^2}Z_2-\dfrac{F_P}{2}=0$　(g)

式(e)与(g)即为位移法方程。这与例 6-5 用基本体系法所得出的典型方程完全相同。

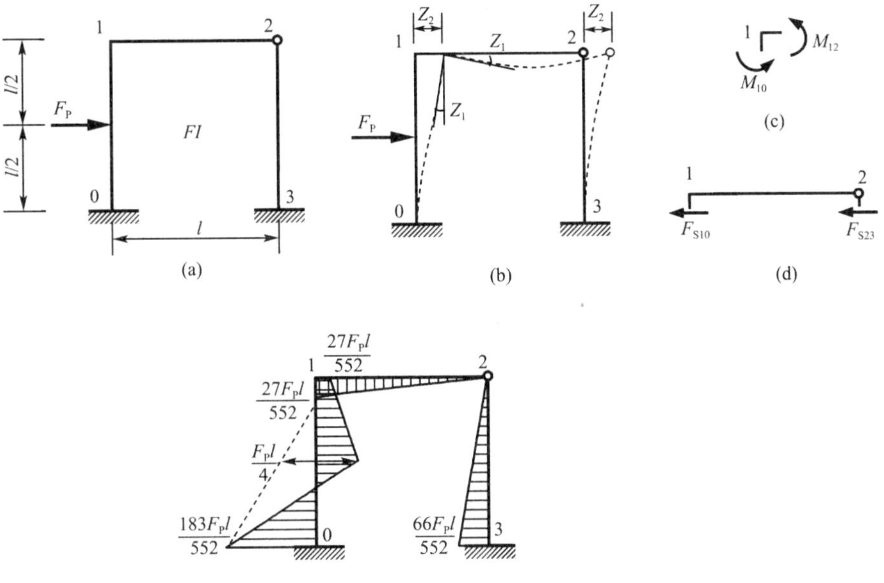

(e)M图

图 6-24

(4)解方程式(e)、(g),得结点位移

$$Z_1=\frac{9F_Pl}{552i},Z_2=\frac{22F_Pl^2}{552i}$$

(5)求各杆的杆端弯矩

将结点位移回代入式(a)~(d),求出各杆的杆端弯矩

$$M_{10}=4iZ_1-6i\frac{Z_2}{l}+\frac{F_Pl}{8}=4i\cdot\frac{9F_Pl}{552}-6i\cdot\frac{22F_Pl^2}{552il}+\frac{F_Pl}{8}=-\frac{27F_Pl}{552},\quad M_{01}=\frac{183F_Pl}{552};$$

$$M_{12}=\frac{27F_Pl}{552},\quad M_{21}=0;\quad M_{23}=0,\quad M_{32}=\frac{66F_Pl}{552}$$

依据各杆杆端弯矩即可作出刚架的弯矩图,如图 6-24(e),与例 6-5 得出的结果也完全相同。

【例 6-9】 用位移法求解图 6-25(a)所示单甲板船的肋骨刚架,作出弯矩图。$EI=$常量。

解 (1)确定基本未知量。此刚架为无侧移刚架,有四个刚结点,基本未知量为该四个刚结点的转角 Z_1、Z_2、Z_3、Z_4。注意到结构与荷载的对称性,将 Z_1、Z_2 设为顺时针转向,Z_3、Z_4 设为逆时针转向,且有 $Z_4=-Z_1$,$Z_3=-Z_2$,这里为了说明所设结点转角的转向,绘出附加刚臂及结点转角的转向,如图 6-25(b)。此图也可不必绘出。各杆都视为两端固定杆。

(2)利用转角位移方程写出各杆端弯矩

由于杆端位移和结点位移应满足变形协调条件,在写出各杆端弯矩表达式时,可直接用结点位移的符号表示杆端位移。注意到各杆 $\Delta=0$,故略去相应项。

查表 6-2,可求得各杆固端弯矩为

$$M_{12}^{F}=\frac{ql^2}{30}=0.033ql^2,\quad M_{21}^{F}=-\frac{ql^2}{20}=-0.05ql^2;M_{14}^{F}=0$$

$$M_{23}^{F}=\frac{q(1.2l)^2}{12}=0.12ql^2,\quad M_{32}^{F}=-\frac{q(1.2l)^2}{12}=-0.12ql^2$$

各杆端弯矩为:

$$M_{12}=4i_{12}Z_1+2i_{12}Z_2+M_{12}^{F}=4i_{12}Z_1+2i_{12}Z_2+0.033ql^2 \tag{a}$$

$$M_{21}=2i_{12}Z_1+4i_{12}Z_2+M_{21}^{F}=2i_{12}Z_1+4i_{12}Z_2-0.05ql^2 \tag{b}$$

$$M_{23}=4i_{23}Z_2+2i_{23}Z_3+M_{23}^{F}=4i_{23}Z_2+2i_{23}Z_3+0.12ql^2 \tag{c}$$

$$M_{32}=2i_{23}Z_2+4i_{23}Z_3+M_{32}^{F}=2i_{23}Z_2+4i_{23}Z_3-0.12ql^2 \tag{d}$$

$$M_{14}=4i_{14}Z_1+2i_{14}Z_4+M_{14}^{F}=4i_{14}Z_1+2i_{14}Z_4 \tag{e}$$

各杆线刚度为 $i_{12}=\frac{2EI}{l}=2i,i_{14}=\frac{EI}{1.2l}=0.833i,i_{23}=\frac{4EI}{1.2l}=3.33i$ (f)

(3)建立位移法方程

取结点 1 为隔离体,如图 6-25(c),建立力矩平衡方程 $\sum M_1=0$,有

$$M_{12}+M_{14}=0$$

将式(a)、(e)代入上式,得

$$4i_{12}Z_1+2i_{12}Z_2+0.033ql^2+4i_{14}Z_1+2i_{14}Z_4=0 \tag{g}$$

取结点 2 为隔离体,如图 6-25(d),建立力矩平衡方程 $\sum M_2=0$,有

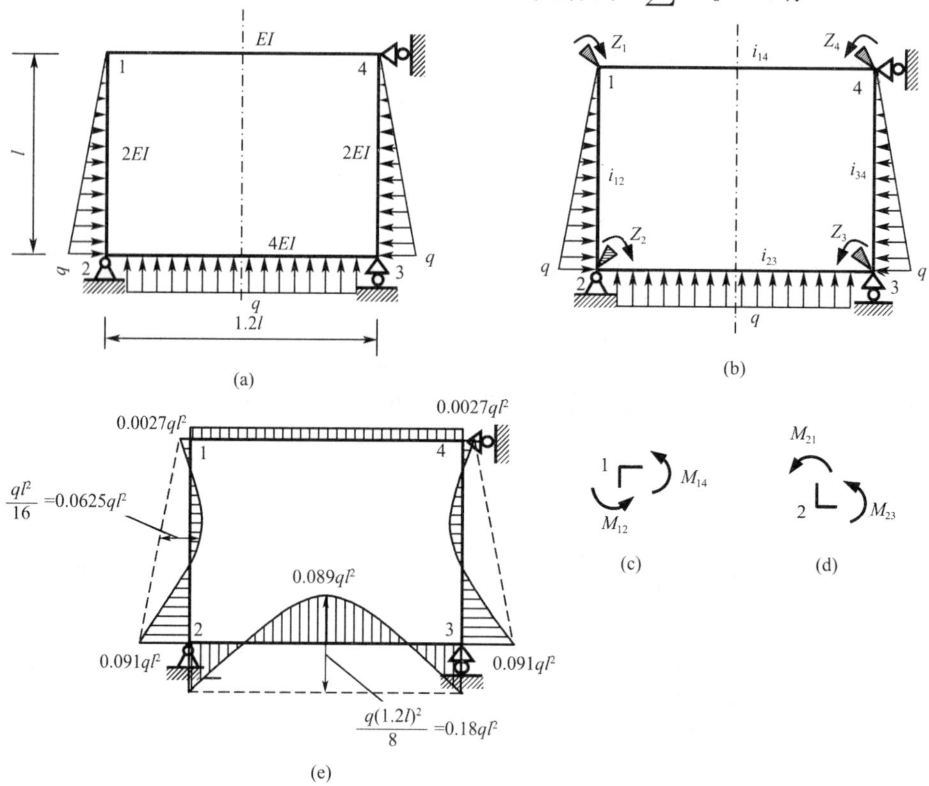

图 6-25

$$M_{21}+M_{23}=0$$

将式(b)、(c)代入上式，得

$$2i_{12}Z_1+4i_{12}Z_2-0.05ql^2+4i_{23}Z_2+2i_{23}Z_3+0.12ql^2=0 \tag{h}$$

将各杆线刚度以及 $Z_4=-Z_1$，$Z_3=-Z_2$ 代入式(g)、(h)，整理后得位移法方程

$$\left.\begin{aligned}29Z_1+12Z_2+0.099\frac{ql^2}{i}=0\\12Z_1+44Z_2+0.21\frac{ql^2}{i}=0\end{aligned}\right\} \tag{i}$$

(4)解方程式(i)，得结点位移

$$Z_1=-0.00162\frac{ql^2}{i},Z_2=-0.00433\frac{ql^2}{i}$$

(5)求各杆的杆端弯矩

将结点位移回代入式(a)～(e)，求出各杆的杆端弯矩

$$\begin{aligned}M_{12}&=4i_{12}Z_1+2i_{12}Z_2+0.033ql^2\\&=4\times2i\times(-0.00162\frac{ql^2}{i})+2\times2i\times(-0.00433\frac{ql^2}{i})+0.033ql^2=0.0027ql^2\end{aligned}$$

$$\begin{aligned}M_{21}&=2i_{12}Z_1+4i_{12}Z_2-0.05ql^2\\&=2\times2i\times(-0.00162\frac{ql^2}{i})+4\times2i\times(-0.00433\frac{ql^2}{i})-0.05ql^2=-0.091ql^2\end{aligned}$$

$$\begin{aligned}M_{23}&=4i_{23}Z_2+2i_{23}Z_3+0.12ql^2\\&=4\times3.33i\times(-0.00433\frac{ql^2}{i})+2\times3.33i\times0.00433\frac{ql^2}{i}+0.12ql^2=0.091ql^2\end{aligned}$$

$$\begin{aligned}M_{32}&=2i_{23}Z_2+4i_{23}Z_3-0.12ql^2\\&=2\times3.33i\times(-0.00433\frac{ql^2}{i})+4\times3.33i\times0.00433\frac{ql^2}{i}-0.12ql^2=-0.091ql^2\end{aligned}$$

$$\begin{aligned}M_{14}&=4i_{14}Z_1+2i_{14}Z_4\\&=4\times0.833i\times(-0.00162\frac{ql^2}{i})+2\times0.833i\times0.00162\frac{ql^2}{i}=-0.0027ql^2\end{aligned}$$

(6)依据各杆的杆端弯矩作弯矩图，如图 6-25(e)。

【例 6-10】 用位移法求解图 6-26(a)所示刚架，作出弯矩图。EI=常量。

解 (1)确定基本未知量。此刚架为有侧移刚架，基本未知量有 2 个，分别为刚结点 1 的转角 Z_1，铰结点 2 的水平线位移 Z_2，假设位移方向如图 6-26(b)所示。根据刚架的支座约束情况，可判断铰结点 2 的水平线位移 Z_2 不会使杆 01 和杆 12 产生杆端弯矩，其变形情况如图 6-26(c)所示。

(2)利用转角位移方程写出各杆端弯矩

由于杆端位移和结点位移应满足变形协调条件，在写出各杆端弯矩表达式时，直接用结点位移的符号表示杆端位移。

杆 01 为一端固定一端定向支座，其他各杆均为一端固定一端铰支座。查表 6-2，可求得各杆固端弯矩为

$$M_{10}^{F}=\frac{20\times5^2}{3}=166.67\ \text{kN}\cdot\text{m},M_{01}^{F}=\frac{20\times5^2}{6}=83.33\ \text{kN}\cdot\text{m}$$

$$M_{12}^{F}=0, M_{21}^{F}=0, M_{23}^{F}=0, M_{32}^{F}=0, M_{42}^{F}=0, M_{24}^{F}=0$$

各杆线刚度为 $\quad i_{12}=i_{24}=\frac{EI}{4}=i,\quad i_{01}=i_{23}=\frac{1.5EI}{5}=1.2i$

各杆端弯矩为：

$$M_{10}=i_{01}Z_1+M_{10}^{F}=1.2iZ_1+166.67 \tag{a}$$

$$M_{01}=-i_{01}Z_1+M_{01}^{F}=-1.2iZ_1+83.33 \tag{b}$$

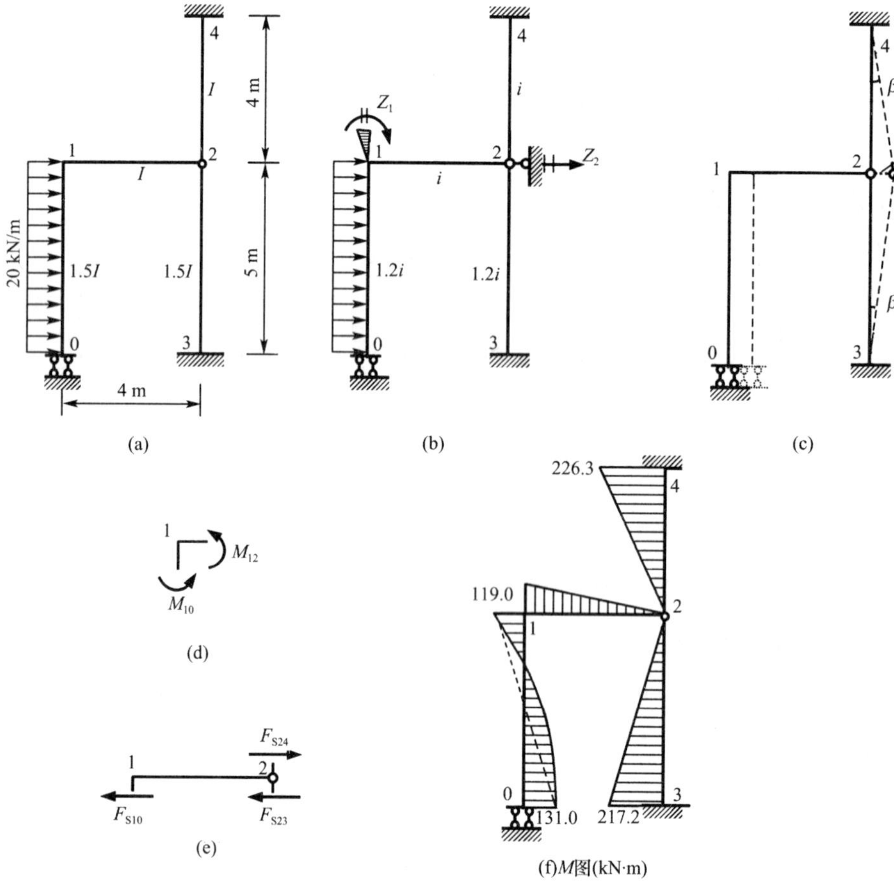

图 6-26

$$M_{12}=3i_{12}Z_1+M_{12}^{F}=3iZ_1,\quad M_{21}=0 \tag{c}$$

$$M_{32}=-\frac{3i_{23}}{5}Z_2+M_{32}^{F}=-0.72iZ_2, M_{23}=0 \tag{d}$$

$$M_{42}=\frac{3i_{24}}{4}Z_2+M_{42}^{F}=0.75iZ_2, M_{24}=0 \tag{e}$$

(3)建立位移法方程

取结点 1 为隔离体，如图 6-26(d)，建立力矩平衡方程 $\sum M_1=0$，有

$$M_{10}+M_{12}=0$$

将式(a)、(c)代入上式，得

$$4.2iZ_1+166.67=0 \tag{f}$$

取横梁 12 为隔离体，如图 6-26(e)，建立投影平衡方程 $\sum F_x=0$，有

$$F_{S10}+F_{S23}-F_{S24}=0 \tag{g}$$

式(g)中

$$F_{S10}=-20\times5=-100\ \text{kN},F_{S23}=-\frac{M_{23}+M_{32}}{5}=0.144iZ_2,F_{S24}=-\frac{M_{24}+M_{42}}{4}=-0.1875iZ_2$$

则式(g)整理为

$$0.3315iZ_2-100=0 \tag{h}$$

式(f)与(h)即为位移法方程。

(4)解位移法方程式(f)与(h),得结点位移

$$Z_1=-\frac{39.68}{i},\quad Z_2=\frac{301.7}{i}$$

(5)求各杆的杆端弯矩

将结点位移回代入式(a)～(e),求出各杆的杆端弯矩

$$M_{10}=1.2iZ_1+166.67=1.2i\times\left(-\frac{39.68}{i}\right)+166.67=119.0\ \text{kN}\cdot\text{m}$$

$$M_{01}=-1.2iZ_1+83.33=-1.2i\times\left(-\frac{39.68}{i}\right)+83.33=131.0\ \text{kN}\cdot\text{m}$$

$$M_{12}=3iZ_1=-119.0\ \text{kN}\cdot\text{m},M_{21}=0$$

$$M_{32}=-0.72iZ_2=-0.72i\times\left(\frac{301.7}{i}\right)=-217.2\ \text{kN}\cdot\text{m},M_{23}=0$$

$$M_{42}=0.75iZ_2=226.3\ \text{kN}\cdot\text{m},M_{24}=0$$

(6)依据各杆的杆端弯矩作弯矩图,如图 6-26(f)。

6.7　位移法计算的简化

6.7.1　利用对称性简化计算

用位移法计算对称结构时,在对称荷载和反对称荷载作用下,与力法类似,仍然可以利用对称轴上的变形和受力特征,取半边结构进行计算,以减少基本未知量的个数。如荷载为任意荷载,可分为对称和反对称两组,分别计算后叠加。

如图 6-27(a)所示对称结构受对称荷载作用,位移法基本未知量有 4 个:3 个刚结点的转角和横梁的水平线位移。利用对称性取半边结构进行计算,其等效结构如图 6-27(b)所示。只有 1 个基本未知量:刚结点 1 的转角。

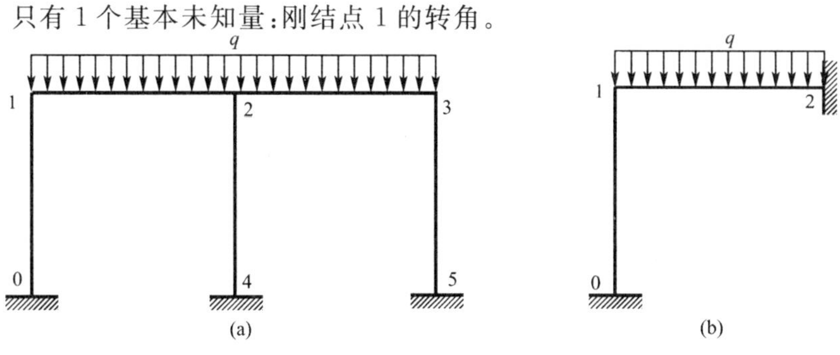

图 6-27

6.7.2 力法与位移法联合计算

如对称结构的荷载为任意荷载,可分为对称和反对称两组。取半边结构进行计算,分别采用位移法和力法求解,计算后叠加。这种方法称为联合法。

【例 6-11】 利用对称性用联合法求解图 6-28(a)所示刚架,作出弯矩图。已知 $EI=$ 常量。

解 (1)荷载分组,分为对称和反对称两组:图 6-28(b)所示刚架受对称荷载作用,图 6-28(c)所示刚架受反对称荷载作用。

(2)受对称荷载作用刚架的计算

图 6-28(b)所示刚架受对称荷载作用,24 杆位于对称轴上,利用对称轴上的变形和受力特征,可判断 24 杆不受力、不变形,结点 2 相当于固定端。取半刚架如图 6-28(d)所示。该刚架无侧移,用位移法计算,只有 1 个基本未知量:结点 1 的转角 Z_1。

杆端弯矩表达式:

$$M_{10}=4iZ_1+\frac{12\times 4^2}{12}=4iZ_1+16,M_{01}=2iZ_1-\frac{12\times 4^2}{12}=2iZ_1-16$$

$$M_{12}=4iZ_1,M_{21}=2iZ_1$$

取结点 1 如图 6-28(e),平衡方程 $\sum M_1=0$,即 $M_{10}+M_{12}=0$,得位移法方程

$$8iZ_1+16=0$$

解得 $$Z_1=-\frac{2}{i}$$

回代入杆端弯矩表达式,得杆端弯矩:

$$M_{10}=8\ \text{kN}\cdot\text{m},M_{01}=-20\ \text{kN}\cdot\text{m},M_{12}=-8\ \text{kN}\cdot\text{m},M_{21}=-4\ \text{kN}\cdot\text{m}$$

依据杆端弯矩可作半刚架弯矩图,并应用对称性作出刚架受对称荷载作用下的弯矩图如图 6-28(f)。

(3)受反对称荷载作用刚架的计算

图 6-28(c)所示刚架受反对称荷载作用,取半刚架如图 6-28(g)所示。该刚架为 1 次超静定结构,用力法计算,只有 1 个基本未知量(若用位移法计算,有 3 个基本未知量)。

取力法基本体系如图 6-28(h)所示。力法方程为

$$\delta_{11}X_1+\Delta_{1P}=0$$

对基本结构作$\overline{M}_1$ 图和 M_P图,如图 6-28(i)和(j)。应用图乘法计算系数和自由项为

$$\delta_{11}=\frac{1}{EI}\left(\frac{4\times 4}{2}\cdot\frac{8}{3}+4^2\times 4\right)=\frac{256}{3EI},\Delta_{1P}=-\frac{1}{EI}\left(\frac{96\times 4}{3}\times 4\right)=-\frac{512}{EI}$$

求解力法方程,得 $$X_1=-\frac{\Delta_{1P}}{\delta_{11}}=6$$

按 $M=\overline{M}_1X_1+M_P$ 叠加绘制半刚架弯矩图,并应用反对称荷载作用下弯矩图为反对称的特性,作出刚架在反对称荷载作用下的弯矩图,如图 6-28(k)。

(4)作最后弯矩图。按 $M=M_{对称}+M_{反对称}$叠加绘制弯矩图,如图 6-28(l)。

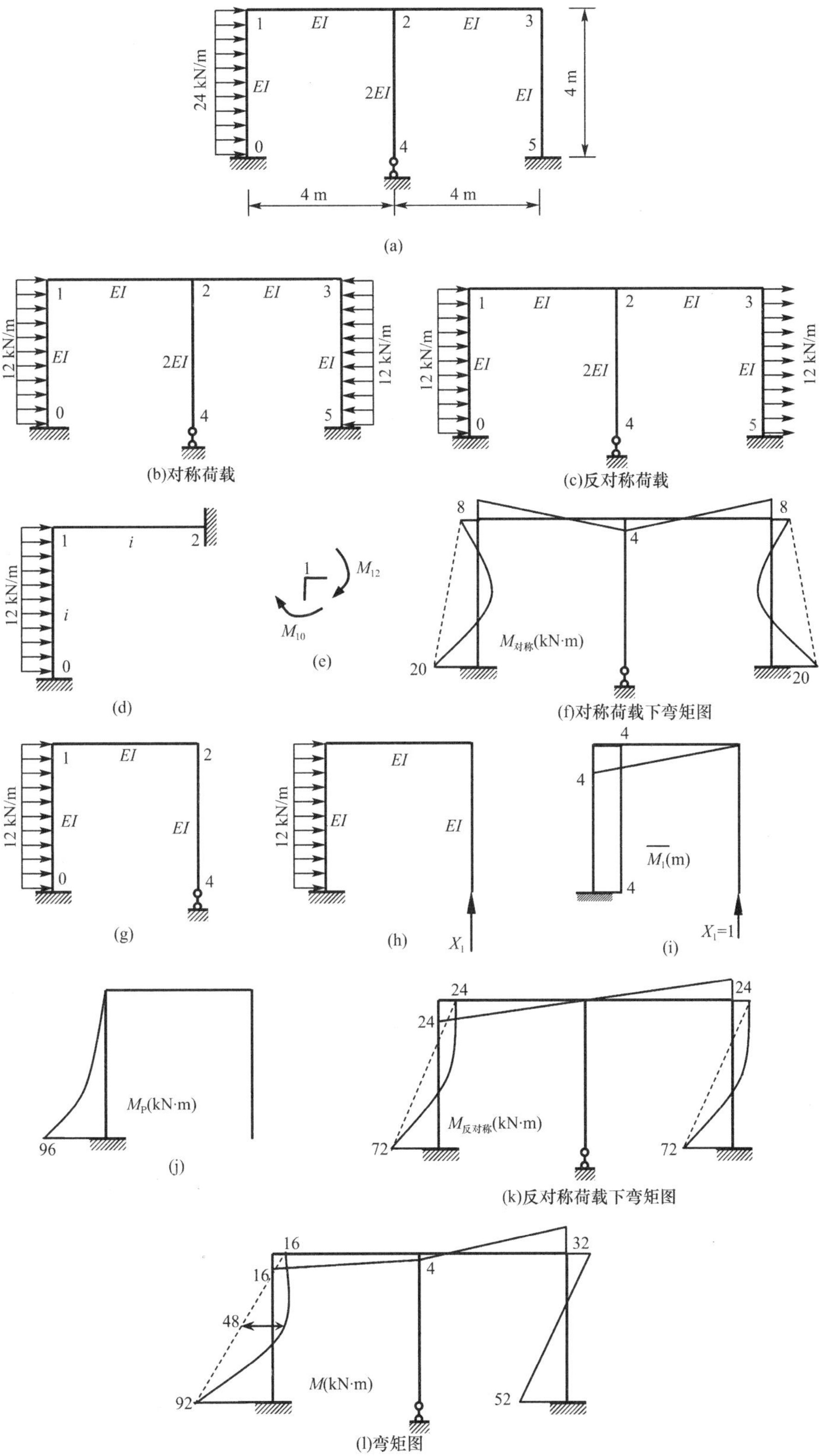

图 6-28

6.8 力法与位移法的比较

超静定结构的计算有两大基本方法——力法和位移法。求解时先选取基本体系，然后让基本体系与原结构受力一致(或变形一致)，由此建立求解基本未知量的基本方程。由于求解过程中所选的基本未知量和基本体系不同，所以力法和位移法有相同之处也有不同之处，现列表比较，如表 6-3。

表 6-3　　力法与位移法基本性质比较

	力法	位移法
基本原理	综合应用静力平衡、变形连续及物理关系这三方面条件，使基本体系与原结构的变形和受力情况一致，从而利用基本体系建立典型方程求解原结构。	
基本未知量	多余未知力，基本未知量的数目等于结构的超静定次数。	独立的结点位移，基本未知量与结构的超静定次数无关。
基本体系	去掉多余约束后得到的静定结构作为基本体系，同一结构可选取多个不同的基本体系。	加入附加约束后得到的一组单跨超静定梁作为基本体系。对同一结构，位移法基本体系是唯一的。
典型方程的物理意义	基本体系中多余未知力作用点的位移等于原结构相应的位移。实质上是位移条件。方程右端项也可能不为零。	基本体系的附加约束中的反力(或反力矩)等于零。实质上是原结构应满足的平衡条件。方程右端项总为零。
系数的物理意义	δ_{ij}表示基本体系在$X_j=1$作用下产生的第i个多余未知力方向的位移。	r_{ij}表示基本体系在$Z_j=1$作用下产生的第i个附加约束中的反力(矩)。
自由项的物理意义	Δ_{iP}表示基本体系在荷载作用下产生的第i个多余未知力方向的位移。	R_{iP}表示基本体系在荷载作用下产生的第i个附加约束中的反力(矩)。
方法的应用范围	只有超静定结构才有多余未知力，才有力法基本未知量，所以力法只适用于求解超静定结构。	只要有结点位移，就有位移法基本未知量，所以位移法既可求解超静定结构，也可求解静定结构。

对同一结构，力法可以选取多个不同的基本体系，而位移法基本体系只有一种，位移法典型方程只有唯一的一组。因而位移法比较适宜编制通用计算程序，用于工程结构分析。所以位移法比力法应用更为广泛。

6.9 力矩分配法

力矩分配法是从位移法衍生出来的计算连续梁和无侧移刚架的一种实用计算方法。它不需要建立和求解基本方程，直接得到杆端弯矩。运算简单，方法机械，便于掌握。

由于力矩分配法的理论基础是位移法，所以力矩分配法中对结点转角、杆端弯矩、固端弯矩的正负号规定与位移法相同，即规定这些量值都是对杆端顺时针转动为正。

6.9.1 力矩分配法的基本概念

1. 转动刚度和传递系数

(1)转动刚度

转动刚度表示杆端抵抗转动的能力。一根杆件的转动端常称为近端，而另一端则称为远端。转动刚度数值上等于使杆件的近端发生单位转角时，在该端需要施加的力矩。转动刚度与杆的线刚度 $i=EI/l$ 以及远端约束条件有关。远端相同的等截面直杆的转动刚度相等。图 6-29 所示杆 AB 中，使 A 端发生单位转角($\theta_A=1$)时，在 A 端需要施加的力矩称为该杆在 A 端的转动刚度，用 S_{AB} 表示。

B 端固支的梁 AB 在 A 端的转动刚度为 $S_{AB}=M_{AB}=4i$，如图 6-29(a)、(b)；

B 端铰支的梁 AB 在 A 端的转动刚度为 $S_{AB}=M_{AB}=3i$，如图 6-29(c)；

B 端定向支承的梁 AB 在 A 端的转动刚度为 $S_{AB}=M_{AB}=i$，如图 6-29(d)；

B 端自由或轴向支杆的梁 AB 在 A 端的转动刚度为 $S_{AB}=M_{AB}=0$，如图 6-29(e)、(f)。

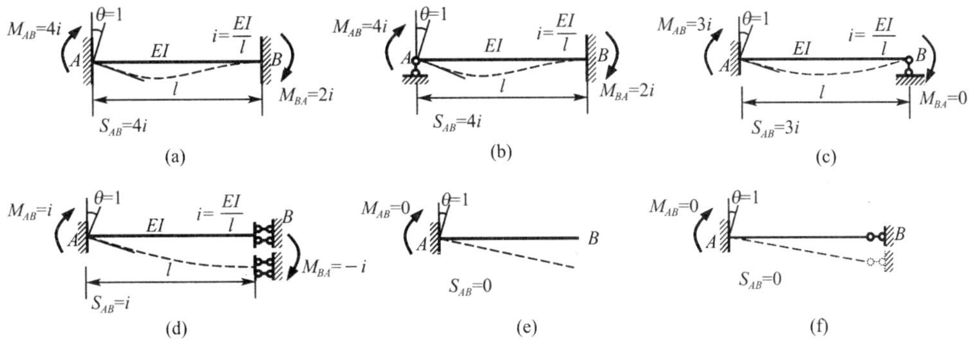

图 6-29

(2)传递系数

当 A 端发生转角 θ_A，A 端弯矩 $M_{AB}=S_{AB}\theta_A$，此时远端弯矩 M_{BA} 与近端弯矩 M_{AB} 的比值为 $C=\dfrac{M_{BA}}{M_{AB}}$，C 称为由 A 端向 B 端的弯矩传递系数，简称为传递系数。

传递系数 C 表示近端弯矩按一定的比例传到远端。

表 6-4 给出等截面直杆的转动刚度和传递系数数值。

表 6-4　　等截面直杆的转动刚度和传递系数

远端	转动刚度 S	传递系数 C
固定	$4i$	0.5
铰支	$3i$	0
定向支承	i	-1
自由端或轴向支杆	0	0

2. 分配系数和分配弯矩

(1)分配系数

分配系数表示作用在结点上的外力矩分配到汇交于该结点各杆端的弯矩分配比率。它只与杆件的线刚度 i 和约束条件有关。

以图 6-30(a)所示刚架为例，刚架只在结点 1 处受力矩 M 作用。用位移法计算时，只有一个转角位移未知量。设结点 1 的转角等于 θ，如图 6-30(b)中虚线所示。则各杆近端弯矩表示为

$$M_{10}=S_{10}\theta, M_{12}=S_{12}\theta, M_{13}=S_{13}\theta$$

即

$$M_{1i}=S_{1i}\theta \tag{a}$$

取结点 1 为隔离体，如图 6-30(c)所示。由 $\sum M_1=0$，得

$$M_{10}+M_{12}+M_{13}=(S_{10}+S_{12}+S_{13})\theta=M，即\ \theta\sum S_{(1)}=M$$

可解出转角为

$$\theta=\frac{M}{\sum S_{(1)}} \tag{b}$$

式(b)中 $\sum S_{(1)}$ 为汇交于结点 1 的各杆件在近端 1 的转动刚度之和。

将转角回代入式(a)，得各杆的近端弯矩为

$$M_{1i}=S_{1i}\theta=S_{1i}\frac{M}{\sum S_{(1)}}=\frac{S_{1i}}{\sum S_{(1)}}M \tag{c}$$

令

$$\mu_{1i}=\frac{S_{1i}}{\sum S_{(1)}} \tag{6-13}$$

μ_{1i}称为力矩分配系数，它只与汇交于结点 1 的各杆件的转动刚度有关。由此可得汇交于结点 1 的各杆杆端的分配系数分别为

$$\mu_{10}=\frac{S_{10}}{\sum S_{(1)}},\mu_{12}=\frac{S_{12}}{\sum S_{(1)}},\mu_{13}=\frac{S_{13}}{\sum S_{(1)}} \tag{d}$$

而且有 $\mu_{10}+\mu_{12}+\mu_{13}=1$，即汇交于同一结点的各杆杆端的分配系数之和应等于 1。

(2)分配弯矩

引入分配系数后，各杆近端弯矩表达式为

$$M_{1i}^{\mu}=\mu_{1i}M \tag{6-14}$$

M_{1i}^{μ}称为分配弯矩。各杆近端弯矩可看成是作用于结点的力矩按各杆杆端的分配系数分配给各杆近端的。

3. 传递弯矩

当杆件的近端发生转动获得分配弯矩时，远端弯矩可以利用传递系数求得，称为传递弯矩。传递弯矩表达式为

$$M_{i1}^{C}=C_{i1}M_{1i}^{\mu} \tag{6-15}$$

图 6-30(a)所示刚架，用位移法计算时，只有一个角位移未知量。这种结构称为一个力矩分配单元。这类结构用力矩分配法进行计算，可以得到精确解。在一个力矩分配单元内，当仅受结点力矩 M 作用时，可以先按式(6-13)求出各杆件近端的力矩分配系数，再按式(6-14)求出其分配弯矩，最后由式(6-15)求出其传递弯矩。

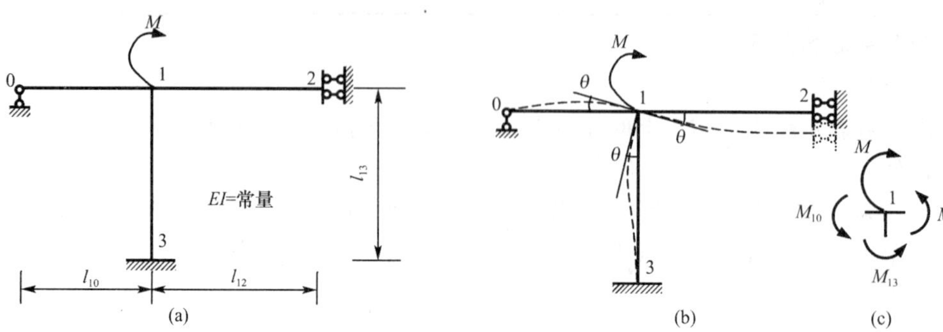

图 6-30

4. 不平衡力矩

图 6-31(a)所示刚架承受非结点荷载作用,原结构的受力等于图 6-31(b)和图 6-31(c)两种情况的叠加。

图 6-31(b)表示用附加刚臂将结点 1 固定,使原结构成为 3 个单跨超静定梁,各杆的固端弯矩可查表 6-2 算出。附加刚臂上的反力矩为 M_1^F,可由图 6-31(d)所示结点 1 的力矩平衡方程求出。即

$$M_1^F = \sum M_{1i}^F \tag{6-16}$$

式(6-16)中的 M_1^F 称为约束力矩,也称为不平衡力矩。因为如果结点 1 处不加附加刚臂,则各杆的固端弯矩是不能自相平衡的。不平衡力矩以顺时针转向为正,逆时针转向为负。

结点 1 的不平衡力矩 M_1^F 数值上等于汇交于同一结点的各杆固端弯矩 M_{1i}^F 之和。

图 6-31(c)表示放松结点。为了消除附加刚臂的约束力矩作用,令附加刚臂转动 θ_1,使得结点 1 发生与原结构相同的转角 θ_1,结构恢复到自然状态。设此时刚臂作用于结点 1 的反力矩为 R_{11}。因为原结构的结点 1 上并无刚臂,自然无相应反力矩,所以图 6-31(b)和图 6-31(c)两种情况叠加,刚臂上的反力矩之和应等于零,即 $R_{11}+M_1^F=0$,故 $R_{11}=-M_1^F$。

由此可知,当刚臂转动时,就如同在结点 1 施加一个($-M_1^F$)的力矩,于是可以采用前述力矩分配法计算。

原结构的杆端弯矩等于相应的固端弯矩与分配弯矩或传递弯矩的代数和。

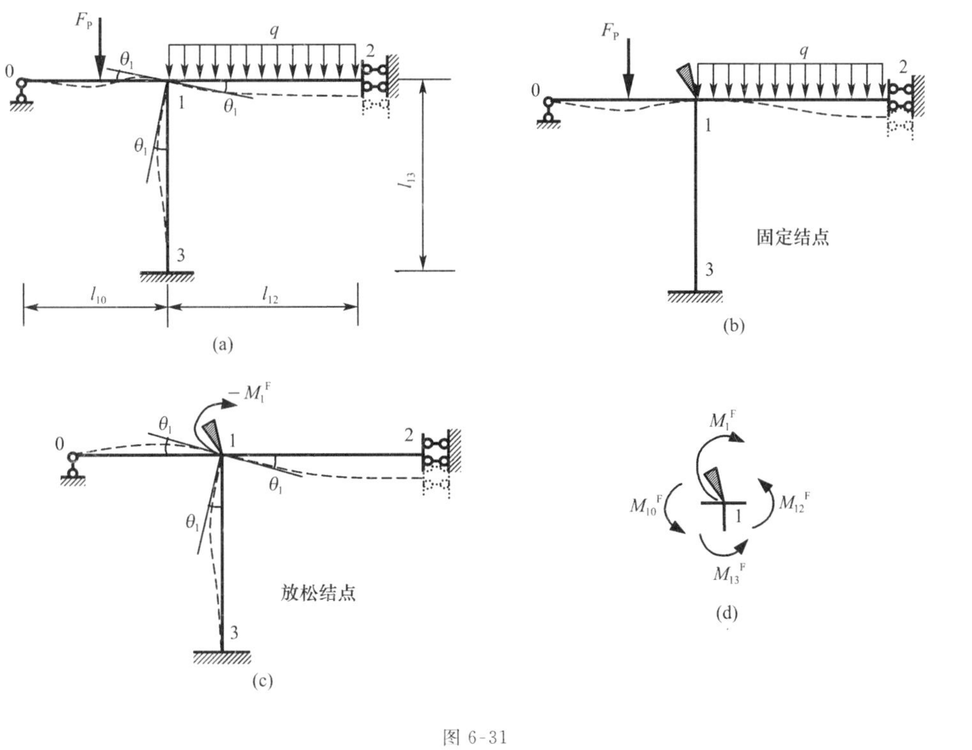

图 6-31

6.9.2 力矩分配法计算连续梁及无侧移刚架

1. 单结点的力矩分配法

计算步骤

(1)固定结点:刚结点加附加刚臂,按式(6-13)计算分配系数;

(2)按表(6-2)求出各杆固端弯矩 M_{1i}^F 和 M_{i1}^F,按式(6-16)计算不平衡力矩 M_1^F;

(3)放松约束,按式(6-14)将($-M_1^F$)分配给各杆近端,计算分配弯矩;

(4)按式(6-15)计算传递弯矩;

(5)叠加计算杆端弯矩,杆端弯矩等于同一位置的固端弯矩与分配弯矩或传递弯矩之和。

【例 6-12】 计算图 6-32(a)所示刚架的分配系数和传递系数以及不平衡力矩。EI=常量。

解 (1)分配系数

设 $i=EI/4$,则各杆线刚度为 $i_{12}=i, i_{13}=i, i_{10}=2i$,如图 6-32(b)所示。

转动刚度 $S_{10}=i_{10}=2i, S_{12}=3i_{12}=3i, S_{13}=4i_{13}=4i, \sum S_{(1)}=2i+3i+4i=9i$

分配系数 $\mu_{10}=\dfrac{S_{10}}{\sum S_{(1)}}=\dfrac{2}{9}=0.222, \mu_{12}=\dfrac{3}{9}=0.333, \mu_{13}=\dfrac{4}{9}=0.444$

(2)传递系数 $C_{01}=-1, C_{21}=0, C_{31}=0.5$

(3)不平衡力矩

固端弯矩 $M_{10}^F=0, M_{12}^F=-\dfrac{30\times4^2}{8}=-60\ \text{kN}\cdot\text{m}, M_{13}^F=\dfrac{40\times4}{8}=20\ \text{kN}\cdot\text{m}$,

不平衡力矩 $M_1^F=\sum M_{1i}^F=0-60+20=-40\ \text{kN}\cdot\text{m}$

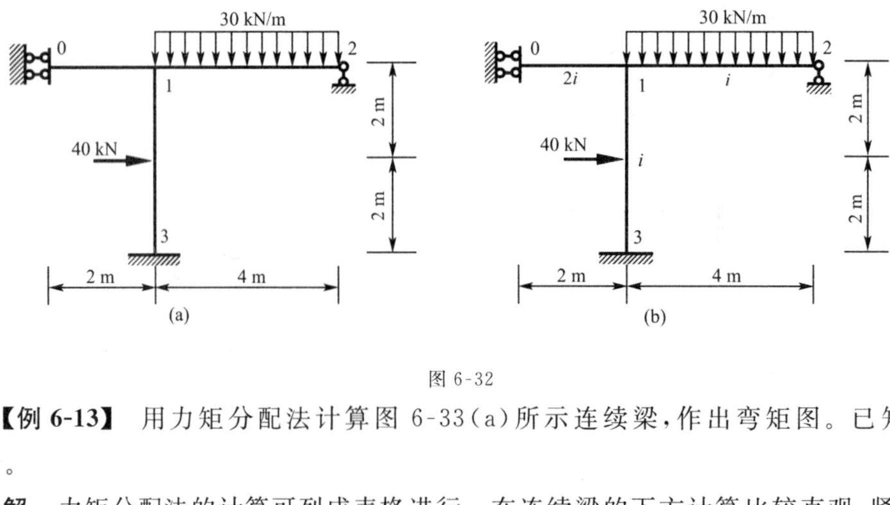

图 6-32

【例 6-13】 用力矩分配法计算图 6-33(a)所示连续梁,作出弯矩图。已知 EI=常量。

解 力矩分配法的计算可列成表格进行。在连续梁的下方计算比较直观、紧凑。表中弯矩单位 kN·m。表格中的主要数据计算过程为:

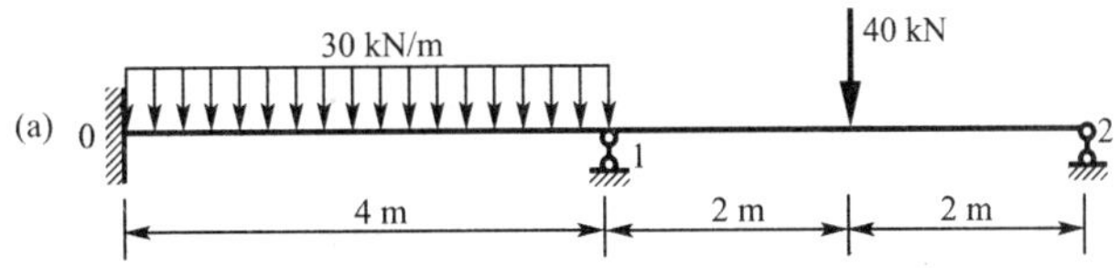

分配系数μ		$\frac{4}{7}$	$\frac{3}{7}$	
固端弯矩M^F	−40	40	−30	0
分配、传递弯矩	−2.86 ←	<u>−5.71</u>	<u>−4.29</u>	0
最终杆端弯矩	−42.86	34.29	−34.29	0

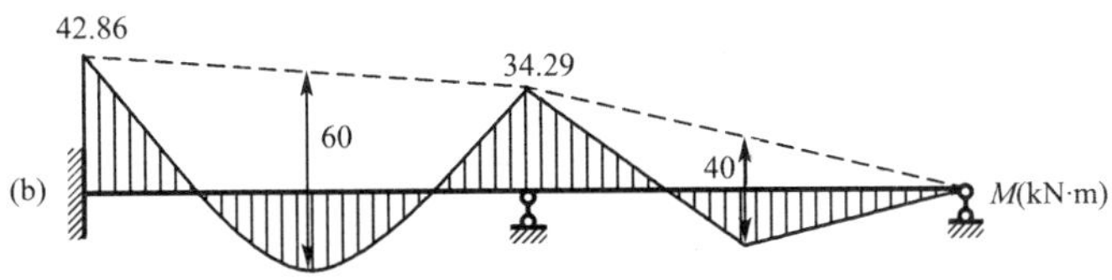

图 6-33

(1)转动刚度　$S_{10}=4i, S_{12}=3i, \sum S_{(1)}=7i$,分配系数 $\mu_{10}=\frac{4}{7}, \mu_{12}=\frac{3}{7}$;

(2)固端弯矩　$M_{01}^{F}=-\frac{30\times4^2}{12}=-40\ \text{kN}\cdot\text{m}, M_{10}^{F}=\frac{30\times4^2}{12}=40\ \text{kN}\cdot\text{m}$,

$$M_{12}^{F}=-\frac{3\times40\times4}{16}=-30\ \text{kN}\cdot\text{m}, M_{21}^{F}=0;$$

不平衡力矩　$M_1^F=\sum M_{1i}^F=40-30=10\ \text{kN}\cdot\text{m}$;

(3)分配弯矩：　将$(-M_1^F)=-10\ \text{kN}\cdot\text{m}$分配给各杆近端

$M_{10}^{\mu}=-10\times\frac{4}{7}=-5.71\ \text{kN}\cdot\text{m}$,　$M_{12}^{\mu}=-10\times\frac{3}{7}=-4.29\ \text{kN}\cdot\text{m}$

此时在结点 1 的分配弯矩下画一横线,表示该结点已达到平衡。

传递弯矩:$M_{01}^{C}=-5.71\times0.5=-2.86\ \text{kN}\cdot\text{m}, M_{21}^{C}=-4.29\times0=0$

在分配弯矩与传递弯矩之间划一箭头,表示弯矩传递方向。

(4)杆端弯矩

$M_{01}=-40-2.86=-42.86\ \text{kN}\cdot\text{m}, M_{10}=40-5.71=34.29\ \text{kN}\cdot\text{m}$

$M_{12}=-30-4.29=-34.29\ \text{kN}\cdot\text{m}, M_{21}=0$

可以看出,经过 1 次力矩分配和传递,结点 1 已经满足平衡条件:$M_{10}+M_{12}=0$。

最后,按杆端弯矩用叠加法绘制弯矩图,如图 6-33(b)。

【例 6-14】 用力矩分配法计算图 6-34(a)所示刚架,作出弯矩图。已知 EI=常量。

解 此刚架就是例 6-11 中的刚架,其分配系数、传递系数及不平衡力矩均已经在该例题中进行了计算。

力矩分配与传递过程见下表

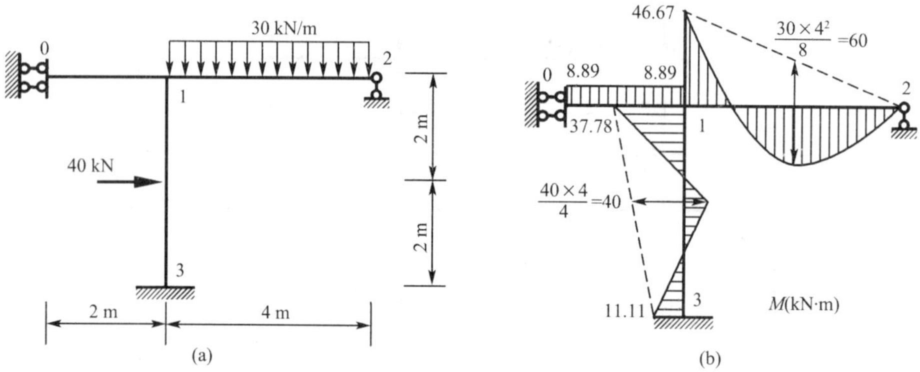

图 6-34

结点号	0	1			2	3
杆号	01	10	12	13	21	31
分配系数 μ		0.222	0.333	0.444		
固端弯矩 M^F(kN·m)	0	0	−60	20	0	−20
分配、传递弯矩(kN·m)	−8.89←	8.89	13.33	17.78	→0	→8.89
最终杆端弯矩(kN·m)	−8.89	8.89	−46.67	37.78	0	11.11

经过1次力矩分配和传递，结点1已经满足平衡条件：$M_{10}+M_{12}+M_{13}=8.89-46.67+37.78=0$。

最后，按杆端弯矩用叠加法绘制弯矩图，如图 6-34(b)。

【例 6-15】 用力矩分配法并利用对称性计算图 6-35(a)所示连续梁，作出弯矩图。已知 EI=常量。

解 该连续梁为对称结构承受对称荷载作用，可利用对称性取半个结构进行计算，等效结构如图 6-35(b)所示，并在图中标注各杆的相对线刚度。由于悬臂部分 01 杆内力是静定的，$M_{10}=-40$ kN·m，$F_{S10}=-20$ kN，故在等效结构中去掉了悬臂部分 01 杆，将 M_{10} 和 F_{S10} 作为外力作用于结点 1 处，结点 1 化为铰支端。于是等效结构只有 1 个转角未知量。力矩分配法计算过程在连续梁的下方列成表格进行。表中弯矩单位 kN·m。

计算过程为：

(1)分配系数 $\mu_{21}=\frac{3}{3+2}=0.6$，$\mu_{26}=\frac{2}{3+2}=0.4$。

(2)固端弯矩

计算 12 杆的固端弯矩时，需考虑两种荷载作用：

均布荷载作用下的固端弯矩为 $M_{12}^{F}{}'=0$，$M_{21}^{F}{}'=\frac{40\times4^2}{8}=80$ kN·m，在结点 1 集中力偶作用下的固端弯矩为 $M_{12}^{F}{}''=-40$ kN·m，$M_{21}^{F}{}''=0.5\times(-40)=-20$ kN·m；总的固端弯矩为这两项叠加：$M_{12}^{F}=M_{12}^{F}{}'+M_{12}^{F}{}''=-40$ kN·m，$M_{21}^{F}=M_{21}^{F}{}'+M_{21}^{F}{}''=80-20=60$ kN·m

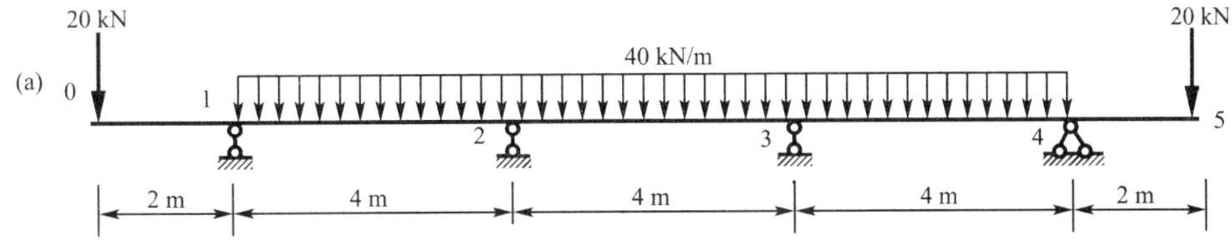

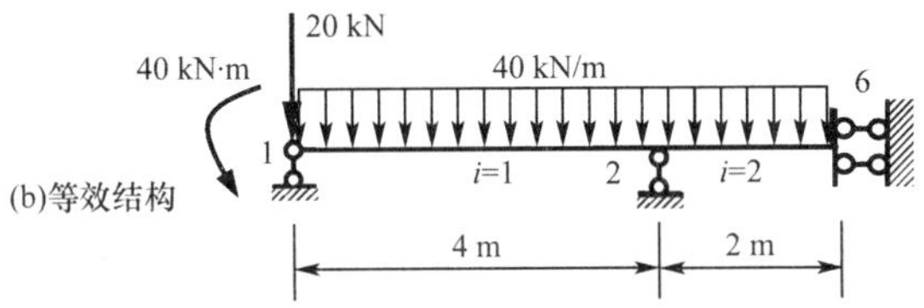

分配系数μ		0.6	0.4	
固端弯矩M^F	−40	60	−53.33	−26.67
分配、传递弯矩	0	← −4.00	−2.67 →	2.67
最终杆端弯矩	−40.00	56.00	−56.00	−24.0

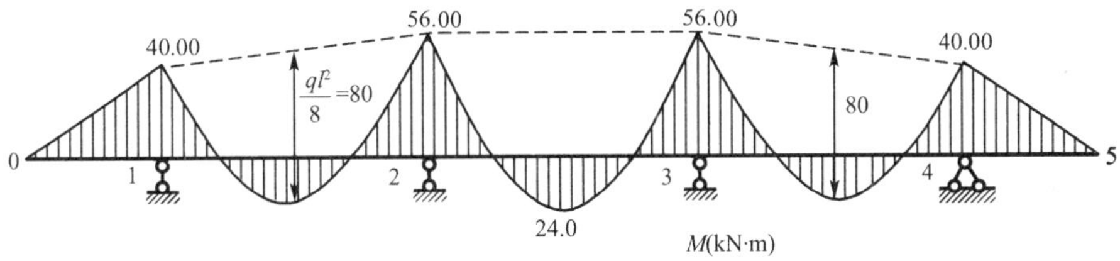

图 6-35

26 杆的固端弯矩 $M_{26}^{F}=-\dfrac{40\times2^2}{3}=-53.33\ \mathrm{kN\cdot m}$，

$$M_{62}^{F}=-\frac{40\times2^2}{6}=-26.67\ \mathrm{kN\cdot m};$$

不平衡力矩　$M_{2}^{F}=\sum M_{2i}^{F}=60-53.33=6.67\ \mathrm{kN\cdot m}$

(3)分配弯矩：$M_{21}^{\mu}=-6.67\times0.6=-4.00\ \mathrm{kN\cdot m}$，$M_{26}^{\mu}=-6.67\times0.4=-2.67\ \mathrm{kN\cdot m}$

传递弯矩：$M_{62}^{C}=-2.67\times(-1)=2.67\ \mathrm{kN\cdot m}$，$M_{12}^{C}=-4.00\times0=0$

(4)杆端弯矩　$M_{12}=-40-2=-42\ \mathrm{kN\cdot m}$，　$M_{21}=60-4.00=56.00\ \mathrm{kN\cdot m}$

$M_{26}=-53.33-2.67=-56.00\ \mathrm{kN\cdot m}$，$M_{62}=-26.67+2.67=-24.00\ \mathrm{kN\cdot m}$，

此时结点 2 已经满足平衡条件：$M_{21}+M_{26}=0$。

(5)作弯矩图

补上悬臂部分，并利用对称结构承受对称荷载作用时弯矩图的对称性，按杆端弯矩用叠加法绘制弯矩图，如图 6-35(c)。

2. 多结点的力矩分配法

对于具有多个结点转角的结构，可以依次对各结点使用力矩分配法求解。计算步骤(以两个刚结点为例)如下：

(1)固定所有刚结点,计算分配系数、固端弯矩;

(2)比较各结点的不平衡力矩,放松其中不平衡力矩大的一个约束(设为 A),另一约束不动(设为 B),将不平衡的力矩分配、传递;

(3)放松另一约束 B,A 不动,将不平衡的力矩分配、传递。

(4)循环(2)和(3)两个步骤,直到精度满足要求:传递弯矩小到可以忽略不计为止。

多结点的力矩分配法属于渐进法。

【例 6-16】 用力矩分配法计算图 6-36(a)所示连续梁,作出弯矩图。已知 $EI=$常量。

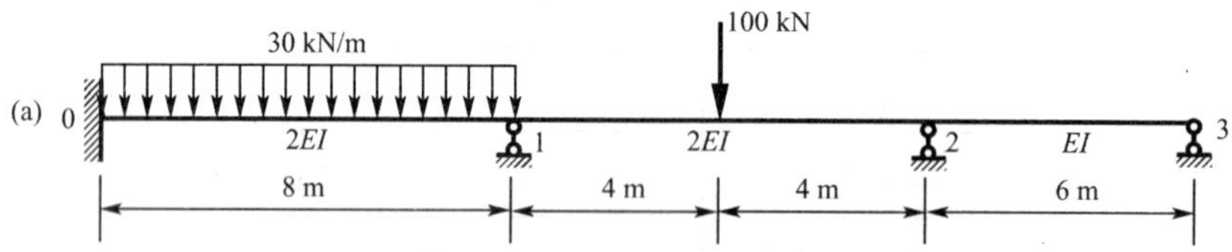

分配系数μ			0.5	0.5	0.667	0.333	
固端弯矩M^F		−160	160	−100	100	0	0
分配、传递弯矩	放松结点2			−33.4 ←	−66.7	−33.3 →	0
	放松结点1	−6.65 ←	−13.3	−13.3 →	−6.65		0
	放松结点2			2.22 ←	4.43	2.22	
	放松结点1	−0.55 ←	−1.11	−1.11 →	−0.55		
	放松结点2			0.18 ←	0.37	0.18	
	放松结点1	−0.045 ←	−0.09	−0.09 →	−0.045		
最终杆端弯矩		−167.2	145.5	−145.5	30.9	−30.9	0

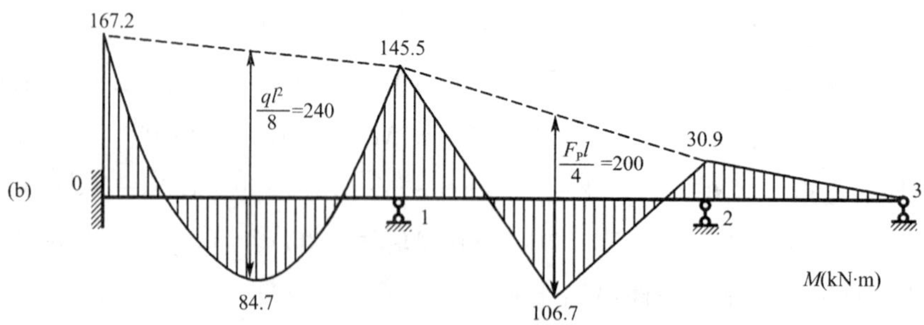

图 6-36

解 在连续梁的下方列表计算。表中弯矩单位 kN·m。计算过程为:

(1)设 $i=\dfrac{EI}{8}$,则 $i_{10}=i_{12}=2i$,$i_{23}=\dfrac{EI}{6}=\dfrac{4}{3}i$

结点 1:转动刚度 $S_{10}=8i$,$S_{12}=8i$,分配系数 $\mu_{10}=\dfrac{8}{8+8}=0.5$,$\mu_{12}=\dfrac{8}{8+8}=0.5$

结点 2：$S_{21}=8i, S_{23}=3i_{23}=4i$，分配系数 $\mu_{21}=\frac{8}{8+4}=0.667, \mu_{23}=\frac{4}{8+4}=0.333$

(2)固端弯矩　$M_{01}^{F}=-\frac{30\times 8^2}{12}=-160\ \text{kN}\cdot\text{m}, M_{10}^{F}=160\ \text{kN}\cdot\text{m}$，

$$M_{12}^{F}=-\frac{100\times 8}{8}=-100\ \text{kN}\cdot\text{m}, M_{21}^{F}=100\ \text{kN}\cdot\text{m}, M_{23}^{F}=0$$

(3)分配与传递弯矩

第 1 轮分配与传递：因为结点 2 的不平衡力矩 $M_2{}^{F}=100\ \text{kN}\cdot\text{m}$ 比结点 1 的不平衡力矩 $M_1{}^{F}=160-100=60\ \text{kN}\cdot\text{m}$ 大，故先放松结点 2，计算分配弯矩 $M_{21}^{\mu}=-100\times 0.667=-66.7\ \text{kN}\cdot\text{m}, M_{23}^{\mu}=-100\times 0.333=-33.3\ \text{kN}\cdot\text{m}$；此时在结点 2 的分配弯矩下画一横线，表示该结点已达到平衡。

传递弯矩为 $M_{12}^{C}=-66.7\times 0.5=-33.4\ \text{kN}\cdot\text{m}, M_{32}^{C}=-33.3\times 0=0$.

然后放松结点 1，此时结点 1 的不平衡力矩 $M_1{}^{F}=160-100-33.4=26.6\ \text{kN}\cdot\text{m}$，分配弯矩为 $M_{10}^{\mu}=-26.6\times 0.5=-13.3\ \text{kN}\cdot\text{m}, M_{12}^{\mu}=-26.6\times 0.5=-13.3\ \text{kN}\cdot\text{m}$；此时在结点 1 的分配弯矩下画一横线，表示该结点已达到平衡。相应的传递弯矩为 $M_{01}^{C}=-13.3\times 0.5=-6.65\ \text{kN}\cdot\text{m}, M_{21}^{C}=-13.3\times 0.5=-6.65\ \text{kN}\cdot\text{m}$。

传递弯矩 M_{21}^{C} 使结点 2 出现新的不平衡力矩，再进行第二轮分配与传递：依次放松结点 2，放松结点 1；然后进行第三轮分配与传递。第三轮分配与传递之后，传递弯矩数值为 0.045，已经相当小，可以认为不平衡力矩近似为零，即结点已达到平衡，可以停止分配与传递。

(4)杆端弯矩　将各杆端对应的固端弯矩、各轮分配弯矩及传递弯矩相加，即得最终杆端弯矩。例如

$$M_{12}=-100-33.4-13.3+2.22-1.11+0.18-0.09=-145.5\ \text{kN}\cdot\text{m}$$

(5)作弯矩图　按杆端弯矩用叠加法绘制弯矩图，如图 6-36(b)。

小　结

1. 位移法以结点位移为基本未知量。确定基本未知量是重要的一步。结点位移包括角位移和线位移。角位移数目等于刚结点数目，线位移数目等于原结构的铰接体系的自由度数目。在位移法中，杆端弯矩、剪力及结点角位移均以顺时针转向为正。

2. 位移法方程实质上是静力平衡方程。建立位移法的基本方程有两种方法：基本体系法和写平衡方程法。要求熟练掌握一种，另一种了解即可。

(1)基本体系法

给原结构加上附加约束后得到的体系称为位移法的基本体系。附加刚臂限制了结点角位移，附加链杆限制了结点线位移。位移法基本体系是一组单跨超静定梁。通过基本体系在附加约束处的反力与原结构相等的条件就可建立位移法的基本方程。这样建立的方程与力法方程有完整的对应关系，因而有助于对两种方法的深入了解。

(2)写平衡方程法

首先列出杆端内力的转角位移方程，在有结点角位移处，建立结点的力矩平衡方程；在有结点线位移处，建立截面的投影平衡方程。这些方程也就是位移法的基本方程。基本方程的数目与基本未知量的数目相等。

3. 为了建立并求解位移法方程，必须熟记一些常用的形常数和载常数，包括表 6-1 中序号 1～5 的形常数与表 6-2 中序号 1、2、7、8、12 的载常数。

4. 力矩分配法是由位移法演变出来的计算连续梁和无侧移刚架的一种实用计算方法。

习　题

6-1　是非判断题

(1)位移法的基本未知量与超静定次数有关，位移法只能计算超静定结构。　(　　)

(2)位移法典型方程的物理意义是反映原结构的位移条件。　(　　)

(3)欲使图示结构中的 A 点发生顺时针单位转角，应在 A 点施加的力偶 $M=8i$。　(　　)

(4)图示两结构的位移法基本未知量数目相同，都是一个角位移和一个线位移。　(　　)

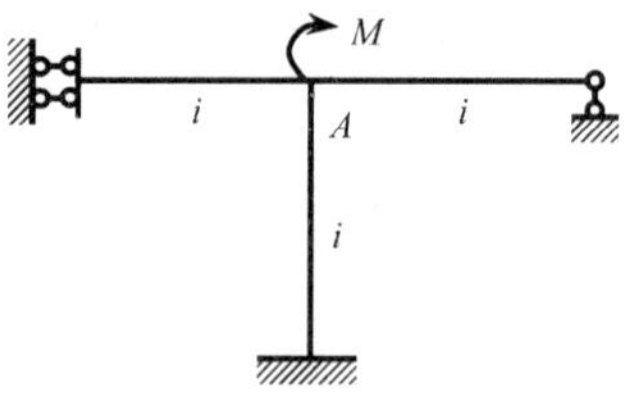

题 6-1(3)图

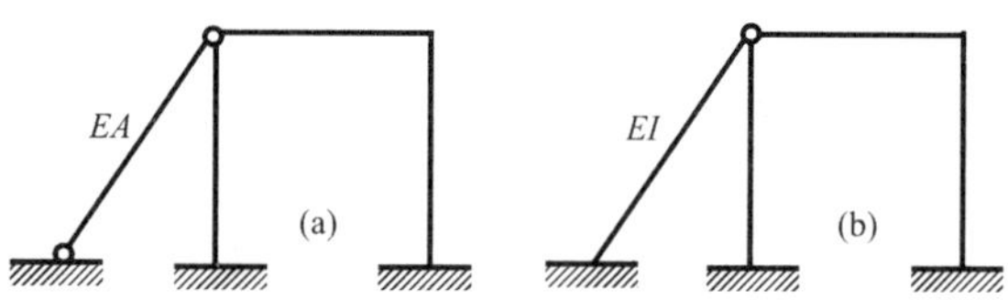

题 6-1(4)图

(5)在位移法中，杆端弯矩、剪力的正负号规定与材料力学中的规定相同。　(　　)

(6)图示结构有三个基本未知量：结点角位移 Δ_A、Δ_B 和水平线位移 Δ。　(　　)

(7)欲使图示结构中的 A 点发生向右单位移动，应在 A 点施加的力 $F=15i/a^2$。　(　　)

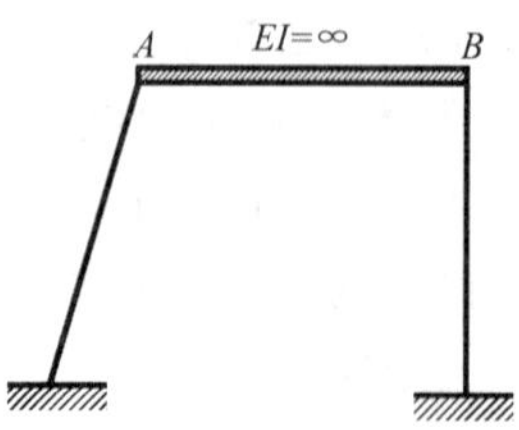

题 6-1(6)图

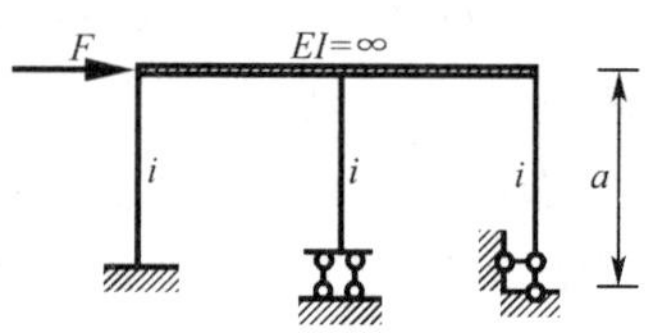

题 6-1(7)图

(8)在力矩分配法中，汇交于同一结点的分配系数之和一定等于 1。　(　　)

(9)图示两种杆件的转动刚度 S_{BA} 数值相等，都等于 $4i$。　(　　)

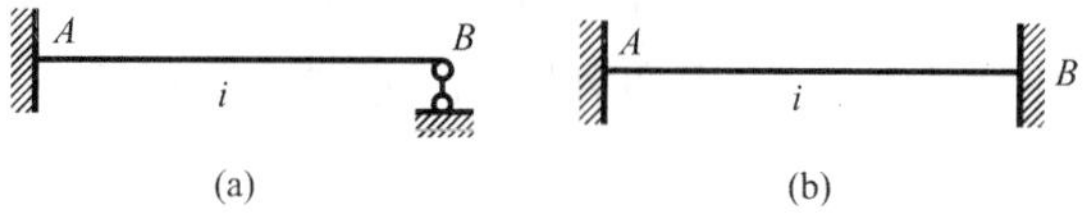

(a)　　(b)

题 6-1(9)图

(10)力矩分配法中，分配系数、传递系数与荷载无关。　　(　　)

6-2　填空题

(1)图示两个结构位移法方程中(a)的系数 $r_{11}=$____，(b)的系数 $r_{11}=$____。

(2)图示结构位移法方程中的系数 $r_{11}=$____，$r_{12}=$____，$r_{22}=$____。

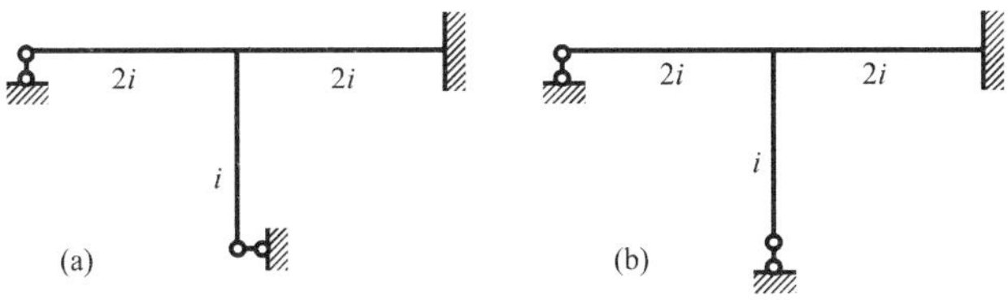

题 6-2(1)图

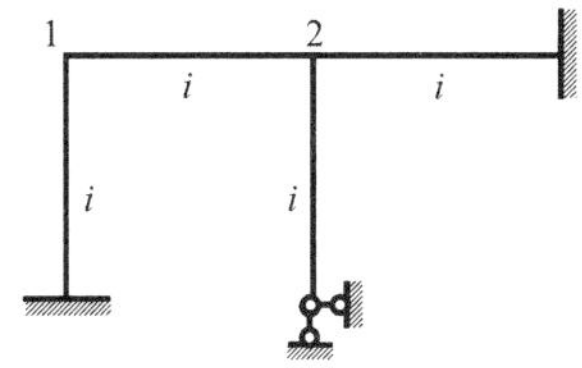

题 6-2(2)图

(3)图示结构用位移法计算有____个基本未知量，用力法计算有____个基本未知量。

(4)图示结构位移法方程中的自由项 $R_{1P}=$________。

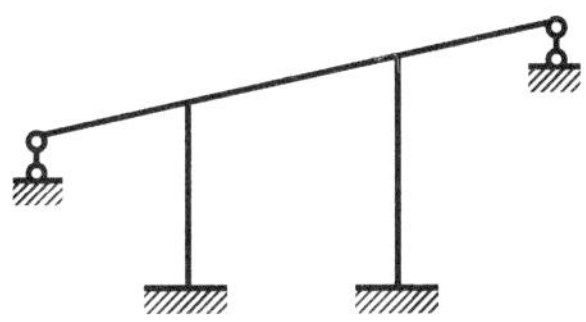

题 6-2(3)图

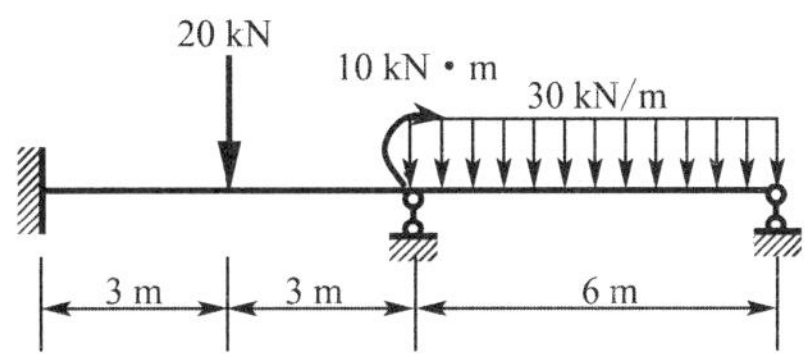

题 6-2(4)图

(5)图示单跨超静定梁的杆端相对线位移 $\Delta=$________，杆端弯矩 $M_{BA}=$________。

(6)图示刚架的分配系数 $\mu_{10}=$________，$\mu_{12}=$________，$\mu_{13}=$________。

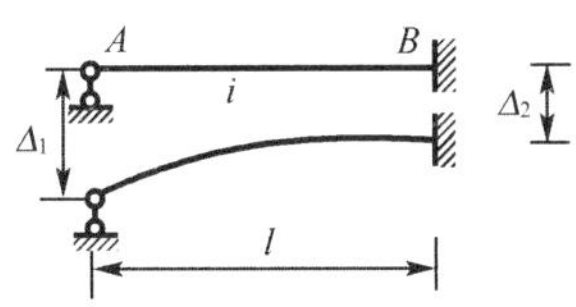

题 6-2(5)图

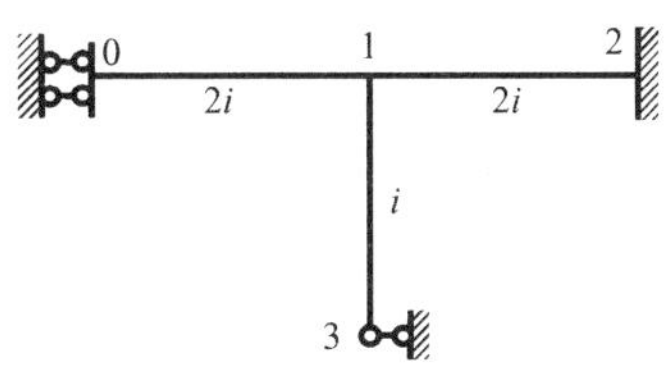

题 6-2(6)图

6-3　单项选择题

(1)位移法的基本未知量是(　　)。

A. 支座反力　　B. 杆端弯矩　　C. 独立的结点位移　　D. 多余未知力

(2)欲使图示结构中的 A 点发生顺时针单位转角，应在 A 点施加的力偶是(　　)。

A. $12i$　　B. $9i$　　C. $15i$　　D. $8i$

(3)图示结构位移法方程中的系数 $r_{11}=$(　　)。

A. $8i$　　B. $9i$　　C. $10i$　　D. $11i$

(4)图示单跨超静定梁的固端弯矩 $M_{BA}=$(　　)。

A. $-3Fl/16$　　B. $3Fl/16$　　C. $-3Fl_1/16$　　D. $3Fl_1/16$

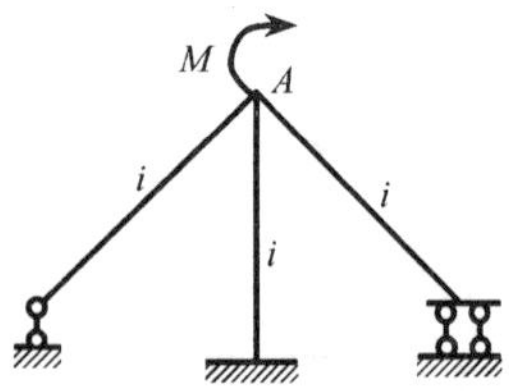

题 6-3(2)图

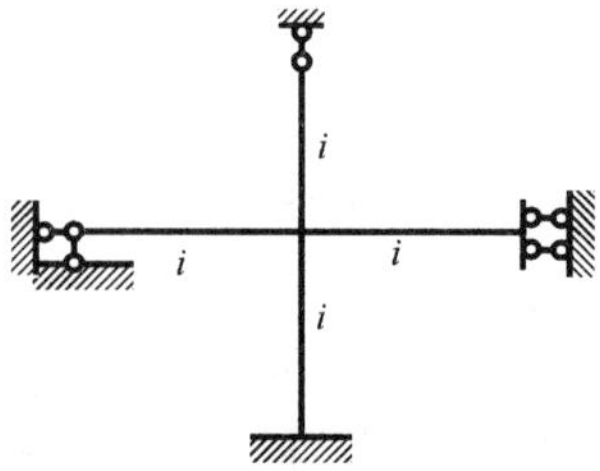

题 6-3(3)图

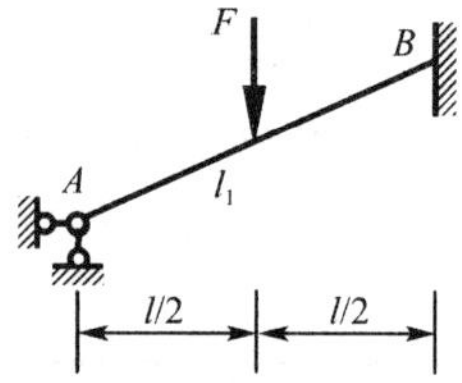

题 6-3(4)图

(5)位移法典型方程中的系数 r_{jk} 表示的是基本体系在(　　)。

A. 第 j 个结点位移产生的第 k 个附加约束中的反力(矩)

B. 第 k 个结点位移等于单位位移时,产生的第 k 个附加约束中的反力(矩)

C. 第 k 个结点位移等于单位位移时,产生的第 j 个附加约束中的反力(矩)

D. 第 j 个结点位移产生的第 j 个附加约束中的反力(矩)

(6)图示结构位移法的基本未知量是横梁的水平线位移,在只承受力偶作用时,两柱的弯矩和剪力(　　)。

A. 均为零。因为 $R_{1P}=0$,不产生侧移

B. 均不为零。因为 $R_{1P}=M$,会产生转角

C. 均不为零。因为 $R_{1P}=M$,会产生侧移

D. 均为零。因为 $R_{1P}=0$,不产生转角

(7)图示结构位移法方程中的自由项 $R_{1P}=$(　　)。

A. $\frac{ql^2}{12}-\frac{3Fl}{16}$　　B. $\frac{ql^2}{8}-\frac{Fl}{8}$　　C. $\frac{3Fl}{16}-\frac{ql^2}{12}$　　D. $\frac{Fl}{8}-\frac{ql^2}{8}$

(8)下列关于图示结构位移法基本未知量的论述,正确的是(　　)。

A. 三个基本未知量 θ_A,θ_B,Δ　　B. 两个基本未知量 $\theta_A=\theta_B$,Δ

C. $\theta_A=\theta_B=0$,只有一个未知量 Δ　　D. $\theta_A=\theta_B=\Delta/a$,只有一个未知量 Δ

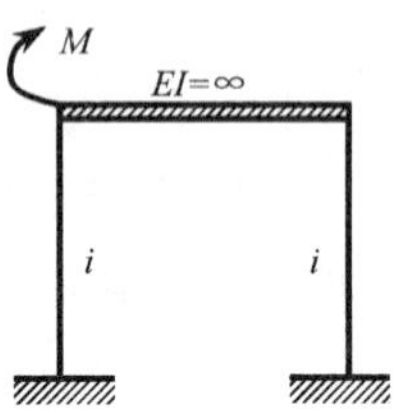

题 6-3(6)图

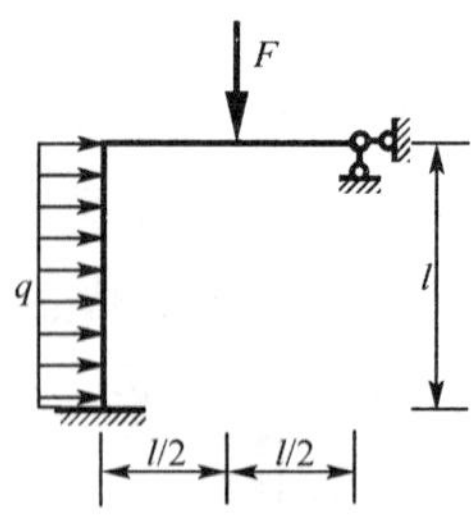

题 6-3(7)图

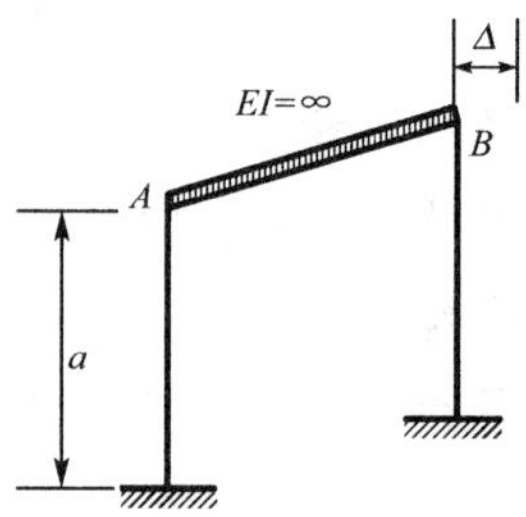

题 6-3(8)图

6-4　试确定图示结构用位移法计算时的最少基本未知量数目,并绘制出基本结构(用附加刚臂表示结点角位移、用附加链杆表示结点线位移)。

6-5　试用位移法计算图示连续梁,绘制弯矩图、剪力图。

6-6　试用位移法计算图示连续梁,绘制弯矩图。

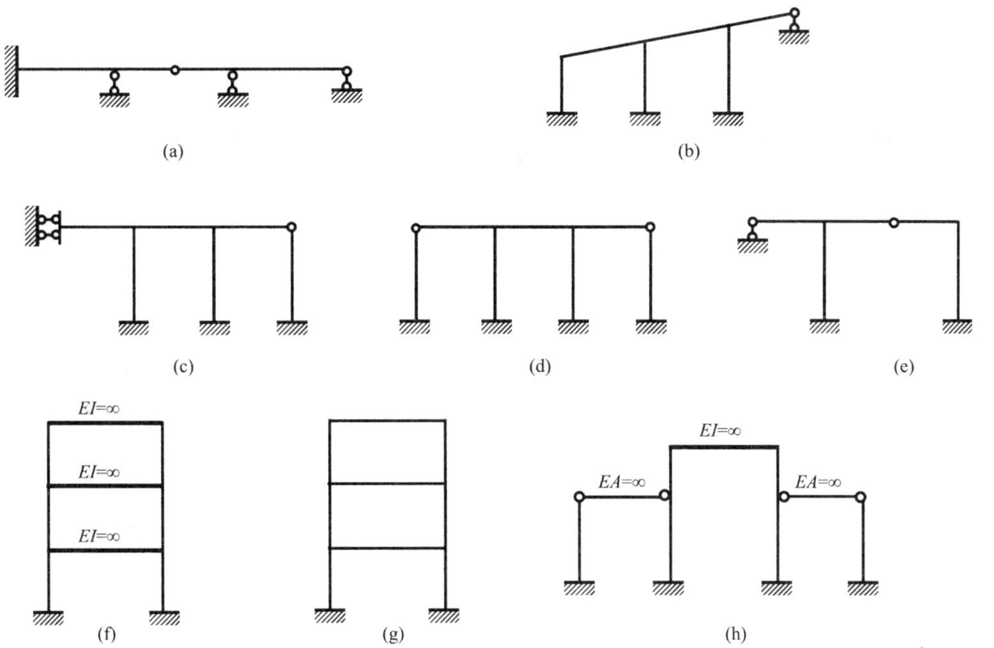

题 6-4 图

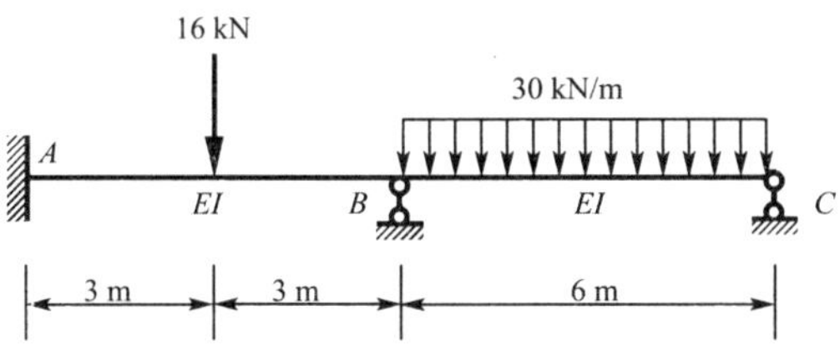

题 6-5 图

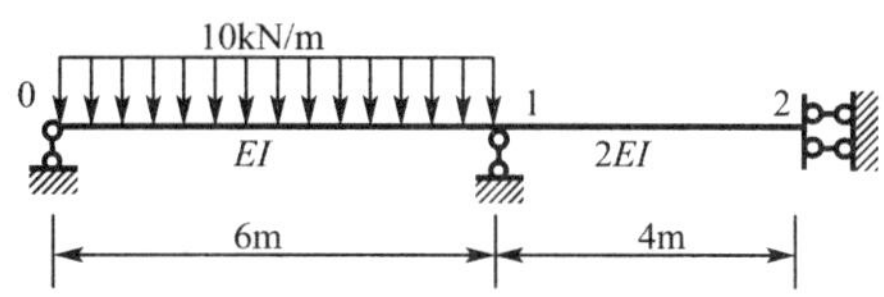

题 6-6 图

6-7　试按写平衡方程法计算题 6-5 图所示连续梁，绘制剪力图、弯矩图。

6-8　试按写平衡方程法计算题 6-6 图所示连续梁，绘制弯矩图。

6-9　试用位移法计算图示连续梁，绘制弯矩图。

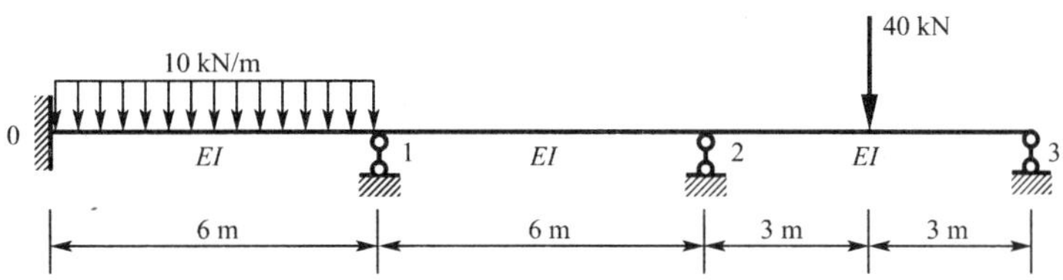

题 6-9 图

6-10　试利用对称性用位移法计算图示连续梁，绘制弯矩图。

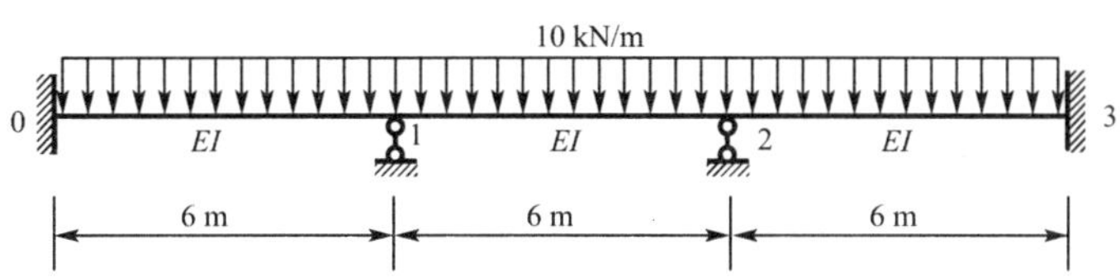

题 6-10 图

6-11　试利用对称性按写平衡方程法计算题 6-10 图所示连续梁,绘制弯矩图。

6-12　试用位移法计算图示刚架,绘制内力图。

6-13　试用位移法计算图示刚架,绘制弯矩图。

6-14　试按写平衡方程法计算题 6-12 图所示刚架,绘制内力图。

6-15　试按写平衡方程法计算题 6-13 图所示刚架,绘制弯矩图。

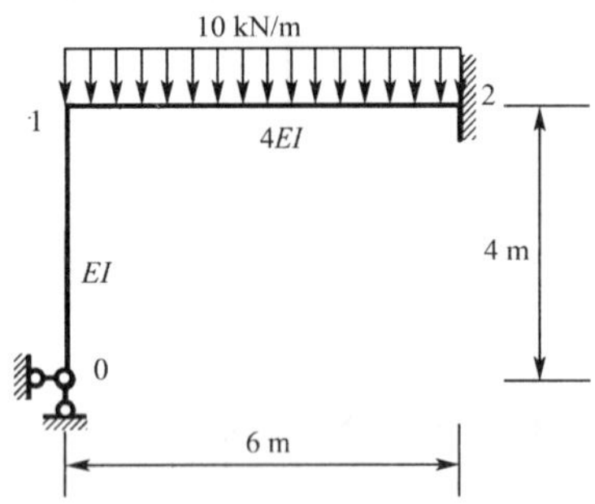

题 6-12 图

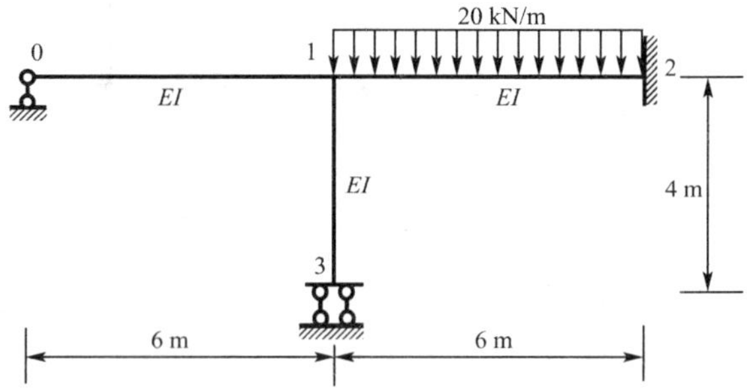

题 6-13 图

6-16　试用位移法计算图示刚架,绘制弯矩图。

6-17　试用位移法计算图示刚架,绘制弯矩图。

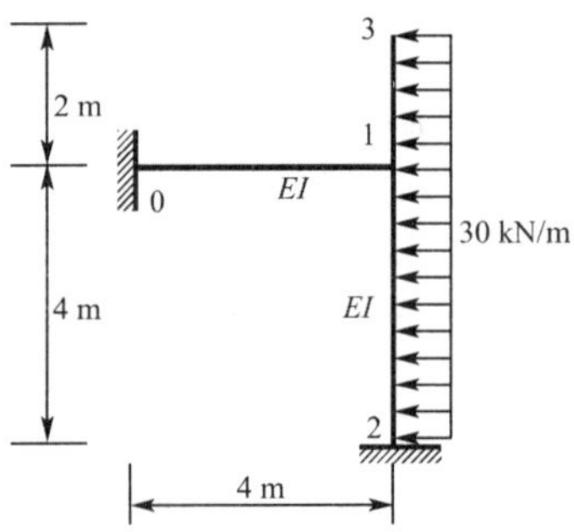

题 6-16 图

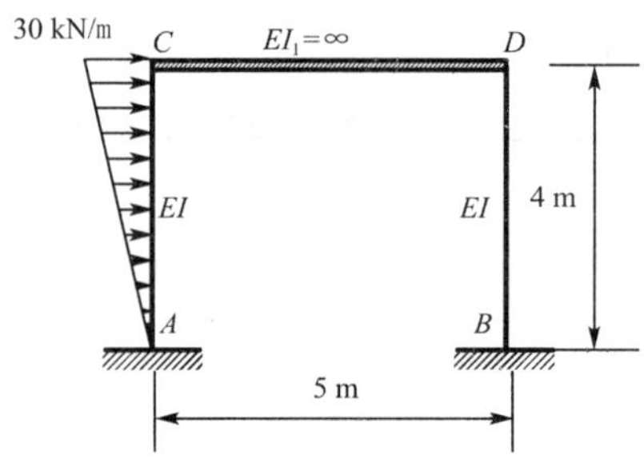

题 6-17 图

6-18　试用位移法计算图示刚架,绘制弯矩图。

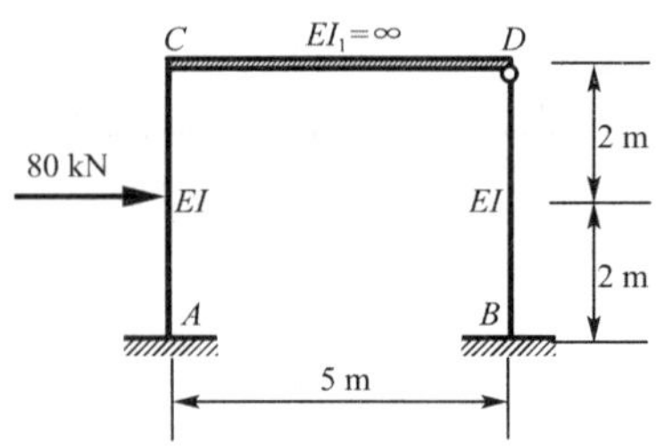

题 6-18 图

6-19　试用位移法计算图示刚架,绘制弯矩图。

6-20　试用位移法计算图示排架,绘制弯矩图。

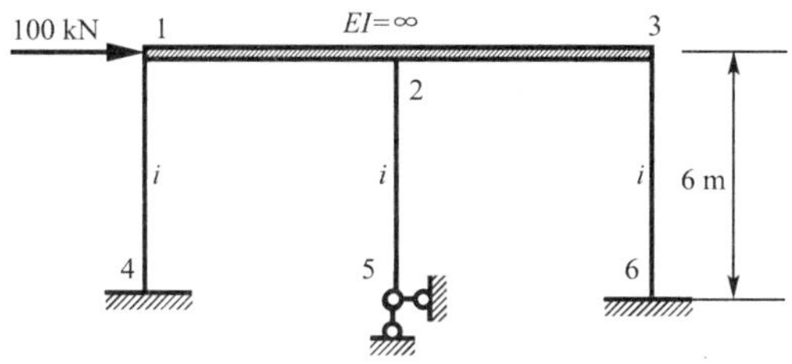

题 6-19 图

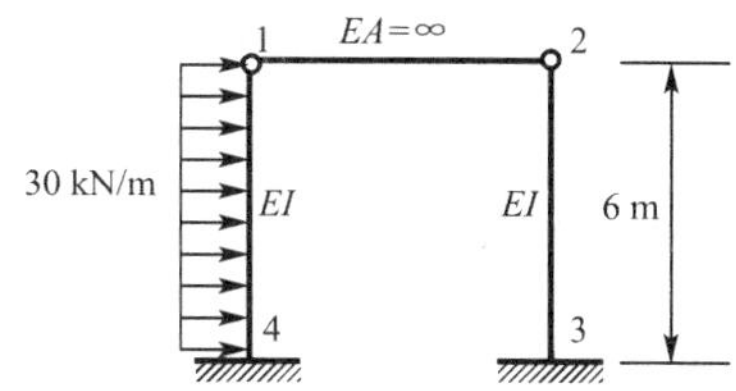

题 6-20 图

6-21　试用位移法计算图示刚架,绘制弯矩图。

6-22　试用位移法计算图示刚架,绘制弯矩图。

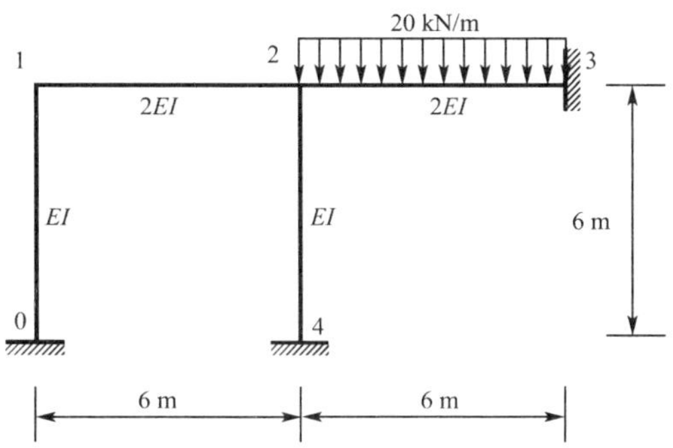

题 6-21 图

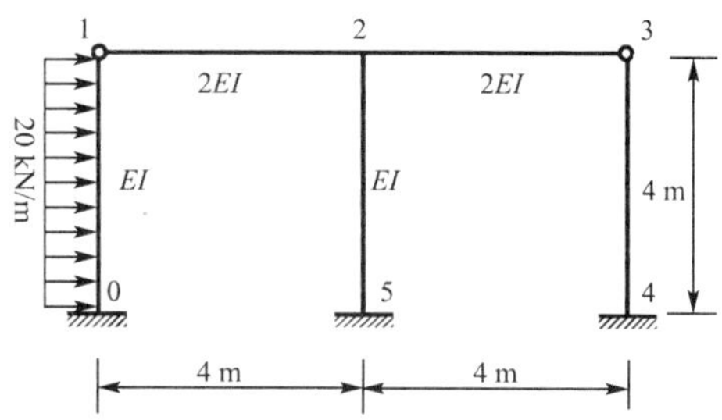

题 6-22 图

6-23　试利用对称性用位移法计算图示刚架,绘制弯矩图。

6-24　试计算图示二层刚架,绘制弯矩图。

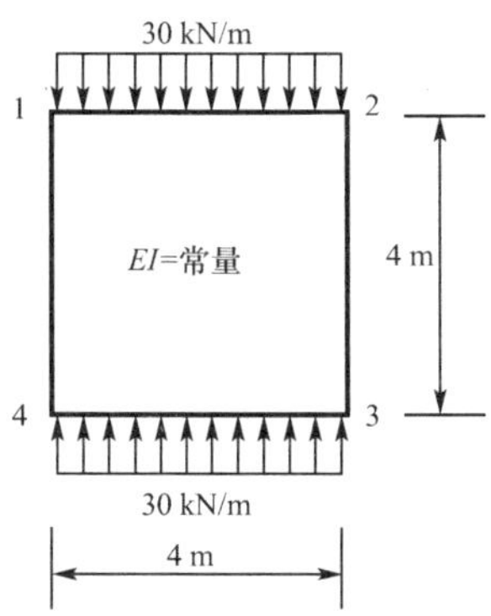

题 6-23 图

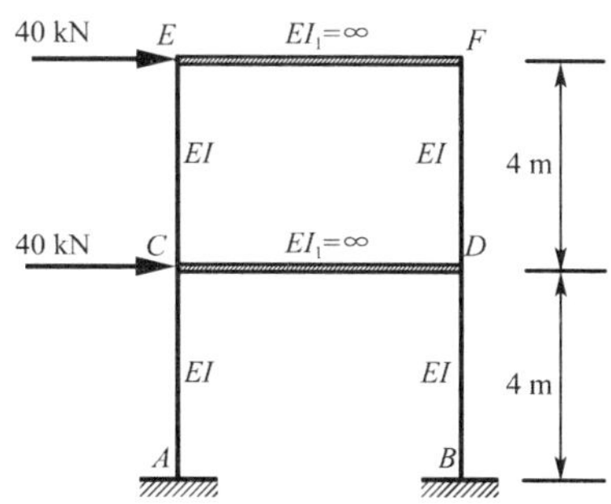

题 6-24 图

6-25　试用力矩分配法计算图示连续梁,绘制弯矩图。

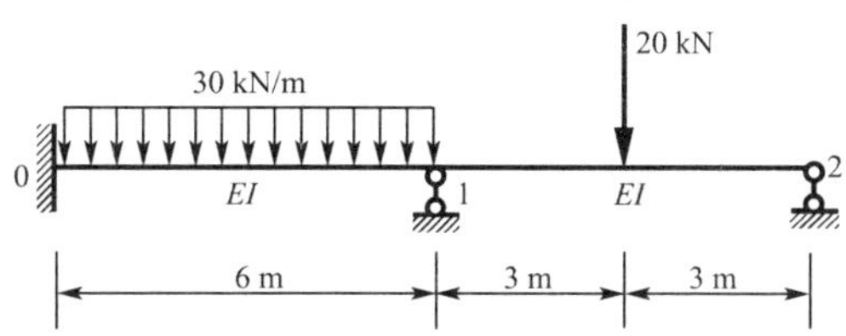

题 6-25 图

6-26　试用力矩分配法计算题 6-6 图所示连续梁，绘制弯矩图。

6-27　试用力矩分配法计算题 6-9 图所示连续梁，绘制弯矩图。

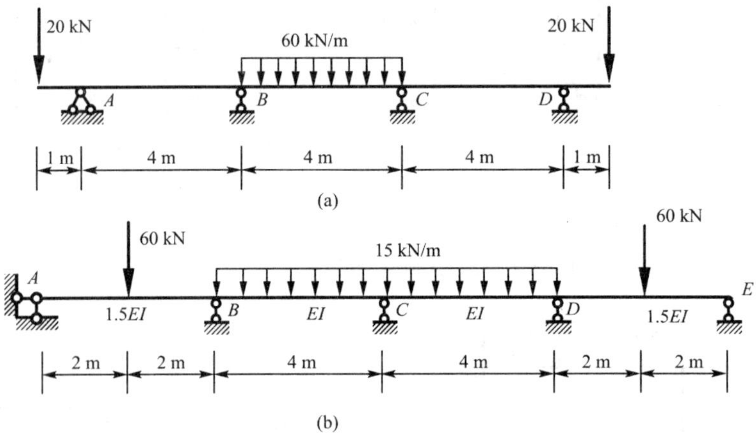

题 6-28 图

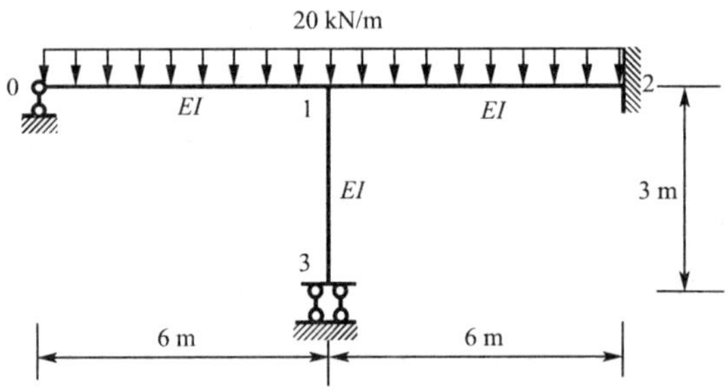

题 6-29 图

6-28　试利用对称性用力矩分配法计算图示连续梁，绘制弯矩图。各杆 EI 为常量。

6-29　试用力矩分配法计算图示刚架，绘制弯矩图。

习题答案

6-1　(1)错　(2)错　(3)对　(4)错，图(b)无线位移　(5)错　(6)错(无角位移)　(7)对　(8)对　(9)对　(10)对

6-2　(1)$17i$　$14i$　(2)$8i$　$2i$　$11i$　(3)3　5　(4)-130 kN·m　(5)$\Delta_2-\Delta_1$　$-\dfrac{3i(\Delta_2-\Delta_1)}{l}$　(6)$\dfrac{2}{13}$　$\dfrac{8}{13}$　$\dfrac{3}{13}$

6-3　(1)C　(2)D　(3)A　(4)B　(5)C　(6)A　(7)A　(8)C

6-4　略

6-5　$M_{AB}=23.14$ kN·m(下拉)，$M_{BA}=82.29$ kN·m(上拉)，$M_{BC}=-82.29$ kN·m(上拉)，$M_{CB}=0$；$F_{SAB}=-9.57$ kN，$F_{SBA}=-25.57$ kN，$F_{SBC}=103.7$ kN，$F_{SCB}=-76.3$ kN

6-6　$M_{01}=0$，$M_{10}=22.5$ kN·m(上拉)，$M_{01中}=33.75$ kN·m(下拉)，$M_{12}=-22.5$ kN·m(上拉)，$M_{21}=22.5$ kN·m(上拉)

6-7　同 6-5

6-8　同 6-6

6-9　$M_{01}=-41.54$ kN·m(上拉)，$M_{10}=6.92$ kN·m(上拉)，$M_{12}=-6.92$ kN·m(上拉)，$M_{21}=20.77$ kN·m(上拉)，$M_{23}=-20.77$ kN·m(上拉)，$M_{32}=0$

6-10　$M_{01}=-30$ kN·m(上拉)，$M_{10}=30$ kN·m(上拉)，$M_{12}=-30$ kN·m(上拉)，$M_{21}=30$ kN·m(上拉)，$M_{23}=-30$ kN·m(上拉)，$M_{32}=30$ kN·m(上拉)

6-11　同 6-10

6-12　$M_{01}=0$，$M_{10}=6.59$ kN·m(左拉)，$M_{12}=-6.59$ kN·m(上拉)，$M_{21}=41.71$ kN·m(上拉)；$F_{S12}=24.15$ kN，$F_{S21}=-35.85$ kN，$F_{S10}=1.65$ kN；$F_{N10}=-24.15$ kN，$F_{N12}=1.65$ kN

6-13　$M_{01}=0$，$M_{10}=21.18$ kN·m(上拉)，$M_{12}=-31.76$ kN·m(上拉)，$M_{13}=10.59$ kN·m(左拉)，$M_{31}=-10.59$ kN·m(左拉)，$M_{21}=74.12$ kN·m(上拉)

6-14　同 6-12

6-15　同 6-13

6-16　$M_{01}=-5$ kN·m(上拉)，$M_{10}=-10$ kN·m(下拉)，$M_{12}=-50$ kN·m(右拉)，$M_{13}=60$ kN·m(右拉)，$M_{31}=0$，$M_{21}=35$ kN·m(右拉)

6-17　$M_{AC}=-58$ kN·m(左拉)，$M_{CA}=-18$ kN·m(右拉)，$M_{CD}=18$ kN·m(下拉)，$M_{BD}=-42$ kN·m(左拉)，$M_{DB}=-42$ kN·m(右拉)，$M_{DC}=42$ kN·m(上拉)

6-18　$M_{AC}=-104$ kN·m(左拉)，$M_{CA}=-24$ kN·m(右拉)，$M_{CD}=24$ kN·m(下拉)，$M_{BD}=-32$ kN·m(左拉)，$M_{DB}=0$，$M_{DC}=0$

6-19　$M_{41}=M_{63}=-133.3$ kN·m(左拉)，$M_{14}=M_{36}=-133.3$ kN·m(右拉)，$M_{25}=-66.7$ kN·m(右拉)

6-20　$M_{14}=0$，$M_{41}=337.5$ kN·m(左拉)，$M_{23}=0$，$M_{32}=202.5$ kN·m(左拉)

6-21　$M_{01}=-2.14$ kN·m(左拉)，$M_{10}=-4.29$ kN·m(右拉)，$M_{12}=4.29$ kN·m(上拉)，$M_{21}=21.43$ kN·m(上拉)，$M_{24}=12.86$ kN·m(左拉)，$M_{42}=6.43$ kN·m(右拉)，$M_{23}=-34.29$ kN·m(上拉)，$M_{32}=72.86$ kN·m(上拉)，$F_{S01}=F_{S10}=1.01$ kN，$F_{S12}=F_{S21}=-4.29$ kN，$F_{S24}=F_{S42}=-3.21$ kN，$F_{S23}=53.57$ kN，$F_{S32}=-66.43$ kN，$F_{N01}=F_{N10}=4.29$ kN，$F_{N12}=F_{N21}=1.01$ kN，$F_{N23}=F_{N32}=-2.2$ kN，$F_{N24}=F_{N42}=-57.86$ kN

6-22　$M_{01}=-62.9$ kN·m(左拉)，$M_{52}=-40$ kN·m(左拉)，$M_{25}=-34.3$ kN·m(右拉)，$M_{21}=17.1$ kN·m(上拉)，$M_{23}=17.1$ kN·m(下拉)，$M_{43}=-22.9$ kN·m(左拉)

6-23　$M_{12}=-20$ kN·m(上拉)，$M_{21}=20$ kN·m(上拉)，12 杆中点 $M_{12中}=40$ kN·m(下拉)，$M_{14}=20$ kN·m(左拉)，$M_{41}=-20$ kN·m(左拉)，M 图对称

6-24　$M_{AC}=-80$ kN·m(左拉)，$M_{CA}=-80$ kN·m(右拉)，$M_{CE}=-40$ kN·m(左拉)，$M_{EC}=-40$ kN·m(右拉)，$M_{BD}=-80$ kN·m(左拉)，$M_{DB}=-80$ kN·m(右拉)

6-25　$M_{01}=-109.3$ kN·m(上拉)，$M_{10}=51.4$ kN·m(上拉)，$M_{01中}=54.6$ kN·m

（下拉），$M_{12}=-51.4$ kN·m（上拉），$M_{21}=0$，$M_{12中}=4.3$ kN·m（下拉）

6-26　同 6-6

6-27　同 6-9

6-28　(a)$M_{AB}=-20$ kN·m（上拉），$M_{BA}=44$ kN·m（上拉），$M_{BC}=-44$ kN·m（上拉），BC 杆中点 $M_{BC中}=76$ kN·m（下拉），M 图对称

(b)$M_{AB}=0$，$M_{BA}=31.8$ kN·m（上拉），$M_{AB中}=44.1$ kN·m（下拉）

$M_{BC}=-31.8$ kN·m（上拉），$M_{CB}=14.1$ kN·m（上拉），$M_{BC中}=7.1$ kN·m（下拉），M 图对称

6-29　$M_{01}=0$，$M_{10}=80$ kN·m（上拉），$M_{01中}=50$ kN·m（下拉），$M_{12}=-73.3$ kN·m（上拉），$M_{21}=53.3$ kN·m（上拉），$M_{12中}=26.7$ kN·m（下拉），$M_{13}=-6.7$ kN·m（右拉），$M_{31}=6.7$ kN·m（右拉）

第 7 章　影响线及其应用

学习指导

(1)理解影响线的概念。

(2)掌握用静力法和机动法绘制静定梁的影响线。

(3)理解结点荷载作用下静定梁影响线的作法。

(4)掌握影响量的计算和最不利荷载位置的确定,掌握三角形影响线的最不利荷载位置的确定。

(5)掌握连续梁影响线形状的确定和最不利活荷载位置的确定。

7.1　影响线的概念

前面各章介绍的都是结构在恒载作用下的静力计算。恒载的作用位置是固定不变的,因此恒载所引起的结构的任一量值(如支座反力,某一截面的弯矩,剪力,挠度等)也是不变的,只需作出所求量值的分布图(简称量值图,如弯矩图等),便可得知该量值沿结构的分布情况。一般工程结构除了承受恒载外,还受到活载作用。活载分为移动活荷载(如汽车荷载、吊车荷载等)和可动活荷载(如人群、风、雪等)。在进行结构设计时,需要算出结构在恒载和活载共同作用下各量值的最大值。这样,就需要研究活载作用下结构各量值的变化规律,以便找出它们的最大值。

7.1.1　移动荷载作用下内力计算特点

1. 活载的特点

无论是移动活荷载或是可动活荷载,共同的特点是大小和方向都保持不变。结构反力和内力随荷载作用位置的移动而变化,为此需要研究反力和内力的变化规律及最大值,和产生最大值的荷载位置(即荷载的最不利位置)。

2. 研究方法

将多个移动荷载视为单位移动荷载的组合,先研究单位移动荷载($F_P=1$)在结构上移动时某一量值的变化规律,根据叠加原理,就可进一步解决各种移动或可动活荷载作用下该量值的变化规律问题,从而进一步确定它的最不利荷载位置。

为了清晰和直观起见,最好把量值随 $F_P=1$ 移动而变化的规律用函数图形表示出来,这种图形称为该量值的影响线。

7.1.2 影响线的定义

一个方向不变的单位集中荷载 $F_P=1$ 在结构上移动时，表示结构某指定处的某一量值 Z 变化规律的图线，称为该量值 Z 的影响线。

注意：在 Z 的影响线中，横标表示的是荷载 $F_P=1$ 的作用位置；竖标表示的是量值 Z 的值。例如，图 7-1(a)所示简支梁，其支座 B 的反力 F_B 影响线如图 7-1(b)所示，其中的竖标 y_C 表示的是：当 $F_P=1$ 移动到 C 点时，产生的反力 F_B 的大小。

Z 的影响线与量值 Z 相差一个力的量纲。所以反力、剪力、轴力的影响线是量纲一的量（即无量纲的量），而弯矩影响线的量纲是长度。绘制影响线时，正值画在基线之上，负值画在基线之下。

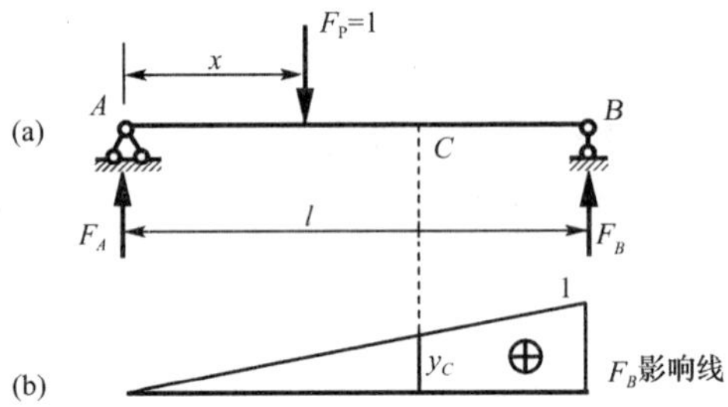

图 7-1

影响线是研究结构在实际移动荷载作用下反力和内力等的变化规律的重要工具，通过它确定结构在移动荷载作用下反力和内力的最大值和最小值（最大负值），作为设计的依据。

7.2 静力法作静定梁影响线

用静力法作影响线是指用静力计算的方法列出指定量值的影响线方程，并据此绘出影响线。首先选定坐标系，将荷载 $F_P=1$ 置于任意位置，以自变量 x 表示 $F_P=1$ 的作用位置。再由静力平衡条件，求出指定量值与 x 之间的函数关系，即影响线方程。

7.2.1 简支梁的影响线

用静力法作图 7-2(a)所示简支梁的支座反力、弯矩、剪力影响线。取梁左端 A 为原点，以 x 表示荷载 $F_P=1$ 作用点的横坐标。

1. 反力影响线

(1)反力 F_A 影响线

由平衡条件 $\sum M_B=0, F_A l-F_P(l-x)=0$

得 F_A 影响线方程

$$F_A=\frac{F_P(l-x)}{l}=1-\frac{x}{l}\quad(0\leqslant x\leqslant l)\tag{a}$$

此方程是 x 的一次函数，由此可知 F_A 影响线为一条直线，取两点的竖标即可绘出该影响线。

$$x=0, F_A=1; x=l, F_A=0$$

反力 F_A影响线如图 7-2(b)所示。

(2)反力 F_B影响线

由平衡条件 $\sum M_A=0, F_Bl-F_Px=0$

得 F_B影响线方程

$$F_B=\frac{F_Px}{l}=\frac{x}{l} \quad (0\leqslant x\leqslant l) \tag{b}$$

由此可知 F_B影响线也为一条直线，由两点的竖标

$$x=0, F_B=0; x=l, F_B=1$$

绘出反力 F_B影响线，如图 7-2(c)所示。

2. 弯矩影响线

作弯矩影响线时，要指明作哪一个截面的弯矩影响线。现欲作截面 C 的弯矩影响线。由于荷载 $F_P=1$ 在截面 C 的左方移动和右方移动时，截面 C 的弯矩表达式不相同，所以要分别考虑。写弯矩表达式时，规定使梁的下边纤维受拉的弯矩为正。

(1)列弯矩影响线方程作影响线

$F_P=1$ 在截面 C 的左方移动。为了计算方便，取 CB 部分，得弯矩影响线方程

$$M_C=F_Bb=\frac{x}{l}b \quad (0\leqslant x\leqslant a) \tag{c}$$

由式(c)可知 M_C影响线在截面 C 的左方为一条直线，由两点的竖标

$$x=0, M_C=0; x=a, M_C=\frac{ab}{l}$$

绘出 AC 段梁的 M_C影响线，如图 7-2(d)所示。

$F_P=1$ 在截面 C 的右方移动。取 AC 部分，得弯矩影响线方程

$$M_C=F_Aa=\frac{l-x}{l}a \quad (a\leqslant x\leqslant l) \tag{d}$$

由式(d)可知 M_C影响线在截面 C 的右方也为一条直线，由两点的竖标

$$x=a, M_C=\frac{ab}{l}; x=l, M_C=0$$

绘出 CB 段梁的 M_C影响线，如图 7-2(d)所示。由图可见，M_C的全部影响线由两段直线组成，其交点位于截面 C 处。通常称截面以左的直线为左直线，截面以右的直线为右直线。

(2)利用反力影响线作弯矩影响线

将弯矩影响线方程式(c)与反力 F_B影响线方程式(b)作比较，可以看出，弯矩影响线左直线可由反力 F_B影响线将竖标乘以 b 而成；同理，将式(d)与式(a)作比较可知右直线可由反力 F_A影响线将竖标乘以 a 而成。因此，可以利用反力影响线作 M_C影响线：先在左、右支座处分别取竖标 a、b，将其顶点分别与右、左支座处的零点用直线相连，如图 7-2(d)中虚线所示。则这两根直线的交点与左、右零点相连的部分即为 M_C影响线。这种利用已知量值影响线来作其他量值影响线的方法，能带来较大的方便。

3. 剪力影响线

作剪力影响线时，也要指明作哪一个截面的剪力影响线。关于剪力的正负号，仍规定

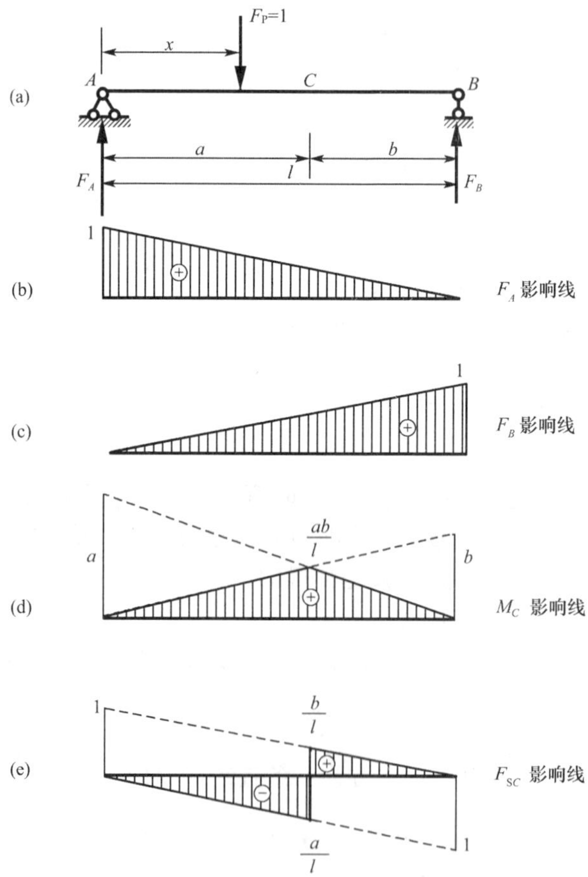

图 7-2

以使隔离体有顺时针转动趋势者为正。现欲作截面 C 的剪力影响线。

当 $F_P=1$ 在截面 C 的左方移动时，取截面 C 以右部分为隔离体，得剪力影响线方程

$$F_{SC}=-F_B \quad (0\leqslant x<a) \tag{e}$$

当 $F_P=1$ 在截面 C 的右方移动时，取截面 C 以左部分为隔离体，得剪力影响线方程

$$F_{SC}=F_A \quad (a<x\leqslant l) \tag{f}$$

由式(e)、(f)可知在截面 C 的左方 F_{SC} 影响线(左直线)与反力 F_B 影响线竖标相同、但符号相反，在截面 C 的右方 F_{SC} 影响线(右直线)与反力 F_A 影响线竖标完全相同。据此作剪力 F_{SC} 影响线如图 7-2(e)所示。显然，左直线与右直线互相平行，在截面 C 处发生突变，突变值为 1。

7.2.2 外伸梁的影响线

用静力法作图 7-3(a)所示外伸梁的支座反力以及指定截面 C 处弯矩、剪力影响线。取梁支座 A 处为原点，以 x 表示荷载 $F_P=1$ 作用点的横坐标，向右为正、向左为负。

1. 反力影响线

由平衡条件 $\sum M_B=0$，得反力 F_A 影响线方程

$$F_A = 1 - \frac{x}{l} \quad (-d \leqslant x \leqslant l + c) \tag{g}$$

由平衡条件 $\sum M_A = 0$，得反力 F_B 影响线方程

$$F_B = \frac{x}{l} \quad (-d \leqslant x \leqslant l + c) \tag{h}$$

式(g)、(h)这两个方程与相应简支梁的反力影响线方程式(a)、(b)完全相同，故在 AB 部分外伸梁与简支梁的反力影响线是一样的。而在伸臂部分，当 $F_P = 1$ 在截面 A 的左方移动时 x 取负值即可。因此，只需将相应简支梁的反力影响线向两个伸臂部分延长，可作出反力 F_A、F_B 影响线，如图 7-3(b)、(c)所示。

2. 两支座之间的截面 *C* 的弯矩、剪力影响线

$F_P = 1$ 在截面 C 的左方移动时，影响线方程

$$M_C = F_B b, F_{SC} = -F_B \quad (-d \leqslant x \leqslant a) \tag{i}$$

$F_P = 1$ 在截面 C 的右方移动时，影响线方程

$$M_C = F_A a, F_{SC} = F_A \quad (a \leqslant x \leqslant l + c) \tag{j}$$

比较式(i)与式(c)和(e)以及式(j)与式(d)和(f)，显然 M_C 和 F_{SC} 影响线方程与相应简支梁的影响线方程也是相同的。因此，只需将相应简支梁的 M_C 和 F_{SC} 影响线向两个伸臂部分延长，即可作出外伸梁的 M_C 和 F_{SC} 影响线，如图 7-3(d)、(e)所示。

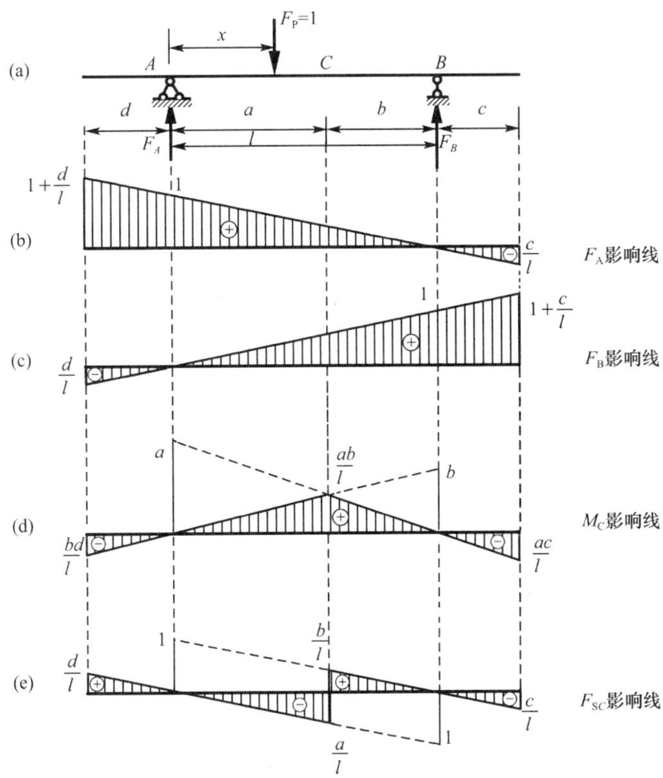

图 7-3

3. 伸臂上截面 *K* 的弯矩、剪力影响线

作伸臂上任一指定截面 K 的弯矩、剪力影响线时，为计算简便，取截面 K 处为原点，

规定 x 向左为正，如图 7-4(a)所示。当荷载 $F_P=1$ 在截面 K 的左方移动时，由截面 K 以左部分的平衡条件，可得影响线方程

$$M_K=-x, F_{SK}=-1 \quad (0\leqslant x\leqslant d_1) \tag{k}$$

当荷载 $F_P=1$ 在截面 K 的右方移动时，由截面 K 以左部分的平衡条件，可得影响线方程

$$M_K=0, F_{SK}=0 \tag{l}$$

据此可作出 M_K 和 F_{SK} 影响线，如图 7-4(b)、(c)所示。

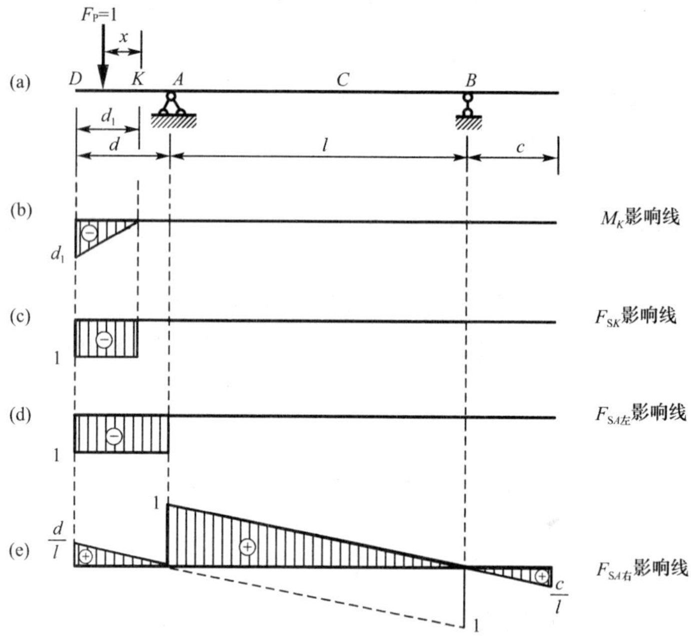

图 7-4

4. 支座处截面的剪力影响线

支座处截面的剪力影响线，需要按支座左、右两侧截面分别考虑。以绘制支座 A 处截面的剪力影响线为例：支座 A 左侧截面位于伸臂部分，故由伸臂上截面 K 的剪力影响线令 K 趋近于 A，即可作出 $F_{SA左}$ 影响线，如图 7-4(d)所示；支座 A 右侧截面位于两支座之间，故由两支座之间的截面 C 的剪力影响线令 C 趋近于 A，即可作出 $F_{SA右}$ 影响线，如图 7-4(e)所示。

【例 7-1】 试用静力法绘制图 7-5(a) 所示悬臂梁 C 点的弯矩、剪力影响线。

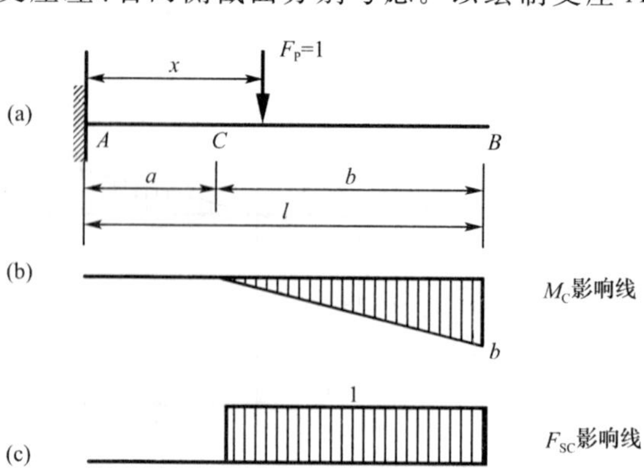

图 7-5

解 取截面 A 处为原点，规定 x 向右为正，如图 7-5(a)所示。当荷载 $F_P=1$ 在截面 C 的左方移动时，由截面 C 以右部分的平衡条件，得影响线方程

$$M_C = 0, F_{SC} = 0 \quad (0 \leqslant x \leqslant a)$$

当荷载 $F_P = 1$ 在截面 C 的右方移动时，由截面 C 以右部分的平衡条件，得影响线方程

$$M_C = x - a, F_{SC} = 1 \quad (a \leqslant x \leqslant l)$$

据此可作出 M_C 和 F_{SC} 影响线，如图 7-5(b)、(c)所示。

7.2.3　影响线与内力图的比较

必须指出，影响线与内力图的图形似乎相似，但是它们的意义完全不同，应该从概念上区分清楚。现以简支梁弯矩影响线和弯矩图为例进行说明。

图 7-6(a)为简支梁截面 C 的弯矩 M_C 影响线，它表示荷载 $F_P = 1$ 移动时(自变量 x 是荷载 $F_P = 1$ 的位置参数)，指定截面 C 的弯矩变化规律(因变量是 M_C)，即 $M_C = f(x)$；图 7-6(b)为简支梁截面 C 处作用荷载 $F_P = 1$ 的弯矩图，它表示在固定荷载 $F_P = 1$ 作用下，不同截面上(自变量 x 是所在截面的位置参数)弯矩的变化规律(因变量是梁上不同截面的弯矩值)，即 $M_x = g(x)$。例如，图 7-6(a)所示的弯矩 M_C 影响线中，点 D 的竖标 y_D 代表荷载 $F_P = 1$ 作用在点 D 时截面 C 处的弯矩 M_C 的大小；而图 7-6(b)所示的弯矩图中，点 D 的竖标 y_D 则代表固定荷载 $F_P = 1$ 作用下截面 D 的弯矩 M_D 的值。

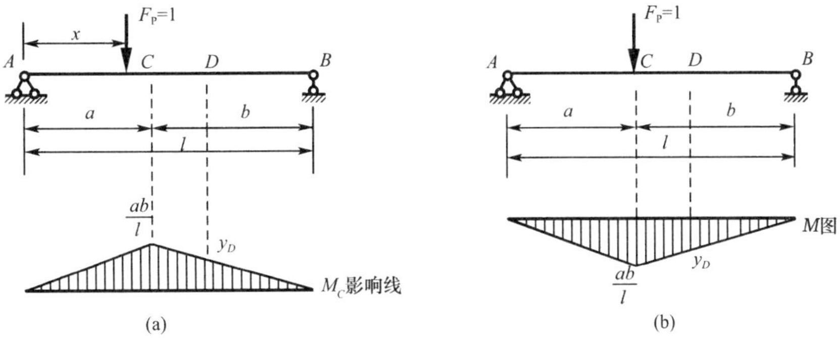

图 7-6

7.3　机动法作梁的影响线

7.3.1　机动法作影响线的原理

用机动法作影响线是以刚体虚位移原理为依据的。它把作内力或反力影响线的静力问题转化为作位移图的几何问题。现举例说明此方法。求作图 7-7(a)所示静定梁反力 F_A 影响线。

为了求出反力 F_A，应去掉与它相应的约束而代以约束力 F_A，原结构成为有一个自由度的几何可变体系，此体系在荷载 $F_P = 1$ 和力 F_A 共同作用下处于平衡状态。使该体系发生任意微小的虚位移 δ_A，如图 7-7(b)所示。按照虚位移原理，平衡力系对任意微小虚位移所作的虚功之和为零，即

$$F_A\delta_A+F_P\delta_F=0$$

因 $F_P=1$,故得

$$F_A=-\frac{\delta_F}{\delta_A}$$

式中,δ_A为力 F_A作用点沿其方向的位移,故在给定虚位移的情况下 δ_A是不变的;δ_F为荷载 $F_P=1$ 作用点沿其方向的位移,它随 $F_P=1$ 的位置不同而变化。于是比值 δ_F/δ_A的变化规律就反映了反力 F_A的变化规律。为了简便,可令 $\delta_A=1$,则得

$$F_A=-\delta_F$$

由此可知,使 $\delta_A=1$ 的虚位移 δ_F图就代表了反力 F_A影响线,只是符号相反。由于规定 δ_F是以与荷载 $F_P=1$ 方向一致者为正,即以向下为正,而 F_A与 δ_F反号,说明 F_A影响线以向上为正。据此可作出 F_A影响线,如图 7-7(c)所示。

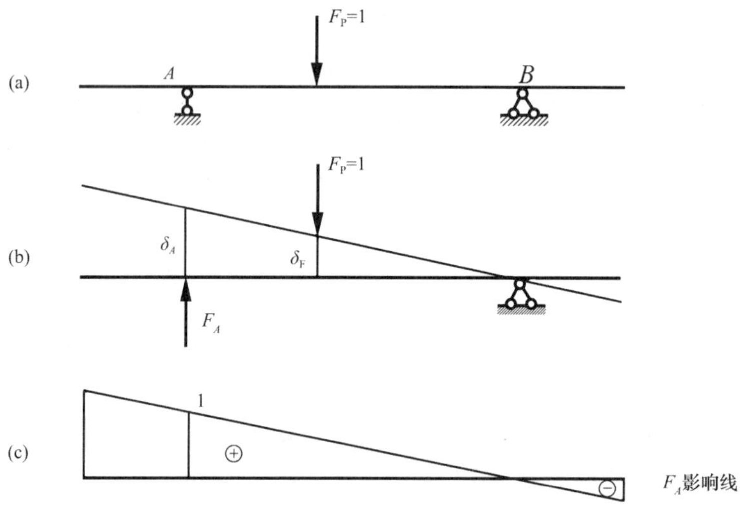

图 7-7

综上可知,为了作某一量值 Z 的影响线,只需去掉与该量值相应的约束,并使所得体系沿 Z 的正方向发生单位位移,则由此得到的虚位移图即代表量值 Z 的影响线。这种绘制影响线的方法,称为机动法。

机动法可以不经具体计算就能迅速绘出影响线的轮廓,对于设计工作很方便,而且还可以利用它对静力法所作的影响线进行校核。

7.3.2 机动法作内力影响线

用机动法作图 7-8(a)所示简支梁截面 C 的弯矩、剪力影响线。

1. 弯矩 M_C影响线

首先去掉与弯矩 M_C相应的约束,即在截面 C 处加一个中间铰,并用一对大小为 M_C的力偶代替原有约束的作用。然后使 AC 和 BC 两部分沿 M_C的正方向发生微小的虚位移,相对转角 $\delta_C=\alpha+\beta$,如图 7-8(b)。按照虚位移原理,有

$$M_C\alpha+M_C\beta+F_P\delta_F=0$$

因 $F_P=1$,故得

$$M_C=-\frac{\delta_F}{\alpha+\beta}$$

令 $\delta_C=\alpha+\beta=1$，则所得的虚位移图即代表 M_C 的影响线，如图 7-8(c)所示。

2. 剪力 F_{SC} 影响线

为了作剪力 F_{SC} 影响线，先将与它相应的约束去掉，即在截面 C 处加两根平行链杆，并以一对大小为 F_{SC} 的力代替原有约束的作用。然后使 AC 和 CB 两部分沿 F_{SC} 的正向发生微小的虚位移：C 左右两侧截面垂直于平行链杆的相对线位移 $C_1C_2=\delta_C$，如图 7-8(d)。按照虚位移原理，有

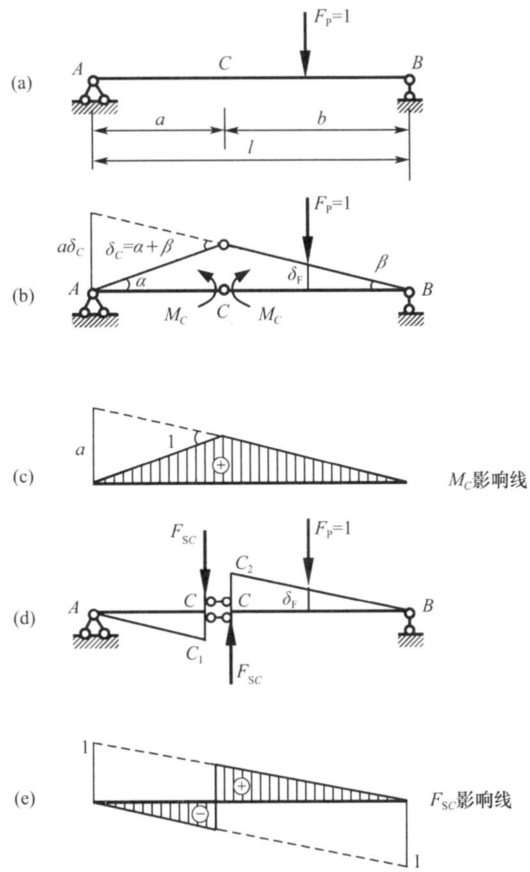

图 7-8

$$F_{SC}CC_1+F_{SC}CC_2+F_P\delta_F=F_{SC}C_1C_2+F_P\delta_F=0$$

得

$$F_{SC}=-\frac{\delta_F}{C_1C_2}$$

令 $\delta_C=C_1C_2=1$，则所得的虚位移图即代表 F_{SC} 的影响线，如图 7-8(e)所示。需要注意，在虚位移图 7-8(d)中，由于两根平行链杆与杆轴平行，AC 和 CB 两部分之间的相对运动只能在垂直于链杆的方向平行移动，AC_1 与 C_2B 应该相互平行，故 F_{SC} 影响线的左直线与右直线应相互平行。

综上可知，机动法作内力及反力影响线的步骤如下：

(1)去除与所求量值相应的约束,并代以正向的约束力。

(2)使所得体系沿约束力的正方向发生相应的单位位移,得到的 $F_P=1$ 作用点的竖向虚位移图即为该量值的影响线。注意所作虚位移图要满足支承连接条件:有竖向支承处,不应有竖向位移;定向连接处左右杆段位移后要相互平行等。

(3)基线以上的竖标取正号,以下取负号。

7.3.3 机动法作静定多跨梁的影响线

用机动法作静定多跨梁的影响线非常方便。

【例 7-2】 试用机动法绘制图 7-9(a)所示静定多跨梁支座 B 反力、K 和 B 点的弯矩、K 点剪力影响线。

解

(1)支座反力 F_B 影响线

去掉 B 处的支座链杆,代之以力 F_B,并使杆 ABC 的 B 点沿 F_B 的正方向发生向上单位位移,即 $BB'=1$。这时杆 ABC 绕 A 点转动,并带动杆 CE 绕 D 点转动,按比例关系可得 $CC'=1.5$,$EE'=-1$,得到相应的虚位移图,如图 7-9(b)。据此即可作出 F_B 影响线,如图 7-9(c)。

(2)弯矩 M_K 影响线

去掉与弯矩 M_K 相应的约束,即在截面 K 处加一个中间铰,并用一对大小为 M_K 的力偶代替原有约束的作用。使铰 K 左右两侧杆段沿 M_C 的正方向发生单位相对转角,则 $AA'=2$,按比例关系可得 K 点的竖标为 $2\times\frac{6}{8}=\frac{3}{2}$,$CC'=-1$,$EE'=\frac{2}{3}$,得到相应的虚位移图,如图 7-9(d)。据此即可作出 F_B 影响线,如图 7-9(e)。

(3)弯矩 M_B 影响线

以下不再绘制虚位移图,直接作出所求量值的影响线。

设想将截面 B 处改为铰接,使铰 B 左右两侧杆段发生单位相对转角。这时,AB 段杆不能发生虚位移,故 M_B 影响线在 AB 段与基线重合;BC 段杆发生单位转角,则 C 点的竖标为 $-1\times4=-4$,按比例关系可得 E 点的竖标为 $4\times\frac{4}{6}=\frac{8}{3}$。作出 M_B 影响线如图 7-9(f)所示。

(4)剪力 F_{SK} 影响线

设想将截面 K 处截断,两侧改为由两根水平方向的平行链杆相联,并使 K 两侧发生竖向相对单位线位移。注意到 K 两侧发生错动后应相互平行,按比例关系可得 K 点左侧的竖标为 $-\frac{1}{4}$,K 点右侧的竖标为 $\frac{3}{4}$;相应的,C 点的竖标为 $-\frac{1}{2}$,E 点的竖标为 $\frac{1}{3}$。作出剪力 F_{SK} 影响线如图 7-9(g)所示。

作梁定多跨梁的影响线,关键在于分清基本部分和附属部分。

(1)基本梁上某量值影响线,布满基本梁和与其相关的附属梁,在基本梁上与相应静定单跨梁的影响线相同,在附属梁上以结点为界按直线规律变化。在铰结点处影响线发生拐折,在滑动连接处左右两侧平行。

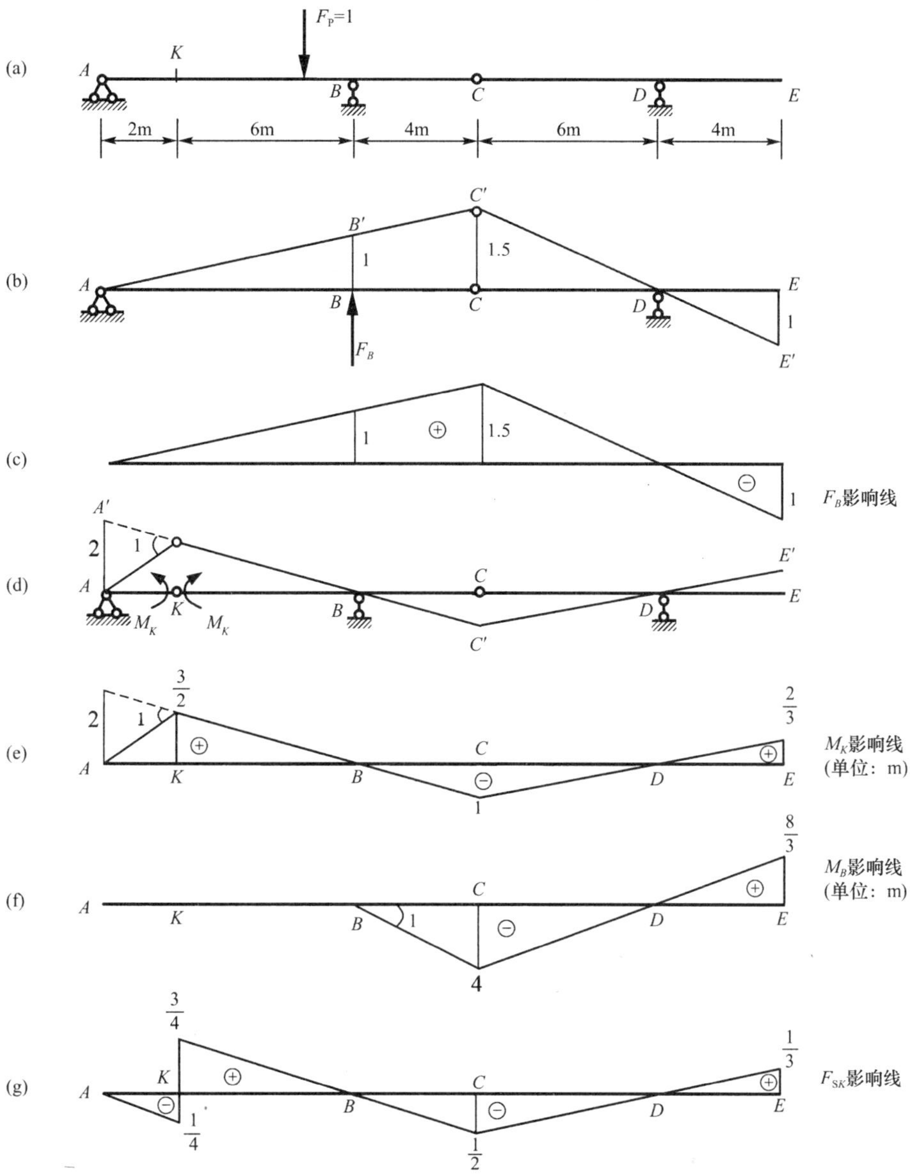

图 7-9

(2)附属梁上某量值影响线，只在该附属梁上有非零值，且与相应单跨静定梁的影响线相同。

7.3.4　机动法作连续梁的影响线

用机动法作连续梁的影响线和用机动法作静定多跨梁的影响线的原理相同，步骤是类似的，与量值对应的单位虚位移图即为该量值影响线。所不同的是，静定结构去掉一个约束后成为几何可变体系，其虚位移图是直线形或折线形；而超静定结构去掉一个约束后仍为几何不变体系，其虚位移图一般是曲线图形。

图 7-10(a)所示连续梁，用机动法绘制的支座 B 反力、K 和 C 点的弯矩、K 点剪力影响线的大致形状分别如图(b)、(c)、(d)、(e)中虚线所示。

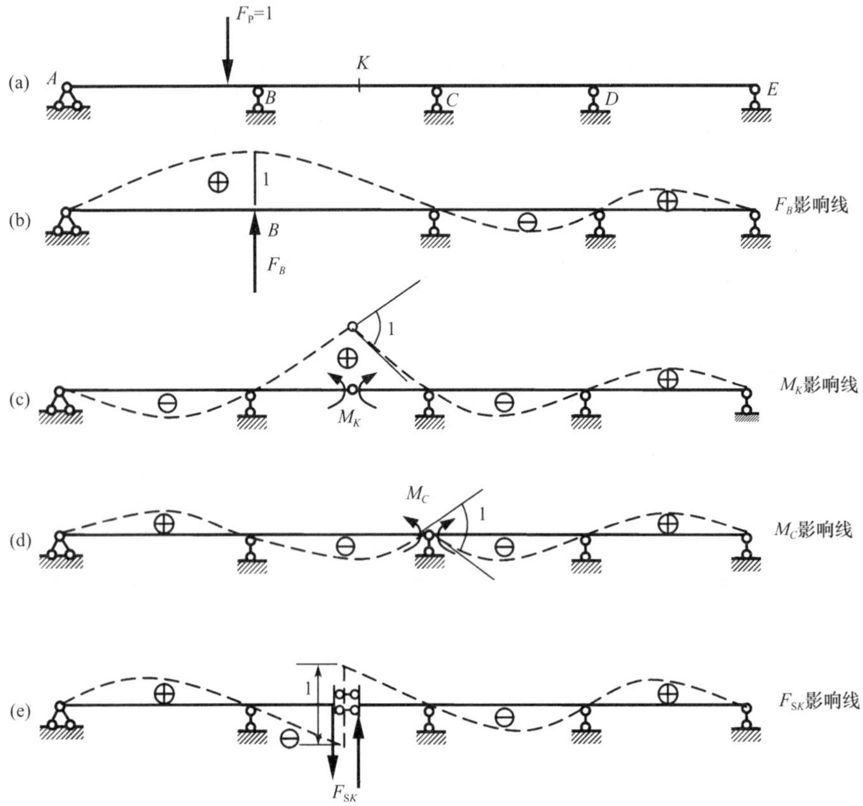

图 7-10

7.4 结点荷载作用下静定梁的影响线

图 7-11(a)所示为桥梁结构简图，计算主梁内力时，通常假定纵梁简支在横梁上，横梁简支在主梁上。荷载直接作用于纵梁，通过横梁才传递到主梁上。不论纵梁受何种荷载，主梁只在结点处(横梁处)受集中力作用。因此，主梁所受荷载都是间接荷载，又称结点荷载。下面以主梁上截面 K 的弯矩，说明结点荷载作用下主梁影响线的作法。

首先考虑荷载 $F_P=1$ 移动到结点处的情况，这相当于荷载直接作用在主梁上，作出这种情况下的 M_K 影响线，如图 7-11(b)中虚线所示。

然后考虑荷载 $F_P=1$ 在任意两相邻结点 C、D 之间的纵梁上移动的情况。此时，荷载 $F_P=1$ 通过横梁传递到主梁上的结点荷载分别为 F_C 和 F_D，如图 7-11(c)所示。由纵梁 CD 的平衡条件可计算出结点荷载的数值：$F_C=\dfrac{d-x}{d}$，$F_D=\dfrac{x}{d}$。它们在 M_K 影响线中的竖标分别为 y_C 和 y_D。根据影响线的定义并应用叠加原理，主梁在结点荷载 F_C 和 F_D 作用下 M_K 的数值为

$$M_K=F_Cy_C+F_Dy_D=\frac{d-x}{d}y_C+\frac{x}{d}y_D$$

上式为 x 的一次式，说明在 CD 段内，M_K 影响线为一条直线。在 C 处（$x=0$）$M_K=y_C$，在 D 处（$x=d$），$M_K=y_D$；因此，用直线连接竖标 y_C 和 y_D 的顶点，就得到 CD 段内 M_K 影响线，如图 7-11(b)中实线所示。

用同样的方法可以证明，当 $F_P=1$ 在每个纵梁上移动时，M_K 影响线都有上述同样的规律。

容易证明，上述结论适用于结点荷载作用下任何量值的影响线。由此可以得出绘制结点荷载作用下影响线的一般方法：

1. 以虚线画出直接荷载作用下有关量值的影响线。

2. 将结点投影到上述影响线上，得到结点处的影响线竖标。

3. 以实线连接相邻结点处的竖标，即得结点荷载作用下该量值的影响线。

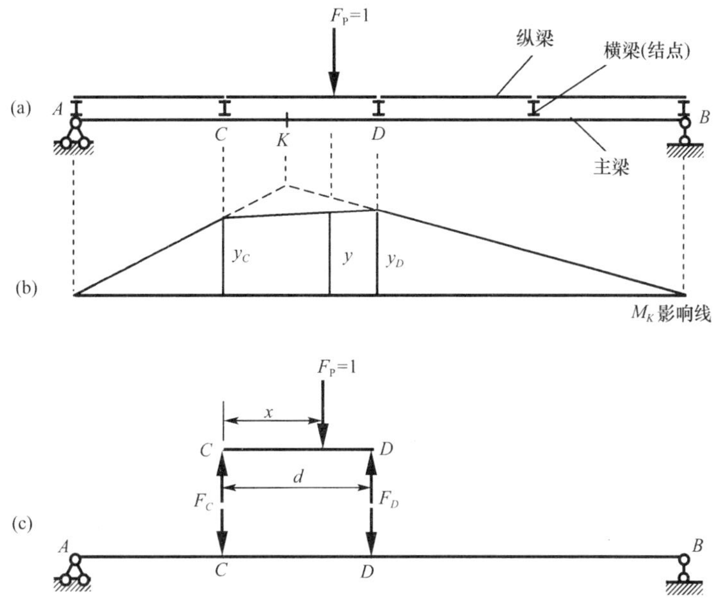

图 7-11

应用上述绘制结点荷载作用下影响线的一般方法，作出图 7-12(a)所示梁 AB 的 F_B、F_{SK}、M_K、M_C、$F_{SK左}$、$F_{SK右}$ 影响线，如图 7-12(b)、(c)、(d)、(e)、(f)、(g)所示。

F_{SK} 影响线中，竖标 y_D、y_E 的数值分别为 $F_D=-\dfrac{2}{3}\times\dfrac{6}{8}=-0.5$，$F_E=\dfrac{1}{3}\times\dfrac{3}{4}=0.25$；

M_K 影响线中，竖标 y_D、y_E 的数值分别为 $F_D=\dfrac{8}{3}\times\dfrac{6}{8}=2$，$F_E=\dfrac{8}{3}\times\dfrac{3}{4}=2$。

此例中，量值 F_B、M_C 正好位于结点处，所以影响线与直接荷载作用下的影响线相同。而结点处的剪力影响线由于有突变，所以影响线与直接荷载作用下的影响线不相同，应注意在作剪力 $F_{SD左}$ 影响线时，结点 D 位于 D 左截面的右边，应将结点投影到右直线上；而作剪力 $F_{SD右}$ 影响线时，结点 D 位于 D 右截面的左边，应将结点投影到左直线上。

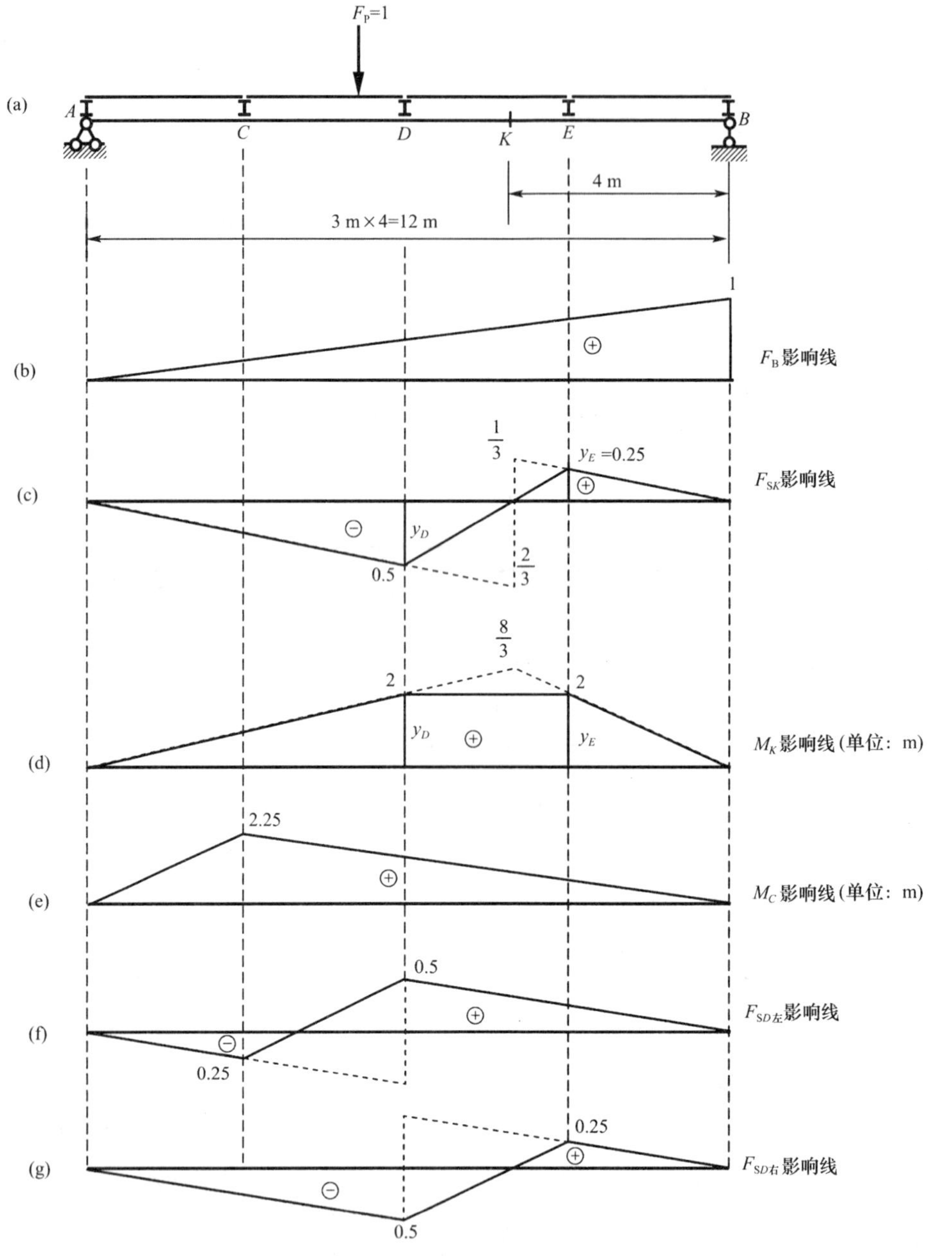

图 7-12

【例 7-3】 试作图 7-13(a)所示主梁在结点荷载作用下的反力 F_B 和弯矩 M_K、M_C 影响线。

解 先按静定多跨梁，用机动法绘制出各指定量在直接荷载作用下的影响线，如图中虚线所示，然后再将各结点向影响线作投影，将相邻投影点竖标连成直线。F_B、M_K、M_C 影响线如图 7-13(b)、(c)、(d)所示。

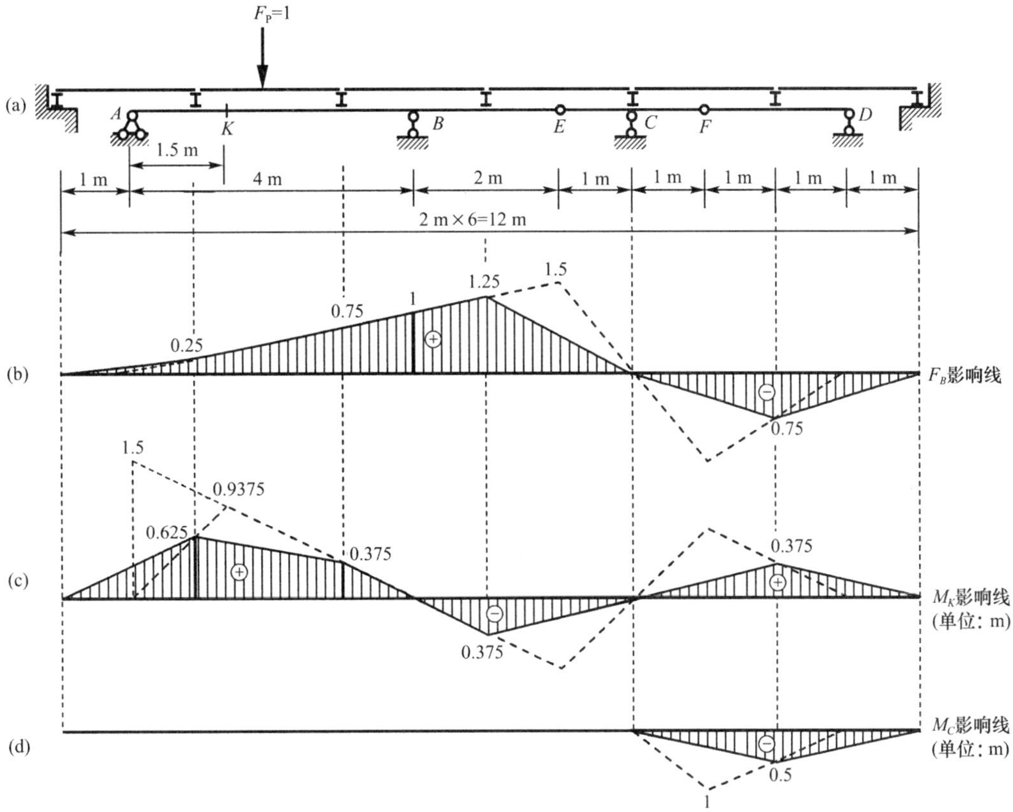

图 7-13

7.5 利用影响线求影响量

影响线是单位移动荷载对某一量值的影响，利用叠加原理，可求其他荷载作用下产生的影响。

7.5.1 集中荷载的影响量

如图 7-14 所示，设外伸梁承受一组集中荷载 F_{P1}、F_{P2}、F_{P3}、F_{P4} 的作用，若该梁上 M_C 的影响线已知，而且与各荷载作用点相应位置的影响线竖标分别为 y_1、y_2、y_3、y_4，则根据影响线的定义和叠加原理，该组集中荷载所产生的影响量应等于各荷载所产生影响量的代数和，即 $M_C = F_{P1}y_1 + F_{P2}y_2 + F_{P3}y_3 + F_{P4}y_4$

当一组平行集中荷载作用于影响线的某一直线段时，可用它们的合力来代替荷载组。例如图 7-14 所示荷载 F_{P2}、F_{P3}、F_{P4} 作用于影响线的右直线段，它们的合力为 F_{R234}，合力作用点相应位置的影响线竖标为 y_R，则全部荷载所产生的影响量等于

$$M_C = F_{P1}y_1 + F_{P2}y_2 + F_{P3}y_3 + F_{P4}y_4 = F_{P1}y_1 + F_{R234}y_R$$

将上述结果推广到一般情况，设结构承受一组集中荷载 F_{P1}、F_{P2}、…、F_{Pn} 的作用，若结构上某量值 Z 的影响线已知，而且与各荷载作用点相应位置的影响线竖标分别为 y_1、y_2、

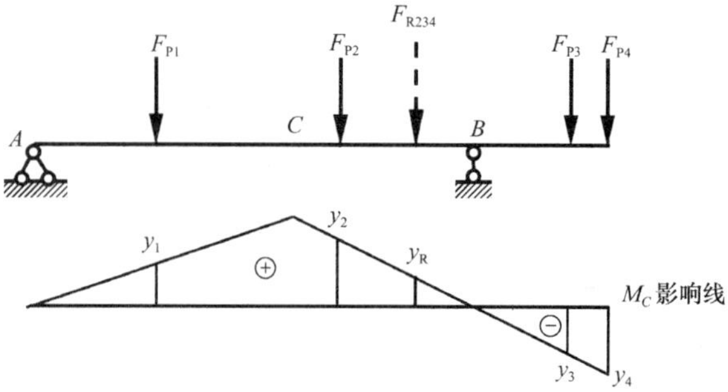

图 7-14

…、y_n，则在该组集中荷载作用下，量值 Z 的数值为

$$Z=F_{P1}y_1+F_{P2}y_2+\cdots+F_{Pn}y_n=\sum F_{Pi}y_i \tag{7-1}$$

式中，y_i 为集中荷载 F_{Pi} 作用点处 Z 影响线的竖标，在基线以上 y_i 取正，F_{Pi} 向下为正。

7.5.2 分布荷载的影响量

图 7-15 所示结构受分布荷载作用，量值 Z 的数值可以积分计算：$Z=\int_A^B q_x\mathrm{d}x$。在均布荷载作用下，量值 Z 的数值为

$$Z=\sum q_i\omega_i \tag{7-2}$$

式中，ω_i 为均布荷载 q_i 分布范围内 Z 影响线的面积，正的影响线计正面积；q_i 向下为正。

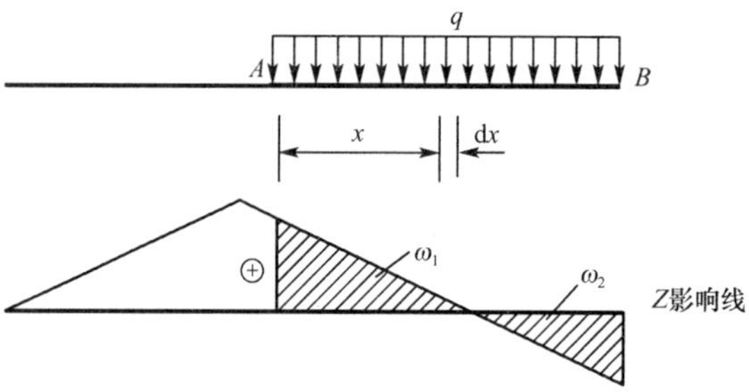

图 7-15

【例 7-4】 试利用影响线计算图 7-16(a)所示外伸梁支座 A 反力、截面 K 的弯矩。

解 (1)计算 F_A

作出 F_A 影响线，如图 7-16(b)。由式(7-1)、式(7-2)得

$$F_A=\sum F_{Pi}y_i+\sum q_i\omega_i=60\times0.5+80\times(-0.25)+20\times\left(\frac{4\times0.5}{2}-\frac{2\times0.25}{2}\right)=25\ \text{kN}$$

(2)计算 M_K

作出 M_K 影响线，如图 7-16(c)。由式(7-1)、式(7-2)得

$$M_K=60\times1+80\times(-1.5)+20\times\left(\frac{1+1.5}{2}\times2+\frac{2\times1.5}{2}-\frac{2\times1.5}{2}\right)=-10\ \text{kN}\cdot\text{m}$$

注意：计算 F_A 时，因为 F_A 影响线是一条直线，全部均布荷载位于该直线上，所以可以用合力 $F_R=120$ kN 来代替它们，使计算得到简化

$F_A=60\times0.5+80\times(-0.25)+120\times0.125=25$ kN

而计算 M_K 时,全部均布荷载不是位于影响线的一条直线段上,就不能用合力 $F_R=120$ kN 来代替全部均布荷载。

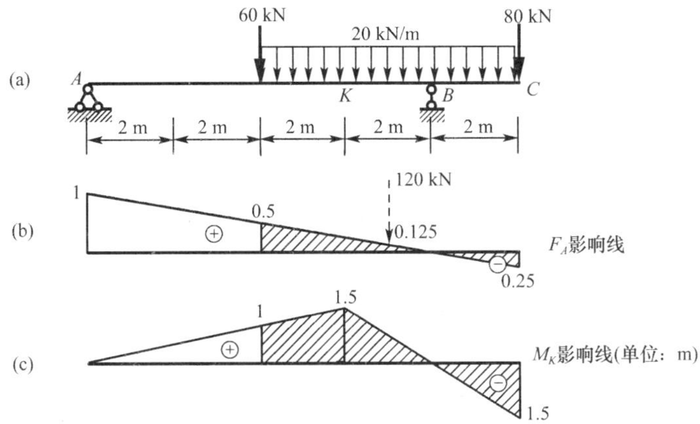

图 7-16

7.6　最不利荷载位置

在移动荷载作用下,结构上的各种量值随荷载作用位置的移动而变化。在结构设计中,需要求出量值 Z 的最大值(包括最大正值 Z_{max} 和最大负值 Z_{min},后者又称为最小值)作为设计的依据。因此,必须先确定使其发生最大值的最不利荷载位置。

7.6.1　可动均布荷载的最不利荷载位置

如果移动荷载是均布荷载时,由式(7-2)可知:当均布活荷载布满对应于影响线正号面积的范围时,则量值 Z 将产生最大值 Z_{max};反之,当均布活荷载布满对应于影响线负号面积的范围时,则量值 Z 将产生最小值 Z_{min}。例如,图 7-17(a)所示外伸梁的 M_C 影响线如图 7-17(b)所示,则截面 C 的弯矩最大值 $M_{C\max}$、最小值 $M_{C\min}$ 两种最不利荷载位置分别如图 7-17(c)、(d)所示。

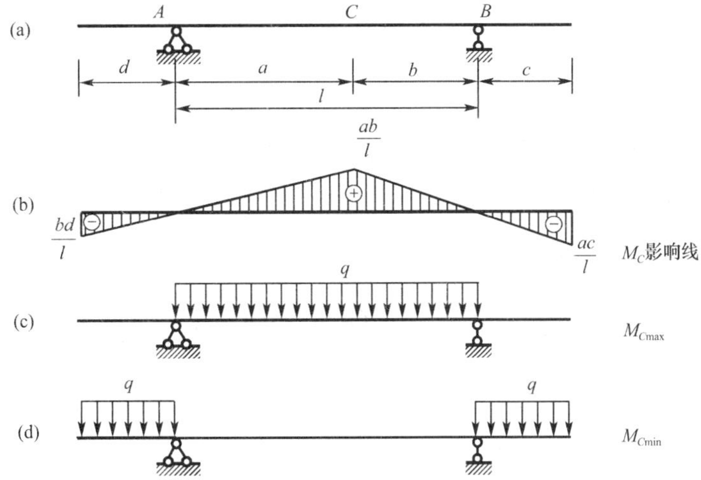

图 7-17

【例 7-5】 图 7-18(a)所示连续梁受均布活荷载作用，试利用 M_C 影响线确定截面 C 的弯矩最大值 $M_{C\max}$、最小值 $M_{C\min}$ 两种最不利荷载位置。

解 用机动法绘制 M_C 影响线如图 7-18(b)虚线所示。

截面 C 的弯矩最大值 $M_{C\max}$、最小值 $M_{C\min}$ 两种最不利荷载位置分别如图 7-18(c)、(d)所示。

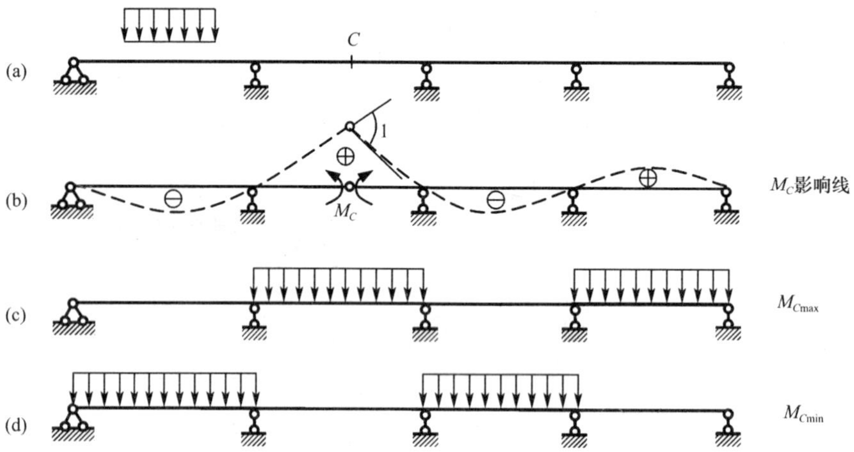

图 7-18

7.6.2 集中荷载的最不利荷载位置

1. 单个荷载的情况

如果移动荷载是单个集中荷载 F_P 时，由式(7-1)可知：当 y 取最大值时，量值 Z 将产生最大值 $Z_{\max}=F_P y_{\max}$。因此，单个荷载的最不利荷载位置是该荷载作用在影响线的竖标最大处。

2. 移动集中荷载(行列荷载)的情况

移动集中荷载是指一组相互平行而且间距保持不变的荷载，又称为行列荷载，如汽车荷载、吊车荷载等。对于移动集中荷载，通常要先确定使某一量值 Z 达到极值的荷载位置，称为荷载的临界位置，然后再从荷载的临界位置中选出使该量值 Z 达到最大值的最不利荷载位置。以下用常见的三角形影响线为例，说明荷载临界位置的特点及其判定原则。

(1)荷载临界位置的特点

图 7-19(a)表示某量值 Z 影响线，影响线两直线段的倾角分别为 α_1、α_2，均以逆时针方向为正。一组移动集中荷载作用在图 7-19(b)所示位置，对应于影响线各直线段内荷载的合力分别为 F_{R1}、F_{R2}，其相应的影响线竖标分别为 y_1、y_2。则有

$$Z=F_{R1}y_1+F_{R2}y_2$$

当荷载组向右移动微小距离 Δx(设向右移动时 Δx 为正)，相应的量值变为

$$Z'=F_{R1}(y_1+\Delta y_1)+F_{R2}y_2(y_1+\Delta y_2)$$

故量值 Z 的增量为

$$\Delta Z=Z'-Z=F_{R1}\Delta y_1+F_{R2}\Delta y_2=\sum F_{Ri}\Delta y_i=\sum F_{Ri}\Delta x\tan\alpha_i=\Delta x\sum F_{Ri}\tan\alpha_i$$

当 Z 为极大值时，其荷载位置为临界位置，此时荷载自该位置无论向左还是向右移动，Z 值均应减小或等于零，即 $\Delta Z\leqslant 0$，也就是

$$\Delta x\sum F_{Ri}\tan\alpha_i\leqslant 0$$

由于荷载右移时 $\Delta x>0$，左移时 $\Delta x<0$，故 Z 为极大值时应有

$$\left.\begin{array}{ll}\text{当荷载稍向右移时}, \Delta x>0, & \sum F_{Ri}\tan\alpha_i\leqslant 0\\ \text{当荷载稍向左移时}, \Delta x<0, & \sum F_{Ri}\tan\alpha_i\geqslant 0\end{array}\right\}\tag{7-3}$$

同理，Z 为极小值时应有

$$\left.\begin{array}{ll}\text{当荷载稍向右移时}, \Delta x>0, & \sum F_{Ri}\tan\alpha_i\geqslant 0\\ \text{当荷载稍向左移时}, \Delta x<0, & \sum F_{Ri}\tan\alpha_i\leqslant 0\end{array}\right\}\tag{7-4}$$

所以使 Z 达到极值的条件是：当荷载组稍向左或右移动时，$\sum F_{Ri}\tan\alpha_i$ 的正负号必须改变。称能使 $\sum F_{Ri}\tan\alpha_i$ 变号的荷载称为临界荷载，用 F_{cr} 表示。

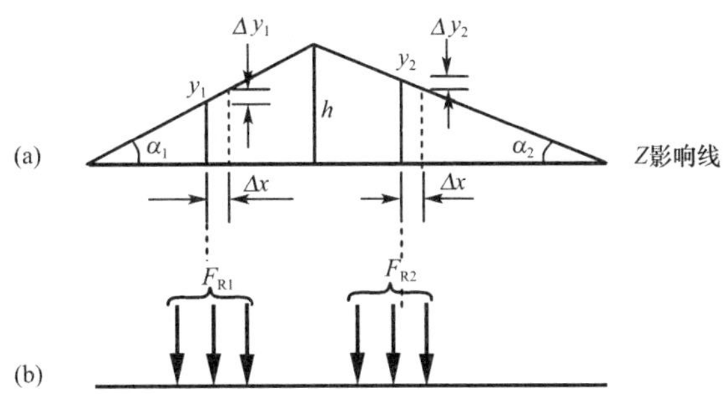

图 7-19

(2)三角形影响线临界荷载的判别

由于 $\tan\alpha_i$ 是影响线各直线段的斜率，它们是常数，因此只有使各直线段内荷载的合力 F_{Ri} 改变数值，才有可能改变 $\sum F_{Ri}\tan\alpha_i$ 的正负号。当荷载组稍向左或右移动时，要使 F_{Ri} 改变数值，显然必有一个集中荷载作用在影响线的顶点处，所以临界荷载 F_{cr} 一定作用在影响线的顶点位置。

设 F_{cr} 作用在三角形影响线的顶点处，如图 7-20 所示，用 F_{RL} 表示 F_{cr} 以左的合力，F_{RR} 表示 F_{cr} 以右的合力。则由式(7-3)可得

$$\begin{array}{ll}\text{荷载左移} & (F_{RL}+F_{cr})\tan\alpha_1-F_{RR}\tan\alpha_2\geqslant 0\\ \text{荷载右移} & F_{RL}\tan\alpha_1-(F_{RR}+F_{cr})\tan\alpha_2\leqslant 0\end{array}$$

代入 $\tan\alpha_1=\dfrac{h}{a}$，$\tan\alpha_2=\dfrac{h}{b}$，故有

$$\left.\begin{array}{l}\dfrac{F_{RL}+F_{cr}}{a}\geqslant\dfrac{F_{RR}}{b}\\ \dfrac{F_{RL}}{a}\leqslant\dfrac{F_{RR}+F_{cr}}{b}\end{array}\right\}\tag{7-5}$$

式(7-5)称为三角形影响线临界荷载的判别式。满足该式的荷载，即为临界荷载。不等式两侧的表达式可视为 a、b 两段梁上的“平均荷载”，该式表明，将临界荷载 F_{cr} 放在哪一

边，哪一边的平均荷载就大。

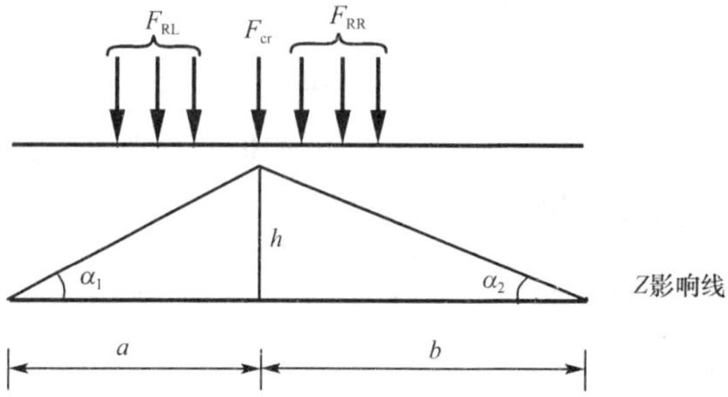

图 7-20

临界荷载可能不止一个，需要试算。为了减少试算次数，可先按下述原则估计：

①使较多的荷载居于影响线范围之内，且居于影响线的较大竖标处。

②使较大的荷载位于竖标较大的影响线的顶点。

(3)确定某量值 Z 最不利荷载位置的步骤

①从一组荷载中取一个荷载 F_k 放在影响线的顶点处；

②应用式(7-5)判别 F_k 是否临界荷载，若是临界荷载，则计算相应的极值；

③重复步骤①、②，然后从全部极值中选出最大值或最小值，其相应的荷载位置即为最不利荷载位置。

【例 7-6】 图 7-21(a)所示简支梁承受移动荷载作用，已知 $F_{P1}=50$ kN，$F_{P2}=100$ kN，$F_{P3}=80$ kN，$F_{P4}=80$ kN，$F_{P5}=30$ kN，$F_{P6}=70$ kN，试确定使截面 C 弯矩最大的最不利荷载位置，并计算截面 C 的最大弯矩。

解 首先作出 M_C 的影响线，如图 7-21(b)所示。

根据上述估计临界荷载的原则，可判断 F_{P1}、F_{P5}、F_{P6} 在截面 C 时都不可能是使 M_C 产生最大值的最不利荷载位置。故只需讨论 F_{P2}、F_{P3}、F_{P4} 在截面 C 时的情况。

当 $F_{P2}=100$ kN 在截面 C 时，如图 7-21(c)，按判别式(7-5)有

$$\frac{50+100}{15}>\frac{80+80+30}{25}$$

$$\frac{50}{15}<\frac{100+80+80+30}{25}$$

故 $F_{P2}=100$ kN 是临界荷载，相应的极值为

$$M_{C1}=50\times6.875+100\times9.375+80\times7.5+80\times6+30\times0.375=2372.5\ \text{kN}\cdot\text{m}$$

当 $F_{P3}=80$ kN 在截面 C 时，如图 7-21(d)，按判别式(7-5)有

$$\frac{50+100+80}{15}>\frac{80+30+70}{25}$$

$$\frac{50+100}{15}<\frac{80+80+30+70}{25}$$

故 $F_{P3}=80$ kN 是临界荷载，相应的极值为

$$M_{C2}=50\times3.75+100\times6.25+80\times9.375+80\times7.875+30\times2.25+70\times0.75$$
$$=2312.5\ \text{kN}\cdot\text{m}$$

当 $F_{P4}=80$ kN 在截面 C 时，按判别式(7-5)有

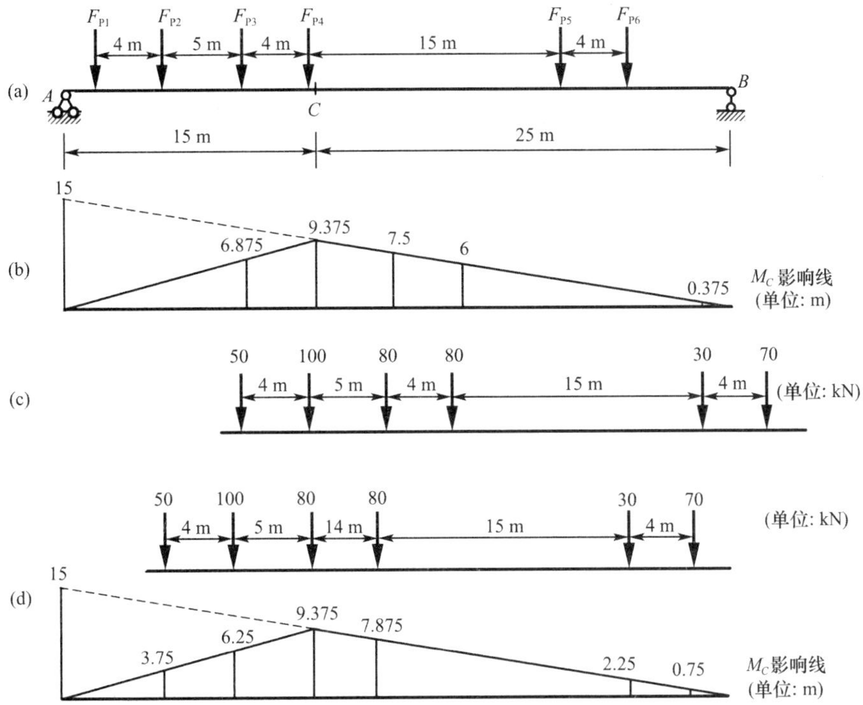

图 7-21

$$\frac{50+100+80+80}{15}>\frac{30+70}{25}$$

$$\frac{50+100+80}{15}>\frac{80+30+70}{25}$$

故 $F_{P4}=80$ kN 不是临界荷载。

比较 F_{P2}、F_{P3} 两个临界荷载相应的极值，可知 $F_{P2}=100$ kN 在截面 C 时是使 M_C 产生最大值的最不利荷载位置，截面 C 的最大弯矩为 $M_{C\max}=2372.5$ kN·m。

7.7　简支梁的绝对最大弯矩

移动荷载作用在简支梁上，可以使某一截面发生最大弯矩，在整个梁中，又有某一截面的最大弯矩比其他截面的最大弯矩都要大。这个最大弯矩称为简支梁的绝对最大弯矩。要确定简支梁的绝对最大弯矩，不仅要确定产生绝对最大弯矩的所在截面，还要知道相应于此截面的最不利荷载位置。也就是说，绝对最大弯矩的确定与两个可变的条件有关，即截面位置的变化和荷载位置的变化。

对于任一截面 C，当其弯矩为最大时，必有一个临界荷载 F_{Pcr} 位于其弯矩影响线的顶点，故知截面 C 的最大弯矩值必发生于某一临界荷载 F_{Pcr} 之下。这一结论也适合于绝对最大弯矩。但是要同时求出绝对最大弯矩的截面位置和临界荷载 F_{Pcr} 是不方便的。故可以任意指定一个荷载 F_{Pi}，研究该荷载 F_{Pi} 下截面的弯矩随荷载移动而变化的规律并确定其最大值。按同样方法求出其他荷载下截面的最大弯矩后，再加以比较，即可得出绝对最大弯矩。

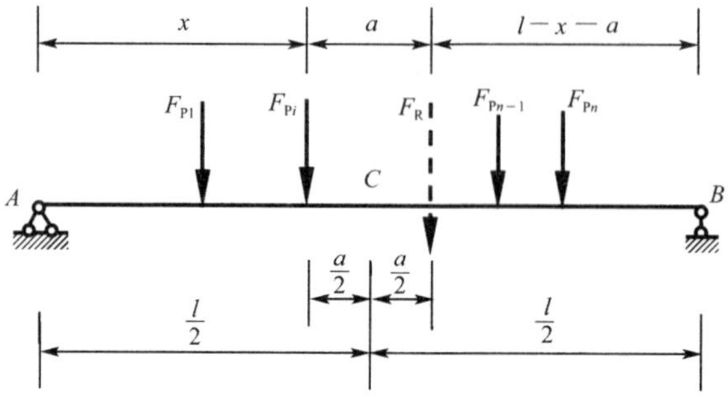

图 7-22

在实际计算时,常利用判断方法事先估出绝对最大弯矩的临界荷载。因为绝对最大弯矩通常总是发生在梁的中点附近。故可设想,使梁的中点发生最大弯矩的临界荷载也就是发生绝对最大弯矩的临界荷载。如图 7-22 所示,设 x 表示梁上某一指定荷载 F_{Pi}至左支座 A 的距离,a 表示该指定荷载 F_{Pi}至梁上荷载合力 F_R的距离,M_i表示 F_{Pi}所在截面的弯矩,M 表示 F_{Pi}以左荷载对 F_{Pi}作用点的力矩代数和(是一常数),用静力平衡条件计算出左支座 A 的反力为

$$F_{Ay}=\frac{F_R}{l}(l-x-a)$$

则有

$$M_i=F_{Ay}x-M=\frac{F_R}{l}(l-x-a)x-M$$

为求 M_i的极值,令$\frac{dM_i}{dx}=0$,有$\frac{F_R}{l}(l-2x-a)=0$,得

$$x=\frac{l-a}{2} \tag{7-6}$$

式(7-6)表明,当 F_{Pi}所在截面的弯矩为最大时,则梁上所有荷载的合力 F_R与 F_{Pi}恰好位于梁的中点两侧的对称位置。

求简支梁的绝对最大弯矩的步骤如下:

1. 求出简支梁跨中截面产生最大弯矩时的临界荷载 F_{Pcr},并算出此时梁上荷载的合力 F_R及其作用位置。

2. 移动梁上荷载,使 F_{Pcr}与 F_R的间距的中点对着梁的中点(若有荷载进入或离开梁跨内,需重新计算 F_R及其作用位置),此时 F_{Pcr}下的截面弯矩就是简支梁的绝对最大弯矩。

3. 荷载位置确定后,用静力平衡条件计算绝对最大弯矩。

【例 7-7】 试求图 7-23(a)所示简支梁在所给移动荷载作用下的绝对最大弯矩,并与梁中点发生的最大弯矩作比较。

解 (1)确定使梁的中点截面发生最大弯矩的临界荷载

作出 M_C的影响线,如图 7-23(b)所示。

显然,轮 1、轮 5 在截面 C 时都不可能是使 M_C产生最大值的最不利荷载位置。故只需讨论轮 2、轮 3、轮 4 在截面 C 时的情况。

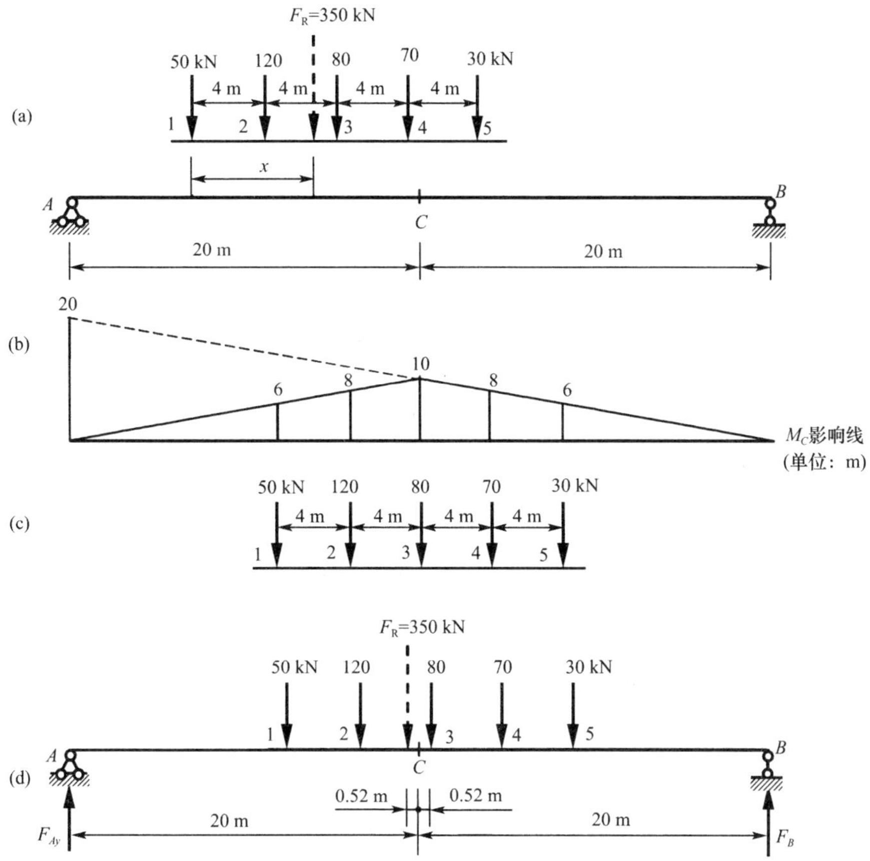

图 7-23

当轮 2 在截面 C 时，按判别式(7-5)有

$$\frac{50+120}{20}<\frac{80+70+30}{20}$$

$$\frac{50}{20}<\frac{120+80+70+30}{20}$$

故轮 2 不是临界荷载。

当轮 3 在截面 C 时，如图 7-23(c)，按判别式(7-5)有

$$\frac{50+120+80}{20}>\frac{70+30}{20}$$

$$\frac{50+120}{20}<\frac{80+70+30}{20}$$

故轮 3 是临界荷载。

轮 4 在截面 C 时，不满足判别式(7-5)，故轮 4 也不是临界荷载。

所以轮 3 是使梁跨中截面产生最大弯矩时的临界荷载，也就是发生绝对最大弯矩的临界荷载。利用 M_C 的影响线可计算出梁跨中截面产生的最大弯矩为

$$M_{C\max}=50\times6+120\times8+80\times10+70\times8+30\times6=2800\ \text{kN}\cdot\text{m}$$

(2)计算简支梁的绝对最大弯矩

计算轮 3 在截面 C 时梁上荷载的合力 F_R 及其作用位置：合力 F_R 的数值为

$$F_R = 350\ \text{kN}$$

设 F_R 与轮 1 的距离为 x，根据合力矩定理，有

$$F_R x = 120 \times 4 + 80 \times 8 + 70 \times 12 + 30 \times 16$$

得

$$x = 6.97\ \text{m}$$

则轮 3 与梁上荷载合力 F_R 的间距为

$$a = 8 - x = 1.03\ \text{m}$$

使轮 3 与 F_R 的间距的中点对着梁的中点，如图 7-23(d)，此时轮 3 下的截面弯矩就是简支梁的绝对最大弯矩。

由静力平衡方程 $\sum M_B = 0$，得 $F_{Ay} = \dfrac{350 \times 20.52}{40} = 179.55\ \text{kN}$

据此计算出此梁的绝对最大弯矩为

$$M_{max} = 179.55 \times 20.52 - 50 \times 8 - 120 \times 4 = 2804.4\ \text{kN} \cdot \text{m}$$

由此可知梁的绝对最大弯矩略大于梁跨中截面产生的最大弯矩。

【例 7-8】 试求图 7-24(a)所示吊车梁的绝对最大弯矩。

解 (1)确定使梁的中点发生最大弯矩的临界荷载

首先作出 M_C 的影响线，如图 7-24(b)所示。

显然，轮 1、轮 4 在截面 C 时都不可能是使 M_C 产生最大值的最不利荷载位置。故只需讨论轮 2、轮 3 在截面 C 时的情况。

当轮 3 在截面 C 时，轮 1 已经移出梁外，如图 7-24(c)所示。按判别式(7-5)有

$$\frac{430+300}{6} > \frac{300}{6}$$

$$\frac{430}{6} < \frac{300+300}{6}$$

故轮 3 是临界荷载。计算 M_C 的极值

$$M_C = 430 \times 2.25 + 300 \times 3 + 300 \times 0.6 = 2047.5\ \text{kN} \cdot \text{m}$$

当轮 2 在截面 C 时，轮 4 已经移出梁外，如图 7-24(d)所示。按判别式(7-5)有

$$\frac{430+430}{6} > \frac{300}{6}$$

$$\frac{430}{6} < \frac{430+300}{6}$$

故轮 2 也是临界荷载。计算 M_C 的极值

$$M_{C2} = 430 \times 0.5 + 430 \times 3 + 300 \times 2.25 = 2180\ \text{kN} \cdot \text{m}$$

比较上述计算结果，可知轮 2 是使梁跨中截面产生最大弯矩时的临界荷载，也就是发生绝对最大弯矩的临界荷载。

(2)计算吊车梁的绝对最大弯矩

计算轮 2 在截面 C 时梁上荷载的合力 F_R 及其作用位置：

$$F_R = 430 + 430 + 300 = 1160\ \text{kN}$$

设 F_R 与轮 1 的距离为 x，由 $F_R x = 430 \times 5 + 300 \times 6.5$

得

$$x = 3.534\ \text{m}$$

则轮 2 与梁上荷载合力 F_R 的间距为

$$a=5-x=1.466\ \mathrm{m}$$

使轮 2 与 F_R 的间距的中点对着梁的中点，如图 7-24(e)，此时轮 2 下的截面弯矩就是简支梁的绝对最大弯矩。

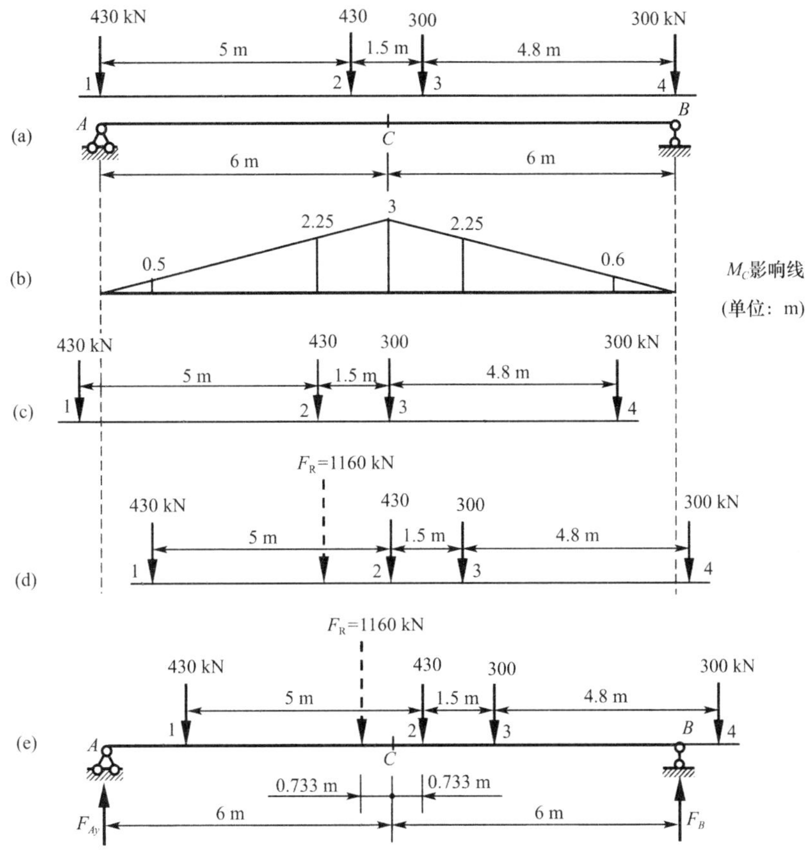

图 7-24

由静力平衡方程 $\sum M_B=0$，得

$$F_{Ay}=\frac{1\ 160\times 6.733}{12}=650.86\ \mathrm{kN}$$

据此计算出此梁的绝对最大弯矩为

$$M_{\max}=650.86\times 6.733-430\times 5=2232.2\ \mathrm{kN\cdot m}$$

从这个例子可以看出，把所有荷载都置于梁上并不一定是最危险的荷载位置，梁的跨中截面也不一定是最危险的截面。

小　结

影响线是表示单位移动荷载作用下，结构某指定处的某一量值 Z(支反力或内力)变化规律的图线。

1. 绘制影响线的基本方法是静力法。它是把单位荷载 $F_P=1$ 置于梁上任意位置 x，利用求支反力或内力的一般方法，求出某一量值 Z(支反力或内力)的表达式，即该量值 Z 的影响线方程，然后按影响线方程作出该量值 Z 的影响线。

2. 机动法作影响线是以虚位移原理为依据的，它是去除与所求量值相应的约束，并代以正向的约束力，使所得体系沿约束力的正方向发生相应的单位位移，得到的 $F_P=1$ 作用点的竖向虚位移图即为该量值的影响线。当只需要定性地了解影响线的形状时，机动法作影响线是最方便的。

3. 影响线主要用来解决两方面问题：求各种荷载作用下反力和内力的数值，确定最不利荷载位置。后者是影响线的主要用途。

习　题

7-1　是非判断题

(1)静定结构影响线都是由直线或直线段组成。　(　　)

(2)可以用静力法作均布荷载的影响线。　(　　)

(3)弯矩影响线的竖标单位为:m。　(　　)

(4)简支梁任一截面剪力影响线的左、右直线必定平行。　(　　)

(5)图示影响线是 A 截面的弯矩影响线。　(　　)

(6)图示简支梁 C 截面剪力影响线中，突变处左、右两个竖标分别代表 $F_P=1$ 作用在 C 点时产生的 C 左截面、C 右截面剪力。　(　　)

(7)图(a)所示结构主梁 C 左截面的剪力 $F_{SC左}$ 影响线如图(b)所示。　(　　)

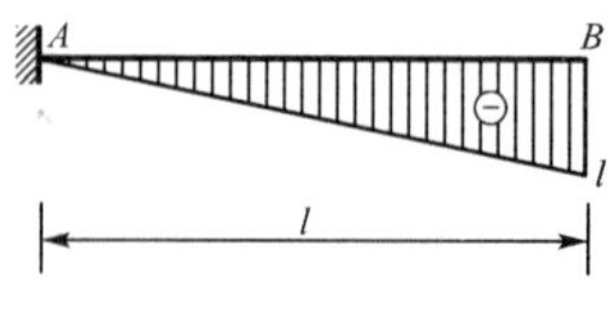

题 7-1(5)图

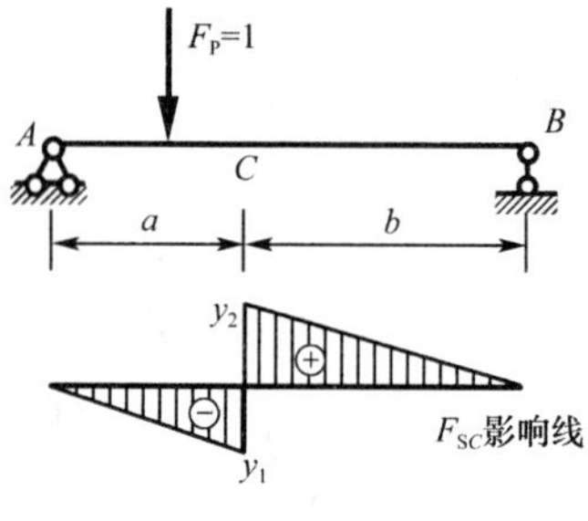

题 7-1(6)图

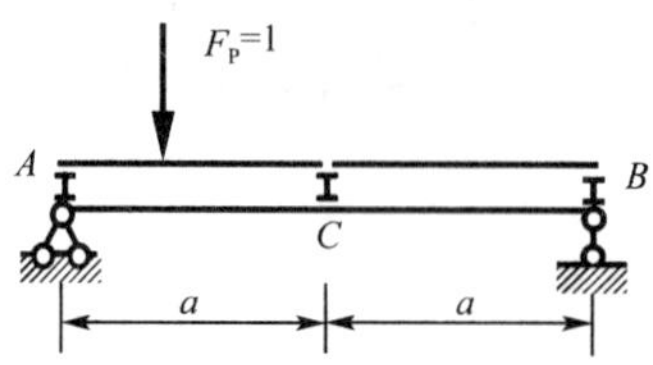

(a)

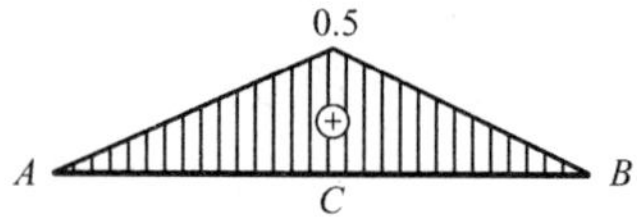

(b)

题 7-1(7)图

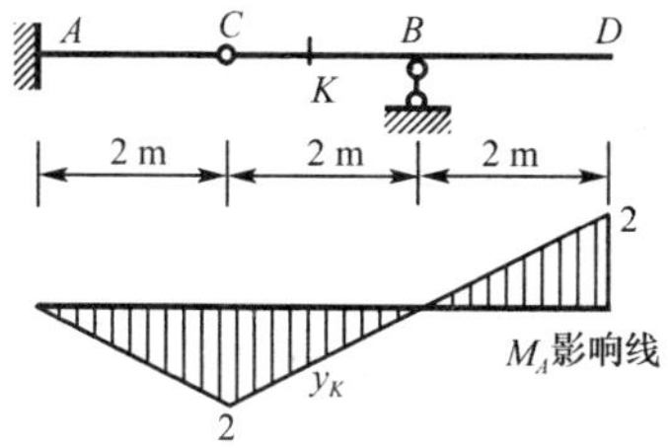

题 7-1(8)图

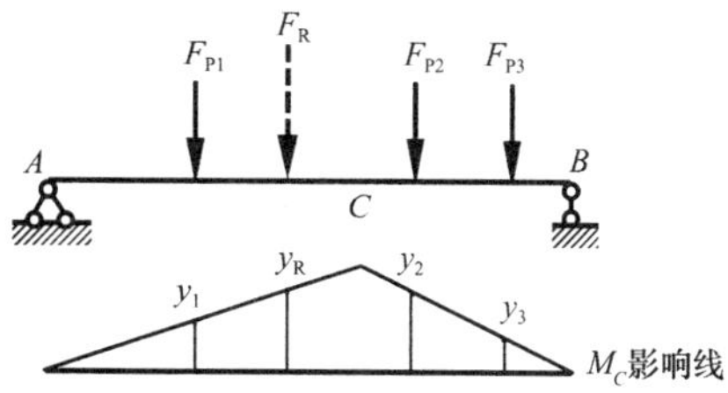

题 7-1(9)图

(8)在图示影响线中 K 点的竖标表示 $F_P=1$ 作用在 K 点时产生的 K 截面的弯矩。（　）

(9)利用 M_C 影响线求图示结构在荷载 F_{P1}、F_{P2}、F_{P3} 作用下 M_C 的值，可用它们的合力来代替，即 $M_C=F_{P1}y_1+F_{P2}y_2+F_{P3}y_3=F_R y_R$　（　）

(10)荷载的临界位置必然有一集中力作用在影响线顶点，若有一集中力作用在影响线顶点也必为一荷载临界位置。（　）

(11)由主从结构的受力特点可知：多跨静定梁附属部分的内力(反力)影响线竖标在基本部分上全为零。（　）

7-2　填空题

(1)机动法作静定结构影响线的理论基础是__________原理。

(2)题 7-1(6)图影响线中 y_1 表示________________，y_2 表示________________。

(3)题 7-1(8)图中影响线 K 点的竖标表示________________________。

(4)由题 7-1(8)图中影响线可知，若此梁在 D 点作用一个竖直向下的荷载 $F_P=10\ \text{kN}$，引起 A 截面的弯矩为__________。

(5)由题 7-1(8)图中影响线可知，若此梁在全梁作用竖直向下的均布荷载 $q=10\ \text{kN/m}$，引起 A 截面的弯矩为__________。

(6)应用机动法可判断图(b)所示影响线是图(a)所示结构中______________________。

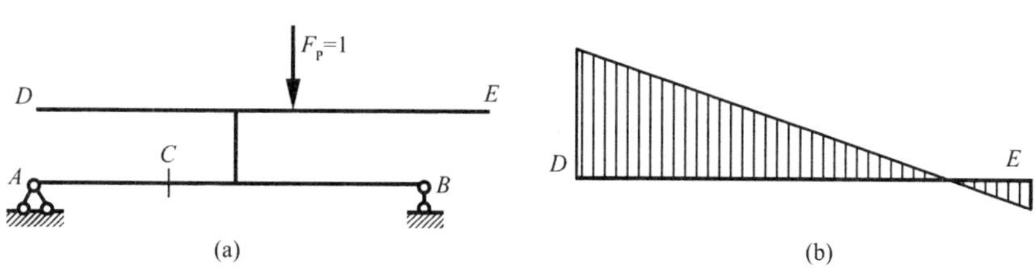

题 7-2(6)图

7-3　单项选择题

(1)结构上某量值的影响线量纲是(　　)。

A. 该量值的量纲　　B. 该量值的量纲/[力]

C. 该量值的量纲×[力]　　D. 该量值的量纲/[长度]

(2)图示外伸梁的影响线为量值(　　)影响线。

A. A 截面剪力　　B. A 左截面剪力　　C. A 右截面剪力　　D. 支座 A 反力

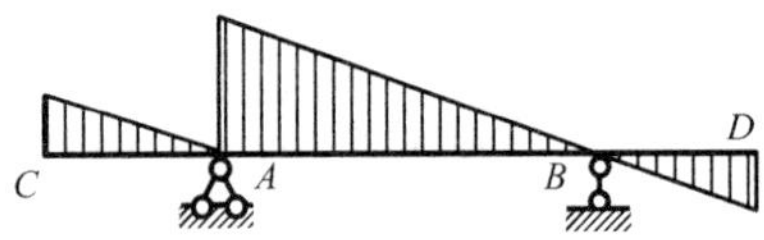

题 7-3(2)图

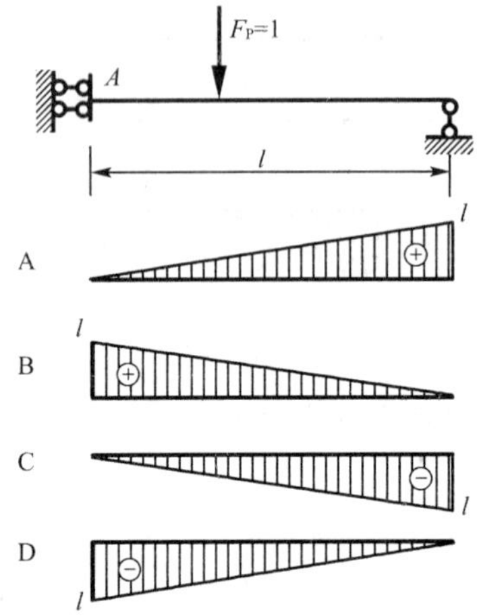

题 7-3(3)图

(3)图示静定梁 A 截面弯矩影响线是(　　)。

(4)图示影响线为结点荷载作用下量值(　　)影响线。

A. C 截面弯矩　　B. D 截面弯矩　　C. CD 节间剪力　　D. K 截面弯矩

(5)图示剪力影响线不是量值(　　)影响线。

A. C 截面剪力　　B. K 截面剪力　　C. D 左截面剪力　　D. CD 节间剪力

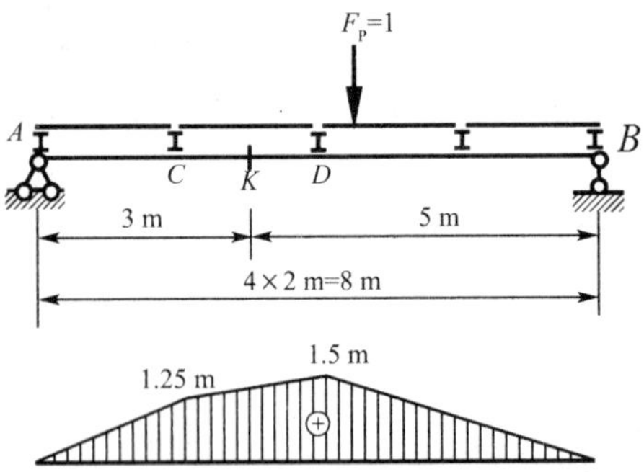

题 7-3(4)图

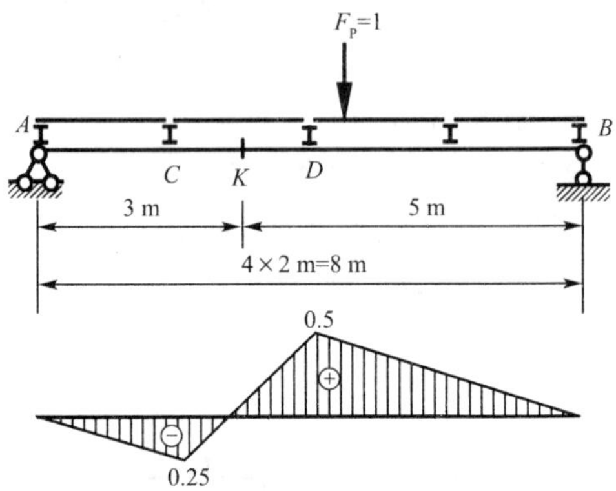

题 7-3(5)图

(6)$F_P=1$ 在 ACB 上移动，图示影响线的竖标 y_D 表示的是(　　)。

A. $F_P=1$ 作用在 C 点时产生的 D 截面的弯矩

B. $F_P=1$ 作用在 C 点时产生的 C 截面的弯矩

C. $F_P=1$ 作用在 D 点时产生的 C 截面的弯矩

D. $F_P=1$ 作用在 D 点时产生的 D 截面的弯矩

(7)$F_P=1$ 在 ACB 上移动，图示影响线是量值(　　)影响线。

A. F_{SC}　　B. M_C　　C. M_K　　D. M_B

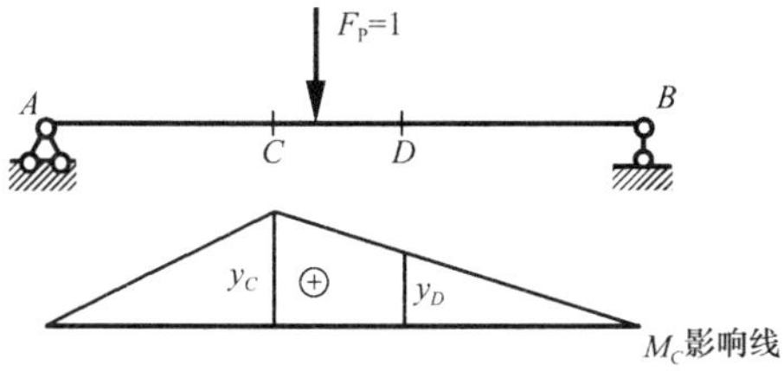

题 7-3(6)图

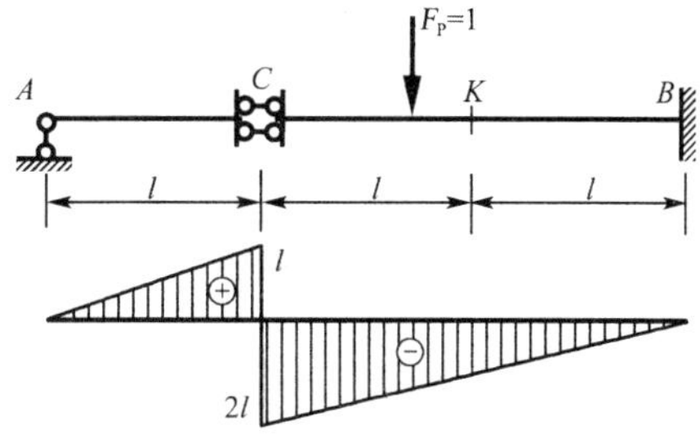

题 7-3(7)图

7-4～7-6　试用静力法作图示各静定梁指定量值的影响线。

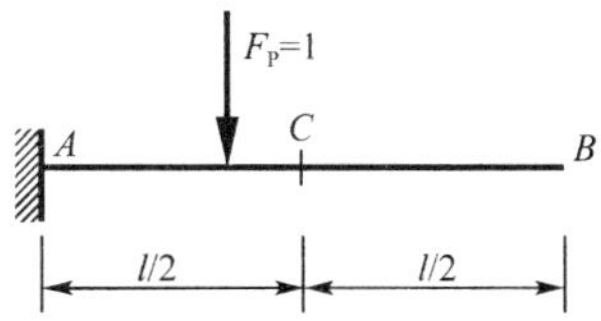

F_A、M_A、M_C、F_{SC}

题 7-4 图

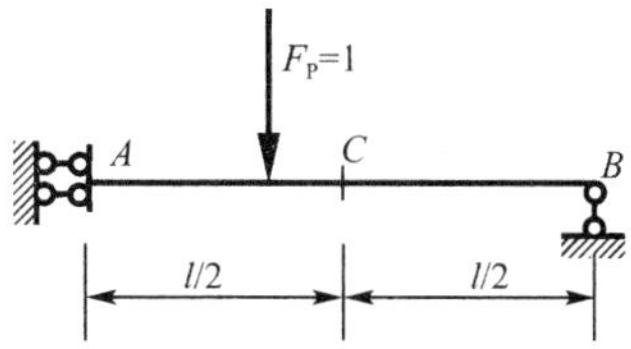

F_A、F_B、M_A、M_C、F_{SC}

题 7-5 图

7-7　试用机动法作题 7-6 图示静定梁指定量值的影响线。

7-8～7-11　试用机动法作图示静定梁指定量值的影响线。

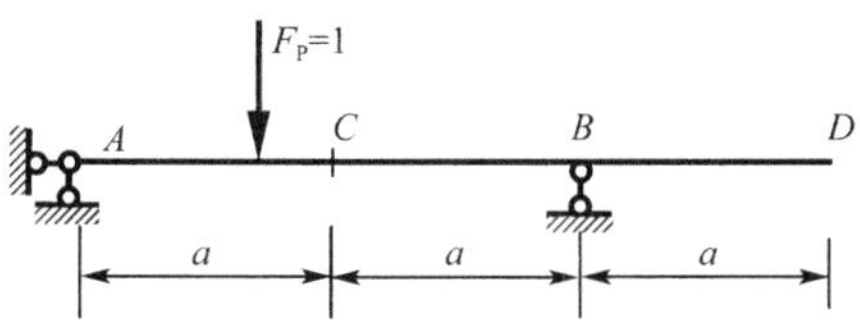

F_A、F_B、M_B、M_C、$F_{SB右}$、F_{SC}

题 7-6 图

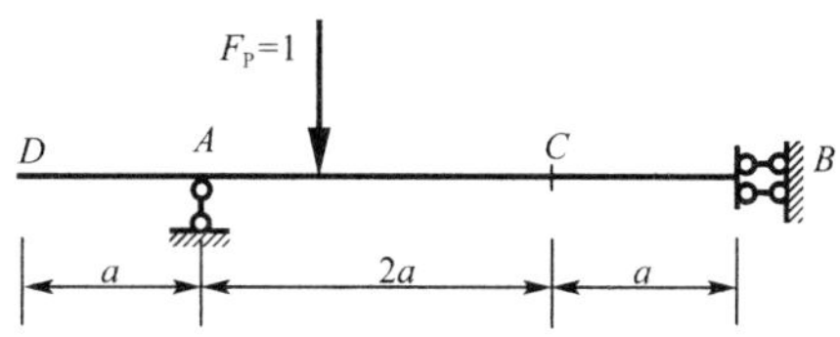

F_A、M_B、M_C、$F_{SA右}$、F_{SC}

题 7-8 图

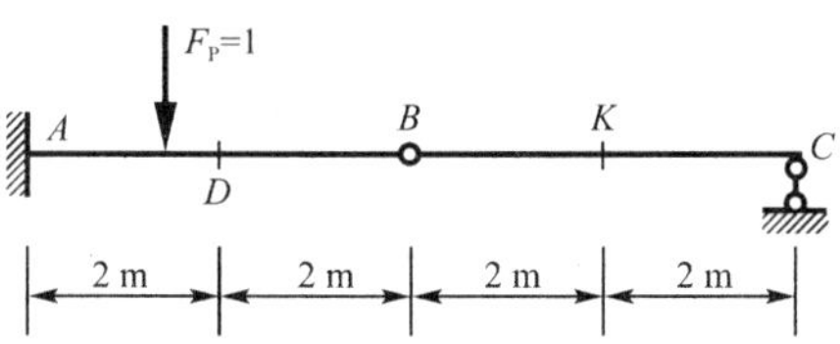

M_A、M_D、M_K、F_{SA}、F_{SK}、F_{SB}

题 7-9 图

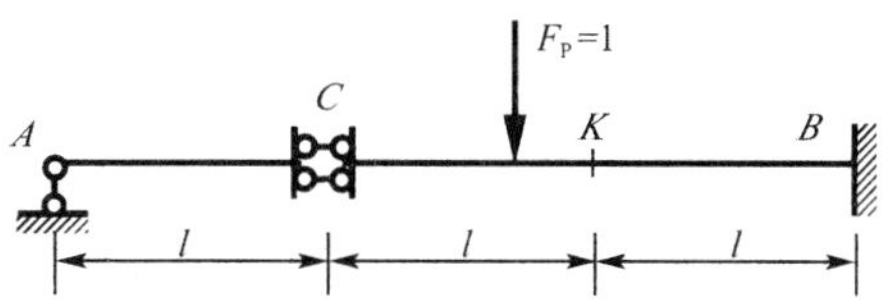

F_A、M_C、M_K、M_B、F_{SK}

题 7-10 图

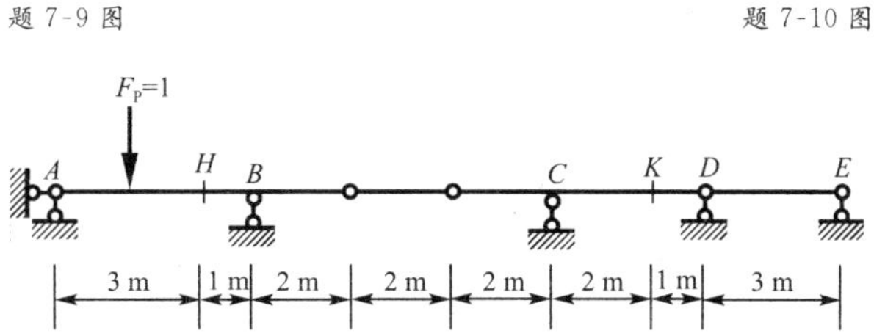

F_B、M_H、M_B、M_K、$F_{SC左}$、F_{SK}

题 7-11 图

7-12　试用静力法作图示斜梁的 F_{Ax}、F_{Ay}、F_B、M_C、F_{SC}、F_{NC}的影响线。

(提示:以 AB 杆在水平方向的投影为基线绘制各量值的影响线)

7-13　试用机动法绘制图示结构 M_C、F_{SC}影响线。$F_P=1$ 沿 DE 移动。

(提示:以 DE 杆为基线绘制各量值的影响线,M_C影响线参照题 7-2(6)图(b))

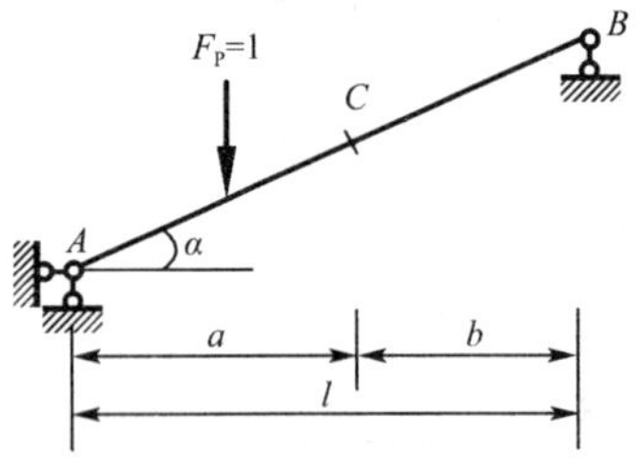

题 7-12 图

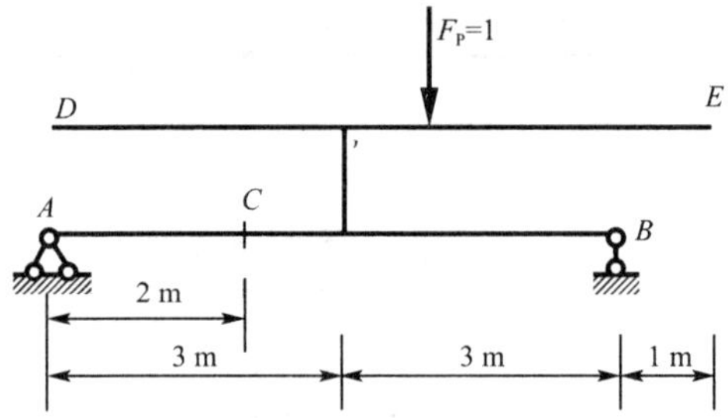

题 7-13 图

7-14　单位荷载在 DE 上移动,试作主梁的 F_A、M_C、F_{SC}影响线。

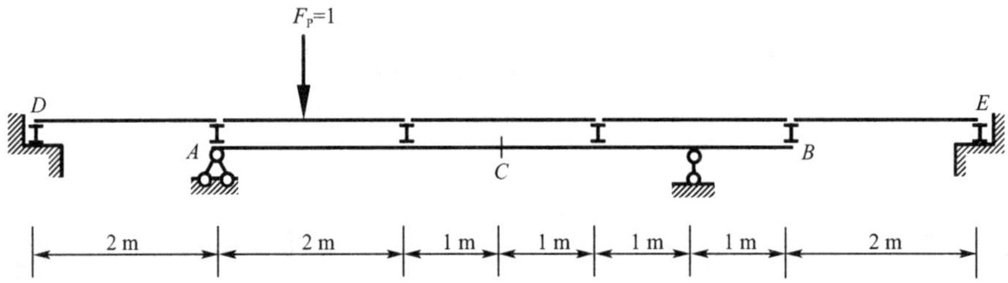

题 7-14 图

7-15　试利用影响线求出图示结构的在给定荷载作用下的量值。

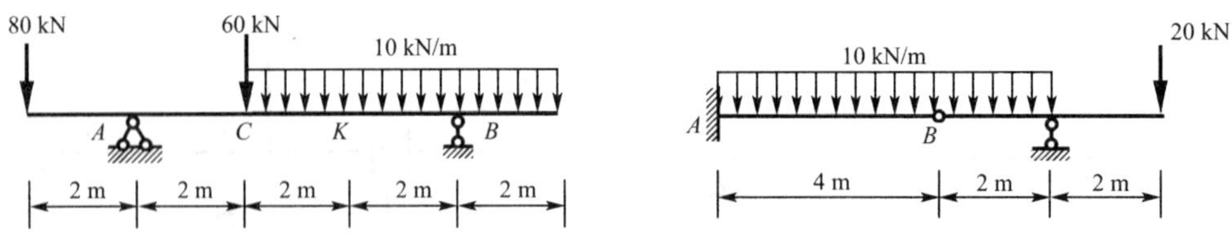

(a)F_B、M_C、F_{SK}　　(b)F_A、M_A、F_{SB}

题 7-15 图

7-16　图示连续梁受均布活荷载作用,试用机动法作 F_A、M_C、M_K、$F_{SC右}$影响线轮廓,并利用 M_K影响线确定截面 K 的弯矩最大值 $M_{K\max}$、最小值 $M_{K\min}$两种最不利荷载位置。

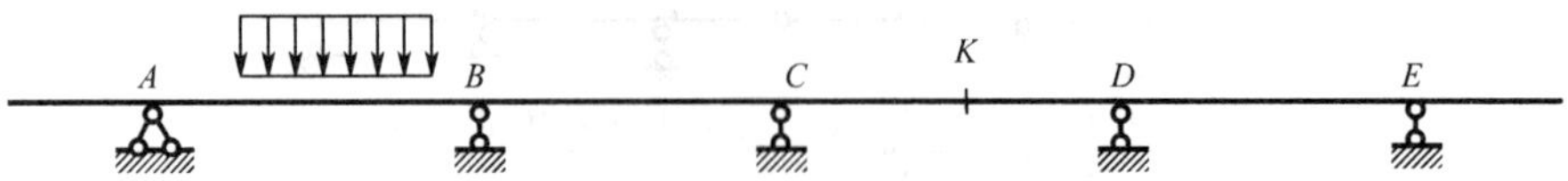

题 7-16 图

7-17　图示简支梁受移动荷载作用，试求截面 C 的最大弯矩。

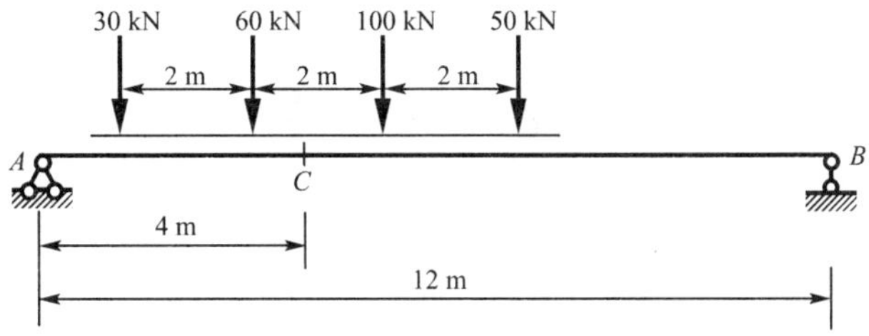

题 7-17 图

7-18　图示静定梁受移动荷载作用，试求支座 C 的最大支座反力。

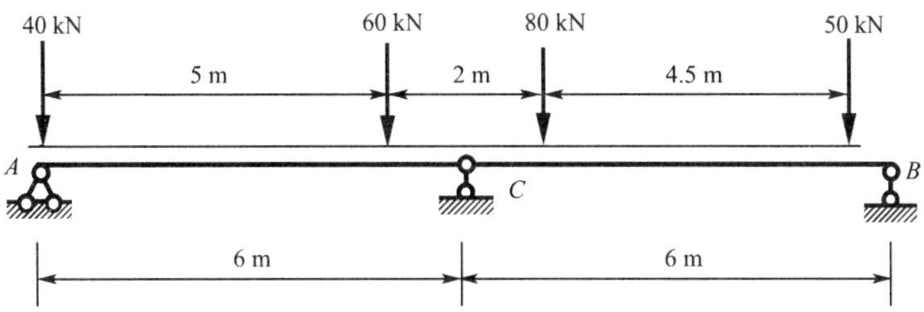

题 7-18 图

7-19～20 试求图示简支梁在所给移动荷载作用下的绝对最大弯矩，并与梁中点发生的最大弯矩作比较。

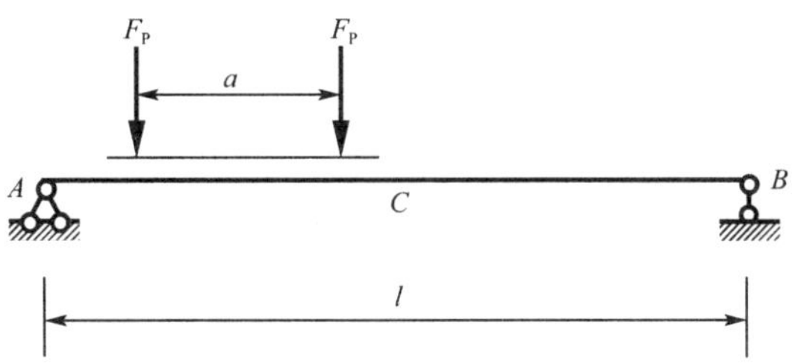

题 7-19 图

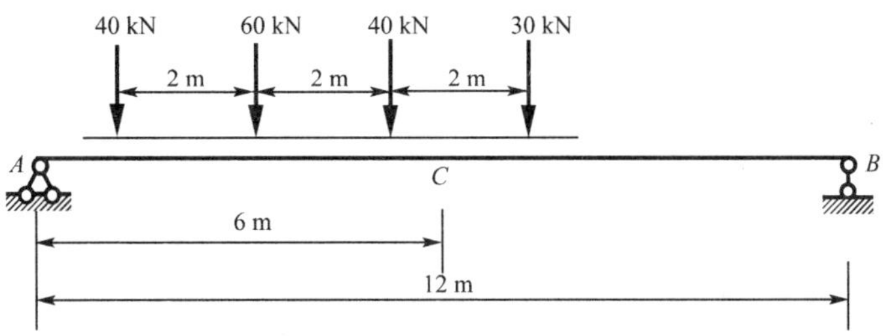

题 7-20 图

习题答案

7-1　(1)对　(2)错　(3)对　(4)对　(5)对　(6)错　(7)对　(8)错　(9)错　(10)错　(11)对

7-2 (1)刚体虚位移

(2)$F_P=1$ 作用在截面 $C_{左}$ 时产生的 F_{SC} 值,$F_P=1$ 作用在截面 $C_{右}$ 时产生的 F_{SC} 值

(3)$F_P=1$ 作用在 K 点时产生的 C 截面的弯矩

(4)20 kN·m

(5)−20 kN·m

(6)M_C影响线

7-3 (1)B (2)C (3)B (4)D (5)A (6)C (7)D

7-15 (a)$F_B=43.3$ kN,$M_C=333.3$ kN·m,$F_{SK}=-3.3$ kN

(b)$F_A=30$ kN,$M_A=-40$ kN·m,$F_{SB}=-10$ kN

7-17 $M_{C\max}=466.7$ kN·m(60 kN 的力位于 C 处)

7-18 $F_{C\max}=132.5$ kN(80 kN 的力位于 C 处)

7-19 $M_{\max}=\dfrac{F_P}{2l}\left(l-\dfrac{a}{2}\right)^2$,左力 F_P 距离左支座$\left(\dfrac{l}{2}-\dfrac{a}{4}\right)$,或右力 F_P 距离右支座$\left(\dfrac{l}{2}-\dfrac{a}{4}\right)$;$M_{C\max}=F_P\left(\dfrac{l}{2}-\dfrac{a}{2}\right)$

7-20 $M_{\max}=371.8$ kN·m(60 kN 的力与 C 距离 5.647 m);$M_{C\max}=370$ kN·m

第 8 章　结构的动力计算

学习指导

(1)掌握动力自由度的判别方法。

(2)掌握单自由度、有限自由度体系运动方程的建立方法。

(3)掌握单自由度体系、两个自由度体系的自由振动动力特性(频率、周期和振幅)的计算。

(4)掌握单自由度体系在简谐荷载作用下强迫振动的动内力、动位移的计算。了解两个自由度体系在简谐荷载作用下强迫振动的动内力、动位移的计算。

(5)了解阻尼对振动的影响。

(6)了解自振频率的近似计算方法。

8.1　基本概念

8.1.1　结构动力计算的特点和任务

在本章以前,我们讨论了在静力荷载作用下的结构计算问题。静力荷载的大小、方向或作用位置不随时间变化,或者变化非常缓慢,以致所引起结构质量的惯性力与荷载相比可以忽略不计。在静力荷载作用下,结构始终处于平衡状态。计算平衡状态下结构的内力和位移问题称为静力计算。

工程结构除受静力荷载作用外,有时还会受到随时间迅速变化的动力荷载作用。在动力荷载作用下,结构的质点运动将产生较大的加速度,由此引起的惯性力在结构计算中不容忽视。结构在动力荷载作用下产生的内力、位移、速度、加速度等,称为结构的动力反应。计算动力荷载作用下结构的动力反应,称为动力计算。

1. 结构动力计算的特点

(1)在动力荷载作用下,结构将产生振动,结构的动力反应(动内力、动位移等)不仅是截面位置坐标的函数,而且是时间的函数。即结构上某一截面的位移和内力在不同时刻是不同的。

如果结构的振动由初位移或初速度引起,在振动过程中不受外部干扰力作用,这种振动就称为自由振动;若在振动过程中还不断受到外部干扰力作用,则称为强迫振动或受迫振动。

(2)建立平衡方程时要考虑质量的惯性力。

2. 结构动力计算的内容

(1)确定结构的动力特性,即结构本身的自振频率、振型和阻尼参数。通过自由振动研究结构的自振频率和振型。

(2)计算结构的动力反应,即结构在动力荷载作用下产生的动内力、动位移等。通过强迫振动研究结构在动力荷载作用下的动力反应。结构的动力反应与动力特性有密切的关系。

结构动力计算的主要任务在于确定动力荷载作用下结构的位移、内力等量值随时间变化的规律,从而找出其最大值以作为设计的依据。

8.1.2 动力荷载的分类

在建筑工程中,结构的自重等恒载是静力荷载。而其他荷载,从荷载对结构产生的影响看,当荷载变化很缓慢时,其动力作用比较小,通常也把它们作为静荷载来对待。只有那些动力作用比较显著的荷载才作为动力荷载来考虑。

工程中常见的动力荷载,按其变化规律及其作用特点可分为以下几种:

1. 周期荷载

随时间作周期性变化的荷载。

(1)简谐荷载:荷载随时间按正弦或余弦函数规律变化,如图 8-1(a)。具有偏心质量的机器在匀速旋转时产生的离心力对结构的作用就是简谐荷载。

(2)一般周期荷载如图 8-1(b)。

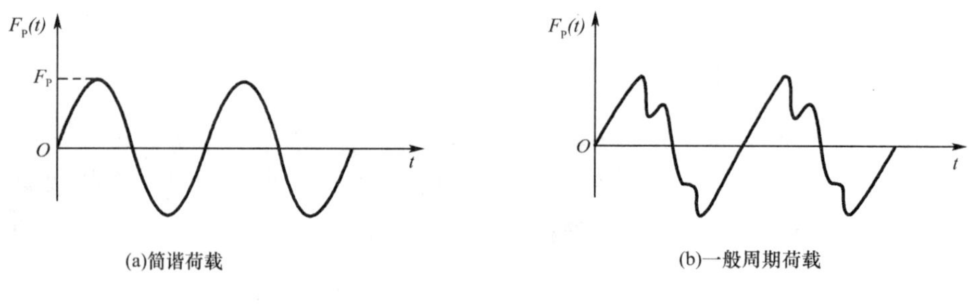

图 8-1

2. 冲击荷载

突然作用又突然消失的荷载或短时内剧增或剧减的荷载。以下三种荷载都为冲击荷载。

(1)打桩落锤等撞击所产生的荷载,如图 8-2(a)。

(2)爆炸荷载,在极短时间内荷载剧增至数值很大然后急剧减小。如图 8-2(b)。

(3)突加荷载:荷载突然作用于结构上,荷载值一段时间内保持不变,例如起重机吊起重物时所产生的荷载,如图 8-2(c)。

上述荷载对于任意时刻的荷载值都是确定的,称为确定性动力荷载。

3. 随机荷载

这种荷载的变化极不规则,在任一时刻的数值无法预测,其变化规律不能用确定的函数关系来表达,只能用概率统计的方法进行分析。这种荷载称为随机荷载。如图 8-3 所

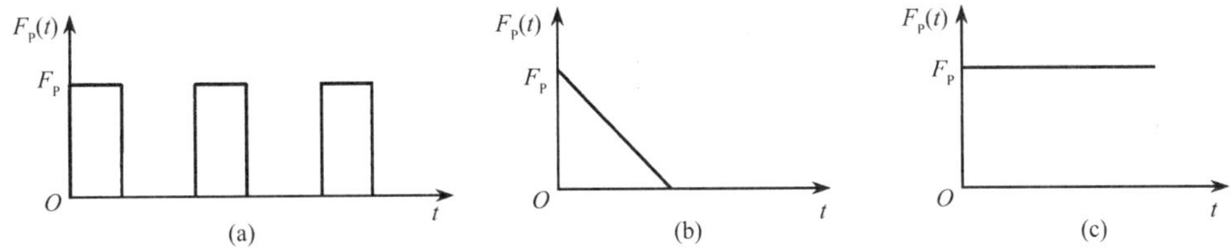

图 8-2

示地震的作用就是随机荷载的典型例子。

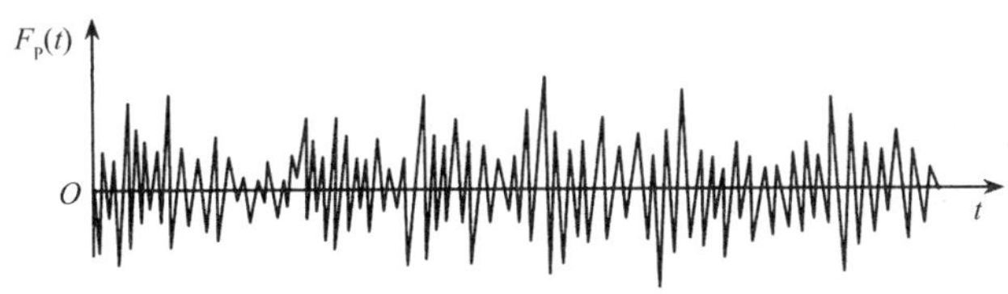

图 8-3

8.1.3　弹性体系振动的自由度

在结构的动力计算中，首先要确定其动力计算简图。由于要考虑惯性力的作用，因此需要处理质量分布的问题。当体系振动时，它的惯性力与质量的运动情况有关，所以确定质量在运动中的位置具有重要的意义。质量的位置可以用某些独立的参数来表示。我们把确定运动过程中任意时刻全部质量的位置所需独立几何参数的数目称为体系的动力自由度。

实际结构的质量都是连续分布的，都具有无限个自由度，如果按无限自由度体系考虑，计算将会非常复杂。为了简化计算，可以把连续分布的质量集中为几个质点，将一个无限自由度的问题简化成有限自由度问题。

例如图 8-4(a)所示简支梁，跨中安置了一台电动机。若梁本身的质量远小于电动机的质量时，可以不计梁本身的质量而取图(b)所示的计算简图。如果不考虑梁的轴向变形并略去质量 m 的转动惯量，把质量 m 看成是一个质点，则它的位置仅由挠度 $y(t)$ 即可确定，体系由无限自由度简化为一个自由度。

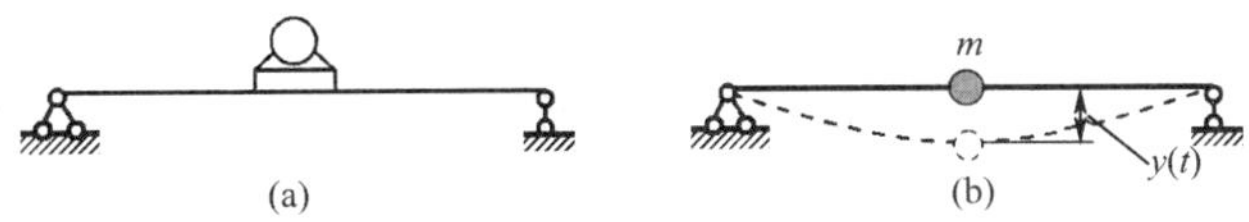

图 8-4

图 8-5(a)所示体系上虽有两个集中质量，但它们的位置仅由一个几何参数(角度 α)便可确定，所以其自由度也等于 1。这种自由度为 1 的体系称为单自由度体系。

图 8-5(b)所示刚架，在其悬臂端有一集中质点，在振动过程中，需要用 x 和 y 两个独立坐标方可确定该质点的位置，因此，其动力自由度等于 2。凡是具有两个及两个以上且为有限个自由度的体系称为多自由度体系。

对于比较复杂的具有集中质量的体系，可以采取附加刚性链杆以限制质量运动的方

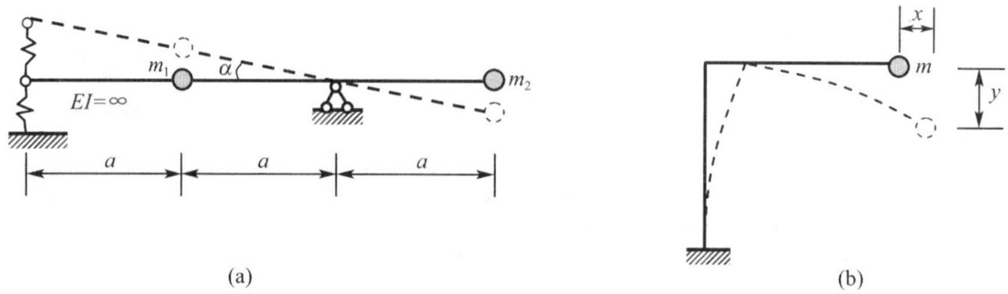

图 8-5

法来确定体系的动力自由度。由于一个链杆消除一个独立的线位移,因此,如果加上 n 根链杆以后,体系的所有质量即不再能运动,这就说明原来体系的质量共有 n 个独立的位移未知量,即体系的动力自由度为 n。以图 8-6(a)所示刚架为例,它具有两个集中质量,需加入三根链杆才能使各质量固定不动,如图 8-6(b),故其动力自由度为 3。对于图 8-6(c)、(e)所示各体系,应用加入附加链杆的方法确定其动力自由度,分别如图 8-6(d)、(f)。

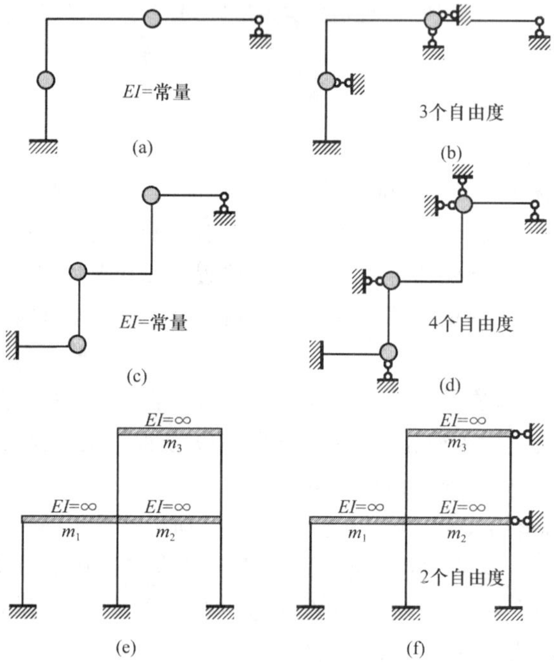

图 8-6

需要注意,体系的动力自由度取决于质量因杆件变形而产生的独立线位移的数目,而不完全取决于质点的数目,也与体系是静定或超静定无关。图 8-7 各体系的质点数目和动力自由度如图所示。

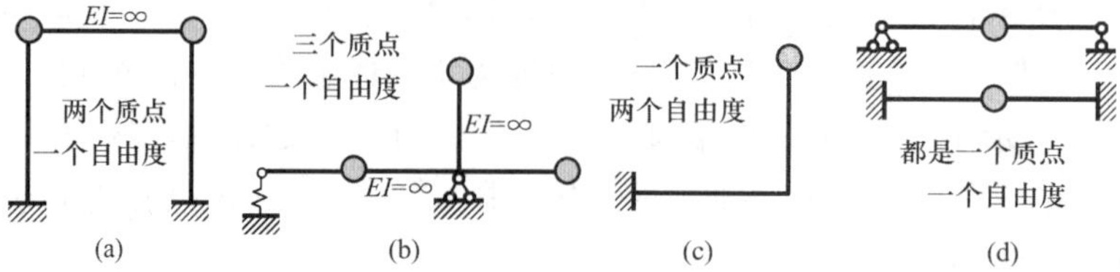

图 8-7

8.1.4　振动的阻尼

1. 阻尼的影响

实际情况表明，一个体系的自由振动会很快地衰减以至消失。使振动能量随时间或距离逐步耗损的因素，如振动系统内部质点间相对运动的阻碍及外部介质摩擦等，统称为阻尼。

阻尼的作用比较复杂，大致上有两种类型。一类是振动中材料非弹性变形而使应变能逐渐损失，这是主要的；另一类是阻力，例如振动过程中的摩擦阻力，结构周围的介质对振动体系的阻力等。把上述各种因素笼统地归结为一个阻尼力的作用。阻尼力对质点运动起阻碍作用，其方向总是与质点的速度方向相反，从数值上看它与质点速度有如下关系：

(1)阻尼力与质点速度成正比，称为粘滞阻尼。

(2)阻尼力与质点速度的平方成正比(如固体在流体中运动受到的阻尼)。

(3)阻尼力的大小与质点速度无关(如摩擦力)。

2. 粘滞阻尼理论

粘滞阻尼力的表达式为

$$F_c(t) = -c\dot{y}(t) \tag{8-1}$$

式中：$F_c(t)$表示阻尼力，$\dot{y}(t)$表示质点的速度，c 称为粘滞阻尼系数。

目前应用较为广泛而又便于计算的是粘滞阻尼理论。由于阻尼力与速度成正比，故所得的运动微分方程为线性的，这就便于振动问题的计算，而且其他类型的阻尼力也可以化为等效粘滞阻尼力来分析。

8.1.5　单自由度体系振动微分方程的建立

图 8-8(a)所示为一悬臂梁，忽略梁本身的质量，其自由端有一集中质点 m，体系具有一个自由度。该梁在重力 $W=mg$ 作用下的挠曲线如图中虚线所示，称这个位置为梁的“静平衡位置”。若使质点 m 偏离它的平衡位置(即初始位置)，然后突然放松，梁即在其平衡位置附近上下振动。这样引起的梁的振动，是结构具有初始位移而引起的自由振动。又若对质点 m 施加瞬时冲击作用，在极短的时间内使其获得一定的初速度，外力又突然消失，这样引起的梁的振动，便是初始速度干扰下产生的自由振动。

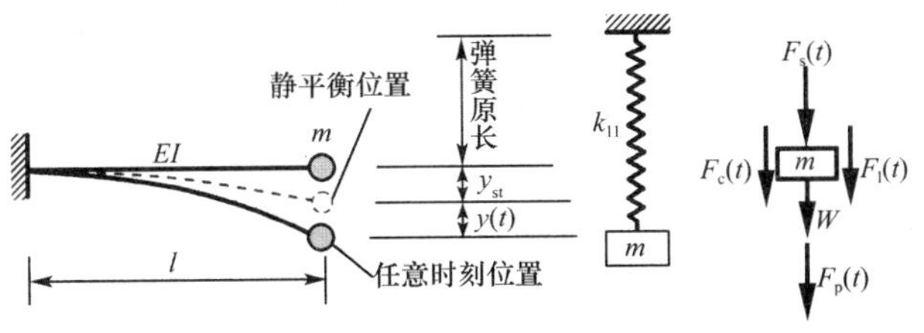

图 8-8

对于各种单自由度体系的振动，都可以简化为一个简单的质点弹簧体系来描述。图 8-8(a)所示悬臂梁，其计算简图可简化为一弹簧悬挂一质点的弹簧体系，如图 8-8(b)所示。设弹簧的刚度系数(使弹簧发生单位变形所需的力)为 k_{11},它应等于梁在自由端的刚度系数(使自由端产生单位竖向位移时需施加的竖向力),在这里 $k_{11}=\frac{3EI}{l^3}$。相应的,弹簧的柔度系数 δ_{11}(在单位力作用下弹簧的伸长或缩短)则为 $\delta_{11}=\frac{l^3}{3EI}$。在单自由度体系中,刚度系数 k_{11} 与柔度系数 δ_{11} 存在着互为倒数关系,即

$$k_{11}=\frac{1}{\delta_{11}} \tag{8-2}$$

为了描述结构振动时其位移随时间变化的规律,应首先建立运动微分方程,然后求解。建立运动微分方程有两种基本方法:一种是刚度法,即列出质点的动力平衡方程;另一种是柔度法,即列出质点的位移方程。在推导单自由度体系的运动微分方程中常用刚度法。

结构动力计算中常用的基本原理为达朗贝尔原理:在质点运动的每一瞬时,作用在质点上的所有外力(荷载与约束力)与假想地加在质点上的惯性力互相平衡,可利用静力学的处理方法建立结构的运动方程。在建立运动方程时,取静力平衡位置作为位移 y 的坐标原点,位移 y、速度 $\dot{y}$、加速度 $\ddot{y}$ 的正方向取为一致。取质点 m 为隔离体如图 8-8(c),作用在质点 m 上的力有:

(1)重力 W

(2)弹性力 $F_s(t)$,就是弹簧的反力。它的方向恒指向静平衡位置,即总是与位移 y 的方向相反,其值为

$$F_s(t)=-k_{11}y_1=-k_{11}(y_{st}+y)$$

式中 y_1——以弹簧不受荷载时的端点为坐标原点时,质点的位移;

y_{st}——弹簧在质点重力作用下的静伸长;

y——以弹簧的静伸长处为坐标原点时,质点的位移;

$k_{11}y_{st}$——就等于质点的重量 W。

所以有

$$F_s(t)=-k_{11}y_1=-k_{11}(y_{st}+y)=-W-k_{11}y$$

(3)质点运动的惯性力 $F_I(t)$,它的方向恒与加速度 $\ddot{y}$ 的方向相反,其值为

$$F_I=-m\ddot{y}(t)$$

(4)系统所受的阻尼力 $F_c(t)$,按粘滞阻尼理论有:

$$F_c(t)=-c\dot{y}(t)$$

(5)干扰力 $F_P(t)$,就是作用在质点上的动力荷载。

按达朗贝尔原理,在质点运动的任一时刻,质点上的全部力组成平衡力系,有

$$F_s(t)+F_I(t)+F_c(t)+W+F_P(t)=0$$

即

$$m\ddot{y}+k_{11}(y_{st}+y)+c\dot{y}-W=F_P(t)$$

注意到 $k_{11}y_{st}=W$,则上式可简化为

$$m\ddot{y}+c\dot{y}+k_{11}y=F_P(t) \tag{8-3}$$

这就是一般情况下的单自由度体系的振动微分方程。从推导过程可以看出,建立体系的运动方程时以质点重力作用的静平衡位置作为计算动位移的原点,则所得方程与质点重力无关。所以,以后即采用这种方法,将坐标系的原点取在静平衡位置,在振动微分方程中不考虑自重的因素。

8.2　单自由度体系的自由振动

8.2.1　无阻尼的自由振动

1. 单自由度体系自由振动时的运动方程

单自由度体系在自由振动时既无动力荷载作用，又不考虑阻尼，故 $F_P(t)=0, c=0$。作用在运动质点上的力有弹性力、惯性力。因为坐标系的原点取在静平衡位置，其重力 W 在微分方程式中不出现。所以由式(8-3)可得无阻尼自由振动微分方程为

$$m\ddot{y}+k_{11}y=0 \tag{8-4a}$$

或

$$\ddot{y}+\omega^2 y=0 \tag{8-4b}$$

式中

$$\omega=\sqrt{\frac{k_{11}}{m}} \tag{8-5}$$

式(8-4)是一个二阶线性常系数齐次微分方程，其通解为：

$$y(t)=C_1\cos\omega t+C_2\sin\omega t$$

式中积分常数 C_1 和 C_2 可由初始条件确定。设初始时刻 $t=0$ 时，$y(0)=y_0$（初始位移），$\dot{y}(0)=v_0$（初始速度），则由上式可求出

$$C_1=y_0, C_2=\frac{v_0}{\omega}$$

于是，动位移 $y(t)$ 的表达式可写为

$$y(t)=y_0\cos\omega t+\frac{v_0}{\omega}\sin\omega t \tag{8-6}$$

这就是单自由度体系自由振动时的运动方程式。上式还可以改写为单项形式

$$y(t)=A\sin(\omega t+\varphi) \tag{8-7}$$

由式(8-7)可知，无阻尼自由振动是简谐运动。式中 A 称为振幅，$\omega t+\varphi$ 称为相位角。A 和 φ 可由下列公式求得：

$$\left.\begin{aligned}A&=\sqrt{y_0^2+\left(\frac{v_0}{\omega}\right)^2}\\ \varphi&=\arctan\frac{y_0\omega}{v_0}\end{aligned}\right\} \tag{8-8}$$

自由振动的振幅 A 表示质量 m 的最大位移，按式(8-8)中的第一式计算。振幅是由常数 ω 和初始条件 y_0、v_0 决定的。振动开始偏离平衡位置越远，或初始速度越大，自由振动的振幅就越大。由振幅公式(8-8)可知，由初位移使单自由度体系产生自由振动，其振幅值等于初位移；由初速度产生自由振动，其振幅值则与初速度和 ω 都有关。自由振动的时间-位移曲线如图 8-9 所示。

质点任意瞬时的位置由相位角 $\omega t+\varphi$ 决定，φ 是初始位置的相位角，称为初相位角，其值由式(8-8)中的第二式计算，它也取决于常数 ω 和初始条件 y_0、v_0。

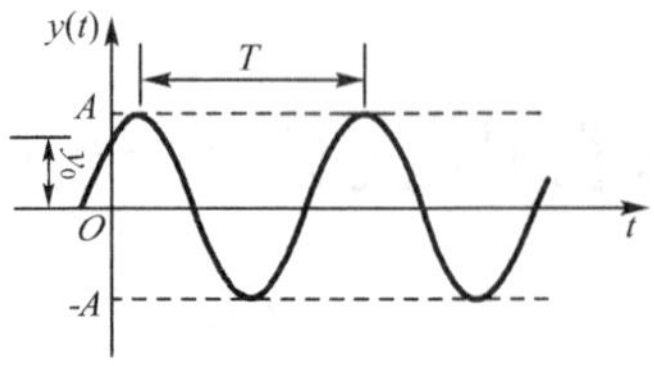

图 8-9

2. 结构的自振周期和自振频率

式(8-7)是周期函数,由图 8-9 可知质点经过一个时段 T 后又回到原来位置。因正弦函数的周期为 2π,即 $\omega T=2\pi$,故

$$T=\frac{2\pi}{\omega} \tag{8-9}$$

T 称为结构的自振周期,表示振动一次所需的时间,其常用的单位为秒(s)。自振周期的倒数代表每秒钟内的振动次数,称为工程频率,记作 f,即

$$f=\frac{1}{T}=\frac{\omega}{2\pi} \tag{8-10}$$

其单位为 1/秒(s^{-1}),或称为赫兹(Hz)。

由式(8-9)可知

$$\omega=\frac{2\pi}{T} \tag{8-11}$$

式(8-11)说明,ω 表示时间段 2π 秒内的振动次数,称为圆频率。若不加说明,一般称自振频率就是指圆频率。ω 的单位为弧度/秒(rad/s),也常简写为 1/秒(s^{-1})。

自振频率 ω 是结构动力特性的一个很重要的标志,两个外表看来相似的结构,如果自振频率相差很大,即动力特性相差很大,则其动力反应将有很大的不同。结构的自振频率和自振周期,与且只与结构的质量和结构的刚度有关,而与初始条件及外界的干扰因素无关,初始条件及干扰力只影响振幅和相位角。所以结构的自振频率反映着结构固有的动力特性,自振频率又称为固有频率。

3. 结构自振频率的计算方法

(1)自振频率 ω 的计算公式

根据式(8-5),可给出结构自振频率 ω 的计算公式如下

$$\omega=\sqrt{\frac{k_{11}}{m}}=\sqrt{\frac{1}{m\delta_{11}}}=\sqrt{\frac{g}{W\delta_{11}}}=\sqrt{\frac{g}{y_{st}}} \tag{8-12}$$

式(8-12)中,k_{11} 表示单自由度体系的刚度系数,δ_{11} 表示柔度系数,g 表示重力加速度,y_{st} 表示由于质点重力 $W=mg$ 所产生的静位移。对于各质点惯性力共线的单自由度体系,可直接利用频率计算公式(8-12)计算自振频率。计算时,可根据不同的已知条件选用上列不同的公式计算。

由式(8-12)可知:自振频率与质量的平方根成反比,质量越大,频率越小;自振频率与刚度的平方根成正比,刚度越大,频率越大。要改变结构的自振频率,只有从改变结构的质量或刚度着手。

(2)幅值方程法计算自振频率 ω

对于各质点惯性力不共线的多质点单自由度体系,可利用下述幅值方程法计算频率。

质点位移和质点惯性力分别为

$$y(t)=A\sin(\omega t+\varphi),F_{\mathrm{I}}(t)=-m\ddot{y}=m\omega^2 A\sin(\omega t+\varphi)$$

可见质点位移和惯性力在数值上成比例，方向一致，相位相同。当质点位移达到最大值时，惯性力也达到最大值。将质点的最大位移 A 看成是惯性力的最大值 $m\omega^2 A$ 产生的静位移，由此也可求得频率。计算过程见例 8-8。

【例 8-1】 图 8-10 所示简支梁长度 $l=4$ m，在跨中有 $m=100$ kg 的集中质量。梁由 10 号工字钢制成，其截面惯性矩 $I=245$ cm^4，钢的弹性模量 $E=206$ GPa，梁的自重可忽略不计，若振动时的初始条件为：初位移 $y_0=y_{\mathrm{st}}$（静位移）；初速度 $v_0=0.2$ m/s。试求该梁的自振频率、周期和振幅 A，并写出其自由振动时的运动方程。

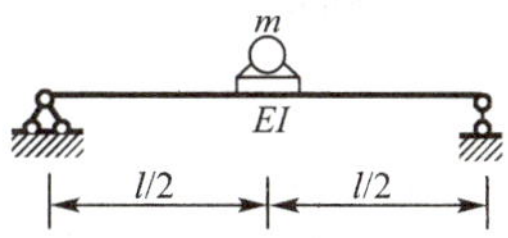

图 8-10

解　先计算静位移 y_{st}

$$y_{\mathrm{st}}=\frac{mgl^3}{48EI}=\frac{100\times 9.8\times 4^3}{48\times 206\times 10^9\times 245\times 10^{-8}}=2.59\times 10^{-3}\ \mathrm{m}=2.59\ \mathrm{mm}$$

将 y_{st} 值代入式(8-12)中的第四式，得自振频率

$$\omega=\sqrt{\frac{g}{y_{\mathrm{st}}}}=\sqrt{\frac{9.8}{2.59\times 10^{-3}}}=61.5\mathrm{s}^{-1}$$

自振周期为

$$T=\frac{2\pi}{\omega}=\frac{2\times 3.1416}{61.5}=0.102\ \mathrm{s}$$

将初始条件代入式(8-8)，即可求得振幅 A 和初相角 φ

$$A=\sqrt{y_0^2+\left(\frac{v_0}{\omega}\right)^2}=\sqrt{2.59^2+\left(\frac{200}{61.5}\right)^2}=4.16\ \mathrm{mm}$$

$$\varphi=\arctan\frac{y_0\omega}{v_0}=\arctan\frac{2.59\times 61.5}{200}=38.53\ \mathrm{rad}$$

自由振动时的运动方程为

$$y(t)=A\sin(\omega t+\varphi)=4.16\sin(61.5t+38.53)\ \mathrm{mm}$$

注意：将数值代入公式计算时，各量值的单位要按国际单位制统一，长度、力、时间的单位分别为 m(或 mm)、N、s。

【例 8-2】 三种不同支承情况的单跨梁，l、EI 相同，在梁跨中有一集中质量 m，如图 8-11 所示。当不考虑梁本身的质量时，试比较三者的自振频率。

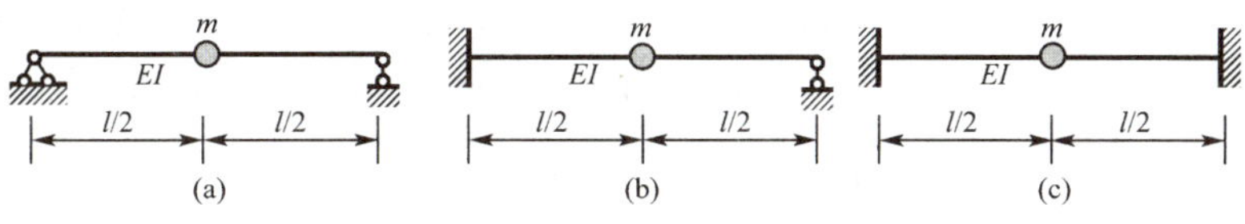

图 8-11

解　该三种梁均为单自由度体系。先根据位移计算方法求出三种支承情况下的静位

移分别为

$$y_{1st}=\frac{mgl^3}{48EI},\quad y_{2st}=\frac{7mgl^3}{768EI},\quad y_{3st}=\frac{mgl^3}{192EI}$$

代入式(8-12)中的第四式,得三种支承情况下的自振频率分别为

$$\omega_1=\sqrt{\frac{g}{y_{1st}}}=\sqrt{\frac{48EI}{ml^3}},\omega_2=\sqrt{\frac{768EI}{7ml^3}},\omega_3=\sqrt{\frac{192EI}{ml^3}}$$

故三者的自振频率之比为

$$\omega_1:\omega_2:\omega_3=1:1.51:2$$

此例说明结构约束越强,其刚度越大,刚度越大,其自振频率也越大。

【例 8-3】 体系如图 8-12(a)所示,横梁与竖杆在点 B 刚性连接,不计杆重,试求体系的自振频率。

解 由于体系的约束特点,两个质点都只可能作水平方向的运动,所以,这是一个单自由度体系,振动时质点的振幅是水平方向的。为了计算柔度系数 δ_{11},在质点上沿水平方向施加单位力并作出弯矩图,如图 8-12(b)。由位移计算的图乘法求得

$$\delta_{11}=\frac{1}{EI}\left(\frac{l^2}{2}\cdot\frac{2l}{3}\right)\times 2=\frac{2l^3}{3EI}$$

代入式(8-12)中的第二式,得自振频率

$$\omega=\sqrt{\frac{1}{m\delta_{11}}}=\sqrt{\frac{3EI}{(m_1+m_2)l^3}}$$

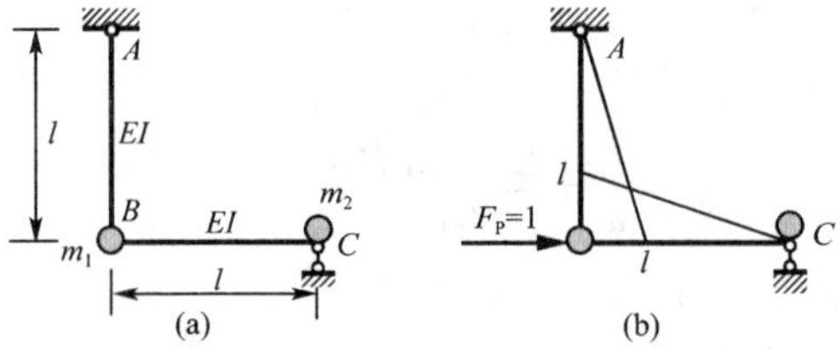

图 8-12

【例 8-4】 体系如图 8-13(a)所示。横梁 BC 与刚性竖杆在点 B 刚性连接。忽略各杆的质量,试求此体系的自振频率。

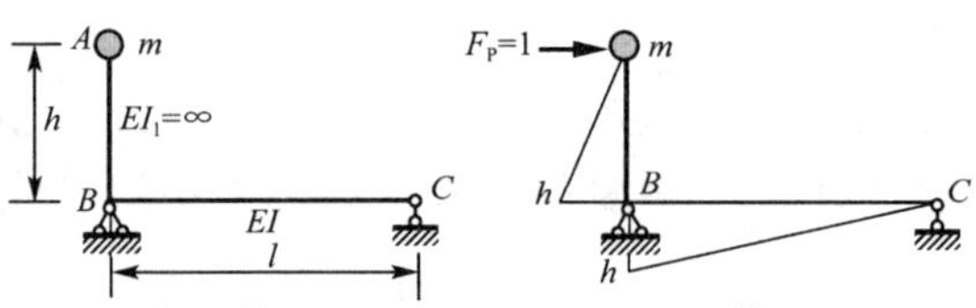

图 8-13

解 这是一个单自由度体系,振动时质点作水平方向运动。为计算柔度系数 δ_{11},在质点上沿水平方向施加单位力并作出弯矩图,如图 8-13(b)。由图乘法求得

$$\delta_{11}=0+\frac{1}{EI}\left(\frac{hl}{2}\cdot\frac{2h}{3}\right)=\frac{h^2l}{3EI}$$

代入式(8-12)中的第二式,得自振频率

$$\omega=\sqrt{\frac{1}{m\delta_{11}}}=\sqrt{\frac{3EI}{mh^2l}}$$

【例 8-5】 平面桁架如图 8-14(a)所示。下弦中部有一质量为 m 的物体,各杆 EA 均为常量,忽略各杆的质量,试求此体系的自振频率。

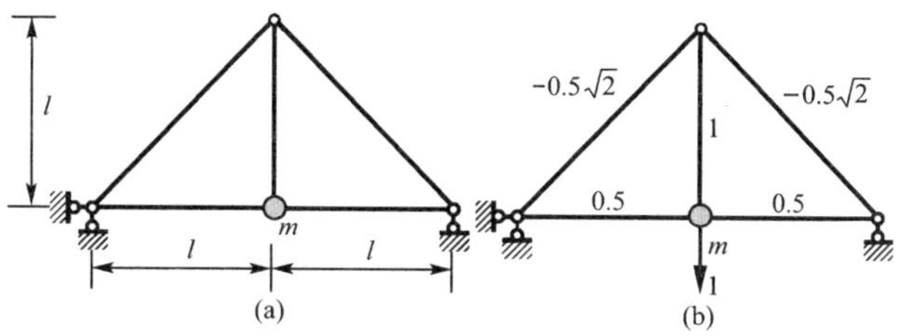

图 8-14

解　此桁架为梁式桁架,振动时质点 m 作铅垂方向运动,所以,这是一个单自由度体系。为计算柔度系数 δ_{11},在质点上沿铅垂方向施加单位力并作出轴力图,如图 8-14(b)。由位移计算公式求得

$$\delta_{11}=\sum\frac{\overline{F_N}^2 l}{EA}=\frac{1}{EA}((-0.5\sqrt{2})^2\times\sqrt{2}l\times 2+0.5^2\cdot l\times 2+1^2\cdot l)=\frac{l}{EA}(1.5+\sqrt{2})$$

代入式(8-12)中的第二式,得自振频率

$$\omega=\sqrt{\frac{1}{m\delta_{11}}}=\sqrt{\frac{EA}{(1.5+\sqrt{2})ml}}$$

【例 8-6】 门式刚架如图 8-15(a)所示,柱的弯曲刚度为 EI,横梁刚度 $EI_1=\infty$;横梁与负荷的总质量为 m,柱的质量可忽略不计。试求刚架水平振动的自振频率。

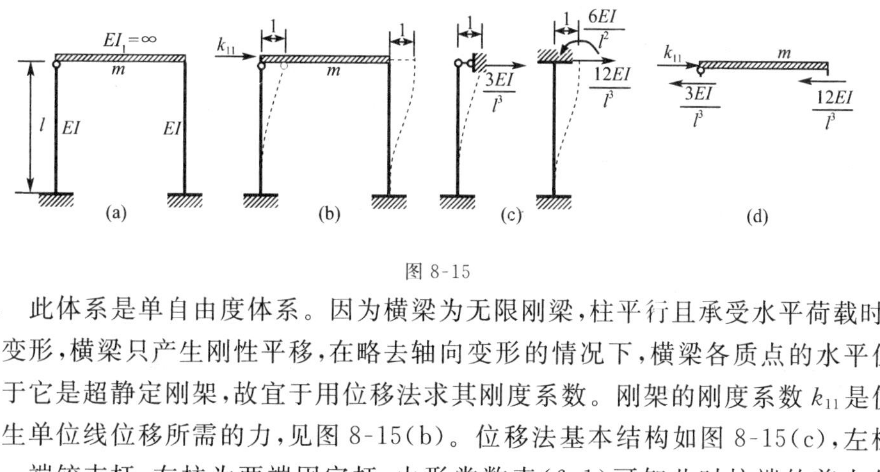

图 8-15

解　此体系是单自由度体系。因为横梁为无限刚梁,柱平行且承受水平荷载时,柱产生弯曲变形,横梁只产生刚性平移,在略去轴向变形的情况下,横梁各质点的水平位移相同。由于它是超静定刚架,故宜于用位移法求其刚度系数。刚架的刚度系数 k_{11} 是使刚架横梁发生单位线位移所需的力,见图 8-15(b)。位移法基本结构如图 8-15(c),左柱为一端固定一端铰支杆、右柱为两端固定杆,由形常数表(6-1)可知此时柱端的剪力分别为 $\frac{3EI}{l^3}$、$\frac{12EI}{l^3}$。取横梁为隔离体如图 8-15(d),由平衡条件得

$$k_{11}=\frac{3EI}{l^3}+\frac{12EI}{l^3}=\frac{15EI}{l^3}$$

代入式(8-12)中的第一式,得自振频率

$$\omega=\sqrt{\frac{k_{11}}{m}}=\sqrt{\frac{15EI}{ml^3}}$$

【例 8-7】 图 8-16(a)所示梁右端固定，左端为弹性支座，弹簧刚度系数为 $k=\frac{6EI}{l^3}$，在左端有一质量为 m 的物体。梁的弯曲刚度为 EI，其质量可忽略不计。试求梁的自振频率。

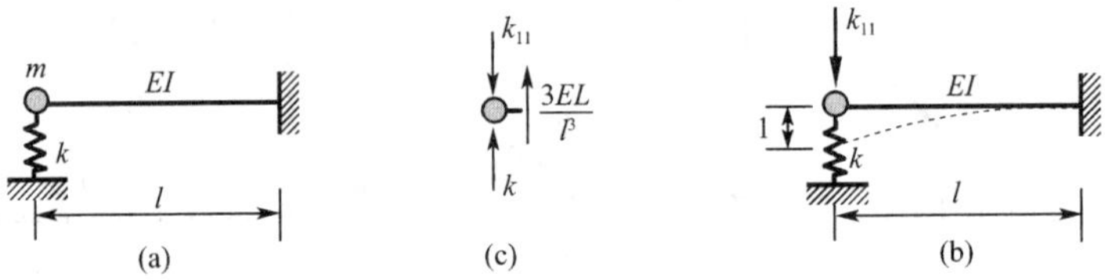

图 8-16

解 此体系是超静定的单自由度体系，宜于用位移法求其刚度系数。刚度系数 k_{11} 是使梁左端发生单位线位移所需的力，见图 8-16(b)。按一端固定一端铰支杆，由形常数表(6-2)可知此时柱端的剪力为 $\frac{3EI}{l^3}$。取质点为隔离体如图 8-16(c)，由平衡条件得

$$k_{11}=\frac{3EI}{l^3}+k=\frac{9EI}{l^3}$$

代入式(8-12)中的第一式，得自振频率

$$\omega=\sqrt{\frac{k_{11}}{m}}=\sqrt{\frac{9EI}{ml^3}}$$

从以上例题可见，对于各质点惯性力共线的单自由度体系，可直接利用频率计算公式(8-12)计算自振频率。计算时，对于静定结构一般计算柔度系数方便；对于超静定结构则计算刚度系数方便。计算刚度系数时，常用到以下两种侧移刚度：

两端刚结杆的侧移刚度为 $\frac{12EI}{l^3}$，一端固定一端铰支杆的侧移刚度为 $\frac{3EI}{l^3}$。

【例 8-8】 图 8-17(a)所示体系，左端为弹性支座，弹簧刚度系数为 k，各杆均为刚性杆，其质量可忽略不计。试求体系的自振频率。

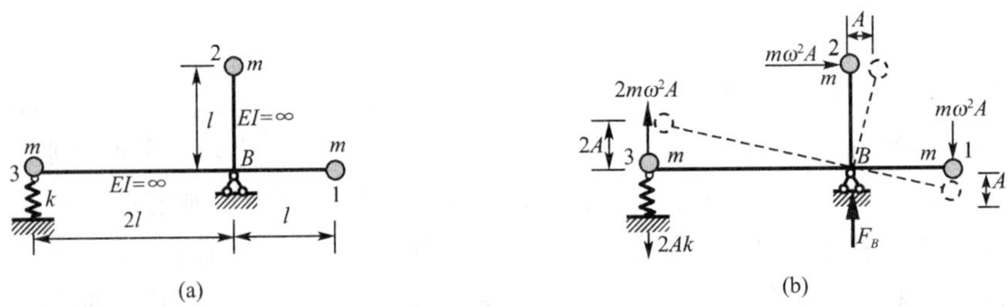

图 8-17

解 此体系为单自由度体系，但有三个质点且惯性力不共线，不能用公式(8-12)计算自振频率。现在用幅值方程法计算频率。设右端点 1 质点 m 的振幅为 A，则点 2、点 3 处质点 m 的振幅分别为 A、$2A$，将与质点振幅相应的惯性力的幅值 $m\omega^2A$、$2m\omega^2A$ 及弹性支座的反力 $2Ak$ 作用在体系上，如图 8-17(b)。由平衡方程 $\sum M_B=0$，得

$$m\omega^2A\cdot l+m\omega^2A\cdot l+2m\omega^2A\cdot 2l-2Ak\cdot 2l=0$$

上式整理为

$$A(6m\omega^2-4k)=0$$

因为 $A\neq 0$，故有

$$6m\omega^2-4k=0$$

得

$$\omega=\sqrt{\frac{2k}{3m}}$$

8.2.2　有阻尼的自由振动

对于考虑阻尼作用的单自由度体系自由振动，作用在振动质点上的力除弹性力、惯性力外，还作用着阻尼力。令 $F_P(t)=0$，则由式(8-3)可得相应的自由振动微分方程为

$$m\ddot{y}+c\dot{y}+k_{11}y=0 \tag{8-13}$$

或为

$$\ddot{y}+\frac{c}{m}\dot{y}+\frac{k_{11}}{m}y=0$$

注意到

$$\omega^2=\frac{k_{11}}{m}$$

定义阻尼比 ξ

$$\xi=\frac{c}{2m\omega}=\frac{c}{c_{cr}} \tag{8-14}$$

其中 $c_{cr}=2m\omega$，称为临界阻尼系数；ξ 即系统的阻尼系数与临界阻尼系数之比值。则有阻尼的自由振动微分方程式(8-13)可改写为

$$\ddot{y}+2\xi\omega\dot{y}+\omega^2y=0 \tag{8-15}$$

这是一个常系数齐次线性微分方程，设其解的形式为 $y(t)=Ce^{rt}$，其特征方程为

$$r^2+2\xi\omega r+\omega^2=0 \tag{a}$$

解得

$$r_{1,2}=\omega(-\xi\pm\sqrt{\xi^2-1}) \tag{b}$$

于是方程(8-15)的一般解为

$$y(t)=C_1e^{r_1t}+C_2e^{r_2t}$$

讨论阻尼的三种情况如下：

1. 强阻尼情况

即系统的阻尼系数大于临界阻尼系数的情况($\xi>1$)。此时，r_1 和 r_2 为两个负的实根，方程(8-15)的解为

$$y(t)=e^{-\xi\omega t}(C_1\operatorname{sh}\sqrt{\xi^2-1}\omega t+C_2\operatorname{ch}\sqrt{\xi^2-1}\omega t) \tag{8-16}$$

这不是一个周期函数，亦即在强阻尼情况下不会发生振动。

2. 临界阻尼情况

即系统的阻尼系数等于临界阻尼系数的情况($\xi=1$)。此时，$r_{1,2}=-\omega$，方程(8-15)的解为

$$y(t)=e^{-\omega t}(C_1+C_2) \tag{8-17}$$

也不是周期函数，说明在临界阻尼情况下也不发生振动。

以上两种情况的时间-位移曲线如图 8-18 所示。由于它们都不发生振动，以后均不再讨论。作为比较，图 8-18 中还给出了弱阻尼情况($\xi<1$)的曲线。

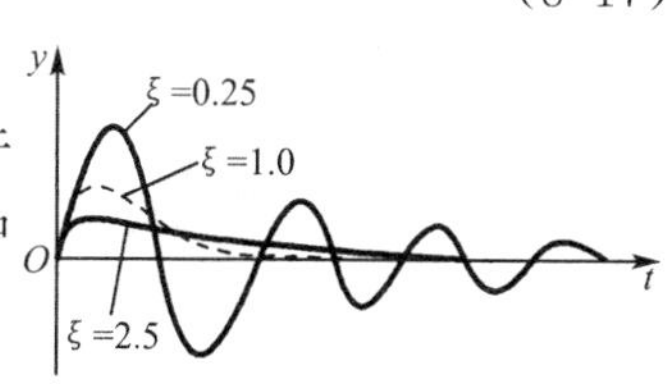

图 8-18

3. 弱阻尼情况

即系统的阻尼系数小于临界阻尼系数的情况($\xi<1$)。此时,r_1和r_2为两个共轭复数,分别为$r_{1,2}=\omega(-\xi\pm i\sqrt{1-\xi^2})$,令

$$\omega'=\omega\sqrt{1-\xi^2} \tag{8-18}$$

则方程(8-15)的一般解为

$$y(t)=\mathrm{e}^{-\xi\omega t}(C_1\cos\omega' t+C_2\sin\omega' t) \tag{c}$$

积分常数C_1、C_2由初始条件求得

$$C_1=y_0,C_2=\frac{v_0+\xi\omega y_0}{\omega'}$$

于是式(c)可改写为

$$y(t)=\mathrm{e}^{-\xi\omega t}\left(y_0\cos\omega' t+\frac{v_0+\xi\omega y_0}{\omega'}\sin\omega' t\right) \tag{8-19}$$

这就是单自由度体系有阻尼自由振动的振动方程。上式也可以写成单项形式

$$y(t)=A\mathrm{e}^{-\xi\omega t}\sin(\omega' t+\varphi) \tag{8-20}$$

式中

$$\left.\begin{aligned}A&=\sqrt{y_0^2+\left(\frac{v_0+\xi\omega y_0}{\omega'}\right)^2}\\ \varphi&=\arctan\frac{y_0\omega'}{v_0+\xi\omega y_0}\end{aligned}\right\} \tag{8-21}$$

下面讨论弱阻尼振动的特性:

(1)由式(8-20)可知,弱阻尼的自由振动是一个衰减振动。其时间-位移曲线如图8-19所示。它并不是严格定义的周期运动,但习惯上仍称此时间间隔$T'=2\pi/\omega'$为周期,并称这种振动为衰减性周期振动。ω'为此衰减振动的圆频率,$A\mathrm{e}^{-\xi\omega t}$则为振幅。

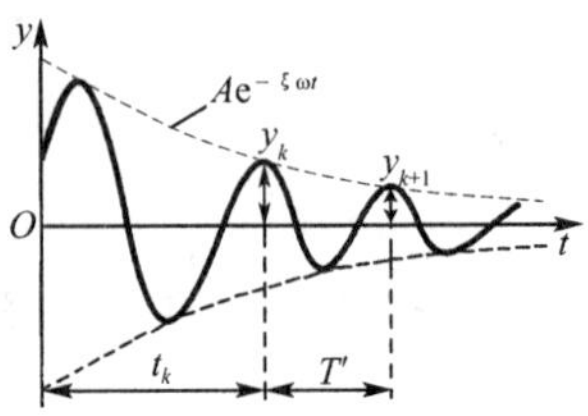

图8-19

(2)实际工程中阻尼比ξ的值与1相比很小(钢结构的大约为0.01~0.02,钢筋混凝土结构的大约为0.05),ξ^2更可忽略不计,于是由式(8-18)可知

$$\omega'=\omega$$

说明阻尼对自振频率的影响不大,可以忽略。因此今后在讨论有阻尼振动时,自振频率和周期就使用无阻尼振动时的自振频率和周期。

(3)若用A_n表示某一时刻t_n的振幅,A_{n+1}表示经过一个周期T'后的振幅,则有

$$\frac{A_n}{A_{n+1}}=\frac{A\mathrm{e}^{-\xi\omega t_n}}{A\mathrm{e}^{-\xi\omega(t_n+T')}}=\mathrm{e}^{\xi\omega T'} \tag{8-22}$$

上式表明,相隔一周期后的两个振幅之比为一常数,即振幅是按等比级数递减的。在有阻尼的振动问题中,阻尼比ξ是非常重要的一个参数。对式(8-22)两边取对数,得

$$\ln\left(\frac{A_n}{A_{n+1}}\right)=\xi\omega T'$$

令

$$\Lambda=\ln\left(\frac{A_n}{A_{n+1}}\right) \tag{8-23}$$

它称为振幅的对数递减量，即对数减缩，则有

$$\Lambda=\xi\omega T'=2\pi\xi\frac{\omega}{\omega'}$$

因此得

$$\xi\approx\frac{\Lambda}{2\pi} \tag{8-24}$$

若用 y_n 和 y_{n+k} 表示两个相隔 k 个周期的振幅，由公式(8-22)可得

$$\ln\left(\frac{A_n}{A_{n+k}}\right)=\xi\omega kT'$$

令

$$\Lambda_k=\ln\left(\frac{A_n}{A_{n+k}}\right)$$

则

$$\xi\approx\frac{\Lambda_k}{2k\pi} \tag{8-25}$$

利用式(8-23)～(8-25)即可根据实测的振幅数据来计算阻尼比 ξ。

【例 8-9】 某厂房的计算简图如图 8-20 所示。设横梁的 $EI=\infty$，屋盖的质量和柱子的部分质量均集中在横梁处，共计为 m。在刚性横梁处加水平力 $F_P=9.8$ kN，测得侧移 $A_0=5$ mm，然后突然卸荷使结构发生水平自由振动。此时测得的周期 $T=1.50$ s 及一个周期后刚架的测移为 $A_1=4$ mm，试求刚架振动时参与振动的质量 m、阻尼比 ξ 和阻尼系数 c。

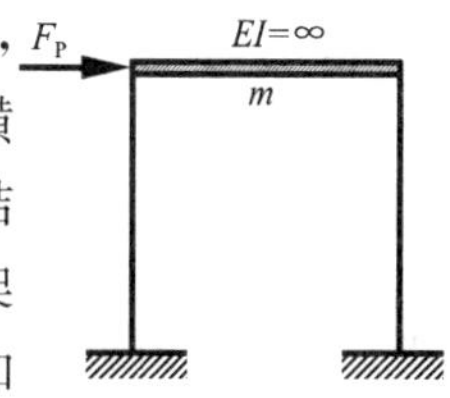

图 8-20

解　由式(8-23)得

$$\Lambda=\ln\left(\frac{A_n}{A_{n+1}}\right)=\ln\left(\frac{5}{4}\right)=0.223$$

由式(8-24)求得阻尼比为

$$\xi\approx\frac{\Lambda}{2\pi}=\frac{0.223}{2\pi}=0.0355$$

又

$$\omega=\frac{2\pi}{T}=\frac{2\pi}{1.5}=4.189\ \text{s}^{-1}$$

$$k_{11}=\frac{F_P}{A_0}=\frac{9.8\times10^3}{5\times10^{-3}}=1.96\times10^6\ \text{N/m}$$

再由

$$k_{11}=m\omega^2$$

得参与振动的质量为

$$m=\frac{k_{11}}{\omega^2}=\frac{1.96\times10^6}{4.189^2}=111695\ \text{kg}$$

算得阻尼系数

$$c=\xi\times2m\omega=0.0355\times2\times111695\times4.189=33220\ \text{kg/s}$$

【例 8-10】 测得某结构的自振周期 $T=0.25$ s，阻尼比 $\xi=0.08$。若结构因有初始位移 y_0 而振动，求自振振幅衰减到 y_0 的 5％以下所需的时间。

解　设振动 k 个周期后，振幅 y_k 衰减到 y_0 的 5％以下，则由公式(8-23)和(8-25)可知

$$\Lambda_k=\ln\left(\frac{A_n}{A_{n+k}}\right)=\ln\left(\frac{y_0}{y_k}\right),\quad \xi\approx\frac{\Lambda_k}{2k\pi}$$

故

$$k=\frac{\Lambda_k}{2\pi\xi}=\frac{1}{2\pi\xi}\ln\left(\frac{y_0}{y_k}\right)=\frac{1}{2\pi\times0.08}\ln\left(\frac{1}{0.05}\right)=5.96$$

即在 6 个周期后，振幅衰减到初始位移 y_0 的 5%以下，其所需时间为

$$6T=6\times0.25=1.5\text{ s}$$

由此可见当考虑阻尼作用时，自由振动衰减是很快的。

8.3 单自由度体系的强迫振动

8.3.1 无阻尼强迫振动的一般方程

强迫振动是指系统在动力荷载 $F_P(t)$ 作用下所产生的振动。此时，动力荷载称为干扰力。在不考虑阻尼力($F_c(t)=0$)的情况下，由式(8-3)可知，质点的强迫振动微分方程为：

$$m\ddot{y}+k_{11}y=F_P(t) \tag{8-26a}$$

注意到

$$\omega^2=\frac{k_{11}}{m}$$

则质点的强迫振动微分方程可改写为

$$\ddot{y}+\omega^2 y=\frac{F_P(t)}{m} \tag{8-26b}$$

式(8-26a)、式(8-26b)为单自由度体系无阻尼强迫振动的一般方程。

8.3.2 简谐荷载作用下结构的强迫振动

1. 简谐荷载作用下的强迫振动运动方程

系统受简谐荷载作用是研究强迫振动的基础。这种荷载不但在实际工程中较常见，更重要的是系统在其他类型的动力荷载作用下的强迫振动都可以化成简谐荷载作用下的某种组合。所以，本章着重讨论简谐荷载作用下的强迫振动。

设简谐荷载为

$$F_P(t)=F_P\sin\theta t \tag{a}$$

其中 θ 为简谐荷载的圆频率。F_P 为荷载的最大值，称为干扰力的幅值。将式(a)代入式(8-26b)得

$$\ddot{y}+\omega^2 y=\frac{F_P}{m}\sin\theta t \tag{b}$$

式(b)是二阶线性常系数齐次微分方程，它的全解由两部分组成

$$y=\bar{y}+y^*$$

齐次解 $\bar{y}$ 是无阻力自由振动的解，已在上节求出，即

$$\bar{y}=C_1\cos\omega t+C_2\sin\omega t$$

特解为 y^*

$$y^*=D\sin\theta t \tag{c}$$

将式(c)代入式(b)，得

$$(-\theta^2+\omega^2)D\sin\theta t=\frac{F_P}{m}\sin\theta t$$

由此得

$$D=\frac{F_P}{m(\omega^2-\theta^2)}$$

故特解为

$$y^*=\frac{F_P}{m(\omega^2-\theta^2)}\sin\theta t$$

于是微分方程式(b)的全解为

$$y(t)=C_1\cos\omega t+C_2\sin\omega t+\frac{F_P}{m(\omega^2-\theta^2)}\sin\theta t \tag{d}$$

其中积分常数 C_1、C_2 可由初始条件确定。

式(d)就是单自由度体系无阻尼强迫振动的运动方程。由两部分构成：第一部分按自振频率 ω 振动，称为伴生自由振动；第二部分是按照干扰力的频率 θ 而进行的振动。振动刚开始时两种振动同时存在，称为过渡阶段。由于实际振动过程中存在阻尼力，伴生自由振动将很快衰减掉，只留下按荷载频率的振动，此阶段称为平稳阶段。平稳阶段振动的振幅和频率都是恒定的，故称为稳态强迫振动。在振动计算中，通常都不考虑过渡阶段，而只计算体系按干扰力频率进行的稳态强迫振动。

当稳态强迫振动时

$$y(t)=\frac{F_P}{m(\omega^2-\theta^2)}\sin\theta t=\frac{1}{\left(1-\frac{\theta^2}{\omega^2}\right)}\frac{F_P}{m\omega^2}\sin\theta t \tag{e}$$

由于

$$\omega^2=\frac{k_{11}}{m}=\frac{1}{m\delta_{11}}$$

故

$$\frac{F_P}{m\omega^2}=F_P\delta_{11}=y_{st} \tag{f}$$

上式中 y_{st} 为将干扰力幅值 F_P 视为静荷载作用于体系时所引起的位移，通常称为最大静位移。

将式(f)代入式(e)得稳态强迫振动的运动方程

$$y(t)=y_{st}\frac{1}{\left(1-\frac{\theta^2}{\omega^2}\right)}\sin\theta t \tag{8-27}$$

2. 强迫振动的动力系数

引入动力系数 μ(或放大系数)

$$\mu=\frac{1}{\left(1-\frac{\theta^2}{\omega^2}\right)}=\frac{1}{1-\beta^2} \tag{8-28}$$

式(8-28)中，$\beta=\frac{\theta}{\omega}$，称为频比。则式(8-27)可改写为

$$y(t)=\mu y_{st}\sin\theta t \tag{8-29}$$

由式(8-29)可知,在简谐荷载作用下动位移的幅值,即最大动位移等于最大静位移 y_{st} 乘上动力系数 μ。动力系数 μ 的大小反映了结构动力反应的强弱。

3. 强迫振动的特性

由动力系数表达式(8-28)可知,动力系数 μ 随频比 $\beta=\theta/\omega$ 而变化。变化的关系见图 8-21。

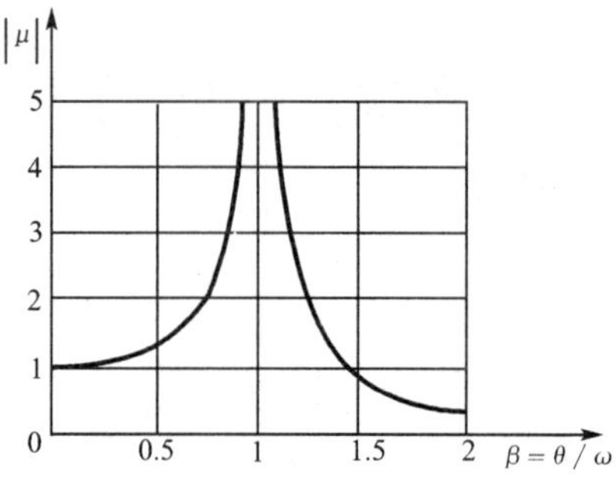

图 8-21

从图中可以看出强迫振动的如下特性:

(1)当 $\omega>>\theta$ 时,即 $\beta\to 0$,这时 $\mu\to 1$。这种情况相当于静力作用。通常当 $\beta\leqslant 0.2$,即当系统刚度很大,而干扰力的频率很小时,荷载变化得很慢,可将其视为静力荷载。

(2)当 $\omega=\theta$ 时,即 $\beta=1$,这时 $\mu\to\infty$。即振幅趋于无穷大,这种现象称为共振。实际上由于阻尼的存在,共振时振幅不会无限增大。通常把 $0.75<\beta<1.25$ 称为共振区,由于共振时将产生很大的内力和位移,在工程实践中应尽量避免结构频率在共振区内。

(3)当 $\omega<<\theta$ 时,即 $\beta>>1$,这时按式(8-28)μ 值为负值,并且趋于零。这表明高频简谐荷载作用下,体系振幅趋近于零,体系处于静止状态。当 θ 很大时,荷载变化很快,结构来不及反应。当系统刚度很小而干扰力频率较高时就是这种情况。技术上常利用这一特性来设计减振装置。

(4)由式(8-28)可知,当 $\theta<\omega$ 时,μ 为正,表示动位移与干扰力的指向一致;当 $\theta>\omega$ 时,μ 为负值,表示动位移与干扰力的指向相反。但由于振动是往复的,工程设计中要求的是振幅绝对值,对于单自由度体系的振动计算来说 μ 的正负并无实际意义,常取其绝对值。故图 8-21 中,$\beta=\theta/\omega>1$ 部分的 μ 值仍画在横坐标的上方。

4. 用动力系数法计算强迫振动时结构动位移和动内力的最大值

当简谐荷载作用在单自由度体系的质点上,且其作用线与质点运动方向一致时,荷载与惯性力共线。由于体系上各截面的内力、位移都与质点处的位移成正比,故各截面的动内力和动位移可采用统一的动力系数,只需将干扰力幅值乘以动力系数按静力方法来计算即可。

【例 8-11】 某刚架如图 8-22(a)所示。已知动力荷载 $F_P\sin\theta t$,$\theta=0.5\omega$,试求刚架振幅和动弯矩幅值图。

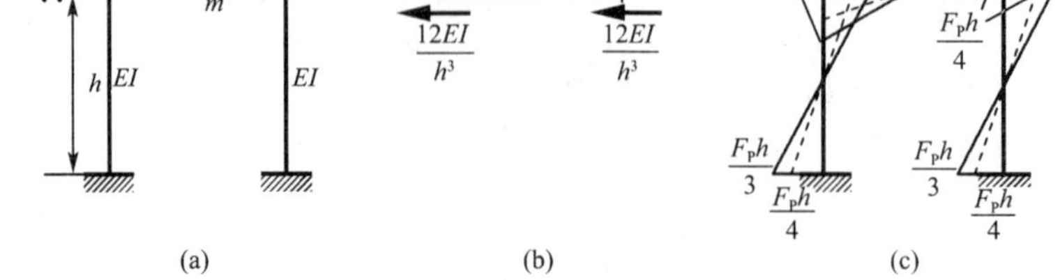

图 8-22

解 (1)求动力系数

$$\mu=\frac{1}{1-\left(\frac{\theta}{\omega}\right)^2}=\frac{1}{1-0.5^2}=\frac{4}{3}$$

(2)求刚度系数和振幅

取横梁为隔离体如图 8-22(b),由平衡条件得

$$k_{11}=\frac{12EI}{h^3}+\frac{12EI}{h^3}=\frac{24EI}{h^3}$$

则

$$y_{st}=\frac{F_P}{k_{11}}=\frac{F_Ph^3}{24EI}$$

振幅为

$$A=\mu y_{st}=\frac{4}{3}\cdot\frac{F_Ph^3}{24EI}=\frac{F_Ph^3}{18EI}$$

(3)作动弯矩幅值图

将干扰力幅值 F_P 加在结构上,其静力弯矩图如图 8-22(c)中虚线所示,各杆端静弯矩为$\frac{F_Ph}{4}$,而动弯矩幅值图如图中实线所示,各杆端动弯矩幅值为$\frac{4}{3}\frac{F_Ph}{4}=\frac{F_Ph}{3}$。

【例 8-12】 由 14 号工字钢制成的简支梁如图 8-23(a)所示,跨长 $l=4$ m,材料的弹性模量 $E=206$ GPa,截面的惯性矩 $I=712\times10^{-8}\,\text{m}^4$,梁跨中安装有总重量 $W=1500$ N 的电动机。电动机偏心重量 $Q=320$ N,机器转速 $n=400$ r/min,偏心距 $e=0.3$ mm,如图 8-23(b)。不计体系的阻尼,且不计梁的自重。求梁的最大动挠度及最大动力弯矩。

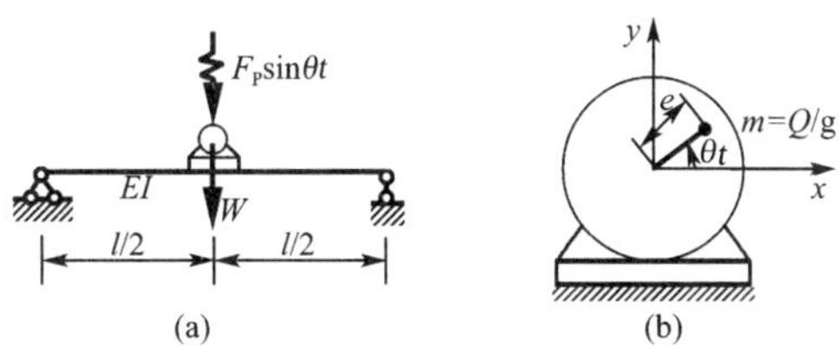

图 8-23

解 (1)计算干扰力的频率

$$\theta=\frac{2\pi n}{60}=\frac{2\pi\times400}{60}=41.89\ \text{s}^{-1}$$

(2)计算电机偏心重量引起的干扰力

偏心质量 m 的运动方程为

$$y=e\sin\theta t$$

$$\ddot{y}=-e\theta^2\sin\theta t$$

惯性力为 $$F_I(t)=-m\ddot{y}=me\theta^2\sin\theta t$$

惯性力(即干扰力)幅值

$$F_P=me\theta^2=\frac{Q}{g}e\theta^2=\frac{320}{9.8}\times0.3\times10^{-3}\times41.89^2=17.19\ \text{N}$$

(3)计算梁的自振频率 ω

柔度系数 δ_{11} 为

$$\delta_{11}=\frac{l^3}{48EI}=\frac{4^3}{48\times206\times10^9\times712\times10^{-8}}=0.909\times10^{-6}\ \text{m}=0.909\times10^{-3}\ \text{mm}$$

故

$$\omega=\sqrt{\frac{g}{W\delta_{11}}}=\sqrt{\frac{9.8}{1500\times0.909\times10^{-6}}}=84.78\ \text{s}^{-1}$$

(4)求动力系数

$$\mu=\frac{1}{1-\left(\frac{\theta}{\omega}\right)^2}=\frac{1}{1-\left(\frac{41.89}{84.78}\right)^2}=1.323$$

(5)求梁的最大挠度

梁的最大挠度为静荷 W 作用下的位移 y_1 与强迫振动的振幅 A 之和,即

$$f_{\max}=y_1+A$$

其中

$$y_1=W\delta_{11}=1500\times0.909\times10^{-3}=1.364\ \text{mm}$$

强迫振动的振幅 $A=\mu y_{st}$,y_{st}是干扰力幅值 F_P产生的位移,数值为

$$y_{st}=F_P\delta_{11}=17.19\times0.909\times10^{-3}=0.0156\ \text{mm}$$

$$A=\mu y_{st}=1.323\times0.0156=0.0206\ \text{mm}$$

故

$$f_{\max}=y_1+A=1.364+0.0206=1.385\ \text{mm}$$

(6)求最大弯矩

梁的最大弯矩在梁的跨中,为静荷 W 作用下的弯矩与动力荷载 μF_P作用下的弯矩之和。即

$$M=\frac{Wl}{4}\pm\frac{\mu F_P l}{4}=\frac{1\ 500\times4}{4}\pm\frac{1.323\times17.19\times4}{4}=1\ 500\pm23=\begin{cases}1523\ \text{N}\cdot\text{m}\\1477\ \text{N}\cdot\text{m}\end{cases}$$

由于静荷 W 与动力荷载 μF_P作用线重合,当二者方向相同时有最大弯矩 1523 N·m,二者方向相反时有最小弯矩 1477 N·m。

5.简谐荷载不作用在质点上时结构的动力计算

必须注意,动力系数法只适用于单自由度体系在质点上受简谐荷载作用的情况。对于干扰力不作用在质点上的单自由度体系,以及多自由度体系,由于荷载与惯性力作用线不重合,结构上各截面的内力、位移没有统一的动力系数。这时可以用以下方法求解。

(1)建立运动方程求解

图 8-24(a)所示体系,将惯性力加在质点上,如图 8-24(b),则质点的动位移为

$$y(t)=\delta_{11}(-m\ddot{y})+\delta_{12}F_P\sin\theta t$$

式中 δ_{11}、δ_{12}为结构的柔度系数,其意义如图 8-24(c)、(d)所示。

上式可改写成

$$\ddot{y}+\frac{1}{m\delta_{11}}y=\frac{\delta_{12}}{m\delta_{11}}F_P\sin\theta t \tag{g}$$

注意到 $\omega^2=\frac{1}{m\delta_{11}}$,则式($g$)为

$$\ddot{y}+\omega^2y=\frac{\delta_{12}}{m\delta_{11}}F_P\sin\theta t \tag{h}$$

将此式与简谐荷载作用在质点上时结构的运动方程式(b)作比较，可知图 8-24(b)中质点的位移，相当于如图 8-24(e)所示作用在质点上的简谐荷载$\frac{\delta_{12}}{\delta_{11}}F_P\sin\theta t$产生的位移，

这时质点的振幅为

$$A=\mu y_{st}$$

其中：$y_{st}=\delta_{11}\cdot\frac{\delta_{12}}{\delta_{11}}F_P=\delta_{12}F_P$，是将$\frac{\delta_{12}}{\delta_{11}}F_P$作为静荷载作用在质点上产生的位移；

$$\mu=\frac{1}{1-\left(\frac{\theta}{\omega}\right)^2}$$

故质点的振幅为

$$A=\mu y_{st}=\frac{1}{1-\left(\frac{\theta}{\omega}\right)^2}\delta_{12}F_P=\mu\delta_{12}F_P \tag{8-30}$$

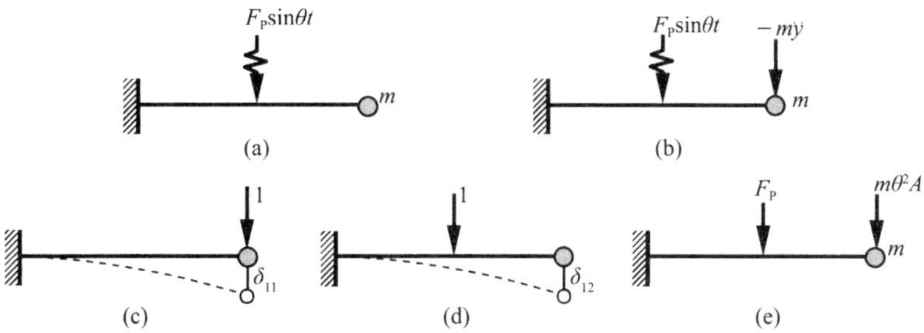

图 8-24

(2)利用幅值方程法求解

在 8.2 节介绍过对于各质点惯性力不共线的多质点单自由度体系，可利用幅值方程法计算频率。对于简谐荷载不作用在质点上的体系，即荷载与惯性力作用线不重合情况，也可利用幅值方程法计算动力反应。

由式(h)可知，简谐荷载 $F_P\sin\theta t$ 不作用在质点上的单自由度体系，质点位移仍可写成

$$y(t)=A\sin\theta t$$

则惯性力为

$$F_I(t)=-m\ddot{y}(t)=m\theta^2A\sin\theta t$$

可见荷载、质点位移和惯性力都按 $\sin\theta t$ 规律变化，三者同时达到各自的最大值。利用这一性质，可在位移幅值处建立运动方程求振幅。对于图 8-24(a)所示体系，把荷载幅值 F_P加在荷载作用处，把惯性力幅值 $m\theta^2A$ 加在质点上，如图 8-24(e)。应用叠加原理，可列出质点位移幅值方程

$$A=\delta_{11}m\theta^2A+\delta_{12}F_P$$

由此得

$$A=\frac{\delta_{12}F_P}{1-\delta_{11}m\theta^2}$$

由于 $\delta_{11}m=\frac{1}{\omega^2}$，故质点的振幅为

$$A=\frac{\delta_{12}F_P}{1-\delta_{11}m\theta^2}=\frac{\delta_{12}F_P}{1-\left(\frac{\theta}{\omega}\right)^2}=\delta_{12}F_P\mu$$

上式与前面建立运动方程求解得到的质点振幅计算公式(8-30)完全相同。

求得振幅 A 后,即可计算出惯性力幅值 $m\theta^2A$,然后按静力方法计算任意截面的动位移和动内力的最大值。

【例 8-13】 外伸梁如图 8-25(a)所示,已知梁的自振频率为 ω,简谐荷载 $F_P\sin\theta t$ 的频率 $\theta=0.6\omega$,梁的 EI 为常量,不计体系的阻尼,且不计梁的自重。求梁稳态强迫振动时跨中 C 截面及质点 m 的最大动挠度。

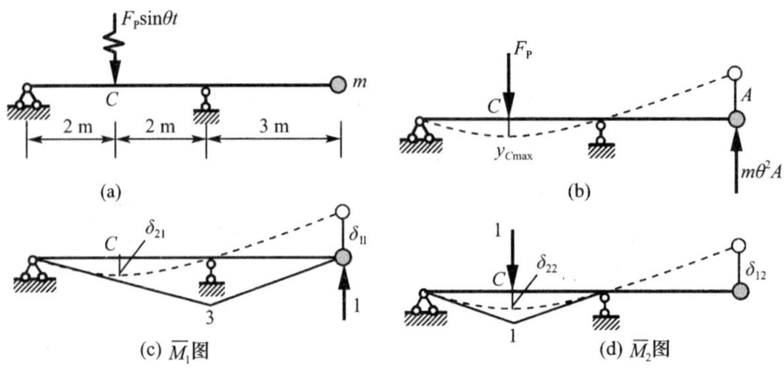

图 8-25

解 稳态强迫振动时体系以荷载的频率 θ 振动。设质点 m 的振幅为 A,将惯性力的幅值 $m\theta^2A$ 及荷载幅值 F_P 同时作用在体系上,如图 8-25(b)。令惯性力和动荷载分别为单位力,作出相应的弯矩图,如图 8-25(c)、(d)。用图乘法求得

$$\delta_{11}=\frac{1}{EI}\left(\frac{4\times3}{2}\times2+\frac{3\times3}{2}\times2\right)=\frac{21}{EI}$$

$$\delta_{22}=\frac{1}{EI}\left(\frac{2\times1}{2}\times\frac{2}{3}\right)\times2=\frac{4}{3EI}$$

$$\delta_{12}=\delta_{21}=\frac{1}{EI}\frac{4\times1}{2}\times\frac{3}{2}=\frac{3}{EI}$$

上列各式中 δ_{ij} 为结构的柔度系数,其意义如图 8-25(c)、(d)所示。应用叠加原理,可列出质点振幅方程

$$A=\delta_{11}m\theta^2A+\delta_{12}F_P$$

由此得

$$A=\frac{\delta_{12}F_P}{1-\delta_{11}m\theta^2} \qquad ①$$

由于 $\omega^2=\frac{1}{m\delta_{11}}$及已知 $\theta=0.6\omega$,故有

$$\theta^2=0.36\omega^2=\frac{0.36}{m\delta_{11}} \qquad ②$$

式②代入式①,得质点 m 的最大动挠度

$$A=\frac{\delta_{12}F_P}{1-\delta_{11}m\theta^2}=\frac{\delta_{12}F_P}{1-\frac{1}{\omega^2}(0.6\omega)^2}=\frac{\frac{3}{EI}F_P}{1-0.36}=\frac{4.688F_P}{EI}$$

同理可得 C 截面的最大动挠度为

$$y_{C\max}=\delta_{21}m\theta^2 A+\delta_{22}F_P=\delta_{21}m\frac{0.36}{m\delta_{11}}A+\delta_{22}F_P$$

$$=\frac{3}{EI}\cdot\frac{0.36EI}{21}\cdot\frac{4.688F_P}{EI}+\frac{4}{3EI}F_P=\frac{1.574F_P}{EI}$$

8.3.3　有阻尼强迫振动

考虑阻尼时，强迫振动的振动微分方程如式(8-3)所示，为

$$m\ddot{y}+c\dot{y}+k_{11}y=F_P(t)$$

这是一个完整的二阶常系数非齐次微分方程式。它的全解由通解和特解两部分组成，为

$$y=\bar{y}+y^*$$

齐次方程的通解 $\bar{y}$ 已在上节求出，即

$$\bar{y}(t)=e^{-\xi\omega t}(C_1\cos\omega' t+C_2\sin\omega' t)$$

其中积分常数 C_1、C_2 可由初始条件确定。

特解 y^* 与干扰力有关，不同的干扰力其特解的形式不同。

1. 干扰力为简谐荷载 $F_P(t)=F_P\sin\theta t$ 时

考虑阻尼影响时受简谐荷载作用的质点运动方程

$$\ddot{y}+2\xi\omega\dot{y}+\omega^2 y=\frac{F_P}{m}\sin\theta t \tag{8-31}$$

设特解为

$$y(t)=B_1\cos\theta t+B_2\sin\theta t$$

代入式(8-31)，经整理可得

$$\left.\begin{aligned}B_1&=\frac{-2\xi\omega\theta}{(\omega^2-\theta^2)^2+4\xi^2\omega^2\theta^2}\frac{F_P}{m}\\B_2&=\frac{\omega^2-\theta^2}{(\omega^2-\theta^2)^2+4\xi^2\omega^2\theta^2}\frac{F_P}{m}\end{aligned}\right\}$$

与齐次解叠加，得方程的全解为

$$y(t)=B_1\cos\theta t+B_2\sin\theta t+e^{-\xi\omega t}(C_1\cos\omega' t+C_2\sin\omega' t) \tag{8-32}$$

由上式可见，振动由两部分组成，第一部分振动的频率按干扰力频率 θ 进行；而另一部分的频率则按体系的自振频率 ω 进行。由于阻尼作用，后一部分将很快衰减而消失，最后只剩下频率为 θ 的稳态强迫振动。

由式(8-32)可知，稳态强迫振动方程为

$$y(t)=B_1\cos\theta t+B_2\sin\theta t \tag{g}$$

令

$$B_1=-A\sin\varphi,B_2=A\cos\varphi \tag{h}$$

则式(g)可表达为单项形式

$$y(t)=A\sin(\theta t-\varphi) \tag{8-33}$$

上式中 A 为有阻尼强迫振动的振幅；φ 为位移与干扰力之间的相位差。

利用式(h)和式(8-31)可求得

$$\left.\begin{aligned}A&=\frac{1}{\sqrt{(\omega^2-\theta^2)^2+4\xi^2\omega^2\theta^2}}\frac{F_P}{m}\\\varphi&=\arctan\left(\frac{2\xi\omega\theta}{\omega^2-\theta^2}\right)\end{aligned}\right\} \tag{8-34}$$

注意到 $y_{st}=\frac{F_P}{m\omega^2}$ 和频比 $\beta=\frac{\theta}{\omega}$，则振幅 A 可写为

$$A=\frac{1}{\sqrt{(1-\beta^2)^2+4\xi^2\beta^2}}y_{st} \tag{8-35}$$

于是有阻尼强迫振动的运动方程为

$$y(t)=\frac{1}{\sqrt{(1-\beta^2)^2+4\xi^2\beta^2}}y_{st}\sin(\theta t-\varphi)$$

令动力系数 μ 为

$$\mu=\frac{1}{\sqrt{(1-\beta^2)^2+4\xi^2\beta^2}} \tag{8-36}$$

则

$$y(t)=\mu y_{st}\sin(\theta t-\varphi) \tag{8-37}$$

由式(8-36)可知，动力系数 μ 不仅与频比 β 有关，而且还与阻尼比 ξ 有关。图 8-26 表示动力系数 μ 与频比 β 和阻尼比 ξ 的关系。

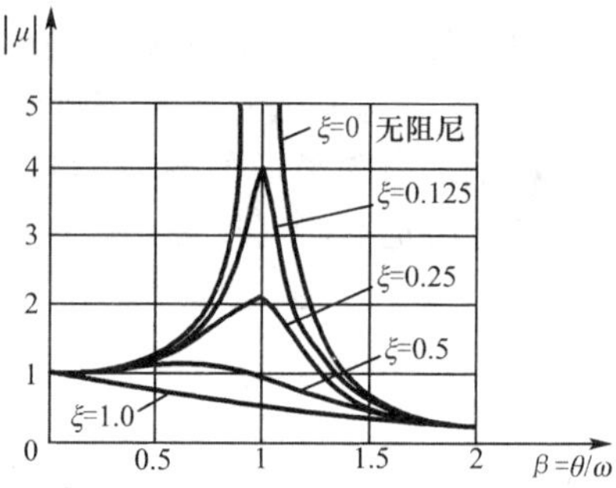

图 8-26

从图中可以看出有阻尼强迫振动的如下特性：

(1)阻尼对简谐荷载的动力系数 μ 的影响较大。在 $0.75<\beta<1.25$ 范围内，阻尼的减振作用非常明显，大大地减小了 μ 值。特别是在 $\beta=1$ 附近，μ 的峰值明显下降。但在这范围以外，阻尼对 μ 值的影响较小，可按无阻尼来计算。当 $\theta>>\omega$ 时，则 μ 很小。这表明质量 m 接近于不动或只作极微小的振动。

(2)在 $\beta=1$ 的共振情况下，由式(8-36)求得动力系数为

$$\mu=\frac{1}{2\xi} \tag{8-38}$$

可见，在考虑阻尼影响时，共振时动力系数不是无限大，而是一个有限值。共振时($\theta=\omega$)，动荷恰与阻尼力平衡，运动呈现稳态，故不会出现位移为无限大的情况。而在无阻尼强迫振动时，因不存在阻尼力来平衡动荷载，才出现位移为无限大的现象。研究共振时的动力反应，阻尼的影响是不容忽视的。

常把 $0.75<\beta<1.25$ 区段称为共振区。只要 β 落入共振区内，从偏于安全考虑，即按共振处理，动力系数按式(8-38)计算。若 β 在共振区外，则可忽略阻尼的影响，动力系数按式(8-28)计算。

(3)利用求极值的方法可知，μ 的最大值发生在 $\beta=\sqrt{1-2\xi^2}$ 处，但因 ξ 的值通常都很小，故计算时可近似地将 $\beta=1$ 时的 μ 值作为最大值。

此外，由式(8-33)可知，阻尼体系的位移 $y(t)$ 和干扰力 $F_P(t)$ 不同步，其相位差 φ 由式(8-34)确定，即

$$\varphi=\arctan\left(\frac{2\xi\omega\theta}{\omega^2-\theta^2}\right)=\arctan\frac{2\xi\beta}{1-\beta^2}$$

也就是说，只要有阻尼存在，位移总是滞后于振动荷载。

【例 8-14】 简支梁跨中安装有质量 $m=3600$ kg 的电动机，如图 8-27 所示。偏心质量在转动时产生的离心力幅值 $F_P=1800$ N。设梁为 28b 号工字钢（$I=7480$ cm^4，$W=534$ cm^3），$E=206$ GPa，$[\sigma]=120$ MPa。设电动机转速为 $n=500$ r/min，若体系的阻尼比 $\xi=0.02$。试验算梁的强度。

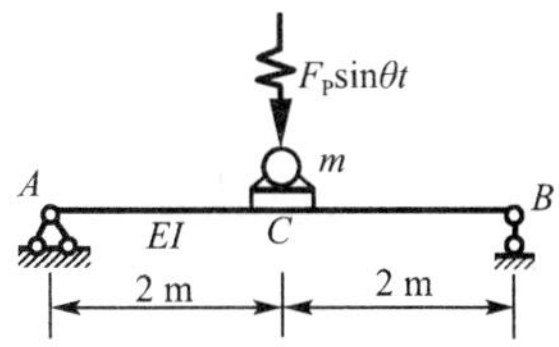

图 8-27

解　(1)计算干扰力的频率 θ

$$\theta=\frac{2\pi n}{60}=\frac{2\pi\times500}{60}=52.36\ \text{s}^{-1}$$

(2)计算梁的自振频率 ω

$$\delta_{11}=\frac{l^3}{48EI}=\frac{4^3}{48\times206\times10^9\times7480\times10^{-8}}=0.87\times10^{-7}\ \text{m}$$

故

$$\omega=\sqrt{\frac{1}{m\delta_{11}}}=\sqrt{\frac{1}{3600\times0.87\times10^{-7}}}=56.51\ \text{s}^{-1}$$

(3)求动力系数

计算频比

$$\beta=\frac{\theta}{\omega}=\frac{52.36}{56.51}=0.93$$

此时系统落入共振区，动力系数按共振计算，为 $\mu=\frac{1}{2\xi}=\frac{1}{2\times0.02}=25$

(4)求梁的最大应力

梁的最大弯矩在梁跨中，为静荷 mg 作用下的弯矩与动力荷载 μF_P 作用下的弯矩之和

$$M=\frac{mgl}{4}+\frac{\mu F_Pl}{4}=\frac{3600\times9.8\times4}{4}+\frac{25\times1800\times4}{4}=35280+45000=80280\ \text{N}\cdot\text{m}$$

$$\sigma_{\max}=\frac{M}{W}=\frac{80280}{534\times10^{-6}}=150.3\ \text{MPa}>120\ \text{MPa}$$

可见，28b 号工字钢的强度不满足要求。

讨论：此梁由静荷 mg 产生的最大静应力为 $\sigma=\frac{35\,280}{534\times10^{-6}}=66.1$ MPa，只是因为共振，以致动应力很大，不满足强度要求。如果改变梁的截面尺寸，使自振频率改变，可以避免共振。

若选小一些的截面，设选用 22b 号工字钢（$I=3570$ cm^4，$W=325$ cm^3），则

$$\delta_{11}=\frac{l^3}{48EI}=\frac{4^3}{48\times206\times10^9\times3570\times10^{-8}}=0.181\times10^{-6}\text{m}$$

$$\omega=\sqrt{\frac{1}{m\delta_{11}}}=\sqrt{\frac{1}{3600\times0.181\times10^{-6}}}=39.18\ \text{s}^{-1}$$

计算频比

$$\beta=\frac{\theta}{\omega}=\frac{52.36}{39.18}=1.34$$

这时系统已脱离共振区，可忽略阻尼的影响，动力系数按式(8-28)计算。为

$$\mu=\frac{1}{1-\beta^2}=\frac{1}{1-1.34^2}=-2.19$$

验算梁的强度：

$$M=\frac{mgl}{4}+\frac{|\mu|F_Pl}{4}=\frac{3600\times9.8\times4}{4}+\frac{2.19\times1800\times4}{4}=39222\ \text{N}\cdot\text{m}$$

$$\sigma_{\max}=\frac{M}{W}=\frac{39222}{325\times10^{-6}}=120.7\ \text{MPa}>120\ \text{MPa}$$，只超过$[\sigma]$的 0.7%，强度满足。

由此可见，对于本例，采用较小截面的梁减少系统刚度，既可避免共振，又能获得较好的经济效益。

2. 一般动力荷载

在一般动力荷载作用下，采用动量定理来研究其动力反应。略去推导过程，下面仅给出一般动力荷载作用下的动力位移计算公式。

图 8-28 所示为一冲击荷载。假定冲击荷载作用之前，体系的初始位移及初始速度均为零。在时刻 $t=\tau$ 作用的荷载为 F_P，此荷载在时段 t 内引起的动力反应为

$$y(t)=\frac{1}{m\omega}\int_0^t F_P(t)\sin\omega(t-\tau)\mathrm{d}\tau \tag{8-39}$$

式(8-39)称为杜哈梅(Duhamel)积分，它就是初始处于静止状态的单自由度体系在任意动力荷载 $F_P(t)$作用下的动力位移计算公式。如果初始位移 y_0 和初始速度 v_0 不为零，则总位移应为

$$y(t)=y_0\cos\omega t+\frac{v_0}{\omega}\sin\omega t+\frac{1}{m\omega}\int_0^t F_P(t)\sin\omega(t-\tau)\mathrm{d}\tau \tag{8-40}$$

式中第一和第二项代表自由振动部分，第三项代表强迫振动部分。

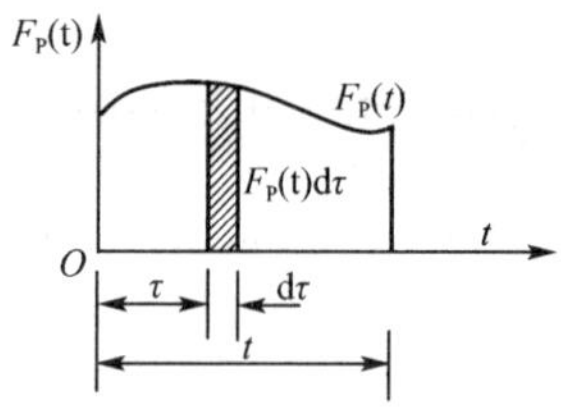

图 8-28

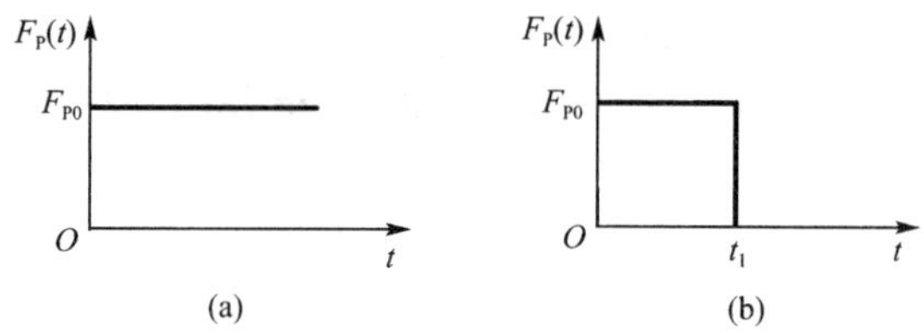

图 8-29

下面应用式(8-39)讨论几种动力荷载的动力反应。

(1)突加荷载

突加荷载就是指突然施加于结构并继续作用在结构上的荷载，如图 8-29(a)。如果原结构的初始位移和初速度都等于零，则在突加荷载作用下的强迫振动可按式(8-39)计算。进行积分后，可得动位移如下

$$y(t)=\frac{F_{P0}}{m\omega^2}(1-\cos\omega t)=y_{st}(1-\cos\omega t) \tag{8-41}$$

式中 $y_{st}=\frac{F_{P0}}{m\omega^2}=F_{P0}\delta_{11}$，表示在静力荷载 F_{P0} 作用下所产生的静位移。

根据式(8-41)可知，$y_{\max}=2y_{st}$，所以动力系数 $\mu=2$，即突加荷载作用引起的最大动位移为相应静位移的两倍。式(8-41)还表明单自由度体系在突加荷载作用下的强迫振动是简谐振动。

(2)突加短时荷载

这种荷载的特点是当 $t=0$ 时，在质点上突然施加常量荷载 F_{P0}，直到 $t=t_1$ 时突然卸去，如图 8-29(b)。体系在这种荷载作用下的位移反映，需按两个阶段分别计算。

第一阶段($0\leqslant t\leqslant t_1$)与突加荷载相同，故动力位移反应仍按公式(8-41)计算。

第二阶段($t>t_1$)　　$y(t)=2y_{st}\sin\frac{\omega t_1}{2}\sin\omega\left(t-\frac{t_1}{2}\right)$

可见,体系的最大位移反应与荷载作用的时间 t_1 有关。

当 $t_1\geqslant T/2$ 时,最大位移反应发生在第一阶段,此时动力系数为 $\mu=2$。

当 $t_1<T/2$ 时,最大位移反应发生在第二阶段,此时动力系数为 $\mu=2\sin\frac{\pi t_1}{T}$。

可以看出,短时荷载的动力效果取决于加载时间的长短 t_1 与自振周期 T 的比值,荷载在系统上的时间超过 $T/2$ 时就算作一般突加荷载。

8.4　多自由度体系的自由振动

在建立多自由度体系的自由振动运动方程时,有两种不同的方法,即考虑质点位移协调的柔度法和考虑质点受力平衡的刚度法。

8.4.1　用柔度法研究两个自由度体系自由振动的动力特性

1. 振动微分方程的建立

图 8-30(a)所示简支梁,不计梁本身的质量,为两个自由度体系。质点 m_1 和 m_2 的位移分别用 y_1 和 y_2 表示,它们都是从静力平衡位置量取并以向下为正。

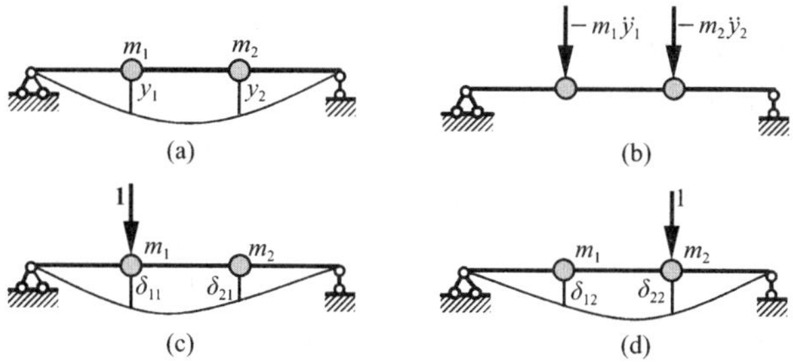

图 8-30

将质点运动的惯性力 $-m_1\ddot{y}_1$ 和 $-m_2\ddot{y}_2$ 分别作用在质点 m_1 和 m_2 上,如图 8-30(b)。在自由振动中,质点 m_1 和 m_2 在任一时刻的位移 y_1 和 y_2 均由惯性力所引起。设结构的柔度系数为 δ_{ij},其意义如图 8-30(c)、(d)所示。这样,应用叠加原理,可列出质点位移方程

$$y_1=\delta_{11}(-m_1\ddot{y}_1)+\delta_{12}(-m_2\ddot{y}_2)$$
$$y_2=\delta_{21}(-m_1\ddot{y}_1)+\delta_{22}(-m_2\ddot{y}_2)$$

或

$$\left.\begin{aligned}\delta_{11}m_1\ddot{y}_1+\delta_{12}m_2\ddot{y}_2+y_1=0\\ \delta_{21}m_1\ddot{y}_1+\delta_{22}m_2\ddot{y}_2+y_2=0\end{aligned}\right\}\tag{8-42}$$

2. 振动微分方程的求解和频率方程

式(8-42)所示两个自由度体系的自由振动微分方程,是二阶线性常系数齐次微分方程组。设其解为

$$\left.\begin{aligned} y_1 &= X_1 \sin(\omega t+\varphi) \\ y_2 &= X_2 \sin(\omega t+\varphi) \end{aligned}\right\} \tag{8-43}$$

式中：X_1、X_2分别是质点 m_1、m_2的振幅，ω 为体系的自振频率。目前均为未知量。

将式(8-43)代入方程式(8-42)并消除公因子 $\sin(\omega t+\varphi)$，整理后可得

$$\left.\begin{aligned} \left(m_1\delta_{11}-\frac{1}{\omega^2}\right)X_1+m_2\delta_{12}X_2=0 \\ m_1\delta_{21}X_1+\left(m_2\delta_{22}-\frac{1}{\omega^2}\right)X_2=0 \end{aligned}\right\} \tag{8-44}$$

式(8-44)是以 X_1、X_2为未知数的齐次线性代数方程组。若有振动存在，则 X_1、X_2的值不能等于零。由线性代数可知，X_1、X_2不同时为零的条件是式(8-44)的系数行列式必须等于零，即

$$\begin{vmatrix} \left(m_1\delta_{11}-\frac{1}{\omega^2}\right) & m_2\delta_{12} \\ m_1\delta_{21} & \left(m_2\delta_{22}-\frac{1}{\omega^2}\right) \end{vmatrix}=0 \tag{8-45a}$$

将上式展开得

$$\left(\frac{1}{\omega^2}\right)^2-(m_1\delta_{11}+m_2\delta_{22})\frac{1}{\omega^2}+m_1m_2(\delta_{11}\delta_{22}-\delta_{12}^2)=0 \tag{8-45b}$$

式(8-45)称为频率方程。

由频率方程式(8-45)可求得频率的两个值：ω_1 和 ω_2。按其数值从小到大的顺序排列，即 $\omega_1<\omega_2$。其中 ω_1 称为第一频率或基本频率，ω_2 称为第二频率。

3. 体系自由振动的主振型

由频率方程式(8-45)解出体系的两个自振频率 ω_1 和 ω_2 后，将它们代入式(8-44)求相应的 X_1 和 X_2。由于方程组(8-44)是齐次线性方程组，其非零解有无穷多组。因此，对应一个 ω 值，不能求得 X_1、X_2的绝对值，但可求出 X_1、X_2之间的比值。

当 $\omega=\omega_1$ 时，即体系按第一频率振动。此时 X_1 用 $X_1^{(1)}$ 表示、X_2 用 $X_2^{(1)}$ 表示。相应地，质点 m_1、m_2 的振动微分方程分别为

$$\left.\begin{aligned} y_1 &= X_1^{(1)} \sin(\omega_1 t+\varphi_1) \\ y_2 &= X_2^{(1)} \sin(\omega_1 t+\varphi_1) \end{aligned}\right\} \tag{8-46}$$

上式是微分方程组(8-42)的一个特解。

由式(8-44)的第一式，有

$$\frac{X_2^{(1)}}{X_1^{(1)}}=\frac{\frac{1}{\omega_1^2}-m_1\delta_{11}}{m_2\delta_{12}}=\rho_1 \tag{8-47}$$

上式表明，当体系按 ω_1 振动时，质点 m_1 与 m_2 的位移比值恒保持为 $1:\rho_1$，也就是说体系的变形保持一个不变的形式。这种相对位移保持不变的振动形式称为主振型，简称振型。当按第一频率振动时，它称为第一振型或基本振型。

同理，当 $\omega=\omega_2$ 时，即体系按第二频率振动的情况，这时

$$\left.\begin{aligned} y_1 &= X_1^{(2)} \sin(\omega_2 t+\varphi_2) \\ y_2 &= X_2^{(2)} \sin(\omega_2 t+\varphi_2) \end{aligned}\right\} \tag{8-48}$$

上式是微分方程组(8-42)的另一个特解。

由式(8-44)可知

$$\frac{X_2^{(2)}}{X_1^{(2)}}=\frac{\frac{1}{\omega_2^2}-m_1\delta_{11}}{m_2\delta_{12}}=\rho_2 \tag{8-49}$$

上式表明,当体系按 ω_2 振动时,质点 m_1 与 m_2 的位移比值恒保持为 $1:\rho_2$,也就是说体系的变形保持另一个固定不变的形式,它称为第二振型。

由此可见,两个自由度体系具有两个自振频率 ω_1 和 ω_2,每个频率又对应一个主振型。如果体系以第一频率 ω_1 振动时,则按第一振型振动;若体系以第二频率 ω_2 振动时,则按第二振型振动。体系按某一个主振型振动时,任一瞬时各质点位移的比值保持为常数,只需一个几何坐标即可确定全部质点的位置,因此它实际上如同一个单自由度体系那样在振动。

必须注意,多自由度体系能否按某一主振型振动由初始条件决定。在特定的初始条件下,若体系各质点的初位移或初速度的相对比值符合第一振型,则体系将以频率 ω_1 按第一振型振动。若体系各质点的初位移或初速度的相对比值符合第二振型,则体系将以频率 ω_2 按第二振型振动。这些情况,都称为按主振型振动。

8.4.2　用刚度法研究两个自由度体系自由振动的动力特性

1. 刚度法建立自由振动微分方程

刚度法是考虑质点运动时,对质点列动力平衡方程。如图 8-31(a)所示的体系,列动力平衡方程时,先建立位移法基本体系,即在 m_1 和 m_2 处沿振幅方向加上附加链杆,消除它们的位移,这时将在附加约束 1、2 上分别产生反力 F_{R1}、F_{R2},如图 8-31(b)所示。然后分别给质点 1、质点 2 以单位位移,相应地将在附加约束 1、2 上引起附加反力 k_{11}、k_{21} 和 k_{12}、k_{22},它们即结构的刚度系数,其意义如图 8-31(c)、(d)所示。同时惯性力的作用也在附加约束 1、2 上分别引起反力 R_{11}、R_{21},如图 8-31(e)所示。这时附加约束 1 和 2 上的反力之和分别为 F_{R1} 和 F_{R2}。但实际上这些附加约束是虚设的,并不存在。所以,作用在上面的反力的合力必须等于零,即

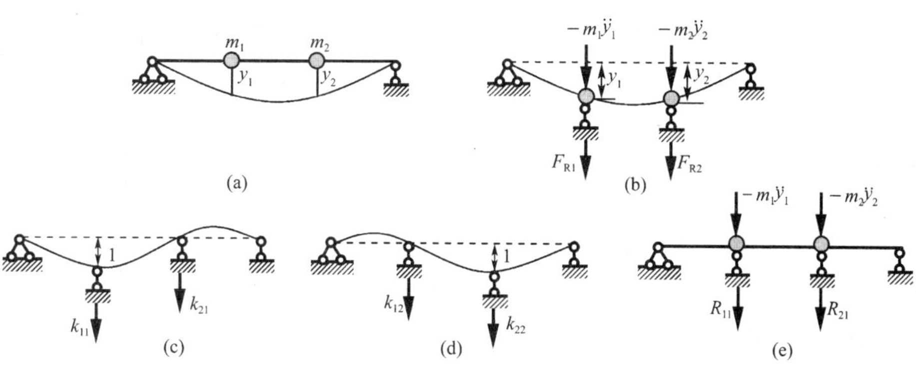

图 8-31

$$\left.\begin{aligned}F_{R1}=k_{11}y_1+k_{12}y_2+R_{11}=0\\F_{R2}=k_{21}y_1+k_{22}y_2+R_{21}=0\end{aligned}\right\}$$

将惯性力引起的反力 $R_{11}=m_1\ddot{y}_1$、$R_{21}=m_2\ddot{y}_2$ 代入上式，得

$$\left.\begin{aligned}k_{11}y_1+k_{12}y_2+m_1\ddot{y}_1=0\\k_{21}y_1+k_{22}y_2+m_2\ddot{y}_2=0\end{aligned}\right\}\tag{8-50}$$

由柔度法建立的振动微分方程式(8-42)和由刚度法建立的振动微分方程式(8-50)，尽管其形式不同，但它们是相通的。

2. 刚度法表示的频率方程

若将式(8-43)代入刚度法振动方程(8-50)中，消去公因子 $\sin(\omega t+\varphi)$，则得

$$\left.\begin{aligned}(k_{11}-\omega^2m_1)X_1+k_{12}X_2=0\\k_{21}X_1+(k_{22}-\omega^2m_2)X_2=0\end{aligned}\right\}\tag{8-51}$$

这也是一个齐次线性代数方程组。若有振动存在，则 X_1、X_2 的值不能全为零。X_1、X_2 不同时为零的条件是式(8-51)的系数行列式必须等于零，即

$$\begin{vmatrix}(k_{11}-\omega^2m_1) & k_{12}\\k_{21} & (k_{22}-\omega^2m_2)\end{vmatrix}=0\tag{8-52a}$$

将上式展开得

$$(\omega^2)^2-\left(\frac{k_{11}}{m_1}+\frac{k_{22}}{m_2}\right)\omega^2+\frac{k_{11}k_{22}-k_{12}^2}{m_1m_2}=0\tag{8-52b}$$

式(8-52)是刚度法表示的频率方程。

3. 刚度法表示的主振型

由频率方程式(8-52)可解出体系的两个自振频率 ω_1 和 ω_2。当 $\omega=\omega_1$ 时，即体系按第一频率振动。由式(8-51)的第一式，有体系的第一振型计算公式为

$$\frac{X_2^{(1)}}{X_1^{(1)}}=\frac{\omega_1^2m_1-k_{11}}{k_{12}}=\rho_1\tag{8-53}$$

同理，当 $\omega=\omega_2$ 时，即体系按第二频率振动的情况，第二振型计算公式为

$$\frac{X_2^{(2)}}{X_1^{(2)}}=\frac{\omega_2^2m_1-k_{11}}{k_{12}}=\rho_2\tag{8-54}$$

综上可知如下结论：

(1)两个自由度体系自由振动具有两个自振频率 ω_1 和 ω_2，可以由柔度法频率方程(8-45)或刚度法频率方程(8-52)确定。对于容易计算柔度系数的静定结构，通常采用柔度法；对于不容易计算柔度系数的超静定结构，通常采用刚度法。

(2)每个自振频率对应自己的主振型。按某一主振型振动时，各点的频率、相位都相同。两个自由度体系的主振型可按柔度法振型方程式(8-47)、(8-49)或刚度法振型方程式(8-53)、(8-54)计算。

(3)体系的自振频率和主振型，是体系本身的固有性质，只与体系的质量分布及体系的刚度或柔度有关，而与外部荷载无关。自振频率又称为固有频率。

以上结论虽然是由两个自由度体系得出，但完全适用于多自由度体系。

8.4.3 任意初始条件下两个自由度体系的自由振动

在特定初始条件下出现的按主振型振动形式，即式(8-46)、式(8-48)在数学上称为微分方程组的两个特解。将两个特解进行线性组合就可得到它的全解，即

$$\left.\begin{aligned}&y_1=X_1^{(1)}\sin(\omega_1 t+\varphi_1)+X_1^{(2)}\sin(\omega_2 t+\varphi_2)\\&y_2=X_2^{(1)}\sin(\omega_1 t+\varphi_1)+X_2^{(2)}\sin(\omega_2 t+\varphi_2)\\&\frac{X_2^{(1)}}{X_1^{(1)}}=\rho_1,\quad \frac{X_2^{(2)}}{X_1^{(2)}}=\rho_2\end{aligned}\right\}$$

这表明，在任意初始条件下，两个自由度体系的自由振动是由两种频率的简谐振动叠加而成的组合振动，它不再是简谐振动，各质点位移的比值不再是常数，而是随时间变化的。

【例 8-15】 图 8-32(a)所示简支梁上有两个大小相等的集中质量 m，设梁的自重可忽略不计，EI=常量。试求简支梁的自振频率和振型。

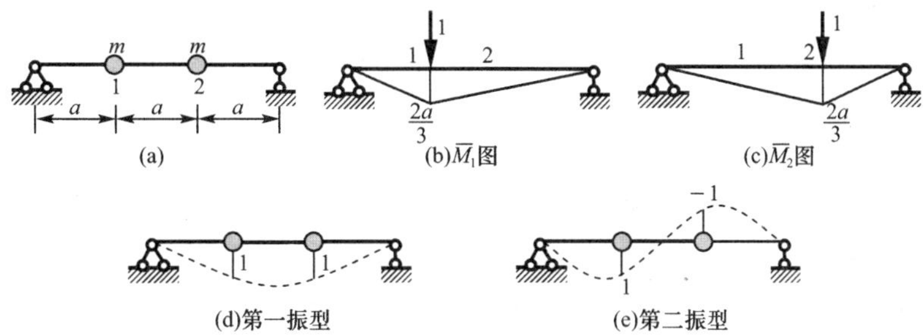

图 8-32

解　(1)求柔度系数 δ_{ij}

在梁上 1、2 两点分别施加单位力，作出相应的弯矩图，如图 8-32(b)、(c)。用图乘法求得

$$\delta_{11}=\delta_{22}=\frac{1}{EI}\left(\frac{a}{2}\cdot\frac{2a}{3}\cdot\frac{4a}{9}+\frac{2a}{2}\cdot\frac{2a}{3}\cdot\frac{4a}{9}\right)=\frac{4a^3}{9EI}$$

$$\delta_{12}=\delta_{21}=\frac{1}{EI}\left(\frac{2a}{2}\cdot\frac{2a}{3}\cdot\frac{a}{3}+\frac{a}{2}\cdot\frac{a}{3}\cdot\frac{5a}{9}+\frac{a}{2}\cdot\frac{a}{3}\cdot\frac{4a}{9}\right)=\frac{7a^3}{18EI}$$

(2)求自振频率

应用柔度法频率方程式(8-45)，即

$$\left(\frac{1}{\omega^2}\right)^2-(m_1\delta_{11}+m_2\delta_{22})\frac{1}{\omega^2}+m_1m_2(\delta_{11}\delta_{22}-\delta_{12}^2)=0$$

将 δ_{ij} 和 m 值代入上式，有

$$\left(\frac{1}{\omega^2}\right)^2-2m\frac{4a^3}{9EI}\frac{1}{\omega^2}+m^2\left(\frac{4a^3}{9EI}\frac{4a^3}{9EI}-\left(\frac{7a^3}{18EI}\right)^2\right)=0$$

为表达简捷，令 $\lambda=\dfrac{4ma^3}{9EI}$，代入上式并整理后，得

$$\left(\frac{1}{\omega^2}\right)^2-2\lambda\frac{1}{\omega^2}+\frac{15}{64}\lambda^2=0$$

这是一个一元二次方程，求得它的两个根，即

$$\frac{1}{\omega_1^2}=\frac{15}{8}\lambda=\frac{5}{6}\frac{ma^3}{EI},\ \frac{1}{\omega_2^2}=\frac{1}{8}\lambda=\frac{1}{18}\frac{ma^3}{EI}$$

故

$$\omega_1^2=\frac{6}{5}\frac{EI}{ma^3},\quad \omega_1=1.10\sqrt{\frac{EI}{ma^3}}$$

$$\omega_2^2=18\frac{EI}{ma^3},\quad \omega_2=4.24\sqrt{\frac{EI}{ma^3}}$$

(3)求振型并作出振型图

将 ω_i 和 δ_{ij} 值代入振型方程式(8-47)和式(8-49)，得

第一振型为 $$\frac{X_2^{(1)}}{X_1^{(1)}}=\rho_1=\frac{\frac{1}{\omega_1^2}-m_1\delta_{11}}{m_2\delta_{12}}=\frac{\frac{5}{6}\frac{ma^3}{EI}-m\frac{4a^3}{9EI}}{m\frac{7a^3}{18EI}}=1$$

第二振型为 $$\frac{X_2^{(2)}}{X_1^{(2)}}=\rho_2=\frac{\frac{1}{\omega_2^2}-m_1\delta_{11}}{m_2\delta_{12}}=\frac{\frac{1}{18}\frac{ma^3}{EI}-m\frac{4a^3}{9EI}}{m\frac{7a^3}{18EI}}=-1$$

主振型图如图 8-32(d)、(e)所示。

(4)讨论对称性的利用

此体系具有对称性:结构对称、质量分布对称。从计算结果可知,其第一振型为对称、第二振型为反对称的。多自由度和无限自由度对称体系的主振型不是对称就是反对称,可分别取半边结构进行计算,能大大减少计算工作量。现在利用体系的对称性,重新计算此例题。

对称情况取半边结构如图 8-33(a),作 $\overline{M}_1$ 图,如图 8-33(b),计算柔度系数

$$\delta_{11}=\frac{1}{EI}\left(\frac{a^2}{2}\frac{2a}{3}+\frac{a^2}{2}\cdot a\right)=\frac{5a^3}{6EI}$$

则第一频率为

$$\omega_1=\sqrt{\frac{1}{m\delta_{11}}}=\sqrt{\frac{6EI}{5ma^3}}=1.10\sqrt{\frac{EI}{ma^3}}$$

反对称情况取半边结构如图 8-33(c),作 $\overline{M}_2$ 图,如图 8-33(d),计算柔度系数

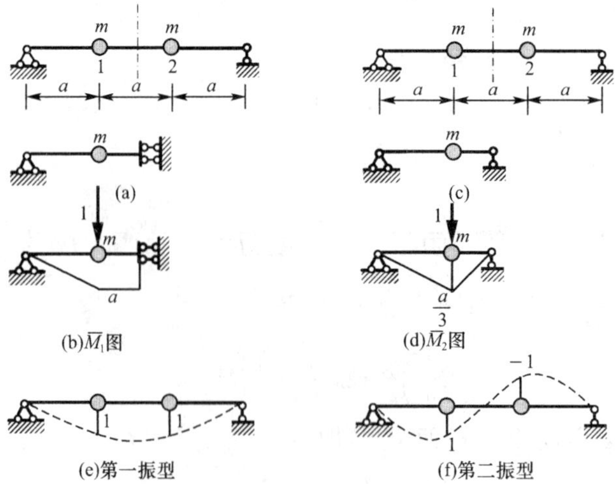

图 8-33

$$\delta_{22}=\frac{1}{EI}\left(\frac{a}{2}\frac{a}{3}\cdot\frac{2a}{9}+\frac{1}{2}\frac{a}{2}\frac{a}{3}\cdot\frac{2a}{9}\right)=\frac{a^3}{18EI}$$

则第二频率为

$$\omega_2=\sqrt{\frac{1}{m\delta_{22}}}=\sqrt{\frac{18EI}{ma^3}}=4.24\sqrt{\frac{EI}{ma^3}}$$

按第一振型为对称、第二振型为反对称作出振型图，如图 8-33(e)、(f)。

【例 8-16】 图 8-34(a)所示结构，在梁跨中点 D 和柱顶点 A 作用有两个大小相等的集中质量 m，支座 C 为弹性支承，弹簧的刚性系数 $k=\frac{3EI}{8a^3}$。设梁和柱的自重可忽略不计，EI=常量。试求结构的自振频率和振型。

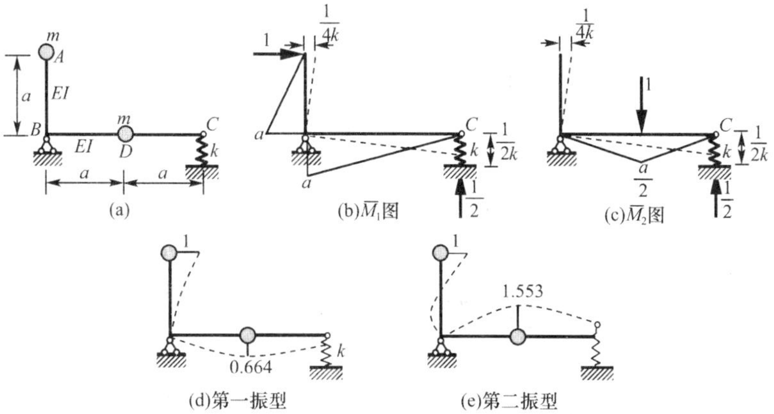

图 8-34

解　体系有两个自由度：A 处质点的水平位移和 D 处质点的竖向位移。

(1)求柔度系数 δ_{ij}

在结构上 A、D 两点分别施加水平单位力、竖向单位力，作出相应的弯矩图，如图 8-34(b)、(c)。A 处质点的水平位移、D 处质点的竖向位移都应由两部分构成，一部分是弹性支座 C 在单位力作用下产生位移$\frac{1}{2k}$所引起点 A 及点 D 的刚性位移$\frac{1}{4k}$，如图 8-34(b)、(c)中虚线所示，另一部分是结构的弹性变形所引起点 A 及点 D 的位移。用图乘法求得

$$\delta_{11}=\frac{1}{EI}\left(\frac{a^2}{2}\cdot\frac{2a}{3}+\frac{2a^2}{2}\cdot\frac{2a}{3}\right)+\frac{1}{4k}=\frac{5a^3}{3EI},\delta_{22}=\frac{1}{EI}\left(\frac{a}{2}\cdot\frac{a}{2}\cdot\frac{a}{3}\right)\times 2+\frac{1}{4k}=\frac{5a^3}{6EI}$$

$$\delta_{12}=\delta_{21}=\frac{1}{EI}\left(\frac{2a}{2}\cdot\frac{a}{2}\cdot\frac{a}{2}\right)+\frac{1}{4k}=\frac{11a^3}{12EI}$$

为表达简捷，令 $\lambda=\frac{ma^3}{12EI}$，则

$$\delta_{11}=\frac{5a^3}{3EI}=20\frac{\lambda}{m},\delta_{22}=\frac{5a^3}{6EI}=10\frac{\lambda}{m},\delta_{12}=\delta_{21}=\frac{11a^3}{12EI}=11\frac{\lambda}{m}$$

(2)求自振频率

将 δ_{ij} 和 m 值代入柔度法频率方程式(8-45)，有

$$\left(\frac{1}{\omega^2}\right)^2-m(\delta_{11}+\delta_{22})\frac{1}{\omega^2}+m^2(\delta_{11}\delta_{22}-\delta_{12}^2)=0$$

整理后，得

$$\left(\frac{1}{\omega^2}\right)^2-30\lambda\frac{1}{\omega^2}+79\lambda^2=0$$

求得频率方程的两个根

$$\frac{1}{\omega^2}=15\lambda\pm12.08\lambda$$

即

$$\frac{1}{\omega_1^2}=27.08\lambda=27.08\frac{ma^3}{12EI},\frac{1}{\omega_2^2}=2.92\lambda=2.92\frac{ma^3}{12EI}$$

求得频率

$$\omega_1^2=\frac{12}{27.08}\frac{EI}{ma^3},\quad \omega_1=0.666\sqrt{\frac{EI}{ma^3}}$$

$$\omega_2^2=\frac{12}{2.92}\frac{EI}{ma^3},\quad \omega_2=2.027\sqrt{\frac{EI}{ma^3}}$$

(3)分析振型并作振型图

将 ω_i 和 δ_{ij} 值代入振型方程式(8-47)和式(8-49)，得

第一振型为

$$\frac{X_2^{(1)}}{X_1^{(1)}}=\rho_1=\frac{\frac{1}{\omega_1^2}-m_1\delta_{11}}{m_2\delta_{12}}=\frac{27.08\lambda-20\lambda}{11\lambda}=0.644$$

第二振型为

$$\frac{X_2^{(2)}}{X_1^{(2)}}=\rho_2=\frac{\frac{1}{\omega_2^2}-m_1\delta_{11}}{m_2\delta_{12}}=\frac{2.92\lambda-20\lambda}{11\lambda}=-1.553$$

主振型图如图 8-34(d)、(e)所示。

【例 8-17】 二层刚架如图 8-35(a)所示，柱的弯曲刚度为 EI，横梁刚度 $EI_1=\infty$；第一层横梁与第二层横梁的质量分别为 $2m$、m，柱的质量可忽略不计。试求刚架水平振动的自振频率和振型。

解 此体系有两个自由度。由于它是超静定刚架，故宜于用位移法求其刚度系数，用刚度法求解。首先在 1、2 两点分别加附加链杆，建立位移法基本结构如图 8-35(b)，各刚度系数的物理意义见图 8-35(c)、(e)。

(1)计算刚度系数

各柱都是两端固定杆，其侧移刚度为$\frac{12EI}{h^3}$。取横梁为隔离体如图 8-35(d)、(f)，由平衡条件得

$$k_{11}=\frac{12EI}{h^3}\times4=\frac{48EI}{h^3},\quad k_{22}=\frac{12EI}{h^3}\times2=\frac{24EI}{h^3},\quad k_{21}=k_{12}=-\frac{24EI}{h^3}$$

(2)求自振频率

应用刚度法频率方程式(8-52)，有

$$\begin{vmatrix}(k_{11}-\omega^2m_1) & k_{12}\\ k_{21} & (k_{22}-\omega^2m_2)\end{vmatrix}=0$$

将上式展开，得

$$(\omega^2)^2-\left(\frac{k_{11}}{m_1}+\frac{k_{22}}{m_2}\right)\omega^2+\frac{k_{11}k_{22}-k_{12}^2}{m_1m_2}=0$$

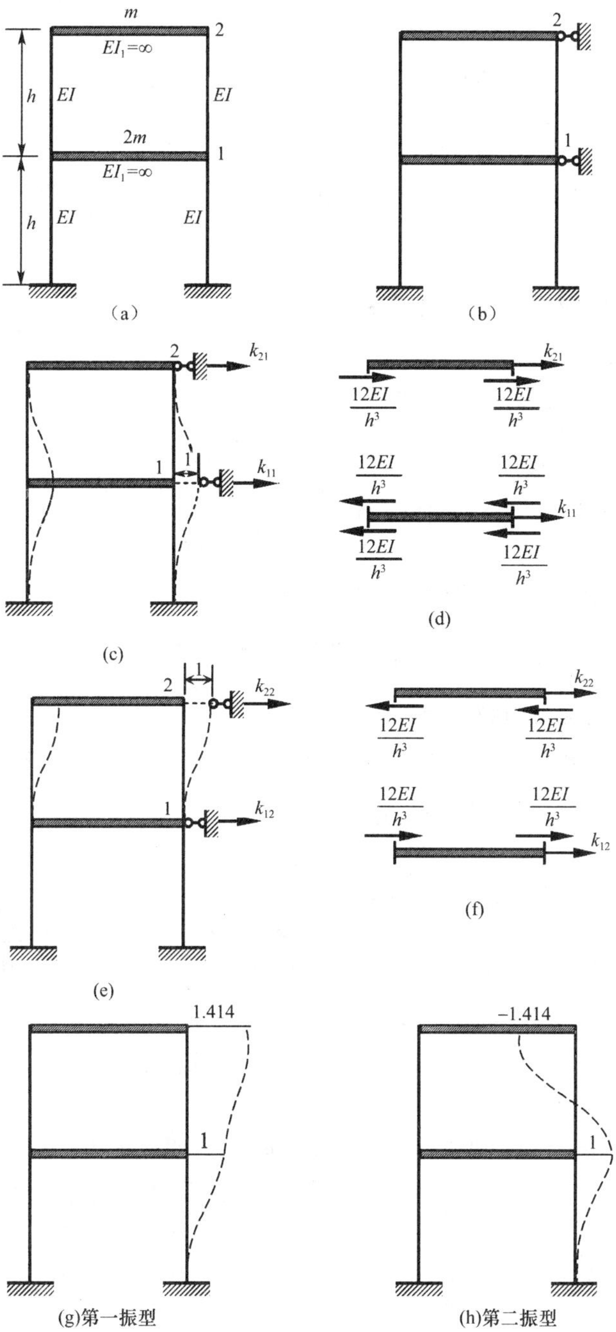

图 8-35

为表达简捷，令 $\lambda=\dfrac{k_{22}}{m}=\dfrac{24EI}{mh^3}$，则 $k_{11}=2m\lambda$、$k_{12}=-m\lambda$，以及 $m_1=2m$、$m_2=m$ 代入上式，得

$$\omega^4-2\lambda\omega^2+0.5\lambda^2=0$$

求得频率方程的两个根

$$\omega^2=\lambda\pm0.707\lambda$$

即

$$\omega_1^2=0.293\lambda=7.032\frac{EI}{mh^3},\omega_2^2=1.707\lambda=40.968\frac{EI}{mh^3}$$

求得频率

$$\omega_1=2.652\sqrt{\frac{EI}{mh^3}},\quad \omega_2=6.401\sqrt{\frac{EI}{mh^3}}$$

(3)分析振型并作振型图

将 ω_i 和 k_{ij} 值代入刚度法振型方程式(8-53)和式(8-54),得

第一振型为

$$\frac{X_2^{(1)}}{X_1^{(1)}}=\rho_1=\frac{\omega_1^2 m_1-k_{11}}{k_{12}}=\frac{0.293\lambda\times 2m-2\lambda m}{-\lambda m}=1.414$$

第二振型为

$$\frac{X_2^{(2)}}{X_1^{(2)}}=\rho_2=\frac{\omega_2^2 m_1-k_{11}}{k_{12}}=\frac{1.707\lambda\times 2m-2\lambda m}{-\lambda m}=-1.414$$

主振型图如图 8-35(g)、(h)所示。

8.4.4 用矩阵形式表示两个自由度体系的自由振动

1.用刚度法研究动力特性

振动微分方程式(8-50)采用矩阵形式表示,为

$$\begin{bmatrix} m_1 & 0 \\ 0 & m_2 \end{bmatrix}\begin{Bmatrix} \ddot{y}_1 \\ \ddot{y}_2 \end{Bmatrix}+\begin{bmatrix} k_{11} & k_{12} \\ k_{21} & k_{22} \end{bmatrix}\begin{Bmatrix} y_1 \\ y_2 \end{Bmatrix}=\begin{Bmatrix} 0 \\ 0 \end{Bmatrix}$$

可简写为

$$\boldsymbol{M}\ddot{\boldsymbol{Y}}+\boldsymbol{K}\boldsymbol{Y}=\boldsymbol{0} \tag{8-55}$$

式(8-55)是用刚度法建立的多自由度体系的自由振动微分方程。其中 $\boldsymbol{Y}$ 和 $\ddot{\boldsymbol{Y}}$ 分别是位移向量和加速度向量,即

$$\boldsymbol{Y}=\begin{Bmatrix} y_1 \\ y_2 \end{Bmatrix},\ddot{\boldsymbol{Y}}=\begin{Bmatrix} \ddot{y}_1 \\ \ddot{y}_2 \end{Bmatrix}$$

$\boldsymbol{M}$ 和 $\boldsymbol{K}$ 分别是质量矩阵和刚度矩阵,它们都是 2×2 的对称矩阵,即

$$\boldsymbol{M}=\begin{bmatrix} m_1 & 0 \\ 0 & m_2 \end{bmatrix},\qquad \boldsymbol{K}=\begin{bmatrix} k_{11} & k_{12} \\ k_{21} & k_{22} \end{bmatrix}$$

设微分方程式(8-55)的特解为

$$\begin{Bmatrix} y_1 \\ y_2 \end{Bmatrix}=\begin{Bmatrix} X_1 \\ X_2 \end{Bmatrix}\sin(\omega t+\varphi) \tag{8-56a}$$

这是一组各质点按同一频率 ω、同一相位 φ 作简谐振动的解。或可简写成

$$\boldsymbol{Y}=\boldsymbol{X}\sin(\omega t+\varphi) \tag{8-56b}$$

其中向量 $\boldsymbol{X}$ 称为体系的振幅向量,即

$$\boldsymbol{X}=(X_1\quad X_2)^{\mathrm{T}} \tag{8-57}$$

向量 $\boldsymbol{X}$ 中的每个元素都是振动时相应质量振动时的振幅。

将式(8-56b)代入式(8-55)得

$$-\omega^2 \boldsymbol{M}\boldsymbol{X}\sin(\omega t+\varphi)+\boldsymbol{K}\boldsymbol{X}\sin(\omega t+\varphi)=0$$

即

$$(\boldsymbol{K}-\omega^2\boldsymbol{M})\boldsymbol{X}=0 \tag{8-58}$$

式(8-58)在数学上称为特征方程。其中,括号内是一个方阵,称为特征矩阵,ω 为特征值,$\boldsymbol{X}$ 称为特征向量。求解特征方程的问题,称为求解特征值的问题。满足特征方程式(8-58)的解答可以有无穷多组。考虑到 $\boldsymbol{X}$ 是体系中各质点的振幅,欲使 $\boldsymbol{X}$ 存在非零解,即体系发生振动,则必须使方程式的系数行列式为零,即

$$|\boldsymbol{K}-\omega^2\boldsymbol{M}|=0 \tag{8-59a}$$

将上式展开为

$$\begin{vmatrix} (k_{11}-\omega^2 m_1) & k_{12} \\ k_{21} & (k_{22}-\omega^2 m_2) \end{vmatrix}=0 \tag{8-59b}$$

式(8-59)为刚度法频率方程,由此可求出两个自振频率,按其数值由小到大排列为 ω_1、ω_2,其中最小频率 ω_1 称为基本频率。

2. 用柔度法研究动力特性

用柔度法建立的多自由度体系的自由振动微分方程(8-42)的矩阵形式为

$$\boldsymbol{\delta}\boldsymbol{M}\ddot{\boldsymbol{Y}}+\boldsymbol{I}\boldsymbol{Y}=\boldsymbol{0} \tag{8-60}$$

其中 $\boldsymbol{\delta}$ 称为体系的柔度矩阵,它是 2×2 的对称矩阵,即 $\boldsymbol{\delta}=\begin{bmatrix}\delta_{11} & \delta_{12}\\ \delta_{21} & \delta_{22}\end{bmatrix}$;$\boldsymbol{I}$ 为 2×2 的单位矩阵,即 $\boldsymbol{I}=\begin{bmatrix}1 & 0\\ 0 & 1\end{bmatrix}$;$\boldsymbol{M}$ 为质量矩阵,$\boldsymbol{Y}$ 和 $\ddot{\boldsymbol{Y}}$ 分别是位移向量和加速度向量,它们的表达式已在刚度法中说明。

如果考虑到刚度矩阵与柔度矩阵互为逆阵的关系,即

$$\boldsymbol{K}^{-1}=\boldsymbol{\delta},\quad \boldsymbol{\delta}^{-1}=\boldsymbol{K}$$

则式(8-55)与式(8-60)是可以相互转化的。

柔度法的特征方程为

$$\left(\boldsymbol{\delta}\boldsymbol{M}-\frac{1}{\omega^2}\boldsymbol{I}\right)\boldsymbol{X}=0 \tag{8-61}$$

欲使体系发生振动,即振幅向量 $\boldsymbol{X}$ 存在非零解,需使上列方程式的系数行列式为零,则柔度法的频率方程为

$$\left|\boldsymbol{\delta}\boldsymbol{M}-\frac{1}{\omega^2}\boldsymbol{I}\right|=0 \tag{8-62}$$

由此可求出两个自振频率,按其数值由小到大排列为 ω_1、ω_2。

8.4.5　多自由度体系的自由振动

1. 用刚度法研究多自由度体系的自由振动

设有一简支梁如图 8-36(a)所示。梁上作用 n 个集中质量,分别为 m_1、m_2、…、m_i、…、m_n,梁的自重略去不计。这是 n 个自由度体系。以 y_1、y_2、…、y_i、…、y_n 分别代表这些质点自静力平衡位置量起的位移。对于多自由度体系的振动问题,计算公式宜采用矩阵形式表示。

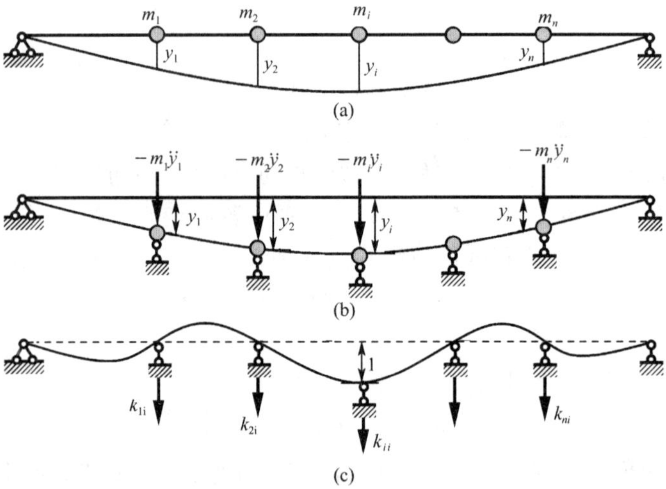

图 8-36

刚度法是考虑质点运动时,对质点列动力平衡方程。首先建立位移法基本体系,即对体系所有的质点都沿振幅方向分别加上附加链杆,则基本体系如图 8-36(b)所示。然后依次令附加约束产生单位位移。设令附加约束 j 产生单位位移,则任一约束 i 所产生的反力就是体系的刚度系数 k_{ij}。图 8-36(c)为附加约束 i 产生单位位移时,各附加约束的反力情况。刚度矩阵就是由体系的刚度系数 k_{ij} 组成的。

由刚度法对两个自由度体系的自由振动推导的动力计算公式,可以推广到多自由度体系的自由振动。式(8-55)也是多自由度体系的振动微分方程,即

$$\boldsymbol{M}\ddot{\boldsymbol{Y}}+\boldsymbol{K}\boldsymbol{Y}=\boldsymbol{0}$$

此微分方程式(8-55)的特解以式(8-56)表示,即

$$\boldsymbol{Y}=\boldsymbol{X}\sin(\omega t+\varphi)$$

特征方程为

$$(\boldsymbol{K}-\omega^2\boldsymbol{M})\boldsymbol{X}=\boldsymbol{0}$$

频率方程为

$$|\boldsymbol{K}-\omega^2\boldsymbol{M}|=0$$

以上各式中 $\boldsymbol{Y}$ 和 $\ddot{\boldsymbol{Y}}$ 分别是位移向量和加速度向量,即

$$\boldsymbol{Y}=\begin{pmatrix} y_1 \\ y_2 \\ \vdots \\ y_n \end{pmatrix},\ddot{\boldsymbol{Y}}=\begin{pmatrix} \ddot{y}_1 \\ \ddot{y}_2 \\ \vdots \\ \ddot{y}_n \end{pmatrix}$$

$\boldsymbol{M}$ 和 $\boldsymbol{K}$ 分别是质量矩阵和刚度矩阵,它们都是 $n\times n$ 的对称矩阵,即

$$\boldsymbol{M}=\begin{bmatrix} m_1 & & 0 \\ & m_2 & \\ & & \ddots & \\ 0 & & & m_n \end{bmatrix} \tag{8-63}$$

$$\boldsymbol{K}=\begin{bmatrix} k_{11} k_{12} \cdots k_{1n} \\ k_{21} k_{22} \cdots k_{2n} \\ \vdots \quad \vdots \quad \vdots \\ k_{n1} k_{n2} \cdots k_{nn} \end{bmatrix} \tag{8-64}$$

振幅向量(特征向量)$\boldsymbol{X}$ 为

$$\boldsymbol{X}=(X_1 \quad X_2 \cdots X_n)^{\mathrm{T}} \tag{8-66}$$

向量 $\boldsymbol{X}$ 中的每个元素都是振动时相应质量振动时的振幅。

将频率方程展开为

$$\begin{vmatrix} (k_{11}-\omega^2 m_1) & k_{12} & \cdots & k_{1n} \\ k_{21} & (k_{22}-\omega^2 m_2) & \cdots & k_{2n} \\ \vdots & \vdots & & \vdots \\ k_{n1} & k_{n2} & \cdots & (k_{nn}-\omega^2 m_n) \end{vmatrix}=0 \tag{8-67}$$

式(8-67)为刚度法频率方程,由此可求出 n 个自振频率,按其数值由小到大排列为 ω_1、ω_2、…、ω_n,其中最小频率 ω_1 称为基本频率。

2. 用柔度法研究多自由度体系的自由振动

由柔度法对两个自由度体系的自由振动推导的动力计算公式(8-60)、(8-61)、(8-62),可以推广到多自由度体系的自由振动。即振动微分方程

$$\boldsymbol{\delta M\ddot{Y}}+\boldsymbol{IY}=\boldsymbol{0}$$

特征方程

$$\left(\boldsymbol{\delta M}-\frac{1}{\omega^2}\boldsymbol{I}\right)\boldsymbol{X}=\boldsymbol{0}$$

频率方程

$$\left|\boldsymbol{\delta M}-\frac{1}{\omega^2}\boldsymbol{I}\right|=0$$

以上各式中,$\boldsymbol{\delta}$ 称为体系的柔度矩阵,它是 $n\times n$ 的对称矩阵,即

$$\boldsymbol{\delta}=\begin{bmatrix} \delta_{11} \delta_{12} \cdots \delta_{1n} \\ \delta_{21} \delta_{22} \cdots \delta_{2n} \\ \vdots \quad \vdots \quad \vdots \\ \delta_{n1} \delta_{n2} \cdots \delta_{nn} \end{bmatrix} \tag{8-68}$$

柔度矩阵中的元素 δ_{ij} 为作用在质点 j 上的单位力引起质点 i 的位移,即体系的柔度系数。

$\boldsymbol{I}$ 为 $n\times n$ 的单位矩阵;

$\boldsymbol{M}$ 为质量矩阵,$\boldsymbol{Y}$ 和 $\boldsymbol{\ddot{Y}}$ 分别是位移向量和加速度向量,$\boldsymbol{X}$ 是特征向量,其表达式已在刚度法中说明。

频率方程展开后为

$$\begin{vmatrix} (m_1\delta_{11}-\frac{1}{\omega^2}) & m_2\delta_{12} & \cdots & m_n\delta_{1n} \\ m_1\delta_{21} & (m_2\delta_{22}-\frac{1}{\omega^2}) & \cdots & m_n\delta_{2n} \\ \vdots & \vdots & & \vdots \\ m_1\delta_{n1} & m_2\delta_{n2} & \cdots & (m_n\delta_{nn}-\frac{1}{\omega^2}) \end{vmatrix}=0 \tag{8-69}$$

式(8-69)就是柔度法频率方程,可从方程中解出 n 个自振频率。

用频率方程式(8-67)和式(8-69)都可以求出体系的自振频率。这是求自振频率的直接解法,即直接由频率方程用求行列式的值的方法求出自振频率。这只适用于自由度 $n\leqslant 3$ 的情况。求解多自由度体系频率方程在数学上属于求解特征方程的问题,一般用迭代法。

3. 主振型

考虑到 $\boldsymbol{X}$ 是体系中各质点的振幅,在振动过程中,各质点振幅之间有一个固定的比例,即对于任一频率 ω,就有一个振型向量 $\boldsymbol{X}$ 与之对应,这些振型称为主振型。有 n 个自由度的体系就有 n 个自振频率,也就对应着 n 个主振型。

为了使主振型能用确定的数值表示,特规定 $\boldsymbol{X}$ 中的某元素为 1(通常令 $\boldsymbol{X}(1)$ 或 $\boldsymbol{X}(\mathrm{n})$ 为 1),其他元素值也就有了相对于这一数值的确定值了,这样的主振型向量称为标准化振型向量,用 $\boldsymbol{\Phi}$ 表示。

振型向量 $\boldsymbol{X}=(X_1\ X_2\cdots X_n)$

标准化振型向量 $\boldsymbol{\Phi}=\left(1\ \frac{X_2}{X_1}\cdots\frac{X_n}{X_1}\right)$

振型向量 $\boldsymbol{X}$ 中各元素的值是不确定的,而标准化振型向量 $\boldsymbol{\Phi}$ 中各元素的值是确定的,可以认为 $\boldsymbol{\Phi}$ 是无穷多个 $\boldsymbol{X}$ 中的一个。

如果用标准化振型向量表示,特征方程式(8-58)和式(8-61)可以表示为

$$(\boldsymbol{K}-\omega^2\boldsymbol{M})\boldsymbol{\Phi}=\boldsymbol{0} \tag{8-70}$$

和

$$\left(\boldsymbol{\delta M}-\frac{1}{\omega^2}\boldsymbol{I}\right)\boldsymbol{\Phi}=\boldsymbol{0} \tag{8-71}$$

这两个公式在以后求解振型时是最常用的。求解特征方程一般用迭代法,但在简单的情况下也可以直接求解。在实际工程计算中只对最低的 3～5 个振型感兴趣。使用计算机求解时可取更多一些振型,以提高计算精度。更高阶的振型引起的位移是很小的,可忽略不计。

【例 8-18】 三层刚架如图 8-37(a)所示。设自上到下,各层楼面的质量(包括柱子质量)分别为 $m_1=m$,$m_2=1.5m$,$m_3=2m$;各层的层间侧移刚度(即该层柱子上、下两端发生单位相对位移时,该层各柱剪力之和)分别为 $k_1=k$,$k_2=2k$,$k_3=2.5k$。求刚架的自振频率和振型。设横梁的刚度 $EI=\infty$。

解 此体系有三个自由度。由于它是超静定刚架,故宜于用位移法求其刚度系数,用刚度法求解。首先在 1、2、3 三点分别加附加链杆,建立位移法基本结构。然后依次令各附加约束发生单位位移,各刚度系数的物理意义见图 8-37(b)、(c)、(d)。

(1)列频率方程

$$|\boldsymbol{K}-\omega^2\boldsymbol{M}|=0$$

计算刚度系数

由图 8-37(b)取各横梁为隔离体,由水平方向平衡条件得

$$k_{11}=k_1=k,\quad k_{21}=-k_1=-k,\quad k_{31}=0$$

由图 8-37(c)取各横梁为隔离体,由水平方向平衡条件得

$$k_{12}=-k_1=-k,\quad k_{22}=k_1+k_2=3k,\quad k_{32}=-k_2=-2k$$

由图 8-37(d)取各横梁为隔离体,由水平方向平衡条件得

$$k_{33}=k_3+k_2=4.5k,\quad k_{23}=-k_2=-2k,\quad k_{13}=0$$

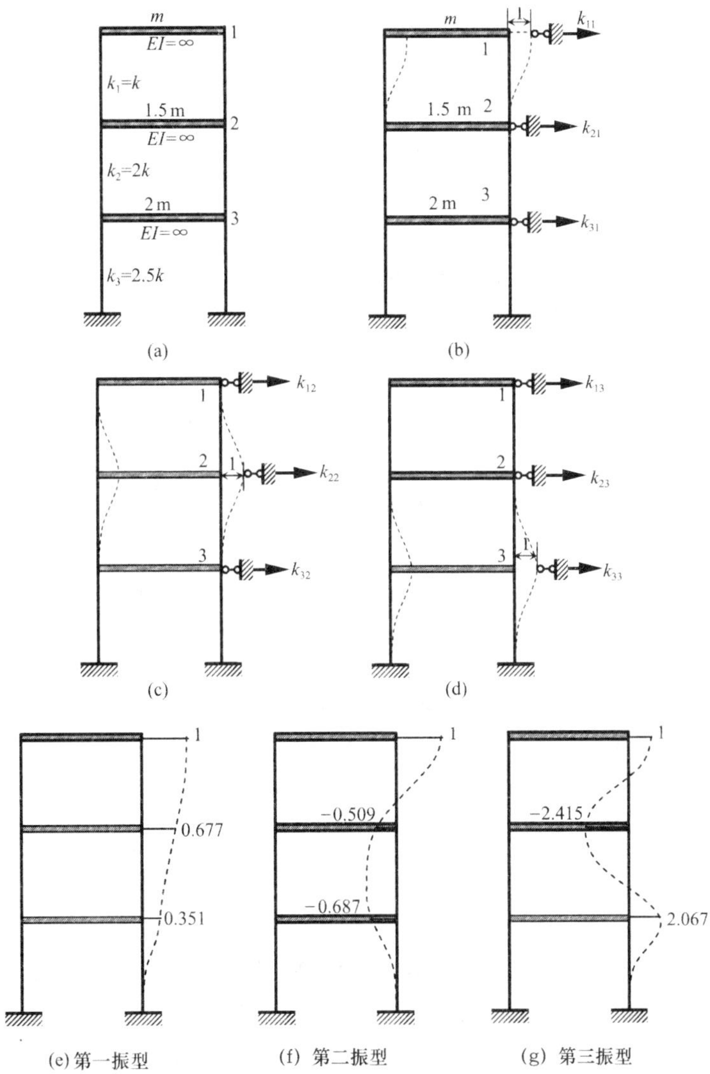

图 8-37

刚度矩阵和质量矩阵分别为

$$\boldsymbol{K}=\begin{bmatrix}k_{11}k_{12}k_{13}\\k_{21}k_{22}k_{23}\\k_{31}k_{32}k_{33}\end{bmatrix}=k\begin{bmatrix}1&-1&0\\-1&3&-2\\0&-2&4.5\end{bmatrix},\boldsymbol{M}=\begin{bmatrix}m_1&0&0\\0&m_2&0\\0&0&m_3\end{bmatrix}=m\begin{bmatrix}1&0&0\\0&1.5&0\\0&0&2\end{bmatrix}$$

(2)求自振频率

应用频率方程式(8-67),有

$$|\boldsymbol{K}-\omega^2\boldsymbol{M}|=\begin{vmatrix}(k_{11}-\omega^2m_1)&k_{12}&k_{13}\\k_{21}&(k_{22}-\omega^2m_2)&k_{23}\\k_{31}&k_{32}&(k_{33}-\omega^2m_3)\end{vmatrix}=0$$

将 m_i、k_{ij} 代入上式,得

$$k\begin{vmatrix}(1-\frac{m}{k}\omega^2)&-1&0\\-1&(3-\frac{1.5m}{k}\omega^2)&-2\\0&-2&(4.5-\frac{2m}{k}\omega^2)\end{vmatrix}=0$$

为表达简捷,令 $\lambda=\frac{m}{k}\omega^2$,则频率方程化简为

$$\begin{vmatrix}(1-\lambda)&-1&0\\-1&(3-1.5\lambda)&-2\\0&-2&(4.5-2\lambda)\end{vmatrix}=0$$

展开上式,得

$$5-20.25\lambda+15.75\lambda^2-3\lambda^3=0$$

解方程得

$$\lambda_1=0.323,\quad \lambda_2=1.510,\quad \lambda_3=3.418$$

求得频率

$$\omega_1^2=\frac{k}{m}\lambda_1=0.323\frac{k}{m},\quad \omega_1=0.568\sqrt{\frac{k}{m}}$$

$$\omega_2^2=\frac{k}{m}\lambda_2=1.510\frac{k}{m},\quad \omega_2=1.229\sqrt{\frac{k}{m}}$$

$$\omega_3^2=\frac{k}{m}\lambda_3=3.418\frac{k}{m},\quad \omega_3=1.849\sqrt{\frac{k}{m}}$$

(3)分析振型并作振型图

应用特征方程式(8-70),有 $(\boldsymbol{K}-\omega^2\boldsymbol{M})\boldsymbol{\Phi}=\boldsymbol{0}$

令标准化振型向量 $\boldsymbol{\Phi}$ 的第一个元素 $\Phi_1^{(1)}=1$,则上式为

$$k\begin{bmatrix}1-\lambda&-1&0\\-1&3-1.5\lambda&-2\\0&-2&4.5-2\lambda\end{bmatrix}\begin{Bmatrix}1\\\Phi_2^{(1)}\\\Phi_3^{(1)}\end{Bmatrix}=\begin{Bmatrix}0\\0\\0\end{Bmatrix}$$

取第二行、第三行展开,得

$$\left.\begin{aligned}(3-1.5\lambda)\Phi_2^{(1)}-2\Phi_3^{(1)}&=1\\-2\Phi_2^{(1)}+(4.5-2\lambda)\Phi_3^{(1)}&=0\end{aligned}\right\}\qquad ①$$

将 $\lambda=\lambda_1=0.323$ 代入式①，得

$$\left.\begin{aligned}2.516\Phi_2^{(1)}-2\Phi_3^{(1)}&=1\\-2\Phi_2^{(1)}+3.854\Phi_3^{(1)}&=0\end{aligned}\right\}$$

解上列方程得

$$\Phi_2^{(1)}=0.677,\Phi_3^{(1)}=0.351$$

故第一振型为

$$\boldsymbol{\Phi}^{(1)}=(1\quad 0.677\quad 0.351)^{\mathrm{T}}$$

将 $\lambda=\lambda_2=1.510$ 代入式①(相应的，上标改为$^{(2)}$)，得

$$\left.\begin{aligned}0.735\Phi_2^{(2)}-2\Phi_3^{(2)}&=1\\-2\Phi_2^{(2)}+1.48\Phi_3^{(2)}&=0\end{aligned}\right\}$$

解上列方程得

$$\Phi_2^{(2)}=-0.509,\Phi_3^{(2)}=-0.687$$

故第二振型为

$$\boldsymbol{\Phi}^{(2)}=(1\quad -0.509\quad -0.687)^{\mathrm{T}}$$

将 $\lambda=\lambda_3=3.418$ 代入式①(相应的，上标改为$^{(3)}$)，得

$$\left.\begin{aligned}-2.127\Phi_2^{(3)}-2\Phi_3^{(3)}&=1\\-2\Phi_2^{(3)}-2.336\Phi_3^{(3)}&=0\end{aligned}\right\}$$

解上列方程得

$$\Phi_2^{(3)}=-2.415,\Phi_3^{(3)}=2.067$$

故第三振型为

$$\boldsymbol{\Phi}^{(3)}=(1\quad -2.415\quad 2.067)^{\mathrm{T}}$$

主振型图如图 8-37(e)、(f)、(g)所示。

8.4.5　主振型的正交性

在同一体系中，任何两个不同的主振型向量 $\boldsymbol{X}_i$ 和 $\boldsymbol{X}_j\,(i\neq j)$，都满足下列关系式

$$\boldsymbol{X}_j^{\mathrm{T}}\boldsymbol{M}\,\boldsymbol{X}_i=0 \tag{8-72}$$

$$\boldsymbol{X}_j^{\mathrm{T}}\boldsymbol{K}\,\boldsymbol{X}_i=0 \tag{8-73}$$

这两个公式所反映的关系就是主振型的正交性，即任意两个振型向量对质量矩阵 $\boldsymbol{M}$ 和刚度矩阵 $\boldsymbol{K}$ 都是正交的。对于标准化振型向量 $\boldsymbol{\Phi}$，也同样具有正交性。即式(8-72)、(8-73)中用 $\boldsymbol{\Phi}$ 代替 $\boldsymbol{X}$ 即可。

这两个公式的正确性可用功的互等定理来证明。证明从略。

振型正交性的物理意义是：体系按某一振型振动时，其惯性力不会在其他振型上做功，因此，它的能量便不会转移到别的振型上去，从而激起其他振型的振动。说明各个主振型都能够单独出现，彼此线性无关。

主振型的正交性是结构本身的固有特性，不仅可以用来简化结构的动力计算，而且还可以用来检验所求得的主振型是否正确。

【例 8-19】 试用振型的正交性检验例 8-18 所求得的振型是否正确。

解 由例 8-18 的计算结果得知

$$\boldsymbol{\Phi}_1=\begin{pmatrix}1\\0.677\\0.351\end{pmatrix},\boldsymbol{\Phi}_2=\begin{pmatrix}1\\-0.509\\-0.687\end{pmatrix},\boldsymbol{\Phi}_3=\begin{pmatrix}1\\-2.415\\2.067\end{pmatrix}$$

质量矩阵和刚度矩阵分别为

$$\boldsymbol{M}=m\begin{bmatrix}1&0&0\\0&1.5&0\\0&0&2\end{bmatrix},\quad \boldsymbol{K}=k\begin{bmatrix}1&-1&0\\-1&3&-2\\0&-2&4.5\end{bmatrix}$$

验算$\boldsymbol{\Phi}_1^{\mathrm{T}}\boldsymbol{M}\boldsymbol{\Phi}_2$

$$\begin{aligned}\boldsymbol{\Phi}_1^{\mathrm{T}}\boldsymbol{M}\boldsymbol{\Phi}_2&=(1\quad 0.677\quad 0.351)m\begin{bmatrix}1&0&0\\0&1.5&0\\0&0&2\end{bmatrix}\begin{pmatrix}1\\-0.509\\-0.687\end{pmatrix}\\&=m(1\quad 1.0155\quad 0.702)\begin{pmatrix}1\\-0.509\\-0.687\end{pmatrix}=-0.0008m\approx 0\end{aligned}$$

满足正交关系。

验算$\boldsymbol{\Phi}_1^{\mathrm{T}}\boldsymbol{M}\boldsymbol{\Phi}_3$

$$\begin{aligned}\boldsymbol{\Phi}_1^{\mathrm{T}}\boldsymbol{M}\boldsymbol{\Phi}_3&=(1\quad 0.677\quad 0.351)m\begin{bmatrix}1&0&0\\0&1.5&0\\0&0&2\end{bmatrix}\begin{pmatrix}1\\-2.415\\2.067\end{pmatrix}\\&=m(1\quad 1.0155\quad 0.702)\begin{pmatrix}1\\-2.415\\2.067\end{pmatrix}=-0.0014m\approx 0\end{aligned}$$

满足正交关系。再验算其他正交关系，也能得到满足。可见，这三个振型向量是正确的。

8.5 多自由度体系在简谐荷载作用下的强迫振动

本节只研究多自由度体系在简谐荷载作用下的动力反应，且不考虑阻尼。因为简谐荷载作用下，若荷载频率在共振区之外，阻尼影响很小；在共振区之内时，计不计阻尼，虽对振幅影响很大，但都能反映共振现象。

8.5.1 用柔度法计算两个自由度体系强迫振动的动力反应

1. 振动微分方程的建立

图 8-38(a)所示简支梁，不计梁本身的质量，为两个自由度体系。其上承受 k 个简谐荷载 $F_{P1}\sin\theta t$、$F_{P2}\sin\theta t$、…、$F_{Pk}\sin\theta t$ 的作用。质点 m_1 和 m_2 的位移分别用 y_1 和 y_2 表示，它们都是从静力平衡位置量取并以向下为正。

在振动过程中的任一时刻 t，引起体系位移的力有两种：一种是各质点的惯性力

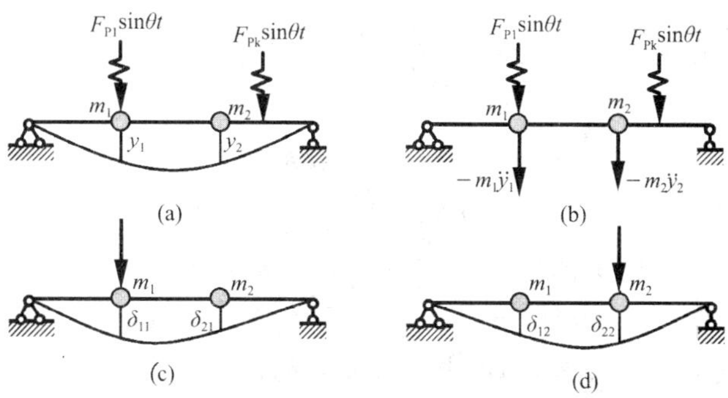

图 8-38

$F_{Ii}=-m_i\ddot{y}_i(i=1,2)$，另一种是干扰力 $F_{Pj}=F_{Pj}\sin\theta t(j=1,2,\cdots,k)$，如图 8-38(b)。体系在这两种力共同作用下，任一质点 i 的位移 y_i 为

$$y_i=\delta_{i1}(-m_1\ddot{y}_1)+\delta_{i2}(-m_2\ddot{y}_2)+y_{iP}$$

式中 δ_{ij} 为结构的柔度系数，其意义如图 8-38(c)、(d)所示。y_{iP} 为所有干扰力的作用下，质点 i 的位移，即

$$y_{iP}=\sum_{j=1}^{k}\delta_{ij}F_{Pj}\sin\theta t=\Delta_{iP}\sin\theta t$$

其中

$$\Delta_{iP}=\sum_{j=1}^{k}\delta_{ij}F_{Pj}$$

为各动力荷载达到最大值时，质点 i 的静力位移。

对于两个自由度体系，可以建立两个方程，即

$$\left.\begin{aligned}\delta_{11}m_1\ddot{y}_1+\delta_{12}m_2\ddot{y}_2+y_1=\Delta_{1P}\sin\theta t\\ \delta_{21}m_1\ddot{y}_1+\delta_{22}m_2\ddot{y}_2+y_2=\Delta_{2P}\sin\theta t\end{aligned}\right\}\tag{8-74}$$

式(8-74)是一个非齐次线性微分方程组。其通解包含两部分：齐次解对应按自振频率振动的自由振动，如同在单自由度体系中一样，这部分自由振动由于阻尼而很快消失；特解对应按荷载频率振动的简谐振动，是平稳阶段的稳态强迫振动。

设在稳态振动阶段各质点按频率 θ 作同步简谐振动，位移为

$$\left.\begin{aligned}y_1=A_1\sin\theta t\\ y_2=A_2\sin\theta t\end{aligned}\right\}\tag{8-75}$$

式中 A_1、A_2 为强迫振动的振幅。由式(8-75)可得各质点的加速度

$$\left.\begin{aligned}\ddot{y}_1=-\theta^2A_1\sin\theta t\\ \ddot{y}_2=-\theta^2A_2\sin\theta t\end{aligned}\right\}\tag{8-76}$$

将式(8-75)、(8-76)代入式(8-74)，消去公因子 $\sin\theta t$，化简后得

$$\left.\begin{aligned}(\theta^2\delta_{11}m_1-1)A_1+\theta^2\delta_{12}m_2A_2+\Delta_{1P}=0\\ \theta^2\delta_{21}m_1A_1+(\theta^2\delta_{22}m_2-1)A_2+\Delta_{2P}=0\end{aligned}\right\}\tag{8-77}$$

式(8-77)称为位移幅值方程，是一组非齐次线性方程组。只要干扰力的频率不等于体系的自振频率，则此方程组存在唯一的解答，即各质点在强迫振动中的振幅 A_1、A_2。

2. 动位移和动内力的解答

求解位移幅值方程式(8-77)，得振幅 A_1、A_2 分别为

$$A_1=\frac{D_1}{D_0},A_2=\frac{D_2}{D_0} \tag{8-78a}$$

其中

$$D_0=\begin{vmatrix}\theta^2\delta_{11}m_1-1 & \theta^2\delta_{12}m_2\\ \theta^2\delta_{21}m_1 & \theta^2\delta_{22}m_2-1\end{vmatrix} \tag{8-78b}$$

$$D_1=\begin{vmatrix}-\Delta_{1P} & \theta^2\delta_{12}m_2\\ -\Delta_{2P} & \theta^2\delta_{22}m_2-1\end{vmatrix},\quad D_2=\begin{vmatrix}\theta^2\delta_{11}m_1-1 & -\Delta_{1P}\\ \theta^2\delta_{21}m_1 & -\Delta_{2P}\end{vmatrix} \tag{8-78c}$$

将振幅 A_1、A_2 代入式(8-76),即可求得各质点的惯性力为

$$\left.\begin{aligned}F_{I1}&=-m_1\ddot{y}_1=\theta^2m_1A_1\sin\theta t\\ F_{I2}&=-m_2\ddot{y}_2=\theta^2m_2A_2\sin\theta t\end{aligned}\right\}$$

令

$$\left.\begin{aligned}F_{I1}{}^0&=\theta^2m_1A_1\\ F_{I2}{}^0&=\theta^2m_2A_2\end{aligned}\right\} \tag{8-79}$$

F_{I1}^0、F_{I2}^0 是惯性力的幅值。则各质点的惯性力可表示为

$$\left.\begin{aligned}F_{I1}&=F_{I1}^0\sin\theta t\\ F_{I2}&=F_{I2}^0\sin\theta t\end{aligned}\right\} \tag{8-80}$$

由式(8-75)、(8-80)以及干扰力的表达式可以看出:位移、惯性力和干扰力均按同一频率作同步简谐振动,且同时达到幅值。因此,可以应用幅值方程法计算结构的最大动位移和最大动内力。先求解位移幅值方程式(8-77),得到各质点在强迫振动中的振幅 A_1、A_2,即为动位移幅值。将振幅 A_1、A_2 代入式(8-79),求得惯性力的幅值 $F_{I1}{}^0$、$F_{I2}{}^0$;然后再把 $F_{I1}{}^0$、$F_{I2}{}^0$ 和干扰力幅值 F_{Pi} 同时作用于结构上,按静力分析方法求出内力,即为动内力幅值。

3. 关于强迫振动动位移的讨论

由式(8-78)可知

(1)当 $\theta\to 0$ 时,$D_0\to 1$,$D_1\to\Delta_{1P}$,$D_2\to\Delta_{2P}$,位移幅值相当于静荷载产生的位移。

(2)当 $\theta\to\infty$ 时,$D_0\propto\theta^4$,$D_1\propto\theta^2$,$D_2\propto\theta^2$,则 $A_1\to 0$,$A_2\to 0$,位移幅值非常小。

(3)当 $\theta\to\omega_1$ 或 $\theta\to\omega_2$ 时,$D_0=0$,若 D_1、D_2 不全为零时,有 $A_1\to\infty$,$A_2\to\infty$,即发生共振。两个自由度体系有两个共振点。

8.5.2 用刚度法计算两个自由度体系强迫振动的动力反应

1. 振幅方程

图 8-39(a)所示两个自由度体系,质点上承受简谐荷载 $F_{P1}\sin\theta t$、$F_{P2}\sin\theta t$ 的作用。设在稳态振动阶段各质点按频率 θ 作同步简谐振动,位移为

$$\left.\begin{aligned}y_1&=A_1\sin\theta t\\ y_2&=A_2\sin\theta t\end{aligned}\right\}$$

由于位移、惯性力和干扰力均按同一频率作同步简谐振动,且同时达到幅值。对每一个质点在位移幅值处列动力平衡方程,即得到用刚度法计算振幅的方程,为

$$\begin{aligned}(k_{11}-m_1\theta^2)A_1+k_{12}A_2&=F_{P1}\\ k_{21}A_1+(k_{22}-m_2\theta^2)A_2&=F_{P2}\end{aligned} \tag{8-81}$$

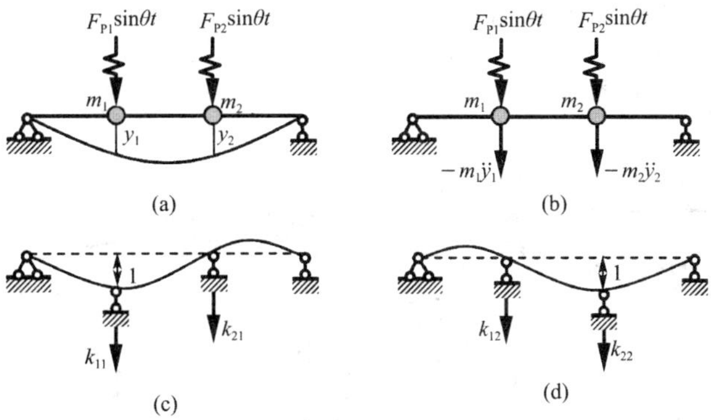

图 8-39

式中 k_{11}、k_{21} 和 k_{12}、k_{22} 是结构的刚度系数，其意义如图 8-39(c)、(d)所示。振幅方程式(8-81)是一组非齐次线性方程组。只要干扰力的频率不等于体系的自振频率，则此方程组存在唯一的解答，即各质点在强迫振动中的振幅 A_1、A_2。

2. 动位移和动内力的解答

求解位移幅值方程式(8-81)，得振幅 A_1、A_2 分别为

$$A_1=\frac{D_1}{D_0},\quad A_2=\frac{D_2}{D_0} \tag{8-82a}$$

其中

$$D_0=\begin{vmatrix} k_{11}-m_1\theta^2 & k_{12} \\ k_{21} & k_{22}-m_2\theta^2 \end{vmatrix} \tag{8-82b}$$

$$D_1=\begin{vmatrix} F_{P1} & k_{12} \\ F_{P2} & k_{22}-m_2\theta^2 \end{vmatrix},D_2=\begin{vmatrix} k_{11}-m_1\theta^2 & F_{P1} \\ k_{21} & F_{P2} \end{vmatrix} \tag{8-82c}$$

与柔度法类似，应用幅值方程法计算结构的最大动位移和最大动内力。将振幅 A_1、A_2 代入式(8-78)，求得惯性力的幅值 F_{I1}^0、F_{I2}^0；然后再把 F_{I1}^0、F_{I2}^0 和干扰力幅值 F_{Pi} 同时作用于结构上，按静力分析方法即可求得最大动位移和最大动内力。

【例 8-20】 例 8-15 中的简支梁受到简谐荷载 $F_P\sin\theta t$ 作用，如图 8-40(a)所示。已知 $\theta=0.75\omega_1$。试求动位移幅值和动弯矩幅值。

解　(1)例 8-15 中已求得

$$\delta_{11}=\delta_{22}=\frac{4a^3}{9EI},\quad \delta_{12}=\delta_{21}=\frac{7a^3}{18EI}$$

自振频率为

$$\omega_1^2=\frac{6}{5}\frac{EI}{ma^3},\quad \omega_1=1.10\sqrt{\frac{EI}{ma^3}}$$

$$\omega_2^2=18\frac{EI}{ma^3},\quad \omega_2=4.24\sqrt{\frac{EI}{ma^3}}$$

由已知得

$$\theta=0.75\omega_1=0.825\sqrt{\frac{EI}{ma^3}},\quad \theta^2=0.681\frac{EI}{ma^3}$$

(2)作 M_P 图如图 8-40(d),求 Δ_{1P}、Δ_{2P}

$$\Delta_{1P}=\delta_{11}F_P=\frac{4F_Pa^3}{9EI},\quad \Delta_{2P}=\delta_{12}F_P=\frac{7F_Pa^3}{18EI}$$

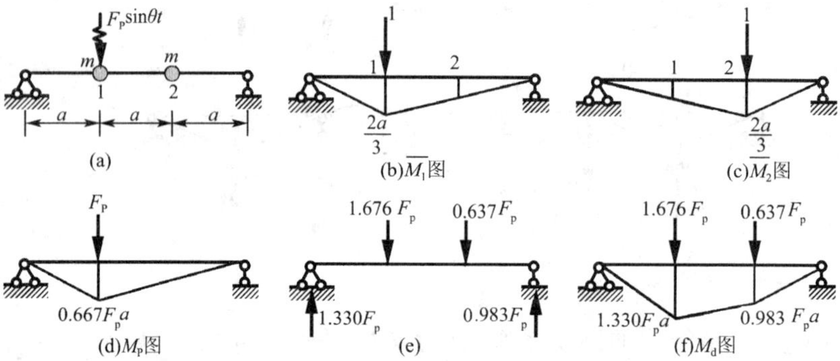

图 8-40

(3)求振幅(位移幅值)

位移幅值方程为

$$\left.\begin{aligned}(\theta^2\delta_{11}m_1-1)A_1+\theta^2\delta_{12}m_2A_2+\Delta_{1P}=0\\ \theta^2\delta_{21}m_1A_1+(\theta^2\delta_{22}m_2-1)A_2+\Delta_{2P}=0\end{aligned}\right\}$$

$$D_0=\begin{vmatrix}\theta^2\delta_{11}m_1-1 & \theta^2\delta_{12}m_2\\ \theta^2\delta_{21}m_1 & \theta^2\delta_{22}m_2-1\end{vmatrix}=\begin{vmatrix}-0.697 & 0.265\\ 0.265 & -0.697\end{vmatrix}=0.416$$

$$D_1=\begin{vmatrix}-\Delta_{1P} & \theta^2\delta_{12}m_2\\ -\Delta_{2P} & \theta^2\delta_{22}m_2-1\end{vmatrix}=\begin{vmatrix}-\dfrac{4F_Pa^3}{9EI} & 0.265\\ -\dfrac{7F_Pa^3}{18EI} & -0.697\end{vmatrix}=0.413\,\frac{F_Pa^3}{EI}$$

$$D_2=\begin{vmatrix}\theta^2\delta_{11}m_1-1 & -\Delta_{1P}\\ \theta^2\delta_{21}m_1 & -\Delta_{2P}\end{vmatrix}=\begin{vmatrix}-0.697 & -\dfrac{4F_Pa^3}{9EI}\\ 0.265 & -\dfrac{7F_Pa^3}{18EI}\end{vmatrix}=0.389\,\frac{F_Pa^3}{EI}$$

位移幅值为

$$A_1=\frac{D_1}{D_0}=\frac{0.413\,\dfrac{F_Pa^3}{EI}}{0.416}=0.993\,\frac{F_Pa^3}{EI}$$

$$A_2=\frac{D_2}{D_0}=\frac{0.389\,\dfrac{F_Pa^3}{EI}}{0.416}=0.935\,\frac{F_Pa^3}{EI}$$

(4)求惯性力幅值和动弯矩幅值

$$F_{I1}^0=\theta^2m_1A_1=0.681\,\frac{EI}{ma^3}m\left(0.993\,\frac{F_Pa^3}{EI}\right)=0.676F_P$$

$$F_{I2}^0=\theta^2m_2A_2=0.681\,\frac{EI}{ma^3}m\left(0.935\,\frac{F_Pa^3}{EI}\right)=0.637F_P$$

将 $F_{I1}{}^0$、$F_{I2}{}^0$ 和干扰力幅值 F_P 同时作用于结构上,如图 8-40(e),图中还给出了相应的支反力。动弯矩幅值图如图 8-40(f)。

(5)比较动力系数

$$\mu_{A1}=\frac{A_1}{\Delta_{1P}}=\frac{0.993}{\frac{4}{9}}=2.234,\quad \mu_{A2}=\frac{A_2}{\Delta_{2P}}=\frac{0.935}{\frac{7}{18}}=2.404$$

$$\mu_{M1}=\frac{M_{1d}}{M_{1P}}=\frac{1.330}{0.667}=1.994,\quad \mu_{M2}=\frac{M_{2d}}{M_{2P}}=\frac{0.983}{0.333}=2.952$$

因此,多自由度体系没有统一的动力系数。

【例 8-21】 二层刚架受到简谐荷载 $F_P\sin\theta t$ 作用,如图 8-41(a)所示。已知 $\theta=4\sqrt{\frac{EI}{mh^3}}$。试求动位移幅值和柱底截面动弯矩幅值。

解 (1)计算刚度系数

各柱都是两端固定杆,其侧移刚度为 $\frac{12EI}{h^3}$。令附加链杆发生单位位移,并取横梁为隔离体如图 8-41(b)、(c),由平衡条件得

$$k_{11}=\frac{12EI}{h^3}\times4=48k,\quad k_{22}=\frac{12EI}{h^3}\times2=24k,\quad k_{21}=k_{12}=-24k$$

依据已知条件,有

$$\theta^2=16\frac{EI}{mh^3}=16\frac{k}{m},则\ m_1\theta^2=16k,\quad m_2\theta^2=16k$$

(2)求位移幅值

应用刚度法幅值方程式(8-81)

$$\left.\begin{aligned}(k_{11}-m_1\theta^2)A_1+k_{12}A_2=F_{P1}\\k_{21}A_1+(k_{22}-m_2\theta^2)A_2=F_{P2}\end{aligned}\right\}$$

$$D_0=\begin{vmatrix}k_{11}-m_1\theta^2 & k_{12}\\ k_{21} & k_{22}-m_2\theta^2\end{vmatrix}=k^2\begin{vmatrix}48-16 & -24\\ -24 & 24-16\end{vmatrix}=-320k^2$$

$$D_1=\begin{vmatrix}F_{P1} & k_{12}\\ F_{P2} & k_{22}-m_2\theta^2\end{vmatrix}=\begin{vmatrix}0 & -24k\\ F_P & (24-16)k\end{vmatrix}=24kF_P$$

$$D_2=\begin{vmatrix}k_{11}-m_1\theta^2 & F_{P1}\\ k_{21} & F_{P2}\end{vmatrix}=\begin{vmatrix}(48-16)k & 0\\ -24k & F_P\end{vmatrix}=32kF_P$$

得位移幅值 A_1、A_2分别为

$$A_1=\frac{D_1}{D_0}=-0.075\frac{F_P}{k}=-0.075\frac{F_Ph^3}{EI}$$

$$A_2=\frac{D_2}{D_0}=-0.1\frac{F_P}{k}=-0.1\frac{F_Ph^3}{EI}$$

求得位移幅值为负,表示质量 m_i的运动方向与计算刚度系数时给附加链杆的单位位移方向相反。图 8-41(d)为位移幅值图。

(3)求惯性力幅值和动弯矩幅值

$$F_{I1}^0=\theta^2m_1A_1=16k\times\left(-0.075\frac{F_P}{k}\right)=-1.2F_P$$

$$F_{I2}^0=\theta^2m_2A_2=16k\times\left(-0.1\frac{F_P}{k}\right)=-1.6F_P$$

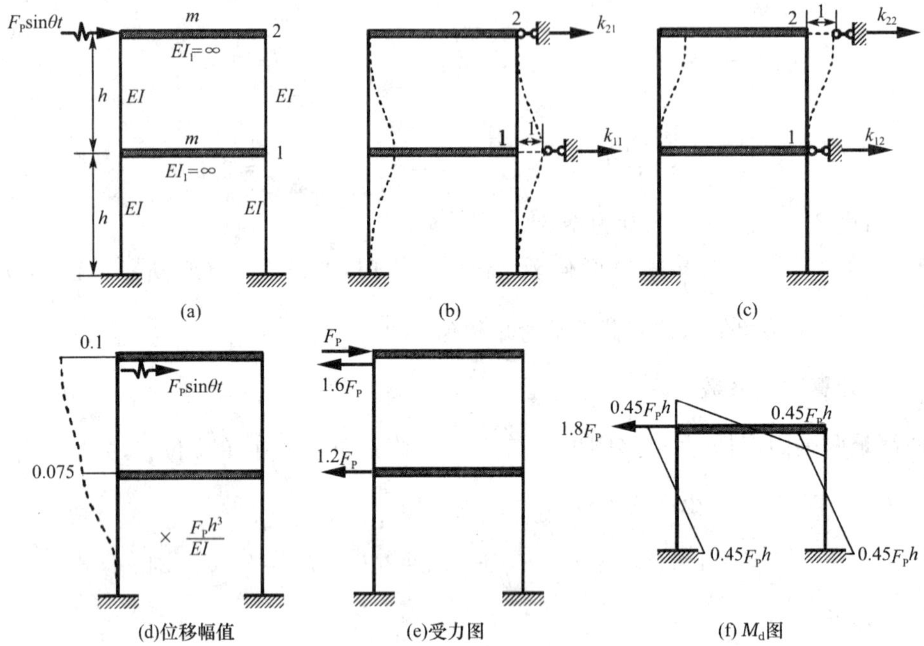

图 8-41

将 F_{I1}^0、F_{I2}^0 和干扰力幅值 F_P 同时作用于结构上，如图 8-41(e)。取下层刚架作受力分析，柱顶共受力 $1.8F_P$，每根柱子各受力 $0.9F_P$，按两端固定杆的情况，作出动弯矩幅值图如图 8-41(f)。

8.5.3 多自由度体系强迫振动的动力反应

1. 柔度法建立振动微分方程

图 8-42(a)所示 n 个自由度体系体系，其上承受 k 个简谐荷载 $F_{P1}\sin\theta t$、$F_{P2}\sin\theta t$、…、$F_{Pk}\sin\theta t$ 的作用。在振动过程中的任一时刻 t，引起体系位移的力有两种：一种是各质点的惯性力 $F_{Ii}=-m_i\ddot{y}_i(i=1,2,\cdots,n)$，另一种是干扰力 $F_{Pj}=F_{Pj}\sin\theta t(j=1,2,\cdots,k)$，如图 8-42(b)。体系在这两种力共同作用下，任一质点 i 的位移 y_i 为

$$y_i=\delta_{i1}(-m_1\ddot{y}_1)+\delta_{i2}(-m_2\ddot{y}_2)+\cdots+\delta_{in}(-m_n\ddot{y}_n)+y_{iP}$$

式中 y_{iP} 为所有干扰力的作用下，质点 i 的位移，即

$$y_{iP}=\sum_{j=1}^{k}\delta_{ij}F_{Pj}\sin\theta t=\Delta_{iP}\sin\theta t$$

其中

$$\Delta_{iP}=\sum_{j=1}^{k}\delta_{ij}F_{Pj}$$

为各动力荷载达到最大值时，质点 i 的静力位移。

与两个自由度体系在简谐荷载作用下的强迫振动类似，平稳阶段各质点也按频率 θ 作同步简谐振动，位移、惯性力和干扰力均按同一频率作同步简谐振动，且同时达到幅值。对每一个质点在位移幅值处列位移方程，即得到用柔度法计算振幅的方程

$$(\theta^2\boldsymbol{\delta M}-\boldsymbol{I})\boldsymbol{A}+\boldsymbol{\Delta}_P=0 \tag{8-83}$$

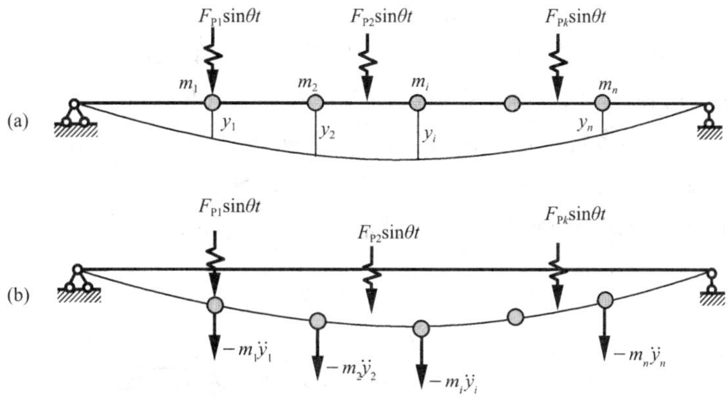

图 8-42

式中　$\boldsymbol{\Delta}_P$——动荷载幅值引起质点的静位移向量，$\boldsymbol{\Delta}_P=(\Delta_{1P}\Delta_{2P}\cdots\Delta_{nP})^T$；

$\boldsymbol{A}=(A_1\,A_2\cdots A_n)^T$ 为强迫振动的振幅向量；

$\boldsymbol{\delta}$——结构的柔度矩阵，$\boldsymbol{I}$ 为 $n\times n$ 的单位矩阵，$\boldsymbol{M}$ 为质量矩阵，它们的表达式已在 8.4 节多自由度体系的自由振动中说明。

只要干扰力的频率不等于体系自由振动的自振频率，则振幅方程组存在唯一的解答，即各质点在强迫振动中的振幅 A_1、A_2、…、A_n。

各质点的惯性力幅值向量为

$$\boldsymbol{F}_I^{\,0}=\theta^2\boldsymbol{MA} \tag{8-84a}$$

写成展开形式为

$$F_i^{\,0}=\theta^2 m_i A_i \quad (i=1,2,\cdots,n) \tag{8-84b}$$

在计算最大动位移和最大动内力时，可先求得惯性力的幅值 $F_i^{\,0}$，然后再把 $F_i^{\,0}$ 和干扰力幅值 F_{Pi} 同时作用于结构上，按静力分析方法即可求得最大动位移和最大动内力。

2. 刚度法建立振动微分方程

对于图 8-43 所示 n 个自由度体系，当干扰力均作用在各质点处时，由于平稳阶段各质点也按频率 θ 作同步简谐振动，位移、惯性力和干扰力均按同一频率作同步简谐振动，且同时达到幅值。对每一个质点在位移幅值处列动力平衡方程，即得到用刚度法计算振幅的方程，为

$$(\boldsymbol{K}-\theta^2\boldsymbol{M})\boldsymbol{A}=\boldsymbol{F}_P \tag{8-86a}$$

其展开式为

$$\begin{bmatrix}(k_{11}-\theta^2 m_1) & k_{12} & \cdots & k_{1n}\\ k_{21} & (k_{22}-\theta^2 m_2) & \cdots & k_{2n}\\ \vdots & \vdots & & \vdots\\ k_{n1} & k_{n2} & \cdots & (k_{nn}-\theta^2 m_n)\end{bmatrix}\begin{pmatrix}A_1\\A_2\\\vdots\\A_n\end{pmatrix}=\begin{pmatrix}F_{P1}\\F_{P2}\\\vdots\\F_{Pn}\end{pmatrix} \tag{8-86b}$$

只要 $\theta\neq\omega_i$，则可解出

$$\boldsymbol{A}=(\boldsymbol{K}-\theta^2\boldsymbol{M})^{-1}\boldsymbol{F}_P \tag{8-87}$$

将 $\boldsymbol{A}$ 代入式(8-84)，便可求得各质点的惯性力幅值，即

$$\boldsymbol{F}_I^{\,0}=\theta^2\boldsymbol{MA}$$

或

$$F_i^0=\theta^2 m_i A_i \quad (i=1,2,\cdots,n)$$

前已指出,由于位移、惯性力均与干扰力同时达到最大值,故可将惯性力和干扰力幅值当作静力荷载作用在结构上,以计算最大动内力和最大动位移。

在实际工程中,求解多自由度体系时,多用电算求解。而集成总刚度矩阵的原理和方法都已成熟,所以求解动力问题多用刚度法。在静力计算和动力计算中,都要用到结构的刚度矩阵。所以,可以把两者的计算统一起来,编成统一的结构计算程序,使用将更为方便。

8.6 计算频率的近似方法

8.6.1 能量法求基本频率

结构在振动中,具有两种形式的能量,一种是由于具有质量和速度而构成的动能,另一种是由于结构变形而储存的应变能。根据能量守恒定律,结构在无阻尼自由振动中的任何时刻,其动能和应变能之和应等于常数,即

$$T(t)+V_\varepsilon=\text{常数}$$

当结构处于最大振幅位置时,其动能 T 等于零,而应变能具有最大值 $V_{\varepsilon\max}$。当结构处于静力平衡位置的瞬间,其动能 T 具有最大值 $T_{\max}$,而应变能则为零。据此有

$$V_{\varepsilon\max}+0=T_{\max}+0$$

即

$$V_{\varepsilon\max}=T_{\max} \tag{8-88}$$

利用这一关系式即可得到确定频率的方程。现不作推导,直接给出能量法求自振频率的计算公式。

以梁的横向振动为例,图 8-43 所示具有连续分布质量 $m(x)$ 的单跨梁,按某一频率作自由振动,设其位移幅值函数为 $y(x)$(称为振型函数)。结构上除分布质量 $m(x)$ 外,还有集中质量 $m_i(i=1,2,\cdots,n)$,设以 y_i 表示集中质量 i 点处相应的振幅。则体系的基本频率的计算公式为

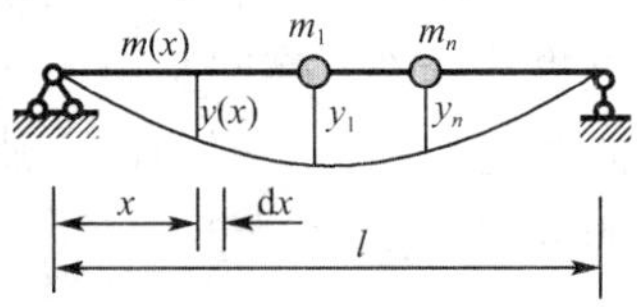

图 8-43

$$\omega^2=\frac{\int_0^l EI\left[y''(x)\right]^2\mathrm{d}x}{\int_0^l m(x)y^2(x)\mathrm{d}x+\sum_{i=1}^{n}m_i y_i^2} \tag{8-89}$$

利用式(8-89)计算自振频率时,必须先假定一条曲线 $y(x)$ 作为振型曲线来进行计算,假定振型曲线函数 $y(x)$ 必须注意以下几点:

1. 必须满足运动边界条件(铰支端:$y=0$;固定端:$y=0$,$y'=0$);尽量满足弯矩边界条件,以减小误差。

2. 所设振型曲线函数应与实际振型形状大致接近。如正好与第 n 主振型相似,则可求得 ω_n 的准确解。但主振型通常是未知的,只能假定一近似的振型曲线,得到频率的近似值。由于假定高频率的振型困难,计算高频率误差较大。而相应于基本频率所设的振

型曲线，曲率小，拐点少，是结构比较容易出现的变形形式。故能量法主要用于求 ω_1 的近似解。

3. 通常可取结构在某个静荷载 $q(x)$ 作用下的挠度弹性曲线作为振型曲线 $y(x)$。此时，可得确定频率的另一个计算公式

$$\omega^2=\frac{\int_0^l q(x)y(x)\mathrm{d}x+\sum_{j=1}^{m}F_{Pj}y_j}{\int_0^l m(x)y^2(x)\mathrm{d}x+\sum_{i=1}^{n}m_iy_i^2} \tag{8-90}$$

式中，分布荷载 $q(x)$ 和集中荷载 F_{Pj} 为产生弹性挠度曲线 $y(x)$ 的静力荷载；y_j 为集中力作用点处相应的挠度。

对于单跨梁，通常假设其自重作用下的弹性曲线作为振型曲线。对于其他结构，则首先要判断基本振型的大致形状，然后假设一与它接近的曲线方程 $y(x)$，这样算得的频率也就是基本频率的近似解。

4. 能量法所得频率的近似解总是比精确解偏高。其原因是假设了一振型曲线代替实际振型曲线，就是迫使梁按照这种假设的形状振动，这就相当于给梁加上了某种约束，增大了梁的刚度，致使频率偏高。当所设振型越接近于真实，则相当于对体系施加的约束越小，求得的频率越接近于真实。

【例 8-22】 图 8-44(a)所示均质等截面简支梁，梁长为 l，单位梁长的质量为 $\overline{m}$，EI 为常量。若分别取振型曲线为：(1)图 8-44(b)所示的正弦曲线 $y(x)=a\sin\frac{\pi x}{l}$；

(2)图 8-44(c)所示梁在自重作用下的挠度曲线 $y(x)=\frac{\overline{m}g}{24EI}(l^3x-2lx^3+x^4)$。

试计算梁的自振频率，并将所得结果进行比较。

解　(1)设振型为正弦曲线 $y(x)=a\sin\frac{\pi x}{l}$，则 $y''(x)=-a\frac{\pi^2}{l^2}\sin\frac{\pi x}{l}$

代入式(8-89)，得

$$\omega^2=\frac{\int_0^l EI\,[y''(x)]^2\mathrm{d}x}{\int_0^l m(x)y^2(x)\mathrm{d}x+\sum_{i=1}^{n}m_iy_i^2}=\frac{EIa^2\frac{\pi^4}{l^4}\int_0^l\left(\sin\frac{\pi x}{l}\right)^2\mathrm{d}x}{\overline{m}a^2\int_0^l\left(\sin\frac{\pi x}{l}\right)^2\mathrm{d}x}=\frac{\pi^4EI}{\overline{m}l^4}$$

$$\omega=\frac{\pi^2}{l^2}\sqrt{\frac{EI}{\overline{m}}}=\frac{9.870}{l^2}\sqrt{\frac{EI}{\overline{m}}}$$

(2)设振型为梁在自重作用下的挠曲线 $y(x)=\frac{\overline{m}g}{24EI}(l^3x-2lx^3+x^4)$，将上式代入式(8-90)得

$$\omega^2=\frac{\int_0^l q(x)y(x)\mathrm{d}x+\sum_{j=1}^{m}F_{Pj}y_j}{\int_0^l m(x)y^2(x)\mathrm{d}x+\sum_{i=1}^{n}m_iy_i^2}=\frac{\int_0^l\overline{m}gy(x)\mathrm{d}x}{\int_0^l\overline{m}y^2(x)\mathrm{d}x}=\frac{g\int_0^l y(x)\mathrm{d}x}{\int_0^l y^2(x)\mathrm{d}x}$$

$$=\frac{\frac{\overline{m}g^2}{24EI}\int_0^l(l^3x-2lx^3+x^4)\mathrm{d}x}{\left(\frac{\overline{m}g}{24EI}\right)^2\int_0^l(l^3x-2lx^3+x^4)^2\mathrm{d}x}=\frac{24EI}{\overline{m}}\frac{\frac{l^5}{5}}{\frac{31l^9}{630}}=97.548\frac{EI}{\overline{m}l^4}$$

$$\omega=\frac{9.877}{l^2}\sqrt{\frac{EI}{\overline{m}}}$$

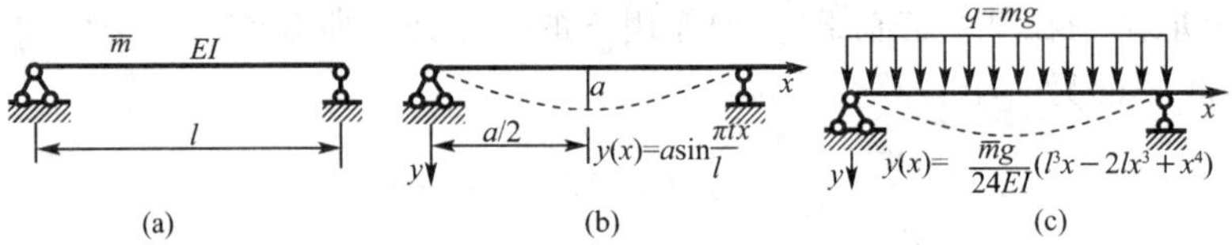

图 8-44

(3)讨论

因为正弦曲线 $y(x)=a\sin\frac{\pi x}{l}$ 是简支梁基本振型,所以由它求得的是基本频率的精确解。而根据自重作用下的挠曲线求得的频率比精确解偏高,但也具有很高的精确度。

8.6.2 集中质量法求频率

在计算无限自由度体系的自振频率时,可以用若干个集中质量来代替连续分布的质量。关于质量的集中方法有多种,最简单的是静力等效的集中质量法。

等效原则是:使集中后的重力与原来的重力互为静力等效,即两者的合力相等。

作法:将杆分为若干段,将每段质量集中于其质心或集中于两端。

【例 8-23】 图 8-45(a)所示均质等截面简支梁,梁长为 l,单位梁长的质量为 $\overline{m}$,EI 为常量。若用集中质量法分别取集中质量为 3 个、4 个、5 个,如图 8-45(b)~(d),试计算梁的自振频率,并将所得结果进行比较。

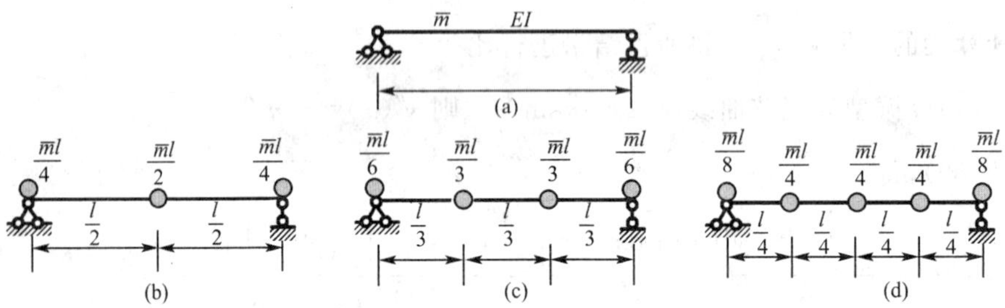

图 8-45

解 (1)此梁为无限自由度体系,其精确解为

$$\omega_1=\frac{9.870}{l^2}\sqrt{\frac{EI}{\overline{m}}},\quad \omega_2=\frac{39.84}{l^2}\sqrt{\frac{EI}{\overline{m}}},\quad \omega_3=\frac{88.83}{l^2}\sqrt{\frac{EI}{\overline{m}}}$$

(2)图 8-45(b)取 3 个集中质量时,为单自由度体系

$$\delta_{11}=\frac{l^3}{48EI},\quad \omega_1=\sqrt{\frac{1}{m\delta_{11}}}=\sqrt{\frac{1}{\frac{\overline{m}l}{2}\cdot\frac{l^3}{48EI}}}=\sqrt{\frac{96EI}{\overline{m}l^4}}=\frac{9.798}{l^2}\sqrt{\frac{EI}{\overline{m}}}$$

ω_1 误差为-0.7%。

(3)图 8-45(c)取 4 个集中质量时,为两个自由度体系。解得

$$\omega_1=\frac{9.86}{l^2}\sqrt{\frac{EI}{\overline{m}}},\quad \omega_2=\frac{38.2}{l^2}\sqrt{\frac{EI}{\overline{m}}}$$

ω_1误差为-0.1%，ω_2误差为-4.1%。

（4）图 8-45(d)取 5 个集中质量时，为三个自由度体系。解得

$$\omega_1=\frac{9.865}{l^2}\sqrt{\frac{EI}{m}},\omega_2=\frac{39.2}{l^2}\sqrt{\frac{EI}{m}},\omega_3=\frac{84.6}{l^2}\sqrt{\frac{EI}{m}}$$

ω_1误差为-0.05%，ω_2误差为-1.6%，ω_3误差为-4.8%。

小　结

1. 结构动力计算的特点

荷载、约束力、内力、位移等随时间变化；建立平衡方程时要考虑质量的惯性力。

2. 结构动力计算的内容

（1）确定结构的动力特性，即结构本身的自振频率、振型和阻尼参数。通过自由振动（由初位移或初速度引起的振动）研究结构的自振频率和振型。

（2）计算结构的动力反应，即结构在动荷载作用下产生的动内力、动位移等。通过强迫振动（由动荷载引起的振动）研究结构在动荷载作用下的动力反应。结构的动力反应不仅与荷载有关，还与结构本身的动力特性有关。所以自由振动是分析结构动力反应的前提。

3. 动力自由度

确定运动过程中任意时刻全部质量的位置所需独立几何参数的数目称为体系的振动自由度（动力自由度）。

4. 动力计算的原理和方法

基本原理为达朗贝尔原理：在质点运动的每一瞬时，作用在质点上的所有外力（动力荷载与约束力）与假想地加在质点上的惯性力相互平衡，可利用静力学的处理方法建立结构的运动方程。

（1）柔度法　利用体系的柔度系数，根据位移协调条件建立运动方程。

（2）刚度法　利用体系的刚度系数，根据平衡条件建立运动方程。

5. 通过自由振动确定结构的动力特性

（1）单自由度体系自由振动主要是求自振频率

频率计算公式

$$\omega=\sqrt{\frac{k_{11}}{m}}=\sqrt{\frac{1}{m\delta_{11}}}=\sqrt{\frac{g}{W\delta_{11}}}=\sqrt{\frac{g}{y_{st}}}$$

周期

$$T=\frac{2\pi}{\omega}$$

（2）多自由度体系的自由振动是要求自振频率和主振型

两个自由度体系自由振动频率方程为

柔度法

$$\begin{vmatrix}\left(m_1\delta_{11}-\frac{1}{\omega^2}\right) & m_2\delta_{12}\\ m_1\delta_{21} & \left(m_2\delta_{22}-\frac{1}{\omega^2}\right)\end{vmatrix}=0$$

刚度法
$$\begin{vmatrix} (k_{11}-\omega^2 m_1) & k_{12} \\ k_{21} & (k_{22}-\omega^2 m_2) \end{vmatrix}=0$$

解频率方程可以得到体系的自振频率 ω_1 和 $\omega_2(\omega_1<\omega_2)$。其中 ω_1 称为第一频率或基本频率，ω_2 称为第二频率。n 个自由度体系有 n 个频率和主振型。各频率的关系是：$\omega_1<\omega_2<\cdots<\omega_n$，最小的 ω_1 称为基本频率。

主振型是多自由度体系能够按单自由度体系振动时所具有的特定形式。多自由度体系能够按某个主振型振动的条件是：初始位移和初始速度应当与此主振型相对应。在一般的初始条件下，振动的形态包含了各个主振型的分量，是各个主振型叠加的合成振动。在实际工程计算中只对最低的 3～5 个振型感兴趣，更高阶的振型引起的位移是很小的，可忽略不计。

两个自由度体系自由振动主振型公式为

柔度法
$$\frac{X_2^{(1)}}{X_1^{(1)}}=\frac{\frac{1}{\omega_1^2}-m_1\delta_{11}}{m_2\delta_{12}}=\rho_1,\quad \frac{X_2^{(2)}}{X_1^{(2)}}=\frac{\frac{1}{\omega_2^2}-m_1\delta_{11}}{m_2\delta_{12}}=\rho_2$$

刚度法
$$\frac{X_2^{(1)}}{X_1^{(1)}}=\frac{\omega_1^2 m_1-k_{11}}{k_{12}}=\rho_1,\quad \frac{X_2^{(2)}}{X_1^{(2)}}=\frac{\omega_2^2 m_1-k_{11}}{k_{12}}=\rho_2$$

求解多自由度体系频率方程在数学上是属于求解特征方程的问题，一般用迭代法。本章只介绍了直接解法，即直接由频率方程用求行列式的值的方法求出自振频率。这只适用于自由度 $n\leqslant 3$ 的情况。

6. 通过强迫振动研究结构在动荷载（简谐荷载）作用下的动力反应

强迫振动主要是求位移幅值（振幅）。

(1)单自由度体系在简谐荷载 $F_P\sin\theta t$ 作用下强迫振动

动力系数 μ 公式 $\mu=\dfrac{1}{\left(1-\dfrac{\theta^2}{\omega^2}\right)}=\dfrac{1}{1-\beta^2}$ 式中 $\beta=\dfrac{\theta}{\omega}$ 称为频比

强迫振动的振幅 $A=\mu y_{st}$ 式中 $y_{st}=F_P\delta_{11}$，为干扰力幅值 F_P 引起的静位移。

结构的动内力计算：把惯性力幅值 $m\theta^2 A$ 加在质点上作为静荷载，然后按静力方法计算任意截面的动内力幅值。

(2)两个自由度体系在简谐荷载 $F_P\sin\theta t$ 作用下强迫振动

根据位移幅值方程求位移幅值。位移幅值方程为

柔度法
$$\left.\begin{aligned}(\theta^2\delta_{11}m_1-1)A_1+\theta^2\delta_{12}m_2A_2+\Delta_{1P}=0\\ \theta^2\delta_{21}m_1A_1+(\theta^2\delta_{22}m_2-1)A_2+\Delta_{2P}=0\end{aligned}\right\}$$

$$D_0=\begin{vmatrix}\theta^2\delta_{11}m_1-1 & \theta^2\delta_{12}m_2\\ \theta^2\delta_{21}m_1 & \theta^2\delta_{22}m_2-1\end{vmatrix},D_1=\begin{vmatrix}-\Delta_{1P} & \theta^2\delta_{12}m_2\\ -\Delta_{2P} & \theta^2\delta_{22}m_2-1\end{vmatrix},D_2=\begin{vmatrix}\theta^2\delta_{11}m_1-1 & -\Delta_{1P}\\ \theta^2\delta_{21}m_1 & -\Delta_{2P}\end{vmatrix}$$

刚度法
$$\left.\begin{aligned}(k_{11}-m_1\theta^2)A_1+k_{12}A_2=F_{P1}\\ k_{21}A_1+(k_{22}-m_2\theta^2)A_2=F_{P2}\end{aligned}\right\}$$

$$D_0=\begin{vmatrix}k_{11}-m_1\theta^2 & k_{12}\\ k_{21} & k_{22}-m_2\theta^2\end{vmatrix},D_1=\begin{vmatrix}F_{P1} & k_{12}\\ F_{P2} & k_{22}-m_2\theta^2\end{vmatrix},D_2=\begin{vmatrix}k_{11}-m_1\theta^2 & F_{P1}\\ k_{21} & F_{P2}\end{vmatrix}$$

位移幅值为
$$A_1=\frac{D_1}{D_0},\quad A_2=\frac{D_2}{D_0}$$

然后求惯性力幅值和动内力幅值。惯性力幅值为

$$F_{\mathrm{I1}}^{0}=\theta^2 m_1 A_1,\quad F_{\mathrm{I2}}^{0}=\theta^2 m_2 A_2$$

将 $F_{\mathrm{I1}}{}^{0}$、$F_{\mathrm{I2}}{}^{0}$ 和干扰力幅值 F_{P} 同时作用于结构上，按静力方法计算任意截面的动内力幅值。

7. 阻尼的影响

无阻尼体系在简谐荷载作用下的稳态反应是简谐振动，位移与荷载同时达到幅值；有阻尼体系在简谐荷载作用下的稳态反应仍是简谐振动，但位移滞后动荷载达到幅值。

阻尼对自由振动频率的影响甚微，可忽略不计。

阻尼对振幅的影响，在共振区外可以忽略，动力系数按式 $\mu=\dfrac{1}{\left(1-\dfrac{\theta^2}{\omega^2}\right)}=\dfrac{1}{1-\beta^2}$ 计算。在共振区内（$0.75<\beta<1.25$）阻尼的影响不容忽视，动力系数按式 $\mu=\dfrac{1}{2\xi}$ 计算。

计算多自由度体系的自振频率和结构的动力反应，较适用的方法是迭代法和振型分解法。限于学时，本书未作介绍，有兴趣的读者可参阅有关教材，或在进一步的学习阶段中学习。

习　题

8-1　是非判断题

(1) 不计轴向变形，图示体系的动力自由度为 2。　（　）

(2) 不计轴向变形，图示体系的动力自由度为 1。　（　）

(3) 不计轴向变形，图示体系的动力自由度为 2。　（　）

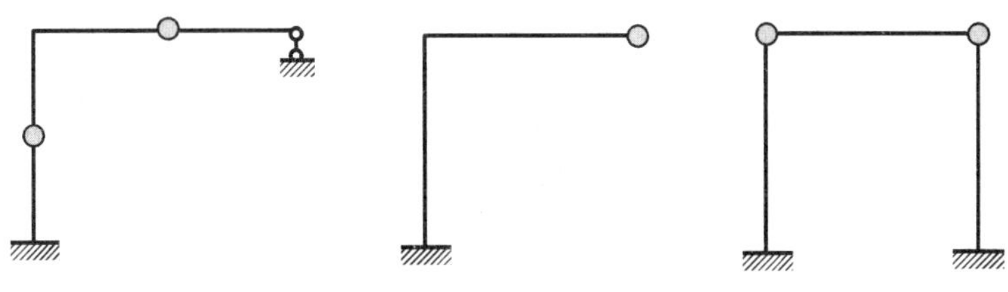

题 8-1(1) 图　　题 8-1(2) 图　　题 8-1(3) 图

(4) 结构的自振频率只与质量和刚度有关，与干扰力无关。　（　）

(5) 结构的动力反应只与初始条件及动荷载有关。　（　）

(6) 单自由度体系，阻尼对自由振动频率的影响可忽略不计，故频率不变。　（　）

(7) 弹性力与位移反向，惯性力与加速度反向，阻尼力与速度反向。　（　）

(8) 如简谐荷载作用在单自由度体系的质点上且沿着振动方向，体系各截面的内力和位移动力系数相同。　（　）

(9) 在建立质点振动微分方程时，考虑不考虑质点的重力，对动位移无影响。（　）

(10) 无阻尼单自由度体系自由振动时，质点的速度、加速度在同一时刻达到最大值。　（　）

(11)动力系数与动荷载有关,与结构本身无关。 ( )

(12)结构受强迫振动时为避免共振,应设法使结构的自振频率远离干扰频率。 ( )

(13)多自由度体系能否按某一振型作自由振动由初始条件决定。 ( )

(14)多自由度体系自由振动过程中,某一主振型的惯性力不会在其他主振型上做功。 ( )

(15)图示体系在简谐荷载作用下,不论频率比如何,动位移 $y(t)$ 总是与荷载 $F_P(t)$ 同向。 ( )

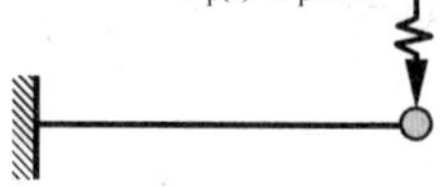

题 8-1(15)图

8-2 单项选择题

(1)在单自由度体系受迫振动的动位移幅值计算公式 $y_{max}=\mu y_{st}$ 中,y_{st} 是( )。

A. 质量的重力所引起的静位移 B. 动荷载的幅值所引起的静位移

C. 动荷载引起的动位移 D. 质量的重力和动荷载幅值所引起的静位移

(2)无阻尼单自由度体系的自由振动方程为 $y(t)=C_1\sin\omega t+C_2\cos\omega t$,则质点的振幅 $y_{max}=$( )。

A. C_1 B. C_1+C_2 C. $\sqrt{C_1^2+C_2^2}$ D. $C_1^2+C_2^2$

(3)单自由度体系的自由振动振幅取决于( )。

A. 初位移 B. 初速度

C. 初位移、初速度与质量 D. 初位移、初速度与结构自振频率

(4)多自由度振动体系的刚度矩阵和柔度矩阵的关系是( )。

A. $k_{ii}=\dfrac{1}{\delta_{ii}}$ B. $k_{ij}=\dfrac{1}{\delta_{ij}}$ C. $k_{ij}=\delta_{ij}$ D. $[K]=[\delta]^{-1}$

(5)图示四结构,柱子的刚度、高度相同,横梁刚度为无穷大,质量相同,集中在横梁上。它们的自振频率自左至右分别为 ω_1、ω_2、ω_3、ω_4,那么它们的关系是( )。

A. $\omega_1=\omega_2<\omega_3<\omega_4$ B. $\omega_1<\omega_2<\omega_3<\omega_4$

C. $\omega_1=\omega_2=\omega_3=\omega_4$ D. $\omega_1<\omega_2=\omega_3<\omega_4$

题 8-2(5)图

(6)若要使单质点单自由度体系的自振周期变长,可以的措施是( )。

A. 增大质点质量 B. 增大结构刚度

C. 增大初速度 D. 增大初位移

(7)图示四个相同的桁架,只是集中质量 m 的位置不同,它们的自振频率自左至右分别为 ω_1、ω_2、ω_3、ω_4,忽略阻尼及竖向振动作用,各杆 EA 为常量,那么它们的关系

是(　　)。

A. $\omega_1=\omega_2<\omega_3=\omega_4$　　B. $\omega_1<\omega_2<\omega_3<\omega_4$

C. $\omega_1=\omega_2>\omega_3=\omega_4$　　D. $\omega_1>\omega_2>\omega_3>\omega_4$

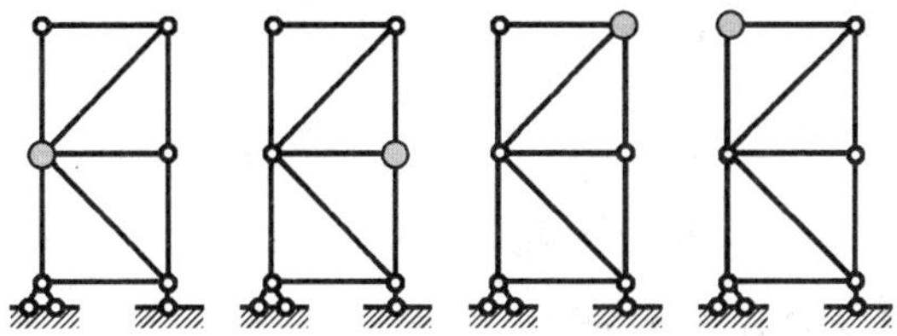

题 8-2(7)图

(8)设 ω 为结构的自振频率,θ 为荷载频率,μ 为动力系数,下列论述正确的是(　　)。

A. ω 越大 μ 也越大　　B. θ 越大 μ 也越大

C. θ/ω 越大 μ 也越大　　D. θ/ω 越接近 1,μ 绝对值越大

(9)当简谐荷载作用于有阻尼的单自由度体系时,若荷载频率远远大于体系的自振频率,此时与动荷载相平衡的主要是(　　)。

A. 弹性恢复力　　B. 阻尼力　　C. 惯性力　　D. 重力

(10)当简谐荷载作用于有阻尼的单自由度体系时,若荷载频率接近体系的自振频率,则此时与动荷载相平衡的主要是(　　)。

A. 弹性恢复力　　B. 阻尼力　　C. 惯性力　　D. 重力

(11)图示三个单跨梁的自振频率分别为 ω_a、ω_b、ω_c,它们之间的关系是(　　)。

A. $\omega_a>\omega_b>\omega_c$　　B. $\omega_a>\omega_c>\omega_b$　　C. $\omega_c>\omega_a>\omega_b$　　D. $\omega_b>\omega_a>\omega_c$

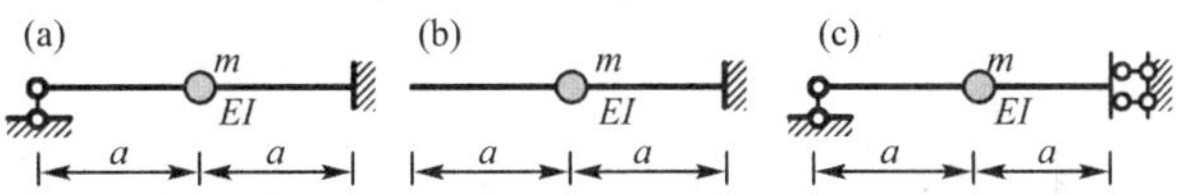

题 8-2(11)图

(12)图示体系当荷载频率 θ 接近结构的自振频率 ω 时(　　)。

A. 可作为静荷载处理　　B 荷载影响非常小

C. 引起共振　　D. 可以不考虑阻尼的影响

(13)题 8-2(12)图示体系自振频率为 ω,当 $\theta>>\omega$ 时,质量动位移幅值(　　)。

A. 无穷大　　B. 很大　　C. 很小　　D. 等于静位移 y_{st}

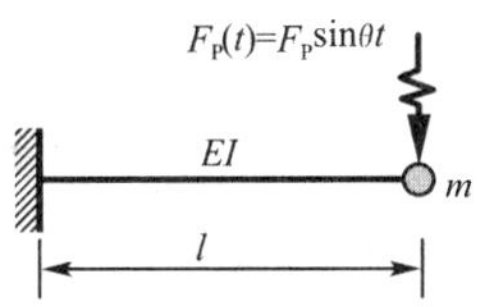

题 8-2(12)图

(14)题 8-2(12)图示结构若要增大其自振频率 ω,可以采取的措施是(　　)。

A. 增大 l　　B. 增大 EI　　C. 增大 m　　D. 增大 F_P

8-3　填空题

(1)不计轴向变形,图示体系的动力自由度为________。

(2)不计轴向变形,图示体系的动力自由度为________。

(3)不计轴向变形,图示体系的动力自由度为________。

(4)不计轴向变形,图示体系的动力自由度为________。

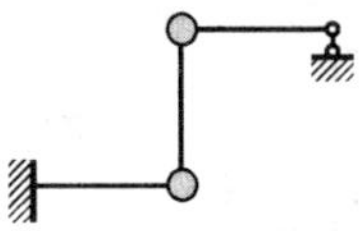

题 8-3(1)图

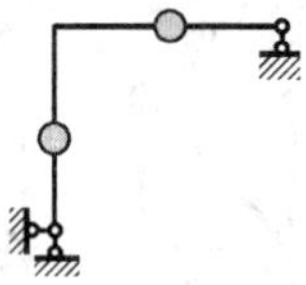

题 8-3(2)图

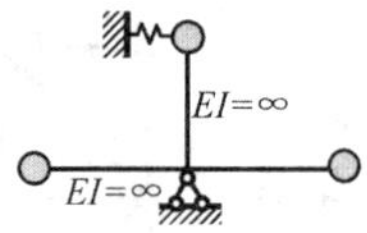

题 8-3(3)图

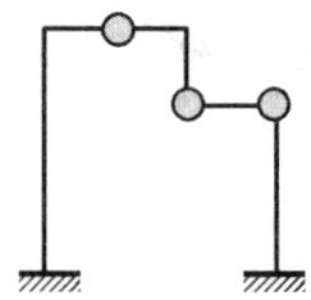

题 8-3(4)图

(5)图示三个单跨梁的自振频率分别为 ω_a、ω_b、ω_c,它们之间的大小关系是________。

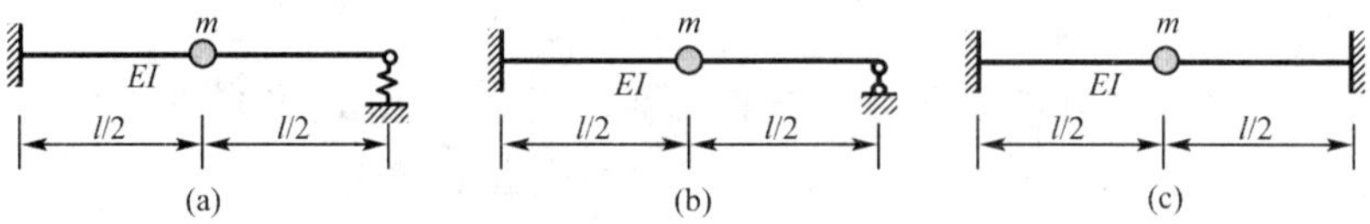

题 8-3(5)图

(6)图示三结构,柱子的刚度、高度相同,横梁刚度为无穷大,质量相同,集中在横梁上。它们的自振频率自左至右分别为 ω_a、ω_b、ω_c,则它们的大小关系是__________。

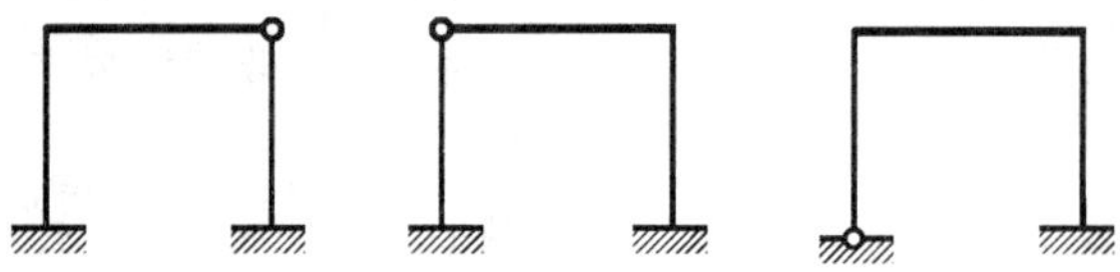

题 8-3(6)图

(7)图示单自由度体系的运动方程为____________________。

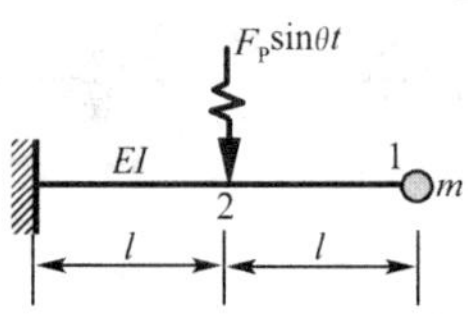

题 8-3(7)图

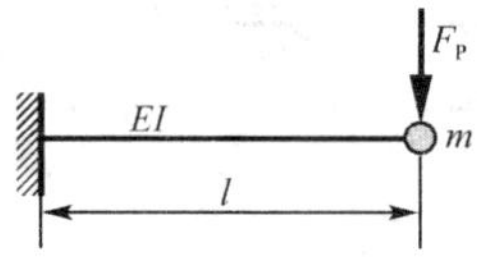

题 8-3(8)图

(8)图示悬臂梁原处于静止状态,在质点 m 上突然施加竖直向下的荷载 F_P,则质点的振幅 A=________,固定端截面的最大动弯矩 M_{max}=__________。

(9)一单自由度振动体系,其阻尼比为 $\xi=0.05$,则共振时的动力系数 μ=________。

(10)题 8-3(8)图所示体系的自振频率 ω=________,周期 T=________。m、EI、l 为已知量。

(11)设图示体系自由振动时质点位移 y_1、y_2 如图所示,则质量矩阵[M]=________。

8-4 图示刚架的横梁刚度可视为无穷大,质量 m 集中在横梁上。试建立其运动方程,并计算其自振频率。

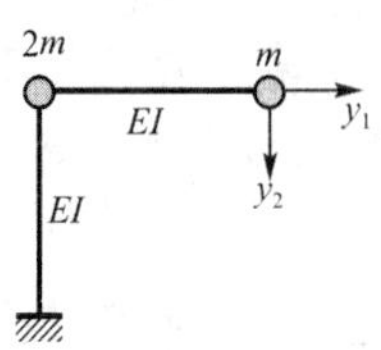

题 8-3(11)图

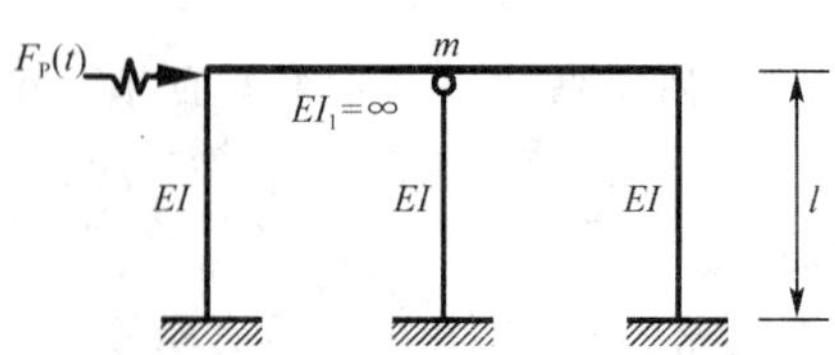

题 8-4 图

8-5　图示梁的自重可忽略不计，试建立该体系的运动方程。

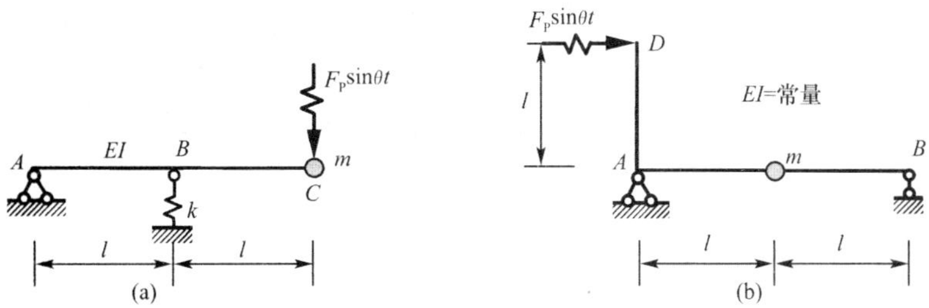

题 8-5 图

8-6　图 a 所示两个弹簧并联的体系，若化为图 b 所示的自振频率相同的等效体系，求等效弹簧的刚度系数。

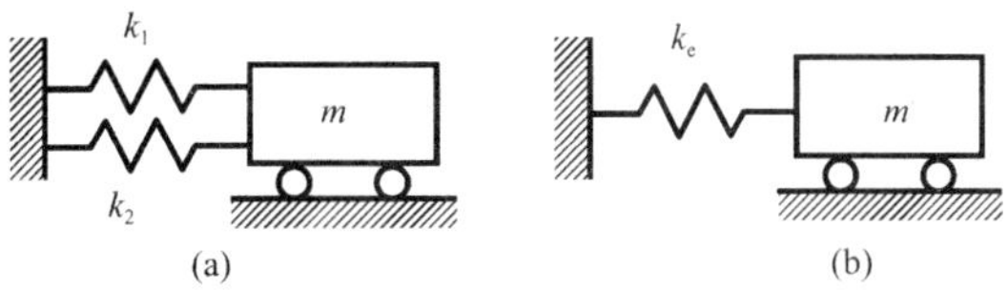

题 8-6 图

8-7　图 a 所示两个弹簧串联的体系，若化为图 b 所示的自振频率相同的等效体系，求等效弹簧的刚度系数。

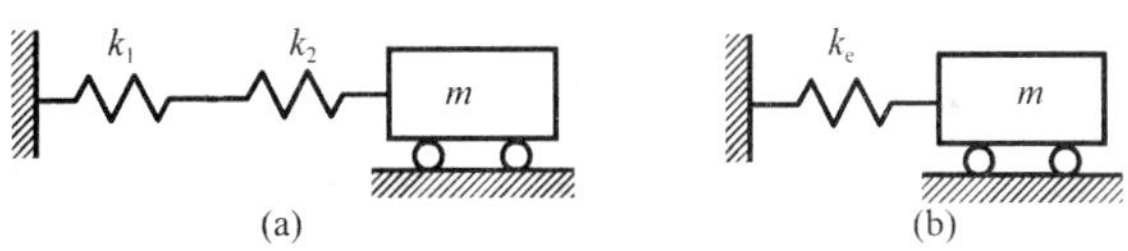

题 8-7 图

8-8　图示简支梁在跨中有 $m=200$ kg 的集中质量。梁的刚度 $EI=2.3\times10^3$ kN·m^2，弹性支座的刚度系数 $k=\dfrac{3EI}{4}$。若振动时的初始条件为：初位移 $y_0=y_{st}$（静位移）；初速度 $v_0=0.2$ m/s。试求该梁的自振频率、周期和振幅 A，并写出其自由振动时的运动方程。

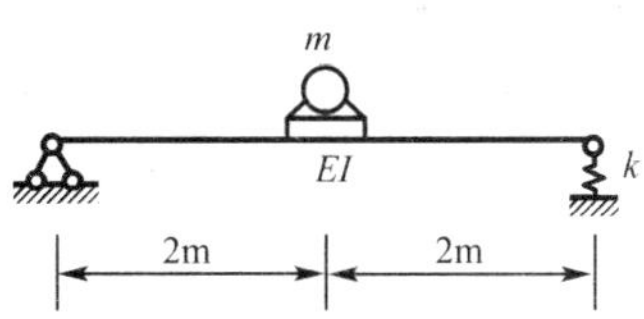

题 8-8 图

8-9　不计阻尼，不计自重，不考虑杆件的轴向变形，计算图示结构的自振频率。

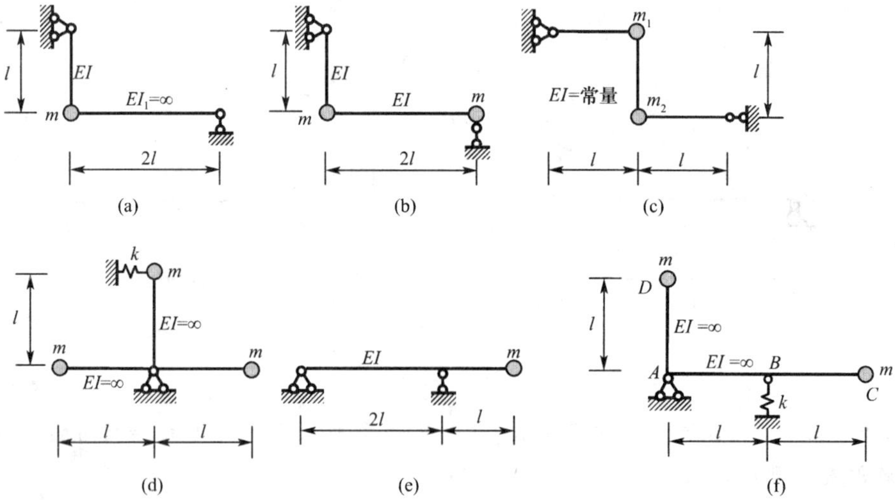

题 8-9 图

8-10　试求图示平面桁架的自振频率。桁架上弦中部有一质量为 m 的物体，各杆 EA 均为常量，忽略各杆的质量，质点水平方向运动略去不计。

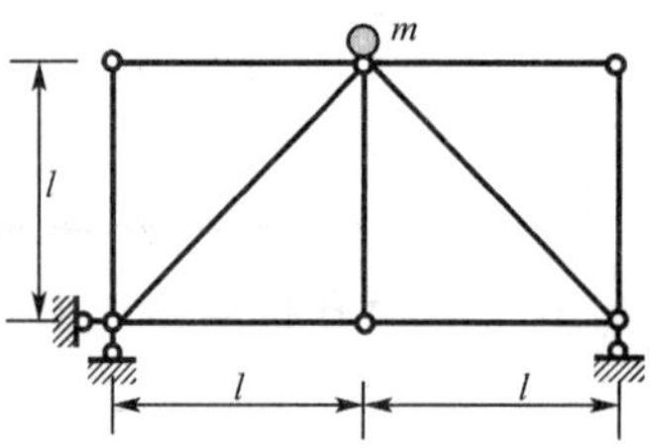

题 8-10 图

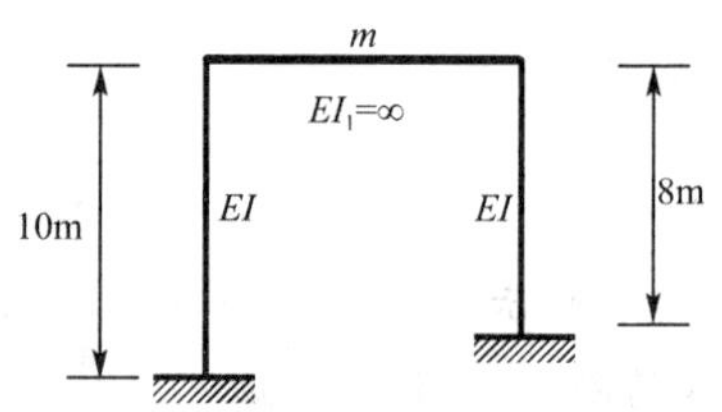

题 8-11 图

8-11　图示刚架的横梁刚度可视为无穷大，质量 m 集中在横梁上。$m=2\times10^4$ kg，$EI=4\times10^4$ kN·m²，试计算其侧移振动时的自振频率和周期。

8-12　图示梁跨中安装的电动机质量 $m=300$ kg，已知 $EI=9.0\times10^3$ kN·m²，$F_P=20$ kN，$\theta=90$ s^{-1}，$k=\dfrac{3EI}{4}$。不考虑阻尼，不计梁的质量。试求稳态振动时质点的振幅、最大位移及梁的最大动弯矩图。

8-13　同上题，设考虑阻尼的影响，阻尼比 $\xi=0.03$。

8-14　通过某结构的自由振动实验，测得经过 10 个周期后，振幅降为原来的 0.1，试求阻尼比以及此结构在简谐干扰力作用下共振时的动力系数。

8-15　题 8-12 图所示梁实测得到自由振动时跨中点位移时程曲线如图所示。周期 $T'=0.06$ s。不计梁的分布质量，试求阻尼比、共振时的动力系数以及共振时电动机的转速。

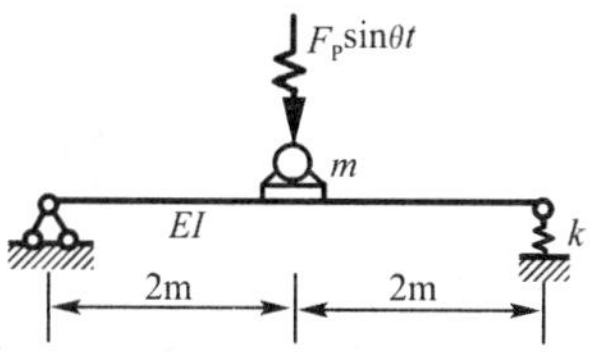

题 8-12 图

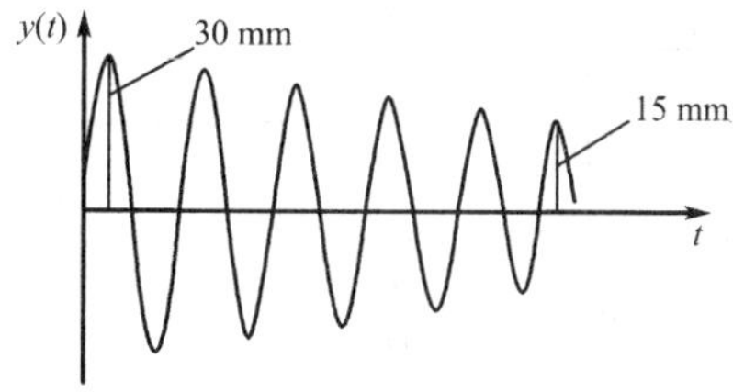

题 8-15 图

8-16　图示梁上安装的电动机重量 $W=30$ kN，转速 $n=900$ rpm，转动时受简谐荷载作用，$F_P=20$ kN。梁的 $EI=3.0\times10^4$ kN·m^2，不考虑阻尼，不计梁的质量。试求稳态振动时梁的最大动力弯矩图及电动机的最大动位移。

8-17　图示梁受简谐荷载作用。已知梁的自振频率为 ω，简谐荷载的频率 $\theta=0.6\omega$，梁的 EI 为常量。不考虑阻尼，不计梁的质量。试求稳态振动时质点的振幅及梁跨中截面 C 的最大动位移。

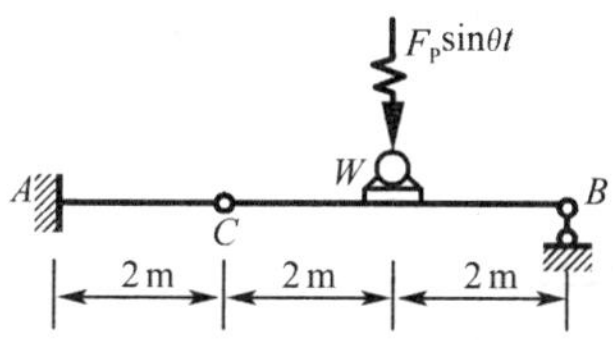

题 8-16 图

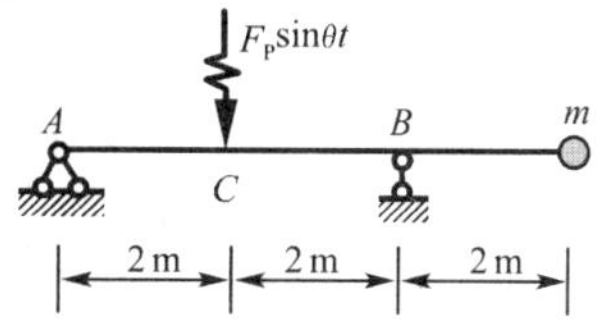

题 8-17 图

8-18　试求图示体系的自振频率和振型。梁的弯曲刚度 EI 为常量，梁的质量可忽略不计。

8-19　试求图示体系的自振频率和振型。各杆 EI 为常量，杆的质量可忽略不计。

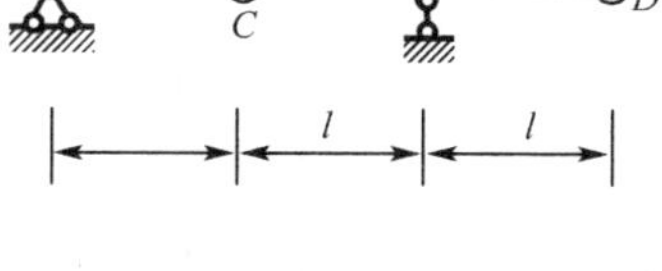

题 8-18 图

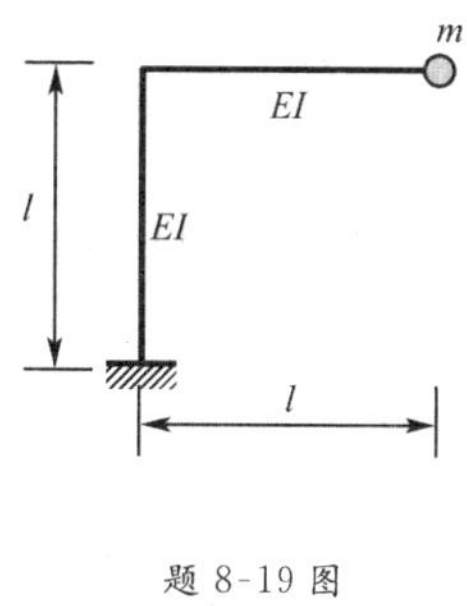

题 8-19 图

8-20　二层刚架如图所示，柱的弯曲刚度为 EI，横梁刚度 $EI_1=\infty$；第一层横梁与第二层横梁的质量相同，均为 m，柱的质量可忽略不计。试求刚架水平振动的自振频率和振型。

8-21　试利用体系的对称性求图示刚架的自振频率和振型。各杆的弯曲刚度 EI 为常量，杆的质量可忽略不计。（提示：其主振型分别为正对称和反对称，可取半边结构进行计算）

8-22　试求图示体系的自振频率和振型。梁的弯曲刚度 EI 为常量，梁的质量可忽略不计。（提示：利用体系的对称性，其主振型分别为正对称和反对称，可取半边结构进行计算。根据正对称主振型可求出 ω_1 和 ω_3，根据反对称主振型可求出 ω_2。）

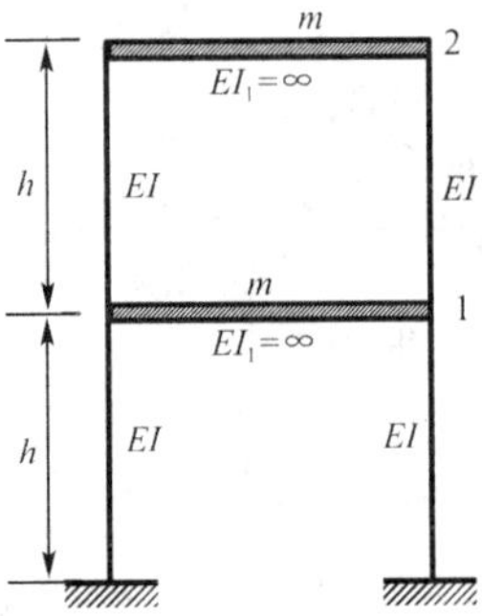

题 8-20 图

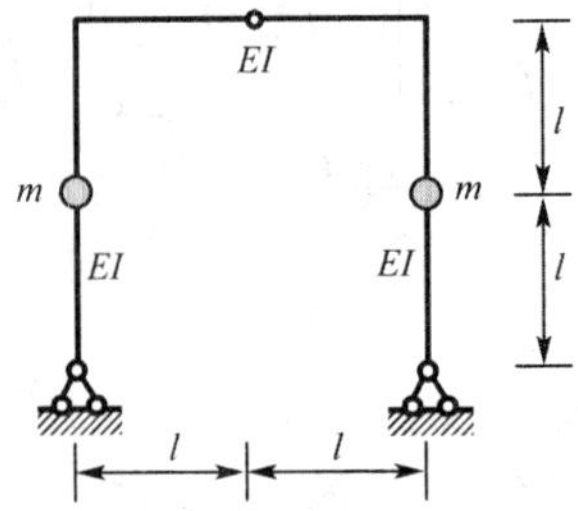

题 8-21 图

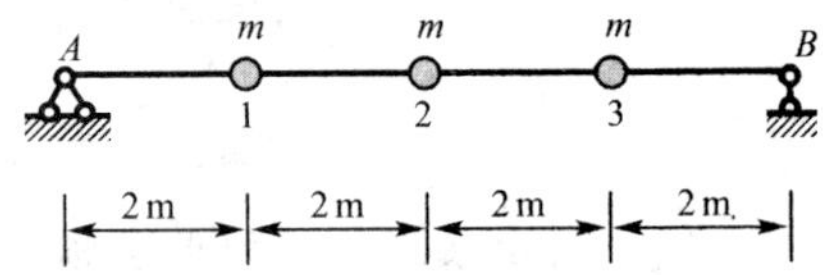

题 8-22 图

8-23　图示二层刚架受到简谐荷载 $F_P\sin\theta t$ 作用，已知 $\theta=4\sqrt{\dfrac{EI}{mh^3}}$。试求动位移幅值和柱底截面动弯矩幅值。

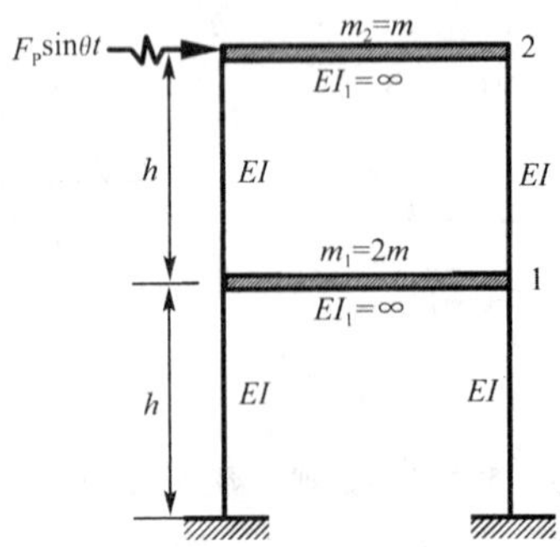

题 8-23 图

习题答案

8-1　(1)错　(2)错　(3)错　(4)对　(5)错　(6)对　(7)对　(8)对　(9)对
(10)错　(11)错　(12)对　(13)对　(14)对　(15)错

8-2　(1)B　(2)C　(3)D　(4)D　(5)A　(6)A　(7)D　(8)D　(9)C
(10)B　(11)A　(12)C　(13)D　(14)B

8-3　(1)2　(2)3　(3)1　(4)4

(5)$\omega_a<\omega_b<\omega_c$　(6)$\omega_a=\omega_b=\omega_c$

(7)$y(t)=\delta_{11}(-m\ddot{y})+\delta_{12}F_P\sin\theta t$　　(8)$\dfrac{2F_Pl^3}{3EI}$　$2F_Pl$

(9)10

(10)$\omega=\sqrt{\dfrac{3EI}{ml^3}}$　$T=\dfrac{2\pi}{\omega}=2\pi\sqrt{\dfrac{ml^3}{3EI}}$

(11)$\begin{bmatrix}3m & 0\\ 0 & m\end{bmatrix}$

8-4　$m\ddot{y}+k_{11}y=F_P\sin\theta t$，其中 $k_{11}=\dfrac{27EI}{l^3}$，$\omega=\sqrt{\dfrac{27EI}{ml^3}}$

8-5　(a)$y(t)=\delta_{11}(-m\ddot{y}-F_P\sin\theta t)$，其中 $\delta_{11}=\dfrac{2l^3}{3EI}+\dfrac{4}{k}$

(b) $y(t)=\delta_{11}(-m\ddot{y})+\delta_{1P}F_P\sin\theta t$，其中 $\delta_{11}=\frac{l^3}{6EI}$，$\delta_{1P}=\frac{l^3}{4EI}$

8-6　$k_e=k_1+k_2$

8-7　$k_e=\frac{k_1+k_2}{k_1k_2}$

8-8　$\omega=83.07\ s^{-1}$，$T=0.076\ s$，$A=2.80\ mm$，
$y(t)=A\sin(\omega t+\varphi)=2.80\sin(83.07t+30.53)\ mm$

8-9　(a) $\omega=\sqrt{\frac{3EI}{ml^3}}$　(b) $\omega=\sqrt{\frac{EI}{2ml^3}}$　(c) $\omega=\sqrt{\frac{3EI}{2(m_1+m_2)l^3}}$

(d) $\omega=\sqrt{\frac{k}{3m}}$　(e) $\omega=\sqrt{\frac{EI}{ml^3}}$　(f) $\omega=\sqrt{\frac{k}{5m}}$

8-10　$\omega=\sqrt{\frac{EA}{1.914ml}}$

8-11　$\omega=8.419\ s^{-1}$，$T=0.746\ s$

8-12　$\mu=1.818$，$A=6.727\ mm$，$\Delta_{max}=7.271\ mm$，$M_{max}=39.3\ kN\cdot m$

8-13　$\mu=1.675$，$A=6.197\ mm$

8-14　$\xi=0.037$，共振时 $\mu=13.64$

8-15　$\xi=0.022$，共振时 $\mu=22.73$，$n=1\,000\ rpm$

8-16　$\mu=-1.23$，$A=1.64\ mm$，$M_{dmax}=24.7\ kN\cdot m$

8-17　$A=\frac{3.125F_P}{EI}$，$y_{Cmax}=\frac{1.6146F_P}{EI}$

8-18　$\omega_1=0.3419\sqrt{\frac{EI}{m}}$，$\omega_2=1.1328\sqrt{\frac{EI}{m}}$；$\rho_1=\frac{X_2^{(1)}}{X_1^{(1)}}=0.277$，$\rho_2=\frac{X_2^{(2)}}{X_1^{(2)}}=-3.61$

8-19　$\omega_1=0.8057\sqrt{\frac{EI}{ml^3}}$，$\omega_2=2.8146\sqrt{\frac{EI}{ml^3}}$；

$\rho_1=\frac{X_2^{(1)}}{X_1^{(1)}}=0.414$，$\rho_2=\frac{X_2^{(2)}}{X_1^{(2)}}=-2.414$

8-20　$\omega_1=3.028\sqrt{\frac{EI}{mh^3}}$，$\omega_2=7.927\sqrt{\frac{EI}{mh^3}}$；

$\rho_1=\frac{X_2^{(1)}}{X_1^{(1)}}=1.618$，$\rho_2=\frac{X_2^{(2)}}{X_1^{(2)}}=-0.618$

8-21　$\omega_1=\sqrt{\frac{3EI}{5ml^3}}$，$\omega_2=\sqrt{\frac{6EI}{ml^3}}$；$\rho_1=\frac{X_2^{(1)}}{X_1^{(1)}}=-1$，$\rho_2=\frac{X_2^{(2)}}{X_1^{(2)}}=1$

8-22　$\omega_1=0.218\sqrt{\frac{EI}{m}}$，$\omega_2=0.866\sqrt{\frac{EI}{m}}$，$\omega_3=1.839\sqrt{\frac{EI}{m}}$；

标准化振型 $\boldsymbol{\Phi}_1=\begin{Bmatrix}1\\1.41\\1\end{Bmatrix}$，$\boldsymbol{\Phi}_2=\begin{Bmatrix}1\\0\\-1\end{Bmatrix}$，$\boldsymbol{\Phi}_3=\begin{Bmatrix}1\\-1.41\\1\end{Bmatrix}$

8-23　位移幅值 $A_1=-0.0536\frac{F_Ph^3}{EI}$，$A_2=-0.0357\frac{F_Ph^3}{EI}$；
惯性力幅值 $F_{I1}=-1.715F_P$，$F_{I2}=-0.571F_P$；
柱底截面动弯矩幅值 $M_d=0.32F_Ph$

参 考 文 献

[1] 龙驭球,包世华.结构力学.北京:人民教育出版社,1981

[2] 李廉锟.结构力学.第 4 版.北京:高等教育出版社,1995

[3] 杨茀康,李家宝.结构力学.第 4 版.北京:高等教育出版社,1998

[4] 阳日.结构力学.北京:高等教育出版社,2005

[5] 梁圣复.建筑力学.北京:机械工业出版社,2007

[6] 赵更新.结构力学辅导.北京:中国水利水电出版社,2001

[7] 崔恩第.结构力学学习指导.北京:国防工业出版社,2008